本书光盘内容

光盘超值赠送：① 3465 个 Office 模板；② 42 集《Office 2010 办公综合应用》视频教程；③ 11 集《实战应用——Excel 2010 会计与财务管理》案例视频教程；④ 10 集《视频学系统安装・重装・备份・还原》视频教程。

一、赠送：3465 个 Office 办公模板

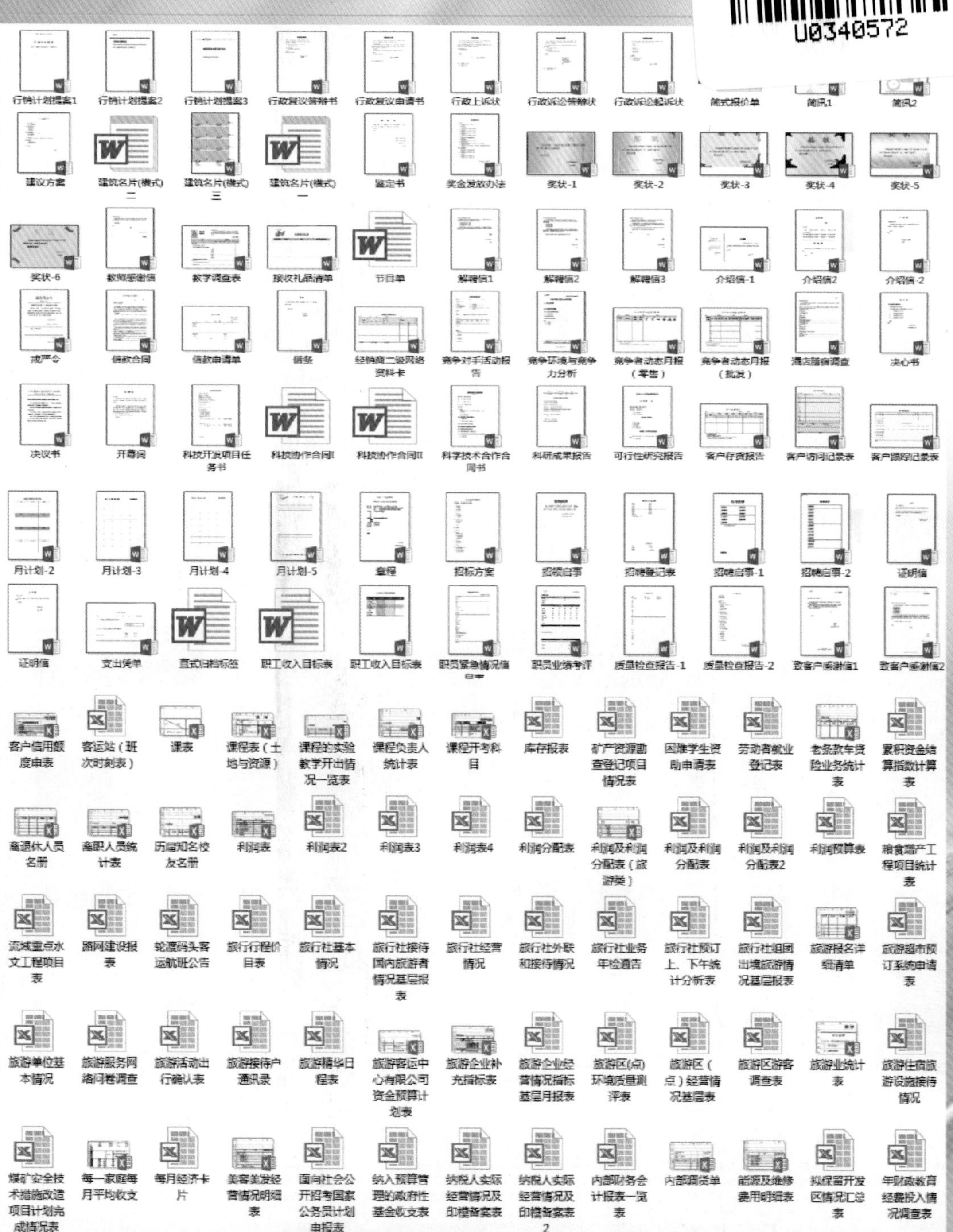

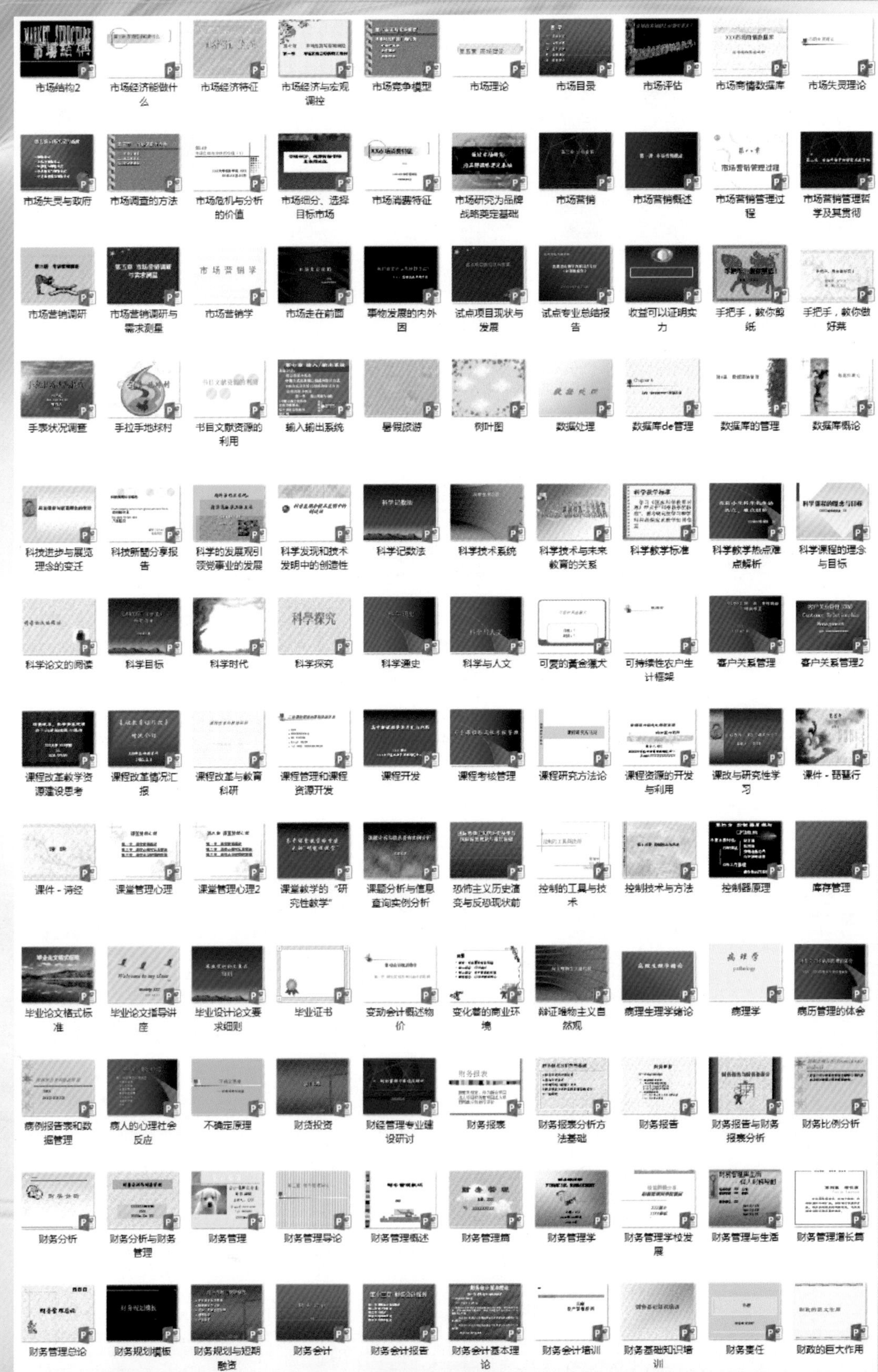
市场结构2
市场经济能做什么
市场经济特征
市场经济与宏观调控
市场竞争模型
市场理论
市场目录
市场评估
市场商情数据库
市场失灵理论
市场失灵与政府
市场调查的方法
市场危机与分析的价值
市场细分、选择目标市场
市场消费特征
市场研究为品牌战略奠定基础
市场营销
市场营销概述
市场营销管理过程
市场营销管理哲学及其贯彻
市场营销调研
市场营销调研与需求测量
市场营销学
市场走在前面
事物发展的内外因
试点项目现状与发展
试点专业总结报告
收益可以证明实力
手把手，教你剪纸
手把手，教你做好菜
手表状况调查
手拉手地球村
书目文献资源的利用
输入输出系统
暑假旅游
树叶图
数据处理
数据库ole管理
数据库的管理
数据库概论
科技进步与展览理念的变迁
科技新闻分享报告
科学的发展观引领党事业的发展
科学发现和技术发明中的创造性
科学记数法
科学技术系统
科学技术与未来教育的关系
科学教学标准
科学教学热点难点解析
科学课程的理念与目标
科学论文的阅读
科学目标
科学时代
科学探究
科学通史
科学与人文
可爱的黄金猎犬
可持续性农户生计框架
客户关系管理
客户关系管理2
课程改革教学资源建设思考
课程改革情况汇报
课程改革与教育科研
课程管理和课程资源开发
课程开发
课程考核管理
课程研究方法论
课程资源的开发与利用
课改与研究性学习
课件 - 琵琶行
课件 - 诗经
课堂管理心理
课堂管理心理2
课堂教学的“研究性教学”
课题分析与信息查询实例分析
恐怖主义历史演变与反恐现状前
控制的工具与技术
控制技术与方法
控制器原理
库存管理
毕业论文格式标准
毕业论文指导讲座
毕业设计论文要求细则
毕业证书
变动会计概述物价
变化着的商业环境
辩证唯物主义自然观
病理生理学绪论
病理学
病历管理的体会
病例报告表和数据管理
病人的心理社会反应
不确定原理
财贷投资
财经管理专业建设研讨
财务报表
财务报表分析方法基础
财务报告
财务报告与财务报表分析
财务比例分析
财务分析
财务分析与财务管理
财务管理
财务管理导论
财务管理概述
财务管理篇
财务管理学
财务管理学校发展
财务管理与生活
财务管理增长篇
财务管理总论
财务规划模板
财务规划与短期融资
财务会计
财务会计报告
财务会计基本理论
财务会计培训
财务基础知识培训
财务责任
财政的巨大作用

二、赠送：42 集《Office 2010 办公综合应用》视频教程

第1集：Office 2010组件的共性操作.mp4

第2集：自定义工作界面.mp4

第3集：录入与编辑文档内容.mp4

第4集：设置文档格式.mp4

第5集：页面设置与打印输出.mp4

第6集：在文档中插入图形图片与艺术字.mp4

第7集：编辑与修改图形图片.mp4

第8集：在文档中使用SmartArt图形.mp4

第9集：表格的创建方法.mp4

第10集：表格的编辑与修改.mp4

第11集：表格的格式设置.mp4

第12集：使用样式与模版.mp4

第13集：审阅与修订文档.mp4

第14集：使用引用功能.mp4

第15集：制作信封.mp4

第16集：制作邮件合并.mp4

第17集：输入与编辑表格数据.mp4

第18集：行列的设置与编辑.mp4

第19集：编辑表格的格式.mp4

第20集：管理工作表.mp4

第21集：认识Excel中的公式.mp4

第22集：使用公式计算数据.mp4

第23集：使用函数计算数据.mp4

第24集：数组公式的应用.mp4

第25集：公式审核与错误处理.mp4

第26集：对数据进行排序.mp4

第27集：对数据进行筛选.mp4

第28集：对数据进行分类汇总.mp4

第29集：使用条件格式分析数据.mp4

第30集：使用合并计算统计数据.mp4

第31集：使用数据透视表分析数据.mp4

第32集：图表的基础操作.mp4

第33集：编辑与修改统计图表.mp4

第34集：制作动态图表.mp4

第35集：使用迷你图.mp4

第36集：PowerPoint 2010的基础知识.mp4

第37集：添加对象丰富幻灯片内容.mp4

第38集：统一演示文稿的外观格式.mp4

第39集：设置幻灯片互动效果.mp4

第40集：设置幻灯片播放效果.mp4

第41集：放映幻灯片.mp4

第42集：输出与打印演示文稿.mp4

三、赠送：11 集《实战应用——Excel 2010 会计与财务管理》案例视频教程

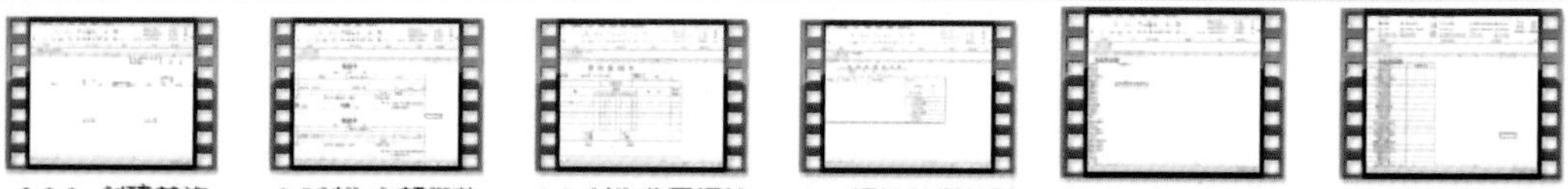

1.1.1 创建差旅费报销单.mp4
1.2制作内部借款单.mp4
1.3 制作费用报销单.mp4
1.4 报销单据粘贴单.mp4
2.1 制作会计科目表.mp4
2.2 制作记账凭证录入表.mp4

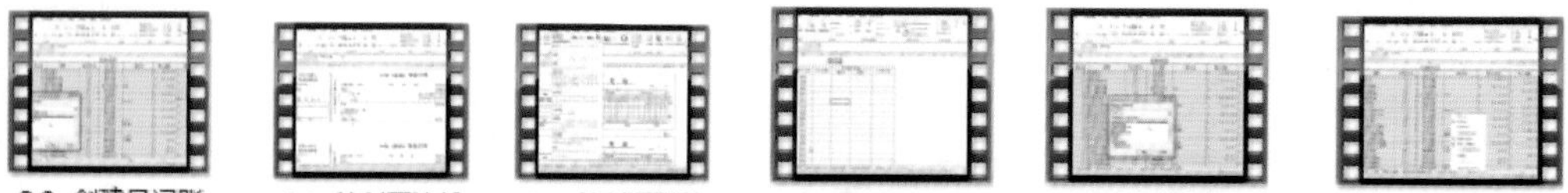

2.3 创建日记账表单.mp4
3.1 填制原始凭证.mp4
3.2 填制记账凭证.mp4
4.3 创建明细账.mp4
4.4 创建总账.mp4
5.1 对账.mp4

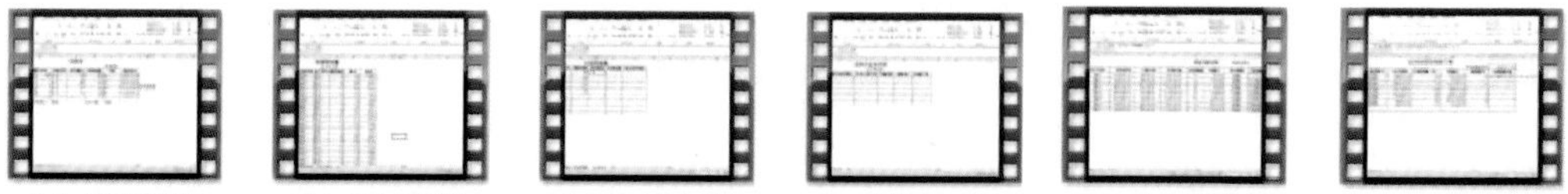

6.1 采购管理.mp4
6.2 销售管理.mp4
6.3 存货管理.mp4
6.4 进销存业务分析.mp4
7.1 应收账款管理.mp4
7.2 应付账款管理.mp4

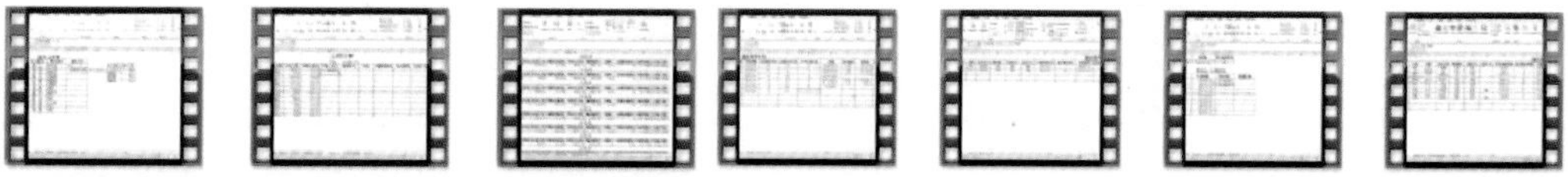

8.1 制作工资管理表单.mp4
8.2 月末员工工资统计.mp4
8.3 制作工资系统登陆窗口.mp4
9.1 固定资产的日常管理.mp4
9.2 固定资产的查询.mp4
9.3 固定资产的折旧处理.mp4
9.4 折旧费用的分析.mp4

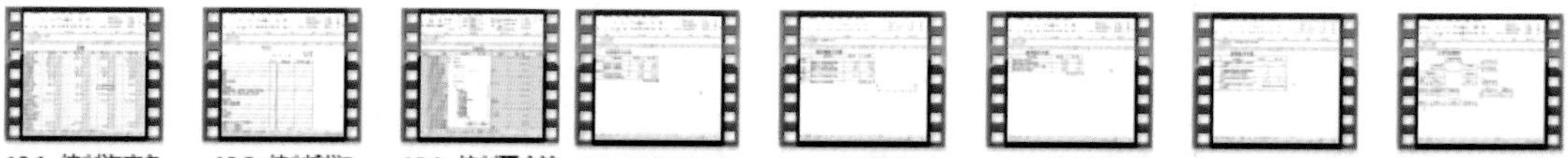

10.1 编制资产负债表.mp4
10.2 编制利润表.mp4
10.3 编制现金流量表.mp4
11.1 偿债能力分析.mp4
11.2 营运能力分析.mp4
11.3 获利能力分析.mp4
11.4 发展能力分析.mp4
11.5 综合指标分析.mp4

四、赠送：10 集《视频学系统安装 · 重装 · 备份 · 还原》视频教程

1. 2 快速学会硬盘分区与格式化.mp4
1.1 BIOS设置速成.mp4
2.2 全新安装Windows操作系统.mp4
2.3 升级Windows安装操作系统.mp4
3.1 手工管理驱动程序.mp4
3.2 使用驱动精灵管理驱动程序.mp4
3.3 自动安装系统补丁.mp4
3.4 连通局域网与互联网.mp4

4.1 安装双Windows操作系统.mp4
4.2 多操作系统共享资源.mp4
4.3 卸载不用的操作系统.mp4
5.1 做好重装系统的准备.mp4
5.2 掌握重装系统的四种方法.mp4
6.1 优化电脑启动速度.mp4
6.2 优化磁盘存储空间.mp4
6.3优化系统运行速度.mp4

7.1 备份与还原系统数据.mp4
7.2 学用Windows系统的备份工具.mp4
8.1 学用系统自带的系统还原功能.mp4
8.2用 Ghost 备份和还原操作系统.mp4
8.3 工具软件常见故障排查.mp4
9.2 使用EasyRecovery恢复丢失的数据.mp4
10.2 使用360软件清扫电脑.mp4

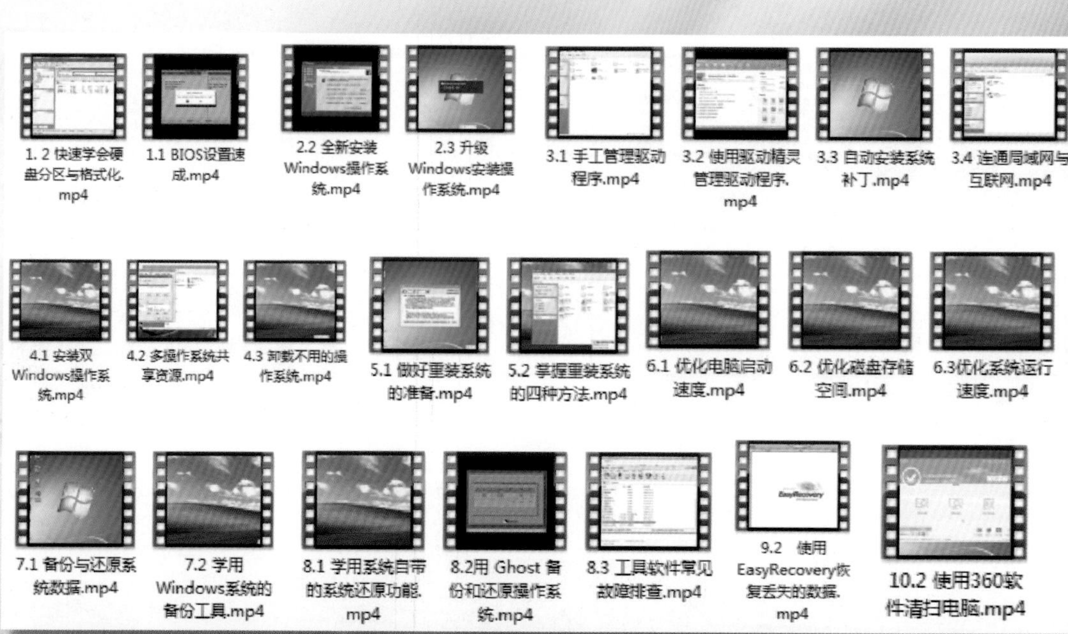

Word/Excel/PowerPoint办公应用技巧大全

前沿文化 编著

本书汇集了多位微软全球最有价值专家（MVP）和一线教师的使用经验，结合职场工作的应用需求，通过列举丰富的案例，并以技巧罗列的方式给读者讲解了 Word、Excel、PPT 的应用技巧与经验。通过本书的学习，读者能迅速提升在 Word、Excel 与 PPT 应用方面的操作技能。

全书共分为 17 章。第 1～7 章主要讲解了 Word 的办公应用技巧，内容包括 Word 的基本操作与内容录入技巧，文档的编辑、审阅与排版技巧，表格制作与编辑技巧，图文混排技巧，文档页面设置与打印技巧，Word 宏、VBA 与域的应用技巧，文档安全与邮件合并技巧；第 8～14 章主要讲解了 Excel 的办公应用技巧，内容包括 Excel 工作簿与工作表的操作技巧，数据输入与编辑技巧、数据统计与分析技巧、公式与函数的应用技巧、图表制作与应用技巧，数据透视表与透视图应用技巧；第 15～17 章主要讲解了 PPT 的办公应用技巧，内容包括 PPT 幻灯片的编辑、设计，以及放映与输出的技巧。

本书内容系统全面，案例丰富，可操作性强。全书技巧结合微软 Office 常用版本（Office 2007/2010/2013/2016）进行编写，并以技巧罗列的形式进行编排，非常适合读者阅读与查询使用，尤其适合对 Word、Excel、PPT 软件使用缺少经验和技巧的读者学习使用，是一本不可多得的职场办公案头工具书，也可以作为大、中专职业院校，计算机相关专业的教材参考用书。

图书在版编目(CIP)数据

Word/Excel/PowerPoint 办公应用技巧大全/前沿文化编著. —北京：机械工业出版社，2016.1（2017.11 重印）
（高效办公不求人）
ISBN 978 - 7 - 111 - 52382 - 6

Ⅰ.①W…　Ⅱ.①前…　Ⅲ.①文字处理系统②表处理软件③图形软件
Ⅳ.①TP391

中国版本图书馆 CIP 数据核字（2015）第 301177 号

机械工业出版社（北京市百万庄大街 22 号　邮政编码 100037）
策划编辑：王海霞
责任编辑：王海霞
责任校对：张艳霞
责任印制：常天培
北京圣夫亚美印刷有限公司印刷
2017 年 11 月第 1 版 · 第 4 次印刷
184mm × 260mm · 23.75 印张 · 2 插页 · 588 千字
7801— 9700 册
标准书号：ISBN 978 - 7 - 111 - 52382 - 6
ISBN 978 - 7 - 89405 - 937 - 6（光盘）
定价：69.80 元（含 1DVD）

凡购本书，如有缺页、倒页、脱页，由本社发行部调换

电话服务	网络服务
服务咨询热线：（010）88361066	机 工 官 网：www.cmpbook.com
读者购书热线：（010）68326294	机 工 官 博：weibo.com/cmp1952
（010）88379203	教育服务网：www.cmpedu.com
封面无防伪标均为盗版	金 书 网：www.golden - book.com

前　　言

首先，非常感谢您选择本书，在您做出购买决定之前，建议您仔细翻阅本书的目录与内容，希望您能从本书中获取到有用的知识，并能体验到本书的新颖独特之处。

↗ 读者须知

Word、Excel 与 PowerPoint（简称 PPT）是微软公司开发的 Office 办公软件中最常用的 3 个组件。在日常工作与生活中，我们几乎离不开这 3 个软件的使用。据市场调研，目前使用 Word、Excel 和 PPT 的人很多，但真正精通的人却很少。

也许我们都有过这样的经历：在使用这些软件处理工作时，可能会遇到一个疑难问题而无法解决，此时要么请教身边的同事，要么上网查找。这些疑难问题，其实并不是多么深奥难学的技能，只要我们主动学习、细心总结，也会达到“熟能生巧”的境界。

基于以上现状，我们精心策划并总结编写了本书，本书汇集了多位微软最有价值专家（微软 MVP）和一线教师的使用经验，结合职场工作的应用需求，通过列举丰富的案例，并以技巧罗列的方式给读者讲解了 Word、Excel 和 PPT 的办公应用技巧与经验。通过本书的学习，读者能迅速提升在 Word、Excel 及 PPT 办公应用方面的操作技能。

本书内容系统全面，案例丰富，可操作性强。全书技巧结合微软 Office 常用版本（Office 2007、2010、2013、2016）进行编写，并以技巧罗列的形式进行编排，非常适合读者阅读与查询使用，尤其是对 Word、Excel、PPT 软件使用缺少经验和技巧的读者。

由于 Office 软件各个版本虽界面稍有差异，但操作方法基本上大同小异，因此本书所有操作技巧均以 Office 2013 为例进行说明。

↗ 图书特色

本书主要面向有一定基础而缺乏实战经验与技巧的读者。零基础的读者可以结合光盘中赠送的入门教学视频进行学习，从而快速入门，然后通过本书的学习快速提高办公应用水平。

1．实用好用，查询方便

本书对内容进行科学的归类，根据日常工作中实用的、常用的专业技能进行安排，力求帮助读者快速解决问题。另外，全书以技巧罗列形式来编排目录，在写作时采用“提出问题→解决问题”的模式进行编写，非常适合遇到问题时查询使用，是不可多得的职场办公案头工具书。

2．疑难与技巧，一书全都有

本书中所讲内容，一方面对日常办公应用中的常见疑难问题进行了归纳，另一方面对软件的操作与应用技巧进行总结。因此，本书既可以帮助读者解决日常办公中的相关疑难问题，也可以提高读者的软件操作水平与办公效率。

3．开放式结构，快餐式学习

本书在内容安排与体例策划上打破了传统知识结构的形式来编写。读者学习本书，不需要从第一页系统地学习到最后一页。工作忙碌时，可以直接通过目录找到问题的解决方案；工作闲暇时，可以有选择性地学习自己需要的章节内容，真正让您“学得会”并且“用得上”。

4．超值光盘，有无基础都可学习

本书还配有一张学习资源光盘，光盘中包括书中所有实例的素材文件及结果文件，方便读者学习使用。此外，还赠送了多媒体教学视频，以便零基础读者学习使用。

本书由数位微软最有价值专家（微软 MVP）和一线教师参与编写，主要编写人员分别有马东琼、胡芳、奚弟秋、刘倩、温静、汪继琼、赵娜、曹佳、文源、马杰、李林、王天成、康艳等，在此对他们日夜的辛劳付出表示感谢！

最后，真诚感谢读者购买本书。由于计算机技术发展非常迅速，加上编者水平有限、时间仓促，不妥之处在所难免，敬请广大读者和同行批评指正。

编　者

2015 年 10 月

目　　录

第1章 Word 的基本操作与内容录入技巧

Word 在日常办公中的应用非常广泛，用户可以使用其建立各种各样的文档，例如企业文件、备忘录、商业信函等。在使用 Word 编辑文字、排版、处理数据、建立表格、打印文档之前，需要首先了解文档的基本操作以及怎样录入内容。本章向读者介绍了 Word 2013 基本操作以及内容录入技巧，掌握这些技巧后，读者可以更好地了解 Word 并提高工作效率。

▷▷ 1.1 文档基本操作技巧

在使用 Word 2013 时，用户可以根据实际工作需要对文档进行一些基本操作，掌握文档基本操作方面的技巧可以有效地提高工作效率，例如设置其默认保存格式、防止文档损坏或丢失、修改文档的默认保存路径等技巧。本节介绍一些与 Word 2013 文档基本操作相关的技巧。

技巧 1：一键快速启动 Word

●**适用版本：**2007、2010、2013、2016

●**实用指数：**★★☆☆☆

默认情况下，启动 Word 2013 应用程序的方法很多，例如使用“开始”菜单、打开已有的 Word 文档等，这些方法比较常见，但也比较麻烦。读者可以通过设置快捷键的方法一键快速启动 Word 2013 应用程序。

例如，利用〈F6〉键快速启动 Word 2013，具体操作方法如下。

第 1 步： ❶在桌面上选中 Word 2013 快捷方式图标，单击鼠标右键；❷从弹出的快捷菜单中选择“属性”菜单项，如下图所示。

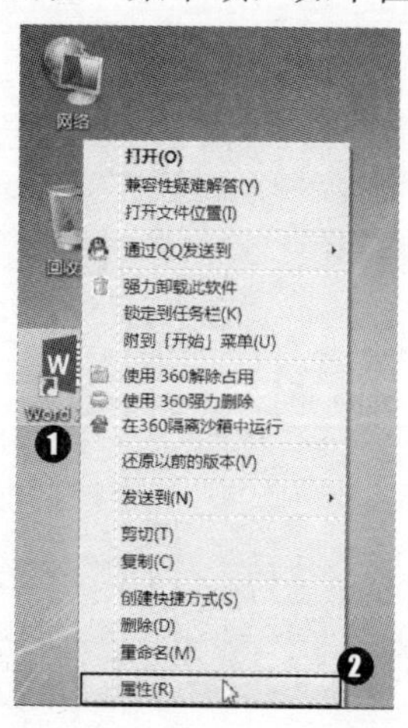

第 2 步： 打开“Word 2013 属性”对话框，自动切换到“快捷方式”选项卡中，将光标定位在“快捷键”文本框中，按〈F6〉键，如下图所示。

第 3 步： 单击“运行方式”右侧的下拉按钮，从弹出的下拉列表中选择“最大化”选项，如下图所示。

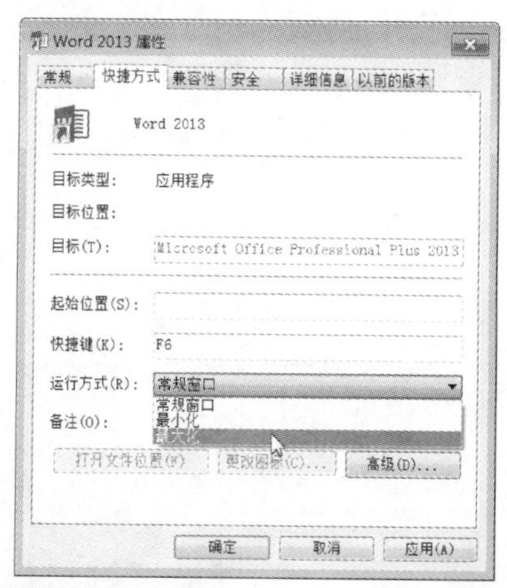

第 4 步： 设置完毕后，单击 确定 按钮，按〈F6〉键，即可启动 Word 2013 应用程序，如下图所示。

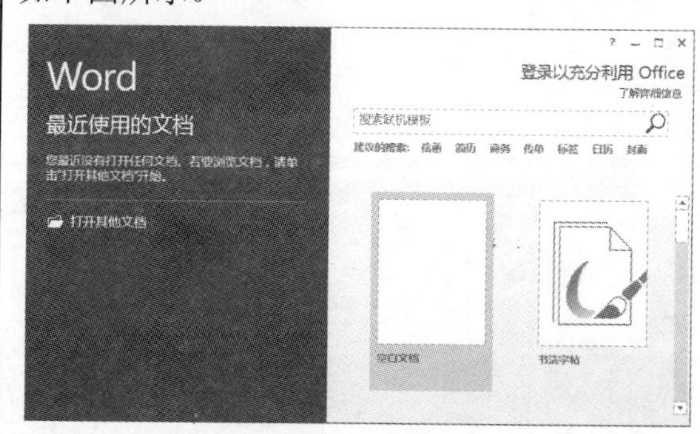

专家点拨

再次打开“Word 2013 属性”对话框，将“快捷键”文本框中的快捷键删除，然后单击“确定”按钮，即可取消快捷键启动 Word 应用程序。

技巧 2：自由设置文档默认保存格式

●适用版本：2007、2010、2013、2016

●实用指数：★★★☆☆

说 明

创建 Word 2013 之后，对其进行保存时，系统会默认保存为*.docx 的格式，但这种格式的文档不能被低版本用户打开。为了避免这种情况的发生，可以将其默认格式设置为“Word 97-2003 文档（*.doc）”，以便低版本用户使用。

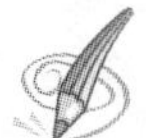

方法

例如，要将文档默认保存格式设置为“*.doc”，具体操作方法如下。

第 1 步： 在 Word 2013 中单击 文件 按钮，如下图所示。

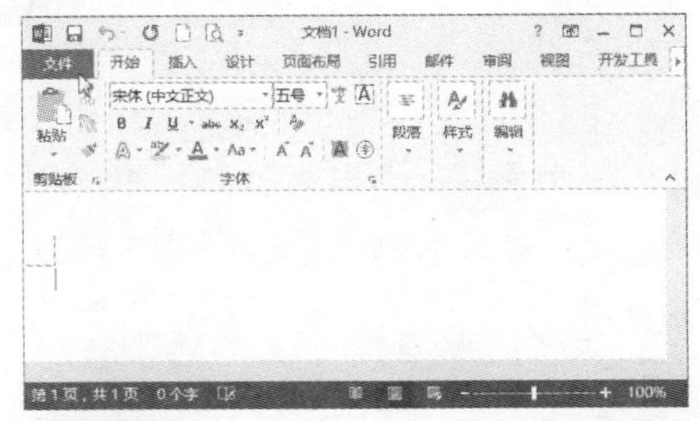

第 2 步： 在弹出的界面中选择“选项”选项，如下图所示。

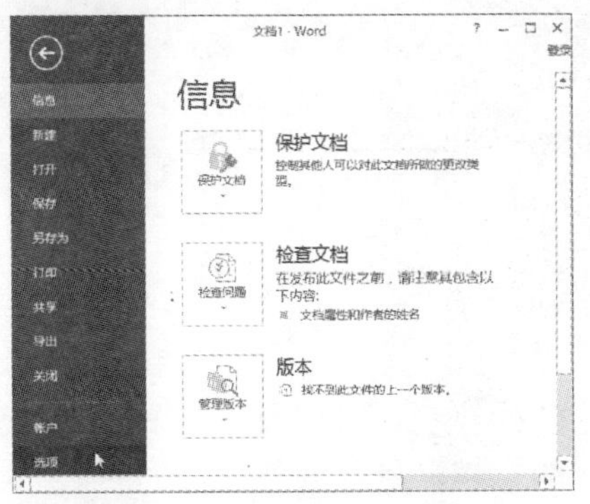

第 3 步： 打开“Word 选项”对话框，❶切换到“保存”选项卡中；❷在“保存文档”选项组的“将文件保存为此格式”下拉列表中选择“Word 97-2003 文档（*.doc）”选项，然后单击 确定 按钮即可，如下图所示。

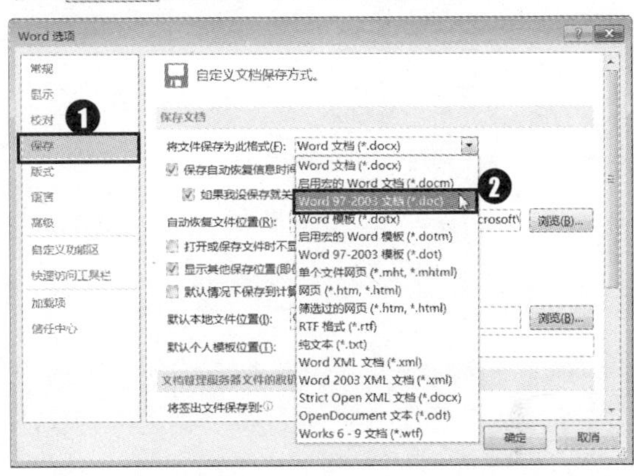

专家点拨

在默认情况下，使用高版本软件可以打开低版本文档，但是使用低版本软件无法打开高版本文档。其实通过设置，低版本软件也可以打开高版本文档。

具体操作方法为：首先利用高版本软件打开文档，将其另存为低版本格式，这样利用低版本软件即可打开另存为的文档了。

技巧 3：自动恢复功能用处大

●适用版本：2007、2010、2013、2016

●实用指数：★★★☆☆

说 明

在日常工作中，由于意外断电、死机、错误关闭计算机等原因，有时会出现文档丢失的情况。用户可以通过设置自动修复功能，最大限度地减少损失。

方法

例如，设置文档自动修复时间间隔和修改位置，具体操作方法如下。

第 1 步： 在 Word 2013 中打开“Word 选

项”对话框，切换到“保存”选项卡中，如下图所示。

第 2 步： ❶在“保存文档”选项组中选中“保存自动恢复信息时间间隔”复选框；❷在右侧的微调框中输入合适的时间间隔，例如“6”，如下图所示。

第 3 步： 单击“自动恢复文件位置”文本框右侧的浏览(B)...按钮，如下图所示。

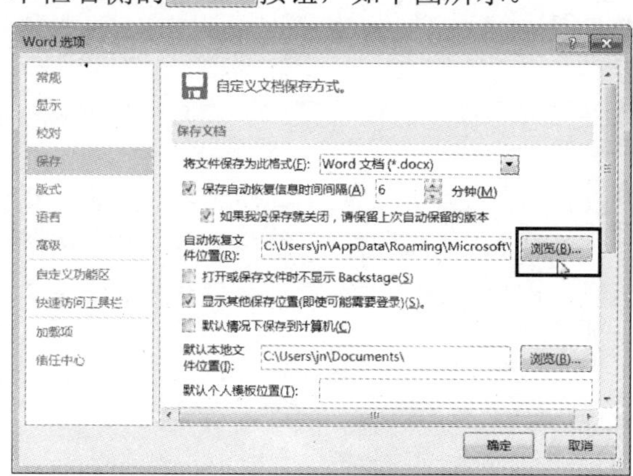

第 4 步： 打开“修改位置”对话框，❶选择合适的保存位置；❷单击确定按钮，如下图所示。

第 5 步： 返回“Word 选项”对话框中，再次单击确定按钮即可。

技巧 4：修复已损坏的 Word 文档

●**适用版本：**2007、2010、2013、2016

●**实用指数：**★★★☆☆

说 明

在日常编辑文档的过程中，由于意外关机、程序运行错误等特殊情况，导致 Word 文档损坏、未保存或者不能打开，此时，可以利用 Word 2013 系统自带的恢复功能修复文档。

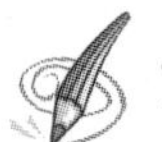

方法

例如，修复已损坏的 Word 文档，具体操作方法如下。

第 1 步： 在文档中单击文件按钮，❶从弹出的界面中选择“打开”选项；❷选择“计算机”选项；❸在右侧单击“浏览”按钮，如下图所示。

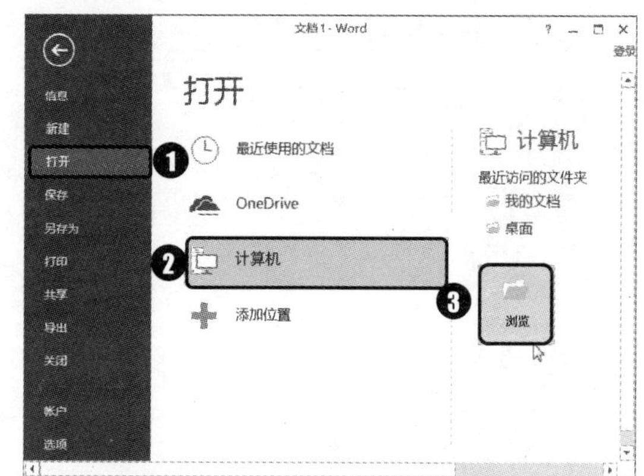

第 2 步： 打开“打开”对话框，❶选择需要修复的文档，例如选择“文件.docx”；❷单

击 打开(O) 按钮右侧的下三角按钮；❸从弹出的下拉列表中选择“打开并修复”选项即可，如下图所示。

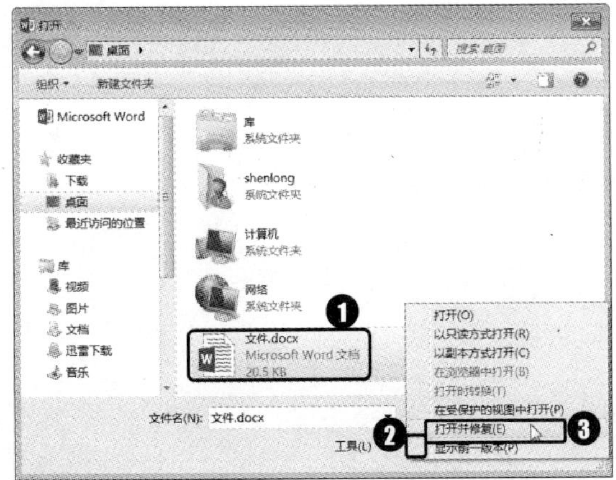

技巧 5：自由变换 Word 主题

●**适用版本：**2007、2010、2013、2016

●**实用指数：**★★★☆☆

说　明

在 Word 2013 中，操作窗口界面的颜色有 3 种，包括白色、浅灰色和深灰色，用户可以根据自己的喜好进行自由变换。

方法

例如，将 Word 主题设置为深灰色，具体操作方法如下。

打开“Word 选项”对话框，自动切换到“常规”选项卡，在“对 Microsoft Office 进行个性化设置”选项组中的“Office 主题”下拉列表中选择“深灰色”选项，如下图所示。

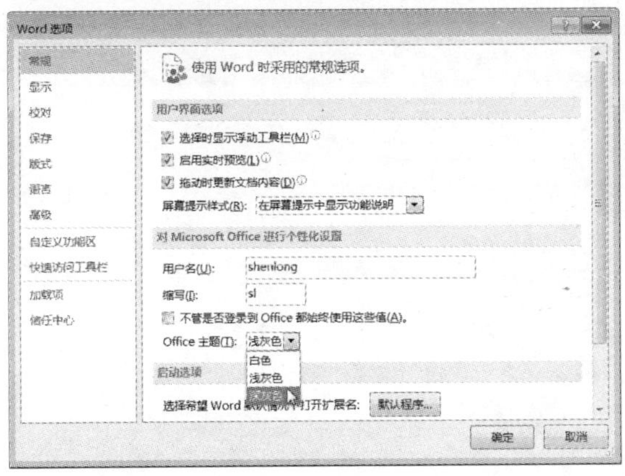

技巧 6：快速打开最近使用过的文档

●**适用版本：**2007、2010、2013、2016

●**实用指数：**★★☆☆☆

说　明

如果用户想要查看最近使用过的文档或者对其进行修改，可以通过下面介绍的方法快速打开。

方法

快速打开最近使用过的文档，具体操作方法如下。

在文档中单击 文件 按钮，❶从弹出的界面中选择“打开”选项；❷选择“最近使用的文档”选项；❸在右侧的“最近使用的文档”中选择需要打开的文档，双击即可打开，如下图所示。

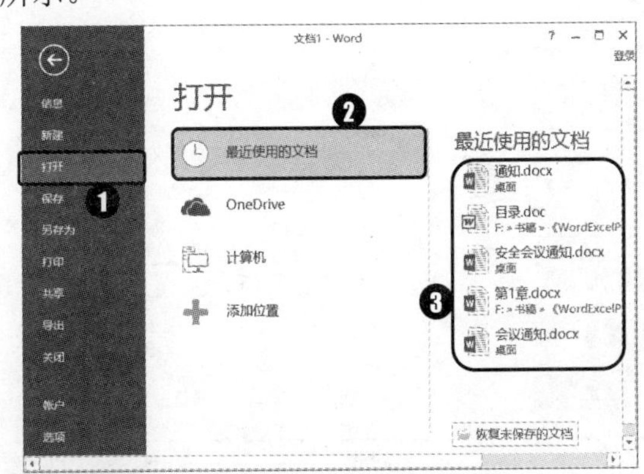

技巧 7：擦除文档历史记录

●**适用版本：**2010、2013、2016

●**实用指数：**★★☆☆☆

说　明

Word 2013 程序具有保存使用过的文档记录的功能，该功能方便用户快速打开一些经常使用的文档，但是如果文档过多，也会带来麻烦，下面介绍如何擦除文档历史记录。

方法

要擦除文档历史记录，具体操作方法如下。

第 1 步： 在 Word 2013 中单击 文件 按钮，❶从弹出的界面中选择“打开”选项；❷在右侧选择“最近使用的文档”选项，如下图所示。

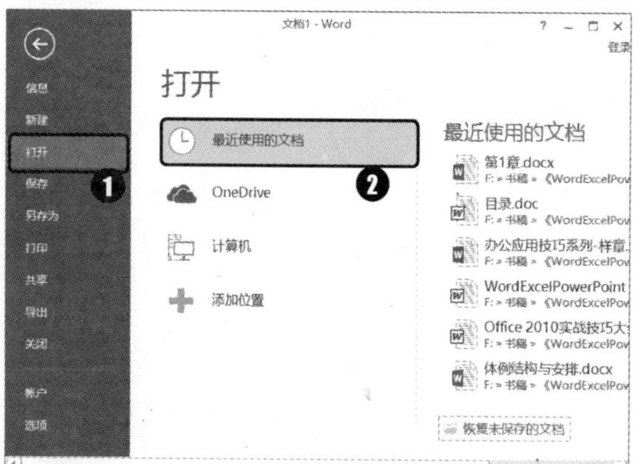

第 2 步： ❶在“最近使用的文档”中选择要删除的文档，单击鼠标右键；❷从弹出的快捷菜单中选择“从列表中删除”菜单项，如下图所示。

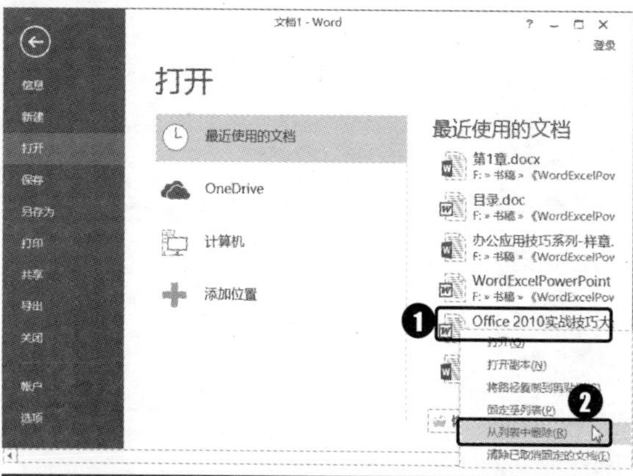

专家点拨

如果需要将文档全部清除，在“最近使用的文档”中选择任意文档，单击鼠标右键，从弹出的快捷菜单中选择“清除已取消固定的文档”菜单项即可。

技巧 8：修改文档的默认保存路径

●**适用版本：** 2007、2010、2013、2016

●**实用指数：** ★★★☆☆

说 明

Word 2013 文档的默认保存路径是“C:\Users\Documents”文件夹，用户可以按照以下方法来修改文档默认的保存路径。

方法

要修改文档的默认保存路径，具体操作方法如下。

第 1 步： 打开“Word 选项”对话框，❶切换到“保存”选项卡；❷在“保存文档”选项组中，单击“默认本地文件位置”文本框右侧的 浏览(B)... 按钮，如下图所示。

第 2 步： 打开“修改位置”对话框，❶选择要修改的位置；❷单击 确定 按钮即可，如下图所示。

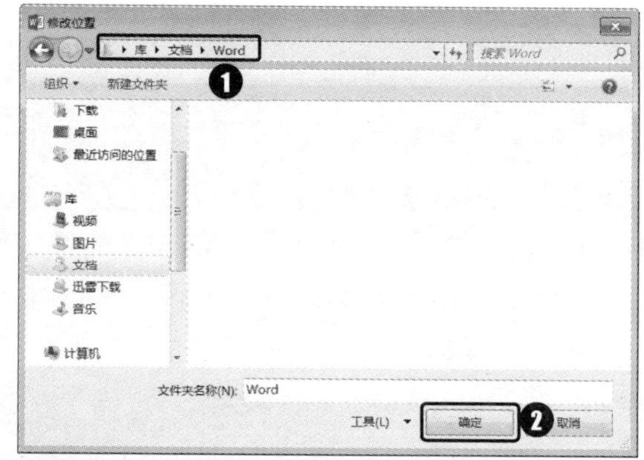

技巧 9：自定义文档的属性信息

●**适用版本：** 2007、2010、2013、2016

●**实用指数：** ★★★☆☆

说 明

Word 文档属性信息主要包括文档摘要、文档关键词和文档作者等内容，便于阅读者了解该文档。

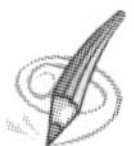

方法

用户可以自定义 Word 文档的属性信息，具体操作方法如下。

第 1 步： 在文档中单击 文件 按钮，❶从弹出的界面中选择“信息”选项；❷单击 属性 按钮；❸从弹出的下拉列表中选择“高级属性”选项，如下图所示。

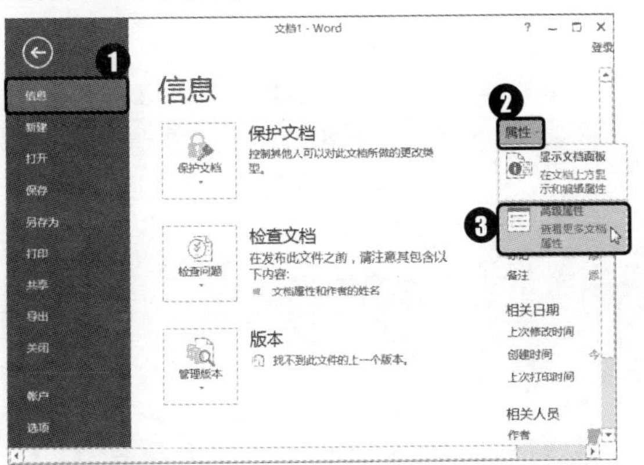

第 2 步： 打开“文档 1 属性”对话框，❶切换到“摘要”选项卡；❷分别输入标题、主题、作者、单位以及类别等相关信息；❸单击 确定 按钮即可，如下图所示。

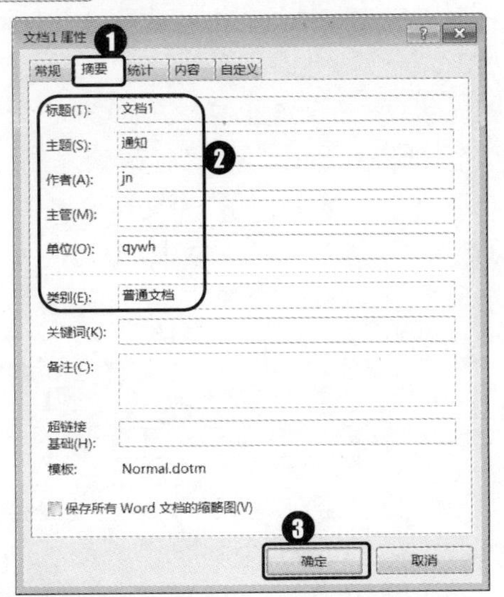

技巧 10：查看文档的修改信息

- **适用版本：** 2007、2010、2013、2016
- **实用指数：** ★★☆☆☆

说　明

企业日常工作中，有的文档可能会被多个人多次审阅修改，如果用户想要对文档有全面的了解，可以查看文档的创建时间、修改次数以及修改时间。

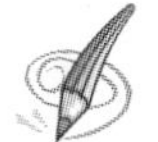

方法

要查看文档的修改次数等信息，具体操作方法如下。

第 1 步： 在文档中单击 文件 按钮，❶从弹出的界面中选择“信息”选项；❷单击 属性 按钮；❸从弹出的下拉列表中选择“高级属性”选项，如下图所示。

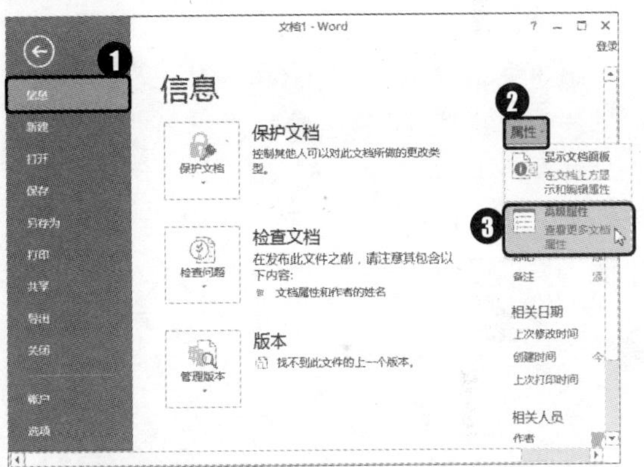

第 2 步： 打开“文档 1 属性”对话框，切换到“统计”选项卡，用户可以查看“创建时间”“修改时间”“上次保存者”等信息，如下图所示。

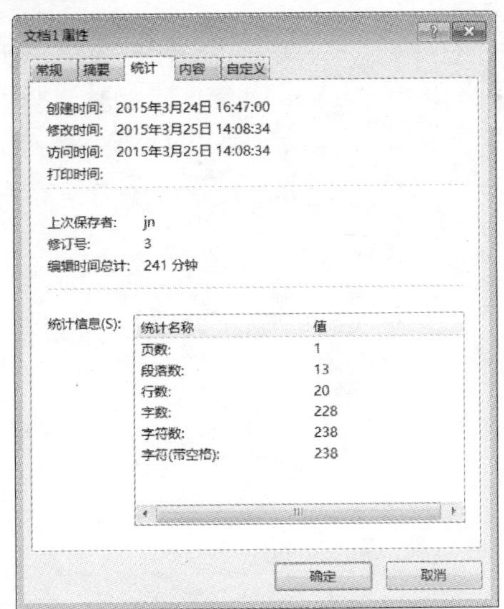

技巧 11：合并多个文档

●适用版本：2007、2010、2013、2016
●实用指数：★★★☆☆

用户在合并文档时，通常会使用复制并粘贴的方式来完成，但是当合并文档比较多又比较长时，复制并粘贴的方法不仅费时费力，还有可能出错，下面介绍一种更好的合并文档的方法。

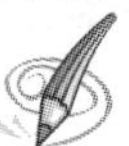

方法

要合并多个文档，具体操作方法如下。

第 1 步： 新建一个 Word 2013 文档，❶切换到“插入”选项卡；❷在“文本”组中单击“对象”按钮 对象 右侧的下三角按钮；❸从弹出的下拉列表中选择“文件中的文字”选项，如下图所示。

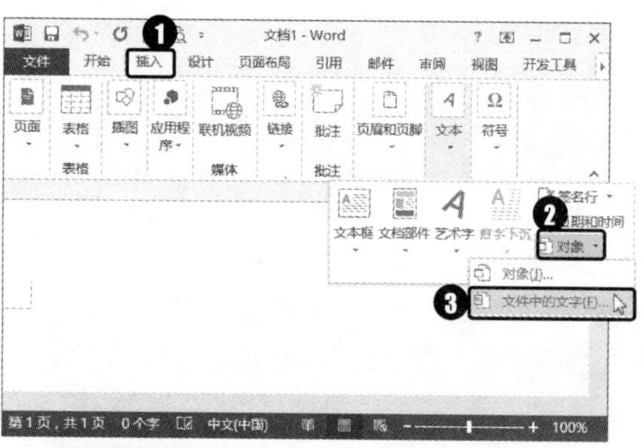

第 2 步： 打开“插入文件”对话框，选中所有需要合并的文档，如下图所示。

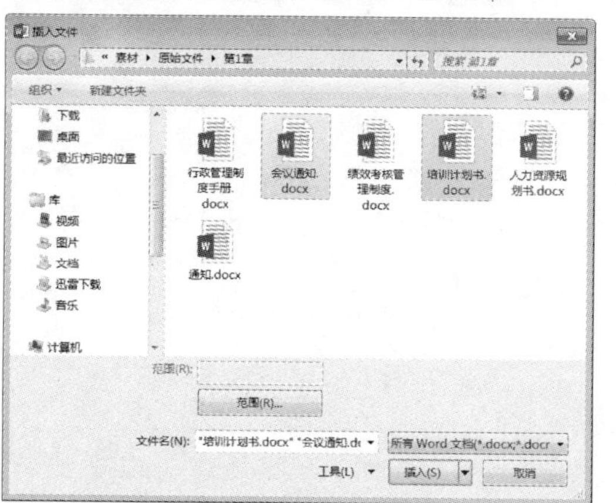

第 3 步： 单击 插入(S) 按钮，返回 Word 文档中，选中的所有文档内容已经插入到当前文档，效果如下图所示。

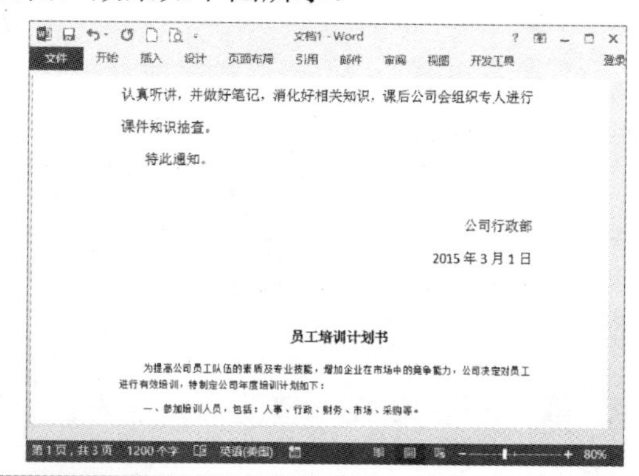

技巧 12：对文档进行并排比较

●适用版本：2007、2010、2013、2016
●实用指数：★★★☆☆

用户使用 Word 2013 的并排查看多个文档窗口的功能，不仅可以并排查看多个窗口，而且可以对不同窗口中的内容进行比较。

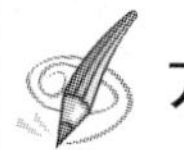

要对 Word 文档进行并排比较，具体操作方法如下。

第 1 步： 打开光盘\素材文件\第 1 章\1.1\“行政管理制度.docx”和“行政管理制度手册.docx”文件，在其中的一个文档窗口中，例如“行政管理制度.docx”文档中，❶切换到“视图”选项卡中；❷在“窗口”组中单击“并排查看”按钮，如下图所示。

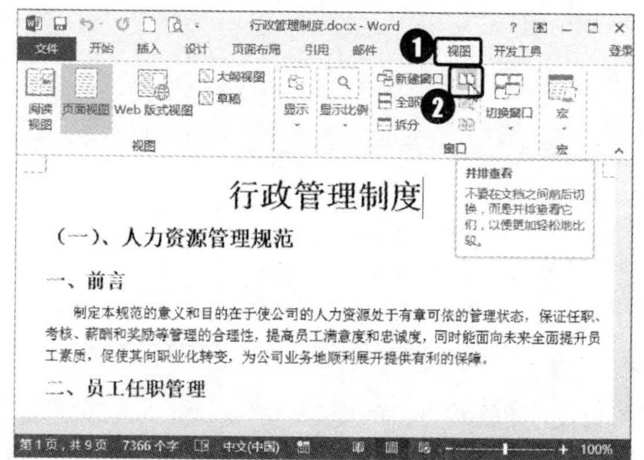

第 2 步： ❶打开“并排比较”对话框，选择一个进行并排比较的 Word 文档；❷单击 确定 按钮，如下图所示。

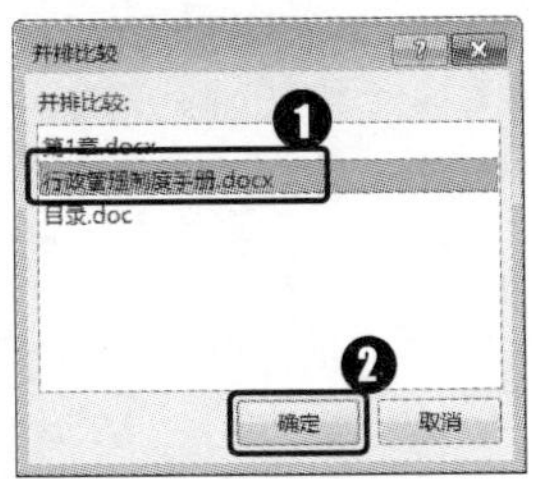

第 3 步： 当用户滚动其中一个文档时，另一个文档也跟着滚动，如下图所示。

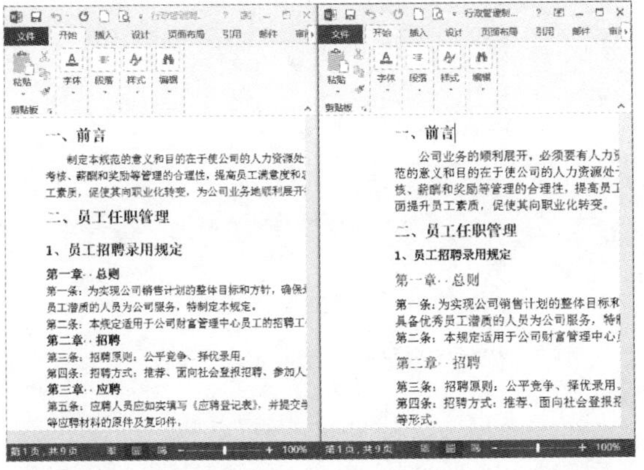

> **专家点拨**
>
> 选择其中一个文档窗口，切换到“视图”选项卡中，单击“窗口”按钮，从弹出的下拉列表中选择“同步滚动”选项，即可取消同步滚动。

技巧 13：新建窗口与拆分窗口的应用

●**适用版本：**2007、2010、2013、2016
●**实用指数：**★★★☆☆

说 明

用户在查看长文档中前后不连续部分的内容时，一般都是用鼠标反复地拖动滚动条上下移动，这样既不方便又浪费时间。在这种情况下，拆分窗口或者新建窗口就可以派上用场了。接下来分别介绍新建窗口和拆分窗口功能。

新建窗口可以对窗口进行排列，以便进行文档浏览、文档同步滚动、并排比较等操作。

拆分功能可以将文档分为上、下两个窗口，两个窗口可以分别滚动。一个窗口显示文档某个段落，另一个窗口显示另一个段落，不必频繁地拖动滚动条，这样既直观又减少了操作，节省了时间。

方法

要新建或拆分窗口实现快速浏览和编辑，具体操作方法如下。

第 1 步： 打开光盘\素材文件\第 1 章\1.1\“行政管理制度.docx”文件，❶切换到“视图”选项卡；❷在“窗口”组中单击 新建窗口 按钮，如下图所示。

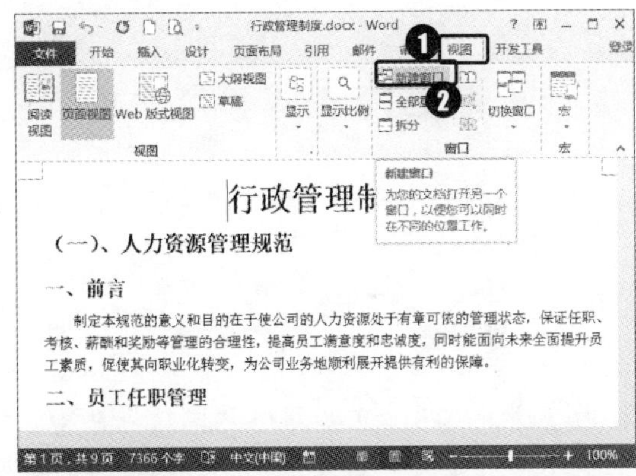

第 2 步： 系统会自动创建一个与原文档一模一样的窗口，这里原文档标题显示为“行政管理制度.docx:1”，新文档标题显示为“行政管理制度.docx:2”，如下图所示。

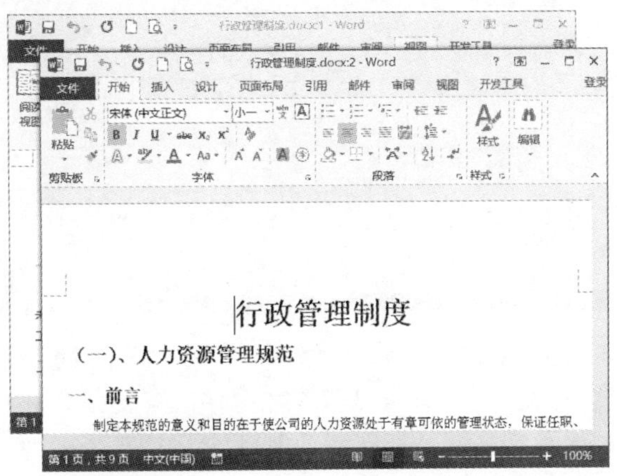

第 3 步： 在文档“行政管理制度.docx:2”

中，❶切换到“视图”选项卡；❷在“窗口”组中单击“并排查看”按钮，如下图所示。

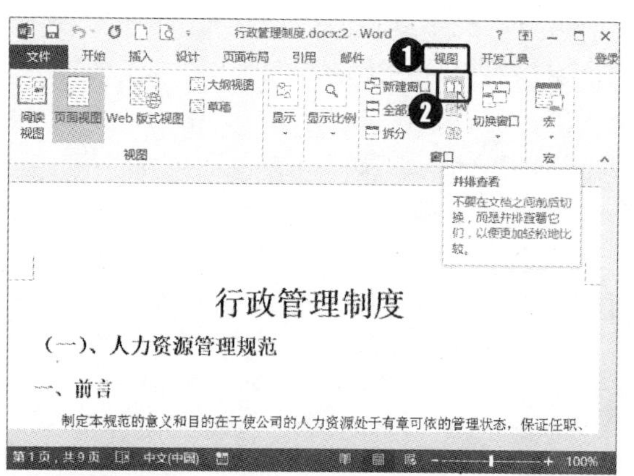

第 4 步： 打开“并排比较”对话框，❶在“并排比较”列表框中选择比较项“行政管理制度.docx:1”；❷单击“确定”按钮，如下图所示。

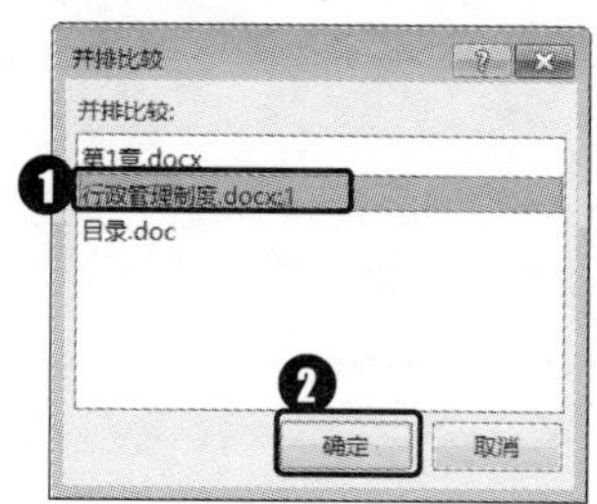

第 5 步： 两个文档即可并排显示在窗口中，在其中一个文档中滚动鼠标，两个文档窗口即可同步滚动查看，如下图所示。

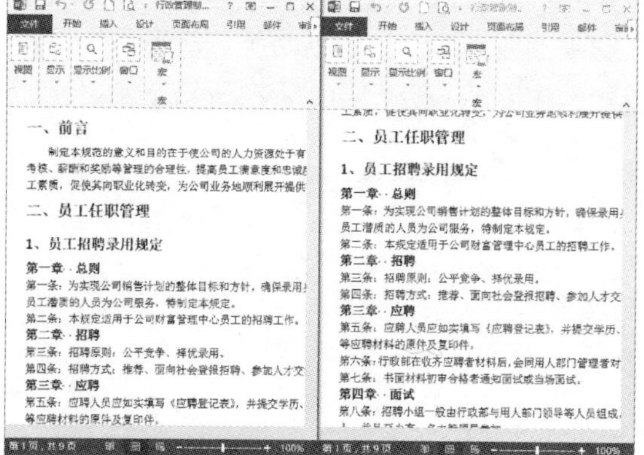

第 6 步： 此时在文档“行政管理制度.docx:2”中做任何修改并保存，系统都会自动保存在文档“行政管理制度. docx:1”中，如下图所示。

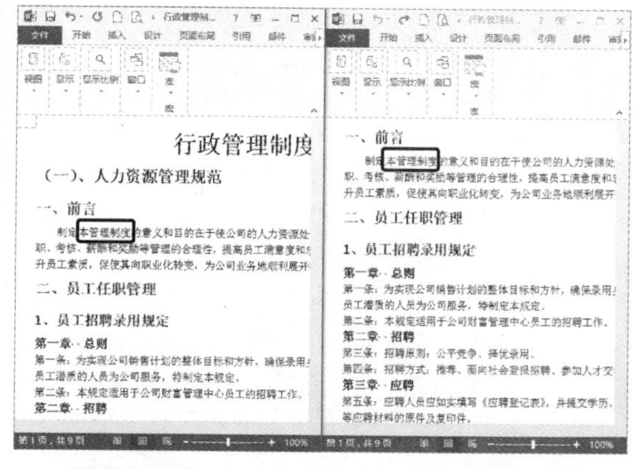

第 7 步： 单击任意一个文档窗口右上角的“关闭”按钮 ×，即可退出并排比较的窗口模式。在“窗口”组中单击“拆分”按钮，如下图所示。

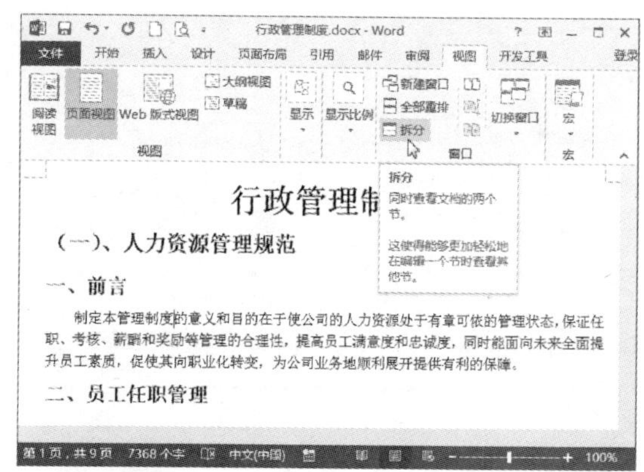

第 8 步： 此时，窗口就变成上下两个窗口。将鼠标移到中间的分隔线上，鼠标会变成÷形状，按住鼠标左键上下拖动可以调节两个窗口的大小，在任意一个窗口中拖动鼠标，可以在保证另一个窗口中内容不动的情况下查看该窗口中的文档，如下图所示。

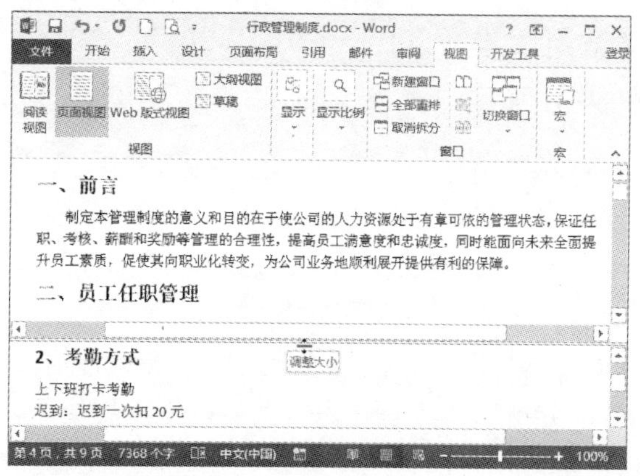

专家点拨

如果要取消窗口拆分状态，将鼠标指针移向两个文档间的分界线上，待鼠标指针呈÷形状时，双击鼠标左键即可。

技巧 14：将文档标记为最终状态

●适用版本：2007、2010、2013、2016

●实用指数：★★☆☆☆

说　明

当完成一篇文档时，为了防止他人对其进行修改，可以将文档标记为最终状态。

方法

要将文档标记为最终状态，具体操作方法如下。

第 1 步： 打开光盘\素材文件\第 1 章\1.1\“行政管理制度.docx”文件，单击 文件 按钮，❶从弹出的界面中选择“信息”选项；❷单击“保护文档”按钮；❸从弹出的下拉列表中选择“标记为最终状态”选项，如下图所示。

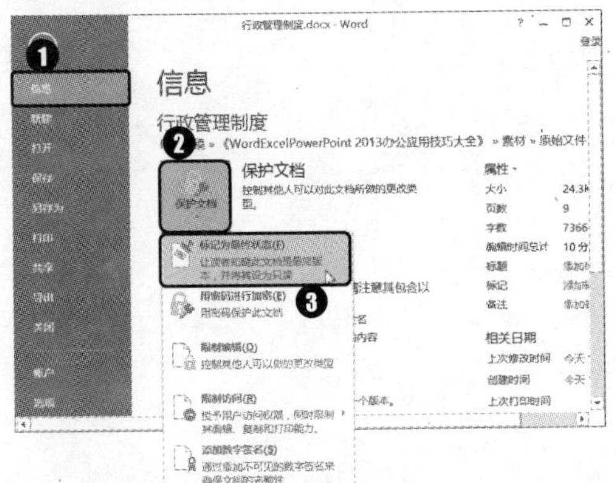

第 2 步： 弹出“Microsoft Word”提示对话框，提示用户“此文档将先被标记为终稿，然后保存”，单击 确定 按钮，如下图所示。

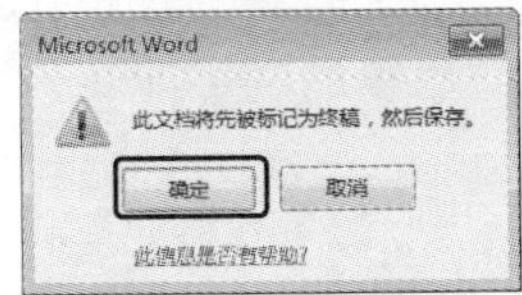

第 3 步： 弹出“Microsoft Word”提示对话框，再次单击 确定 按钮，如下图所示。

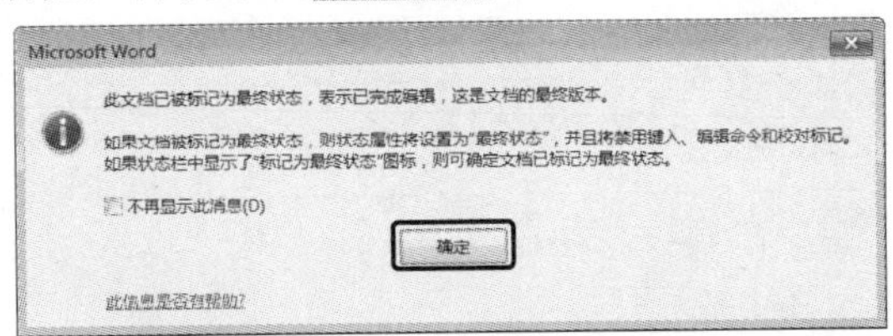

第 4 步： 此时返回 Word 文档中，可以看到标题栏显示“只读”两字，表示文档处于“只读”状态，切换到“开始”选项卡，可以发现所有按钮都处于灰度状态，表示此时不能对文档进行任何修改。如果用户仍然想编辑文档，可以单击 仍然编辑 按钮，如下图所示。

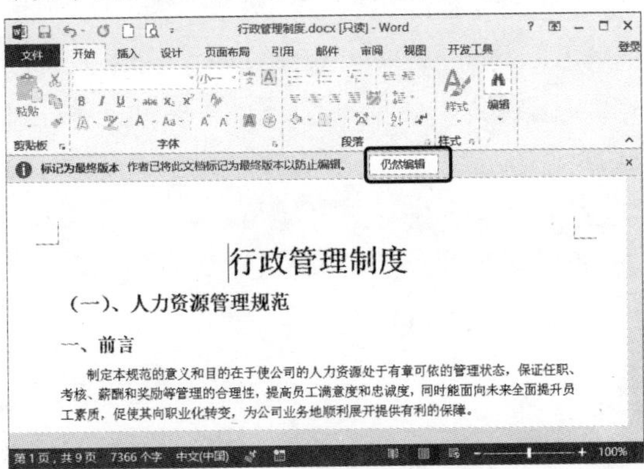

专家点拨

将文档标记为最终状态并不能对文档起到真正的保护作用，只是提示其他用户该文档已是最终状态。

如果要取消最终状态标记，用户只须单击功能区下方提示框中的 仍然编辑 按钮，或者单击 文件 按钮，从弹出的界面中选择“信息”选项，然后单击“保护文档”按钮，从弹出的下拉列表中再次选择“标记为最终状态”选项，即可取消最终状态标记。

1.2　文本的录入技巧

了解了 Word 文档的一些基本操作技巧后，接下来介绍一些常用的文本录入技巧。使用这些技巧，用户可以快速在 Word 文档中录入一些特殊内容，从而有效地提高工作效率。

技巧 15：巧用剪贴板

●适用版本：2007、2010、2013、2016

●实用指数：★★★☆☆

日常工作中，用户在编辑文档时经常需要重复输入相同的内容，这时可以将其剪切或者复制到 Office 剪贴板中，需要时直接单击剪贴板中相应的项目即可将其插入到文档中。

Office 剪贴板中可容纳文本、图片、自选图形、编辑公式和剪贴画等，最多可容纳 24 个项目，当复制或剪贴的项目超过 24 个时，系统会自动从第 1 个项目开始清除。

如果同时打开多个文档，它们可以共享一个剪贴板上的所有内容。

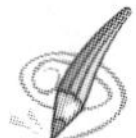

方法

要调出“剪贴板”任务窗格，具体操作方法如下。

打开光盘\素材文件\第 1 章\1.2\“行政管理制度.docx”文件，❶切换到“开始”选项卡；❷单击“剪贴板”组右下角的“对话框启动器”按钮，弹出“剪贴板”任务窗格，如下图所示。

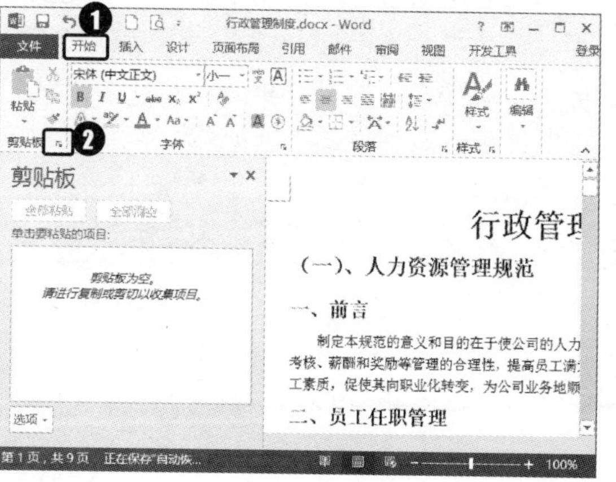

专家点拨

如果用户要使用剪贴板中的某个项目，首先将插入点定位在目标位置，然后在“剪贴板”任务窗格中的“单击要粘贴的项目”列表中选择要粘贴的项目，单击其右侧的下拉按钮或者单击鼠标右键，再选择“粘贴”选项，即可将该项目粘贴到文档中的目标位置处。

技巧 16：在文档中使用繁体字

●适用版本：2007、2010、2013、2016

●实用指数：★★★☆☆

创建文档时，有时需要使用繁体字，用户可按以下方法来轻松输入繁体字。

方法

要在文档中使用繁体字，具体操作方法如下。

第 1 步： 打开光盘\素材文件\第 1 章\1.2\“行政管理制度.docx”文件，❶选中要使用繁体字的文字，例如选中“规范”；❷切换到“审阅”选项卡中；❸在“中文简繁转换”组中单击繁简转繁按钮，如下图所示。

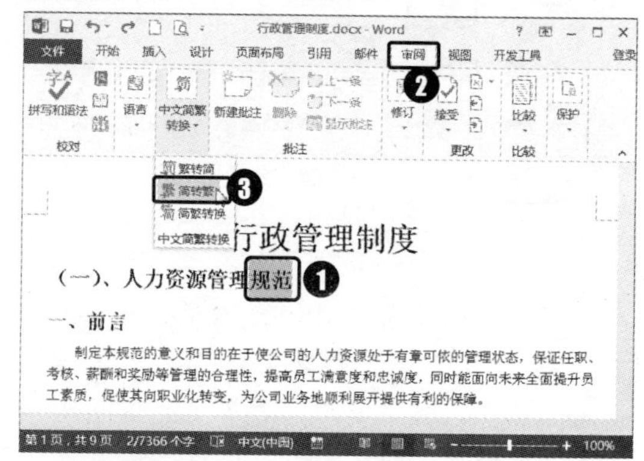

第 2 步： 选中的文字即转化为繁体字，效果如下图所示。

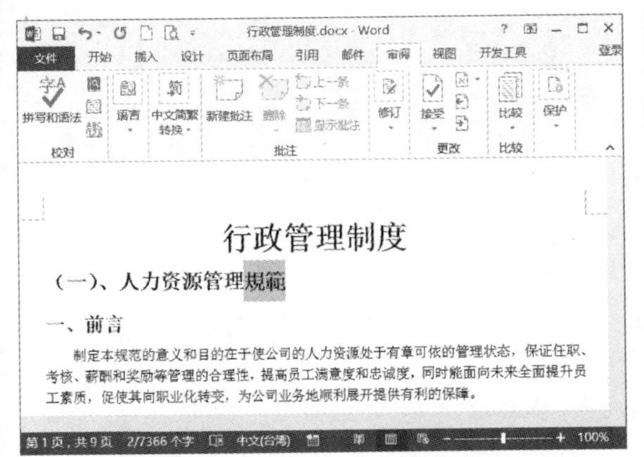

第 3 步： 也可以单击 简繁转换 按钮，打开“中文简繁转换”对话框，❶在“转换方向”选项组中选中“简体中文转换为繁体中文”单选按钮；❷单击 确定 按钮，如下图所示。

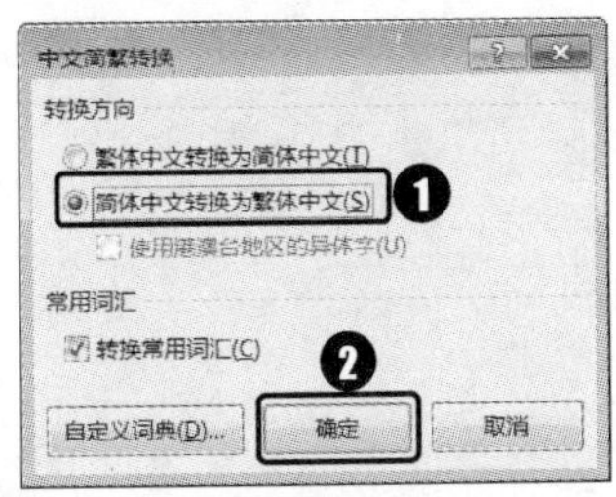

技巧 17：输入生僻字

●**适用版本：**2007、2010、2013、2016

●**实用指数：**★★☆☆☆

说 明

在日常工作中，有时文档中需要输入一些生僻字，如果不知道文字的读音，就需要使用五笔输入法输入，但有时五笔输入法中并没有这个汉字，接下来就介绍在这种情况下怎样输入生僻字。

方法

例如，要在文档中输入生僻字“桝”，具体操作方法如下。

第 1 步： 打开 Word 文档，在其中输入一个与该字同偏旁部首的汉字或偏旁（如“木”），然后选中这个汉字，如下图所示。

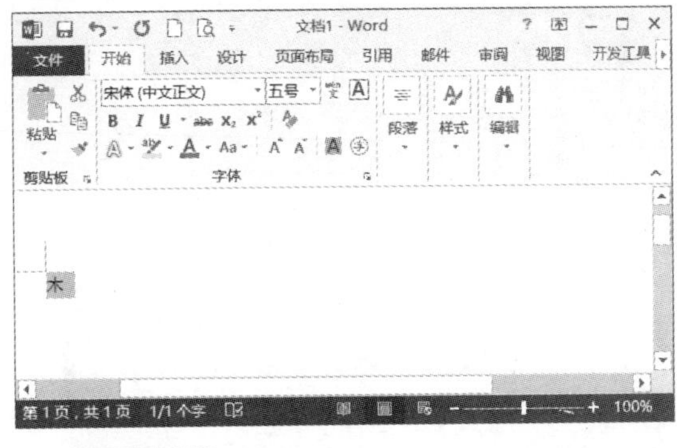

第 2 步： ❶切换到“插入”选项卡中；❷单击“符号”组中的“符号”按钮Ω；❸从弹出的下拉列表中选择“其他符号”选项，如下图所示。

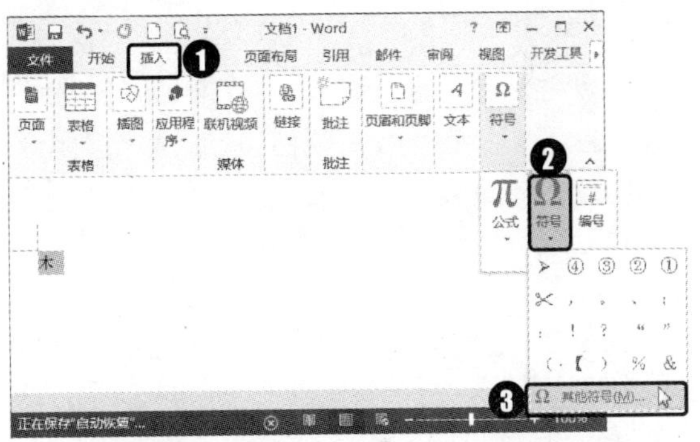

第 3 步： 打开“符号”对话框，会发现对话框定位在包含该偏旁部首的汉字区域，上、下拉动滚动条，❶仔细浏览，就可以找到“桝”这个生僻汉字了，选中它；❷单击 插入(I) 按钮；❸单击 关闭 按钮关闭对话框，如下图所示。

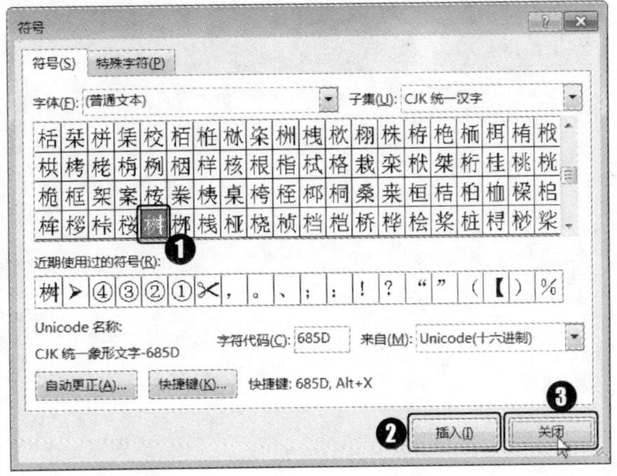

第 4 步： 返回 Word 文档中，即可看到该生僻字已经插入到文档中，如下图所示。

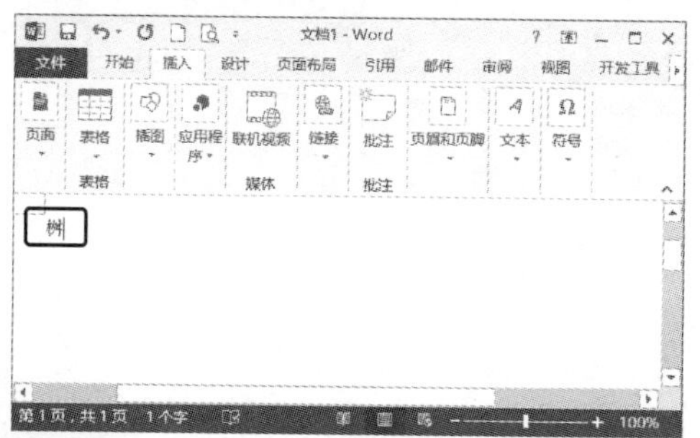

技巧 18：在文档中输入上、下标

●**适用版本：**2007、2010、2013、2016

●**实用指数：**★★☆☆☆

在创建含有化学方程式、数据公式以及科学计数法等文档时，常用到上、下标，下面介绍怎样输入上、下标。

方法

要同时在 Word 文档中输入上、下标，具体操作方法如下。

第 1 步： 打开 Word 文档，在其中输入“Fx+2”,如下图所示。

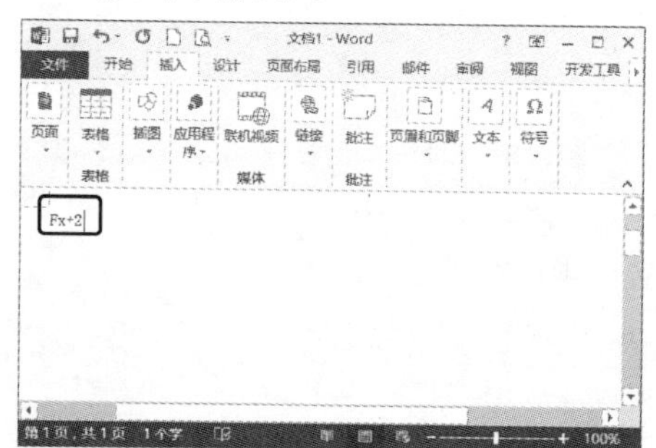

第 2 步： ❶选中“x+2”; ❷切换到“开始”选项卡中，单击“字体”组中的“下标”按钮 x_2，如下图所示。

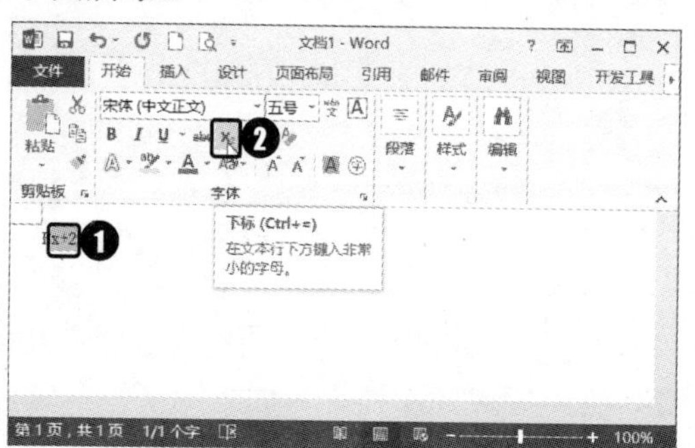

第 3 步： 查看插入的下标，效果如下图所示。

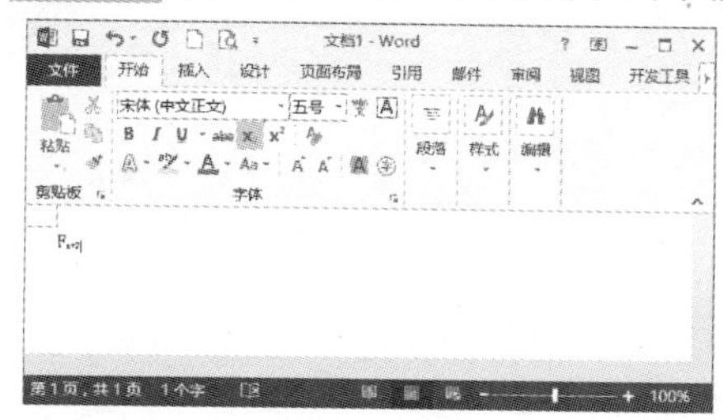

> **专家点拨**
>
> 插入上标的方法和插入下标类似，用户可以单击“字体”组中的“上标”按钮 x^2，也可以按〈Ctrl+Shift+=〉组合键。

技巧 19：同时输入上标和下标

●**适用版本：**2007、2010、2013、2016

●**实用指数：**★★★☆☆

说 明

对于单独输入上标或下标，功能区中有对应的设置上标和下标的按钮，然而在创建含有化学方程式、数学公式的文档时，经常需要同时用到上、下标。下面介绍在文档中同时输入上标和下标的方法。

方法

要在文档中同时输入上标和下标，具体操作方法如下。

第 1 步： 打开一个 Word 文档，在文档中输入“Fxy”，❶选中“xy”；❷切换到“开始”选项卡，在“段落”组中单击“中文版式”按钮；❸从弹出的下拉列表中选择“双行合一”选项，如下图所示。

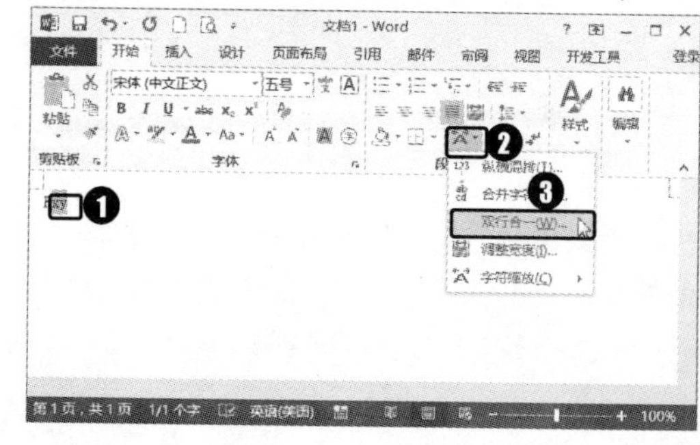

第 2 步： 打开“双行合一”对话框，在“文字”文本框中的字符“x”和“y”之间插入一个空格，如下图所示。

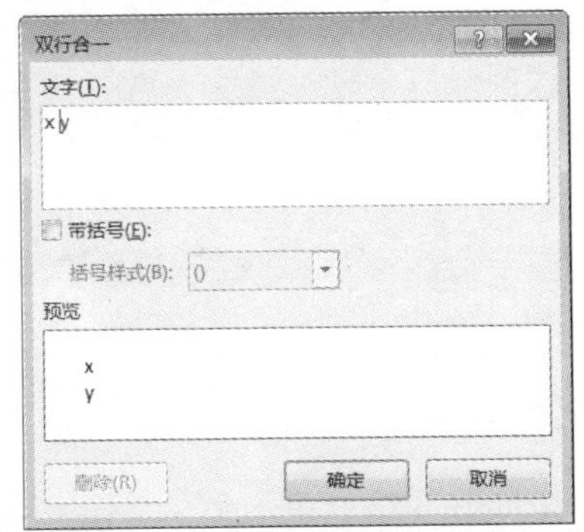

第 3 步： 单击确定按钮返回文档中，此时字符“x”和“y”分别变成“F”的上标和下标，如下图所示。

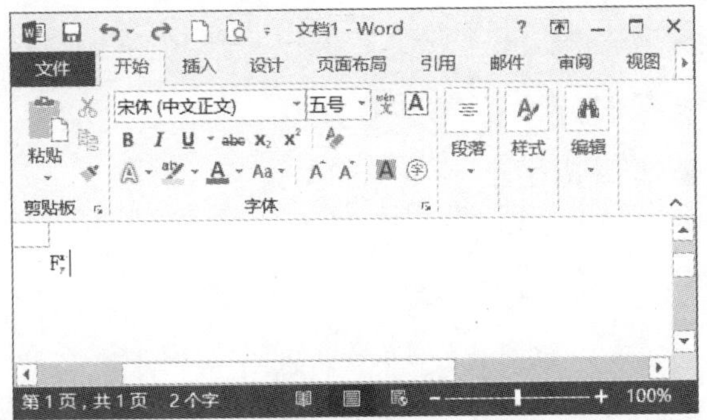

技巧 20：输入带圈字符

●**适用版本**：2007、2010、2013、2016

●**实用指数**：★★★☆☆

说　明

在 Word 2013 中经常要用到一些带圈文字或数字，用户可以通过插入符号功能输入带圈数字，但带圈文字无法使用此方法进行输入，接下来介绍怎样输入带圈字符。

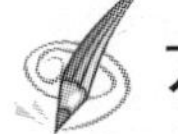

方法

要在 Word 2013 中输入带圈字符，具体操作方法如下。

第 1 步： 打开 Word 文档，❶输入文字，例如“检”；❷切换到“开始”选项卡中，单击“字体”组中的“带圈字符”按钮㊖，如下图所示。

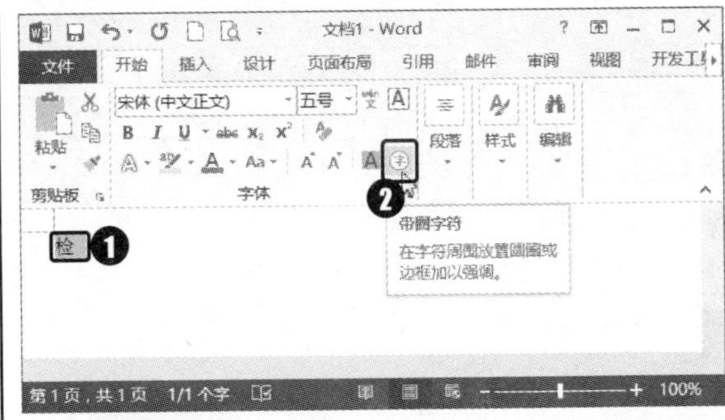

第 2 步： 打开“带圈字符”对话框，❶在“样式”选项组中选择合适的样式，例如选择“增大圈号”选项；❷在“圈号”选项组中的“圈号”列表框中选择合适的选项，如下图所示。

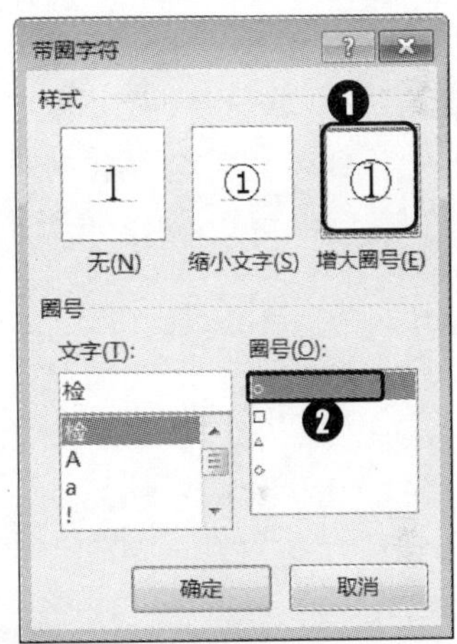

第 3 步： 单击确定按钮即可看到插入的文字变为带圈文字，如下图所示。

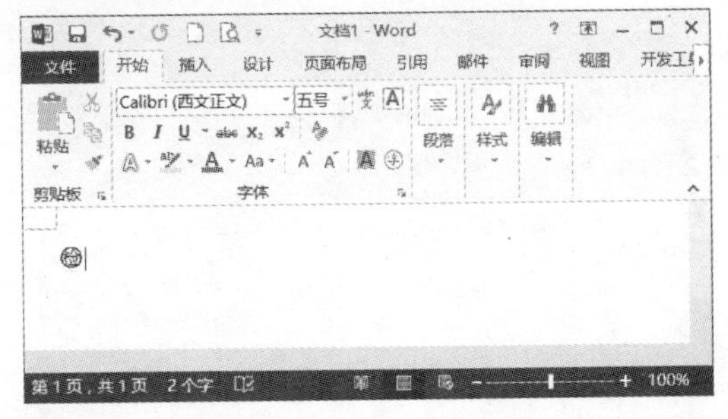

专家点拨

在“带圈字符”对话框的“文字”文本框中输入想要的数字，在“圈号”列表框中选择合适的圈号和样式，单击确定按钮即可。但是需要注意的是，输入的数字不能大于 100。

技巧 21：插入当前日期和时间

●适用版本：2007、2010、2013、2016
●实用指数：★★★☆☆

在日常工作中，用户撰写通知和请柬等文稿时，需要插入当前日期或时间，接下来介绍怎样快速插入当前日期和时间。

例如，要在 Word 2013 中插入当前日期，具体操作方法如下。

第 1 步： 打开 Word 文档，❶切换到“插入”选项卡中，❷在“文本”组中单击“日期和时间”按钮 日期和时间，如下图所示。

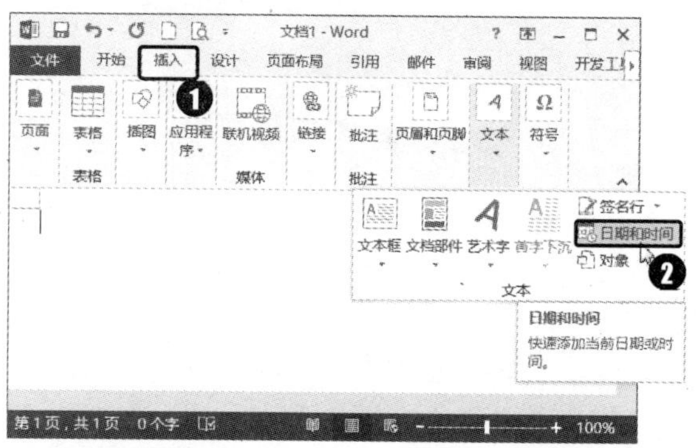

第 2 步： 打开“日期和时间”对话框，在“可用格式”列表框中选择一种合适的样式，如下图所示。

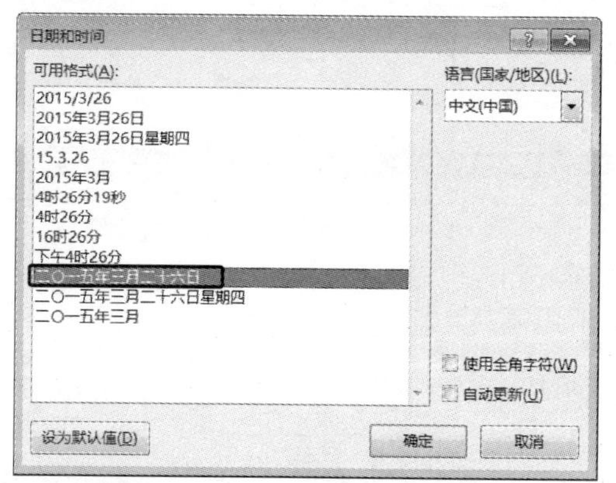

第 3 步： 单击 确定 按钮，即可在文档中插入当前日期，如下图所示。

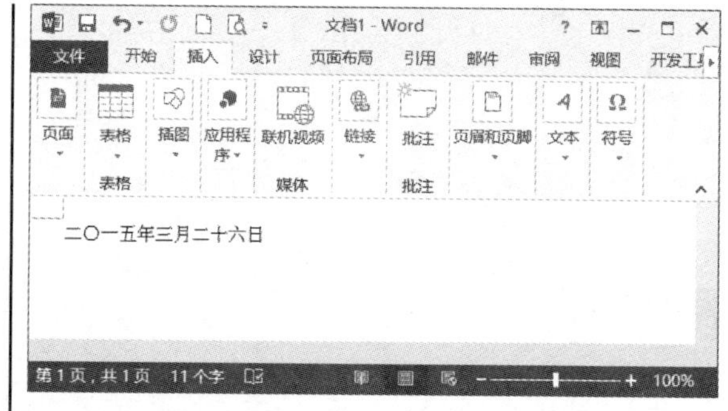

专家点拨

若要快速插入日期和时间，可以通过按〈Alt+Shift+D〉组合键快速插入当前日期，按〈Alt+Shift+T〉组合键快速插入当前时间。

技巧 22：在 Word 文档中插入对象

●适用版本：2007、2010、2013、2016
●实用指数：★★★☆☆

用户可以在文档中插入对象，即将其他 Word 文档或 Excel 表格中的内容整体移动到一个新的文档中。

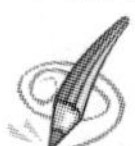

要在 Word 2013 中插入其他文档的内容，具体操作方法如下。

第 1 步： 打开一个 Word 文档，切换到“插入”选项卡，在“文本”组中单击“对象”按钮，如下图所示。

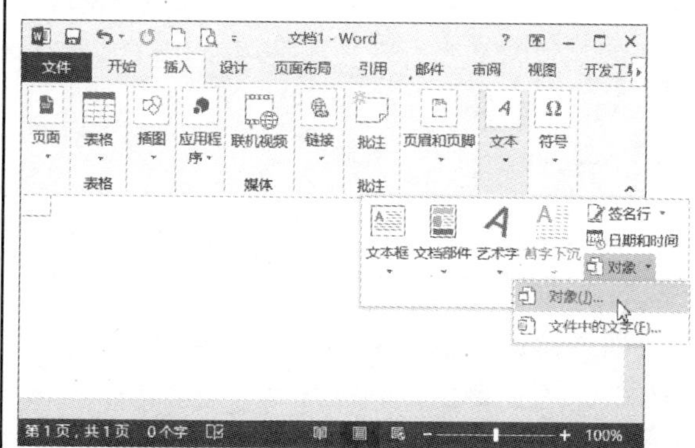

第 2 步： 打开“对象”对话框，❶切换到

"由文件创建"选项卡；❷单击"文件名"文本框右侧的 浏览(B)... 按钮，如下图所示。

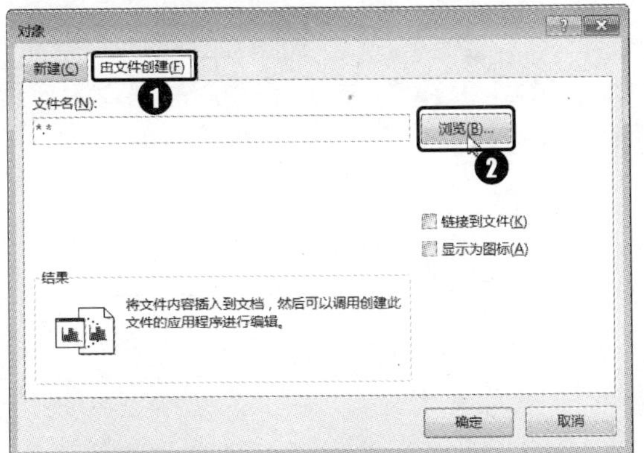

第 3 步： 打开"浏览"对话框，❶找到要插入的文档所保存的位置；❷选中该文档；❸单击 插入(S) 按钮，如下图所示。

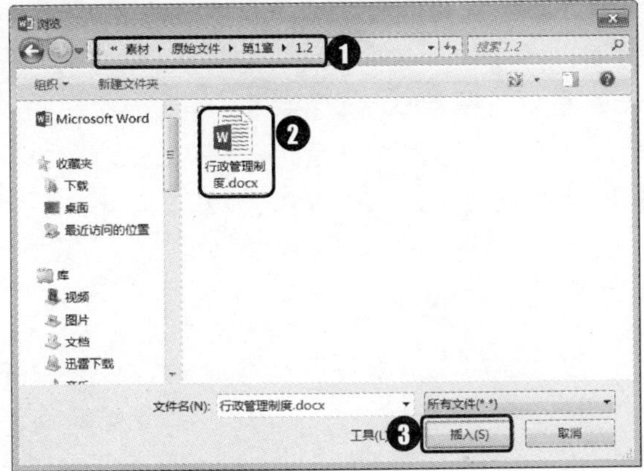

第 4 步： 返回"对象"对话框，单击 确定 按钮，返回 Word 文档窗口，即可看到插入的对象，如下图所示。

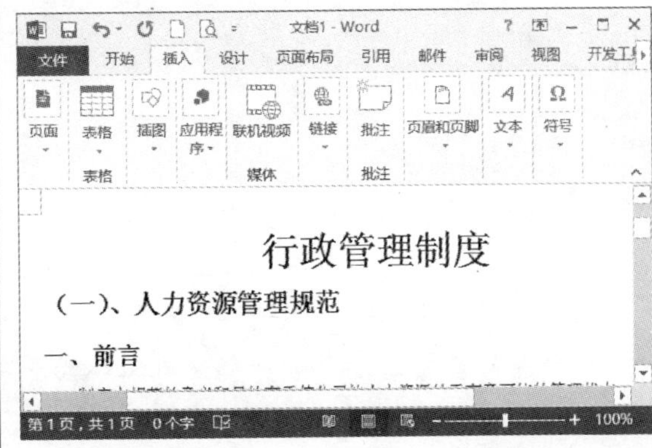

Word 文档的编辑、审阅与排版技巧

文档编辑是 Word 2013 的基本功能之一，主要用于对文档进行修改等基本操作；Word 的审阅功能用于帮助用户进行拼写检查、批注、翻译、修订等重要工作；为了使 Word 文档更加美观，用户还需要把文字、表格、图形、图片等进行合理的排版操作。本章介绍关于文档编辑、审阅以及排版方面的一些技巧，掌握这些技巧后，用户可以更加高效地操作文档。

▷▷2.1　文档编辑技巧

日常工作中，用户需要对文档进行一系列编辑操作，有些操作可以通过一些小技巧快速实现，例如使用快捷键快速调整字号、快速精确地移动文本、将数字转换为大写人民币、给汉字添加拼音、改变文字的方向、在文档中更改默认字体等技巧。本节就来介绍一些与 Word 2013 文档编辑相关的技巧。

技巧 23：使用快捷键快速调整字号

●**适用版本** 2007、2010、2013、2016
●**实用指数：**★★★☆☆

说　明

在编辑文档时，用户有时需要将文本的字号缩小或放大，可以在“开始”功能区中的“字体”组中设置字号大小，或者在“字体”对话框中进行设置，接下来介绍怎样使用快捷键来快速调整字号。

方法

要使用快捷键快速调整字号，具体操作方法如下。

❶选中要调整字号的文本，按〈Ctrl+[〉组合键，将缩小字号，每按一次字号，缩小一磅；❷按下〈Ctrl+]〉组合键，将增大字号；每按一次字号，增大一磅。

> **专家点拨**
>
> 另外，用户也可以选中要调整字号的文本，按〈Ctrl+Shift+<〉组合键来快速缩小字号，按〈Ctrl+Shift+>〉组合键来快速增大字号。

技巧 24：使用快捷键快速调整行间距

●**适用版本：**2007、2010、2013、2016
●**实用指数：**★★★☆☆

说　明

用户在编辑文档时，一般在“开始”功能区中的“段落”组中设置行间距，或者在“段落”对话框中进行设置，接下来介绍怎样通过快捷键来快速调整行间距。

方法

要使用快捷键快速调整行间距，具体操作方法如下。

第 1 步： 打开光盘\素材文件\第 2 章\2.1\“绩效考核管理制度.docx”文件，选中要调整行间距的文本，如下图所示。

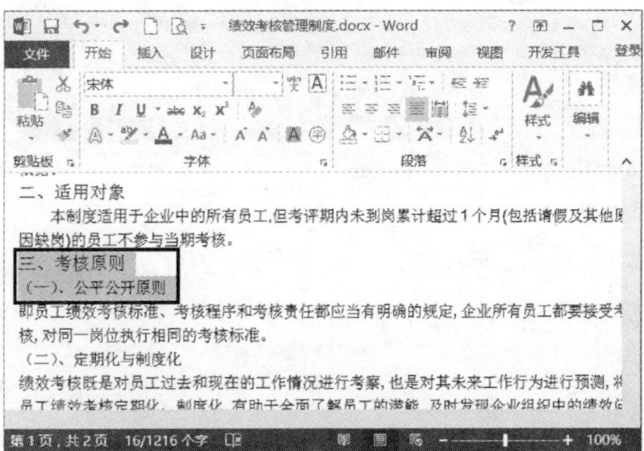

第 2 步： 按〈Ctrl+1〉组合键，即可将行间距设置为单倍行距，效果如下图所示。

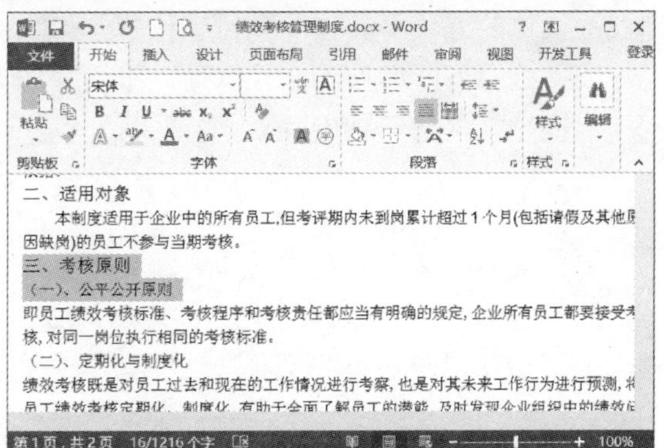

第 3 步： 按〈Ctrl+2〉组合键，即可将行

间距设置为双倍行距，效果如下图所示。

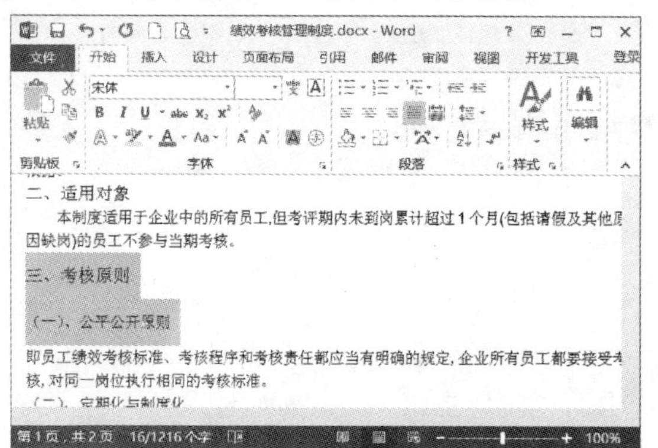

第 4 步： 按〈Ctrl+5〉组合键，即可将行间距设置为 1.5 倍行距，如下图所示。

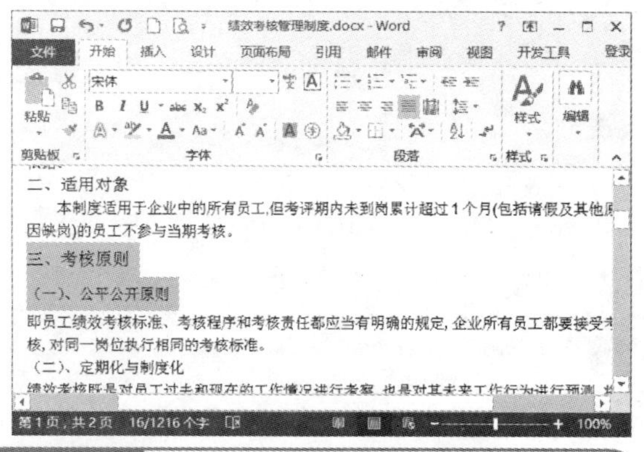

技巧 25：快速精确地移动文本

●**适用版本：** 2007、2010、2013、2016

●**实用指数：** ★★★☆☆

说 明

在编辑文档时，经常需要将某些文本的位置进行移动，通常是先选中要移动的文本，再用鼠标拖曳的方式将其移动到目标位置，但如果在长文档中如此操作就比较麻烦，下面介绍利用〈F2〉键来进行精确移动。

方法

要精确移动文本，具体操作方法如下。

第 1 步： 打开光盘\素材文件\第 2 章\2.1\“人力资源规划书.docx”文件，选中文本“采购部部门经理职责：”，按〈F2〉键，此时在状态栏的左下角会显示“移至何处？”的提示信息，如下图所示。

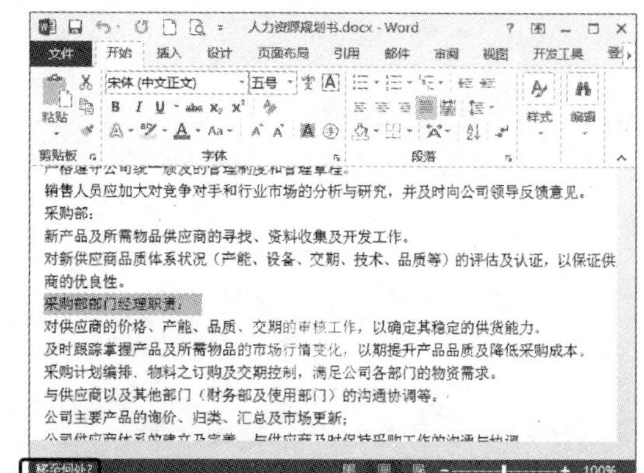

第 2 步： 将鼠标指针移至目标位置，即文本“新产品”的前面，再按〈Enter〉键，即可完成所选文本的精确移动，如下图所示。

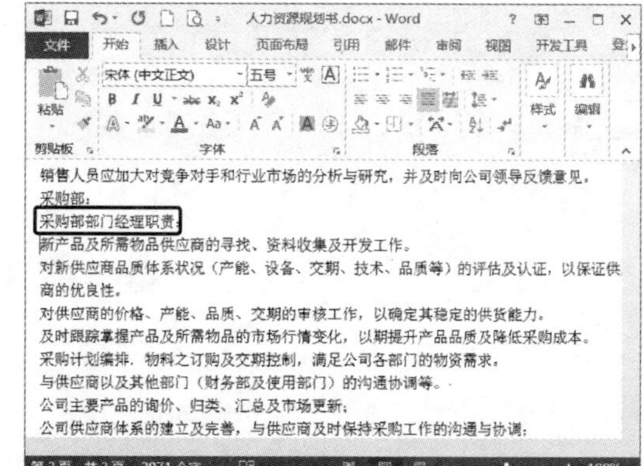

技巧 26：设置默认复制粘贴方式

●**适用版本：** 2007、2010、2013、2016

●**实用指数：** ★★★☆☆

说 明

在 Word 2013 中，默认情况下，按〈Ctrl+C〉组合键可以复制选择的内容，按〈Ctrl+V〉组合键可以执行粘贴操作。实际上，用户可以通过设置，使粘贴操作只需要按〈Insert〉键即可实现，这样显然会提高操作效率。

方法

例如，设置〈Insert〉键为默认粘贴键，具体操作方法如下。

按照前面介绍的方法打开“Word 选项”对话框，❶切换到“高级”选项卡；❷在“剪切、复制和粘贴”选项组中选中“用 Insert 键粘贴”

复选框；❸完成设置后单击 确定 按钮，如下图所示。这样，在进行剪切或复制操作后，只需要按〈Insert〉键就可以将对象插入到指定的位置。

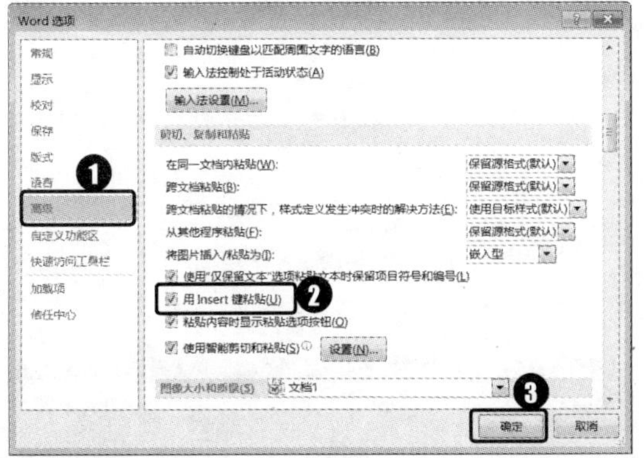

技巧 27：将数字转换为大写人民币

●**适用版本：** 2007、2010、2013、2016

●**实用指数：** ★★☆☆☆

在 Word 2013 中，有时候用户需要将输入的数字转换为大写人民币类型，例如填写收条或者收款凭证时，依次输入容易出错，这时用户可以使用 Word 的编号功能快速转换。

方法

要将数字转换为大写人民币，具体操作方法如下。

第 1 步： 打开光盘\素材文件\第 2 章\2.1\“收据.docx”文件，❶选中数字“54688”；❷切换到“插入”选项卡，在“符号”组中单击“编号”按钮，如下图所示。

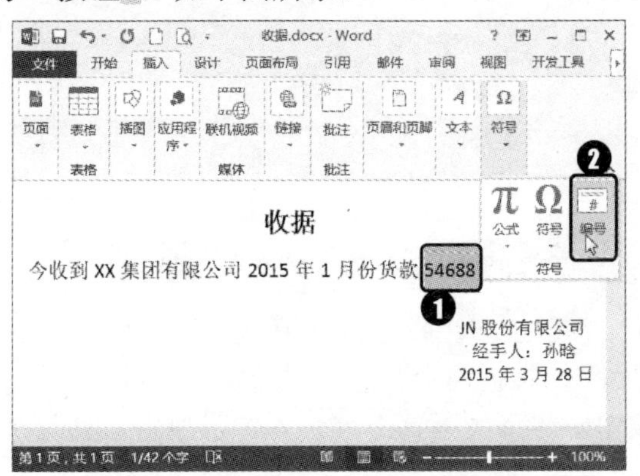

第 2 步： 打开“编号”对话框，在“编号”文本框中显示了选中的数据，在“编号类型”列表框中选择“壹，贰，叁…”选项，如下图所示。

第 3 步： 单击 确定 按钮返回文档中，即可看到设置后的效果，如下图所示。

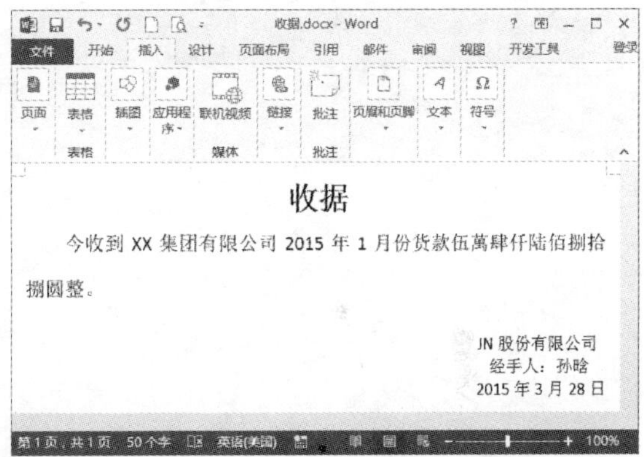

技巧 28：巧用 Word 自带的翻译功能

●**适用版本：** 2007、2010、2013、2016

●**实用指数：** ★★☆☆☆

用户在编辑或阅览某些外文文档时，有时可能需要用翻译软件将其翻译成中文，或者需要将中文词汇翻译成外文，这时可以用 Word 自带的翻译功能。下面介绍快速启动 Word 2013 翻译功能的方法。

方法

例如，使用快捷菜单方法打开 Word 2013 的翻译功能，具体操作方法如下。

第 1 步： 打开光盘\素材文件\第 2 章\2.1\

“人力资源规划书.docx”文件，❶选中文本“监督”，然后单击鼠标右键；❷从弹出的快捷菜单中选择“翻译”菜单项，如下图所示。

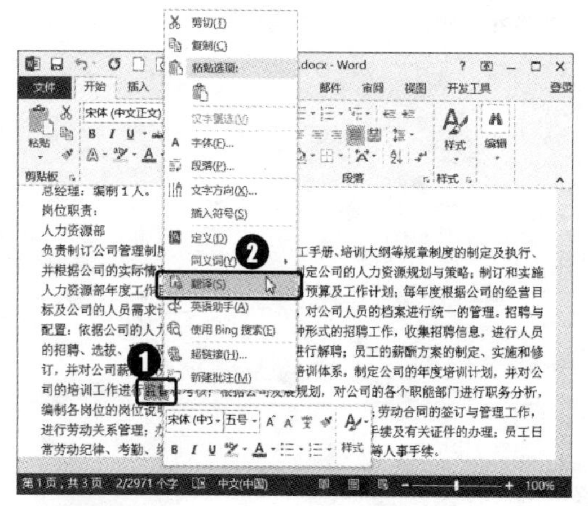

第 2 步： 打开“信息检索”任务窗格并显示翻译结果，如下图所示。

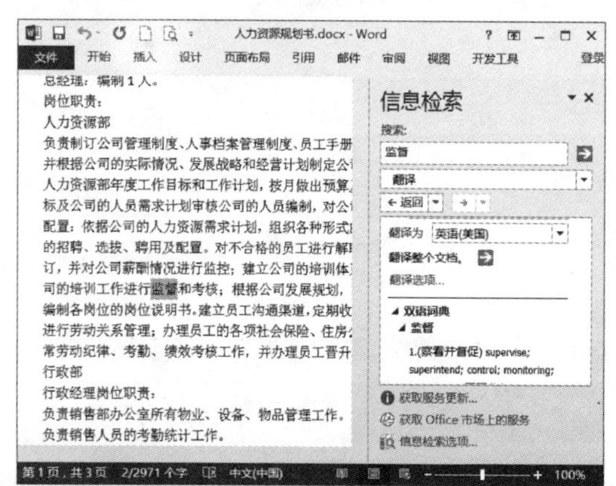

技巧 29：给汉字添加拼音

●适用版本：2007、2010、2013、2016

●实用指数：★★★☆☆

说 明

当用户需要在 Word 文档中输入汉字拼音时，可以运用 Word 2013 提供的拼音指南功能来为汉字自动添加拼音。

方法

要给汉字添加拼音，具体操作方法如下。

第 1 步： 打开光盘\素材文件\第 2 章\2.1\“古诗.docx”文件，❶选择“悯农”；❷切换到“开始”选项卡，在“字体”组中单击“拼音指南”按钮，如下图所示。

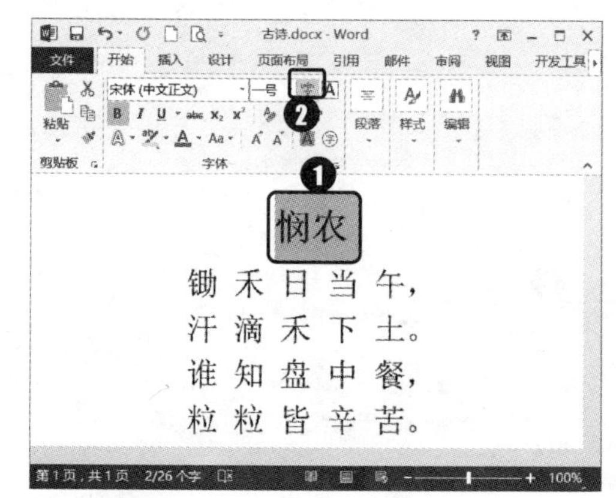

第 2 步： 打开“拼音指南”对话框，单击 组合(G) 按钮，如下图所示。

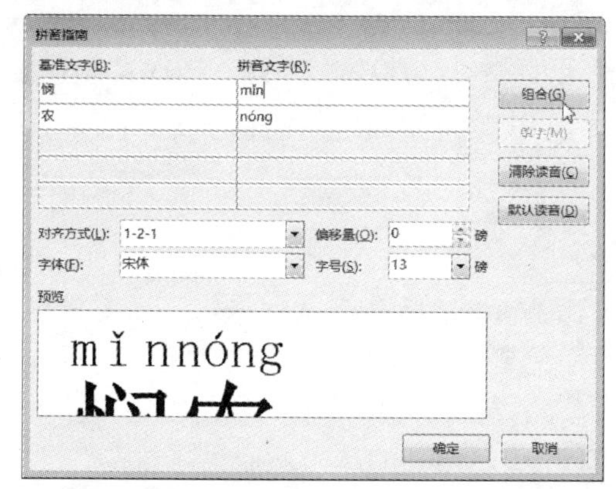

第 3 步： 单击 确定 按钮返回文档中，即可看到为标题“悯农”添加的拼音效果，如下图所示。

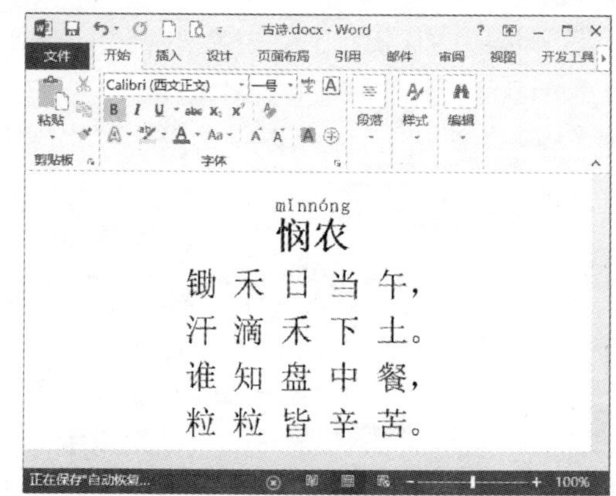

第 4 步： 选中古诗中其他的内容，再次打开“拼音指南”对话框，然后直接单击 确定 按钮，古诗的所有内容都添加了拼音，且其拼

音均在汉字的上方，如下图所示。

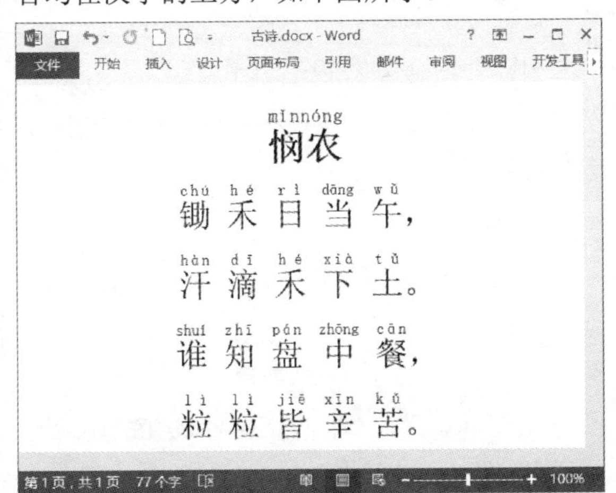

专家点拨

使用 Word 2013 的“拼音指南”功能一次性只能为 1~50 个汉字添加拼音。

如果要添加拼音的汉字是多音字，且系统添加的拼音不正确，可以打开“拼音指南”对话框，在“拼音文字”文本框中进行修改。

技巧 30：将汉字和拼音分离

●**适用版本**：2007、2010、2013、2016

●**实用指数**：★★★☆☆

说明

用户有时需要将汉字和拼音分离，尤其是在制作小学语文试题时，这时可以运用“复制-选择性粘贴”的方法来实现汉字和拼音的分离。

方法

要将汉字和拼音分离，具体操作方法如下。

第 1 步： 打开光盘\素材文件\第 2 章\2.1\“古诗 01.docx”文件，选中古诗中所有的内容，按〈Ctrl+C〉组合键，接着在下方单击鼠标右键，从弹出的快捷菜单中选择“粘贴选项”→“只保留文本”菜单项，如下图所示。

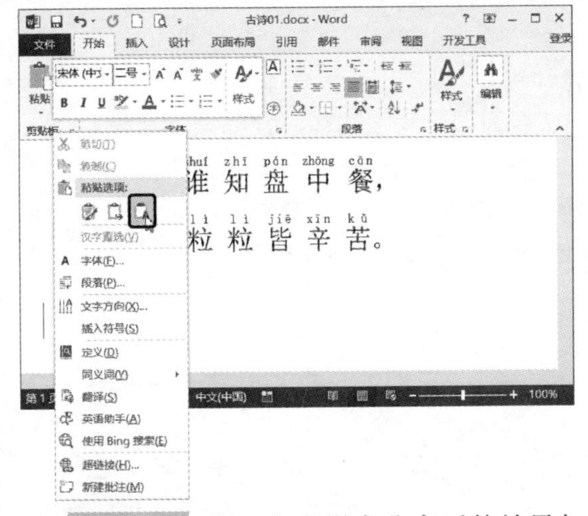

第 2 步： 将汉字和拼音分离后的效果如下图所示。

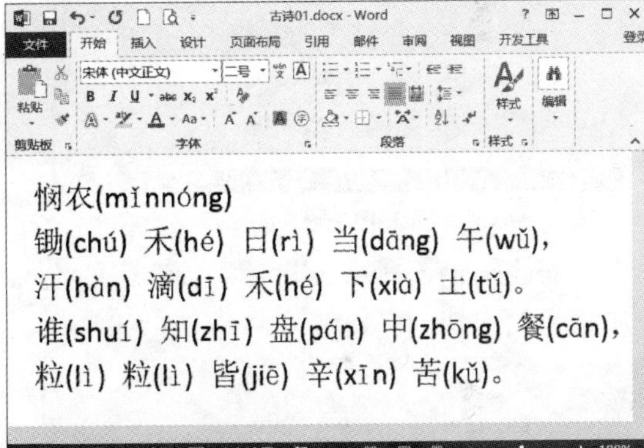

专家点拨

选中古诗，按〈Ctrl+C〉组合键将其粘贴到记事本中，即可将汉字和拼音分离开来，然后将其从记事本中复制并粘贴到目标位置即可。

技巧 31：快速为词语添加注释

●**适用版本**：2007、2010、2013、2016

●**实用指数**：★★★☆☆

说明

在编辑 Word 文档时，用户可以为专业性较强或者难以理解的词语添加注释，以便于其他阅读者理解。

方法

要为词语添加注释，具体操作方法如下。

第 1 步： 打开光盘\素材文件\第 2 章\2.1\“古诗 02.docx”文件，❶将光标定位到需要添加注释的文本之后；❷切换到“引用”选项卡；❸在“脚注”组中单击“插入脚注”按钮，如下图所示。

第 2 步： 光标自动切换到页面底端，用户在页面底端输入注释，此时在该词语的上标处和页面的底端均出现编号“1”，如下图所示。

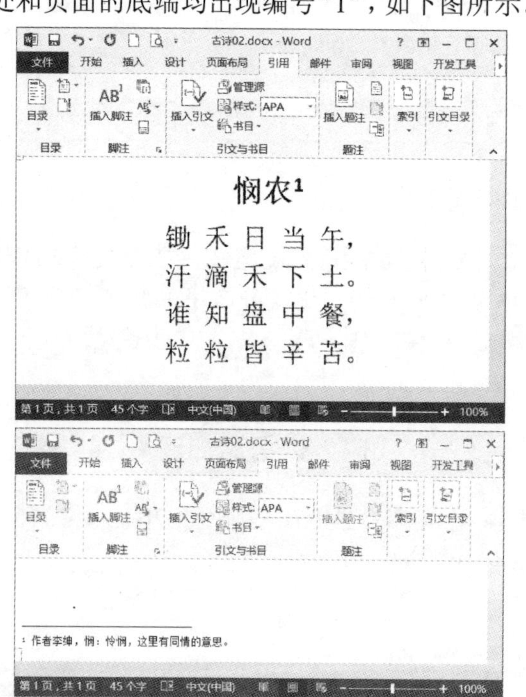

技巧 32：设置中、英文两种字体

●**适用版本：**2007、2010、2013、2016

●**实用指数：**★★★☆☆

说 明

用户在编辑 Word 2013 文档时，可以将中文和英文两种字体一起进行设置，也可以分开进行设置。

方法一

要一起设置中、英文字体，具体操作方法如下。

第 1 步： 打开光盘\素材文件\第 2 章\2.1\“古诗 01.docx”文件，❶选中要设置字体的所有文本；❷切换到“开始”选项卡；❸单击“字体”组右下角的“对话框启动器”按钮，如下图所示。

第 2 步： 打开“字体”对话框，默认打开“字体”选项卡，在对话框中分别对中、英文字体格式进行设置，如下图所示。

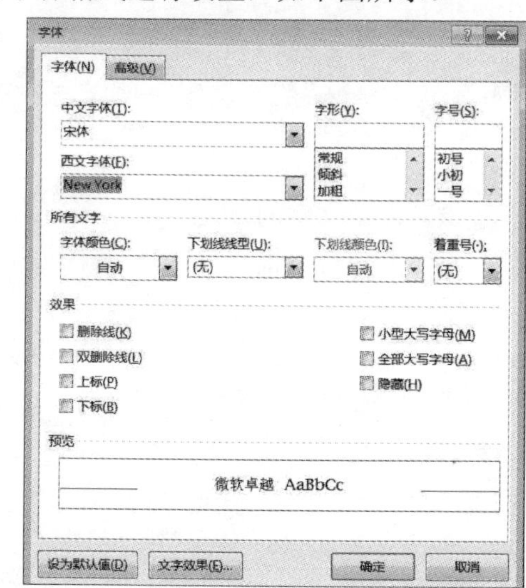

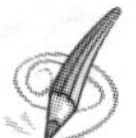

方法二

在文档中，用户分别设置中、英文两种字体时，如果先设置英文字体格式，再设置中文字体格式，后设置的中文字体格式会影响先设置的英文字体格式。

为了使后设置的中文字体格式不影响先设置的英文字体格式，需要先对选项进行设置，具体操作方法如下。

按照前面介绍的方法打开“Word 选项”对话框，❶切换到“高级”选项卡；❷在“编辑选项”选项组中取消选中“中文字体也应用于西文”复选框；❸单击 确定 按钮，如下图所示。

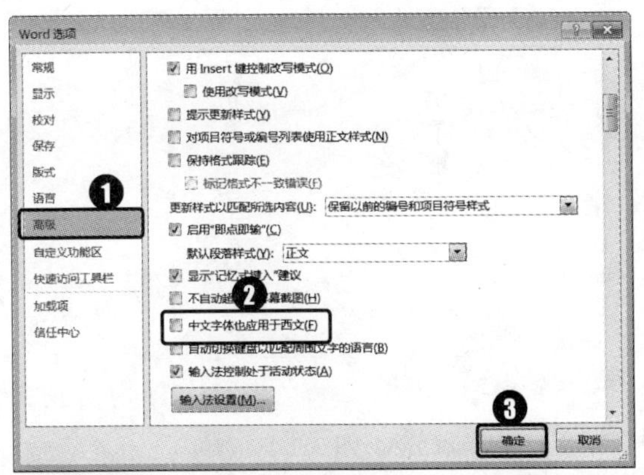

技巧 33: 调整下画线与文字的距离

●适用版本：2007、2010、2013、2016

●实用指数：★★☆☆☆

说 明

通常情况下，在 Word 文档中给文字插入的下画线是紧靠着文字的，为了使下画线显示得更加明显，用户可以根据需要适当地调整下画线与文字的距离。

方法

要调整下画线与文字的距离，具体操作方法如下。

第 1 步： 打开光盘\素材文件\第 2 章\2.1\“收据 01.docx”文件，在文本“伍萬肆仟陆佰捌拾捌”的前后各插入一个空格，选中空格及文字，如下图所示。

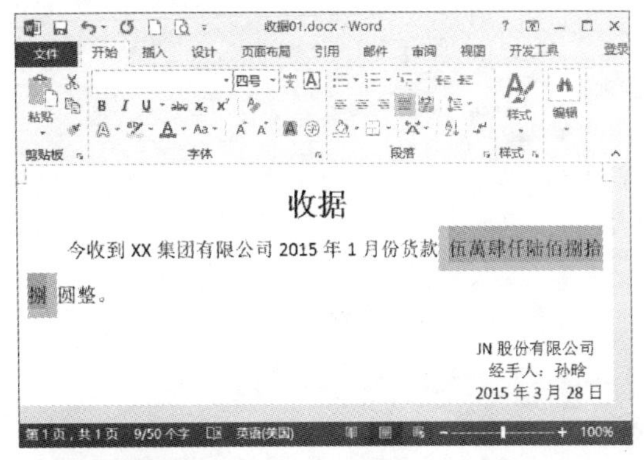

第 2 步： 切换到“开始”选项卡，在“字体”组中单击“下画线”按钮 U ，即可为选中的空格及文字加上下画线，如下图所示。

第 3 步： ❶选中文本“伍萬肆仟陆佰捌拾捌”；❷切换到“开始”选项卡，单击“字体”组右下角的“对话框启动器”按钮，如下图所示。

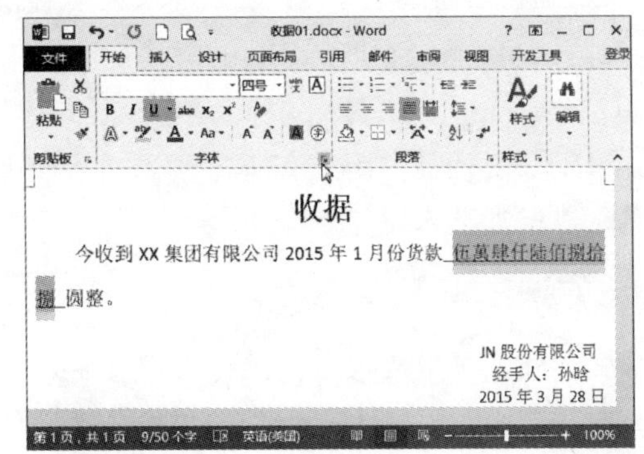

第 4 步： 打开“字体”对话框，❶切换到“高级”选项卡；❷在“位置”下拉列表框中选择“提升”选项；❸在“磅值”微调框中输入“2 磅”，如下图所示。

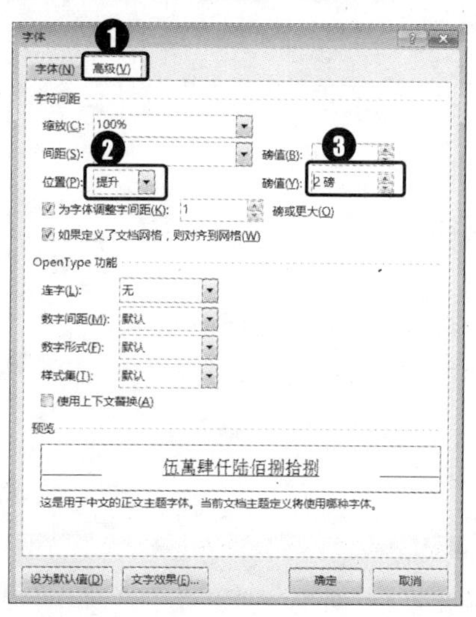

第 5 步： 单击 确定 按钮，设置后的效果如下图所示。

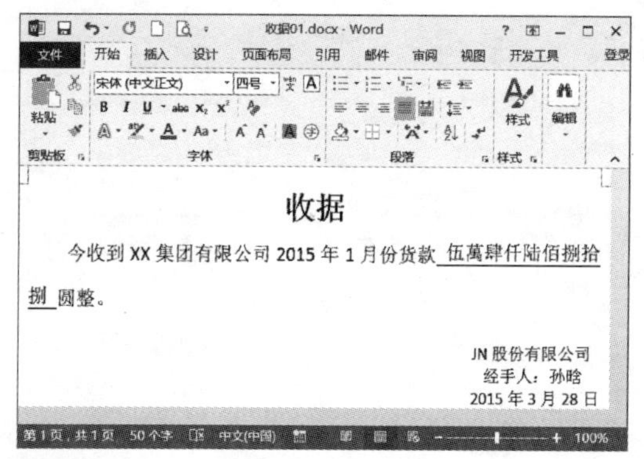

技巧 34：改变文字的方向

●**适用版本**：2007、2010、2013、2016

●**实用指数**：★★★☆☆

说 明

编辑好文档后，用户有时需要为文字改变方向，以增加艺术感。

方法

要改变文字方向，具体操作方法如下。

第 1 步： 打开光盘\素材文件\第 2 章\2.1\“古诗.docx”文件，❶选中全部文本，单击鼠标右键；❷从弹出的快捷菜单中选择“文字方向”菜单项，如下图所示。

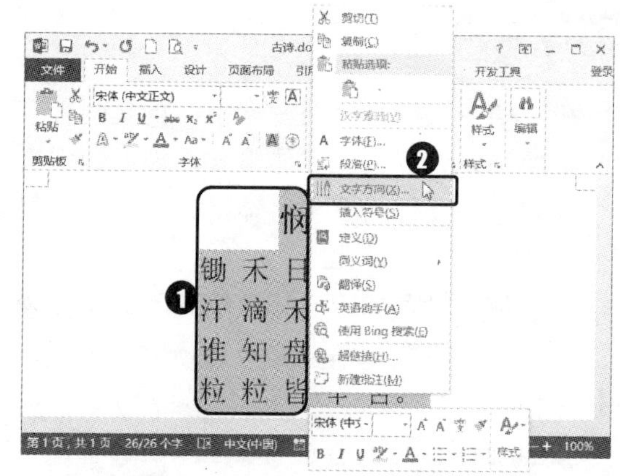

第 2 步： 打开“文字方向-主文档”对话框，在“方向”选项组中有 5 种文字方向选项，用户可以根据编辑的需要任选其中一种，如下图所示。

第 3 步： 单击 确定 按钮，即可看到文字方向的设置效果，如下图所示。

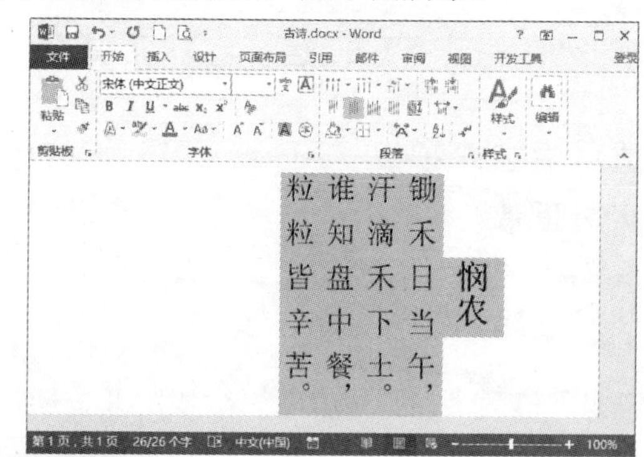

技巧 35：把全角转换为半角

●**适用版本**：2007、2010、2013、2016

●**实用指数**：★★☆☆☆

说 明

有时候，一篇文档中的数字有的是全角格式，有的是半角格式，看起来很不规范，用户可以按照以下方法来将全角字符转换为半角字符。

方法

要将全角字符全部转换为半角字符，具体操作方法如下。

第 1 步： 打开光盘\素材文件\第 2 章\2.1\“绩效考核管理制度.docx”文件，按下〈Ctrl+A〉组合键选中全文，如下图所示。

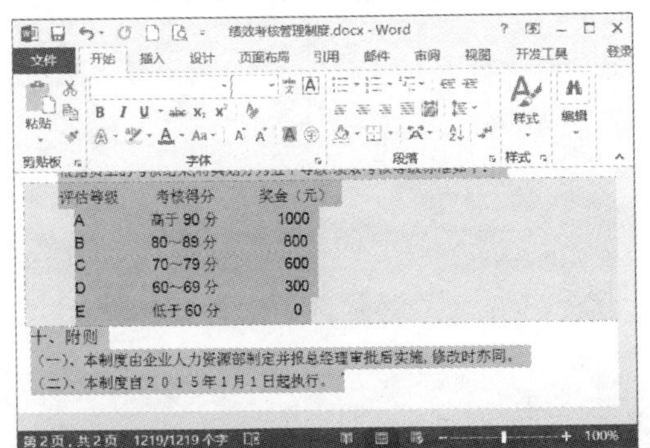

第 2 步： ❶切换到“开始”选项卡中，在“字体”组中单击“更改大小写”按钮 Aa▾；❷从弹出的下拉列表中选择“半角”选项，如下图所示。

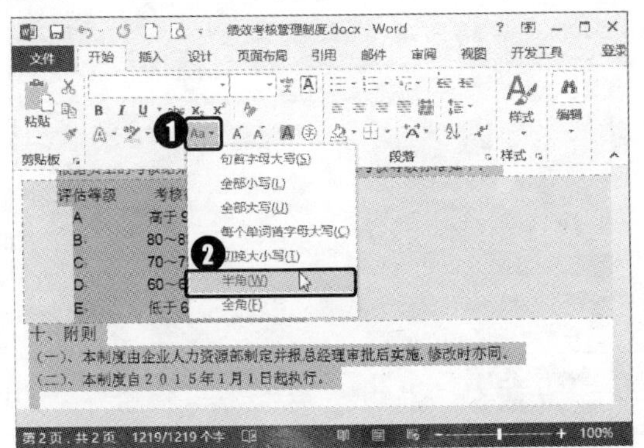

第 3 步： 查看将全角数字转换为半角数字后的效果，如下图所示。

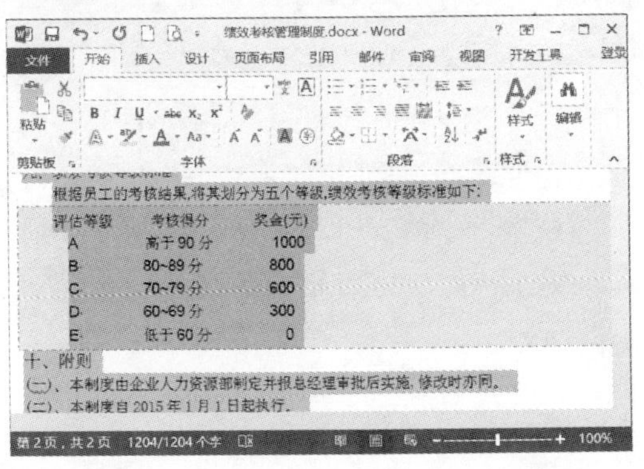

技巧 36：快速合并字符

- **适用版本：** 2007、2010、2013、2016
- **实用指数：** ★★★☆☆

说 明

制作名片或公文时最难做的就是文件头，需要花费大量的时间去将一行字符分为两行，再将其显示在同一行中，操作起来很麻烦，用户可以按照以下方法来快速合并字符，将一行字符分为两行。

方法

要快速合并字符，具体操作方法如下。

第 1 步： 选中文档中需要合并的字符，❶切换到“开始”选项卡中，在“段落”组中单击“中文版式”按钮 ▾；❷从弹出的下拉列表中选择“合并字符”选项，如下图所示。

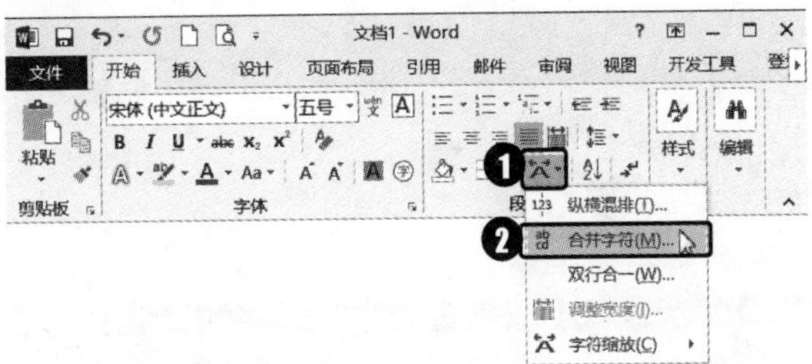

第 2 步： 打开“合并字符”对话框，❶分别在“字体”和“字号”下拉列表框中选择合适的选项；❷单击 确定 按钮，如下图所示。

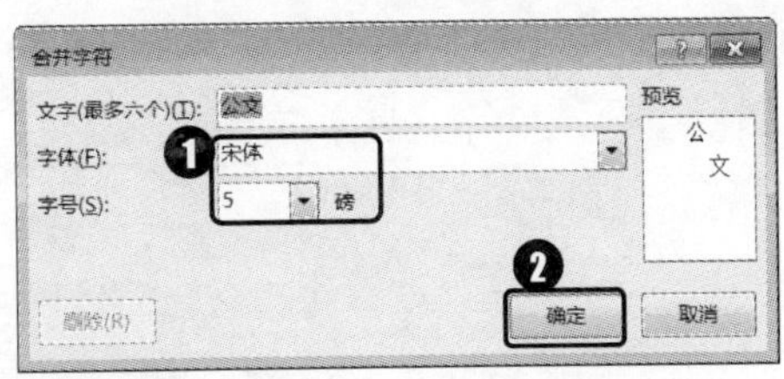

技巧 37：在文档每段结尾添加相同内容

- **适用版本：** 2007、2010、2013、2016
- **实用指数：** ★★★☆☆

说明

在编辑 Word 2013 时，有时需要在每段结尾添加相同的内容，接下来介绍怎样使用替换法快速在文档每段结尾添加相同的内容。

方法

例如，在文档每段结尾添加“（结束）”，具体操作方法如下。

第 1 步： 打开光盘\素材文件\第 2 章\2.1\“人力资源规划书.docx”文件，❶按〈Ctrl+A〉组合键选中全文；❷切换到“开始”选项卡中，单击“编辑”按钮；❸从弹出的下拉列表中选择“替换”选项，如下图所示。

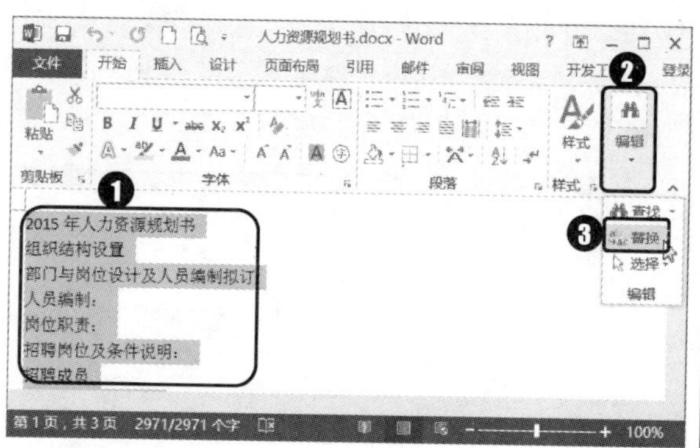

第 2 步： 打开“查找和替换”对话框，默认打开“替换”选项卡，单击 更多(M) >> 按钮，如下图所示。

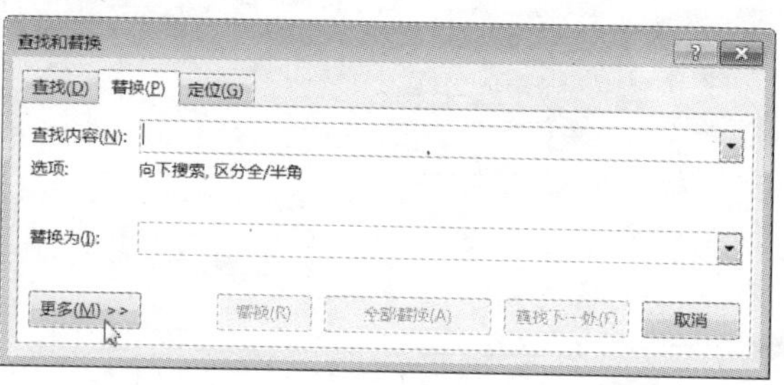

第 3 步： ❶将光标定位在“查找内容”文本框中；❷单击 特殊格式(E) 按钮；❸从弹出的下拉列表中选择“段落标记”选项，如下图所示。

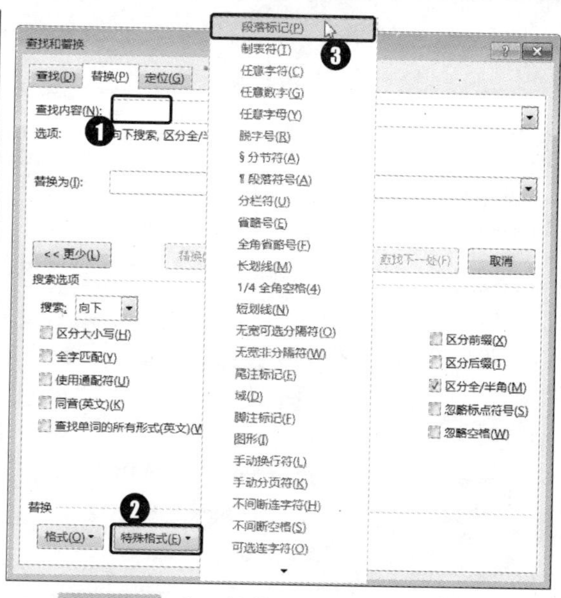

第 4 步： 在“替换为”文本框中输入“（结束）”，再将光标定位于“替换为”文本框中，重复第 3 步的操作，如下图所示。

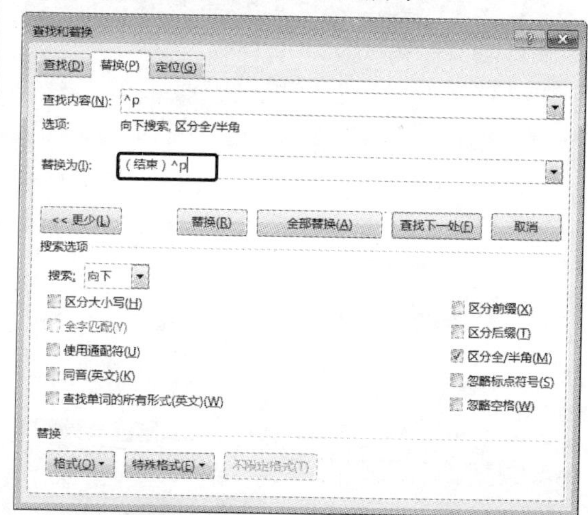

第 5 步： 单击 全部替换(A) 按钮，弹出“Microsoft Word”提示对话框，单击 是(Y) 按钮，如下图所示。

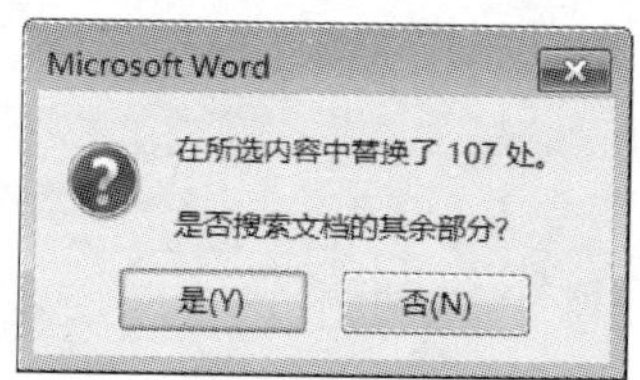

第 6 步： 弹出“Microsoft Word”提示对话框，提示已经完成替换，单击 确定 按钮，如下图所示。

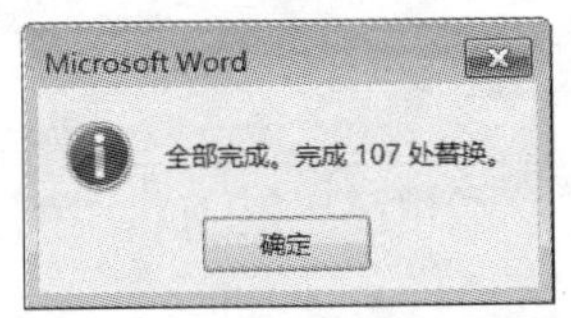

第 7 步： 单击 关闭 按钮关闭“查找和替换”对话框，返回 Word 文档中，即可看到设置效果如下图所示。

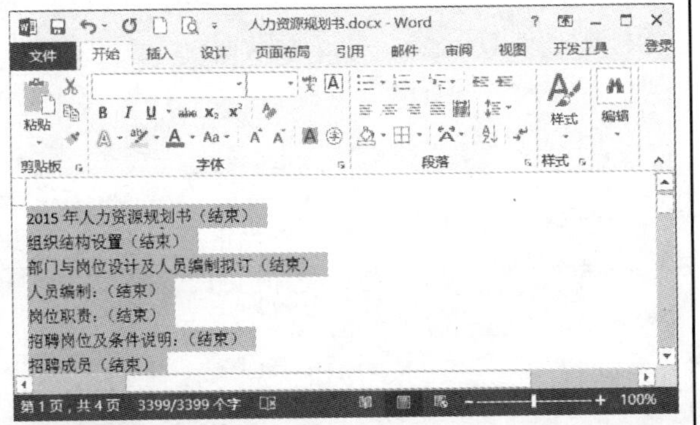

技巧 38：在文档中更改默认字体

● **适用版本：** 2007、2010、2013、2016

● **实用指数：** ★★★☆☆

说 明

如果用户想要为文档重新设置默认的字体，可以通过以下技巧进行设置。

方法

要更改文档的默认字体，具体操作方法如下。

第 1 步： 打开 Word 2013 空白文档，切换到“开始”选项卡，单击“字体”组右下角的“对话框启动器”按钮，如下图所示。

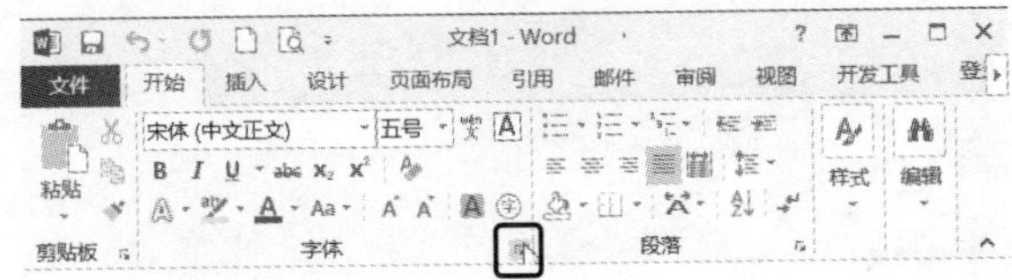

第 2 步： 打开“字体”对话框，默认打开“字体”选项卡，设置要应用于默认字体的选项，单击 设为默认值(D) 按钮，如下图所示。

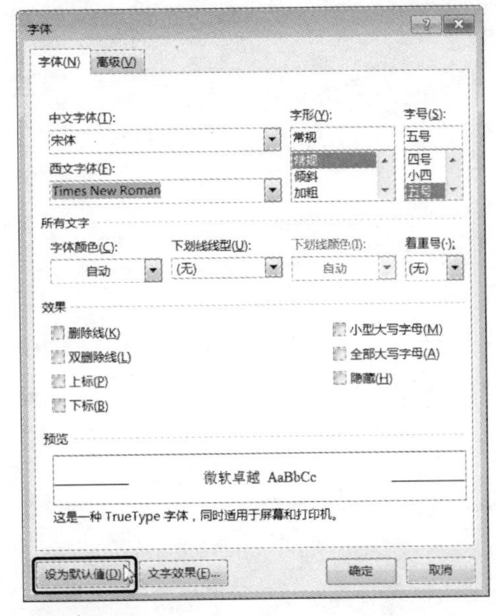

第 3 步： 弹出“Microsoft Word”提示对话框，询问用户是否仅将默认设置应用于此文档，单击 确定 按钮即可。

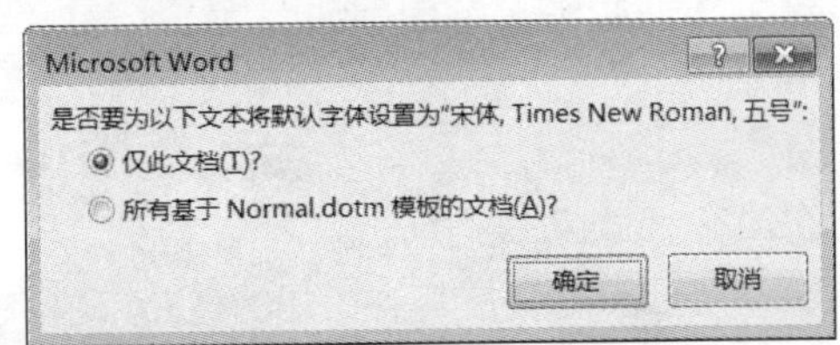

技巧 39：在文档中清除格式

● **适用版本：** 2007、2010、2013、2016

● **实用指数：** ★★☆☆☆

说 明

如果用户想要清除文档中的所有样式、文本效果和字体格式，方法也很简单，接下来介绍怎样清除文档中的所有样式、文本效果和字体格式。

方法

要在文档中清除格式，具体操作方法如下。

选中要清除格式的文本，或者按〈Ctrl+A〉组合键选中文档中的所有内容，切换到“开始”选项卡中，在“字体”组中单击“清除所有格式”按钮即可。

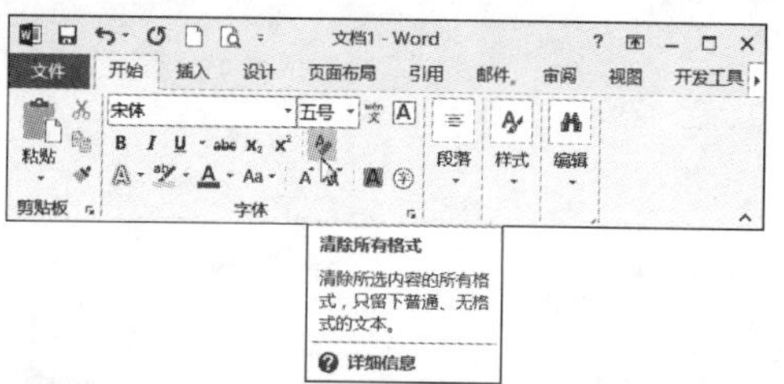

技巧 40：一次性删除文档中的所有空格

●**适用版本**：2007、2010、2013、2016
●**实用指数**：★★★☆☆

说 明

Word 文档中经常有一些多余的空格，一个个删除比较麻烦，用户可以使用以下技巧一次性删除文档中的所有空格。

方法

要一次性删除文档中的所有空格，具体操作方法如下。

第 1 步： 打开光盘\素材文件\第 2 章\2.1\"公司简介.docx"文件。

第 2 步： 按照技巧 37 介绍的方法打开"查找和替换"对话框，❶将光标定位在"查找内容"文本框中，按一次空格键；❷单击 全部替换(A) 按钮，如下图所示。

第 3 步： 弹出"Microsoft Word"提示对话框，提示全部完成替换，单击 确定 按钮，如下图所示。

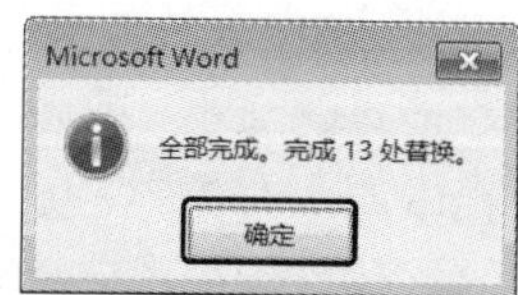

第 4 步： 单击 关闭 按钮关闭"查找和替换"对话框。

技巧 41：删除文档中的空行

●**适用版本**：2007、2010、2013、2016
●**实用指数**：★★★☆☆

说 明

Word 文档中常常有一些多余的空行，一行行删除比较麻烦，用户可以使用替换功能快速删除。

方法

要删除文档中的空行，具体操作方法如下。

第 1 步： 打开光盘\素材文件\第 2 章\2.1\"公司简介.docx"文件，打开"查找和替换"对话框，单击 更多(M) >> 按钮，如下图所示。

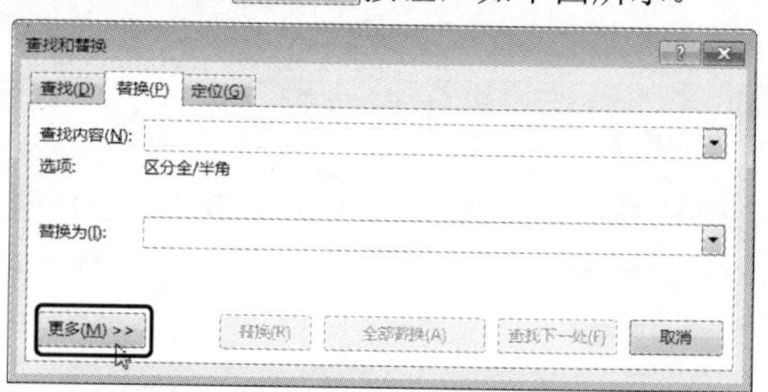

第 2 步： ❶将光标定位在"查找内容"文本框中；❷单击"替换"选项组中的 特殊格式(E) 按钮；❸从弹出的下拉列表中选择"段落标记"选项，如下图所示。

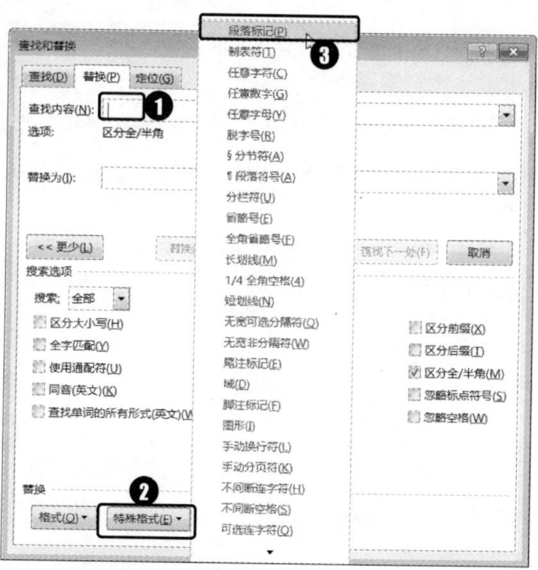

第 3 步： 重复第 2 步的操作，再插入另一

个段落标记，如下图所示。

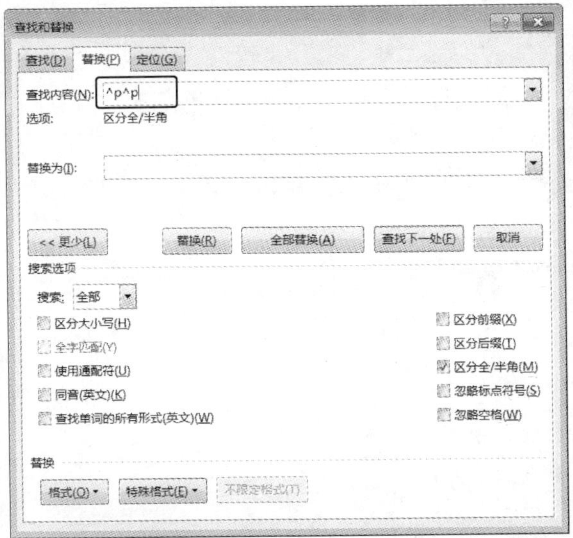

第 4 步： 将光标定位在“替换为”文本框中，重复第 2 步的操作，插入一个段落标记，如下图所示。

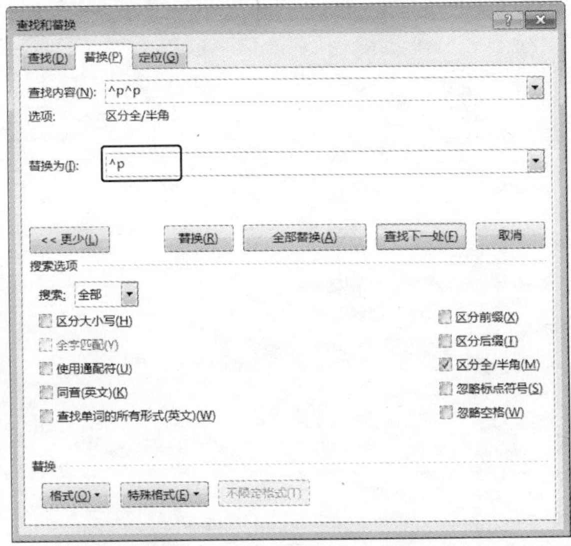

第 5 步： 单击 全部替换(A) 按钮，弹出“Microsoft Word”提示对话框，提示全部完成替换，单击 确定 按钮。

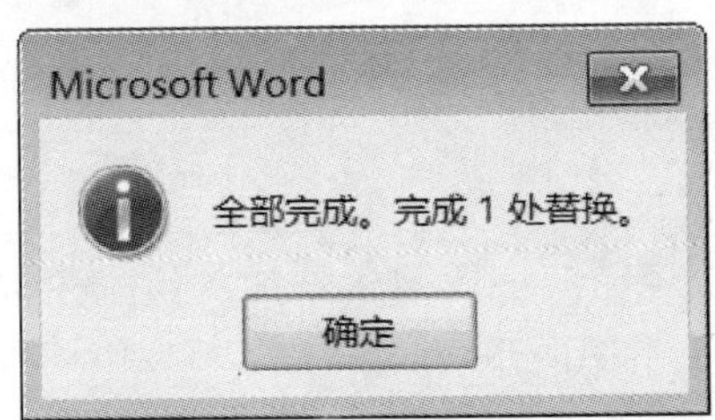

第 6 步： 单击 关闭 按钮关闭“查找和替换”对话框。

技巧 42：取消文档中网址的超链接

●**适用版本：**2007、2010、2013、2016

●**实用指数：**★★★☆☆

说 明

当用户在 Word 文档中输入网址时，Word 会自动产生超链接，按住〈Ctrl〉键的同时单击该网址可以直接进入相应的网页，但是有时候用户并不想要这种超链接的功能，在输入完网址后按〈Ctrl+Z〉组合键、〈Ctrl+Shift+F9〉组合键或者〈Alt+Backspace〉组合键，均可消除网址的超链接。

这些快捷键操作需要逐个取消，接下来介绍怎样通过设置 Word 文档取消所有网址的超链接。

方法

要取消网址超链接，具体操作方法如下。

第 1 步： 在 Word 文档中打开“Word 选项”对话框，❶切换到“校对”选项卡；❷单击 自动更正选项(A)... 按钮，如下图所示。

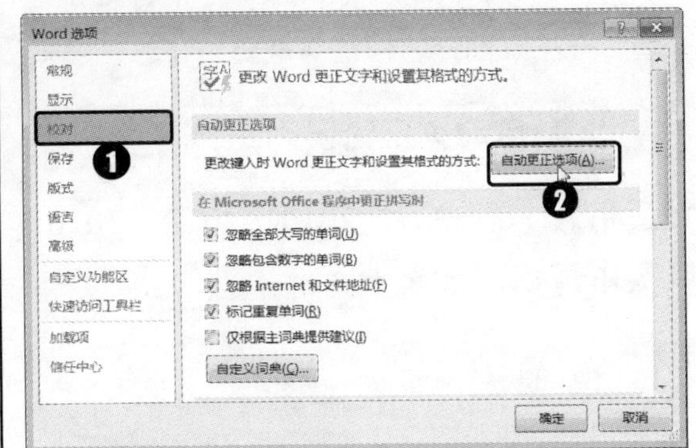

第 2 步： 打开“自动更正”对话框，❶切换到“键入时自动套用格式”选项卡；❷在“键入时自动替换”选项组中取消选中“Internet 及网络路径替换为超链接”复选框，如下图所示。

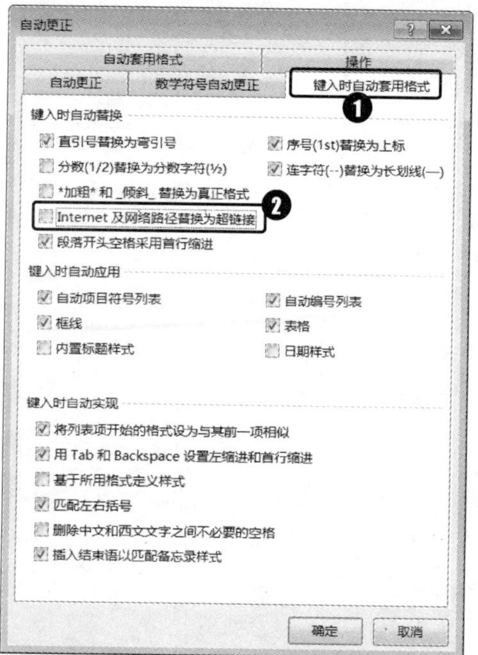

第 3 步： 依次单击 确定 按钮关闭对话框。

▷▷ 2.2　文档审阅技巧

了解了 Word 2013 文档编辑技巧后，接下来介绍一些常用的文档审阅技巧。使用这些技巧，用户可以在 Word 文档中轻松地进行拼写检查、批注、翻译、修订等重要工作。

技巧 43：自动更正错误词组

●**适用版本：** 2007、2010、2013、2016

●**实用指数：** ★★★☆☆

说 明

在撰写稿件或文章时，难免会写错一些词组，比如“出类拔萃”容易写成“出类拔粹”，为了防止这种问题的发生，可以通过 Word 来使其自动更正写错的词组。

方法

要自动更正错误词组，具体操作方法如下。

第 1 步： 在 Word 文档中打开“Word 选项”对话框，❶切换到“校对”选项卡；❷单击“自动更正选项”选项组中的 自动更正选项(A)... 按钮，如下图所示。

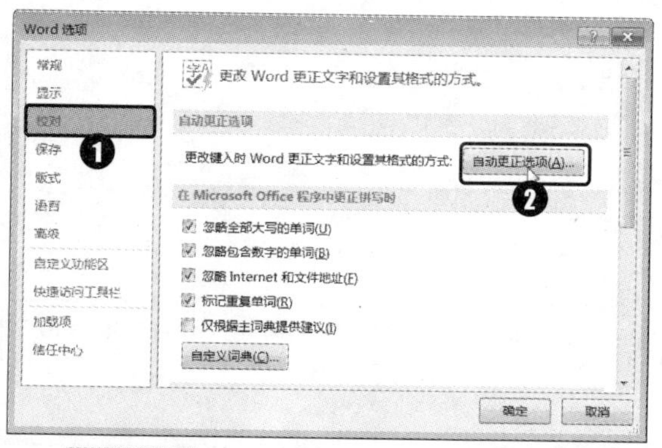

第 2 步： 打开“自动更正”对话框，❶切换到“自动更正”选项卡；❷在“替换”和“替换为”文本框中分别输入文本“出类拔粹”和“出类拔萃”；❸单击 添加(A) 按钮，如下图所示。

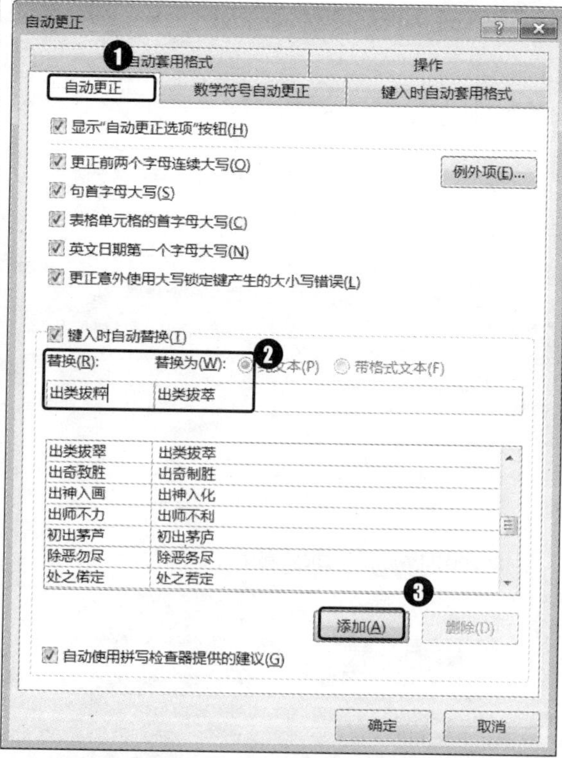

第 3 步： 将新词条添加到该列表框中后的效果如下图所示。

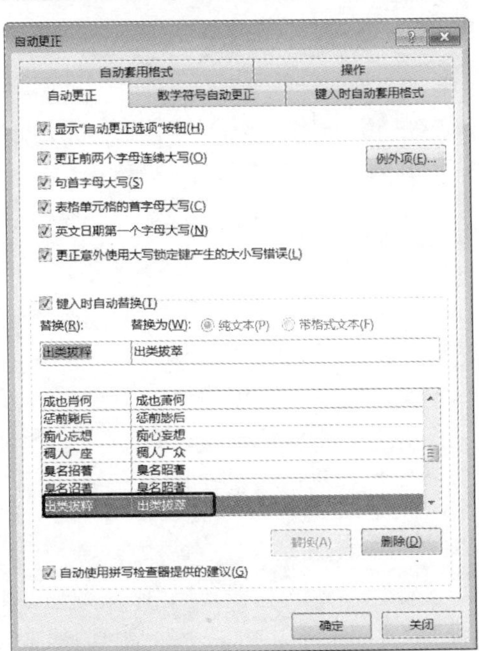

第 4 步： 依次单击 确定 按钮，关闭对话框即可，这样，当在文档中输入“出类拔粹”时，系统会自动更正为“出类拔萃”。

技巧 44：使用自动更正提高录入速度

●**适用版本：**2007、2010、2013、2016

●**实用指数：**★★★★☆

说　明

自动更正是 Word 中很有用的功能，合理地使用该功能可以加快文档的录入速度，例如输入“（1）”需要按许多键，但通过自动更正功能，输入〈1+空格〉组合键即可完成，大大提高了录入速度。

方法

要使用自动更正功能提高录入速度，具体操作方法如下。

第 1 步： ❶在 Word 文档中，切换到“插入”选项卡中；❷在“符号”组中单击“符号”按钮Ω；❸从弹出的下拉列表中选择“其他符号”选项，如下图所示。

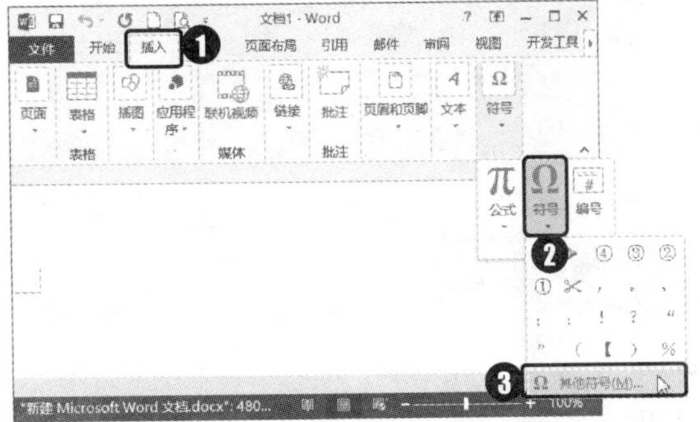

第 2 步： 打开“符号”对话框，自动切换到“符号”选项卡中，单击 自动更正(A)... 按钮，如下图所示。

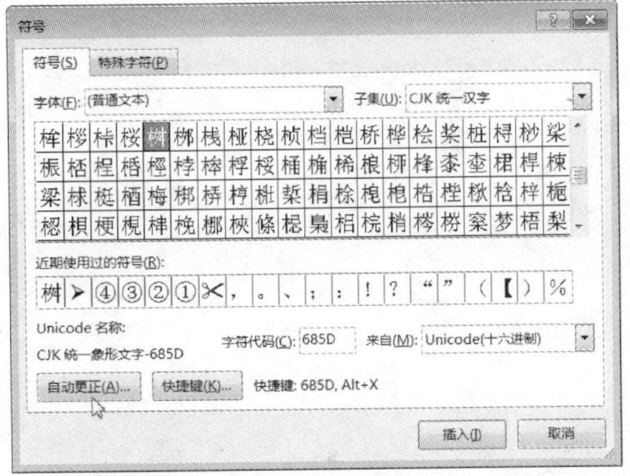

第 3 步： 打开“自动更正”对话框，自动切换到“自动更正”选项卡中，❶选中“替换为”选项组中的“纯文本”单选按钮；❷在“替换”和“替换为”文本框中分别输入“1”和“（1）”；❸单击 添加(A) 按钮，如下图所示。

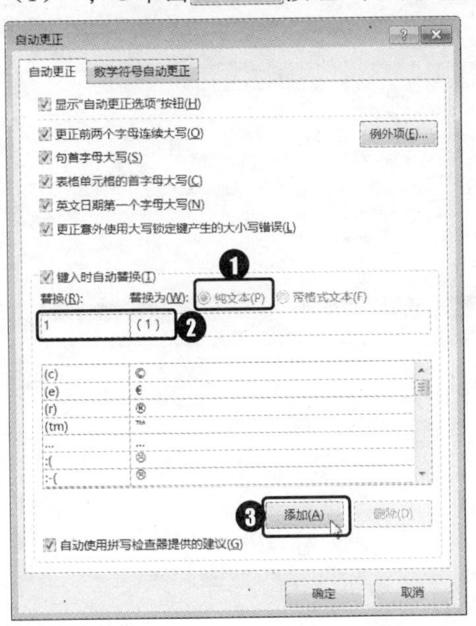

第 4 步： 依次单击 确定 和 关闭 按钮，通过这样的设置后，在文档中按下〈1+空格〉组合键即可输入“（1）”。

技巧 45：对文档中部分内容进行拼写检查

●**适用版本**：2007、2010、2013、2016
●**实用指数**：★★★☆☆

说 明

在 Word 文档的编辑过程，有时由于疏忽而产生一些简单的拼写错误，此时无须对整个文档进行逐一检查，用户可以按照以下方法来对 Word 中的一部分内容进行拼写检查。

方法

要对文档中的部分内容进行拼写检查，具体操作方法如下。

打开光盘\素材文件\第 2 章\2.2\“公司简介.docx”文件，在编辑过程中发现拼写错误的地方，例如“按装”，❶单击鼠标右键；❷从弹出的快捷菜单中选择正确的拼写即可，如下图所示。

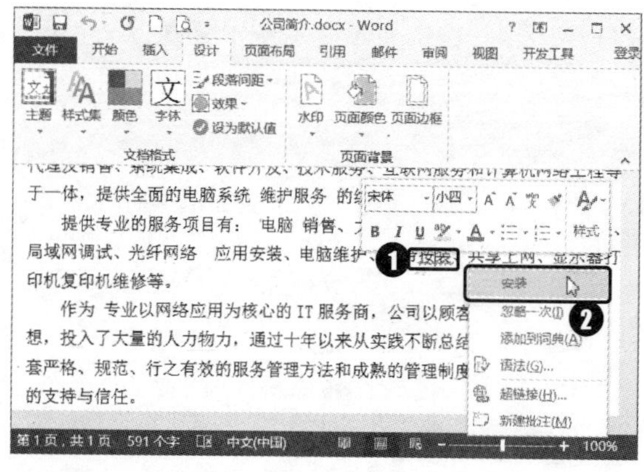

> **专家点拨**
>
> 如果语法错误，则从弹出的快捷菜单中选择“语法”菜单项，弹出“语法”任务窗格，我们可以对错误进行修改，可以选择正确的“安装”选项，也可以单击 忽略(I) 按钮。

技巧 46：关闭语法错误功能

●**适用版本**：2007、2010、2013、2016
●**实用指数**：★★★☆☆

说 明

Word 具有拼写和语法检查功能，该功能可以检查用户输入的文本的拼写和语法是否正确，尤其是在编辑英文文档时，但是在页面上经常会显示红红绿绿的波浪线，影响视觉效果，此时用户可以关闭语法错误功能。

方法

要关闭语法错误功能，具体操作方法如下。

打开“Word 选项”对话框，❶切换到“校对”选项卡；❷在“在 Word 中更正拼写和语法时”选项组中取消选中“键入时标记语法错误”复选框；❸单击 确定 按钮，如下图所示。

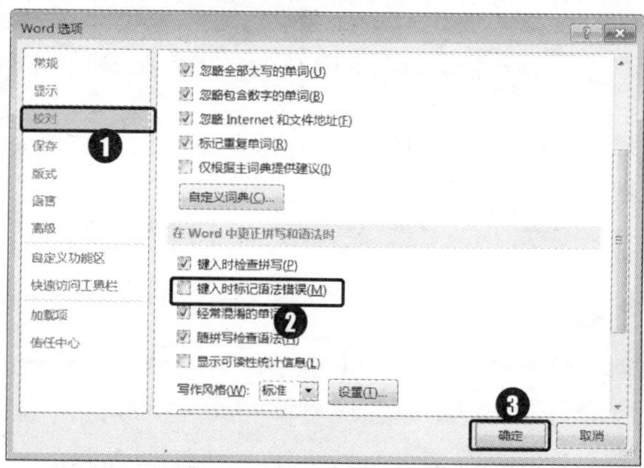

> **专家点拨**
>
> 在状态栏上的“发现校对错误。单击可更正”按钮 上单击鼠标右键，从弹出的快捷菜单中取消选中“拼写和语法检查”菜单项，也可关闭语法错误功能。

技巧 47：快速统计文档字数

●**适用版本**：2007、2010、2013、2016
●**实用指数**：★★☆☆☆

说 明

办公人员对于报告或者作者对于文章，有时需要统计字数，接下来介绍怎样快速统计文档字数。

方法

要统计文档字数，具体操作方法如下。

第 1 步： 打开光盘\素材文件\第 2 章\2.2\“公司简介.docx”文件，❶切换到“审阅”选项卡中；❷在“校对”组中单击“字数统计”按钮，如下图所示。

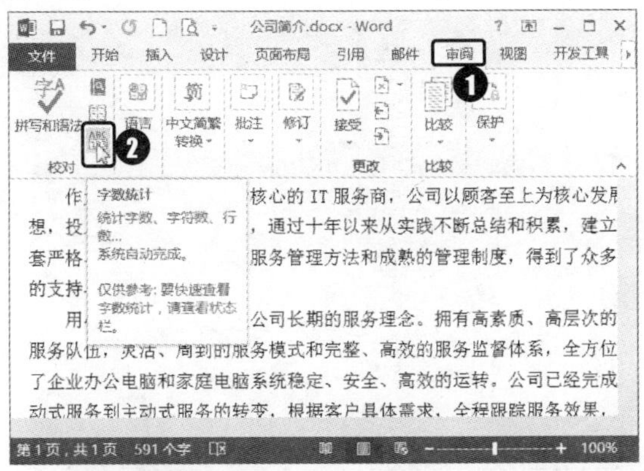

第 2 步： 打开“字数统计”对话框，即可在“统计信息”选项组中看到包括“页数”“字数”“段落数”和“行数”等信息，可以根据需要选中或取消选中“包括文本框、脚注和尾注”复选框，如下图所示。

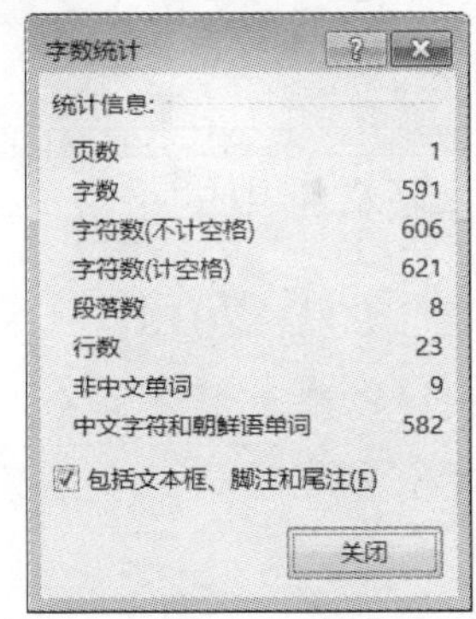

技巧 48：用匿名显示批注

- **适用版本：**2007、2010、2013、2016
- **实用指数：**★★★☆☆

说 明

在 Word 文档中插入批注时，审阅者姓名或缩写就会显示在批注中。如果不想显示审阅者的信息，用户可以将审阅者设置为匿名。

方法

要匿名显示批注，具体操作方法如下。

第 1 步： 打开要匿名显示批注的文档，❶单击 文件 按钮，从弹出的界面中选择“信息”选项；❷在“信息”界面中单击“检查问题”按钮；❸从弹出的下拉列表中选择“检查文档”选项，如下图所示。

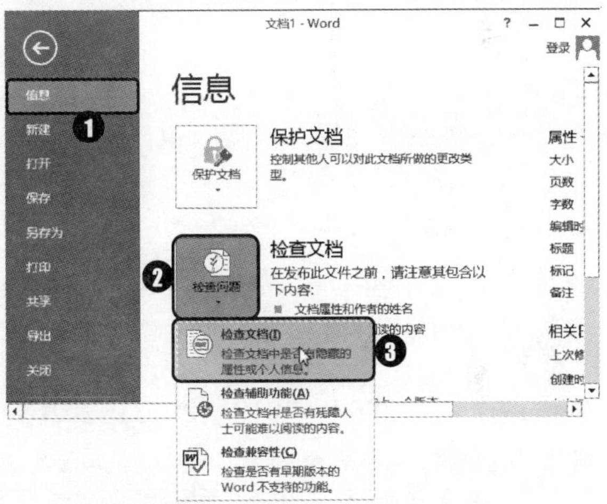

第 2 步： 在打开的“文档检查器”对话框中，单击 检查(I) 按钮，如下图所示。

第 3 步： 开始对文档进行检查，如下图所示。

第 4 步： 检查完毕后，单击“文档属性和个人信息”右侧的[全部删除]按钮即可，如下图所示。重新打开文档时，文档中的所有批注都不会出现审阅者的姓名或缩写了。

技巧 49: 更改批注者的姓名

●**适用版本：**2007、2010、2013、2016

●**实用指数：**★★★☆☆

说 明

在 Word 2013 中，有时需要对批注者的姓名进行更改，此时可以使用以下方法。

方法

要更改批注者的姓名，具体操作方法如下。

第 1 步： 打开光盘\素材文件\第 2 章\2.2\“公司简介 01.docx”文件，❶切换到“审阅”选项卡；❷在“修订”组中单击“对话框启动器”按钮，如下图所示。

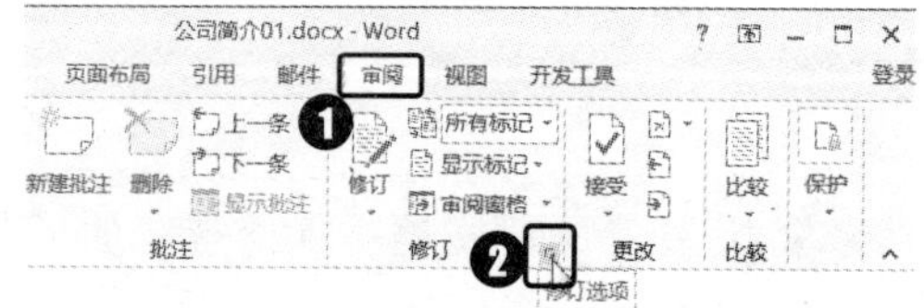

第 2 步： 打开“修订选项”对话框，单击[更改用户名(N)...]按钮，如下图所示。

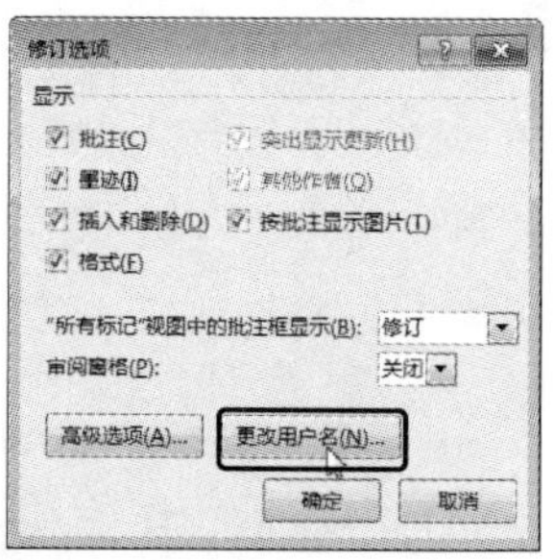

第 3 步： 打开“Word 选项”对话框，默认打开“常规”选项卡，在“对 Microsoft Office 进行个性化设置”选项组中的“用户名”文本框中更改批注者的姓名，如下图所示。

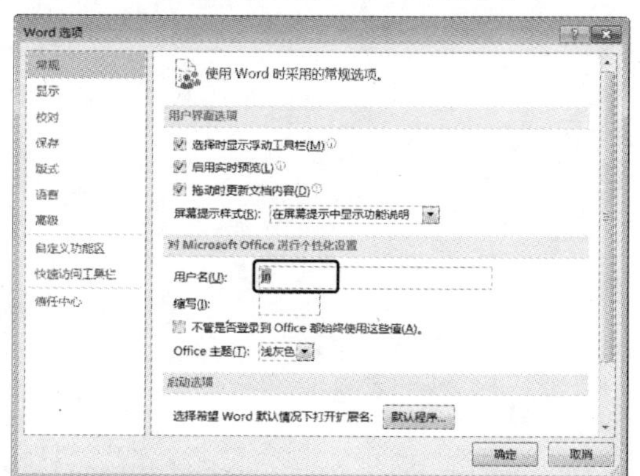

专家点拨

这种更改只影响更改后所添加的批注，不会更新文档中已有的批注。而且在这里做了修改之后，在其他的 Office 文档中也会做出相应的修改。

技巧 50: 隐藏文档中的批注

●**适用版本：**2007、2010、2013、2016

●**实用指数：**★★★☆☆

说 明

如果在 Word 文档中添加的批注多且杂乱，为了文档整体的美观，用户可以将其进行隐藏。

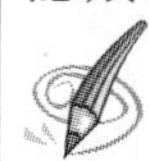

方法

要隐藏文档中的批注，具体操作方法如下。

❶在 Word 文档中，切换到“审阅”选项卡；❷在“修订”组中单击“显示以供审阅”按钮 所有标记 ；❸从弹出的下拉列表中选择“无标记”或“原始状态”选项，就可以将文档中的批注隐藏。若要显示它们，可以选择“所有标记”或“简单标记”选项。

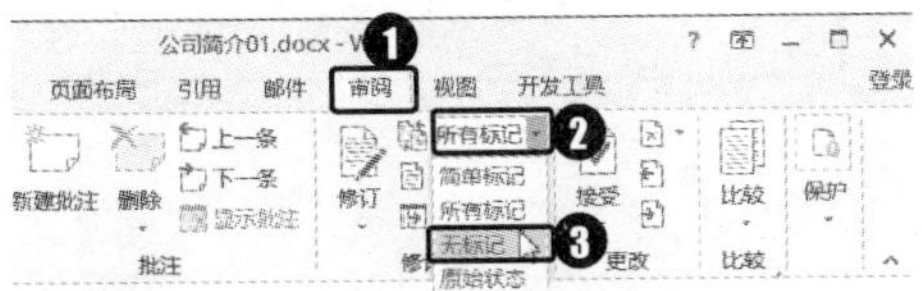

技巧 51：在批注框中显示修订

●适用版本：2007、2010、2013、2016

●实用指数：★★★☆☆

说 明

用户在文档中修改的内容，可以在批注框中显示修订，这样可以使修改内容一目了然，方便用户了解文档信息。

方法

要在批注框中显示修订，具体操作方法如下。

❶在 Word 文档中，切换到“审阅”选项卡；❷在“修订”组中单击 显示标记 按钮；❸从弹出的下拉列表中选择“批注框”→“在批注框中显示修订”选项，此时对文档的修订都会以批注框的形式显示出来。

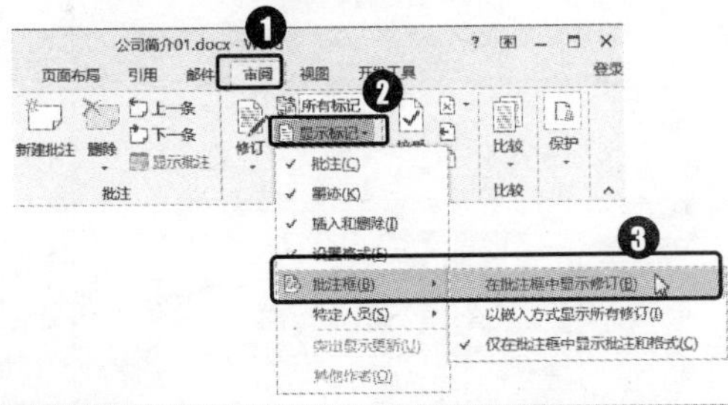

技巧 52：在文档中使用审阅窗格

●适用版本：2007、2010、2013、2016

●实用指数：★★☆☆☆

说 明

“审阅窗格”是一个方便实用的功能，使用该功能可以确认文档中删除了的所有修订，使得这些修订不会显示给可能查看该文档的其他人。通过使用“审阅窗格”功能，还可以读取在批注框中容纳不下的长批注。

方法

要使用“审阅窗格”功能，具体操作方法如下。

❶在 Word 文档中，切换到“审阅”选项卡；❷在“修订”组中单击 审阅窗格 按钮；❸从弹出的下拉列表中选择需要使用的审阅窗格选项，如下图所示。

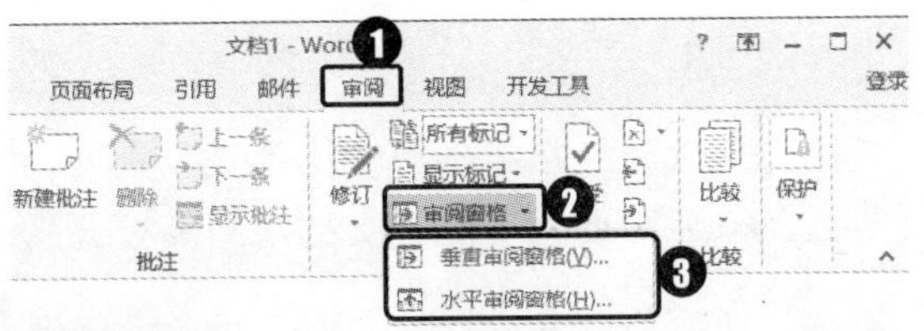

技巧 53：在文档中更改显示的标记类型

●适用版本：2007、2010、2013、2016

●实用指数：★★☆☆☆

说 明

对文档中的修订内容进行审阅更改时，用户可以更改显示的标记类型来审阅文档。

方法

要在文档中更改显示的标记类型，具体操作方法如下。

❶切换到“审阅”选项卡，在“修订”组中单击 显示标记 按钮；❷从弹出的下拉列表中选择一种显示标记类型，取消选中其他标记类型即可。

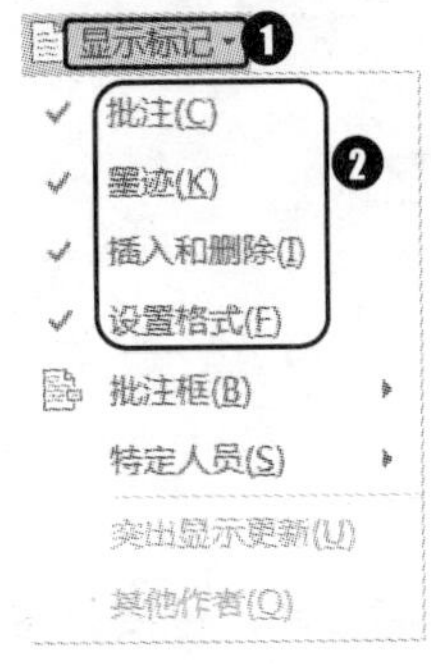

▷▷ 2.3　文档排版技巧

了解了 Word 文档的一些审阅技巧后，接下来介绍一些文档排版技巧。使用这些技巧，可以使 Word 文档更加美观，以增强视觉效果。

技巧 54：设置并应用样式以提高工作效率

●适用版本：2007、2010、2013、2016
●实用指数：★★★★☆

用户可以将经常用到的文档形式设置为一类样式，以后需要使用此类文档时将其打开使用，这样可以提高工作效率。

要设置并应用样式，具体操作方法如下。

第 1 步： 启动 Word 2013，新建一个空白文档并将其保存为“会议通知”，如下图所示。

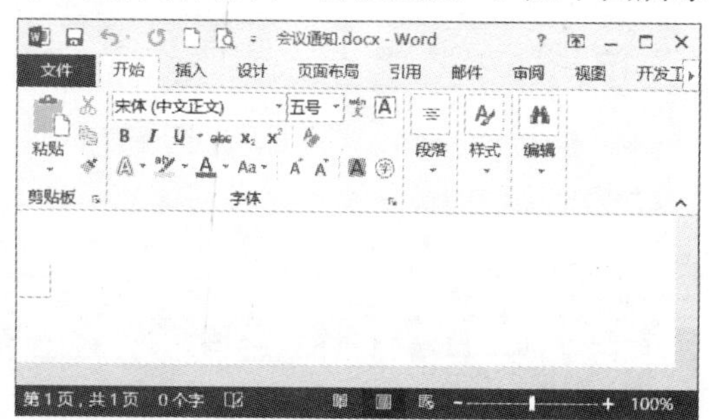

第 2 步： ❶切换到“页面布局”选项卡；❷单击“页面设置”组右下角的“对话框启动器”按钮，如下图所示。

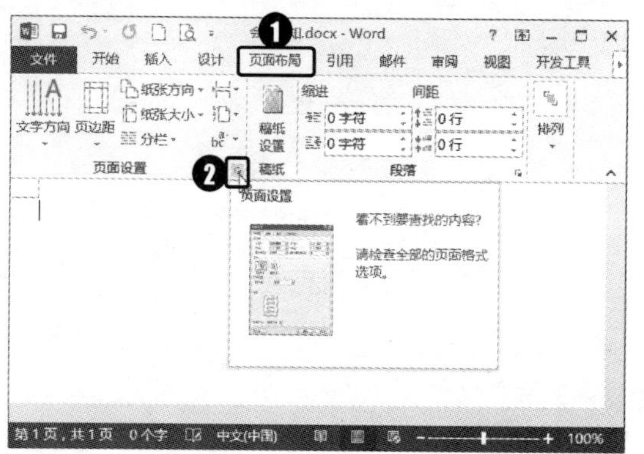

第 3 步： 打开“页面设置”对话框，切换到“页边距”选项卡，设置页边距，如下图所示。

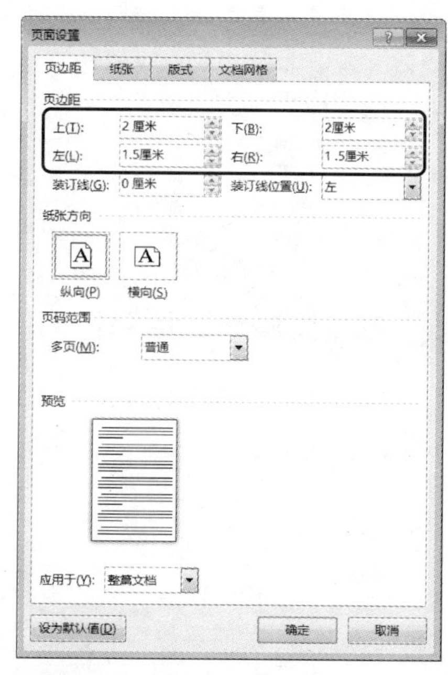

第 4 步： 切换到“纸张”选项卡，❶设置纸张大小；❷设置完毕后单击 确定 按钮，如下图所示。

第 5 步： ❶切换到“开始”选项卡；❷单击“样式”组右下角的“对话框启动器”按钮；❸弹出“样式”任务窗格，单击“新建样式”按钮，如下图所示。

第 6 步： 打开“根据格式设置创建新样式”对话框，❶在“属性”选项组的“名称”文本框中输入“会议通知标题”；❷在“格式”选项组中设置“字体”为“微软雅黑”，“字号”为“二号”，并单击“加粗”按钮 B 和“居中”按钮；❸单击 确定 按钮，如下图所示。

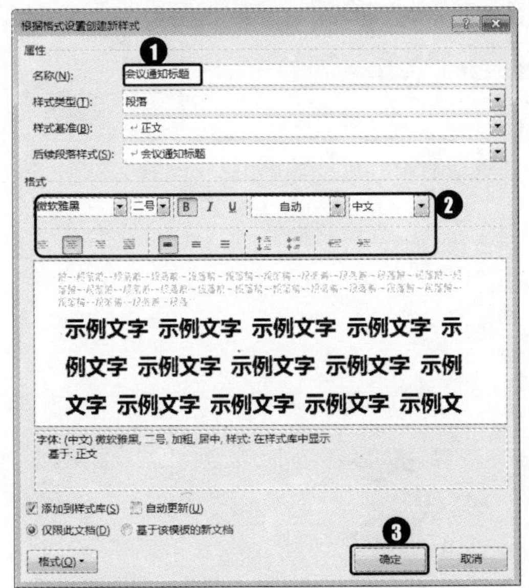

第 7 步： 在文档的第 1 行输入“会议通知”标题，将插入点置于“会议通知”标题所在的段落，然后单击“样式”任务窗格中的“会议通知标题”样式，效果如下图所示。

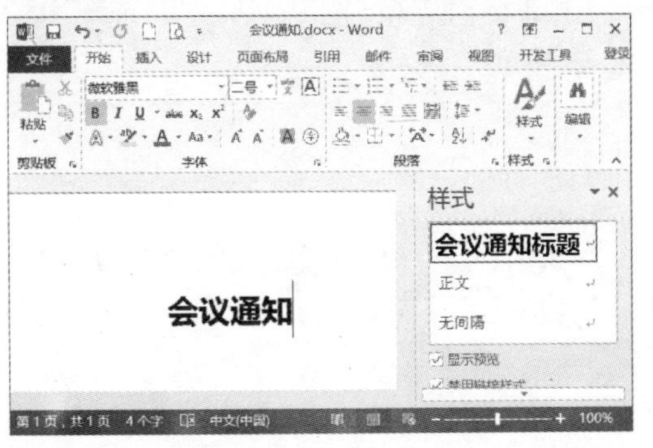

技巧 55：让文档自动缩页以节省纸张

● **适用版本：** 2007、2010、2013、2016

● **实用指数：** ★★★☆☆

说 明

在实际工作中，编写完一篇文档后，发现最后一页只有几行文字，这样不利于文档排版，也比较浪费纸张，此时用户可以将长文档缩到一页中。

方法

要让文档自动缩页以节省纸张，具体操作方法如下。

在 Word 文档中，打开“段落”对话框，❶切换到“换行和分页”选项卡；❷在“分页”选项组中选中“孤行控制”复选框；❸单击 确定 按钮，如下图所示。

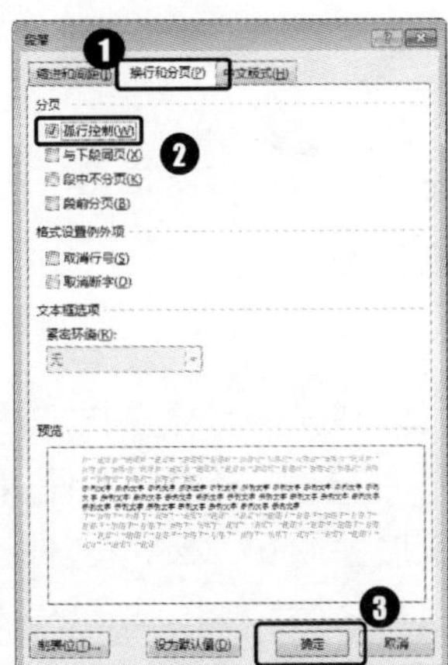

技巧 56：调整标题级别

● **适用版本：** 2007、2010、2013、2016

● **实用指数：** ★★★☆☆

说 明

Word 2013 自带的标题文字格式有“标题 1”“标题 2”等，用户可以根据需要直接调整标题级别。

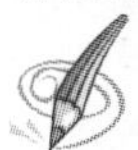

方法

要调整标题级别，具体操作方法如下。

打开光盘\素材文件\第 2 章\2.3\“行政管理制度手册.docx”文件，❶将光标定位到某段落中；❷打开“样式”任务窗格，从中选择所需的标题级别即可。

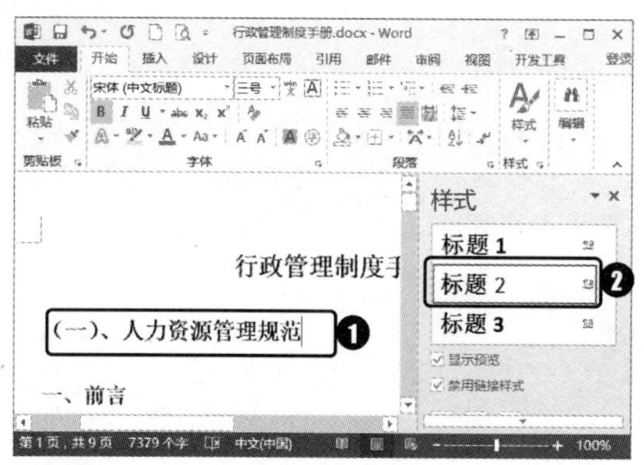

技巧 57：快速修改目录样式

●**适用版本：**2007、2010、2013、2016

●**实用指数：**★★★☆☆

用户插入目录后，可以根据实际需要对目录的样式进行修改。

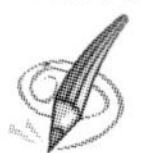

方法

要修改目录样式，具体操作方法如下。

第 1 步： 打开光盘\素材文件\第 2 章\2.3\“行政管理制度手册 01.docx”文件，❶在文档中选中大纲级别为“1”的目录文字；❷打开“样式”任务窗格，在“样式”任务窗格中对应显示为“目录 1”；❸单击其右侧的下三角按钮，从弹出的下拉列表中选择“修改”选项，如下图所示。

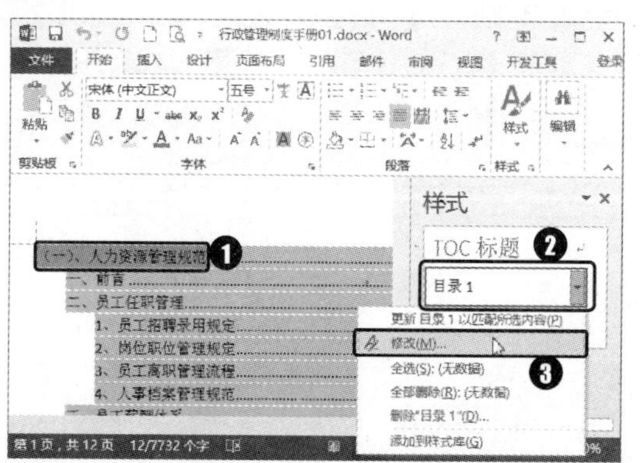

第 2 步： 打开“修改样式”对话框，❶在“格式”选项组中，设置“字号”为“四号”，单击“加粗”按钮 B；❷单击 确定 按钮，如下图所示。

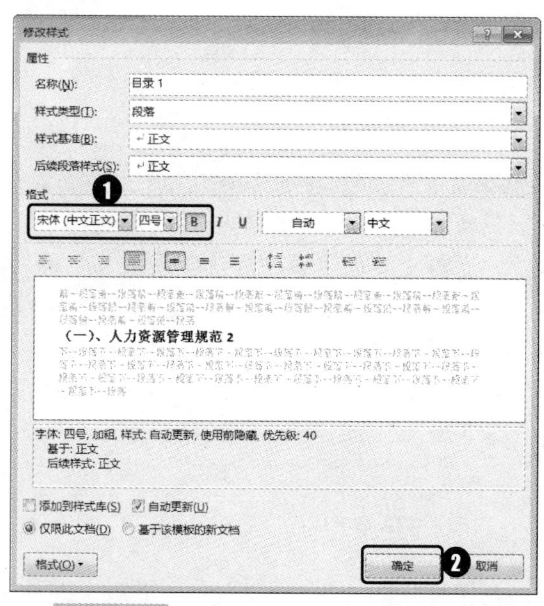

第 3 步： 返回文档中，设置效果如下图所示。

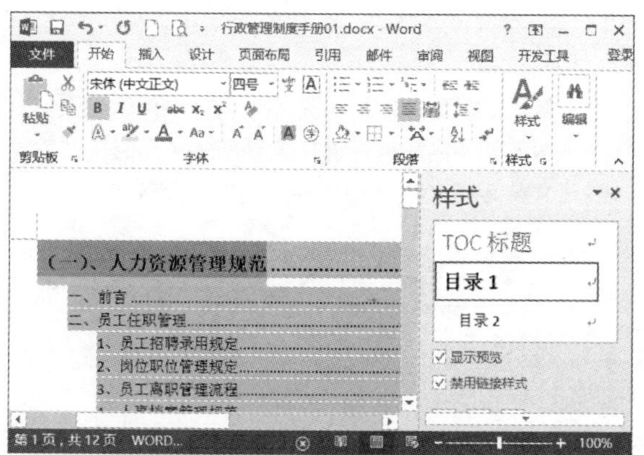

技巧 58：为目录的页码添加括号

●**适用版本：**2007、2010、2013、2016

●**实用指数：**★★☆☆☆

默认情况下，Word 2013 自动生成的目录页码是没有括号的，用户可以根据需要进行设置。

方法

要为目录的页码添加括号，具体操作方法如下。

第1步：打开光盘\素材文件\第2章\2.3\“行政管理制度手册01.docx”，选中目录中的所有文本，按照前面介绍的方法打开“查找和替换”对话框，❶切换到“替换”选项卡，单击 更多(M) >> 按钮，展开更多选项；❷在“查找内容”文本框中输入“([0-9]{1,})”；❸在“替换为”文本框中输入“(\1)”；❹在“搜索”下拉列表框中选择“向上”选项；❺选中“使用通配符”复选框；❻单击 全部替换(A) 按钮，如下图所示。

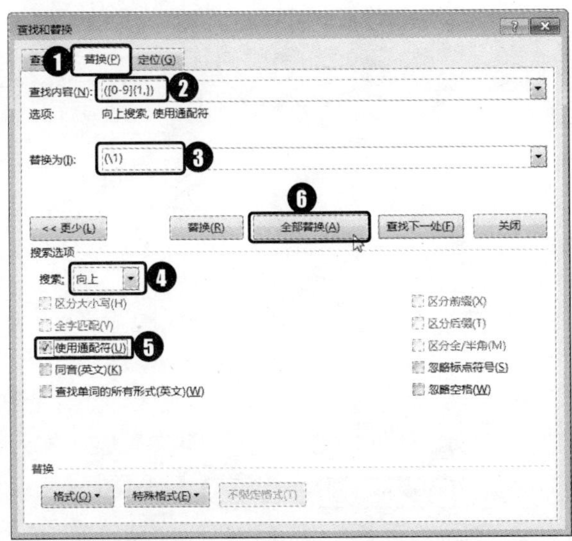

第2步：弹出“Microsoft Word”提示对话框，单击 否(N) 按钮，如下图所示。

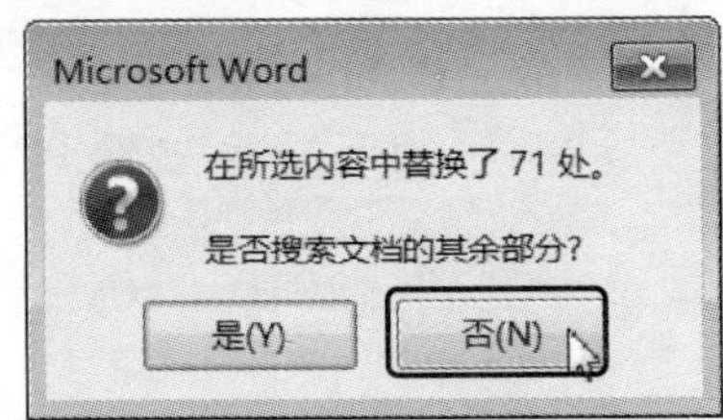

第3步：单击 关闭 按钮关闭“查找和替换”对话框，返回文档，此时目录的页码已经加上括号了，如下图所示。

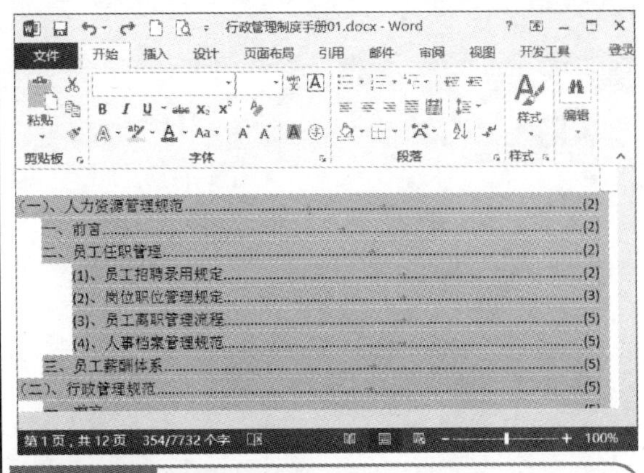

技巧59：更新目录

●**适用版本：**2007、2010、2013、2016

●**实用指数：**★★☆☆☆

说明

对文档进行更改（例如，添加、删除、移动或修改了文档中的标题或其他的文本）后，修改之前生成的目录会保持原来的内容不变，用户想要得到最新的目录，可以按照以下方法来更新目录。

方法

要更新目录，具体操作方法如下。

第1步：打开光盘\素材文件\第2章\2.3\“行政管理制度手册02.docx”，删除“十、附则”的内容，如下图所示。

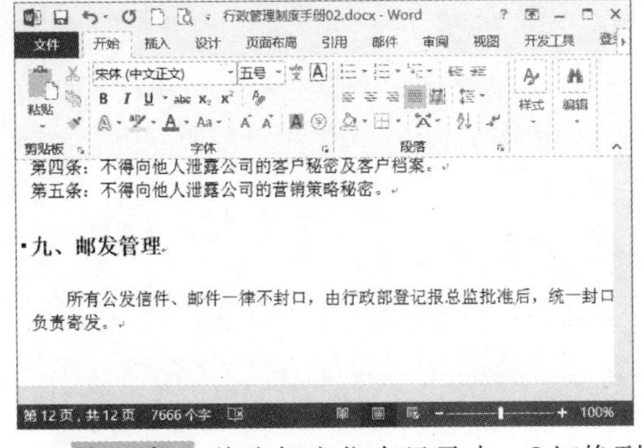

第2步：将光标定位在目录中，❶切换到“引用”选项卡；❷单击“目录”组中的“更新目录”按钮，如下图所示。

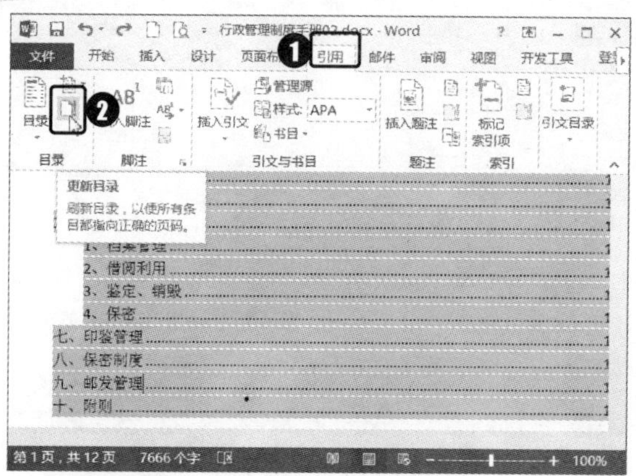

第 3 步： 更新目录后的效果如下图所示。

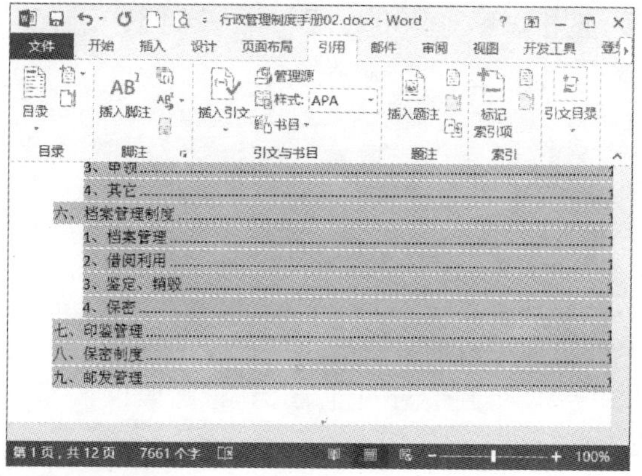

技巧 60：为文档添加行号

●**适用版本：** 2007、2010、2013、2016

●**实用指数：** ★★☆☆☆

说 明

有时在编辑文档的过程中需要在某些特殊文档中添加行号，用户可以按照以下方法来添加。

方法

要为文档添加行号，具体操作方法如下。

第 1 步： 打开光盘\素材文件\第 2 章\2.3\“行政管理制度手册.docx”文件，❶若要给某个段落加行号，就选中要添加行号的段落；❷切换到“页面布局”选项卡，在“页面设置”组中单击“对话框启动器”按钮，如下图所示。

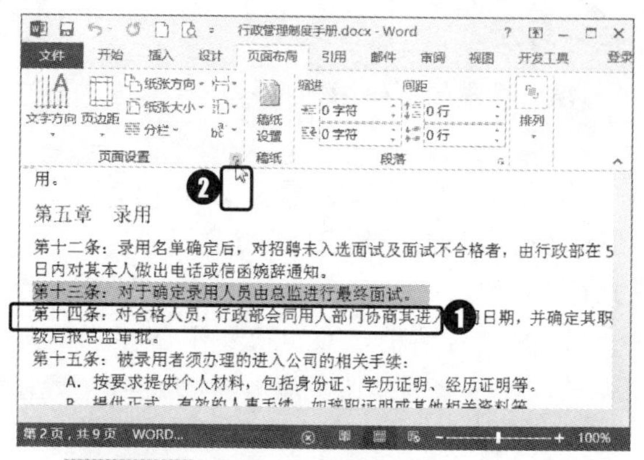

第 2 步： 打开“页面设置”对话框，❶切换到“版式”选项卡；❷在“应用于”下拉列表框中选择“整篇文档”或“所选文字”选项；❸单击 行号(N)... 按钮，如下图所示。

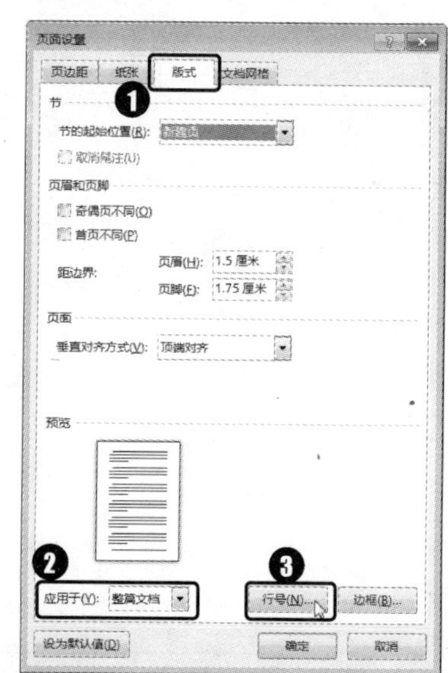

第 3 步： 打开“行号”对话框，选中“添加行号”复选框，根据需要设置“起始编号”“距正文”和“行号间隔”(其中“距正文”用来设置行号与正文之间的距离)，如下图所示。

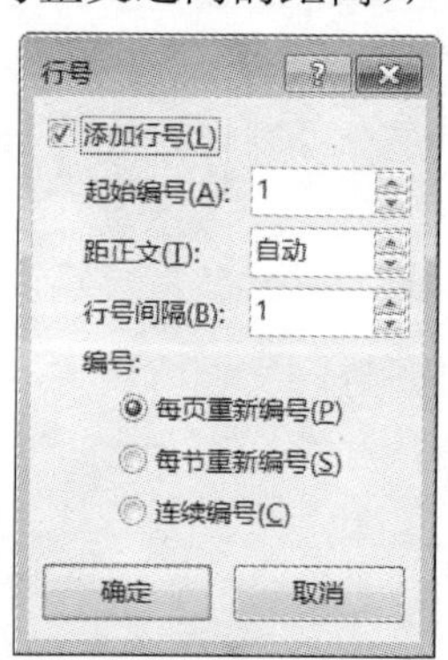

第4步： 设置完毕后依次单击 确定 按钮即可。

技巧61：为每一页添加独立行号

●**适用版本：**2007、2010、2013、2016

●**实用指数：**★★☆☆☆

说明

在Word文档中，如果需要设置每一页都有独立的行号，可以通过以下技巧进行设置。

方法

要设置独立行号，具体操作方法如下。

❶在Word文档中，切换到"页面布局"选项卡；❷在"页面设置"组中单击"显示行号"按钮；❸从弹出的下拉列表中选择"每页重编行号"选项，即可为每一页设置独立的行号，如下图所示。

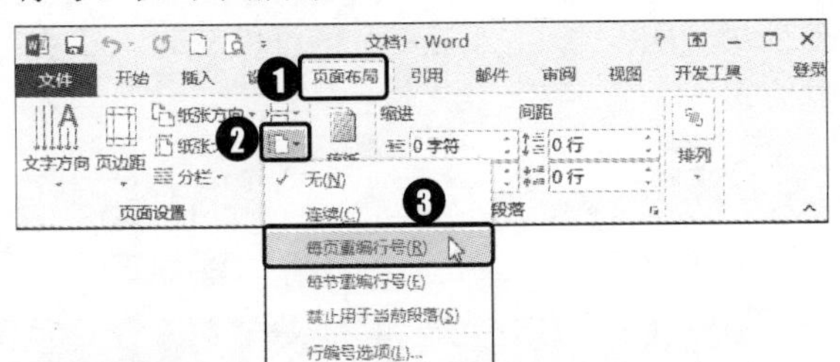

技巧62：取消自动产生的编号

●**适用版本：**2007、2010、2013、2016

●**实用指数：**★★★☆☆

说明

在没有改变Word默认设置的情况下，系统会自动将文档中的编号变为项目编号形式，如果用户不需要，可以将其删除。

方法

要取消自动产生的编号，具体操作方法如下。

第1步： 打开"Word选项"对话框，❶切换到"校对"选项卡；❷在"自动更正选项"选项组中单击 自动更正选项(A)... 按钮，如下图所示。

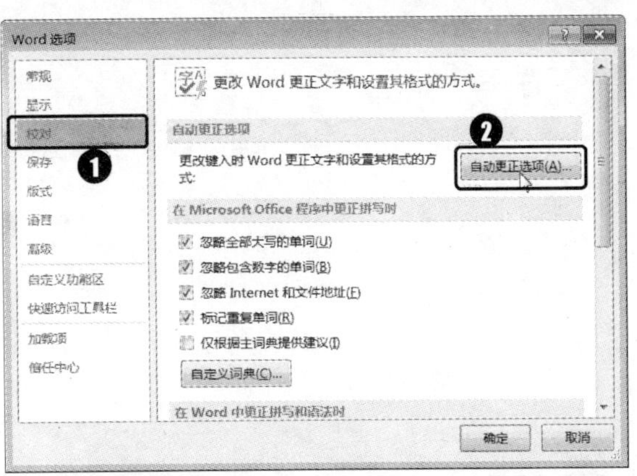

第2步： 打开"自动更正"对话框，❶切换到"键入时自动套用格式"选项卡；❷在"键入时自动应用"选项组中取消选中"自动编号列表"复选框，如下图所示。

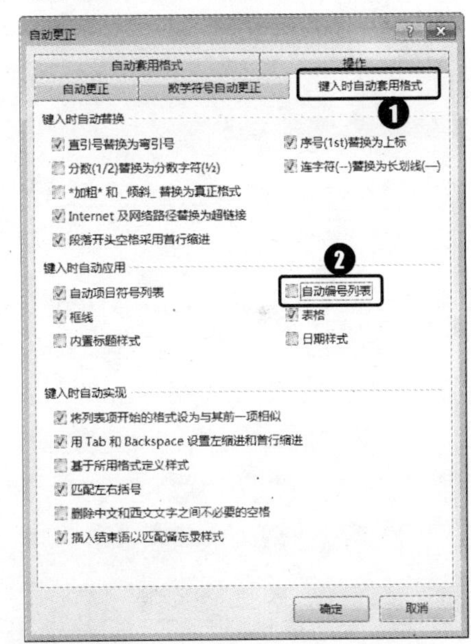

第3步： 依次单击 确定 按钮。

技巧63：添加编号样式

●**适用版本：**2007、2010、2013、2016

●**实用指数：**★★★☆☆

说明

当制作工资表或备忘录等特殊文件时，需要输入"月份"等类似编号的样式，一个个地输入很麻烦，用户可以按照以下方法来添加编号样式。

方法

要在 Word 2013 中添加编号样式，具体操作方法如下。

第 1 步： ❶切换到“开始”选项卡；❷在“段落”组中单击“编号”按钮右侧的下三角按钮；❸从弹出的下拉列表中选择“定义新编号格式”选项，如下图所示。

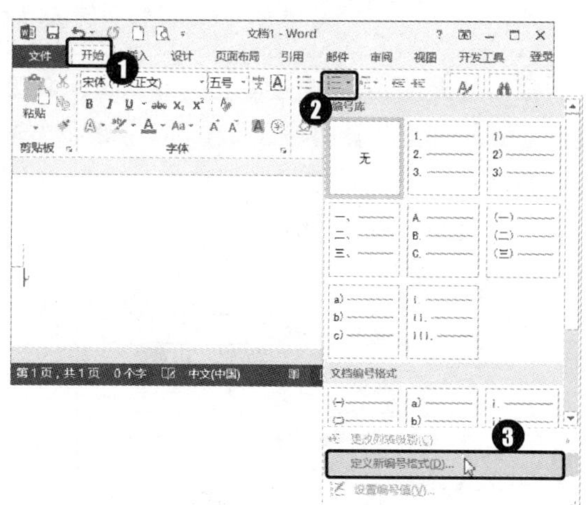

第 2 步： 打开“定义新编号格式”对话框，❶在“编号样式”下拉列表框中选择“一，二,三(简)…”选项；❷在“编号格式”文本框中的“一”后输入“月”；❸单击 确定 按钮，如下图所示。

第 3 步： 再次单击“编号”按钮右侧的下三角按钮，在“编号库”中已经存在“一月、二月、三月”的样式了，如下图所示。

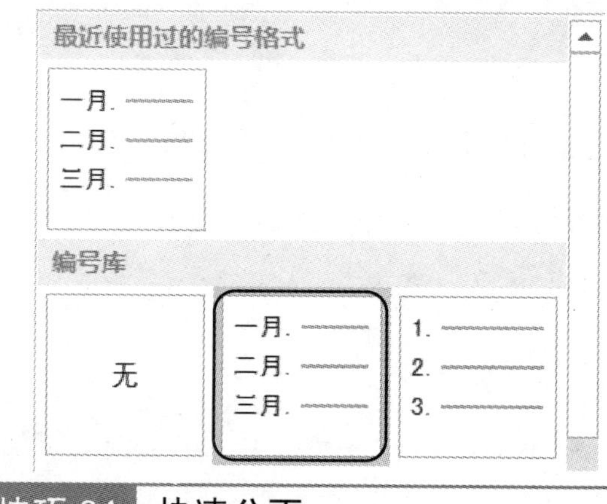

技巧 64：快速分页

● **适用版本：** 2007、2010、2013、2016

● **实用指数：** ★★★☆☆

说 明

在通常情况下，用户编排的文档或图形排满一页时会自动插入一个分页符进行分页。但如果用户有某种特殊需要，也可以进行人工强制分页。

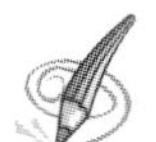

方法

要进行人工分页，具体操作方法如下。

第 1 步： 打开光盘\素材文件\第 2 章\2.3\“行政管理制度手册.docx”文件，❶切换到“页面布局”选项卡；❷在“页面设置”组中单击“插入分页符和分节符”按钮；❸从弹出的下拉列表中选择“分页符”选项，如下图所示。

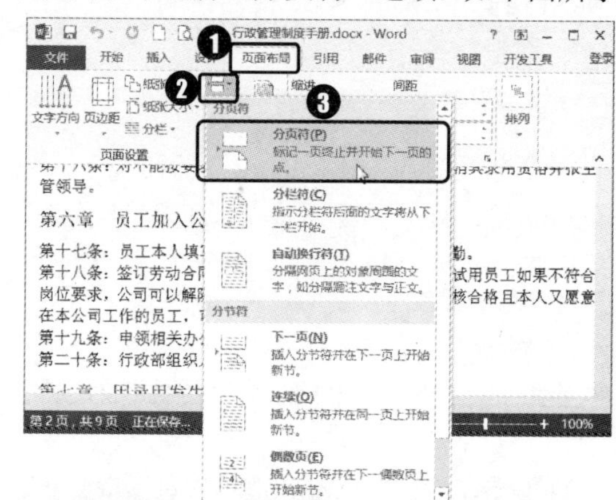

第 2 步： 在插入点后面的内容被分到了下一页中，如下图所示。

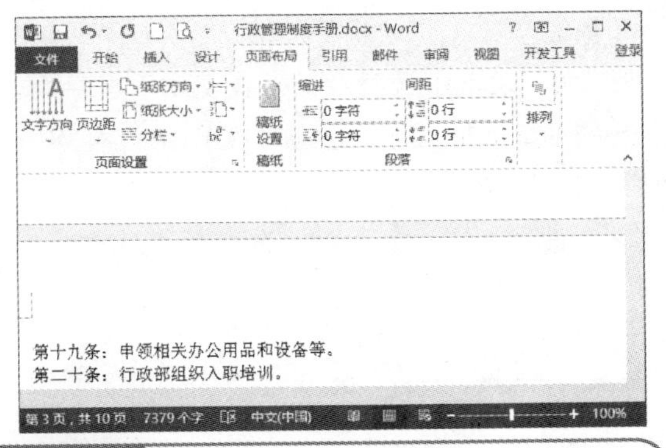

技巧 65：设置页面自动滚动

●适用版本：2007、2010、2013、2016

●实用指数：★★☆☆☆

说 明

用户在阅览页面较多的文档时，一般要不停地滑动文档右侧的垂直滚动条来进行翻页，这里介绍一种使页面自动滚动的方法。

方法

要设置页面自动滚动，具体操作方法如下。

第 1 步： 打开光盘\素材文件\第 2 章\2.3\"行政管理制度手册.docx"文件，❶切换到"开发工具"选项卡；❷在"代码"组中单击"宏"按钮，如下图所示。

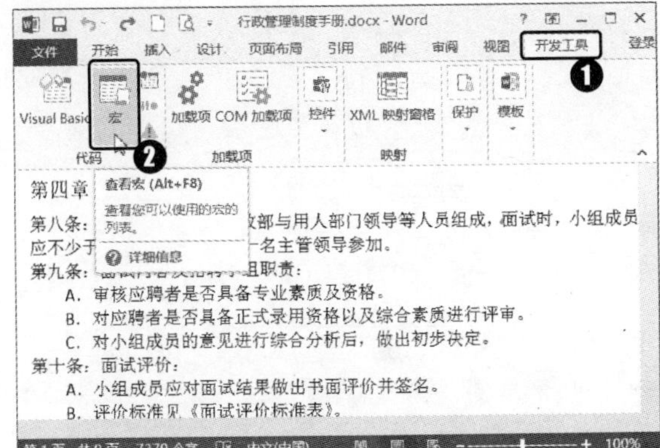

第 2 步： 打开"宏"对话框，❶在"宏的位置"下拉列表框中选择"Word 命令"选项；❷在"宏名"列表框中选择"AutoScroll"选项；❸单击 运行(R) 按钮，如下图所示。

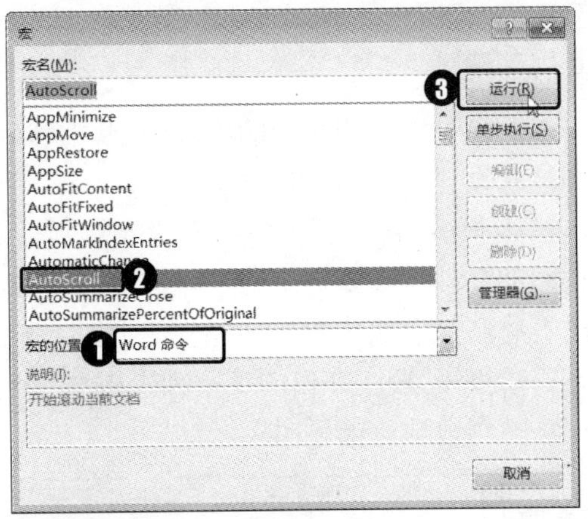

第 3 步： 此时文档中显示了一个呈双箭头形状的图标，鼠标指针呈形状显示，将鼠标指针与双箭头图标平行，文档页面处于静止状态。将鼠标指针向双箭头图标上方移动一小段距离，页面自动向上滚动，反之，页面自动向下滚动，如下图所示。鼠标指针离双箭头图标越远，页面自动滚动的速度就越快。单击鼠标左键即可停止页面的自动滚动，同时双箭头图标也会消失。

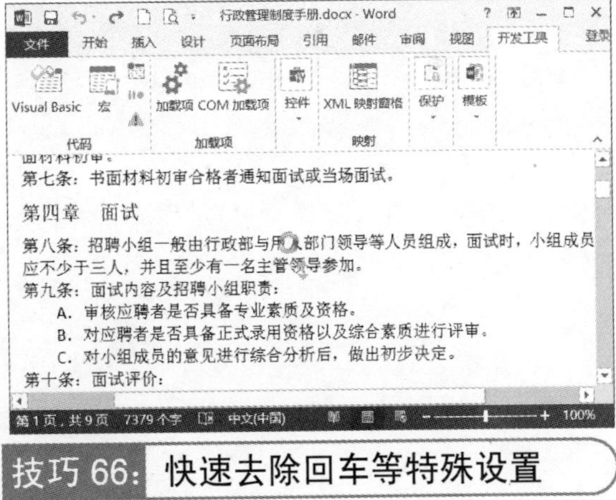

技巧 66：快速去除回车等特殊设置

●适用版本：2007、2010、2013、2016

●实用指数：★★☆☆☆

说 明

当用户从网上或者其他文档中复制文本内容时，常会出现格式混乱的情况，这是因为在复制文本内容的同时也复制了其格式，用户可以通过以下方法将其格式去除。

方法

以从网页上复制相应的内容为例，去除回车等特殊设置，具体操作方法如下。

第 1 步： 将网页中的内容复制以后，在要粘贴的文档中，❶切换到“开始”选项卡；❷在“剪贴板”组中单击“粘贴”按钮下方的下三角按钮；❸在弹出的下拉列表中选择“选择性粘贴”选项，如下图所示。

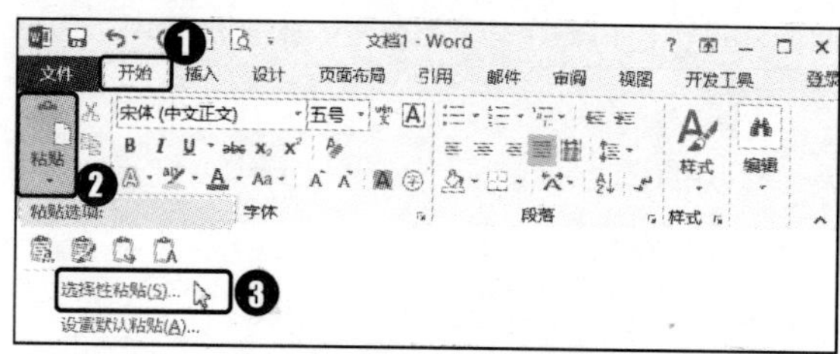

第 2 步： 打开“选择性粘贴”对话框，❶在“形式”列表框中选择“无格式文本”或者“无格式的 Unicode 文本”选项；❷单击 确定 按钮，如下图所示。

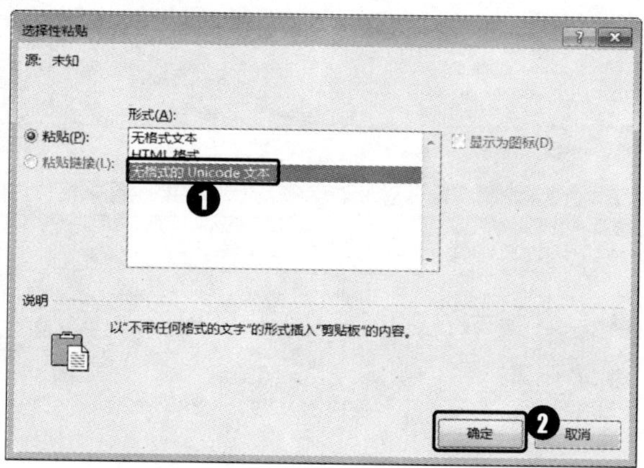

Word 表格制作与编辑技巧

在日常工作中，有些内容在 Word 文档中只用文字是无法形象、直观地表达的，此时添加必要的表格会使内容更容易被理解和接受，也会使文档内容更加丰富，增强可读性。

▷▷ 3.1 表格基本操作技巧

在日常工作中，用户需要在文档中使用表格。本节就来介绍一些表格的基本操作技巧。

技巧 67：在文档中插入表格

●适用版本：2007、2010、2013、2016

●实用指数：★★☆☆☆

在文档中插入表格可以使数据显示得更清晰。插入表格主要有鼠标拖动法、使用对话框和使用"+、-"符号 3 种方法。

例如，使用 "插入表格" 对话框在文档中插入表格，具体操作方法如下。

第 1 步： ❶在 Word 文档中切换到"插入"选项卡；❷在"表格"组中单击"表格"按钮；❸从弹出的下拉列表中选择"插入表格"选项，如下图所示。

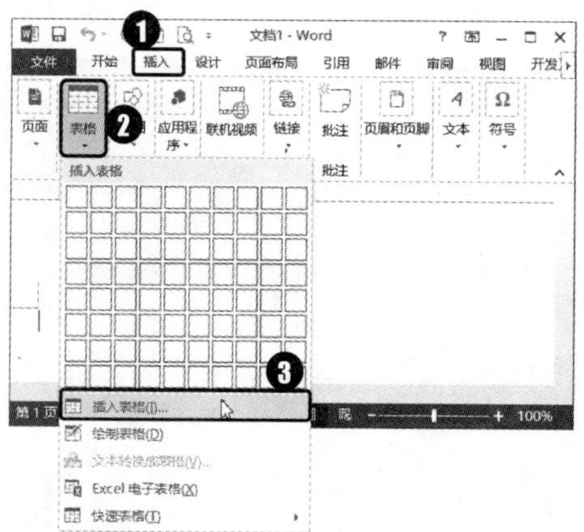

第 2 步： 打开"插入表格"对话框，❶在"表格尺寸"选项组中，在"列数"和"行数"微调框中分别输入列数和行数，例如分别输入"5"和"4"，其他选项保持不变；❷单击 确定 按钮，如下图所示。

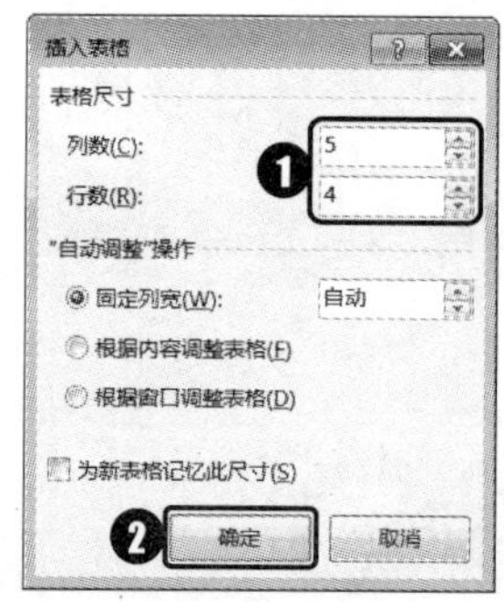

技巧 68：增加与删除表格的行或列

●适用版本：2007、2010、2013、2016

●实用指数：★★★☆☆

用户在编辑表格时经常要增加与删除表格的行或列，下面介绍增加与删除表格的行或列的技巧。

例如，在文档表格中增加行或列，具体操作方法如下。

将光标定位到表格的某单元格中，❶切换到"表格工具-布局"选项卡；❷在"行和列"组中单击 在下方插入 或 在左侧插入 按钮，可以在选中单元格的下方插入一行或在单元格左侧插入一列，如下图所示。

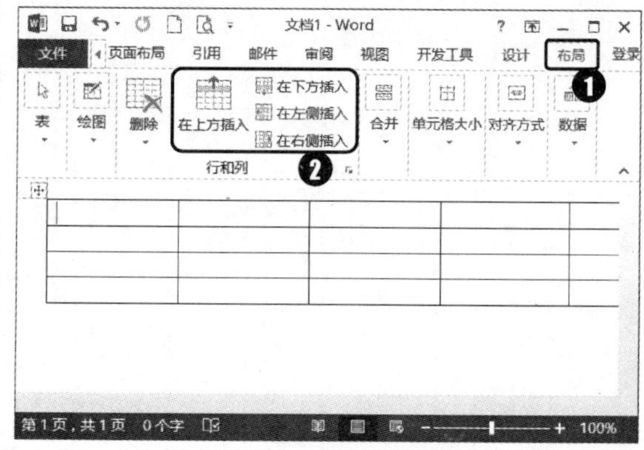

另外，将光标移动到要插入行的两行之间的最左侧，此时这两行之间会出现⊕形状，单击⊕即可在两行之间插入一空白行，如下图所示。

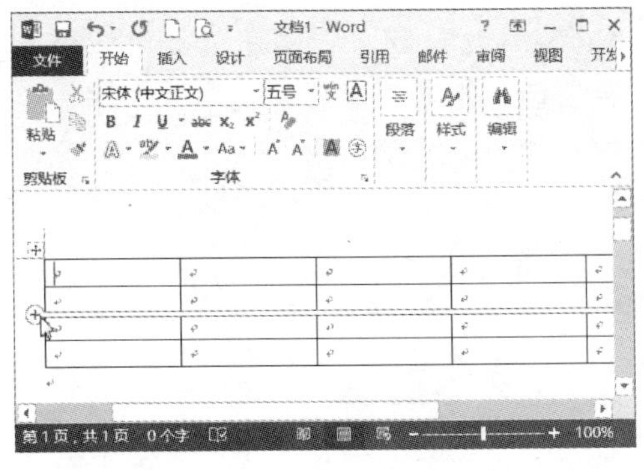

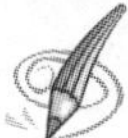

专家点拨

将光标定位到某行右端的边框外，按〈Enter〉键即可增加一行；若用户只在表格的最末行插入一行，可以将光标定位到最后一个单元格或者末行右端的边框外，然后按〈Tab〉键。

技巧 69：在 Word 中拆分表格

●**适用版本**：2007、2010、2013、2016

●**实用指数**：★★★☆☆

说 明

拆分表格分为上下拆分和左右拆分，上下拆分表格比较常见，接下来介绍怎样拆分表格。

方法一

例如，要上下拆分表格，具体操作方法如下。

第 1 步：在 Word 文档中插入一个 4 行 5 列的表格，❶将光标定位到要成为第 2 个表格的首行某个单元格内；❷切换到"表格工具–布局"选项卡；❸在"合并"组中单击"拆分表格"按钮，如下图所示。

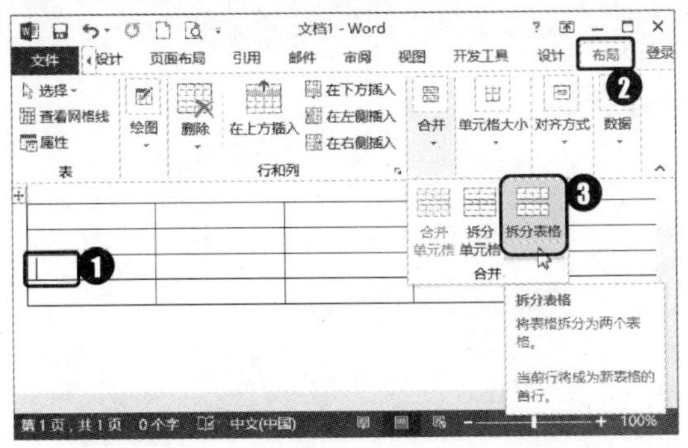

第 2 步：此时即可将表格拆分成上下两个表格，如下图所示。

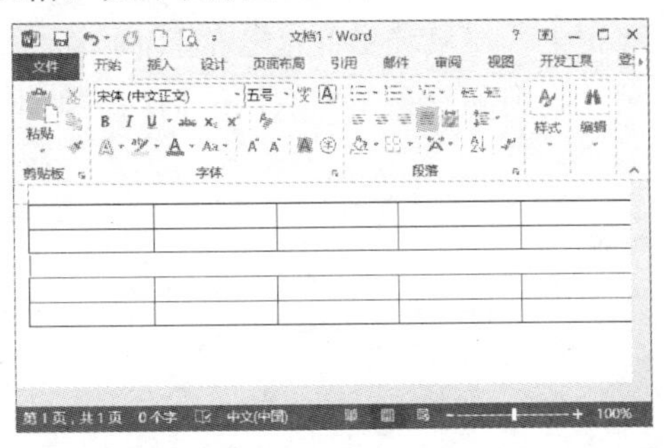

专家点拨

用户也可以使用组合键快速拆分表格，将光标定位到要成为第 2 个表格的首行某个单元格内，然后按〈Ctrl+Shift+Enter〉组合键。

方法二

例如，要左右拆分表格，具体操作方法如下。

第 1 步：在 Word 文档中插入一个 5 行 4 列的表格，在其下方至少保留两个换行符，如下图所示。

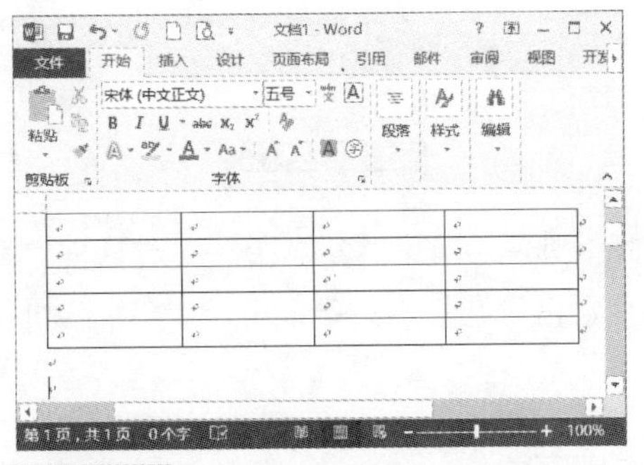

第 2 步：从表格中选中要成为第 2 个表格的行和列，然后将其整体拖动到第 2 个换行符处即可，如下图所示。

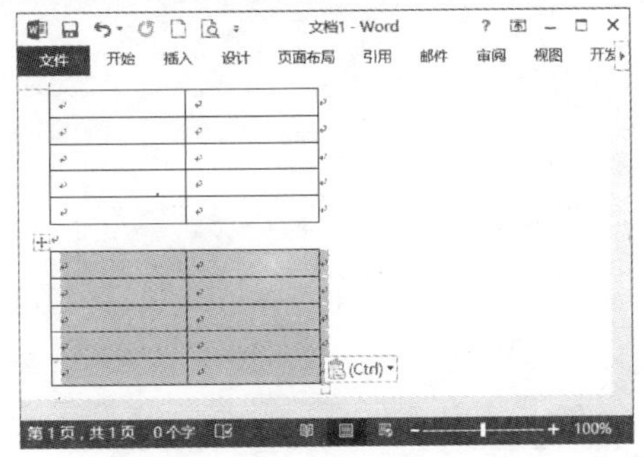

第 3 步： 将鼠标指针移到第 2 个表格上，此时表格的左上角出现⊞形状，将鼠标指针移到该标记上，待鼠标指针呈✥形状时，按住鼠标左键将其拖动到第 1 个表格的后面，如下图所示。

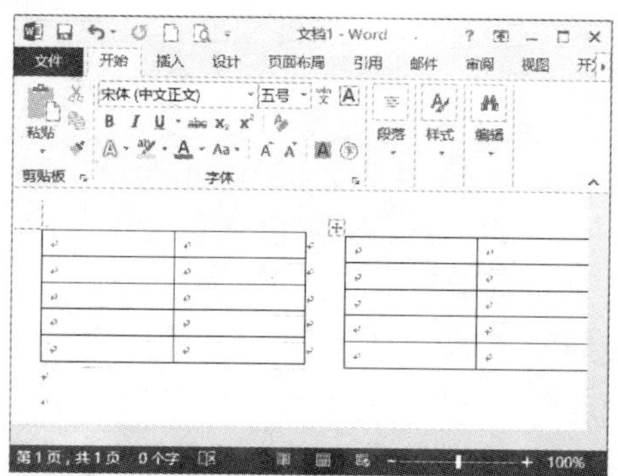

第 4 步： 此时刚拆分的两个表格在水平方向上不是对齐的，选中第 2 个表格，单击鼠标右键，从弹出的快捷菜单中选择“表格属性”菜单项，如下图所示。

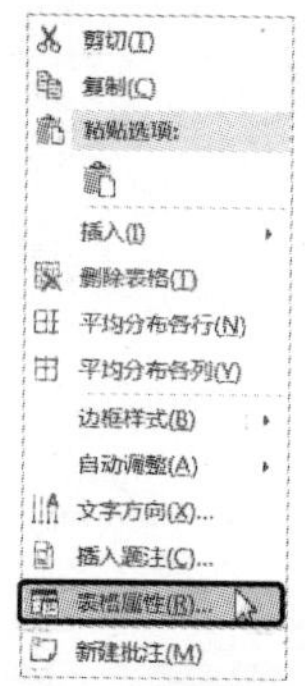

第 5 步： 打开“表格属性”对话框，❶切换到“表格”选项卡；❷单击 定位(P)... 按钮，如下图所示。

第 6 步： 打开“表格定位”对话框，在“垂直”选项组的“位置”文本框中输入合适的数值，如下图所示。

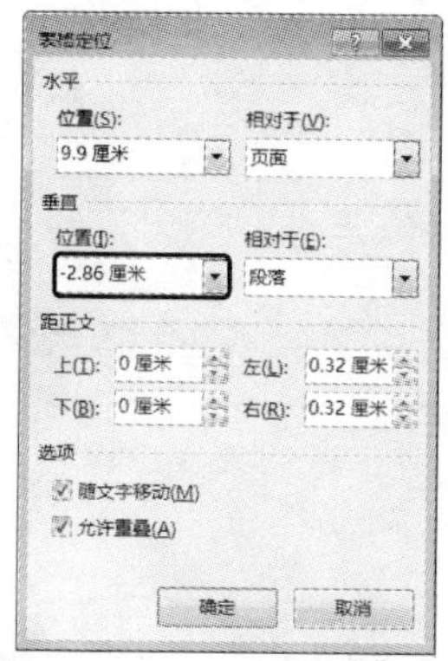

第 7 步： 依次单击 确定 按钮。

技巧 70：防止表格跨页断行

●**适用版本：** 2007、2010、2013、2016

●**实用指数：** ★★★☆☆

说 明

在制作的表格中输入内容后，有时候会出现表格的部分行及内容移到下一页的情况，这样既不方便查看也影响美观，用户可以通过设置使表格跨页不断行。

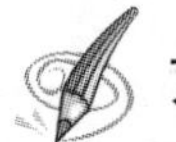

方法

要设置文档中的表格跨页不断行，具体操作方法如下。

第 1 步： 打开光盘\素材文件\第 3 章\3.1\“岗位说明书.docx”文件，可以看到“考核指标”对应行中的内容部分移至下一页，如下图所示。

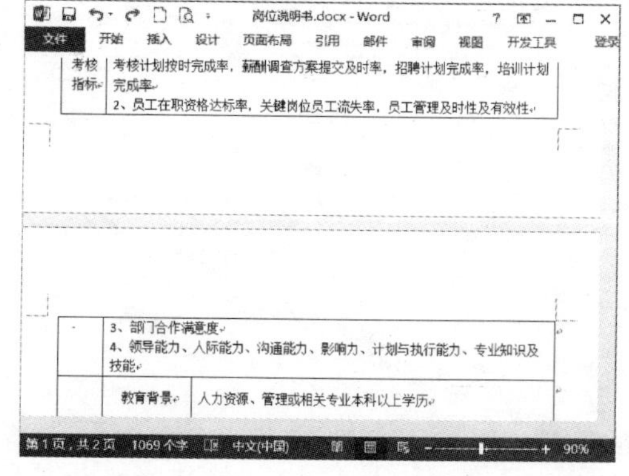

第 2 步： 选中表格，单击鼠标右键，从弹出的快捷菜单中选择“表格属性”菜单项。

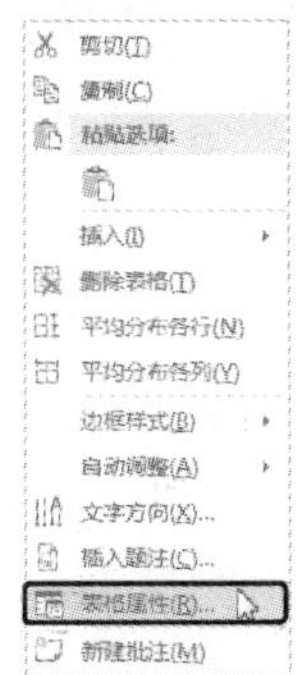

第 3 步： 打开“表格属性”对话框，❶切换到“行”选项卡；❷在“尺寸”选项组中取消选中“指定高度”复选框；❸在“选项”选项组中取消选中“允许跨页断行”复选框；❹单击 确定 按钮，如下图所示。

第 4 步： 此时，表格各行将被调整到合适的高度，同一行的内容将显示在同一个页面中，如下图所示。

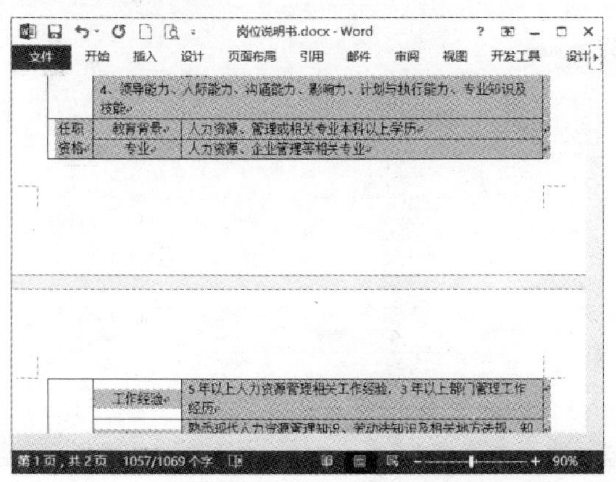

技巧 71：表格跨页时标题行自动重复

●适用版本： 2007、2010、2013、2016

●实用指数： ★★☆☆☆

说 明

用户在使用 Word 编辑表格时，经常因为表格数据很多而需要跨页，跨页的同时第一页的标题行需要重新输入到第 2 页以及后面的页，而依次重新输入又比较麻烦。下面介绍表格跨页时怎样使标题行自动重复。

方法

要设置表格跨页时标题行自动重复，具体操作方法如下。

第 1 步： 打开光盘\素材文件\第 3 章\3.1\“岗位说明书.docx”文件，❶选中要重复的标题行，这里选中表格的前三行；❷切换到“表格工具-布局”选项卡；❸在“数据”组中单击“重复标题行”按钮，如下图所示。

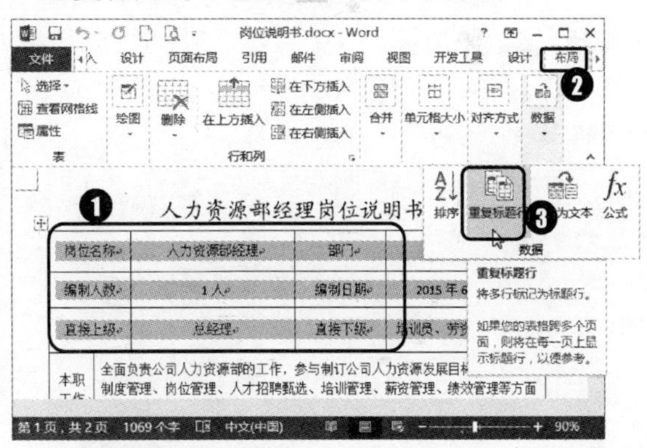

第 2 步： 在下一页自动出现刚才选中的标题行，如下图所示。

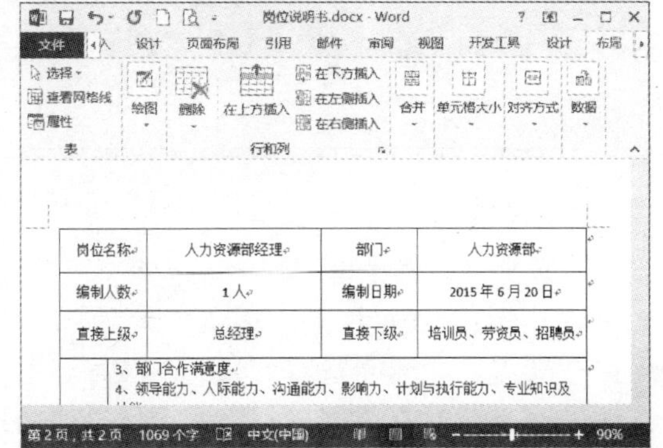

专家点拨

另外，用户也可以通过以下操作设置跨页时标题行重复：选中表格，打开“表格属性”对话框，切换到“行”选项卡，在“选项”选项组中选中“在各页顶端以标题行形式重复出现”复选框，单击按钮即可。

技巧 72：创建没有表格线的表格

●适用版本：2007、2010、2013、2016
●实用指数：★★☆☆☆

说 明

有时文档需要多列排列，又不需要像表格那样有表格线，用户可以通过以下技巧来实现。

方法

要创建没有网格线的表格，具体操作方法如下。

❶选中整个表格，切换到“表格工具-设计”选项卡；❷在“边框”组中单击“边框”按钮；❸从弹出的下拉列表中选择“无框线”选项，如下图所示。

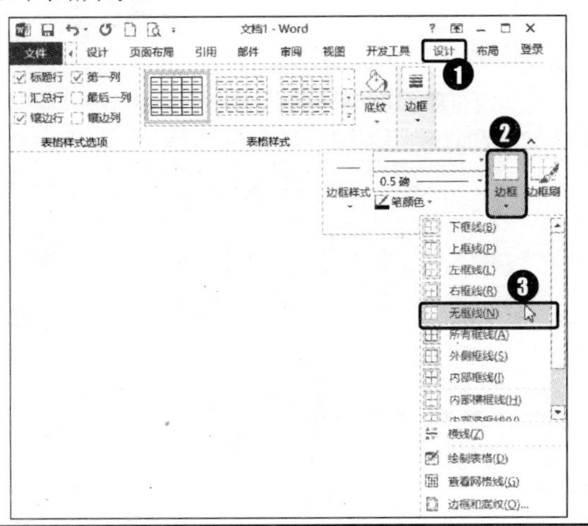

专家点拨

切换到“表格工具-设计”选项卡，再次单击“边框”组中的“边框”按钮，从弹出的下拉列表中选择“查看网格线”选项，即可看到表格的虚线框。

技巧 73：使用快捷键调整列宽

●适用版本：2007、2010、2013、2016
●实用指数：★★☆☆☆

说 明

使用不同的快捷键调整表格列宽的效果也不同，接下来介绍〈Ctrl〉〈Alt〉和〈Shift〉3个快捷键在调整表格列宽中所起的作用。

方法

要使用快捷键调整表格列宽，具体操作方法如下。

第 1 步： 在 Word 文档中，按住〈Ctrl〉键的同时拖动鼠标，框线左侧一列的宽度会发生变化，框线右侧各列的宽度会发生均匀变化，而整个表格的宽度保持不变，效果如下图所示。

第 2 步： 按住〈Alt〉键的同时拖动鼠标，可以对框线进行微调，如下图所示。

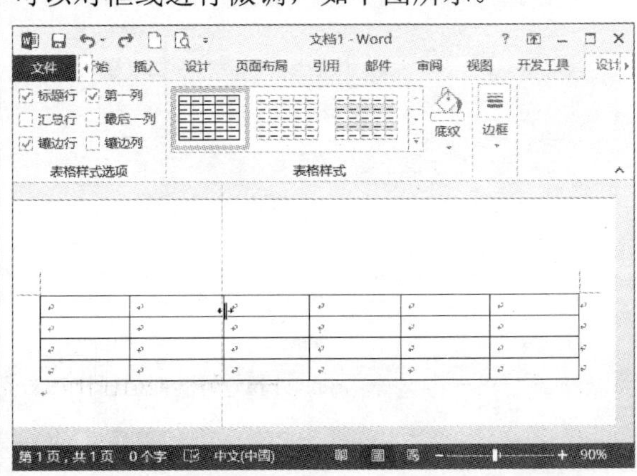

第 3 步： 按住〈Shift〉键的同时拖动鼠标，边框左侧一列的宽度会发生变化，并且整个表格的宽度也随之变化。

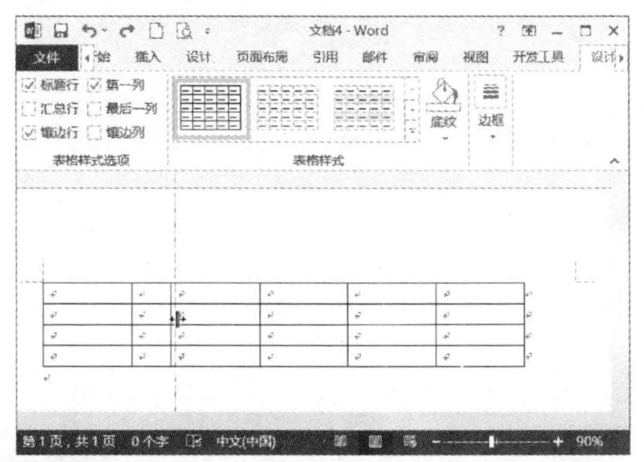

技巧 74：制作斜线表头

●**适用版本：**2007、2010、2013、2016

●**实用指数：**★★★☆☆

说 明

在绘制表格的时候，有时需要绘制斜线表头，下面介绍绘制斜线表头的方法。

方法

例如，要插入斜线表头，具体操作方法如下。

第 1 步： 在 Word 文档中插入表格，❶将光标定位到表格左上角的第一个单元格内；❷切换到“表格工具-设计”选项卡；❸在“边框”组中单击“边框”按钮；❹从弹出的下拉列表中选择“斜下框线”选项，如下图所示。

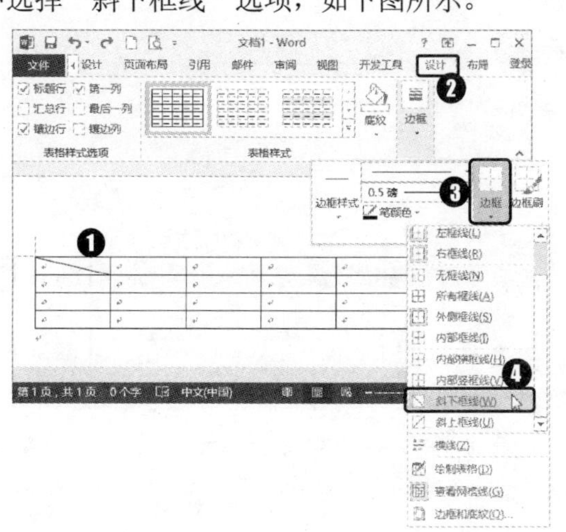

第 2 步： 此时即可在表格中插入斜线表头。在其中输入文本“名称数量”，如下图所示。

第 3 步： 将光标定位到“名称”和“数量”之间，添加适量的空格，效果如下图所示。

技巧 75：防止表格被文字“撑”变形

●**适用版本：**2007、2010、2013、2016

●**实用指数：**★★★★☆

说 明

用户在表格的单元格中输入文字内容或插入图片时，往往会出现由于输入的文字过多或图片过大而造成单元格的列宽或行高自动调整的现象，而用户又需要保持原来的列宽或行高不变。

方法

要保持表格行高或列宽不变，具体操作方法如下。

第 1 步： 按照技巧 69 介绍的方法打开“表格属性”对话框，❶切换到“表格”选项卡；❷单击 选项(O)... 按钮，如下图所示。

第 2 步： 打开“表格选项”对话框，❶在“选项”选项组中取消选中“自动重调尺寸以适应内容”复选框；❷单击 确定 按钮，如下图所示。

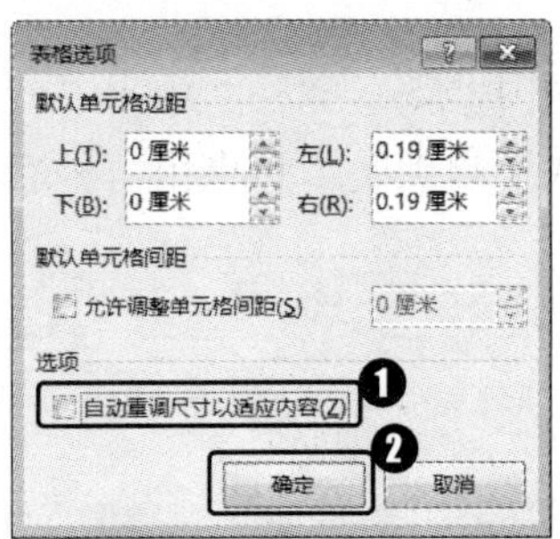

第 3 步： 返回“表格属性”对话框，❶如果需要固定行高，可以切换到“行”选项卡；❷选中“指定高度”复选框，在其后的微调框中设置具体数值；❸在“行高值是”下拉列表框中选择“固定值”选项；❹单击 确定 按钮，如下图所示。

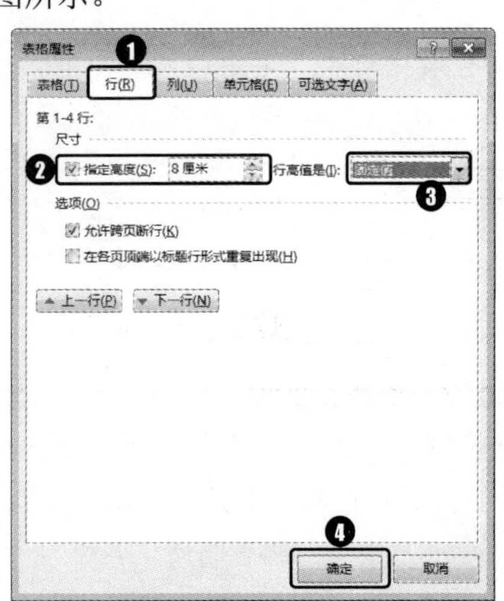

技巧 76：实现文档中表格行列对调

●适用版本：2007、2010、2013、2016

●实用指数：★★★☆☆

说 明

在 Word 文档中，很难将表格行列进行对调，用户可以利用 Excel 轻松互换 Word 表格中的行与列。

方法

要对调文档中表格的行与列，具体操作方法如下。

第 1 步： 打开光盘\素材文件\第 3 章\3.1\“销售额统计.docx”文件，选中并复制表格，如下图所示。

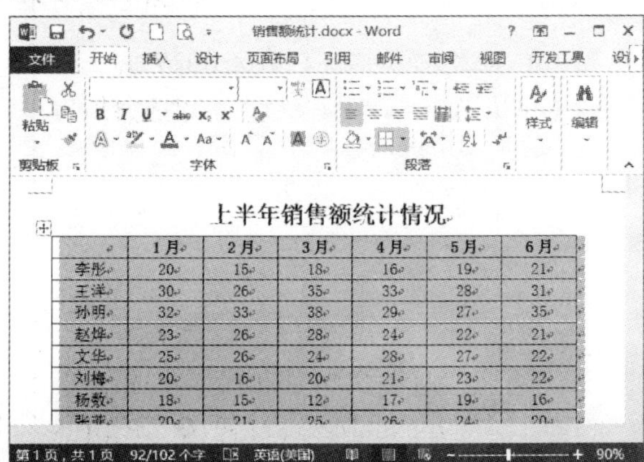

第 2 步： 打开 Excel 2013，选中单元格 A1，按〈Ctrl+V〉组合键粘贴，即可将文档中的表格复制到 Excel 表格中，如下图所示。

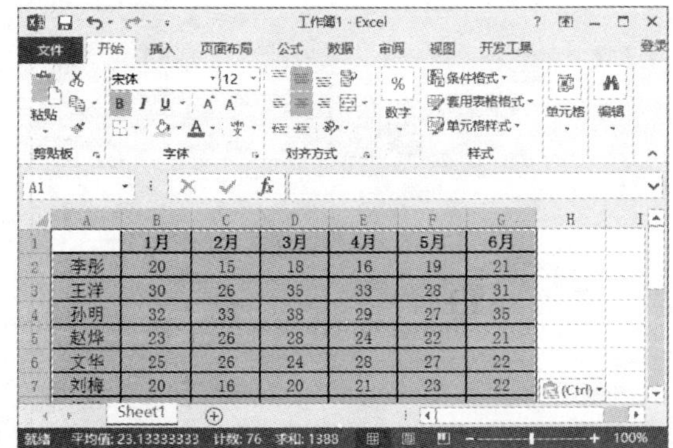

第 3 步： 在 Excel 表格中，按〈Ctrl+C〉组合键进行复制，如下图所示。

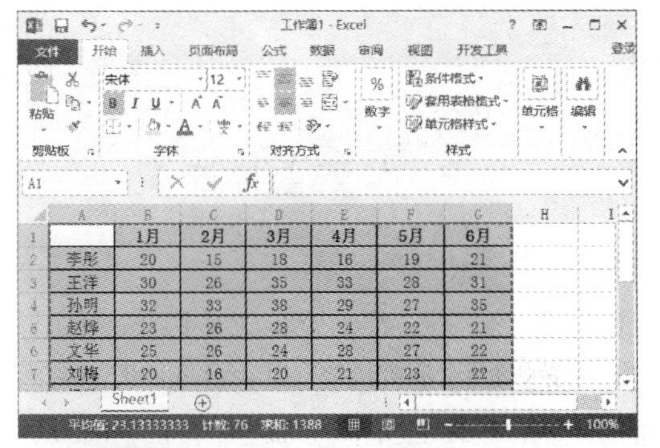

第 4 步： 用鼠标右击空白单元格，从弹出的快捷菜单中选择“选择性粘贴”→“转置”菜单项，如下图所示。

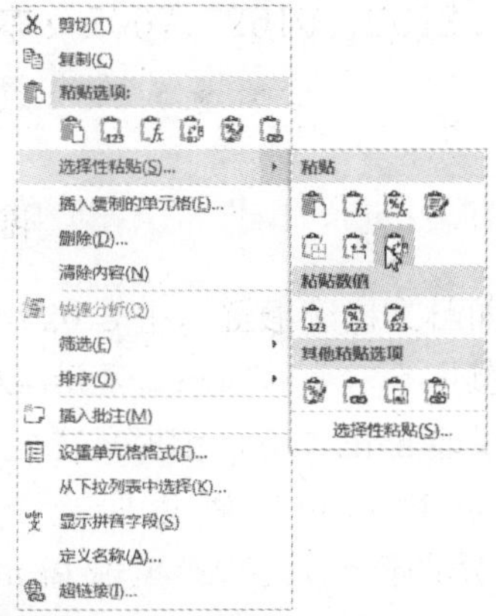

第 5 步： 此时，表格中的行列内容已经互换，将其复制并粘贴到 Word 中即可，效果如下图所示。

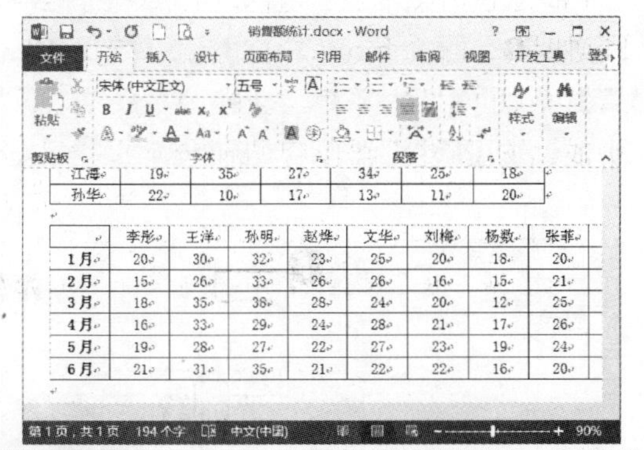

技巧 77：一次插入多行或多列

● **适用版本：** 2007、2010、2013、2016

● **实用指数：** ★★★☆☆

用户在编辑表格时经常要插入多行或多列，下面介绍在表格中一次插入多行或多列的方法。

例如，要使用快捷菜单一次插入 3 行，具体操作方法如下。

第 1 步： 在 Word 文档中插入一个 5 行 6 列的表格，❶在表格中选中任意连续的 3 行，单击鼠标右键；❷从弹出的快捷菜单中选择“插入”→“在上方插入行”菜单项，如下图所示。

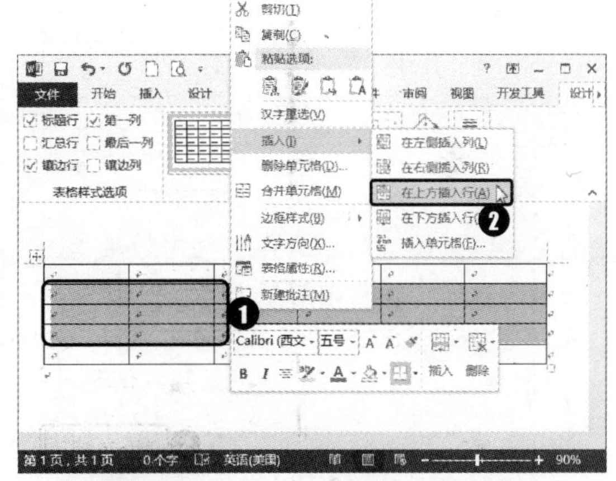

第 2 步： 此时，即可在选中的 3 行上方插入 3 行空白行，如下图所示。

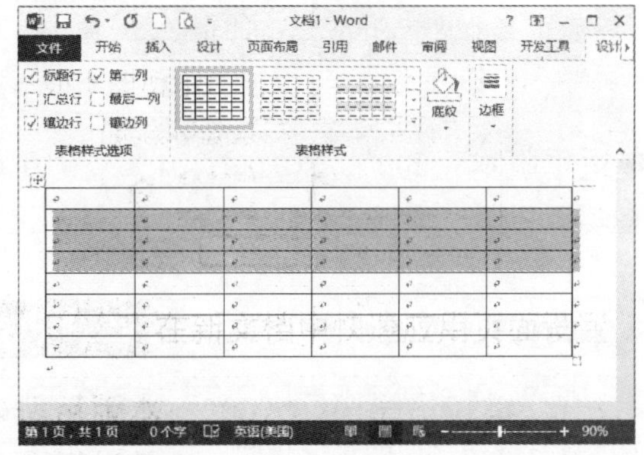

专家点拨

另外，用户也可以使用按住〈Ctrl〉键拖动的方法插入多行或者多列。例如，选中表格中连续的 3 行，按住〈Ctrl〉键不放，将光标移到选中的连续 3 行中，单击鼠标左键将这几行拖动到要插入表格的位置，然后释放鼠标左键，即可在表格中插入 3 行。

技巧 78：使用工具按钮对齐表格内容

●适用版本：2007、2010、2013、2016

●实用指数：★★★☆☆

说 明

绘制好表格后，可以通过工具按钮使表格内的文字以一定的方式对齐。

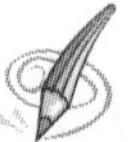

方法

要对齐表格内容，具体操作方法如下。

选中要对齐的列，❶切换到“布局”选项卡；❷在“对齐方式”组中列出了几种对齐方式，例如靠上两端对齐、靠上居中对齐、中部两端对齐以及靠下两端对齐等方式，任意选择一种对齐方式，如下图所示。

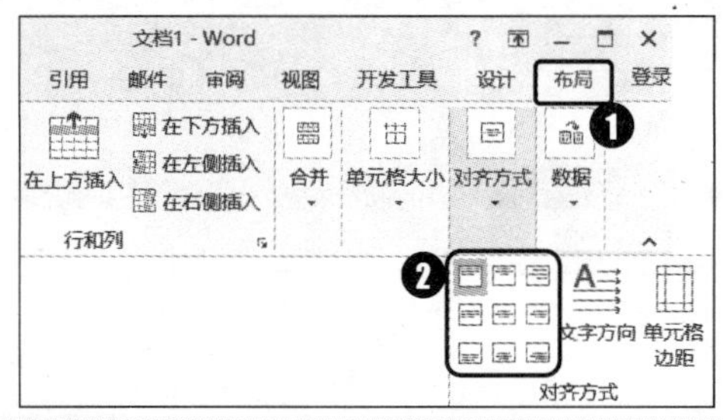

技巧 79：设置表格与页面同宽

●适用版本：2007、2010、2013、2016

●实用指数：★★☆☆☆

说 明

在 Word 中创建表格后，有时需要将表格宽度设置成与页面的宽度相同。

方法

要设置表格与页面同宽，具体操作方法如下。

在 Word 文档中选中表格，❶切换到“表格工具-布局”选项卡；❷在“单元格大小”组单击“自动调整”按钮；❸从弹出的下拉列表中选择“根据窗口自动调整表格”选项即可，如下图所示。

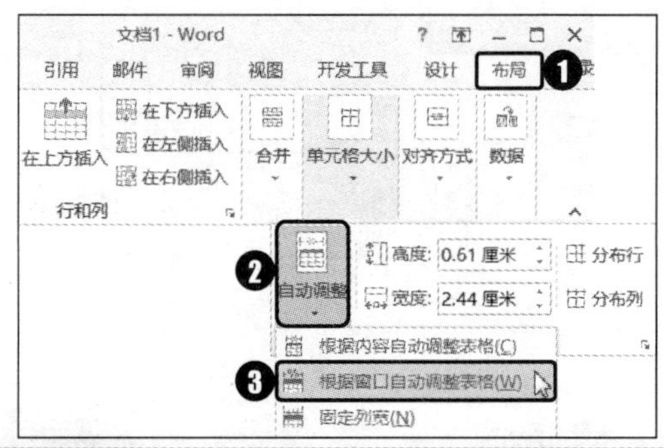

技巧 80：在表格中插入自动编号

●适用版本：2007、2010、2013、2016

●实用指数：★★★☆☆

说 明

绘制好表格后，用户可以按照以下方法在表格中插入自动编号。

方法

要在表格中插入自动编号，具体操作方法如下。

第 1 步：❶在文档中将光标定位在表格的第一个单元格中；❷切换到“开始”选项卡，在“段落”组中单击“编号”按钮右侧的下三角按钮；❸从弹出的下拉列表中选择一种编号样式，如下图所示。

第 2 步：❶在“剪贴板”组中单击“格式刷”按钮；❷在第二个单元格处按住鼠标左键向下拖动，直到最后一个单元格处释放鼠标，此列就插入了自动编号，如下图所示。

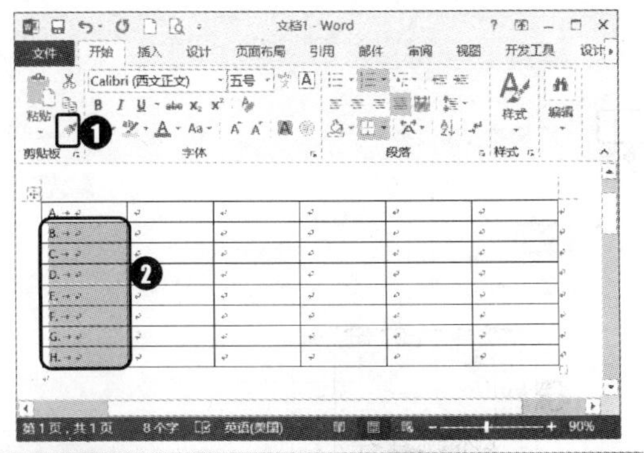

技巧 81：批量填充单元格

●适用版本：2007、2010、2013、2016

●实用指数：★★★☆☆

使用 Word 编辑表格的时候，用户还可以利用以下方法完成表格的批量填充。

要批量填充单元格，具体操作方法如下。

第 1 步： 在 Word 文档中插入一个 6 行 6 列的表格，如下图所示。

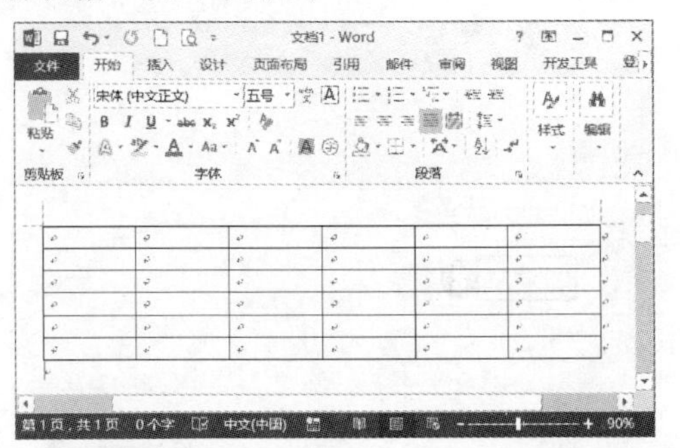

第 2 步： 复制需要填充的文本或图片等对象，这里在文档中输入“文化”，按〈Ctrl+C〉组合键将其复制，然后选中所有需要填充的单元格，如下图所示。

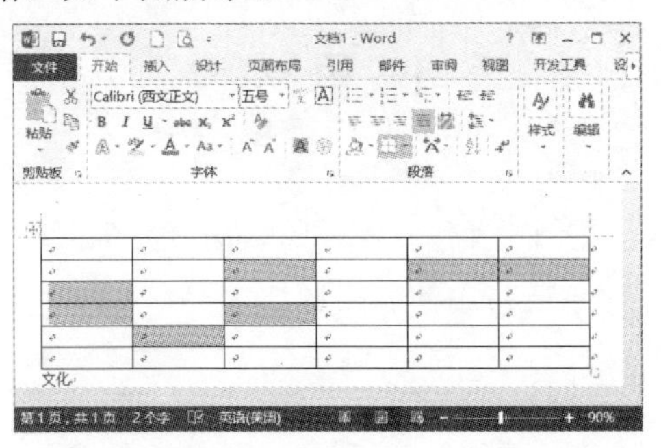

第 3 步： 按〈Ctrl+V〉组合键粘贴即可，如下图所示。

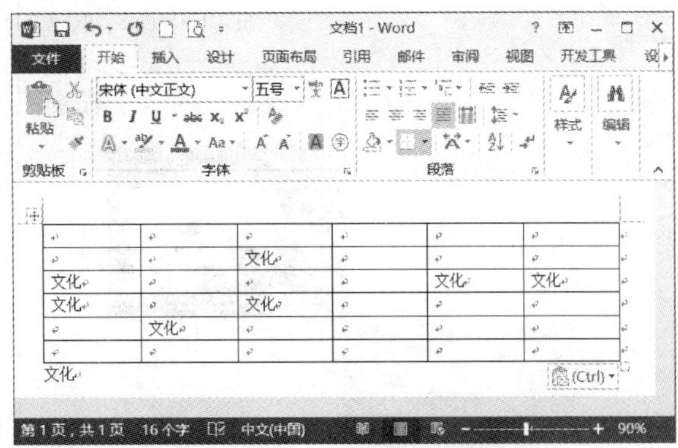

技巧 82：设置表格内文本缩进

●适用版本：2007、2010、2013、2016

●实用指数：★★★☆☆

当用户在单元格中输入的文本内容较多时，为了使 Word 排版比较美观，可以设置首行缩进的格式。

例如，使用对话框设置表格文本的缩进，具体操作方法如下。

第 1 步： 在 Word 文档中选中多个单元格，切换到“开始”选项卡，单击“段落”组右下角的“对话框启动器”按钮。

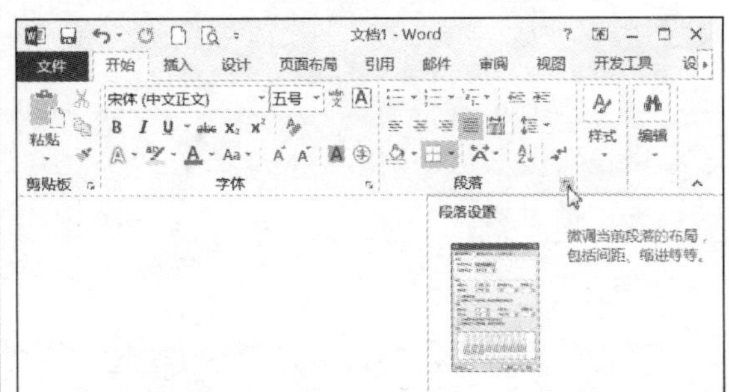

第 2 步： 打开“段落”对话框，默认打开“缩进和间距”选项卡，在“缩进”选项组中的“特殊格式”下拉列表框中选择合适的缩进形式，如下图所示。

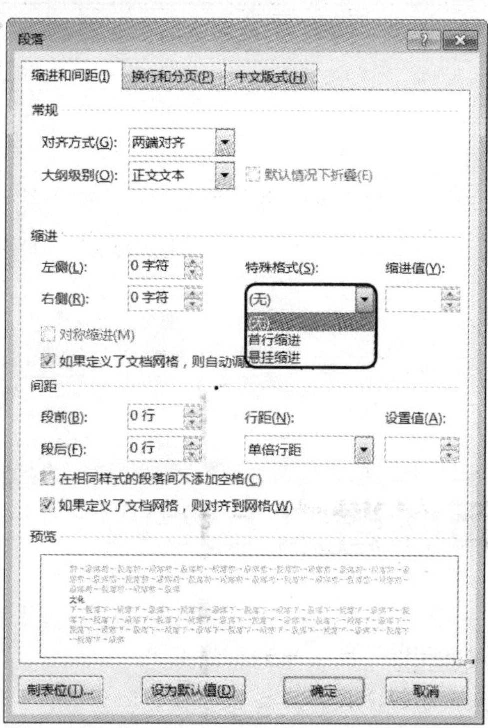

专家点拨

将光标定位到单元格内，按〈Ctrl+Tab〉组合键也可以设置文本缩进。

技巧 83: 设置小数点对齐

●适用版本：2007、2010、2013、2016

●实用指数：★★★☆☆

说 明

对于 Word 表格中带有小数点的数据，除了应用左对齐和居中对齐等格式设置外，还可以设置小数点对齐。

方法

要设置小数点对齐，具体操作方法如下。

第 1 步： 选中表格中要进行对齐的数据，按照技巧 82 的方法打开“段落”对话框，在“缩进和间距”选项卡中单击 制表位(T)... 按钮，如下图所示。

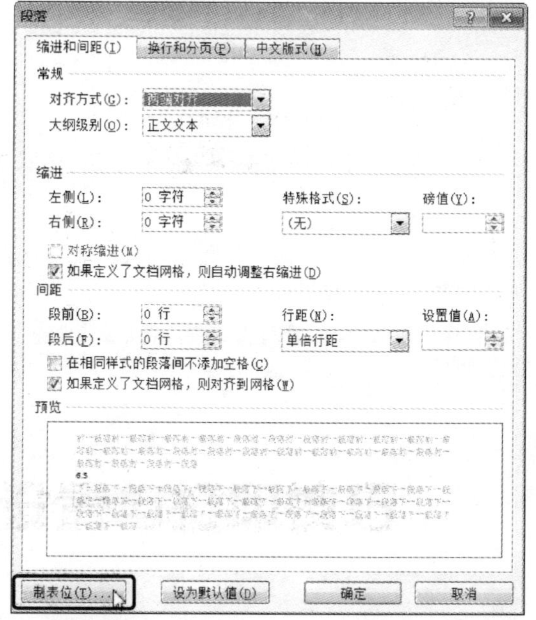

第 2 步： 打开“制表位”对话框，❶在“制表位位置”文本框中输入“2 字符”；❷在“对齐方式”选项组中选中“小数点对齐”单选按钮；❸单击 设置(S) 按钮，如下图所示。

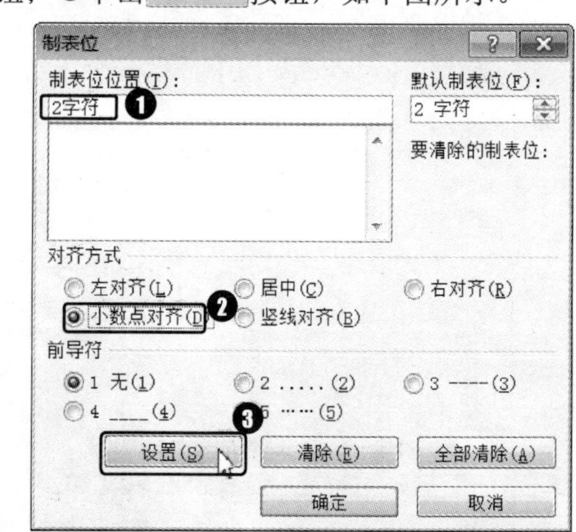

第 3 步： 依次单击 确定 按钮，即可将数据按小数点对齐了。

▷▷ 3.2 表格应用技巧

了解了表格的一些基本操作技巧后，接下来介绍一些常用的表格应用技巧。

技巧 84: 表格与文本自由转换

●适用版本：2007、2010、2013、2016

●实用指数：★★★☆☆

说 明

在 Word 中，用户可以使用以下技巧将表格与文本进行自由转换。

方法

例如，要将表格转换为文本，具体操作方法如下。

第 1 步： 打开光盘\素材文件\第 3 章\3.2\“岗位说明书.docx”文件，❶将光标定位到表格中；❷切换到“表格工具-布局”选项卡；❸在“数据”组中单击“转换为文本”按钮，如下图所示。

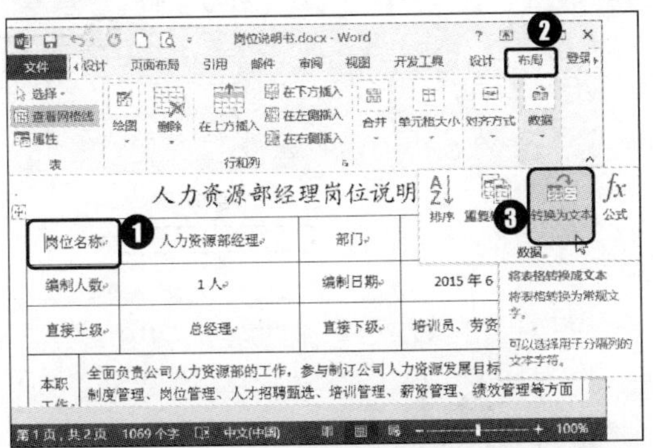

第 2 步： 打开“表格转换成文本”对话框，用户可以根据实际情况选择合适的文字分隔符，这里保持系统默认的文字分隔符“制表符”不变，如下图所示。

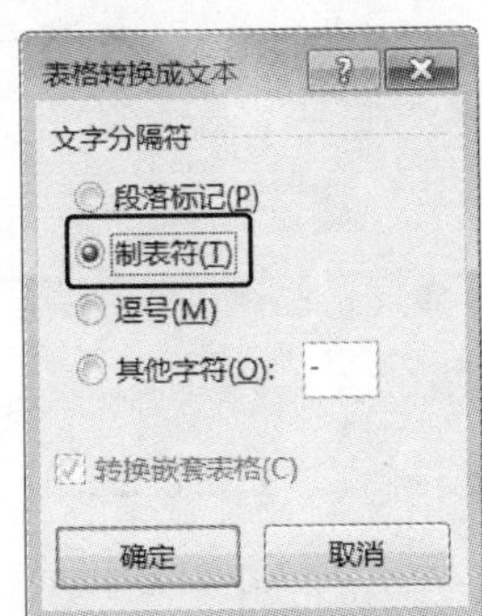

第 3 步： 单击 确定 按钮，即可将表格转换为文本，效果如下图所示。

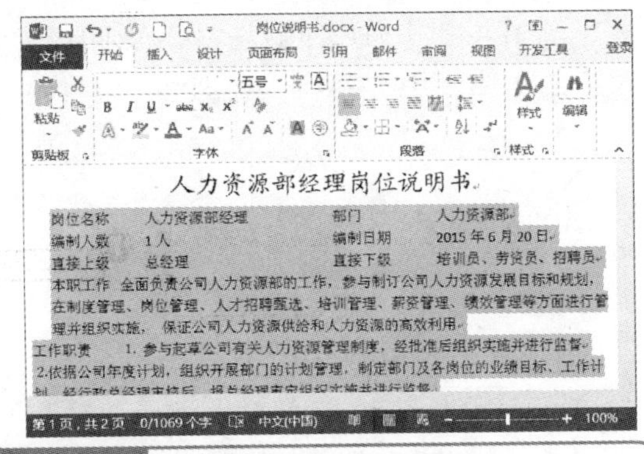

技巧 85: 在表格中进行排序

●适用版本：2007、2010、2013、2016

●实用指数：★★★☆☆

说 明

绘制好表格后，可以对表格中的内容进行排序。

方法

要对表格进行排序，具体操作方法如下。

第 1 步： 在 Word 中选中表格，切换到“开始”选项卡，在“段落”组中单击“排序”按钮。

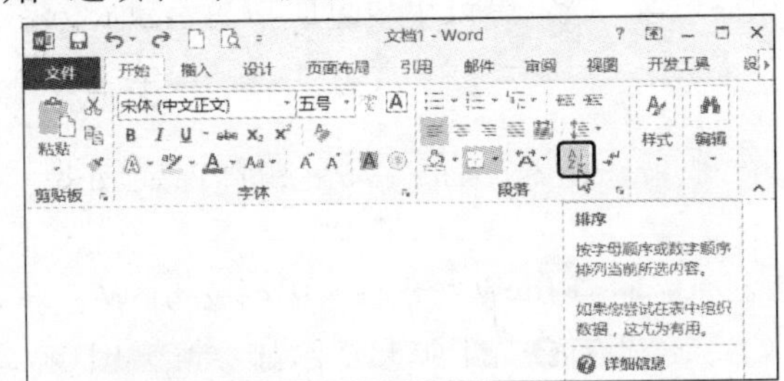

第 2 步： 打开“排序”对话框，❶在“主要关键字”和“类型”下拉列表框中选择排序依据；❷在其右侧选中“升序”或“降序”单选按钮；❸单击 确定 按钮即可。

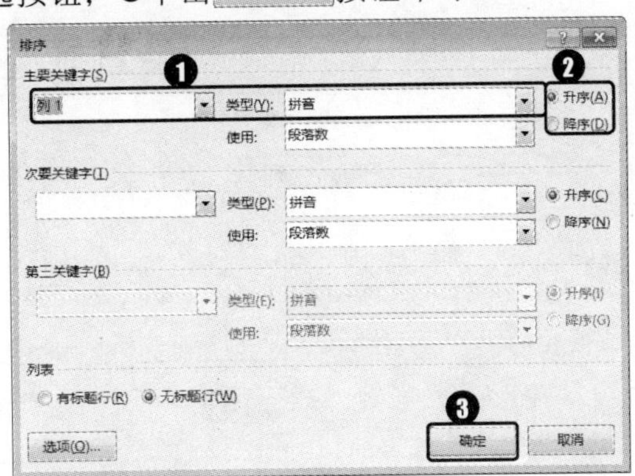

技巧 86：在表格中进行求和运算

●适用版本：2007、2010、2013、2016

●实用指数：★★★★☆

说 明

Word 文档中的表格有时需要进行数据求和运算，用户可以按照以下方法来计算。

方法

要对表格数据进行求和运算，具体操作方法如下。

第 1 步： 打开光盘\素材文件\第 3 章\3.2\“销售额统计.docx”文件，❶将光标置于要输入合计值的单元格中；❷切换到“表格工具-布局”选项卡；❸在“数据”组中单击“公式”按钮，如下图所示。

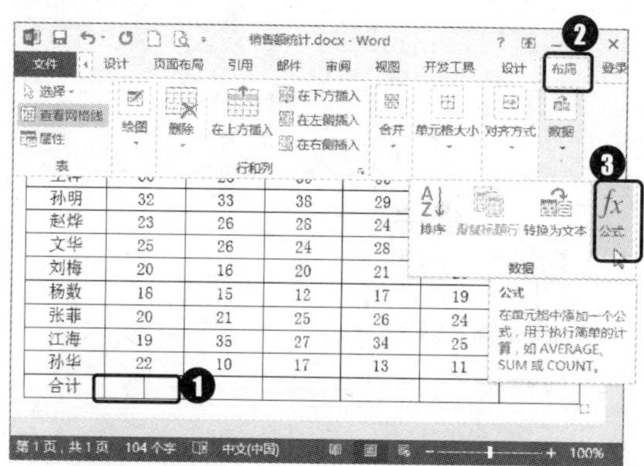

第 2 步： 打开“公式”对话框，此时在“公式”文本框中自动输入公式“＝SUM(ABOVE)”，如下图所示。

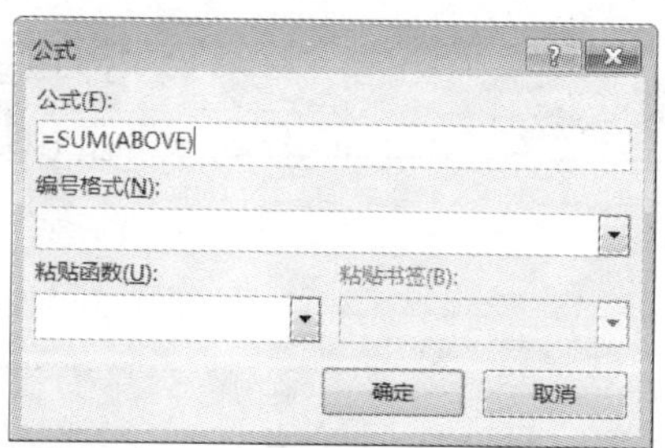

第 3 步： 单击 确定 按钮后，在单元格中自动输入计算结果，如下图所示。

孙明	32	33	38	29	27	35
赵烨	23	26	28	24	22	21
文华	25	26	24	28	27	22
刘梅	20	16	20	21	23	22
杨数	18	15	12	17	19	16
张菲	20	21	25	26	24	20
江海	19	35	27	34	25	18
孙华	22	10	17	13	11	20
合计	229					

专家点拨

当要计算的单元格在上面时，公式“=SUM()”括号中显示为“ABOVE”；当要计算的单元格在左侧时，“=SUM()”括号中显示为“LEFT”；当要计算的单元格在右侧时，“=SUM()”括号中显示为“RIGHT”。

技巧 87：在表格中计算平均值

●适用版本：2007、2010、2013、2016

●实用指数：★★★★☆

说 明

用户也可以在表格中进行平均值运算，下面介绍怎样在 Word 文档的表格中计算平均值。

方法

要在文档的表格中计算平均值，具体操作方法如下。

第 1 步： 打开光盘\素材文件\第 3 章\3.2\“销售额统计 01.docx”文件，将光标置于要输入平均值的单元格中，如下图所示。

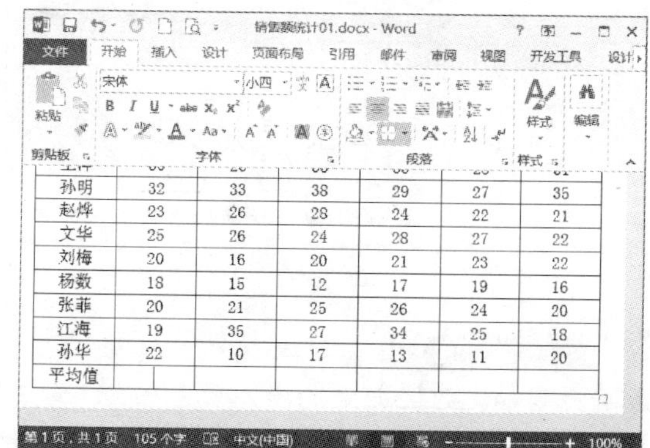

孙明	32	33	38	29	27	35
赵烨	23	26	28	24	22	21
文华	25	26	24	28	27	22
刘梅	20	16	20	21	23	22
杨数	18	15	12	17	19	16
张菲	20	21	25	26	24	20
江海	19	35	27	34	25	18
孙华	22	10	17	13	11	20
平均值						

第 2 步： 按照技巧 86 介绍的方法打开“公式”对话框，在“公式”文本框中输入公式“＝AVERAGE(ABOVE)”，如下图所示。

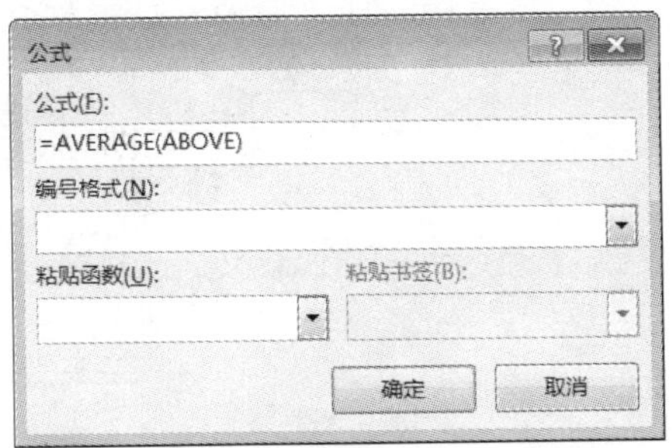

第 3 步： 单击 确定 按钮后，在单元格中自动输入计算结果，如下图所示。

孙明	32	33	38	29	27	35
赵烨	23	26	28	24	22	21
文华	25	26	24	28	27	22
刘梅	20	16	20	21	23	22
杨数	18	15	12	17	19	16
张菲	20	21	25	26	24	20
江海	19	35	27	34	25	18
孙华	22	10	17	13	11	20
平均值	22.9					

技巧 88：表格错行的制作方法

● **适用版本：** 2007、2010、2013、2016

● **实用指数：** ★★★☆☆

说 明

用户在编辑表格时，会遇到设置表格错行的情况。下面介绍制作表格错行的技巧。

方法

例如，要制作左列 5 行右列 3 行的表格时，具体操作方法如下。

第 1 步： ❶在 Word 文档中插入一个 4 行 2 列的表格，并选中右列所有表格；❷切换到“表格工具”栏的“布局”选项卡；❸在“合并”组中单击“合并单元格”按钮，如下图所示。

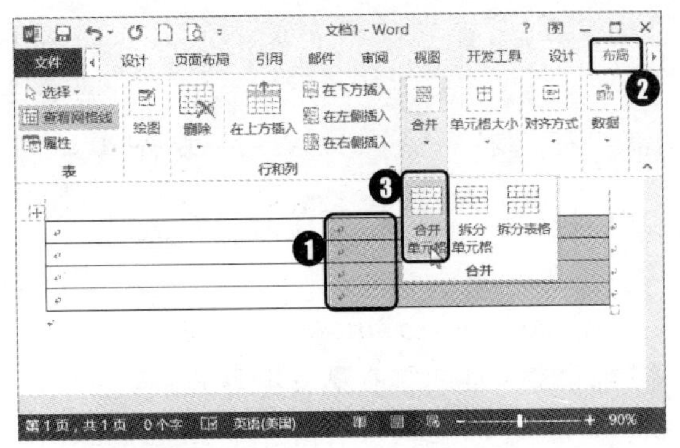

第 2 步： 将光标定位到合并的单元格中，在“表”组中单击 属性 按钮，如下图所示。

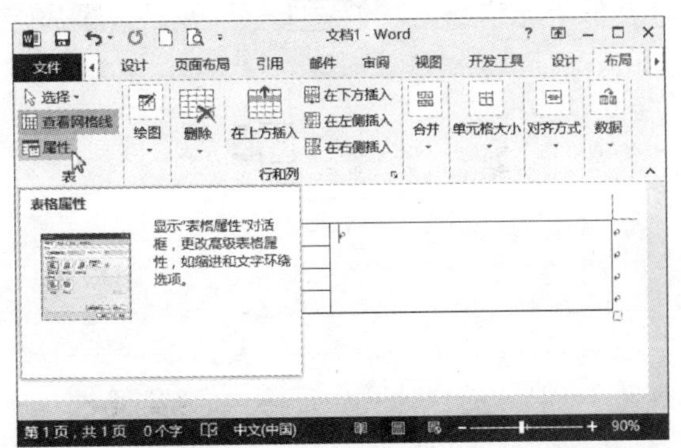

第 3 步： 打开“表格属性”对话框，❶切换到“单元格”选项卡；❷单击 选项(O)... 按钮，如下图所示。

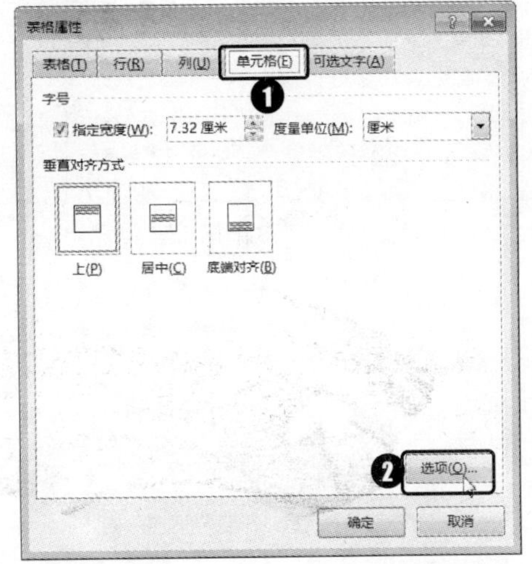

第 4 步： 打开“单元格选项”对话框，❶取消选中“与整张表格相同”复选框；❷将“上”“下”“左”“右”边距均设为“0 厘米”，如下图所示。

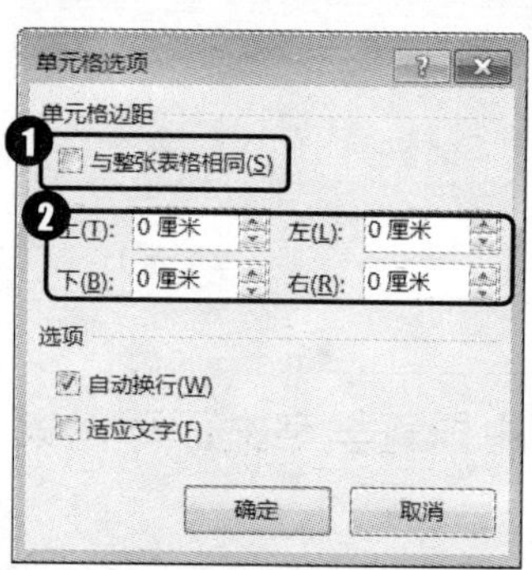

第 5 步： 依次单击 确定 按钮，在合并单元格中插入一个 5 行 1 列的表格，选中该合并的单元格，将其设置为无框线，效果如下图所示。

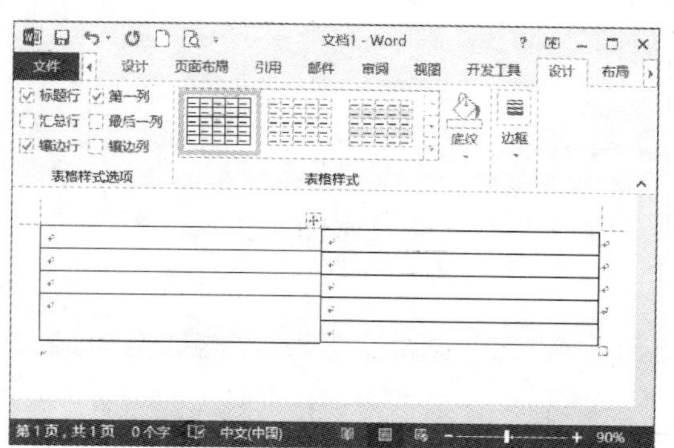

第 6 步： 选中整个表格，单击鼠标右键，从弹出的快捷菜单中选择“平均分布各行”菜单项，如下图所示。

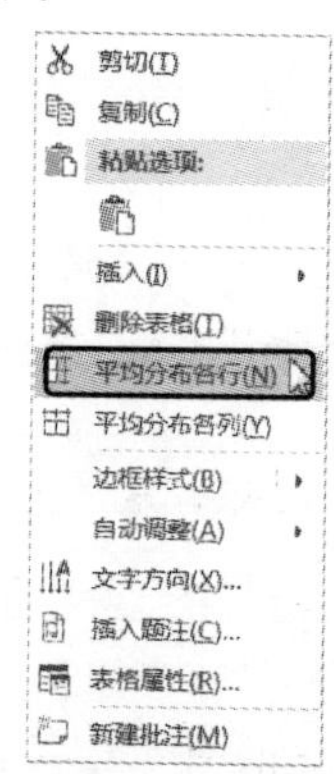

第 7 步： 查看设置后的效果，如下图所示。

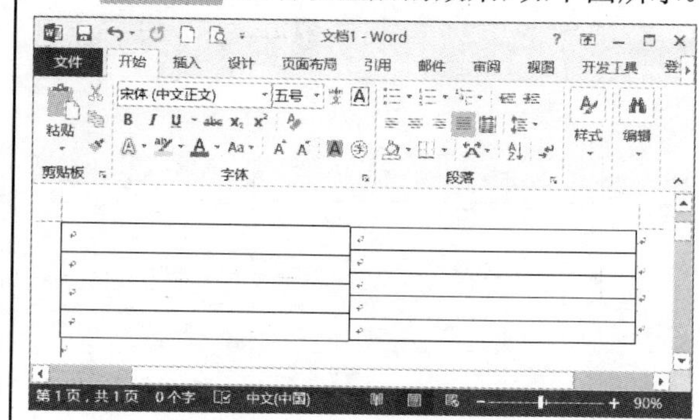

Word 的图文混排技巧

在 Word 文档中使用图像信息可以加强文档的实用性和艺术性，在丰富版面效果和增强排版灵活性方面起到了重要作用。

▷▷ 4.1 图片技巧

在日常工作中，用户可以在文档中插入图片。本节就来介绍一些关于在文档中使用图片方面的技巧。

技巧 89：提取文档中的图片

●适用版本：2007、2010、2013、2016
●实用指数：★★★☆☆

说 明

在日常工作中，当看到有些 Word 文档中的图片非常好时，用户可以将其提取出来，以便于日后使用。用户可以提取单个图片，也可以批量提取。

方法

例如，批量提取图片，具体操作方法如下。

第 1 步： 打开光盘\素材文件\第 4 章\4.1\“提取文档中的图片.docx”文件，单击 文件 按钮，如下图所示。

第 2 步： ❶从弹出的界面中选择“另存为”选项；❷在“另存为”界面选择“计算机”选项；❸单击右下角的“浏览”按钮，如下图所示。

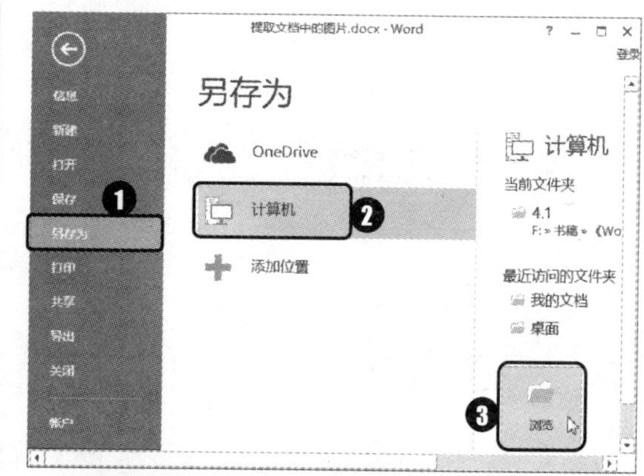

第 3 步： 打开“另存为”对话框，❶选择合适的保存位置；❷在“保存类型”下拉列表框中选择“网页（*.htm；*.html）”选项；❸在“文件名”文本框中输入“图片”；❹单击 保存(S) 按钮，如下图所示。

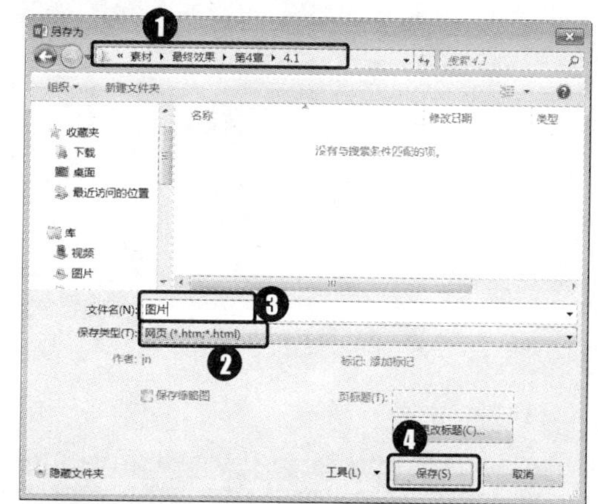

第 4 步： 在保存图片的位置找到“图片.files”文件夹，双击将其打开即可看到从文档中提取的所有图片，如下图所示。

技巧 90：改变图片的环绕方式

●适用版本：2007、2010、2013、2016

●实用指数：★★★☆☆

说 明

在编辑图文混排文档时，文档中放置的图片会自动以“嵌入型”的方式插入到文档中，用户可以按照以下方法来改变图片的环绕方式。

方法

例如，将图片的环绕方式设置为“紧密型环绕”方式，具体操作方法如下。

第 1 步： 打开光盘\素材文件\第 4 章\4.1\“改变图片的环绕方式.docx”文件，选中图片，单击图片右侧的“布局选项”按钮，如下图所示。

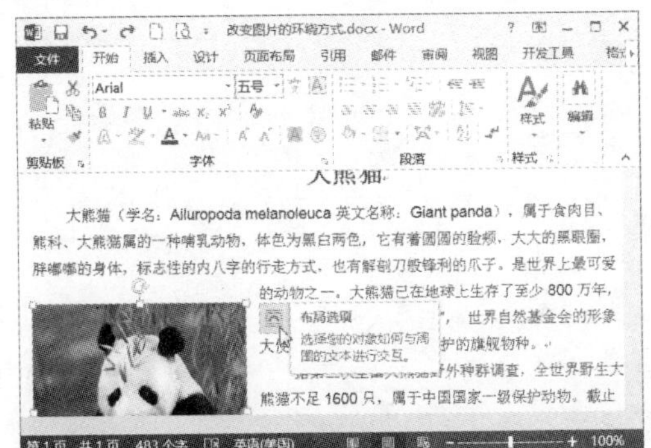

第 2 步： 打开“布局选项”任务窗格，❶在“文字环绕”中选择“紧密型环绕”选项；❷单击“关闭”按钮×，如下图所示。

第 3 步： 查看更改图片环绕方式后的效果，如下图所示。

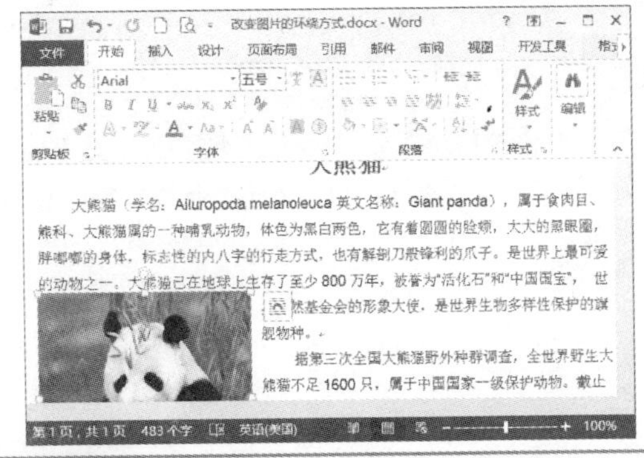

技巧 91：修改默认的图片环绕方式

●适用版本：2007、2010、2013、2016

●实用指数：★★★☆☆

说 明

在 Word 中插入或粘贴的图片，其环绕方式默认为嵌入型，在这种环绕方式下，图片既不能旋转也不能移动，用户可以通过设置修改默认的图片环绕方式。

方法

例如，将图片的默认环绕方式设置为四周型，具体操作方法如下。

打开“Word 选项”对话框，❶切换到“高级”选项卡；❷在“剪切、复制和粘贴”选项组中的“将图片插入/粘贴为”下拉列表框中选择“四周型”选项；❸单击 确定 按钮，如下图所示。

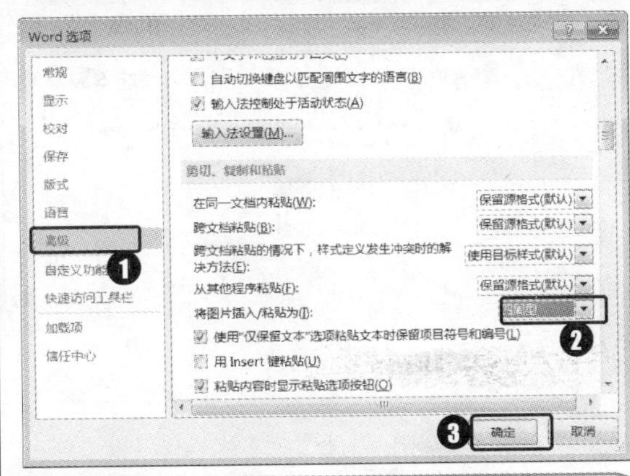

技巧 92：编辑图片文字环绕顶点

●适用版本：2007、2010、2013、2016

●实用指数：★★☆☆☆

说明

在文档中插入图片可以使文档更加美观，Word 2013 提供了多种图片的文字环绕方式，包括“四周型”“紧密型”等。如果这些文字环绕方式仍不能满足用户的需要，可以使用“编辑环绕顶点”命令来自定义文字环绕方式。

方法

要编辑图片文字环绕顶点，具体操作方法如下。

第 1 步： 打开光盘\素材文件\第 4 章\4.1\“编辑图片文字环绕顶点.docx”文件，❶选中图片；❷切换到“图片工具-格式”选项卡；❸在“排列”组中单击“自动换行”按钮；❹从弹出的下拉列表中选择“编辑环绕顶点”选项，如下图所示。

第 2 步： 被选中的图片周围会出现黑色的环绕顶点，将鼠标指针移至任何一个顶点上，待鼠标指针呈✥形状显示时，拖动鼠标即可调整环绕顶点的位置，如下图所示。

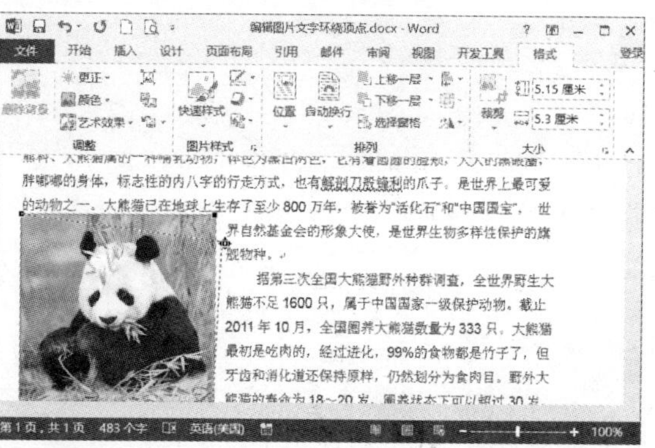

> **专家点拨**
>
> 如果文档中图片的文字环绕方式是嵌入式的，则单击“自动换行”按钮，弹出的下拉列表中的“编辑环绕顶点”选项呈灰色显示，因此用户首先要将插入图片的文字环绕方式设置为除“嵌入型”外的其他任意一种文字环绕方式。

技巧 93：精确地排列图片或图形

●**适用版本：** 2007、2010、2013、2016

●**实用指数：** ★★★☆☆

说明

如果要把插入到文档中的多个图片或图形精确地排列在一条直线上，可以使用下面介绍的方法进行操作。

方法

要精确地排列多个图片，具体操作方法如下。

第 1 步： 打开光盘\素材文件\第 4 章\4.1\“精确地排列图片或图形.docx”文件，❶选中要参与排列的图片；❷切换到“图片工具-格式”选项卡；❸单击“大小”组右下角的“对话框启动器”按钮，如下图所示。

第 2 步： 打开“布局”对话框，❶切换到“文字环绕”选项卡；❷在“环绕方式”选项组中选择“浮于文字上方”选项；❸单击 确定

按钮，如下图所示。

第 3 步： 此时，选中的图片会自动显示到嵌入型图片的上方，如下图所示。

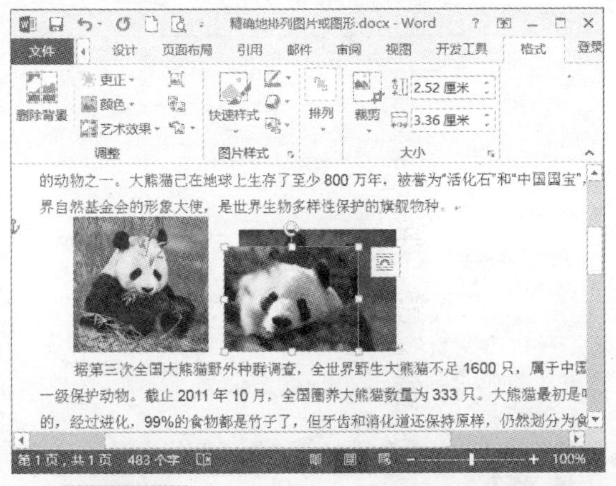

第 4 步： 用户可以将其移到其他的空白位置，然后按照同样的方法依次设置其他图片的环绕方式，如下图所示。

第 5 步： ❶切换到“页面布局”选项卡；❷在“排列”组中单击 对齐 按钮；❸从弹出的下拉列表中选择“查看网格线”选项，如下图所示。

第 6 步： 选择需要精确排列的图片，然后利用网格线作为参考线，即可完成对这些图片的精确排列，如下图所示。

> **专家点拨**
>
> 默认情况下，插入到文档中的图片的环绕方式是嵌入型的，因为嵌入型的图片是不能任意移动的，所以嵌入型的图片只能按照对齐字符的方式进行排列。如果用户要按照其他方式排列图片，首先要改变图片的环绕方式。

技巧 94：设置图片的颜色和阴影

- **适用版本：** 2007、2010、2013、2016
- **实用指数：** ★★★☆☆

说 明

在 Word 2013 中，用户使用图片时可能需要设置其颜色效果和阴影效果，此时可以按照以下方法来设置。

方法

要设置图片的颜色和阴影，具体操作方法如下。

第 1 步： 打开光盘\素材文件\第 4 章\4.1\“设置图片颜色和阴影.docx”文件，❶选中图片；❷切换到“图片工具-格式”选项卡；❸在“调整”组中单击 颜色 按钮；❹从弹出的下拉列表中选择“图片颜色选项”选项，如下图所示。

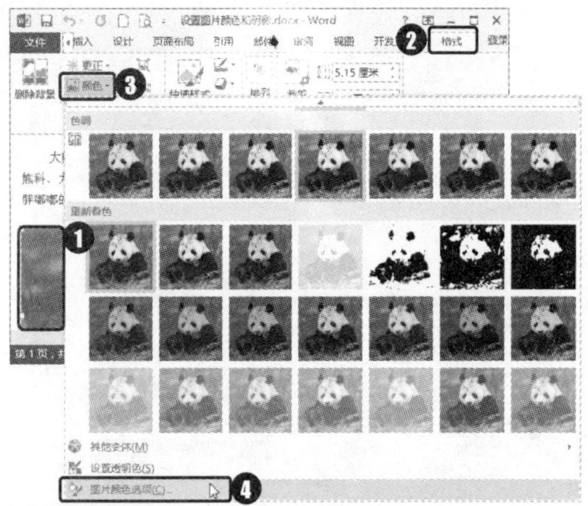

第 2 步： 打开“设置图片格式”任务窗格，在“图片”选项卡的“图片颜色”选项组的“重新着色”下拉列表中选择合适的颜色效果，如下图所示。

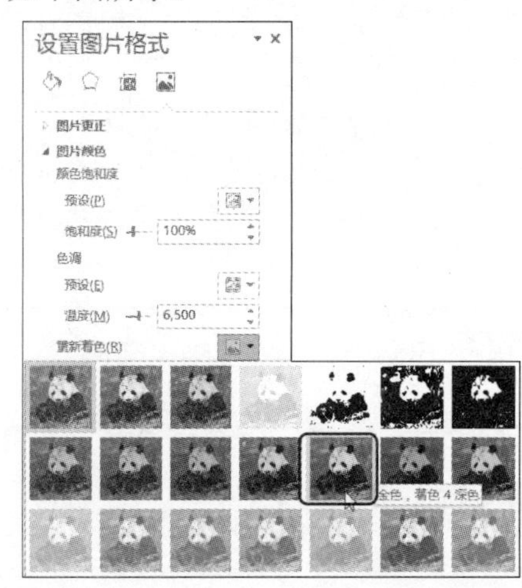

第 3 步： ❶切换到“效果”选项卡；❷在“阴影”选项组的“预设”下拉列表框中选择合适的阴影效果；❸在“颜色”下拉列表框中选择一种合适的颜色，如下图所示。

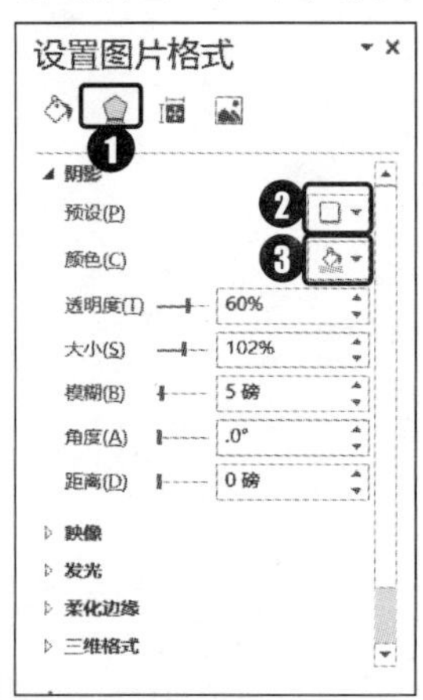

第 4 步： 单击“关闭”按钮 ×，即可看到图片的颜色和阴影设置效果。

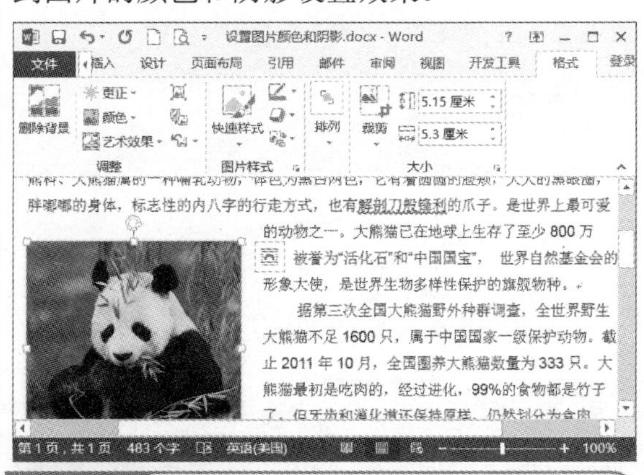

技巧 95: 调整图片色调

●适用版本：2007、2010、2013、2016

●实用指数：★★★☆☆

说 明

在 Word 2013 中可以调整图片的锐化和柔化、亮度和对比度、颜色饱和度、色调以及重新着色，以调整其色调。用户可以按照以下方法来调整图片色调。

方法

要调整图片色调，具体操作方法如下。

第 1 步： ❶选中要调整的图片并切换到

"图片工具-格式"选项卡；❷在"图片样式"组中单击"对话框启动器"按钮，如下图所示。

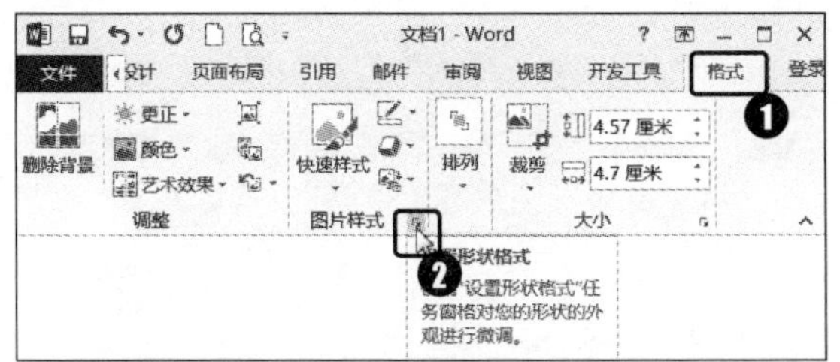

第 2 步： 打开"设置图片格式"任务窗格，❶切换到"图片"选项卡；❷在"图片更正"选项组中可以对"锐化/柔化"和"亮度/对比度"等选项进行设置，如下图所示。

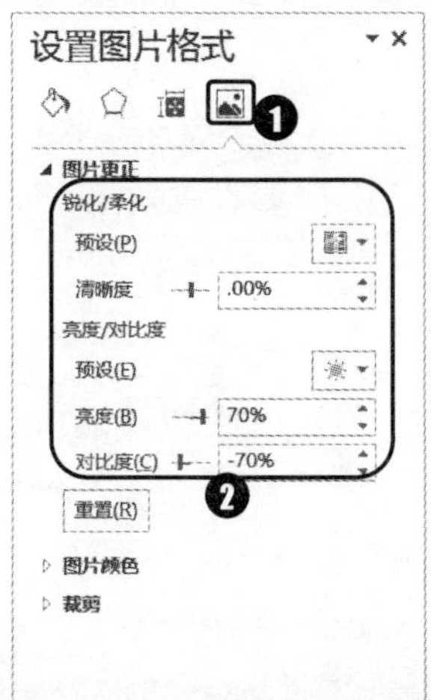

第 3 步： ❶在"图片颜色"选项组中设置"颜色饱和度""色调"和"重新着色"的"预设"选项；❷单击"关闭"按钮✕，即可实现对图片色彩效果的调整，如下图所示。

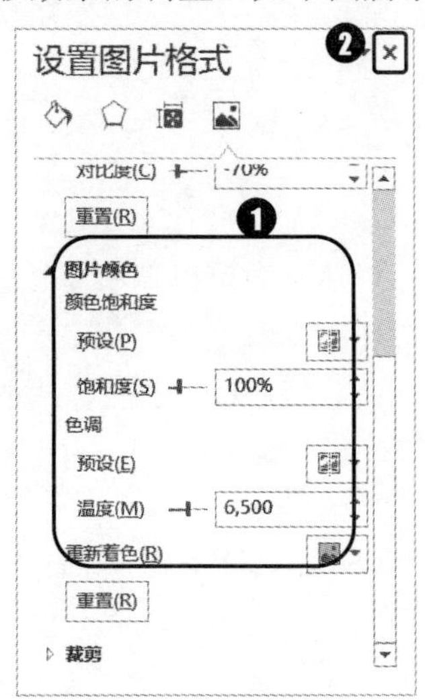

技巧 96：给图片着色

●**适用版本：**2007、2010、2013、2016

●**实用指数：**★★☆☆☆

说 明

有些图片是黑白的，为了使其颜色更加鲜明美观，用户可以用 Word 2013 中的重新着色功能对其进行简单的着色设置。

方法

要给图片着色，具体操作方法如下。

第 1 步： 打开光盘\素材文件\第 4 章\4.1\"给图片着色.docx"文件，❶选中图片；❷切换到"图片工具-格式"选项卡；❸在"调整"组中单击"颜色"按钮；❹从弹出的下拉列表中选择"绿色，着色 6 深色"选项，如下图所示。

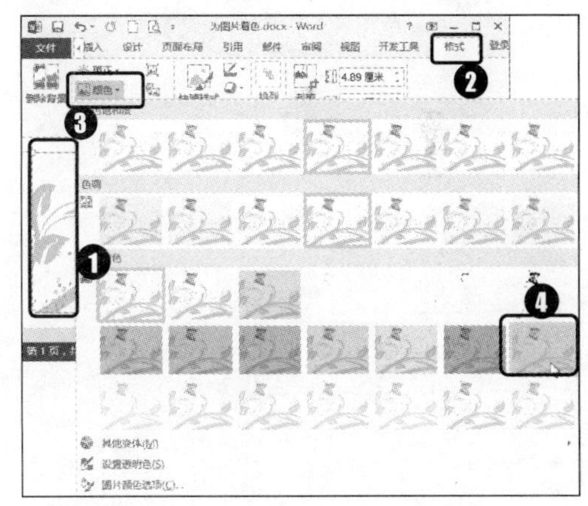

第 2 步： 查看图片的着色效果，如下图所示。

技巧 97：在图片上添加文本

●适用版本：2007、2010、2013、2016

●实用指数：★★★☆☆

说 明

在文档中插入图片后，用户还可以在图片上添加文本。

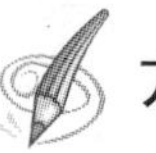
方法

要在图片上添加文本，具体操作方法如下。

第 1 步： 打开光盘\素材文件\第 4 章\4.1\“在图片上添加文本.docx”文件，❶切换到“插入”选项卡；❷在“文本”组中单击“文本框”按钮；❸从弹出的下拉列表中选择“绘制文本框”选项，如下图所示。

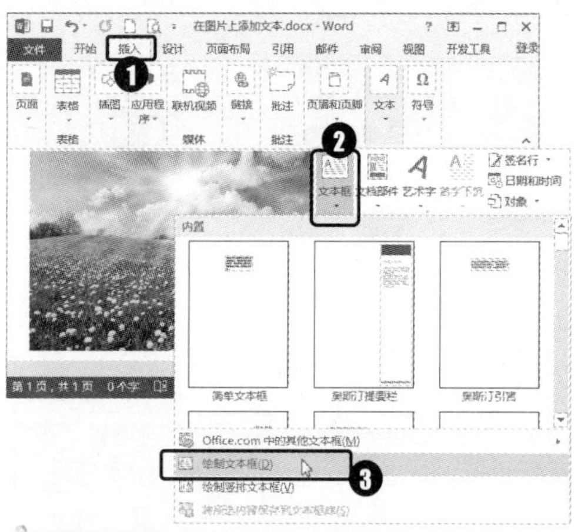

第 2 步： 此时鼠标指针呈“十”形状显示，在图片上按住鼠标左键拖曳出一个矩形的文本框，如下图所示。

第 3 步： 在文本框中输入文字，例如“夏日阳光”，并设置字体格式，效果如下图所示。

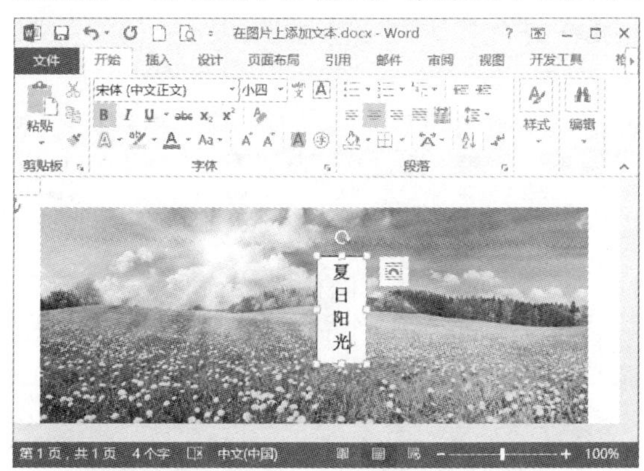

第 4 步： 选中文本框，❶切换到“绘图工具-格式”选项卡；❷在“形状样式”组中单击“形状填充”按钮右侧的下三角按钮；❸从弹出的下拉列表中选择“无填充颜色”选项，如下图所示。

第 5 步： ❶在“形状样式”组中单击“形状轮廓”按钮右侧的下三角按钮；❷从弹出的下拉列表中选择“无轮廓”选项即可，如下图所示。

第 6 步： 返回文档中，设置效果如下图所示。

技巧98：实现插入图片的自动更新

●适用版本：2007、2010、2013、2016

●实用指数：★★☆☆☆

在Word 2013中，对于插入的图片，不仅可以进行编辑，还可以实现图片的自动更新。

要实现图片的自动更新，具体操作方法如下。

第1步： 在Word 2013中，❶切换到“插入”选项卡；❷在“插图”组中单击“图片”按钮，如下图所示。

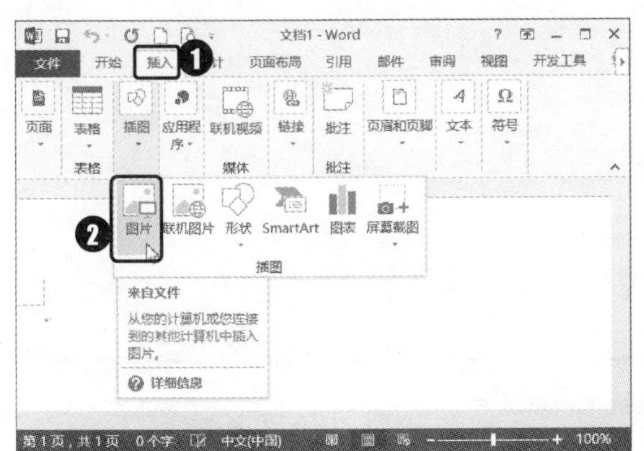

第2步： 打开“插入图片”对话框，❶选中01.jpg；❷单击 插入(S) 按钮右侧的下三角按钮；❸从弹出的下拉列表中选择“插入和链接”选项，如下图所示。

第3步： 返回文档中，即可看到图片已插入到文档中，以此种方式插入的图片可实现图片的自动更新，如果用户修改了图片，重新打开插入该图片的文档，会发现文档中的图片也随之修改。

专家点拨

单击 插入(S) 按钮右侧的下三角按钮后，如果从弹出的下拉列表中选择“链接到文件”选项，当原始图片位置被移动、重命名或删除后，Word文档中将不再显示该图片。

技巧99：制作水印背景图

●适用版本：2007、2010、2013、2016

●实用指数：★★★☆☆

说 明

在 Word 2013 中，用户可以根据实际需要自己制作水印背景图片。

方法

要在文档中制作水印背景图片，具体操作方法如下。

第 1 步： 在 Word 文档中选中图片并单击鼠标右键，从弹出的快捷菜单中选择“设置图片格式”菜单项，如下图所示。

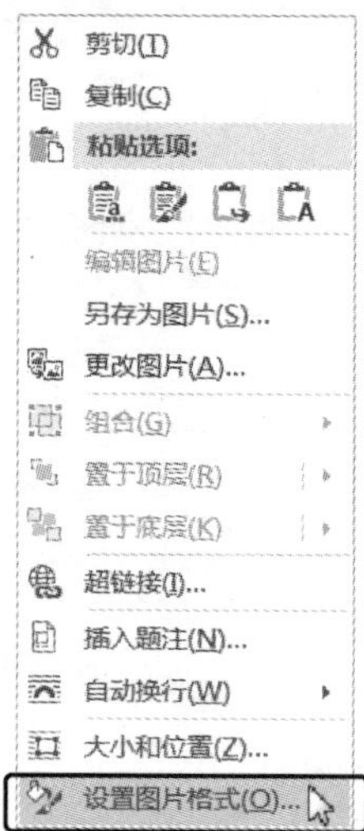

第 2 步： 打开“设置图片格式”任务窗格，❶切换到“图片”选项卡；❷在“图片颜色”选项组中的“重新着色”下拉列表中选择“冲蚀”选项，如下图所示。

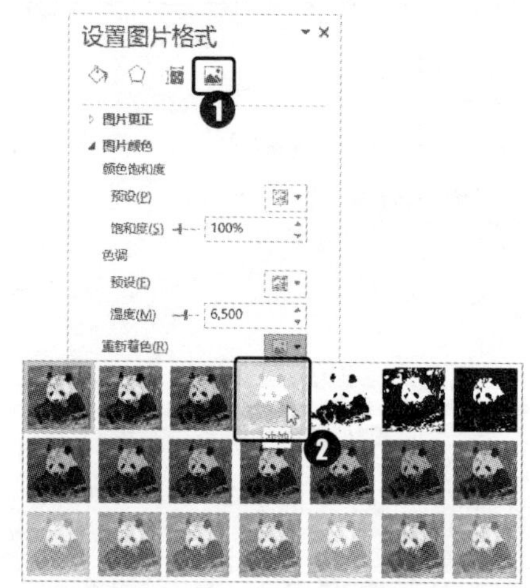

第 3 步： 单击“关闭”按钮×关闭“设置图片格式”任务窗格，然后再次单击鼠标右键，从弹出的快捷菜单中选择“大小和位置”菜单项。

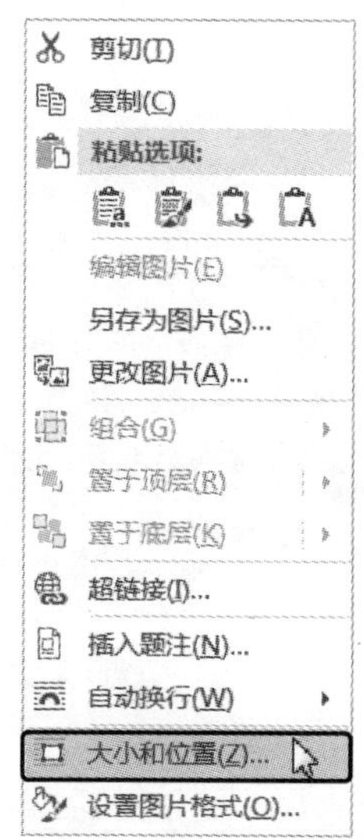

第 4 步： 打开“布局”对话框，❶切换到“文字环绕”选项卡；❷在“环绕方式”选项组中选择“衬于文字下方”选项；❸单击 确定 按钮，即可将其设置为水印图片，如下图所示。

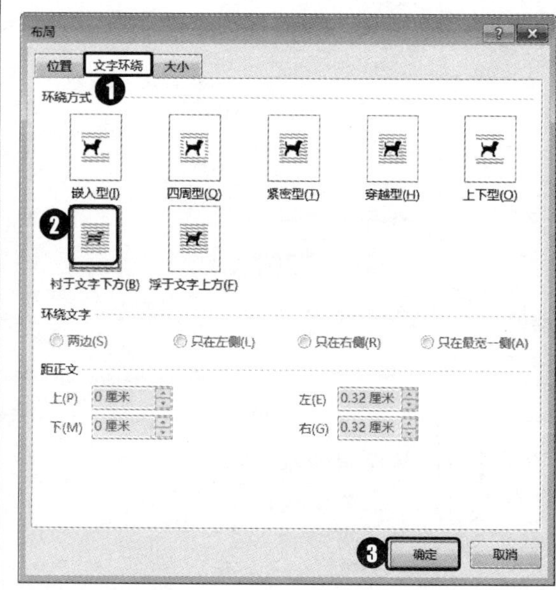

技巧 100：去除默认绘图画布

● **适用版本：** 2007、2010、2013、2016

● **实用指数：** ★★★☆☆

说 明

在 Word 2013 中，绘图画布会在每次插入自选图形或文字框时自动出现，按〈Esc〉键可以让绘图画布暂时消失，但是这样做太麻烦，用户可以去除默认绘图画布。

方法

要去除默认绘图画布，具体操作方法如下。

打开“Word 选项”对话框，❶切换到“高级”选项卡；❷在“编辑选项”选项组中取消选中“插入自选图形时自动创建绘图画布”复选框；❸单击 确定 按钮即可，如下图所示。

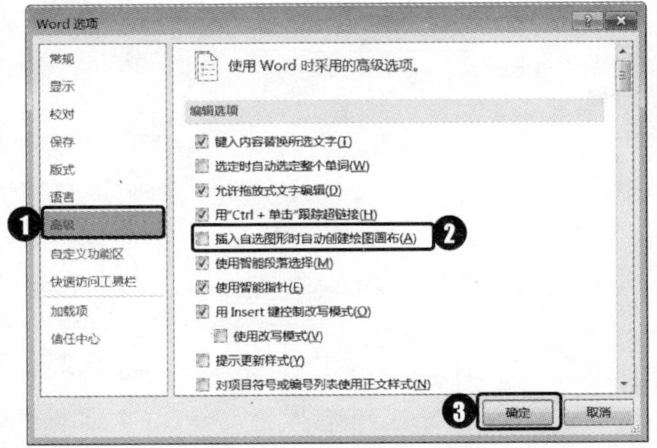

技巧 101：“删除”图片背景

●适用版本：2007、2010、2013、2016

●实用指数：★★★☆☆

说 明

在 Word 文档中插入的通常是固定形状的图片，有时看起来很呆板，不美观，用户可以将图片的背景设置为透明。

方法

要删除图片背景，具体操作方法如下。

第 1 步： 打开光盘\素材文件\第 4 章\4.1\“删除图片背景.docx”文件，❶选中图片；❷切换到“图片工具-格式”选项卡；❸在“调整”组中单击“删除背景”按钮，如下图所示。

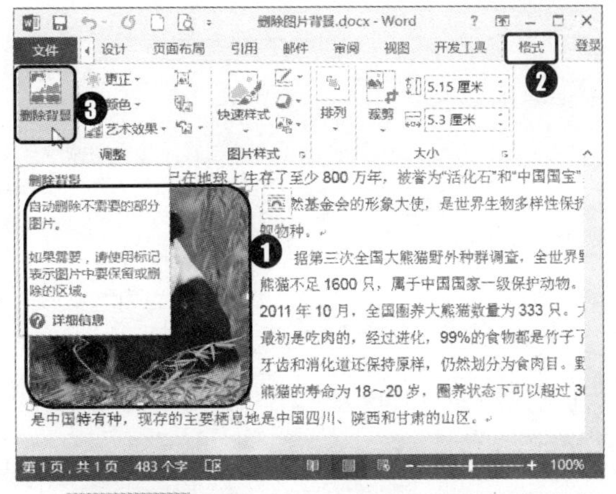

第 2 步： 此时，要删除的背景变为紫色，图框为选中的区域，用户可以适当调整图中的边框。如果边框中的图片有未选中的区域，可以单击“标记要保留的区域”按钮，在未选中的地方单击进行标记；如果图片中有过度选中的区域，可以单击“标记要删除的区域”按钮；如果有标记错误的地方，可以单击“删除标记”按钮，如下图所示。

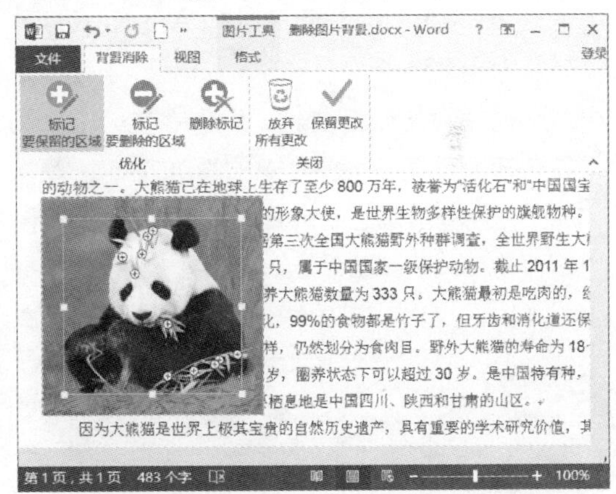

第 3 步： 修正完要删除背景的范围后，单击“保留更改”按钮即可，如下图所示。

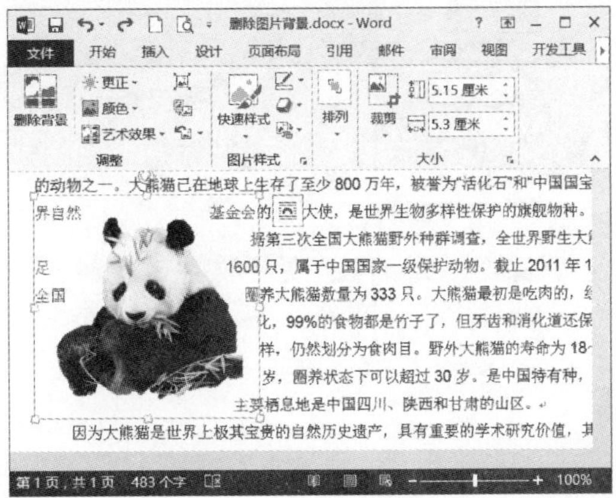

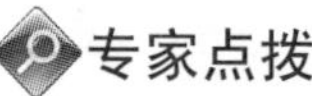

此处的删除图片背景并不是真正将背景删除，只是将图片的背景设置为透明。

技巧 102：快速还原图片

●适用版本：2007、2010、2013、2016

●实用指数：★★★☆☆

在 Word 文档中，当对图片进行了调整大小、裁剪以及删除背景等操作后，若想将图片还原到初始的状态，可以通过以下技巧来完成。

要快速还原图片，具体操作方法如下。

第 1 步： 打开光盘\素材文件\第 4 章\4.1\“快速还原图片.docx”文件，❶选中文档中的图片；❷切换到“图片工具-格式”选项卡；❸在“调整”组中单击“重设图片”按钮右侧的下三角按钮；❹从弹出的下拉列表中选择“重设图片”选项，如下图所示。

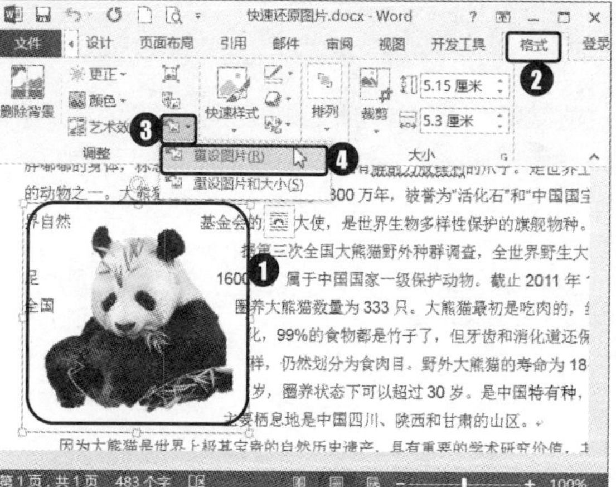

第 2 步： 此时，图片即回到初始状态，效果如下图所示。

技巧 103：裁剪图片

●适用版本：2007、2010、2013、2016

●实用指数：★★☆☆☆

在 Word 2013 中，有时用户需要对文档中的图片进行一些修改，例如通过裁剪图片改变图片的大小。

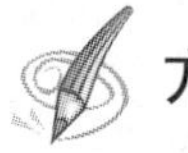

要裁剪图片大小，具体操作方法如下。

第 1 步： 打开光盘\素材文件\第 4 章\4.1\“裁剪图片.docx”文件，❶选中要裁剪的图片；❷切换到“图片工具-格式”选项卡；❸在“大小”组中单击“裁剪”按钮的下三角按钮；❹从弹出的下拉列表中选择“裁剪”选项，如下图所示。

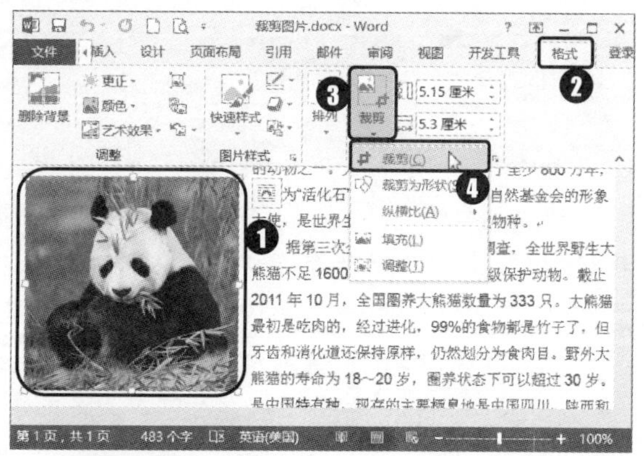

第 2 步： 此时，在图片的周围显示了多个黑色框线，使用鼠标拖动，将其裁剪到合适的大小，如下图所示。

第 3 步： 按〈Enter〉键，即可将其裁剪为拖动后的大小。

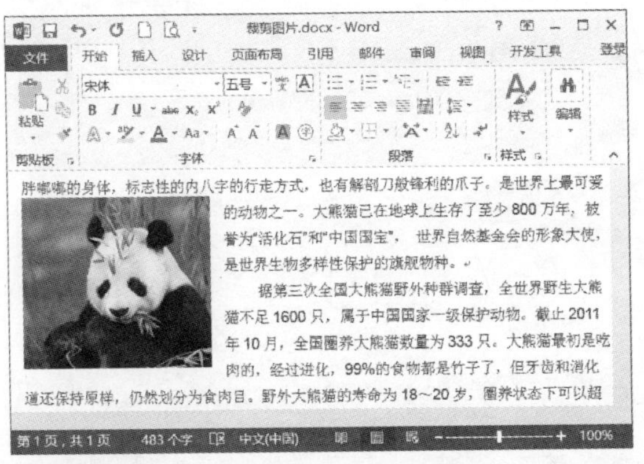

技巧 104：将图片裁剪为异形

●适用版本：2007、2010、2013、2016

●实用指数：★★★☆☆

说 明

对于插入到文档中的图片，用户可以根据需要将其裁剪为其他形状。

方法

要将图片裁剪为其他形状，具体操作方法如下。

第 1 步： 打开光盘\素材文件\第 4 章\4.1\“将图片裁剪成异形.docx”文件，❶选中要裁剪的图片；❷切换到“图片工具-格式”选项卡；❸在“大小”组中单击“裁剪”按钮的下三角按钮；❹从弹出的下拉列表中选择“裁剪为形状”→“椭圆”选项，如下图所示。

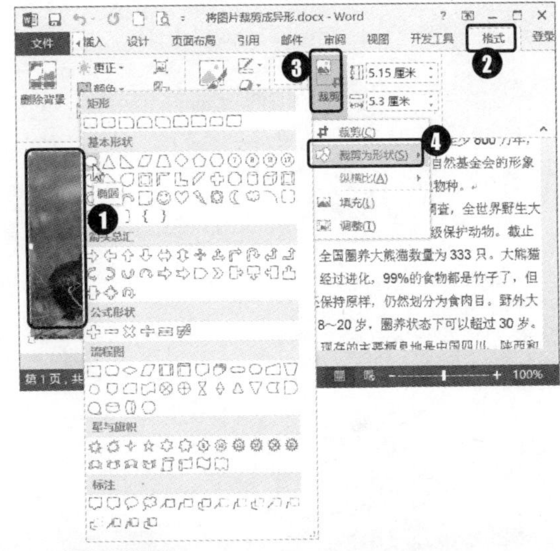

第 2 步： 查看设置后的效果，如下图所示。

> **专家点拨**
>
> 此处将图片裁剪为椭圆形，并不是真正的对图形进行裁剪，只是对其变形了。

技巧 105：让图片跟随文字移动

●适用版本：2007、2010、2013、2016

●实用指数：★★☆☆☆

说 明

在修改文档时，有时会发生图片位置错乱的情况，这是因为虽然修改了文字信息，但是图片并没有移动，用户可以通过设置让图片跟随文字移动。

方法

要让图片跟随文字移动，具体操作方法

如下。

第 1 步： 打开光盘\素材文件\第 4 章\4.1\“让图片跟随文字移动.docx”文件，❶选中图片；❷切换到“图片工具-格式”选项卡；❸在“排列”组中单击“位置”按钮；❹从弹出的下拉列表中选择“其他布局选项”选项。

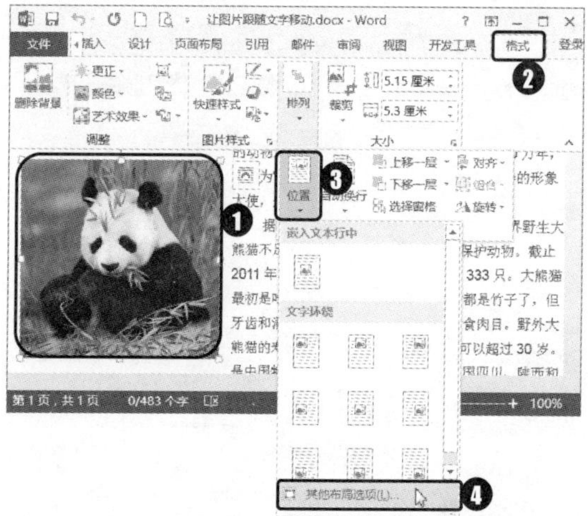

第 2 步： 打开“布局”对话框，❶切换到“位置”选项卡；❷在“选项”选项组中选中“对象随文字移动”复选框；❸单击 确定 按钮，如下图所示。

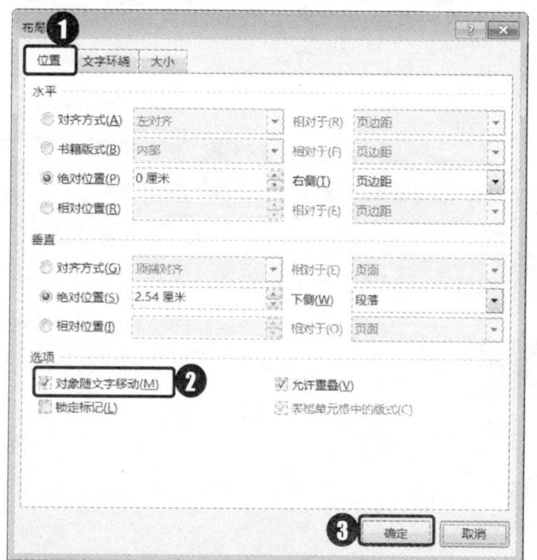

技巧 106：随意旋转图片

●**适用版本：**2007、2010、2013、2016

●**实用指数：**★★★☆☆

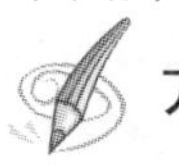

说 明

在 Word 2013 中，用户还可以对插入的图片进行自由的旋转，以便用户从不同的角度观察图片。

方法

要随意旋转图片，具体操作方法如下。

第 1 步： 打开光盘\素材文件\第 4 章\4.1\“随意旋转图片.docx”文件，选中图片，此时图片的上方会出现一个环形箭头形状，将鼠标指针移至该形状上，鼠标指针会变为形状，如下图所示。

第 2 步： 按住鼠标左键并拖动鼠标，即可任意旋转图片，如下图所示。

第 3 步： ❶用户也可以切换到“图片工具”栏的“格式”选项卡；❷在“排列”组中单击 旋转 按钮；❸根据需要从弹出的下拉列表中选择合适的选项来旋转图片，如下图所示。

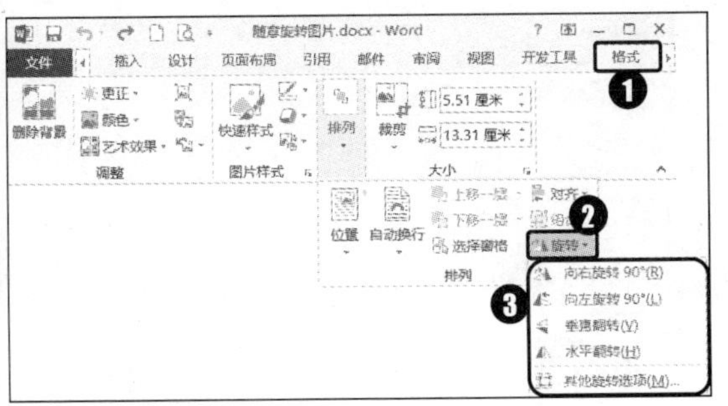

技巧 107：将文字转换为图片

●适用版本：2007、2010、2013、2016

●实用指数：★★★☆☆

有时候由于某些特殊原因，用户需要将文档的全部文本内容或部分文本转化为图片。

方法

要将文字转换为图片，具体操作方法如下。

第 1 步： 打开光盘\素材文件\第 4 章\4.1\"将文字转换为图片.docx"文件，❶选中要转换为图片的文本，对其进行复制操作；❷选择插入点，切换到"开始"选项卡，在"剪贴板"组中单击"粘贴"按钮下三角按钮；❸从弹出的下拉列表中选择"选择性粘贴"选项，如下图所示。

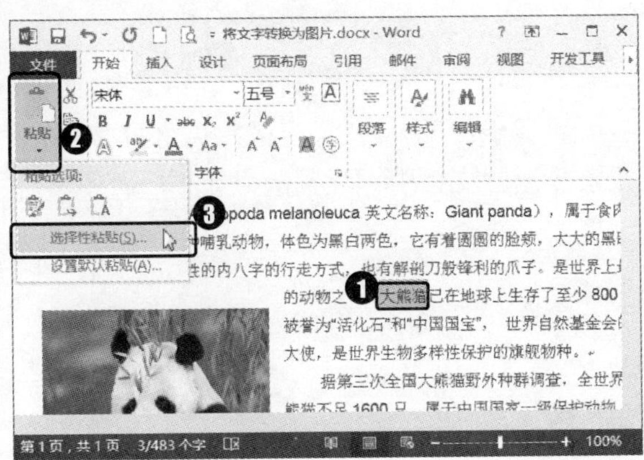

第 2 步： 打开"选择性粘贴"对话框，在"形式"列表框中选择"图片（增强型图元文件）"选项，如下图所示。

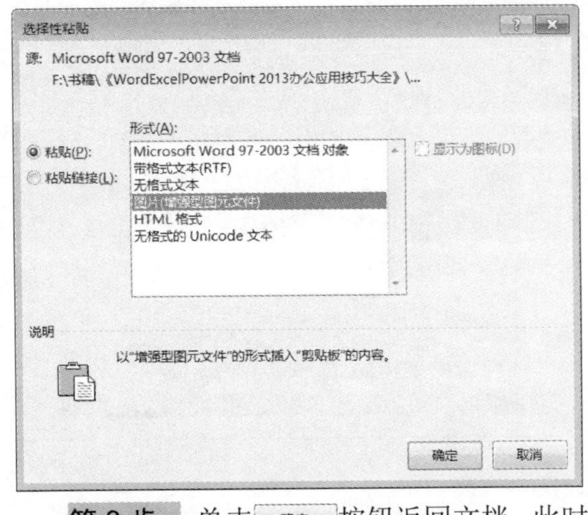

第 3 步： 单击 确定 按钮返回文档，此时文本已转换为图片形式，如下图所示。

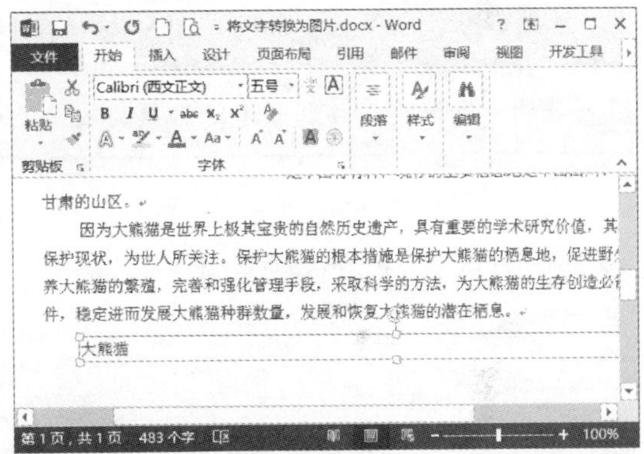

技巧 108：快速复制图片

●适用版本：2007、2010、2013、2016

●实用指数：★★★☆☆

对于图片，除了使用〈Ctrl+C〉和〈Ctrl+V〉组合键复制粘贴外，用户还可以使用〈Ctrl+D〉组合键快速复制图片。

方法

例如，要快速复制嵌入式图片，具体操作方法如下。

打开光盘\素材文件\第 4 章\4.1\"快速复制图片.docx"文件，插入文档的图片默认是嵌入式的，选中图片，按〈Ctrl+D〉组合键，此时复制的图片的文字环绕方式仍是嵌入式的，不能任意移动。

专家点拨

如果将图片的文字环绕方式设置为四周型、紧密型等非嵌入式，然后按〈Ctrl+D〉组合键，此时复制的图片的文字环绕方式是非嵌入式的，可以将其移到合适的位置。

▷▷ 4.2　自选图形技巧

了解了图片方面的一些技巧之后，接下来介绍一些在 Word 中使用自选图形的技巧。

技巧 109：给剪贴画染色

● 适用版本：2007、2010、2013、2016

● 实用指数：★★★☆☆

说 明

用过 Word 剪贴画的用户都知道，剪贴画中的图片有些是彩色的，有些则没有颜色。下面介绍给剪贴画染色的小技巧。

方法

要给剪贴画染色，具体操作方法如下。

第 1 步： ❶打开光盘\素材文件\第 4 章\4.2\“给剪贴画染色.docx”文件，选中剪贴画；❷单击鼠标右键，从弹出的快捷菜单中选择“设置图片格式”菜单项，如下图所示。

第 2 步： 打开“设置图片格式”任务窗格，❶切换到“图片”选项卡；❷在“图片颜色”选项组中的“重新着色”下拉列表中选择“蓝色，着色 5 浅色”选项，如下图所示。

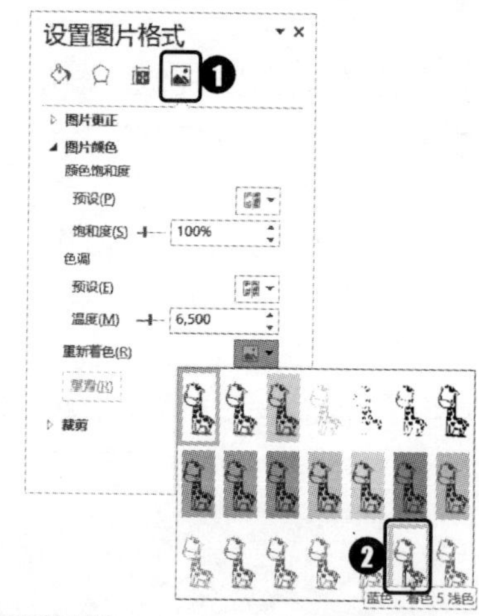

第 3 步： 单击任务窗格右上角的“关闭”按钮 × 返回文档中，设置效果如下图所示。

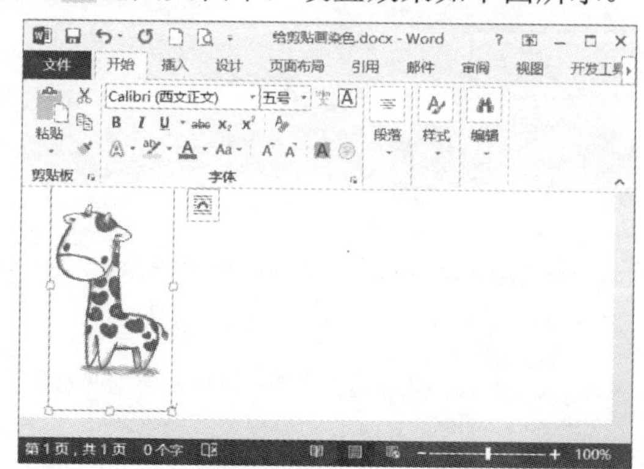

技巧 110：绘制各种图形

●适用版本：2007、2010、2013、2016

●实用指数：★★☆☆☆

说 明

在 Word 2013 中，用户不仅可以插入系统自带的形状，还可以发挥丰富的想象力自己绘制出各种复杂形状的图形。

方法

例如，要绘制一个简单的雷锋帽，具体操作方法如下。

第 1 步： ❶切换到“插入”选项卡；❷在“插图”组中单击“形状”按钮；❸从弹出的下拉列表中选择“圆角矩形”选项，如下图所示。

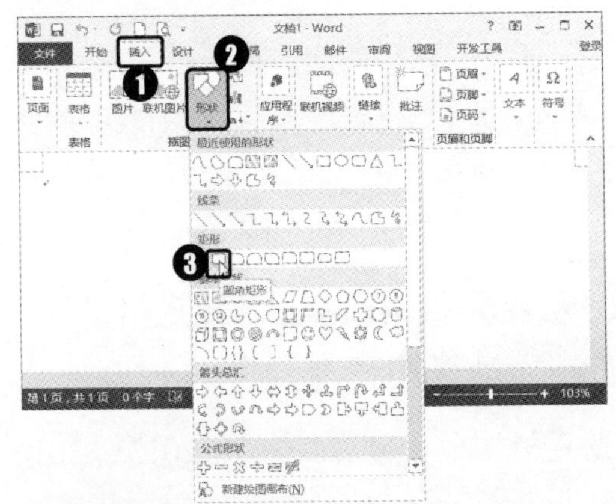

第 2 步： 此时，鼠标指针呈“十”形状显示，在文档中绘制出一个大小合适的圆角矩形，如下图所示。

第 3 步： 在此形状上单击鼠标右键，从弹出的快捷菜单中选择“编辑顶点”菜单项，如下图所示。

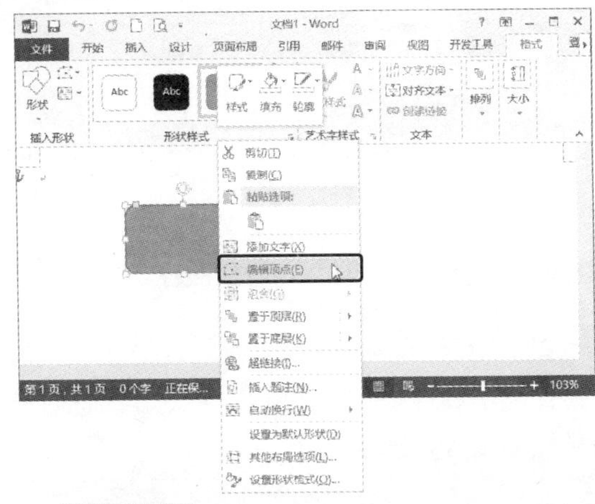

第 4 步： 将鼠标指针移至该图形的左下角，待其呈⌖形状时，向左下拖动鼠标，如下图所示。

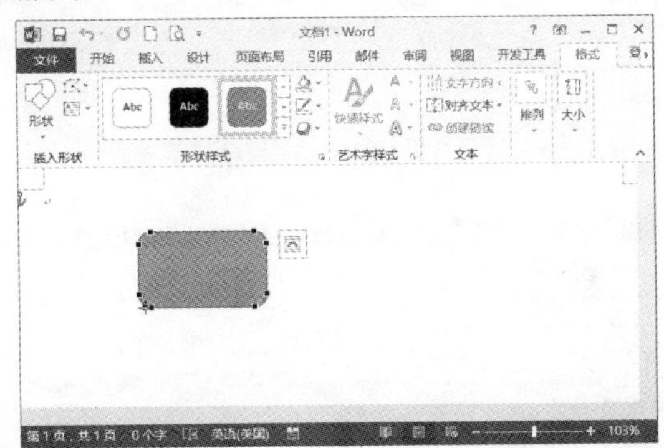

第 5 步： 拖动到合适的位置后释放鼠标，效果如下图所示。

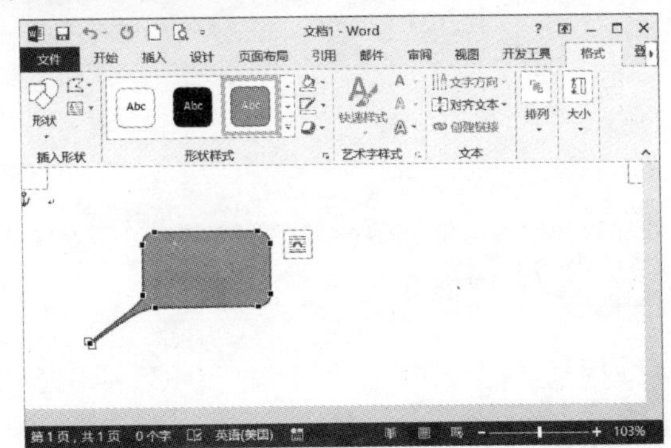

第 6 步： 用户也可以先添加一个顶点，再拖动鼠标。在图形上要添加顶点的位置单击鼠标右键，从弹出的快捷菜单中选择“添加顶点”菜单项，如下图所示。

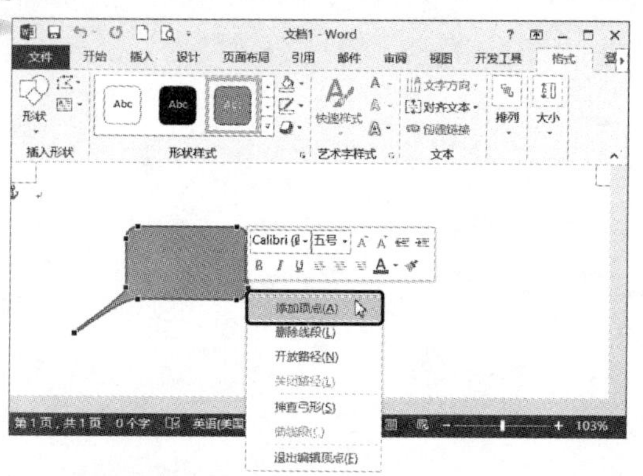

第 7 步： 此时即可插入一个顶点，将鼠标指针移动到该顶点上，待其呈✥形状时向右下角拖动鼠标，如下图所示。

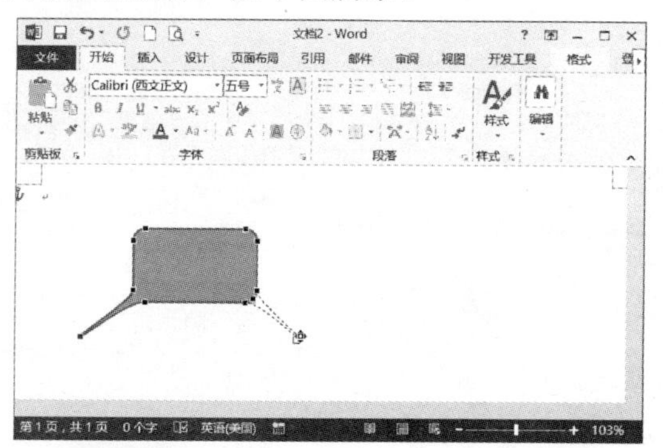

第 8 步： 拖动到合适的位置后释放鼠标，图形的绘制效果如下图所示。

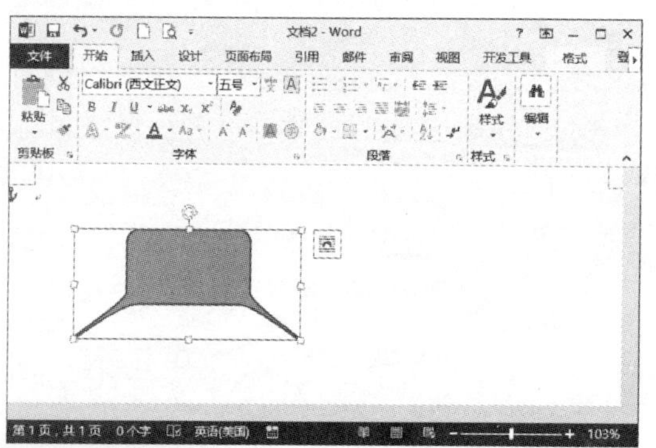

技巧 111：按像素显示图形尺寸

●**适用版本：**2007、2010、2013、2016

●**实用指数：**★★★☆☆

说 明

在 Word 2013 中，图形都是以厘米为单位来计算的，如果经常需要把 Word 中的图形转换成图片，可采用像素的形式来显示图片的尺寸。

方法

要设置按像素显示图形尺寸，具体操作方法如下。

打开“Word 选项”对话框，❶切换到“高级”选项卡；❷在“显示”选项组中选中“为 HTML 功能显示像素”复选框；❸单击 确定 按钮即可，如下图所示。

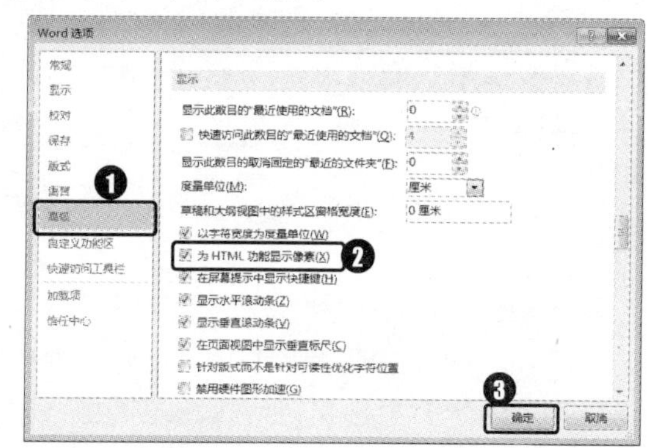

专家点拨

在“显示”选项组中，如果取消选中“以字符宽度为度量单位”复选框，可以使本来用字符或行高显示的数据变成以厘米来计算。

技巧 112：在文档中插入预设格式的文本框

●**适用版本：**2007、2010、2013、2016

●**实用指数：**★★★☆☆

说 明

如果用户想在 Word 文档中插入预设格式的文本框，可以通过以下技巧来完成。

方法

要在文档中插入预设格式的文本框，具体操作方法如下。

第 1 步： 在 Word 文档中，将光标置于要插入文本框的位置，❶切换到“插入”选项卡；❷单击“文本”组中的“文本框”按钮；❸从弹出的下拉列表中选择“绘制文本框”选项，如下图所示。

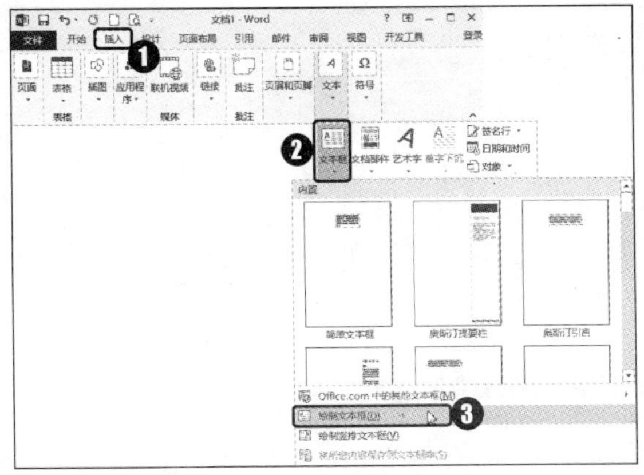

第 2 步： 在文档空白处拖动鼠标，即可绘制出一个文本框。

技巧 113：更改文本框的形状

●适用版本：2007、2010、2013、2016
●实用指数：★★★☆☆

说 明

在 Word 文档中插入文本框以后，用户可以根据个人需要更改文本框的形状。

方法

例如，将文本框形状修改为心形，具体操作方法如下。

在 Word 文档中插入一个文本框，❶选中该文本框；❷切换到“绘图工具-格式”选项卡；❸在“插入形状”组中单击“编辑形状”按钮；❹从弹出的下拉列表中选择“更改形状”→“心形”选项，如下图所示。

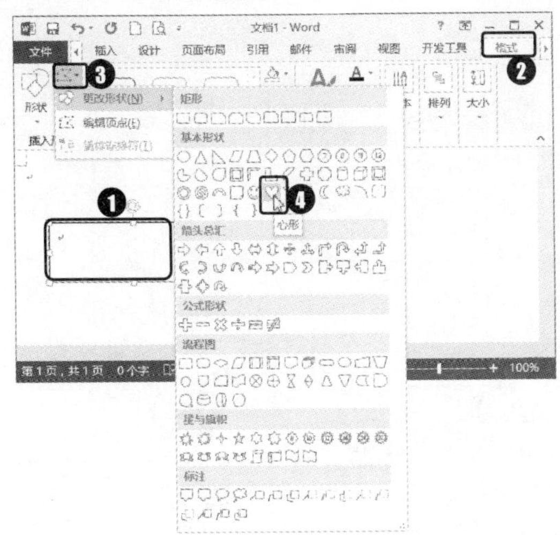

技巧 114：使用图片填充文本框

●适用版本：2007、2010、2013、2016
●实用指数：★★☆☆☆

说 明

在 Word 2013 中，不但可以在文本框中输入文本内容，还可以在其中填充图片。

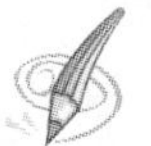

方法

要使用图片填充文本框，具体操作方法如下。

第 1 步： ❶在 Word 文档中选中文本框；❷切换到“绘图工具-格式”选项卡；❸在“形状样式”组中单击“形状填充”按钮右侧的下三角按钮；❹从弹出的下拉列表中选择“图片”选项，如下图所示。

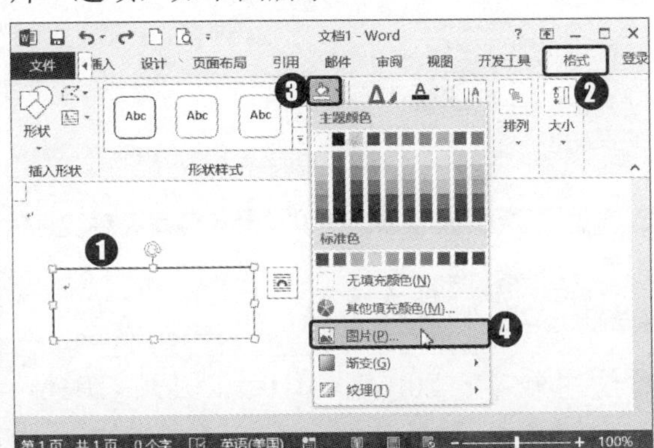

第 2 步： 打开“插入图片”对话框，选择“来自文件”选项，如下图所示。

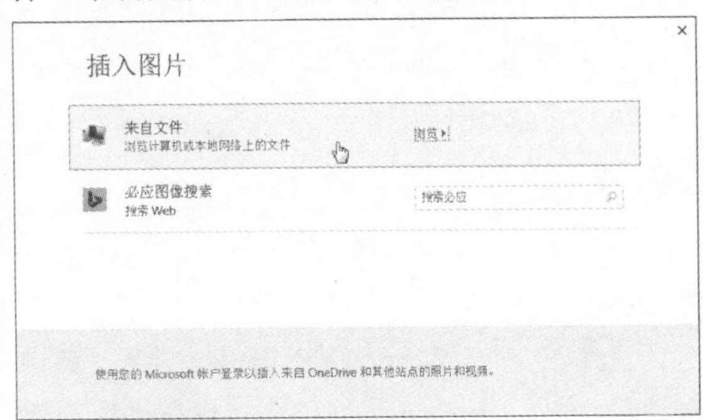

第 3 步： 打开“插入图片”对话框，❶选择用来填充文本框的图片；❷单击插入(S)按钮，如下图所示。

第 4 步： 返回 Word 文档中，文本框的填充效果如下图所示。

技巧 115：旋转文本框

●**适用版本**：2007、2010、2013、2016

●**实用指数**：★★★☆☆

说 明

如果想要为文本框添加三维旋转效果，可以通过以下技巧来实现。

方法

要设置文本框的三维旋转效果，具体操作方法如下。

第 1 步： 在 Word 文档中选中文本框，❶切换到“绘图工具-格式”选项卡；❷在“形状样式”组中单击“形状效果”按钮 ；❸从弹出的下拉列表中选择“三维旋转”→“离轴 1 左”选项，如下图所示。

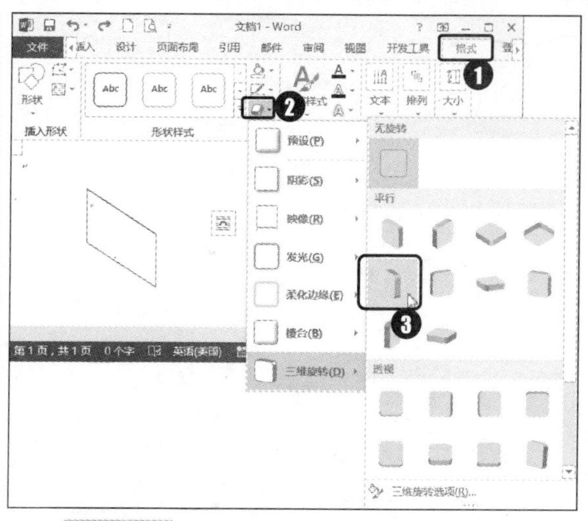

第 2 步： 返回 Word 文档中，文本框的三维旋转效果如下图所示。

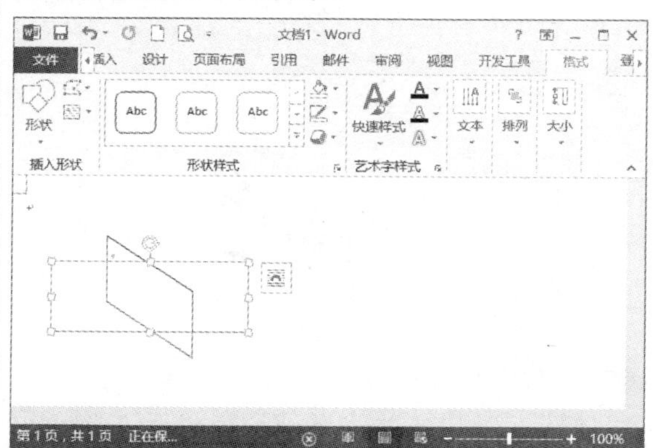

第 3 步： 再次单击“形状效果”按钮 ，从弹出的下拉列表中选择“三维旋转”→“三维旋转选项”选项，如下图所示。

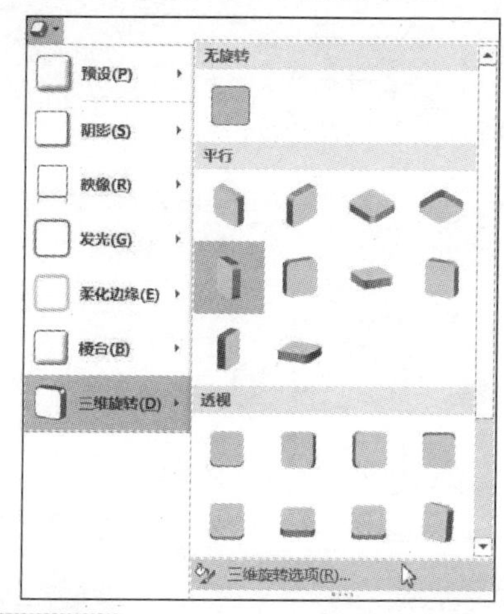

第 4 步： 打开“设置形状格式”任务窗格，切换到“效果”选项卡，分别在“三维格式”选项组和“三维旋转”选项组中设置文本

框的厚度以及旋转角度等三维旋转效果，如下图所示。

第5步： 设置完毕后单击“关闭”按钮×返回文档中，最终的设置效果如下图所示。

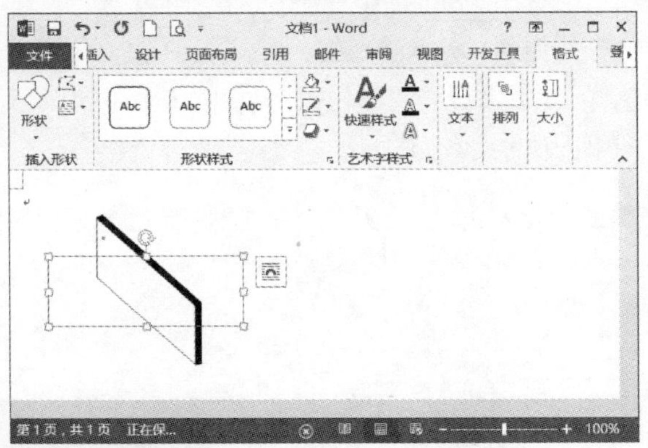

技巧116：在文档中创建SmartArt图形

●**适用版本：**2007、2010、2013、2016

●**实用指数：**★★★☆☆

说明

在Word 2013中，为了使文字之间的关联表示得更加清晰，用户可以使用配有文字的图形，而使用SmartArt图形可以制作出更加美观的结构图。

方法

例如，使用SmartArt制作公司组织结构图，具体操作方法如下。

第1步： ❶在Word文档中切换到“插入”选项卡；❷在“插图”组中单击“插入SmartArt图形”按钮，如下图所示。

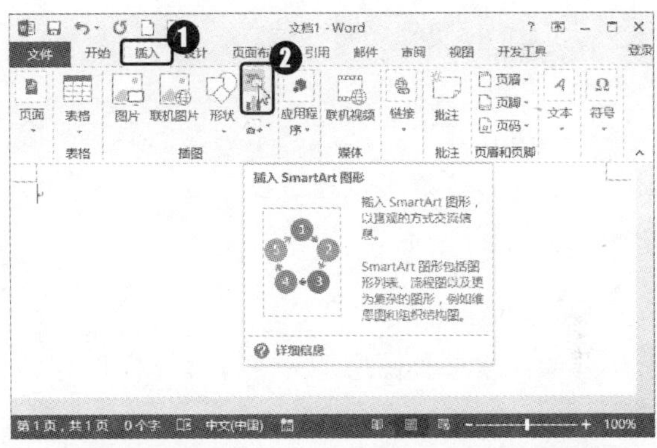

第2步： 打开“选择SmartArt图形”对话框，❶切换到“层次结构”选项卡；❷选择“组织结构图”选项，同时在右侧显示其预览效果及相应的说明信息，如下图所示。

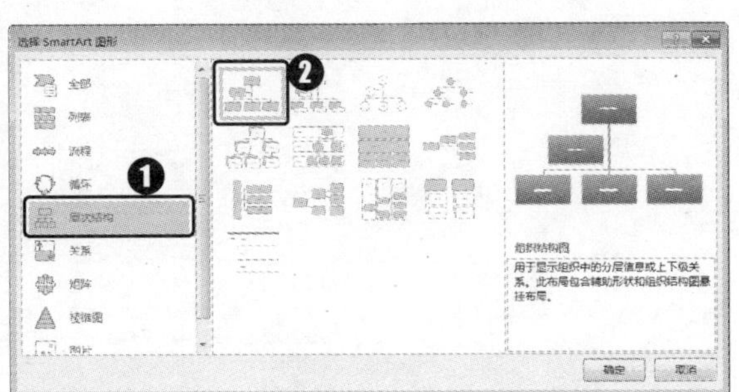

第3步： 单击 确定 按钮，此时即可在文档中插入所选择的结构图，然后在相应的结构框中输入文本，如下图所示。

技巧 117：给层次结构图增加分支

●适用版本：2007、2010、2013、2016

●实用指数：★★☆☆☆

说 明

在 Word 中制作的层次结构图的分支很多时候不够用，用户可以按照以下方法来增加结构图分支。

方法

要给层次结构图增加分支，具体操作方法如下。

第 1 步： 打开光盘\素材文件\第 4 章\4.2\“给层次结构图增加分支.docx”文件，❶在“财务部”结构框上单击鼠标右键；❷从弹出的快捷菜单中选择“添加形状”→“在后面添加形状”菜单项，如下图所示。

第 2 步： 此时，即可在“财务部”结构框的后面添加一个结构框，输入文本“销售部”，如下图所示。

技巧 118：更改层次结构图的颜色

●适用版本：2007、2010、2013、2016

●实用指数：★★☆☆☆

说 明

在 Word 2013 中绘制好层次结构图后，用户可以按照以下方法来更改层次结构图的颜色。

方法

要更改层次结构图的颜色，具体操作方法如下。

第 1 步： 打开光盘\素材文件\第 4 章\4.2\“更改层次结构图的颜色.docx”文件，选中层次结构图，❶切换到“SMARTART 工具-设计”选项卡；❷在“SmartArt 样式”组中单击“更改颜色”按钮；❸从弹出的下拉列表中选择一种颜色样式，例如选择“彩色范围-着色 3 至 4”选项，如下图所示。

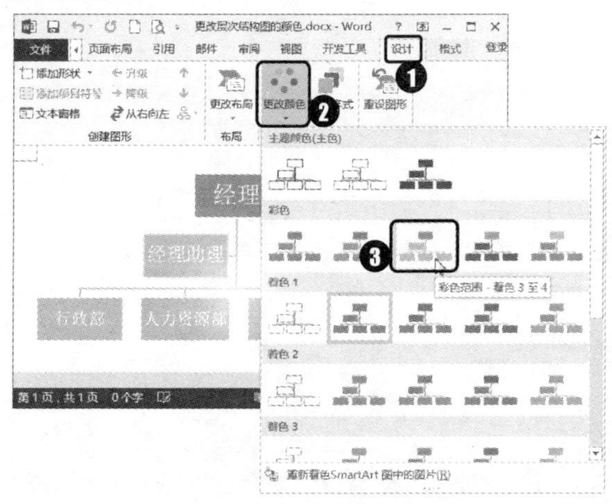

第 2 步： 返回 Word 文档中，层次结构图的颜色设置效果如下图所示。

技巧 119：快速制作层次结构图

● **适用版本：** 2007、2010、2013、2016

● **实用指数：** ★★★☆☆

前面介绍了使用 SmartArt 制作公司组织结构图的方法，用户是在结构框中依次输入文本，如果结构图中的结构框比较多，依次输入文本会比较麻烦，接下来介绍怎样快速输入多个文本从而快速制作层次结构图。

要快速制作层次结构图，具体操作方法如下。

第 1 步： ❶在 Word 文档中输入要添加的文本，输入每个结构框中的文本时，按〈Enter〉键分行；❷插入一个“组织结构图”类型的 SmartArt 图形，如下图所示。

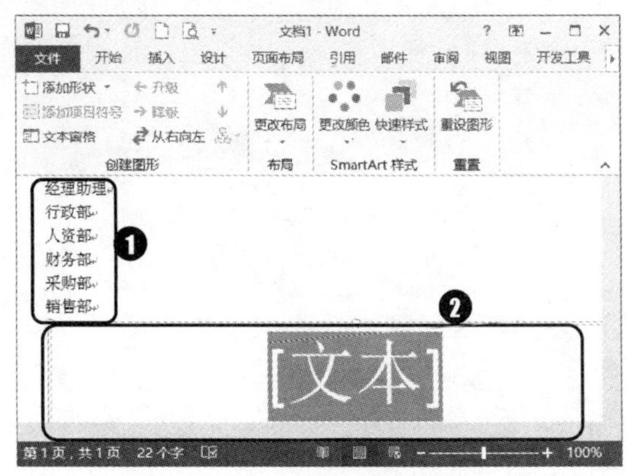

第 2 步： 复制输入的文本，选中 SmartArt 图形，❶切换到“SMARTART 工具-设计”选项卡；❷在“创建图形”组中单击 文本窗格 按钮，如下图所示。

第 3 步： 打开“在此处键入文字”任务窗格，用户可以将内置的空文本框都删除，然后将复制的文本粘贴到该任务窗格中，如下图所示。

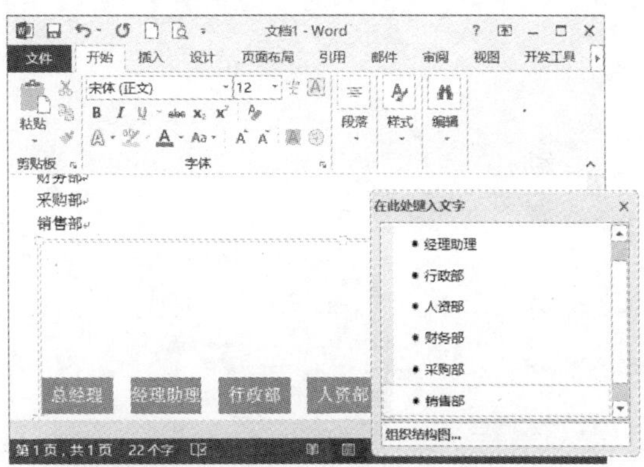

第 4 步： 用户还可以根据需要对结构框进行升级或降级操作。❶分别选中“行政部”“人资部”“财务部”“采购部”和“销售部”；❷在“创建图形”组中单击 降级 按钮，如下图所示。

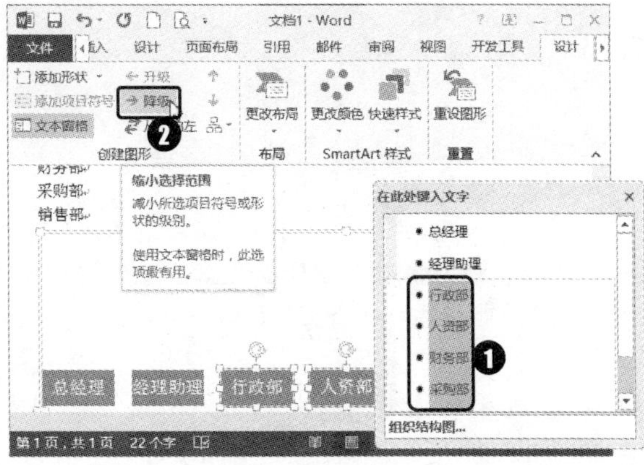

第 5 步： 由于“经理助理”结构框无法通过升降级来实现，因此将其删除，此时“行政部”结构框自动升级，用户可以在“在此处键入文字”任务窗格中，将光标定位到“行政部”中，单击 降级 按钮，如下图所示。

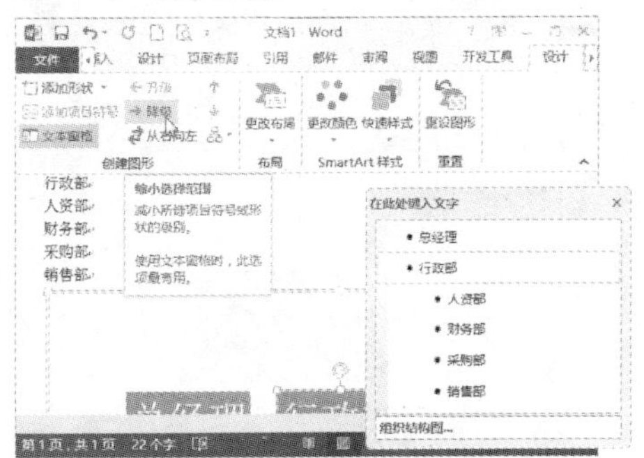

第 6 步： 关闭“在此处键入文字”任务窗格，在“总经理”结构框上单击鼠标右键，从弹出的快捷菜单中选择“添加形状”→“添加助理”菜单项，如下图所示。

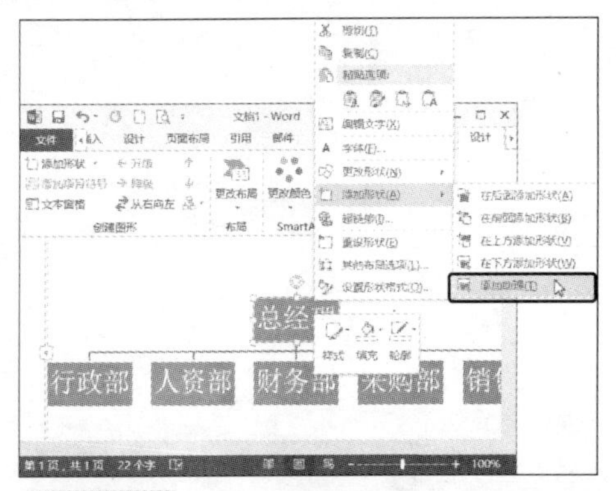

第 7 步： 在“助理”结构框中输入“经理助理”即可，如下图所示。

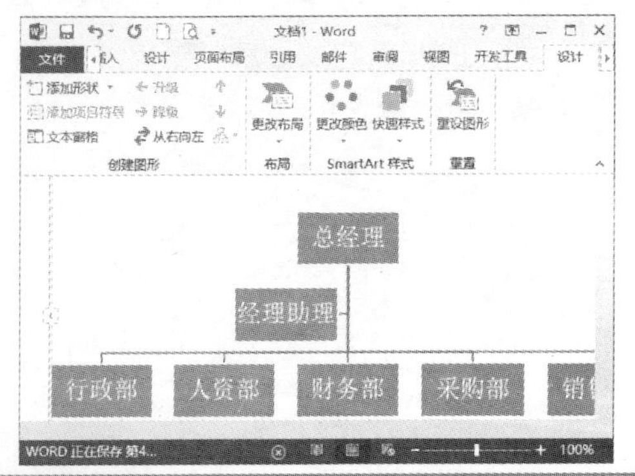

技巧 120：使用表格进行图文混排

●**适用版本：** 2007、2010、2013、2016

●**实用指数：** ★★★★☆

说明

在 Word 文档中可以通过表格进行图文混排，利用表格进行图文混排不但方便、快捷，而且图片和文字的位置相对固定。

方法

要使用表格进行图文混排，具体操作方法如下。

第 1 步： ❶在 Word 文档中插入一个 2 行 2 列的表格；❷切换到“表格工具-布局”选项卡；❸在“表”组中单击 属性 按钮，如下图所示。

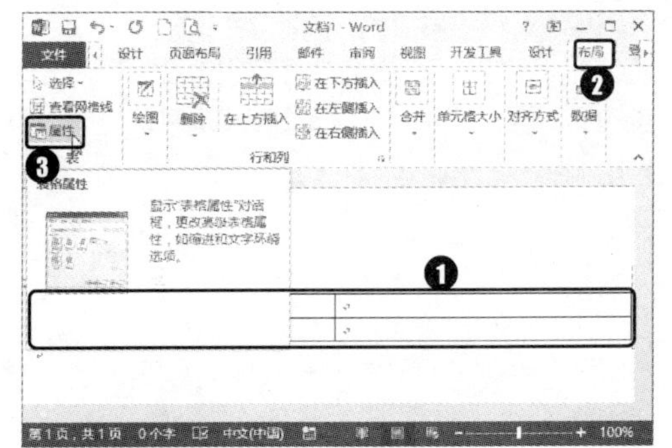

第 2 步： 打开“表格属性”对话框，❶切换到“表格”选项卡；❷在“对齐方式”选项组中选择“居中”选项；❸在“文字环绕”选项组中选择“无”选项；❹单击 确定 按钮，如下图所示。

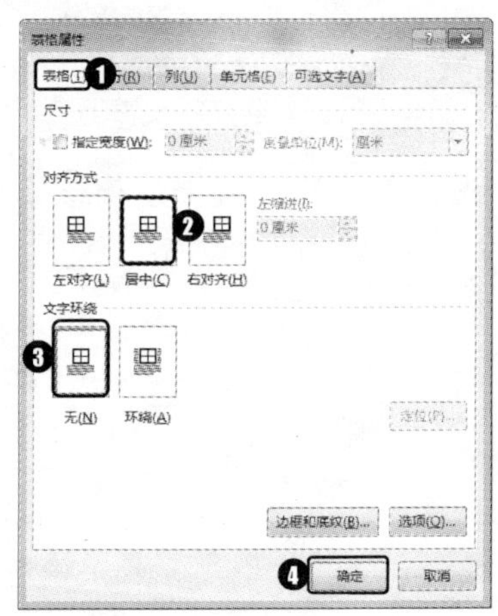

第 3 步： 在表格中输入文字并插入图片，❶选中其中的图片；❷切换到“图片工具-格式”选项卡；❸单击“大小”组右下角的“对话框

启动器”按钮，如下图所示。

第 4 步： 打开“布局”对话框，❶切换到“文字环绕”选项卡；❷在“环绕方式”选项组中选择“浮于文字上方”选项；❸单击 确定 按钮，如下图所示。

第 5 步： 用同样的方法将其他图片的环绕方式设置为“浮于文字上方”，并调整图片的大小，如下图所示。

第 6 步： 选中整个表格，将其边框设置为“无”，效果如下图所示。

Word 文档的页面设置与打印技巧

在日常工作中，为了较好地反映出文档的页面效果，在开始编辑文档之前，应当先将页面的有关内容设置好。对于编辑完的文档，用户可以使用打印设备打印出来，以方便用户浏览阅读，提高工作效率。

▷▷ 5.1　页面设置技巧

为了使文档更加美观得体，掌握一些页面设置的技巧是必不可少的，而且页面设置也是制作 Word 文档的基础。本节就来介绍一些关于 Word 页面设置的技巧。

技巧 121：保存自定义页面设置

●适用版本：2007、2010、2013、2016
●实用指数：★★★☆☆

在 Word 2013 中，新建空白文档的默认页面设置是 A4 纸张，纵向，上、下页边距均为 2.54cm，左、右页边距为 3.17cm。如果用户想自定义一个页面设置，可以将其保存在 Normal.dotm 模板中，成为一个新的默认设置，以方便日后使用。

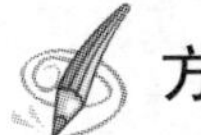

要自定义页面设置，具体操作方法如下。

第 1 步： 新建空白 Word 文档，❶切换到“页面布局”选项卡；❷单击“页面设置”组右下角的“对话框启动器”按钮，如下图所示。

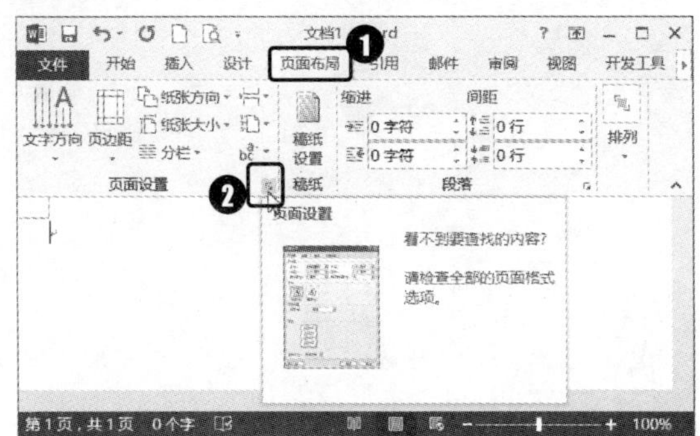

第 2 步： 打开“页面设置”对话框，❶切换到“页边距”选项卡；❷在“页边距”选项组的“上”“下”微调框中分别输入“2 厘米”，在“左”“右”微调框中分别输入“1.6 厘米”；❸单击 设为默认值(D) 按钮，如下图所示。

第 3 步： 打开“Microsoft Word”提示对话框，提示用户“是否更改页面的默认设置？”，单击 是(Y) 按钮即可将其设置为默认页面设置，如下图所示。

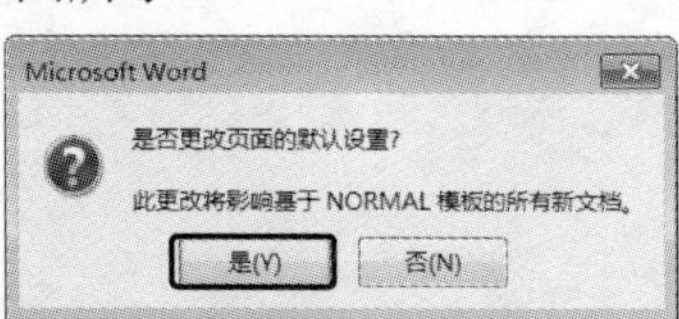

技巧 122：在新文档中快速应用页面设置

●适用版本：2007、2010、2013、2016
●实用指数：★★★☆☆

除了使用自定义的页面设置外，用户还可以在新文档中快速应用某文档的页面设置。

例如，在新文档中快速应用自定义设置的页边距，具体操作方法如下。

第 1 步： 新建空白文档“文档 1”，❶切换到“页面布局”选项卡；❷单击“页面设置”组右下角的“对话框启动器”按钮，如下图所示。

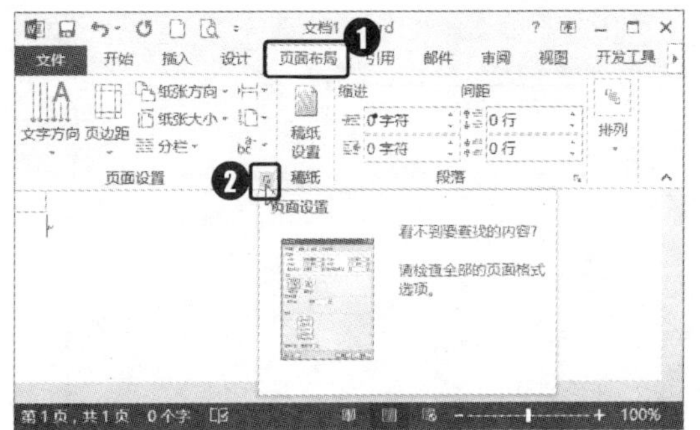

第 2 步： 打开“页面设置”对话框，❶切换到“页边距”选项卡；❷在“页边距”选项组中将“上”“下”“左”“右”页边距均设置为“1.5 厘米”；❸单击 确定 按钮，如下图所示。

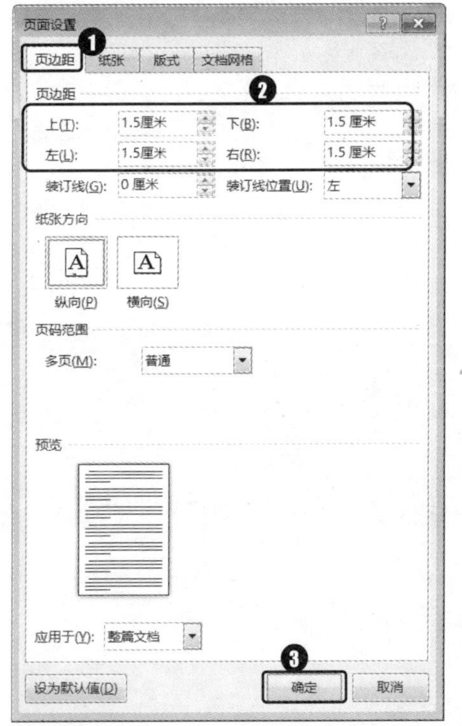

第 3 步： 按〈Ctrl+N〉组合键，新建空白文档“文档 2”，❶切换到“页面布局”选项卡；❷在“页面设置”组中单击“页边距”按钮；❸从弹出的下拉列表中选择“上次的自定义设置”选项，此时“文档 2”自动应用了“文档 1”中的页边距，如下图所示。

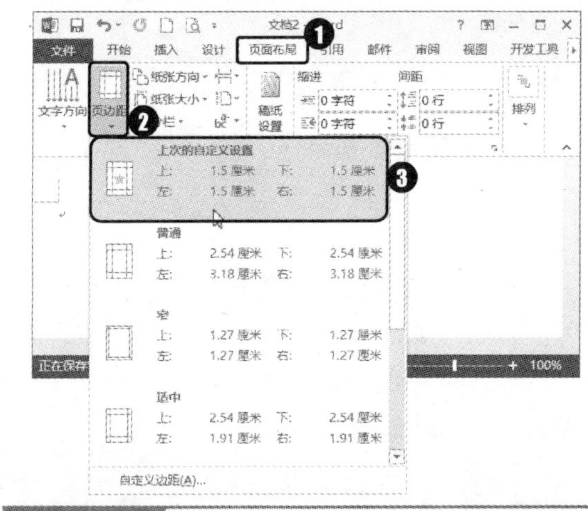

技巧 123：同一文档中的多种页面设置

- **适用版本：** 2007、2010、2013、2016
- **实用指数：** ★★★☆☆

说 明

在 Word 2013 中，用户可以将文档中不同页的页面设置成不同的效果，这可以通过将文档分为多个节来完成。

方法

例如，在文档中设置横向和纵向两种纸张方向，具体操作方法如下。

第 1 步： 打开光盘\素材文件\第 5 章\5.1\“同一文档中的多种页面设置.docx”文件，❶将光标定位于第 2 页页首位置；❷切换到“页面布局”选项卡；❸单击“页面设置”组右下角的“插入分页符和分节符”按钮；❹从弹出的下拉列表中选择“下一页”选项，如下图所示。

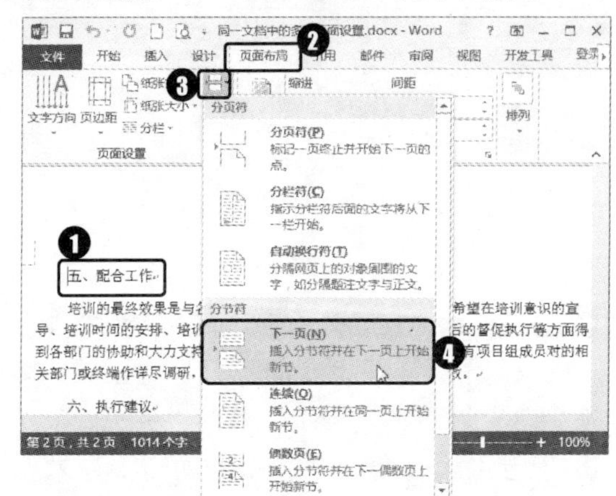

第2步： 再次将光标定位于第2页，❶切换到"页面布局"选项卡；❷单击"页面设置"组中的纸张方向按钮；❸从弹出的下拉列表中选择"横向"选项，如下图所示。

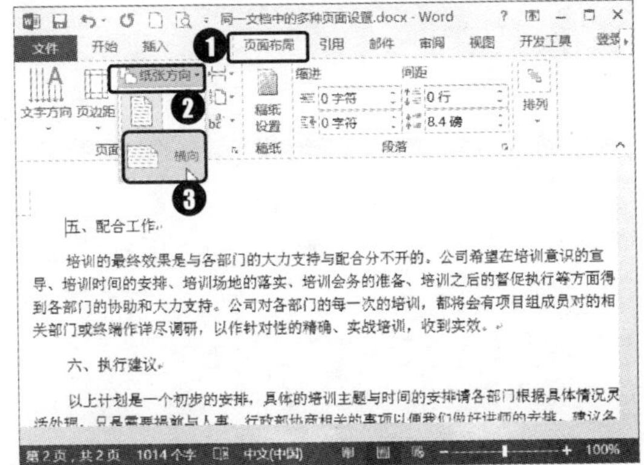

第3步： 缩小文档的页面显示比例，可以看到第1页的纸张方向为纵向，第2页的纸张方向为横向，如下图所示。

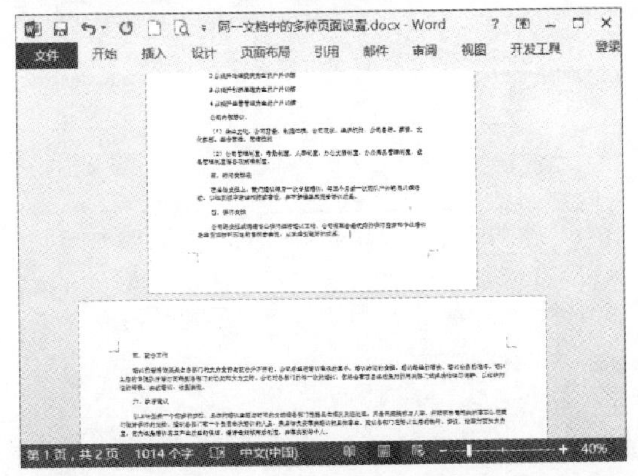

专家点拨

这里将第2页所在节的所有页均设置为横向，因此第3页的纸张方向也为横向，如果想要更改第3页的纸张方向，需要在第3页也插入一个分节符。

技巧124：更改默认的纸张方向

● **适用版本：** 2007、2010、2013、2016

● **实用指数：** ★★★☆☆

说 明

在Word文档中，页面纸张的默认方向为纵向，接下来介绍怎样更改默认的纸张方向。

方法

要更改默认的纸张方向，具体操作方法如下。

第1步： 在Word文档中，❶切换到"页面布局"选项卡；❷在"页面设置"组中单击右下角的"对话框启动器"按钮，如下图所示。

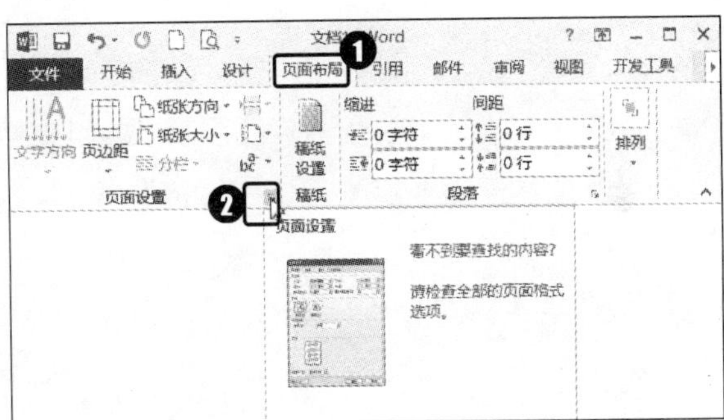

第2步： 打开"页面设置"对话框，❶切换到"页边距"选项卡；❷在"纸张方向"选项组中选择"横向"选项；❸单击设为默认值(D)按钮，如下图所示。

第3步： 弹出"Microsoft Word"提示对话框，提示用户"是否更改页面的默认设置？"，单击是(Y)按钮即可，如下图所示。

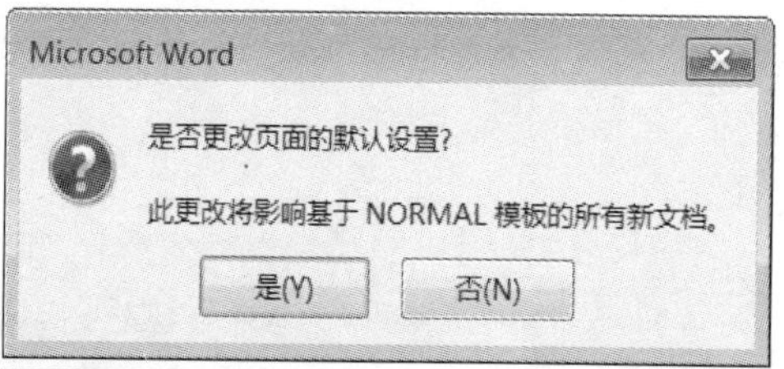

技巧 125：设置页面文字垂直居中

●适用版本：2007、2010、2013、2016

●实用指数：★★☆☆☆

说 明

在 Word 文档中，用户经常要将页面中的文字和文本框等设置为垂直居中，下面介绍怎样设置页面文字垂直居中。

方法

例如，要设置文字的垂直居中，具体操作方法如下。

第 1 步： 打开光盘\素材文件\第 5 章\5.1\“设置页面文字垂直居中.docx”文件，❶将光标定位于文本的结束位置，按〈Enter〉键插入一个空白段落；❷切换到“页面布局”选项卡；❸单击“页面设置”组右下角的“插入分页符和分节符”按钮；❹从弹出的下拉列表中选择“下一页”选项，如下图所示。

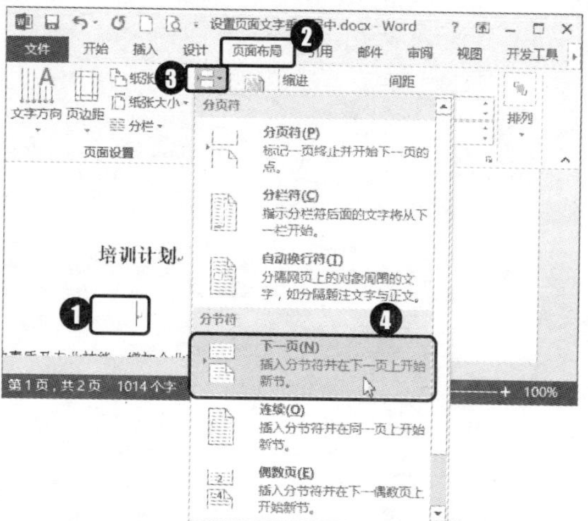

第 2 步： 按〈Ctrl+Home〉组合键，将光标定位到文档的起始位置，如下图所示。

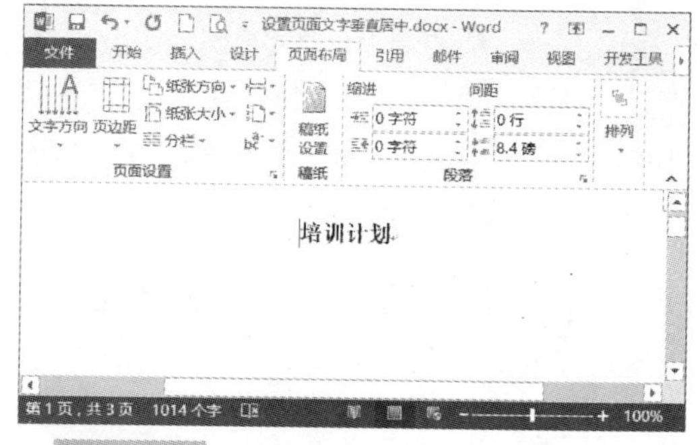

第 3 步： 按照技巧 124 介绍的方法打开“页面设置”对话框，❶切换到“版式”选项卡；❷在“垂直对齐方式”下拉列表中选择“居中”选项；❸在“应用于”下拉列表中选择“本节”选项；❹单击 确定 按钮，如下图所示。

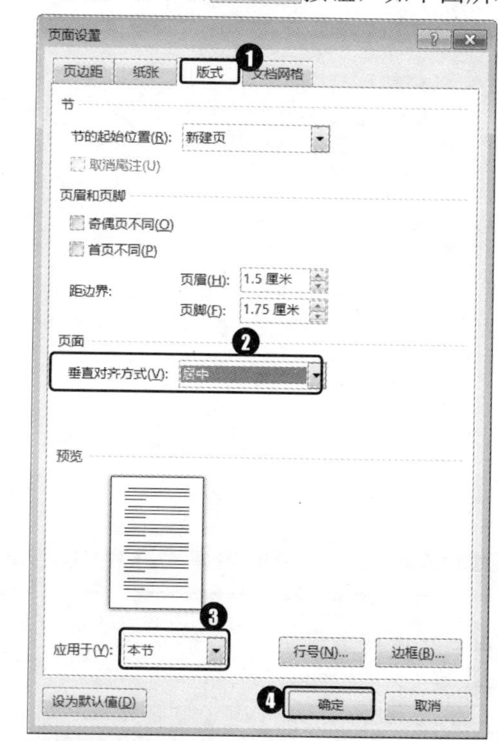

第 4 步： 返回 Word 文档中，文字的垂直居中效果如下图所示。

技巧 126：隐藏文档中的制表符

●**适用版本：**2007、2010、2013、2016

●**实用指数：**★★☆☆☆

说明

在 Word 文档中，用户如果想要隐藏其中的制表符，可以通过以下技巧。

方法

要隐藏文档中的制表符，具体操作方法如下。

在 Word 文档中，打开“Word 选项”对话框，❶切换到“显示”选项卡；❷在“始终在屏幕上显示这些格式标记”选项组中取消选中“制表符”复选框；❸单击 确定 按钮，如下图所示。

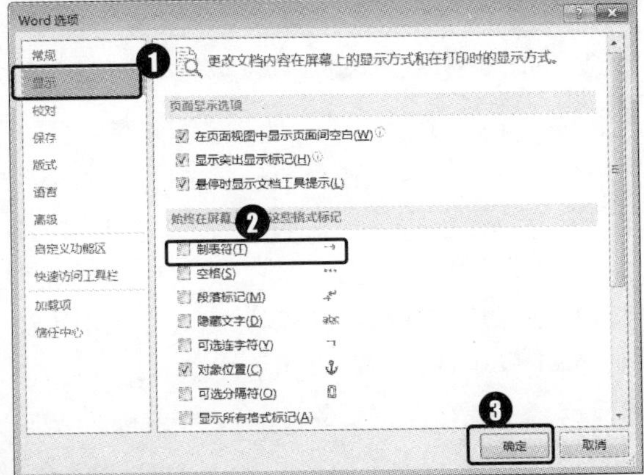

技巧 127：隐藏文档中的段落标记

●**适用版本：**2007、2010、2013、2016

●**实用指数：**★★☆☆☆

说明

如果想要隐藏文档中的段落标记，可以通过以下技巧。

方法

要隐藏文档中的段落标记，具体操作方法如下。

在 Word 文档中，打开“Word 选项”对话框，❶切换到“显示”选项卡；❷在“始终在屏幕上显示这些格式标记”选项组中取消选中“段落标记”复选框；❸单击 确定 按钮，如下图所示。

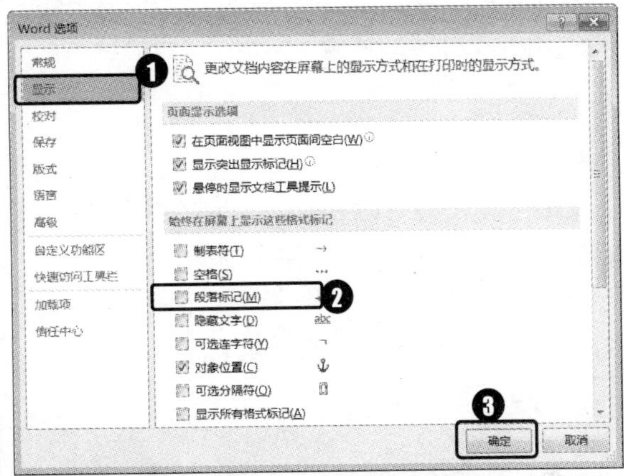

技巧 128：隐藏所有的格式标记

●**适用版本：**2007、2010、2013、2016

●**实用指数：**★★☆☆☆

说明

在 Word 文档中，如果用户想要隐藏所有的格式标记，可以通过以下技巧。

方法

要隐藏所有的格式标记，具体操作方法如下。

在 Word 文档中，打开“Word 选项”对话框，❶切换到“显示”选项卡；❷在“始终在屏幕上显示这些格式标记”选项组中取消选中“显示所有格式标记”复选框；❸单击 确定 按钮，如下图所示。

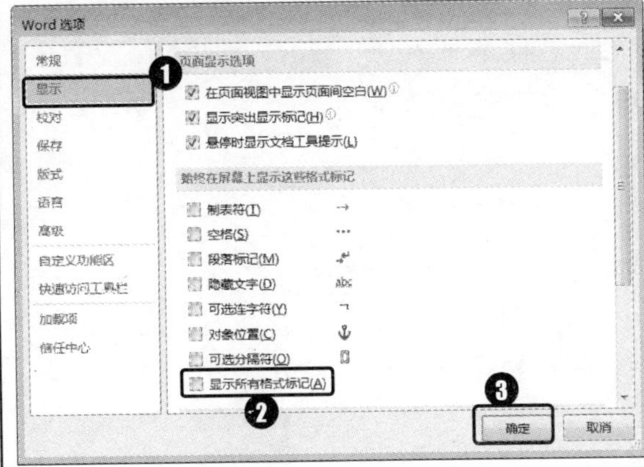

技巧 129：为文档设置纯色页面背景

●适用版本：2007、2010、2013、2016

●实用指数：★★★☆☆

说 明

为了使文档更加美观，用户可以为其添加背景图案，Word 2013 提供的背景有纯色、渐变、纹理、图案以及图片等。接下来介绍怎样在文档中添加纯色页面背景。

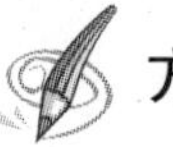

方法

要设置文档的纯色页面背景，具体操作方法如下。

在 Word 文档中，❶切换到“设计”选项卡；❷在“页面背景”组中单击“页面颜色”按钮；❸从弹出的下拉列表中选择合适的颜色效果即可，如下图所示。

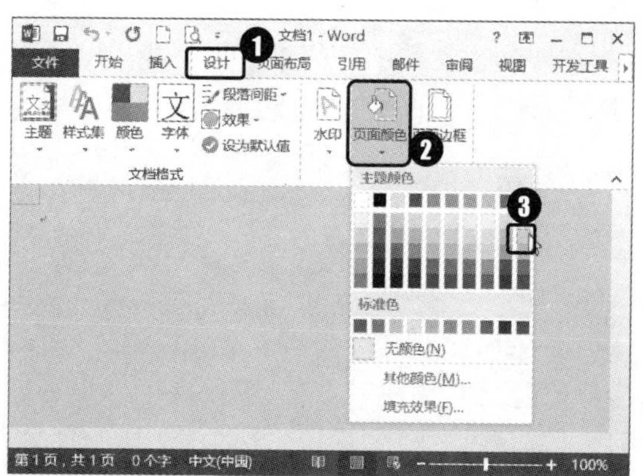

技巧 130：为文档填充渐变背景

●适用版本：2007、2010、2013、2016

●实用指数：★★★☆☆

说 明

在文档中填充渐变、纹理、图案和图片时，可以以平铺或者重复的方式填充整个页面。接下来介绍怎样在文档中添加渐变背景。

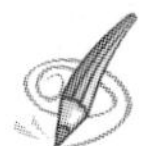

方法

要为文档填充渐变背景，具体操作方法如下。

第 1 步： 打开光盘\素材文件\第 5 章\5.1\“为文档填充渐变背景.docx”文件，❶切换到“设计”选项卡；❷在“页面背景”组中单击“页面颜色”按钮；❸从弹出的下拉列表中选择“填充效果”选项，如下图所示。

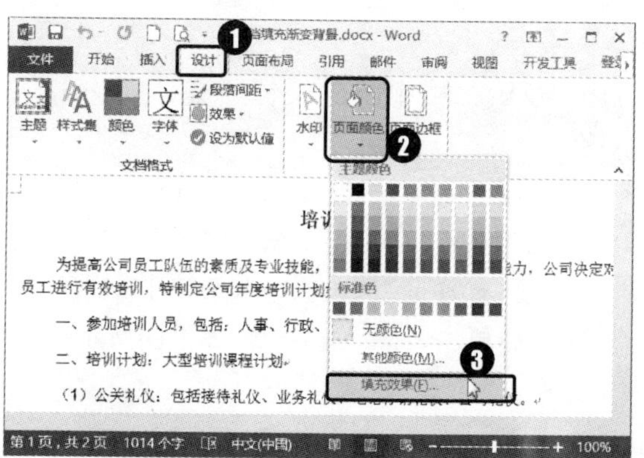

第 2 步： 打开“填充效果”对话框，❶切换到“渐变”选项卡；❷在“颜色”选项组中选中“双色”单选按钮；❸在“颜色 1”下拉列表框中选择橙色，在“颜色 2”下拉列表框中选择浅绿色；❹在“底纹样式”选项组中选中“斜上”单选按钮；❺在“变形”选项组中选择第一个变形样式；❻单击 确定 按钮，如下图所示。

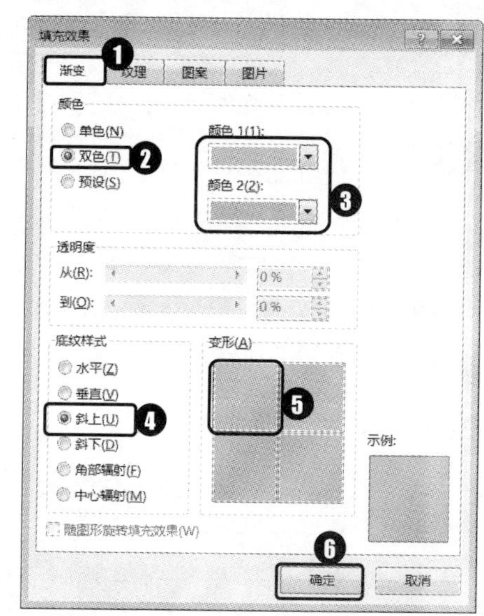

第 3 步： 返回文档，此时文档的背景设置效果如下图所示。

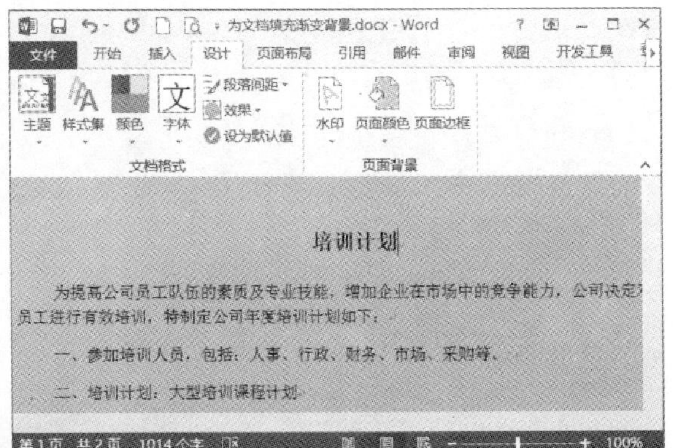

技巧 131：为文档添加图片背景

- **适用版本：** 2007、2010、2013、2016
- **实用指数：** ★★★☆☆

说 明

用户可以为文档添加图片背景，插入的图片可以是系统自带的，也可以是用户自己设置的图片。

方法

例如，要为文档添加图片背景，具体操作方法如下。

第 1 步： 打开光盘\素材文件\第 5 章\5.1\“为文档添加图片背景.docx”文件，❶切换到“设计”选项卡；❷在“页面背景”组中单击“页面颜色”按钮；❸从弹出的下拉列表中选择“填充效果”选项，如下图所示。

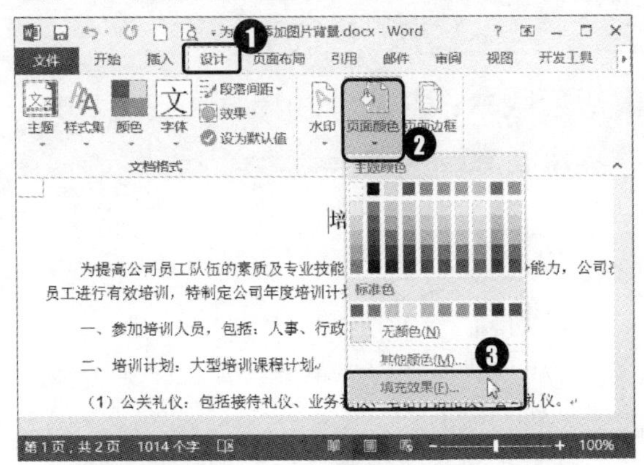

第 2 步： 打开“填充图片”对话框，切换到“图片”选项卡，单击 选择图片(L)... 按钮，如下图所示。

第 3 步： 打开“插入图片”对话框，选择“来自文件”选项，如下图所示。

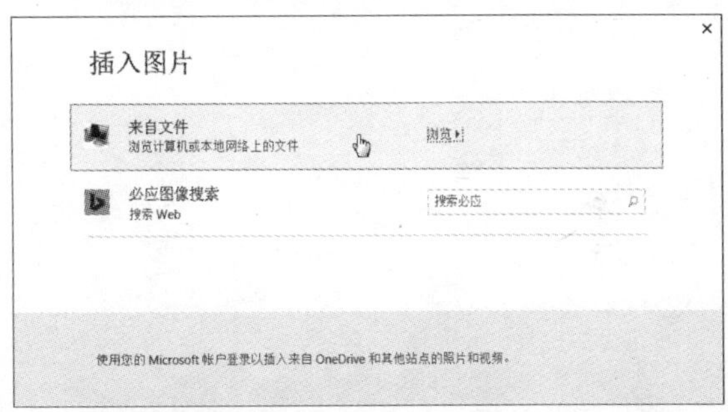

第 4 步： 打开“选择图片”对话框，❶选择要插入的图片的保存位置；❷选择“图片 01.jpg”；❸单击 插入(S) 按钮，如下图所示。

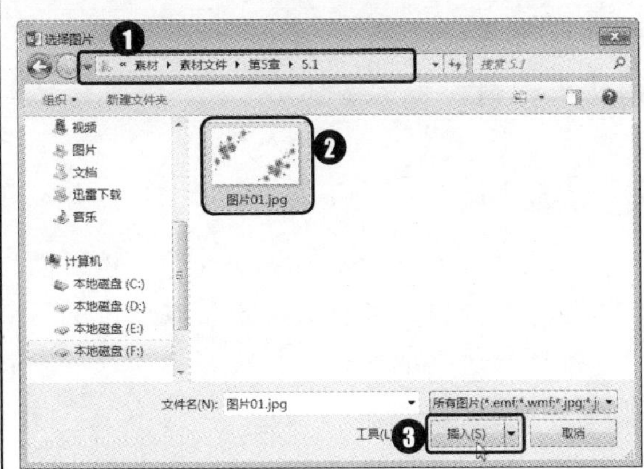

第 5 步： 返回“填充效果”对话框中，即可在“图片”选项组中显示出插入的图片，如下图所示。

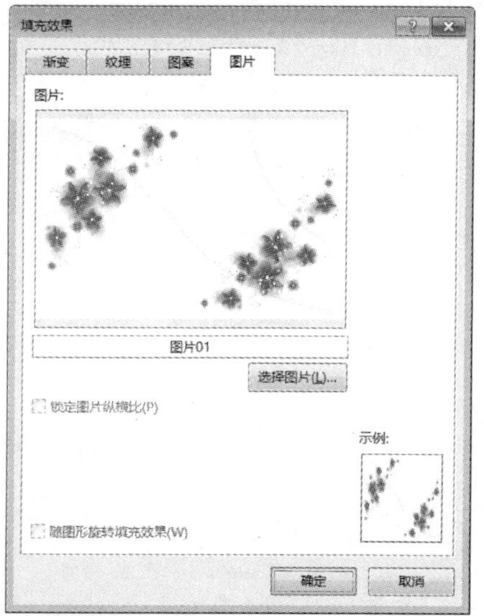

第 6 步： 单击 确定 按钮返回文档中，页面背景设置效果如下图所示。

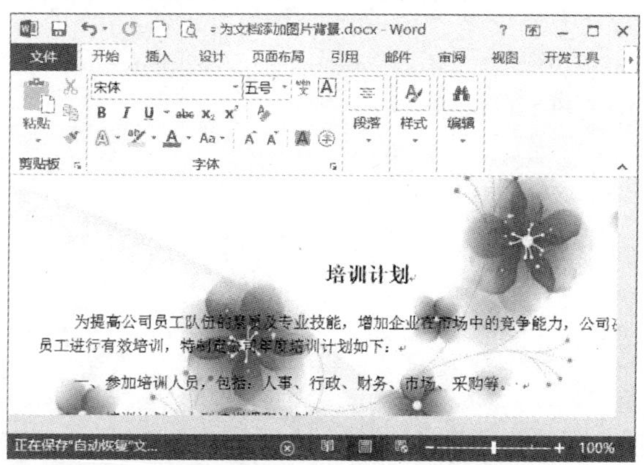

技巧 132：插入换行符

●**适用版本：**2007、2010、2013、2016

●**实用指数：**★★★☆☆

通常情况下，输入的文本到达文档页面右边距时才会自动换行，用户可以通过插入换行符随心所欲地换行，且仍将作为当前段的一部分。

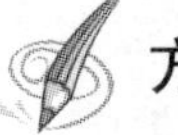

要插入换行符，具体操作方法如下。

第 1 步： 打开光盘\素材文件\第 5 章\5.1\"插入换行符.docx"文件，❶将插入点置于另起新行的位置；❷切换到"页面布局"选项卡；❸在"页面设置"组中单击"插入分页符和分节符"按钮；❹从弹出的下拉列表中选择"自动换行符"选项，如下图所示。

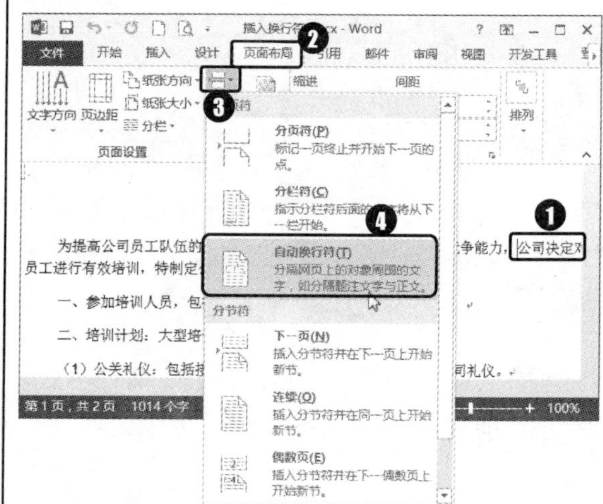

第 2 步： 返回 Word 文档中，插入换行符后的效果如下图所示。

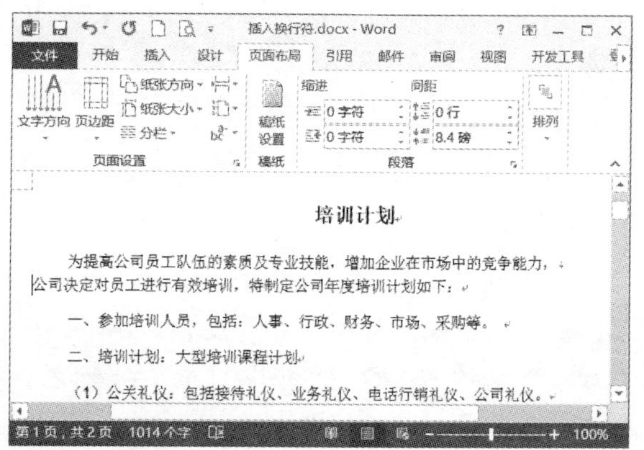

技巧 133：快速删除分节符

●**适用版本：**2007、2010、2013、2016

●**实用指数：**★★★☆☆

在 Word 中分节后，可以针对不同的节设置不同的格式、样式等个性化内容，极大地丰富文档的表现力。

插入分节符很简单，但是删除分节符相对比较麻烦，因为分节符属于不可见字符，默认情况下是看不到的，下面就来介绍怎样删除分节符。

方法

要删除分节符，具体操作方法如下。

第 1 步： 打开光盘\素材文件\第 5 章\5.1\“删除分节符.docx”文件，打开“Word 选项”对话框，❶切换到“显示”选项卡；❷在“始终在屏幕上显示这些格式标记”选项组中选中“显示所有格式标记”复选框；❸单击按钮，如下图所示。

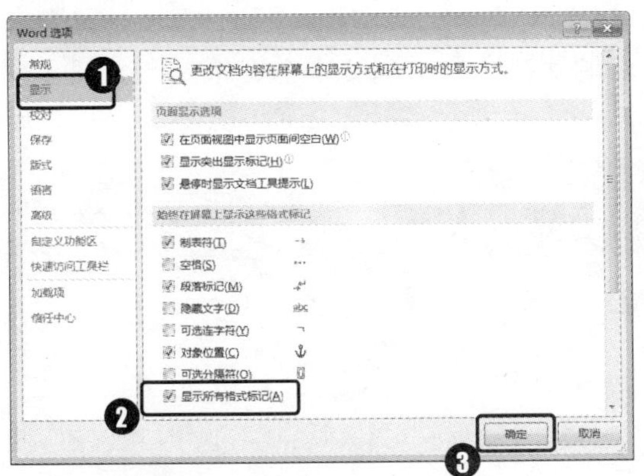

第 2 步： 返回文档中，此时在文档中会显示出分节符，如下图所示。

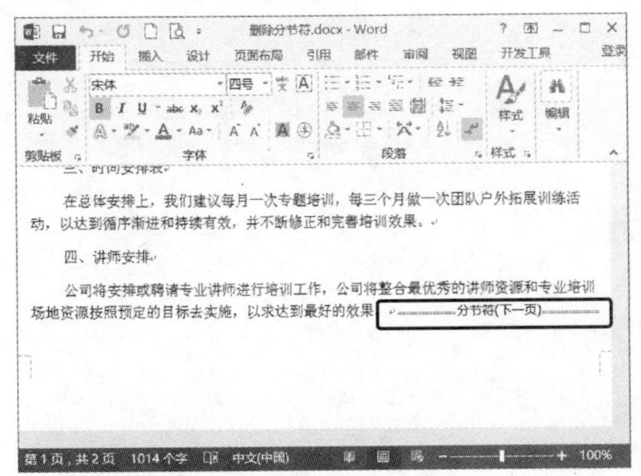

第 3 步： 用户选中该分节符，按〈Delete〉键，即可将其删除。如果选不中该分节符，可以将光标定位到分节符之前，然后按〈Delete〉键，此时将自动应用后一节的页面设置效果，如下图所示。

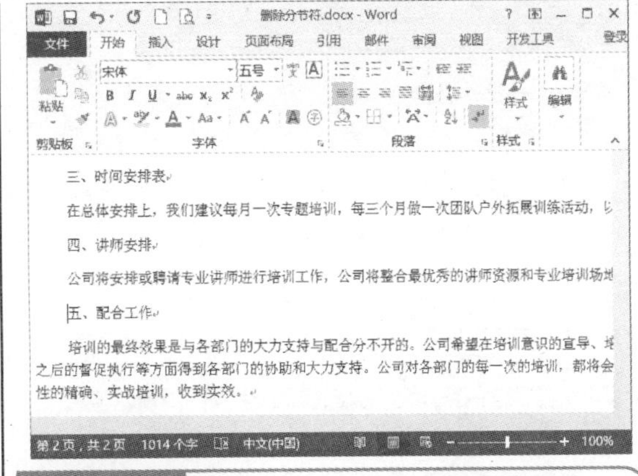

技巧 134：实现一栏与多栏混排效果

●**适用版本：** 2007、2010、2013、2016

●**实用指数：** ★★★★☆

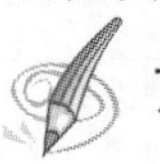

说 明

在编辑 Word 文档时经常需要实现一栏与多栏混排，可能很多人都会感觉麻烦，其实方法很简单。

方法

要实现一栏与多栏混排，具体操作方法如下。

第 1 步： 打开光盘\素材文件\第 5 章\5.1\“实现一栏与多栏混排效果.docx”文件，将光标定位在要实现分栏的段落的起始位置，如下图所示。

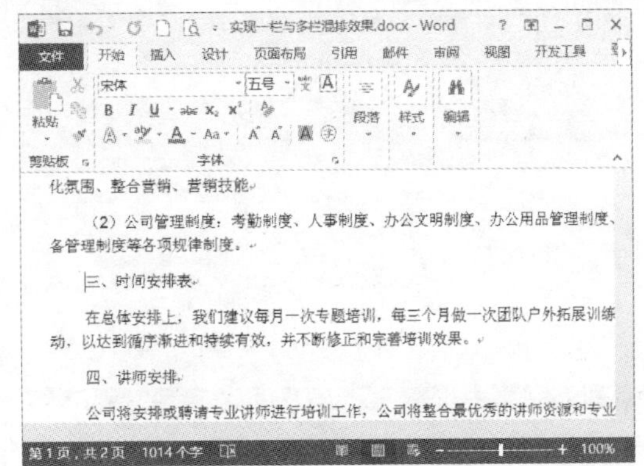

第 2 步： ❶切换到“页面布局”选项卡；❷在“页面设置”组中单击“分栏”按钮；❸从弹出的下拉列表中选择“更多分栏”选项，如下图所示。

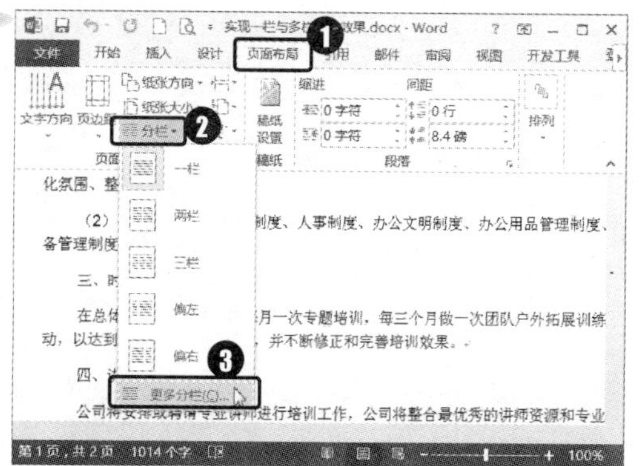

第 3 步： 打开“分栏”对话框，❶在“预设”选项组中选中“三栏”选项；❷如果需要在各栏之间加分隔线，则选中“分隔线”复选框；❸在“应用于”下拉列表框中选择“插入点之后”选项；❹单击 确定 按钮，如下图所示。

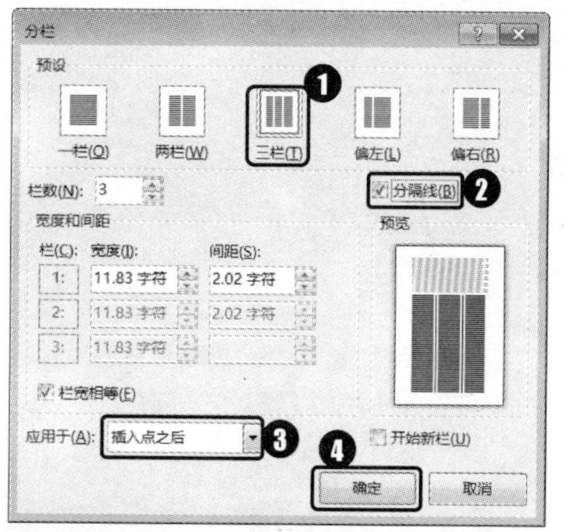

第 4 步： 在文档结尾输入结束段落，即可实现一栏与多栏混排效果，如下图所示。

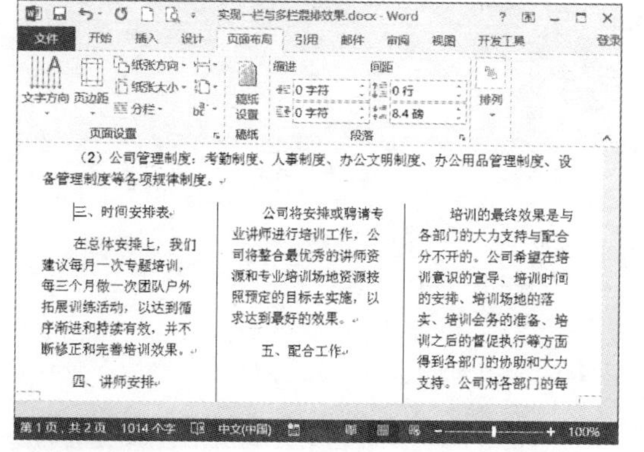

技巧 135：在文档中添加页眉和页脚

●**适用版本：**2007、2010、2013、2016

●**实用指数：**★★★☆☆

说 明

打印论文、发言稿等文档时，需要设置页眉和页脚来显示主题和页码等内容，用户可以按照以下方法来添加页眉和页脚。

方法

要在文档中添加页眉和页脚，具体操作方法如下。

第 1 步： 打开光盘\素材文件\第 5 章\5.1\“在文档中添加页眉和页脚.docx”文件，❶切换到“插入”选项卡中；❷在“页眉和页脚”组中单击  按钮；❸从弹出的下拉列表中选择一种合适的类型，例如“空白”选项，如下图所示。

第 2 步： 进入页眉页脚编辑状态，页眉处会显示“[在此处键入]”信息，如下图所示。

第 3 步： 用户可以在“[在此处键入]”中输入页眉信息，如下图所示。

第 4 步：输入完页眉文字，❶切换到“页眉和页脚工具-设计”选项卡；❷单击“位置”组中的插入“对齐方式”选项卡按钮，如下图所示。

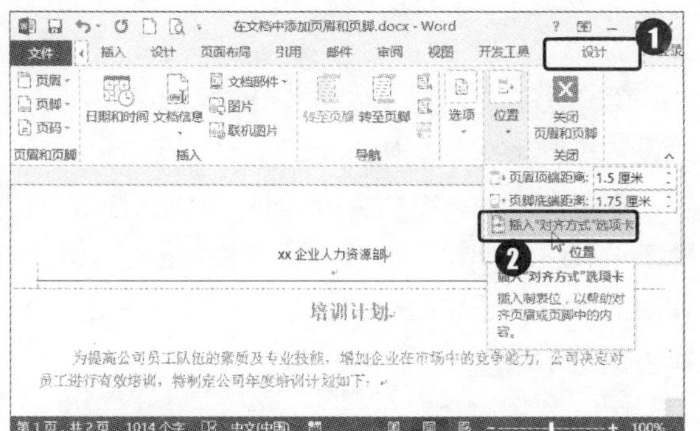

第 5 步：打开“对齐制表位”对话框，在“对齐方式”选项组中选择一种对齐方式，例如选中“右对齐”单选按钮，如下图所示。

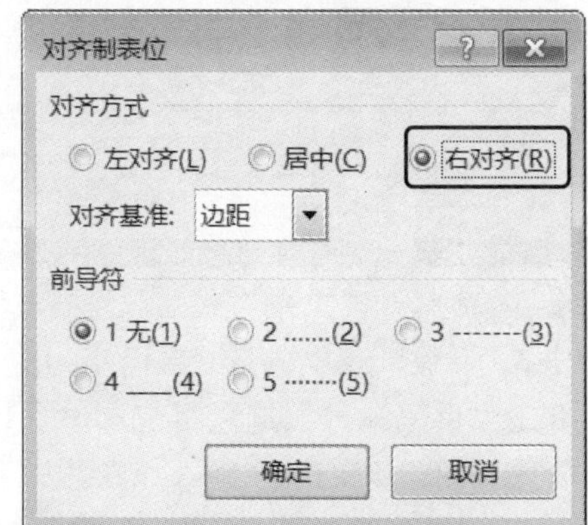

第 6 步：❶在“导航”组中单击“转至页脚”按钮或直接用鼠标单击文档页面下方的页脚部位；❷在“页眉和页脚”组中单击页码按钮；❸从弹出的下拉列表中选择“页面底端”→“普通数字 1”选项，如下图所示。

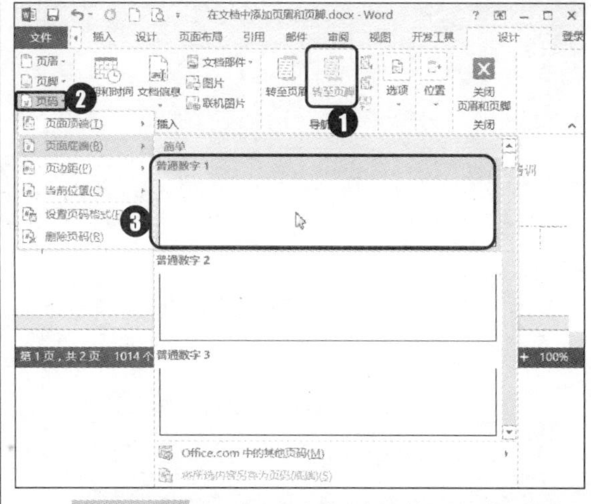

第 7 步：❶也可以在页码前后添加文字，如“第”和“页”；❷设置完毕单击“关闭”组中的“关闭页眉和页脚”按钮即可，如下图所示。

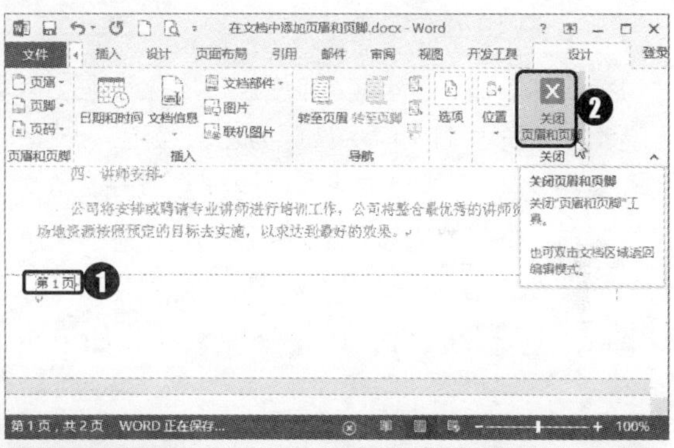

技巧 136：解决页眉页脚被遮挡的问题

●适用版本：2007、2010、2013、2016

●实用指数：★★★☆☆

说　明

在 Word 文档中设置页眉和页脚时，如果边框设置不合理，就可能遮挡住页眉页脚，接下来介绍怎样解决页眉页脚被遮挡的问题。

方法

要解决页眉页脚被遮挡问题，具体操作方法如下。

第 1 步：在 Word 文档中，切换到“设计”选项卡，在“页面背景”组中单击“页面边框”按钮，如下图所示。

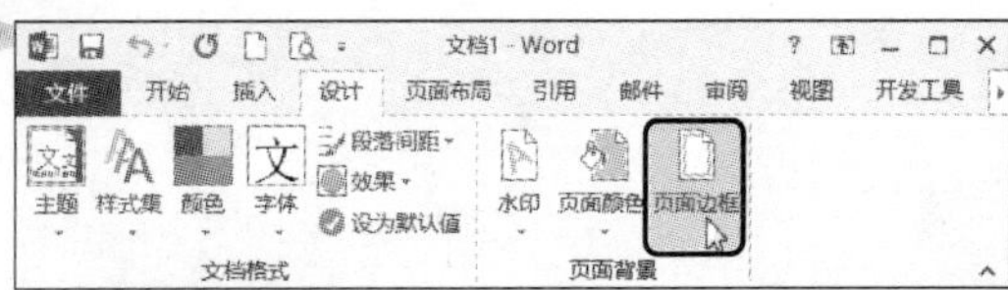

第 2 步： 打开“边框和底纹”对话框，默认打开“页面边框”选项卡，单击按钮，如下图所示。

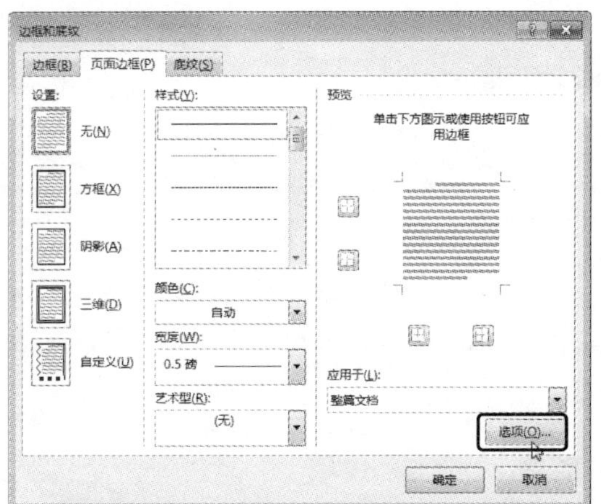

第 3 步： 打开“边框与底纹选项”对话框，❶在“测量基准”下拉列表框中选择“文字”选项；❷在“选项”选项组中取消选中“总在前面显示”复选框，选中“环绕页眉”和“环绕页脚”复选框；❸单击 确定 按钮，如下图所示。

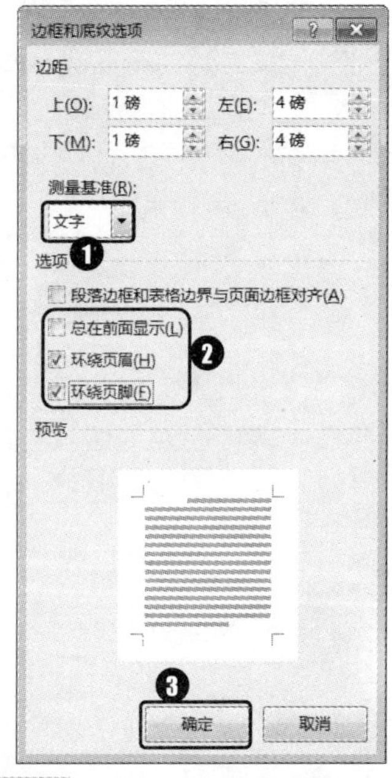

第 4 步： 返回“边框和底纹”对话框中，单击 确定 按钮即可。

技巧 137：设置不同格式的页码

●**适用版本：**2007、2010、2013、2016

●**实用指数：**★★★☆☆

说 明

用户可以为文档中不同的内容设置不同格式的页码，例如用户可以分别为文档的目录和正文设置不同格式的页码。

方法

要设置不同格式的页码，具体操作方法如下。

第 1 步： 打开光盘\素材文件\第 5 章\5.1\“设置不同格式的页码.docx”文件，双击页脚区域，❶切换到“页眉和页脚工具-设计”选项卡；❷在“页眉和页脚”组中单击 页码 按钮；❸从弹出的下拉列表中选择“设置页码格式”选项，如下图所示。

第 2 步： 打开“页码格式”对话框，❶在“编号格式”下拉列表框中选择“Ⅰ, Ⅱ, Ⅲ, …”选项；❷在“页码编号”选项组中选中“起始页码”单选按钮；❸单击 确定 按钮，如下图所示。

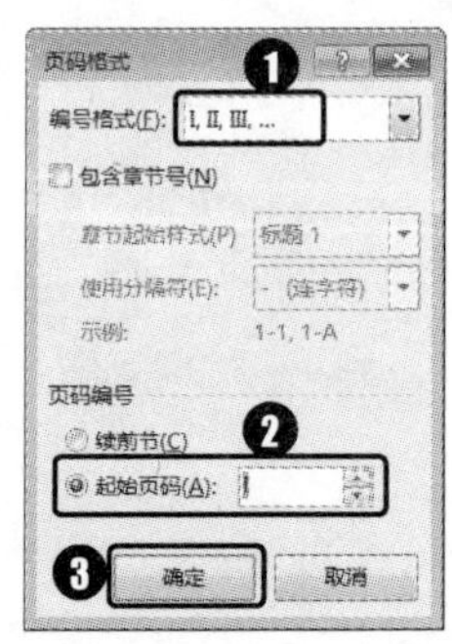

第 3 步：❶再次单击“页眉和页脚”组中的页码按钮；❷从弹出的下拉列表中选择“页面底端”→“普通数字 2”选项，如下图所示。

第 4 步：在文档所有页面的页脚处插入大写罗马数字页码，单击“关闭”组中的“关闭页眉和页脚”按钮关闭页眉和页脚，如下图所示。

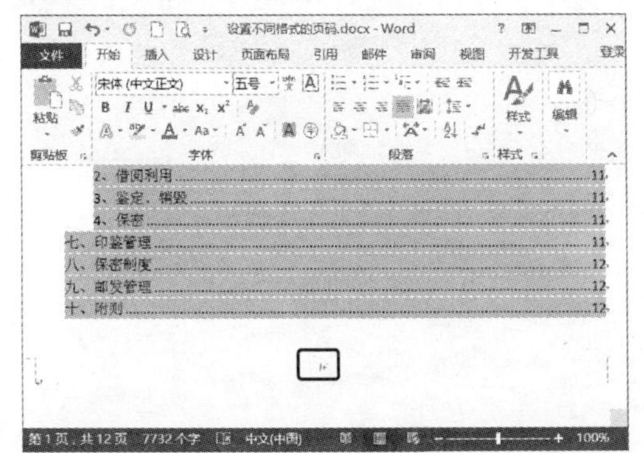

第 5 步：将光标定位于目录的末尾，❶切换到“页面布局”选项卡；❷单击“页面设置”组右下角的“插入分页符和分节符”按钮；❸从弹出的下拉列表中选择“下一页”选项，如下图所示。

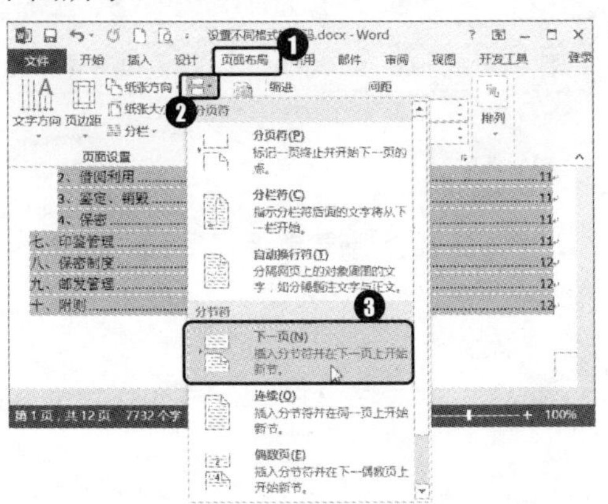

第 6 步：此时在目录和文档之间插入了一个分节符，双击正文的页脚，按照本技巧第 1 步的方法打开“页码格式”对话框，在“编号格式”下拉列表框中选择“1,2,3, …”选项，如下图所示。

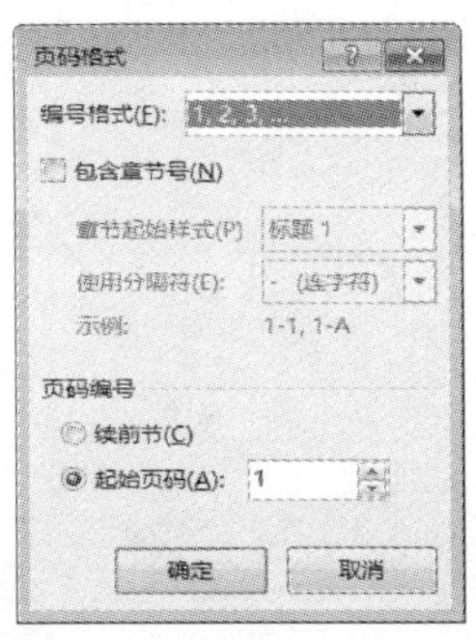

第 7 步：单击按钮，关闭页眉和页脚，即可将正文的页码格式设置为阿拉伯数字，且起始页码从 1 开始，如下图所示。

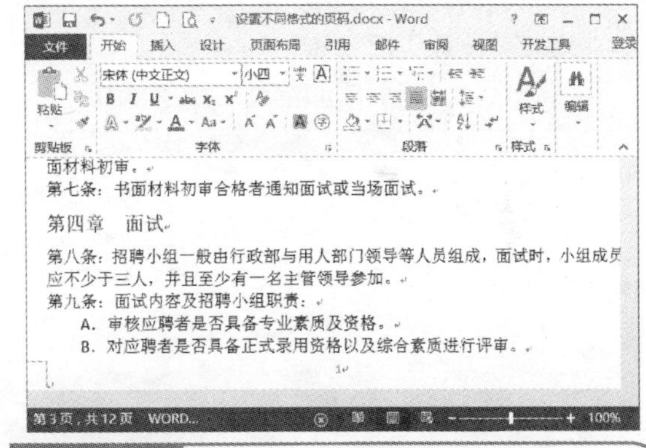

技巧 138：从任意页开始显示页码

●适用版本：2007、2010、2013、2016

●实用指数：★★★☆☆

说　明

在 Word 2013 中，用户也可以设置从指定的任意页开始显示页码。

方法

要从任意页开始显示页码，具体操作方法如下。

第 1 步：打开光盘\素材文件\第 5 章\5.1\“从任意页开始显示页码.docx”文件，将光标定位在需要开始显示页码的上一页的末尾处，

❶切换到“页面布局”选项卡；❷单击“页面设置”组右下角的“插入分页符和分节符”按钮；❸从弹出的下拉列表中选择“下一页”选项，如下图所示。

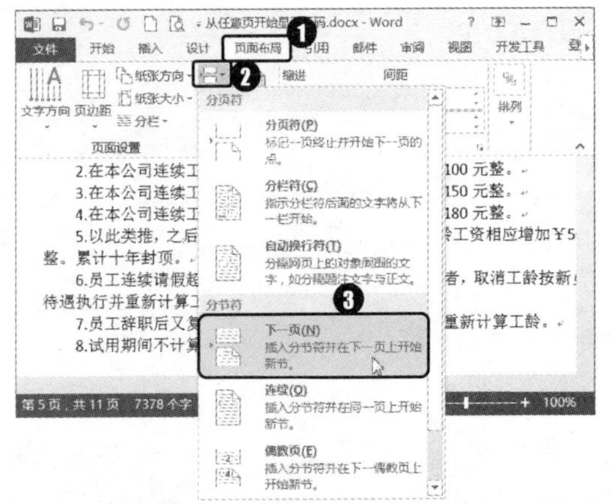

第 2 步： 在需要开始显示页码的页双击页脚，进入页眉页脚编辑状态，切换到“页眉和页脚工具-设计”选项卡，在“导航”组中单击“链接到前一条页眉”按钮将其取消，如下图所示。

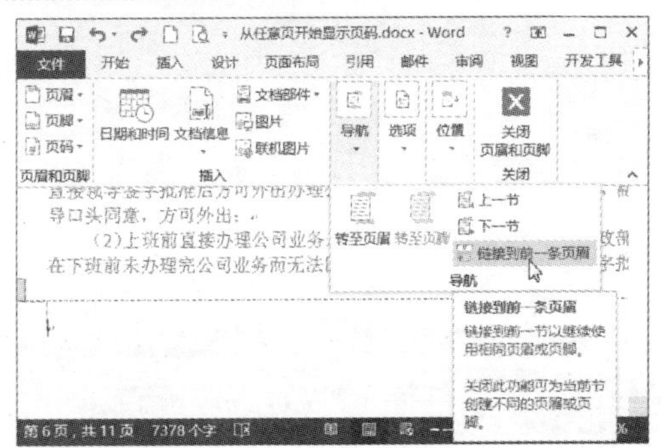

第 3 步： 按照技巧 137 介绍的方法打开“页码格式”对话框，在“编号格式”下拉列表框中选择页码格式，在“页码编号”选项组中选中“起始页码”单选按钮，然后在右侧微调框中输入开始的页码数字，例如输入“6”，单击“确定”按钮，如下图所示。

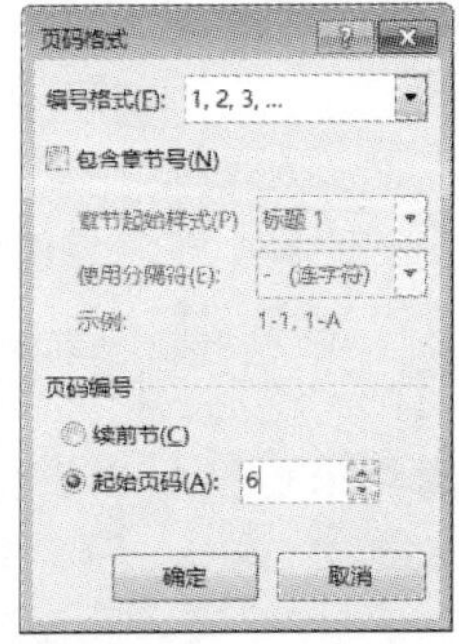

第 4 步： ❶在“页眉和页脚”组中单击“页码”按钮；❷从弹出的下拉列表中选择“页面底端”→”普通数字 1”选项；❸单击“关闭页眉和页脚“按钮，退出页眉页脚编辑状态，如下图所示。

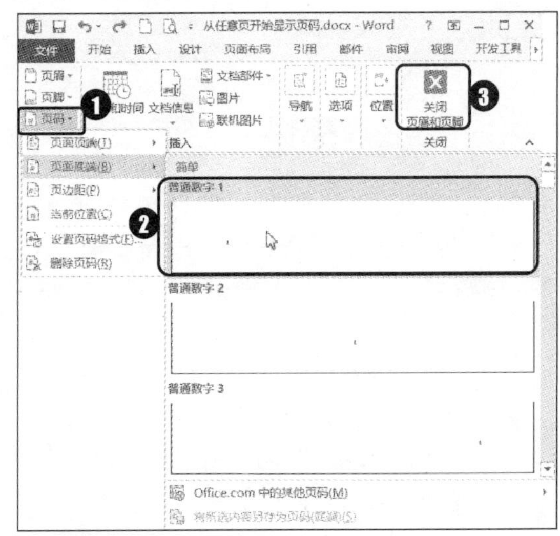

第 5 步： 从第 6 页开始显示页码，效果如下图所示。

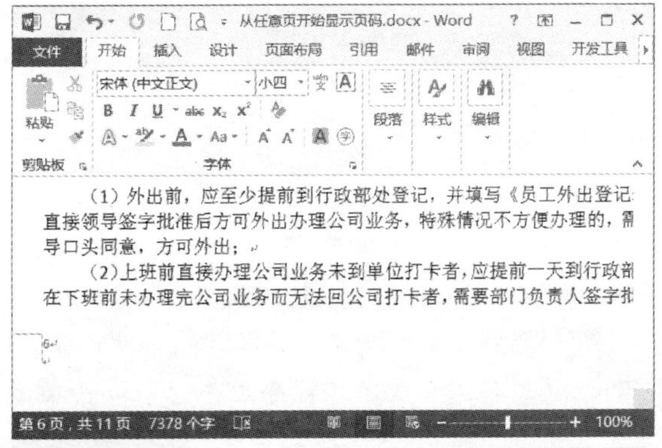

技巧 139：定义印刷样式的页眉

●**适用版本：** 2007、2010、2013、2016

●**实用指数：** ★★★★☆

说 明

设置页眉和页脚来显示主题和页码等内容时，还可以定义印刷样式的页眉，接下来介绍怎样定义印刷样式的页眉。

方法

要定义印刷样式的页眉，具体操作方法如下。

第 1 步： 打开光盘\素材文件\第 5 章\5.1\"定义印刷样式的页眉.docx"文件，双击页眉，进入页眉页脚编辑状态，如下图所示。

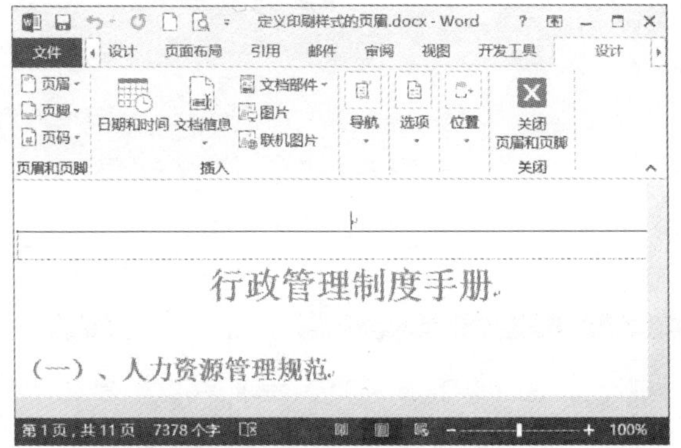

第 2 步： ❶切换到"页眉和页脚工具-设计"选项卡；❷在"选项"组中选中"奇偶页不同"复选框，如下图所示。

第 3 步： 分别设置奇数页和偶数页的页眉和页脚即可，如下图所示。

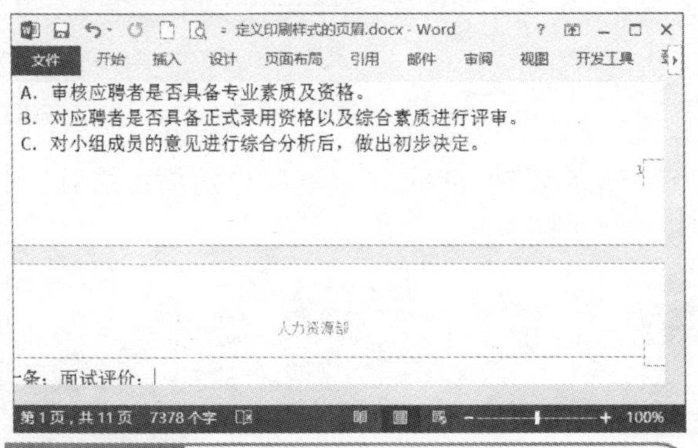

技巧 140：缩短页眉横线长度

- ●**适用版本**：2007、2010、2013、2016
- ●**实用指数**：★★★☆☆

说 明

为文档设置页眉后，系统会默认在页眉与文档之间加上一条横线，用户可以对其进行设置，例如缩短其长度。

方法

要缩短页眉横线的长度，具体操作方法如下。

第 1 步： 打开光盘\素材文件\第 5 章\5.1\"缩短页眉横线的长度.docx"文件，❶双击页眉，进入页眉页脚编辑状态；❷切换到"视图"选项卡；❸在"显示"组中选中"标尺"复选框，如下图所示。

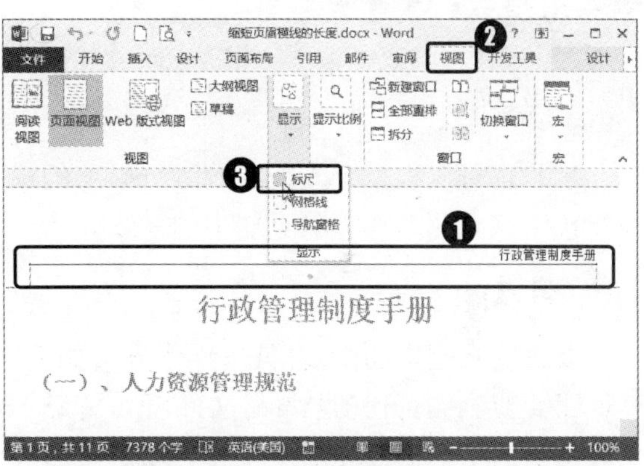

第 2 步： 使用鼠标将文档左右缩进的标尺拖曳到合适位置，如下图所示。

第 3 步： 退出页眉页脚编辑状态，页眉横线长度即缩短，效果如下图所示。

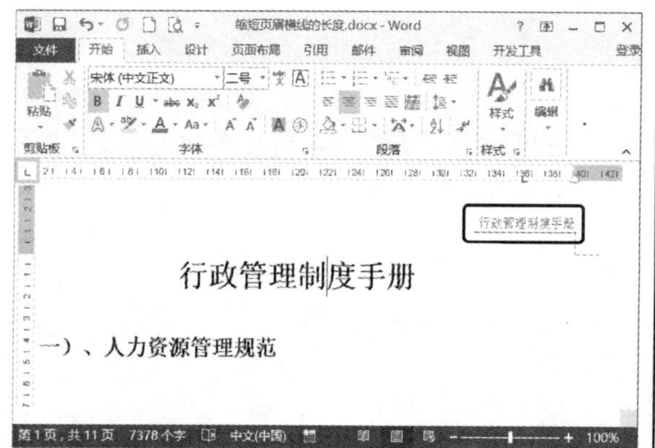

技巧 141：去除页眉中的横线

●适用版本：2007、2010、2013、2016

●实用指数：★★★☆☆

说 明

用户也可以根据个人需要删除页眉上的横线，接下来介绍怎样去除页眉中的横线。

方法

要去除页眉中的横线，具体操作方法如下。

第 1 步： 打开光盘\素材文件\第 5 章\5.1\“去除页眉中的横线.docx”文件，双击页眉进入页眉页脚编辑状态，如下图所示。

第 2 步： ❶切换到“开始”选项卡；❷在“段落”组中单击“边框”按钮右侧的下三角按钮；❸从弹出的下拉列表中选择“边框和底纹”选项，如下图所示。

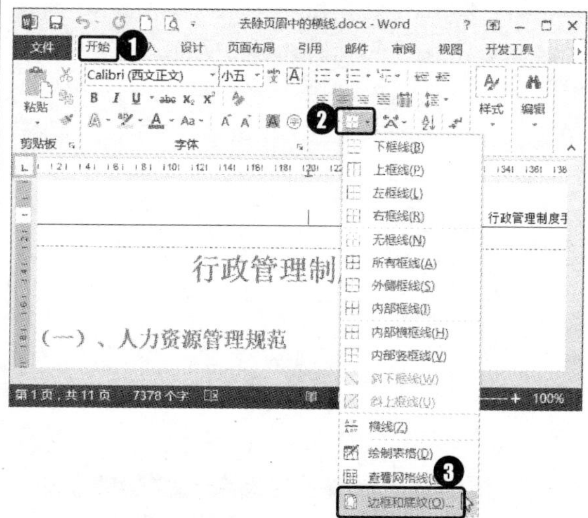

第 3 步： 打开“边框和底纹”对话框，❶切换到“边框”选项卡；❷在“设置”选项组中选择“无”选项；❸在“应用于”下拉列表框中选择“段落”选项；❹单击 确定 按钮，如下图所示。

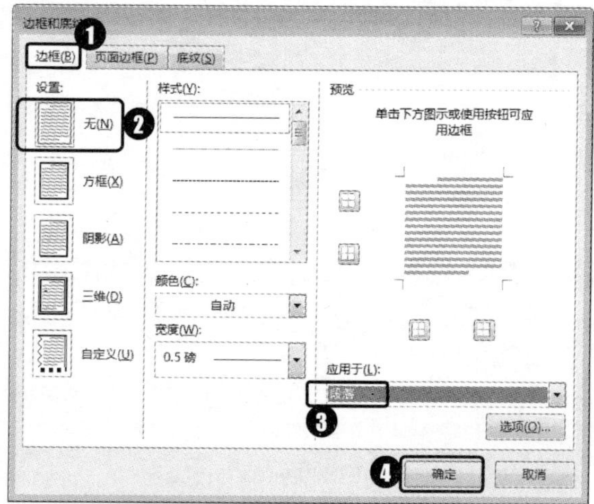

第 4 步： 此时即将页眉中的横线去除，效果如下图所示。

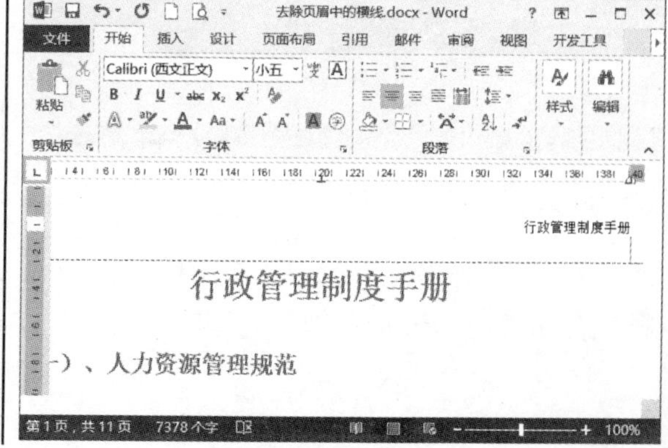

技巧 142：在库中添加自定义页眉页脚

●适用版本：2007、2010、2013、2016

●实用指数：★★☆☆☆

说 明

用户不仅可以插入系统自带的页眉页脚选项，而且可以在库中添加自定义的页眉页脚。

方法

例如，要在 Word 2013 库中添加自定义页眉，具体操作方法如下。

第 1 步： ❶切换到“插入”选项卡；❷在“页眉和页脚”组中单击页眉按钮；❸从弹出的下拉列表中选择“空白”选项，如下图所示。

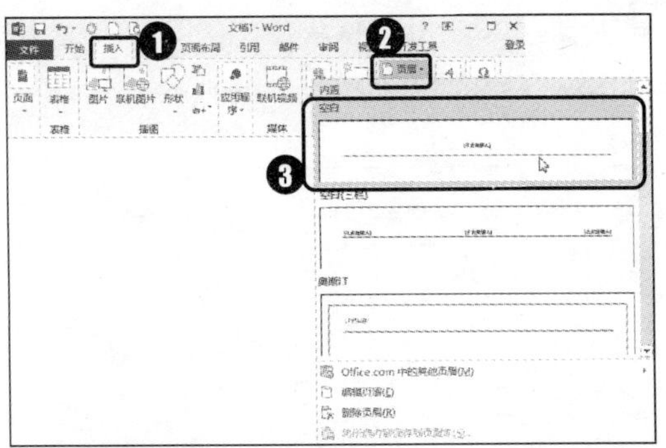

第 2 步： 编辑页眉文字，并进行版式设置，❶选中编辑完成的页眉文字；❷切换到“插入”选项卡；❸在“页眉和页脚”组中单击页眉按钮；❹从弹出的下拉列表中选择“将所选内容保存到页眉库”选项，如下图所示。

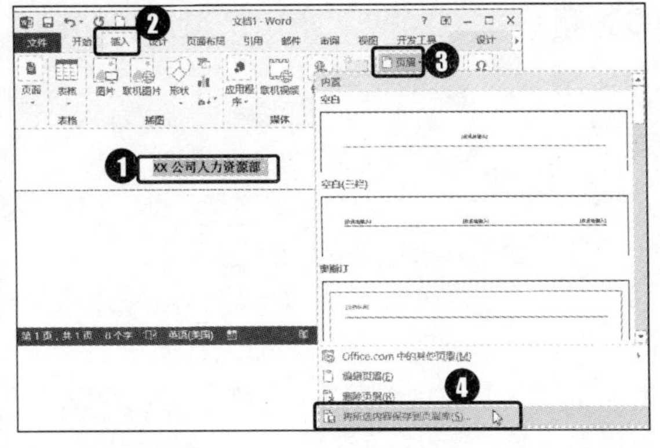

第 3 步： 打开“新建构建基块”对话框，分别对“名称”“说明”等选项进行设置，如下图所示。

第 4 步： 单击按钮，即可将自定义的页眉保存到页眉库中，如下图所示。

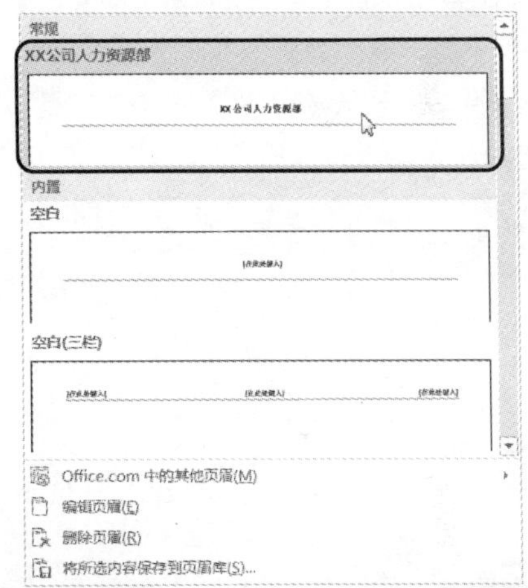

技巧 143：删除库中的自定义页眉页脚

●适用版本：2007、2010、2013、2016

●实用指数：★★☆☆☆

说 明

用户不仅可以在库中添加自定义页眉页脚，也可以将不需要的自定义页眉页脚删除。

方法

要删除自定义页眉页脚，具体操作方法如下。

第 1 步： 在 Word 文档中，❶切换到“插入”选项卡；❷在“页眉和页脚”组中单击页眉按钮；❸从弹出的下拉列表中选择用户添加的自定义页眉选项；❹单击鼠标右键，从弹出的快捷菜单中选择“整理和删除”菜单项，如下图所示。

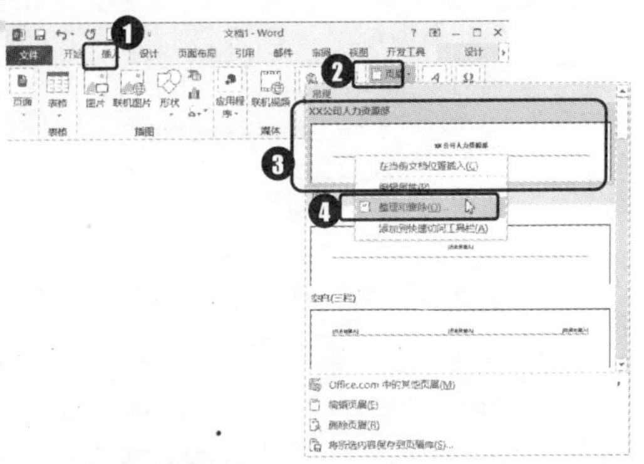

第 2 步： 打开“构建基块管理器”对话框，❶在“构建基块”列表框中选中添加的自定义页眉选项；❷单击 删除(D) 按钮，如下图所示。

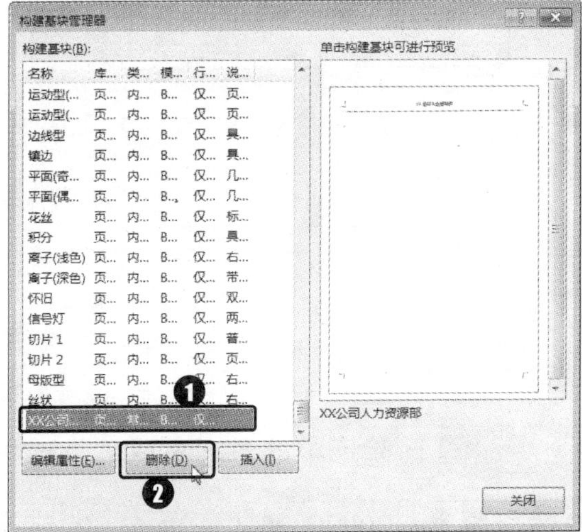

第 3 步： 弹出“Microsoft Word”提示对话框，提示用户“是否确实要删除所选的构建基块？”，单击 是(Y) 按钮，如下图所示。

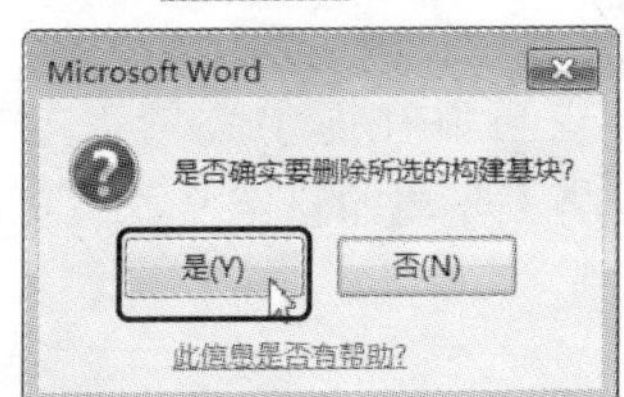

第 4 步： 返回“构建基块管理器”对话框中，单击 关闭 按钮即可。

▷▷ 5.2 打印技巧

了解了页面设置方面的一些技巧之后，接下来介绍文档打印方面的技巧。

技巧 144：将“快速打印”命令添加到快速访问工具栏中

●**适用版本：** 2007、2010、2013、2016

●**实用指数：** ★★★☆☆

说 明

在 Word 文档中，将常用命令添加到快速访问工具栏中会使得操作更加方便，下面介绍怎样将“快速打印”命令添加到快速访问工具栏中。

方法

要将“快速打印”命令添加到快速访问工具栏中，具体操作方法如下。

❶在快速访问工具栏中单击“自定义快速访问工具栏”按钮；❷从弹出的下拉列表中选择“快速打印”选项，如下图所示。

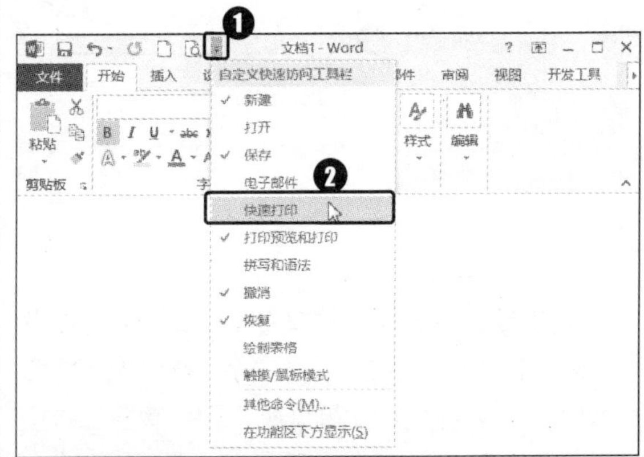

技巧 145：打印整篇文档

●**适用版本：** 2007、2010、2013、2016

●**实用指数：** ★★★☆☆

说 明

打印整篇文档最常用的方法是打开此文档，单击 文件 按钮，从弹出的界面选择“打印”选项，再在“打印”界面进行简单设置，如下图所示，然后单击“打印”按钮即可打印整篇文档。

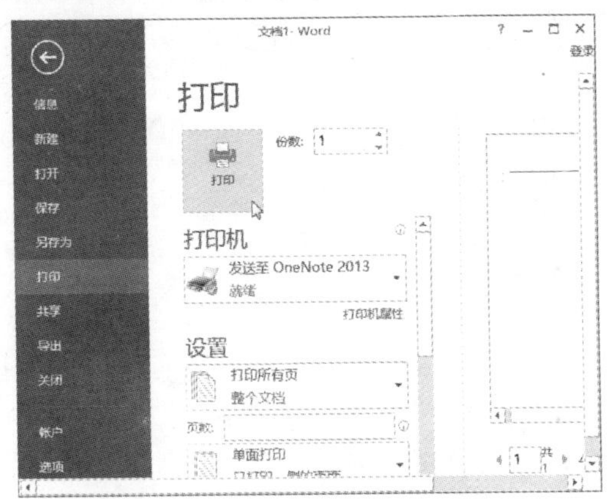

接下来介绍在不打开文档的前提下快速打印整篇文档的方法。

方法

要快速打印整篇文档，具体操作方法如下。

❶选中要打印的文档，单击鼠标右键；❷从弹出的快捷菜单中选择“打印”菜单项，如下图所示。

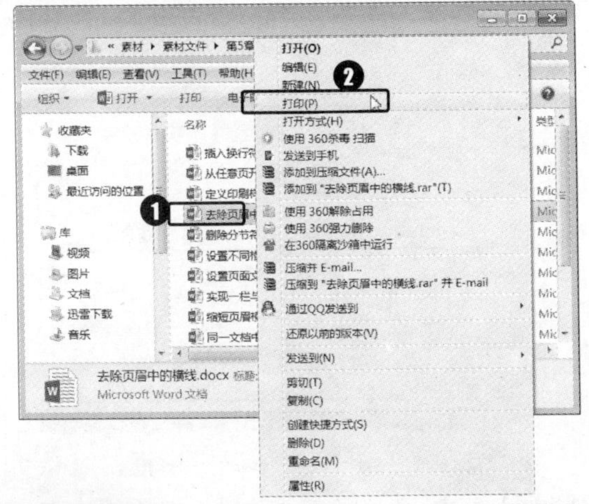

技巧 146：打印文档页面中的部分内容

●适用版本：2007、2010、2013、2016
●实用指数：★★★☆☆

说 明

某些情况下，用户可能需要选择打印文档的部分内容，例如一段或一页等。接下来介绍怎样打印文档页面中的部分内容。

方法

例如，要打印文档页面中的部分内容，具体操作方法如下。

第 1 步： 打开光盘\素材文件\第 5 章\5.2\“打印文档页面中的部分内容.docx”文件，❶选中需要打印的内容；❷单击 文件 按钮，如下图所示。

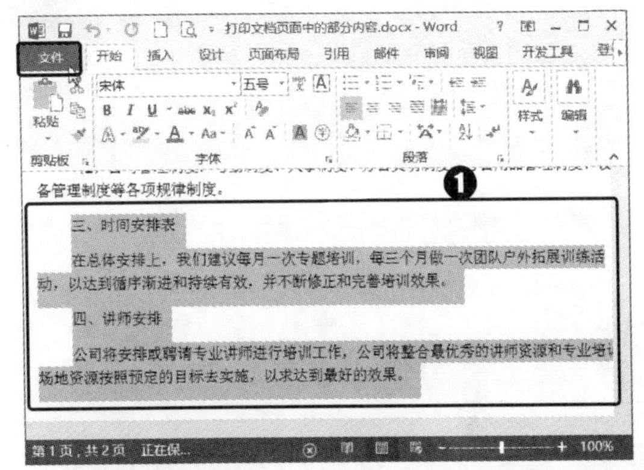

第 2 步： ❶从弹出的界面中选择“打印”选项；❷弹出“打印”界面，单击 打印所有页 整个文档 按钮；❸从弹出的下拉列表中选择“打印所选内容”选项，如下图所示。

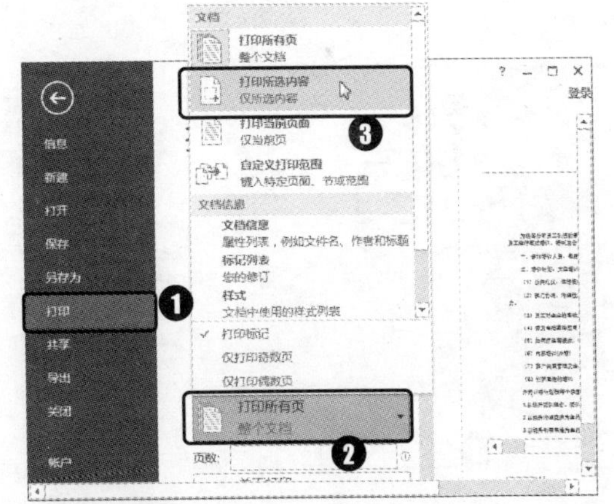

第 3 步： 单击“打印”按钮，即可将选中内容打印出来。

技巧 147：打印文档中的指定页

●适用版本：2007、2010、2013、2016
●实用指数：★★★★☆

说 明

用户也可以打印文档中指定页码的内容，可以是单页、连续几页的内容或者是间隔几页的内容。

方法

例如，打印第 2～3 页和第 5～7 页的内容，具体操作方法如下。

第 1 步： 打开光盘\素材文件\第 5 章\5.2\“打印文档中的指定页.docx”文件，单击 文件 按钮，如下图所示。

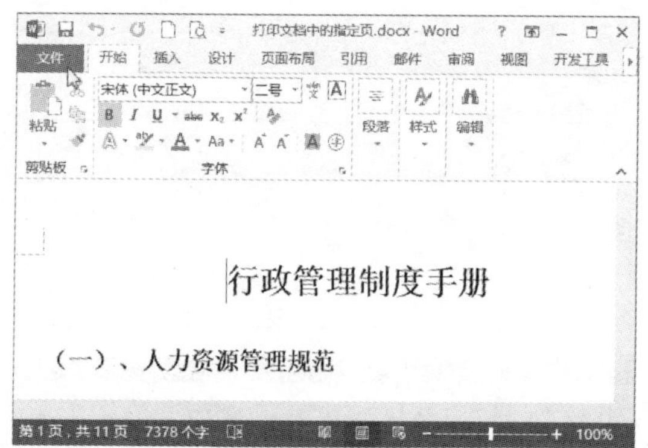

第 2 步： ❶从弹出的界面中选择“打印”选项；❷弹出“打印”界面，在“页数”文本框中输入“2-3,5-7”；❸单击“打印”按钮，如下图所示。

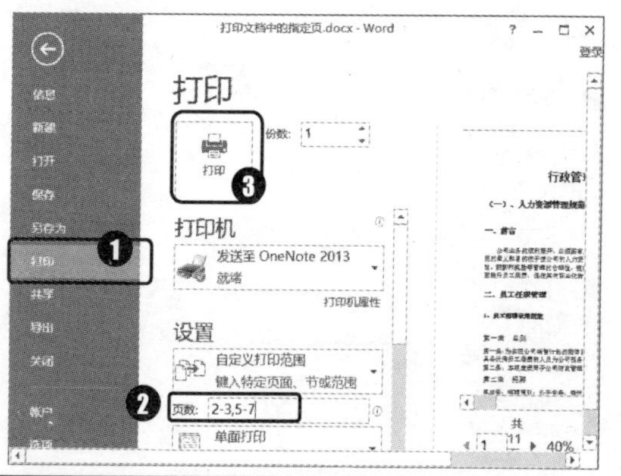

专家点拨

如果是打印连续的几页内容，例如第 2～5 页，可以在“页数”文本框中输入“2-5”；如果是打印不连续的某几页，例如第 2 页和第 5 页，在“页数”文本框中输入“2,5”，中间用逗号隔开；如果是打印某节内的某页，例如第 2 节的第 3 页，可以在“页数”文本框中输入“p3s2”；如果打印不连续的节，例如第 1 节和第 3 节，可以在“页数”文本框中输入“s1,s3”。

技巧 148：隐藏不需要打印的部分内容

●**适用版本：** 2007、2010、2013、2016

●**实用指数：** ★★★☆☆

说 明

在 Word 打印过程中，用户有时候不想打印其中的某一部分文本，又不想把它删除，这时可以将其隐藏起来。

方法

要隐藏不需要打印的部分内容，具体操作方法如下。

第 1 步： 打开光盘\素材文件\第 5 章\5.2\“隐藏不需要打印的部分内容.docx”文件，❶选中需要隐藏的内容；❷切换到“开始”选项卡，单击“字体”组右下角的“对话框启动器”按钮，如下图所示。

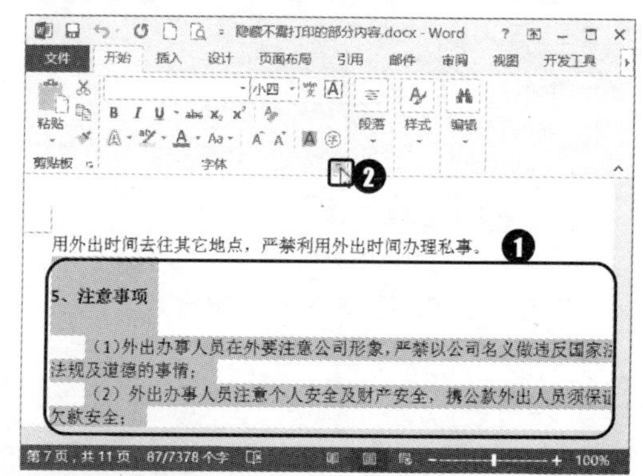

第 2 步： 打开“字体”对话框，默认打开“字体”选项卡，在“效果”选项组中选中“隐藏”复选框，如下图所示。

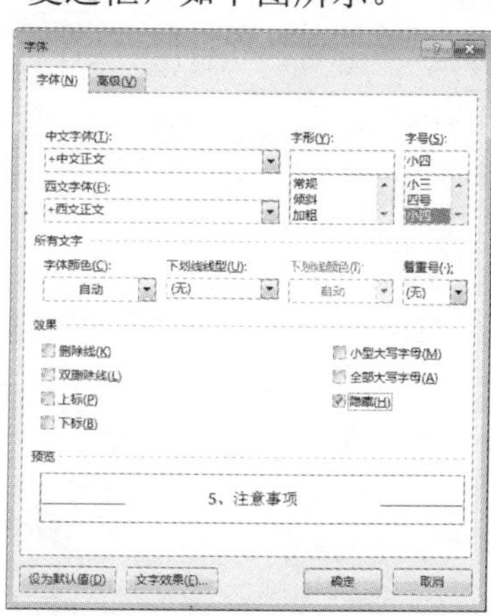

第 3 步：单击 确定 按钮返回文档，所选中的文本被隐藏起来了，用户可以进行打印，如下图所示。

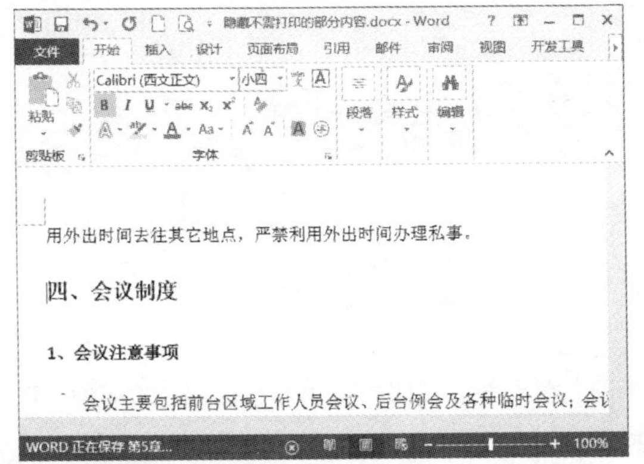

技巧 149：打印文档中的隐藏内容

●**适用版本**：2007、2010、2013、2016

●**实用指数**：★★★☆☆

说 明

默认情况下，文档中隐藏的内容是不显示的，即使在打印文档时也不会将其打印出来。如果想要在打印时打印出文档中的隐藏内容，可以按照下面介绍的方法。

方法

要打印文档中的隐藏内容，具体操作方法如下。

在 Word 文档中打开“Word 选项”对话框，❶切换到“显示”选项卡；❷在“打印选项”选项组中选中“打印隐藏文字”复选框；❸单击 确定 按钮，即可在打印时将文档中的隐藏文字打印出来，如下图所示。

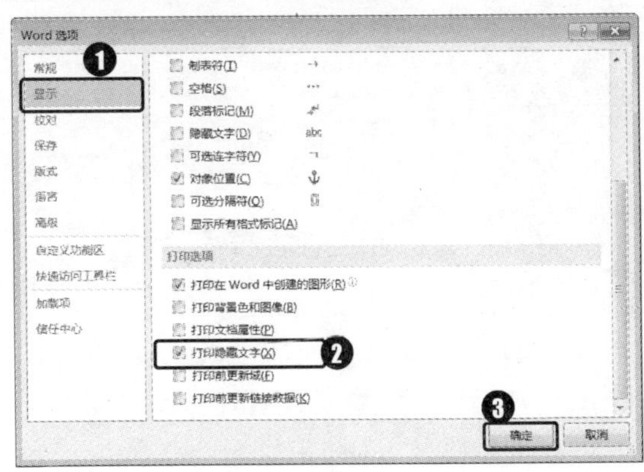

技巧 150：打印文档的附属信息

●**适用版本**：2007、2010、2013、2016

●**实用指数**：★★☆☆☆

说 明

用户除了可以打印文档的全部内容外，还可以根据自己的需要打印文档的一些附属信息，包括文档属性、标记列表、样式、自动图文集输入和键分配等。接下来介绍怎样打印文档附属信息。

方法

例如，要打印文档的修订内容标记列表，具体操作方法如下。

在 Word 文档中，单击 文件 按钮，❶从弹出的界面中选择“打印”选项，弹出“打印”界面；❷单击 打印所有页 按钮，从弹出的下拉列表中选择“标记列表”选项；❸单击“打印”按钮，如下图所示。

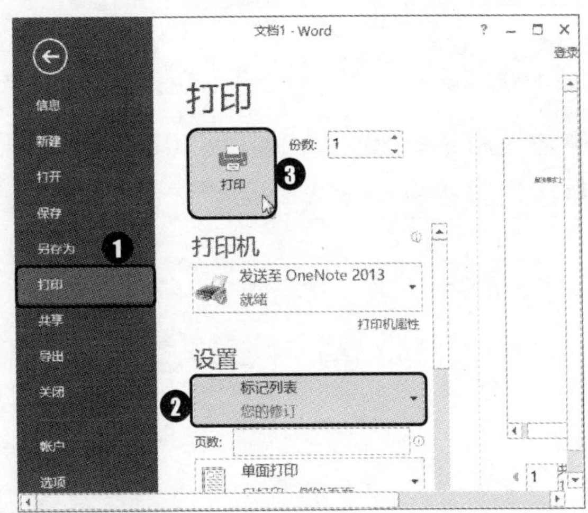

技巧 151：打印文档的背景色和图像

●**适用版本**：2007、2010、2013、2016

●**实用指数**：★★★☆☆

说 明

为文档设置了文档背景色以后，如果想在

打印文档时将文档的背景色打印出来，需要进行以下设置。

方法

要打印出文档的背景色和图像，具体操作方法如下。

在 Word 文档中打开“Word 选项”对话框，❶切换到“显示”选项卡；❷在“打印选项”选项组中选中“打印背景色和图像”复选框；❸单击 确定 按钮，即可打印文档的背景色和图像，如下图所示。

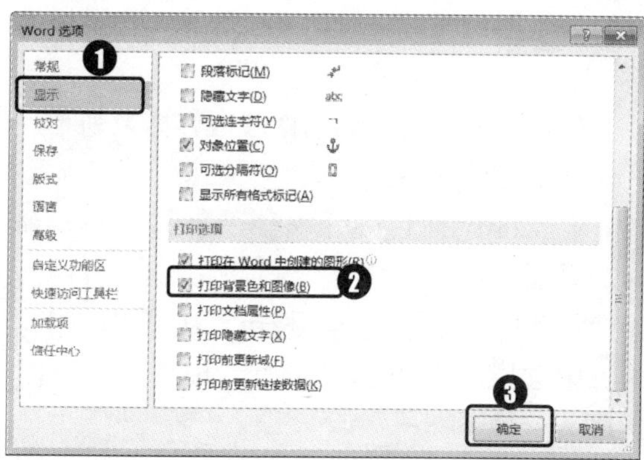

技巧 152：在打印文档时不打印图形

●适用版本：2007、2010、2013、2016

●实用指数：★★★☆☆

说 明

在打印 Word 文档时，如果不想打印文档中的图形和浮动文本框，可以进行一下设置。

方法

要在打印文档时不打印图形，具体操作方法如下。

在 Word 文档中打开“Word 选项”对话框，❶切换到“显示”选项卡；❷在“打印选项”选项组中取消选中“打印在 Word 中创建的图形”复选框；❸单击 确定 按钮，即可在打印时不打印图形，如下图所示。

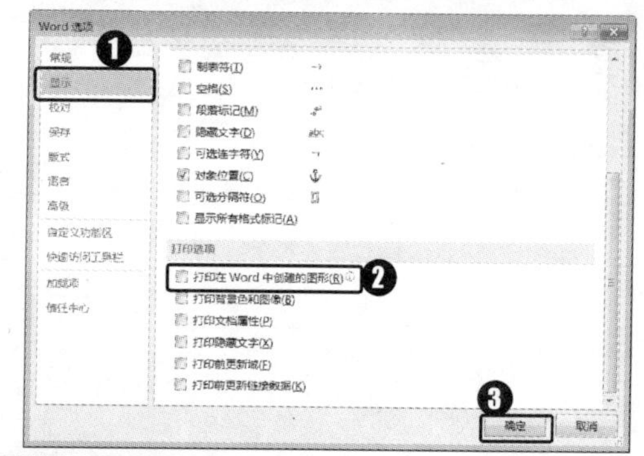

技巧 153：设置双面打印

●适用版本：2007、2010、2013、2016

●实用指数：★★★★☆

说 明

使用双面打印功能，不仅可以满足工作的特殊需要，还可以节省纸张。文档的双面打印有奇偶页打印和手动双面打印两种方法。

方法

例如，设置奇偶页双面打印，具体操作方法如下。

第 1 步： 打开光盘\素材文件\第 5 章\5.2\“设置文档的双面打印.docx”文件，单击 文件 按钮，❶从弹出的界面中选择“打印”选项；❷弹出“打印”界面，单击 打印所有页 整个文档 按钮；❸从弹出的下拉列表中选择“仅打印奇数页”选项，如下图所示。

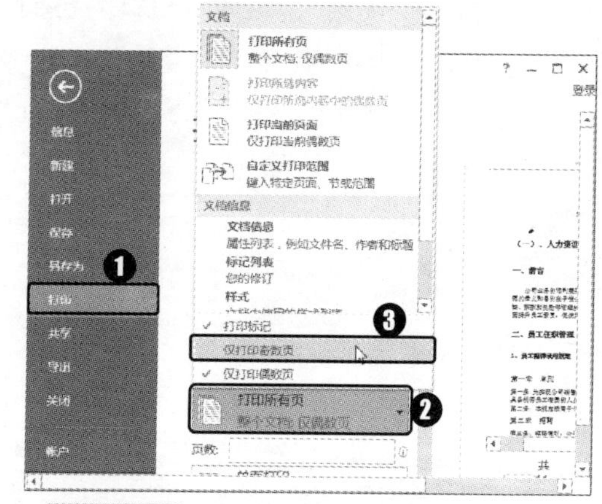

第 2 步： 单击“打印”按钮，即可打印出文档中的所有奇数页。打印完奇数页后，将打印好的纸张从打印机中取出，然后将其放

回到打印机中，接着按照同样的方法，单击按钮，从弹出的下拉列表中选择“仅打印偶数页”选项，如下图所示。

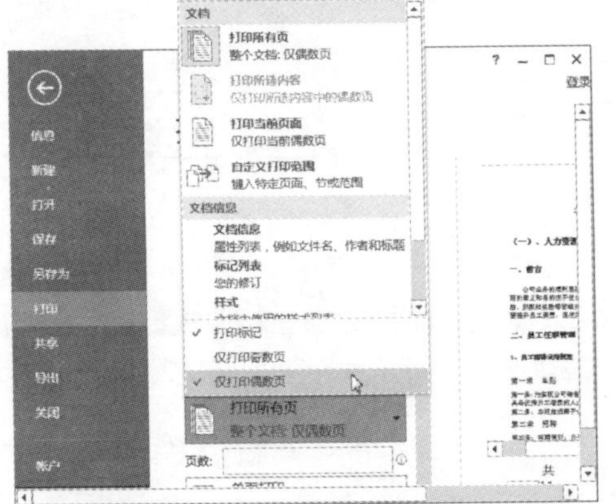

第3步： 打开“Word选项”对话框，❶切换到“高级”选项卡；❷在“打印”选项组中选中“逆序打印页面”复选框；❸单击确定按钮，如下图所示。

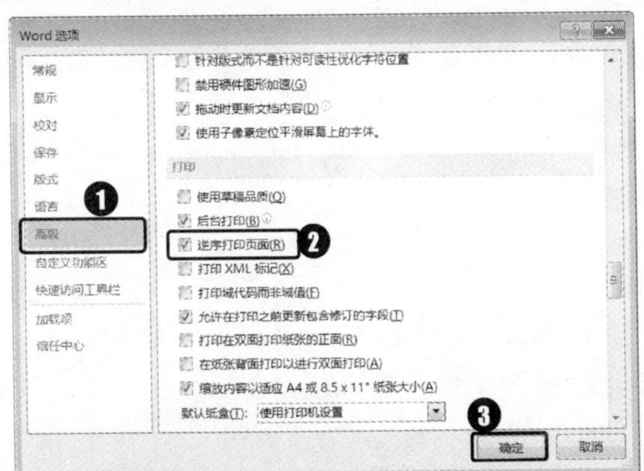

第4步： 单击“打印”按钮，即可打印出文档中的所有偶数页。

> **专家点拨**
>
> 第3步中选中“逆序打印页面”复选框，是因为打印偶数页时，必须将之前打印的奇数页1、3、5、7……倒过来放，打印顺序应为……、6、4、2。
>
> 当文档的总页数为奇数页时，如果打印机先打印偶数页，并打印完毕，那么最后一张纸的后面要补一张空白纸送进打印机打印奇数页，也可以直接在Word文档中增加一张空白页。

技巧154：将多页文档打印到一页纸上

● **适用版本：** 2007、2010、2013、2016

● **实用指数：** ★★★☆☆

说 明

为了节省纸张或者携带方便，有时用户需要将文档的多个页面缩至一页。

方法

要将多页文档缩到一页，具体操作方法如下。

❶在文档中单击文件按钮，从弹出的界面中选择“打印”选项，弹出“打印”界面；❷单击按钮；❸从弹出的下拉列表中选择相应的版数，例如选择“每版打印6页”选项，单击“打印”按钮即可，如下图所示。

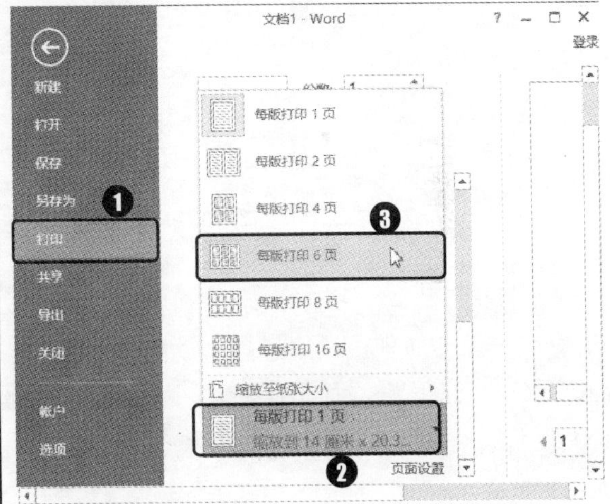

> **专家点拨**
>
> 选择的版数越多，打印在纸张上的字就越小。

技巧155：打印旋转一定角度的文档

● **适用版本：** 2007、2010、2013、2016

● **实用指数：** ★★☆☆☆

用户有时在打印一些文档内容时，为了追

求美观，需要将文本旋转一定的角度来打印，通过以下方法即可实现打印旋转一定角度的文档。

方法

要打印旋转一定角度的文档，具体操作方法如下。

第 1 步： 打开光盘\素材文件\第 5 章\5.2\“打印旋转一定角度的文档.docx”文件，按〈Ctrl+A〉组合键选中所有内容，❶切换到“插入”选项卡；❷在“文本”组中单击“文本框”按钮；❸从弹出的下拉列表中选择“绘制文本框”选项，如下图所示。

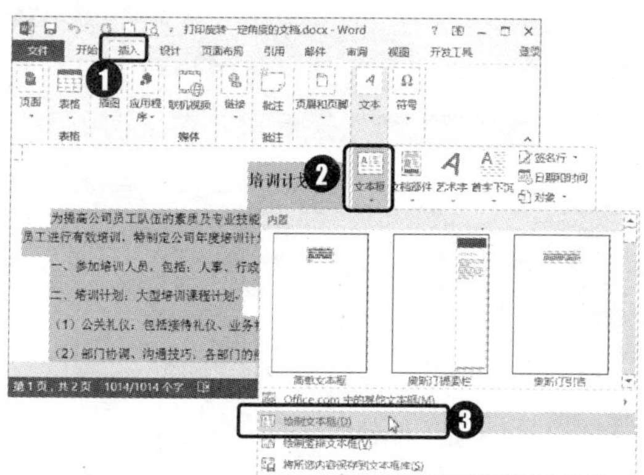

第 2 步： 将所选文本添加到文本框中，将鼠标指针移动到上，通过拖动鼠标将文本框旋转一定的角度，如下图所示。

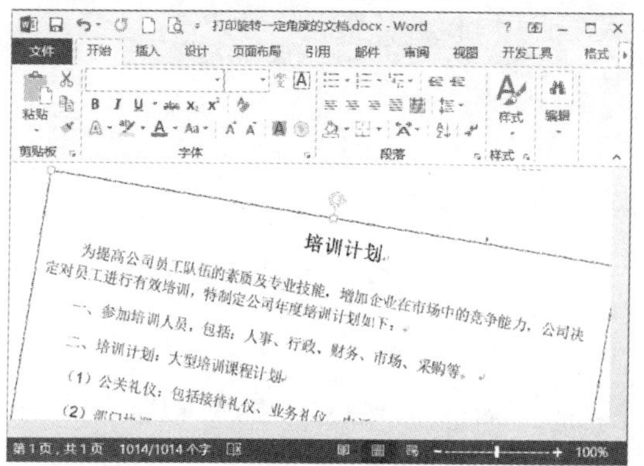

第 3 步： ❶切换到“绘图工具-格式”选项卡；❷在“形状样式”组中单击“形状轮廓”按钮右侧的下三角按钮；❸从弹出的下拉列表中选择“无轮廓”选项，即可隐藏文本框的边框，如下图所示。

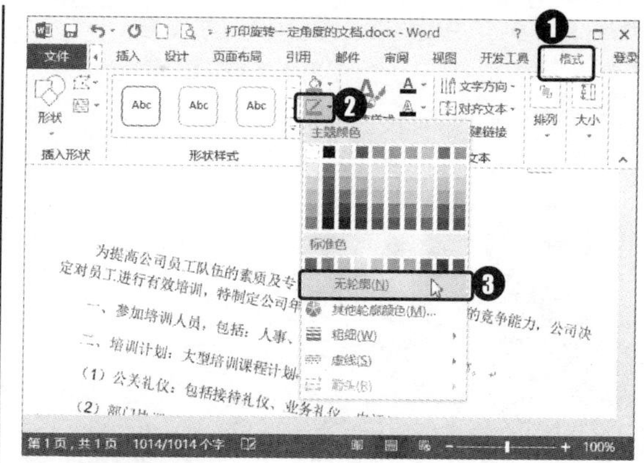

第 4 步： 将该文档打印出来即可。

技巧 156：在打印前更新链接数据

● **适用版本：** 2007、2010、2013、2016

● **实用指数：** ★★★☆☆

说 明

用户如果想要在打印前更新链接数据，可以通过以下设置来实现。

方法

要在打印前更新链接数据，具体操作方法如下。

在 Word 文档中打开“Word 选项”对话框，❶切换到“显示”选项卡；❷在“打印选项”选项组中选中“打印前更新链接数据”复选框；❸单击 确定 按钮即可，如下图所示。

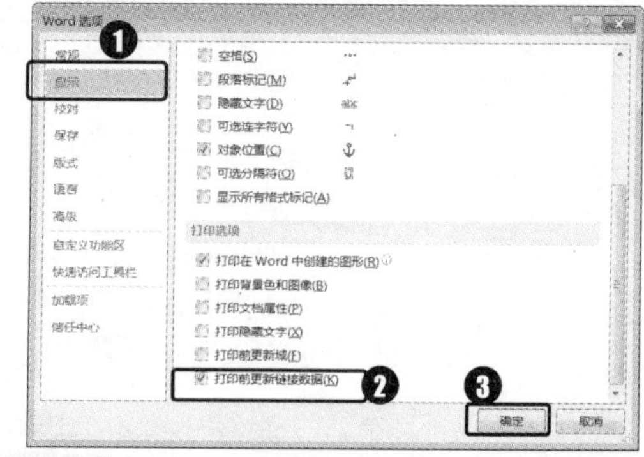

技巧 157：在打印前更新修订文档

● **适用版本：** 2007、2010、2013、2016

● **实用指数：** ★★★☆☆

说 明

用户在打印之前，如果对文档的内容进行修订过，在打印之前需要更新包含修订的字段。

方法

要在打印之前更新包含修订的文档，具体操作方法如下。

在 Word 文档中打开“Word 选项”对话框，❶切换到“高级”选项卡；❷在“打印”选项组中选中“允许在打印之前更新包含修订的字段”复选框；❸单击 确定 按钮即可，如下图所示。

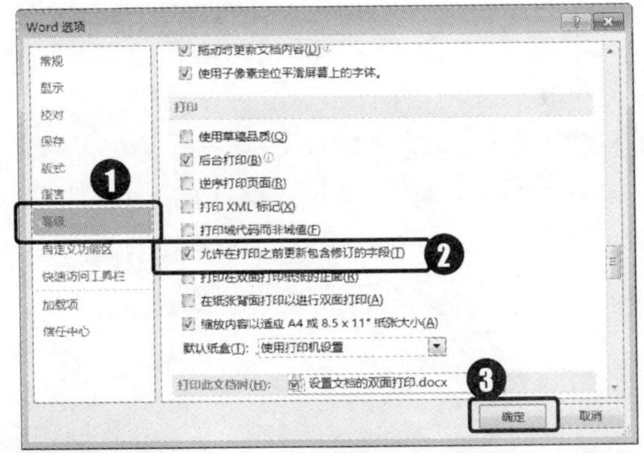

技巧 158: 启用“使用草稿品质”功能

●适用版本：2007、2010、2013、2016
●实用指数：★★☆☆☆

说 明

在 Word 文档中启用“使用草稿品质”功能,可以在打印过程中以最少的格式打印文档。接下来介绍怎样启动“使用草稿品质”功能。

方法

要设置启动“使用草稿品质”功能，具体操作方法如下。

在 Word 文档中打开“Word 选项”对话框，❶切换到“高级”选项卡；❷在“打印”选项组中选中“使用草稿品质”复选框；❸单击 确定 按钮即可，如下图所示。

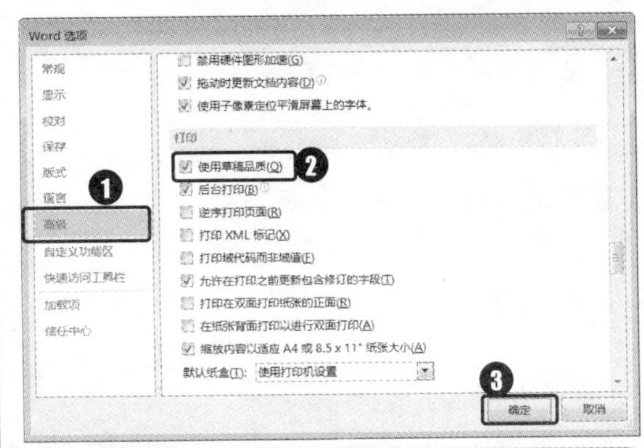

技巧 159: 禁用“后台打印”功能

●适用版本：2007、2010、2013、2016
●实用指数：★★★☆☆

说 明

在 Word 文档中，如果启用了“后台打印”功能，可以在打印文档的同时进行其他的文档编辑工作，由于“后台打印”使用额外的内存，因此文档打印速度相对会慢很多。本技巧介绍怎样禁用“后台打印”功能。

方法

要禁用“后台打印”功能，具体操作方法如下。

在 Word 文档中打开“Word 选项”对话框，❶切换到“高级”选项卡；❷在“打印”选项组中取消选中“后台运行”复选框；❸单击 确定 按钮即可，如下图所示。

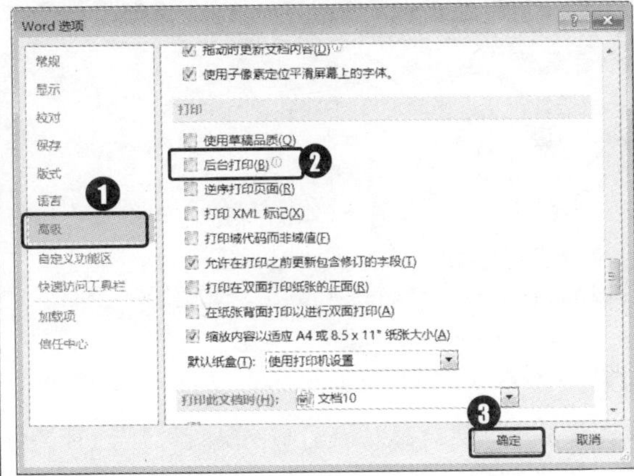

技巧 160：禁用屏幕提示

●适用版本：2007、2010、2013、2016

●实用指数：★★☆☆☆

说 明

熟练掌握了 Word 操作后，如果想要禁用屏幕提示，可以使用以下方法。

方法

要禁用屏幕显示，具体操作方法如下。

在 Word 文档中打开“Word 选项”对话框，❶切换到“常规”选项卡；❷在“用户界面选项”选项组中的“屏幕提示样式”下拉列表框中选择“不显示屏幕提示”选项；❸单击 确定 按钮即可，如下图所示。

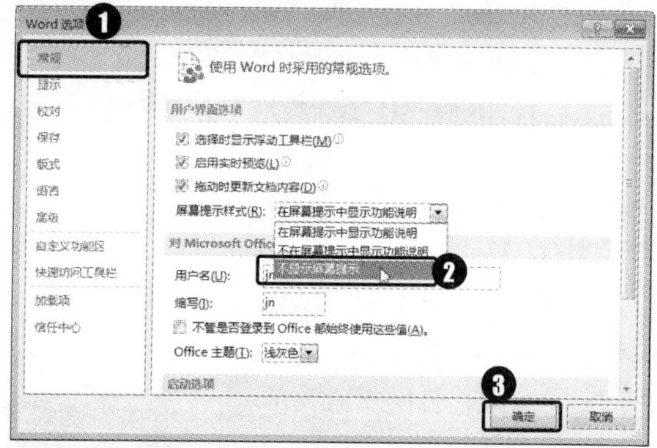

技巧 161：设置文档页边距的网格线

●适用版本：2007、2010、2013、2016

●实用指数：★★★☆☆

说 明

在 Word 文档中，网格开始于页面的左上角，即使可能超出页边距，Word 也只在页边距内显示网格线。用户可以自定义网格线的起点。

方法

要设置文档页边距的网格线，具体操作方法如下。

第 1 步： ❶在 Word 文档中插入一个形状；❷切换到“绘图工具-格式”选项卡；❸在“排列”组中单击 对齐 按钮；❹从弹出的下拉列表中选择“网格设置”选项，如下图所示。

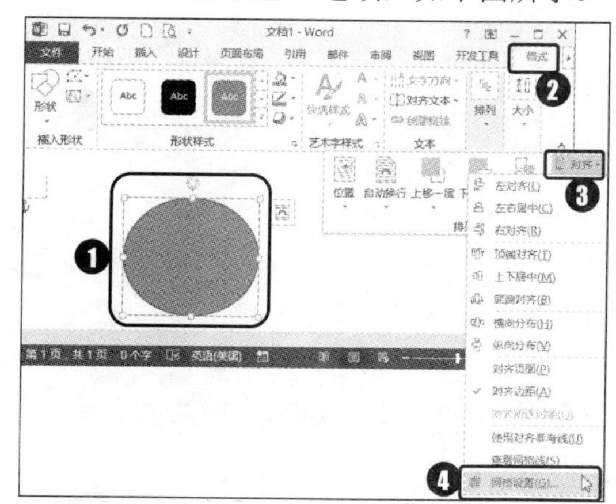

第 2 步： 打开“网格线和参考线”对话框，❶取消选中“网格起点”选项组中的“使用页边距”复选框；❷在“水平起点”和“垂直起点”微调框中，输入网格线的起点位置；❸单击 确定 按钮即可，如下图所示。

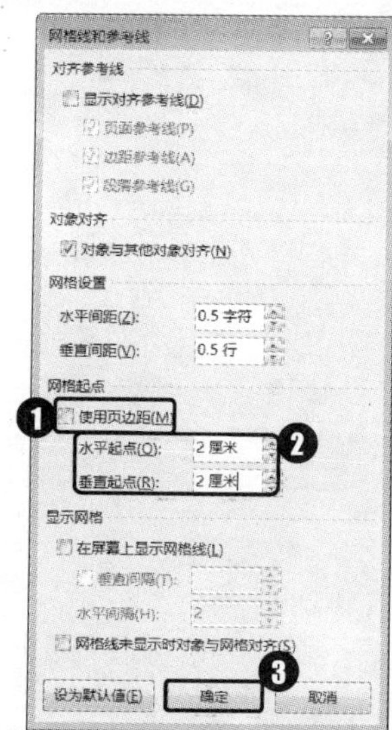

技巧 162：启用实时预览功能

●适用版本：2007、2010、2013、2016

●实用指数：★★★☆☆

说 明

在 Word 文档中启用了实时预览功能后，当鼠标悬停在某一选项时，在文档编辑窗口中就会显示该选项功能的效果。

方法

要启用实时预览功能，具体操作方法如下。

在 Word 文档中打开“Word 选项”对话框，❶切换到“常规”选项卡；❷在“用户界面选项”选项组中选中“启用实时预览”复选框；❸单击 确定 按钮即可，如下图所示。

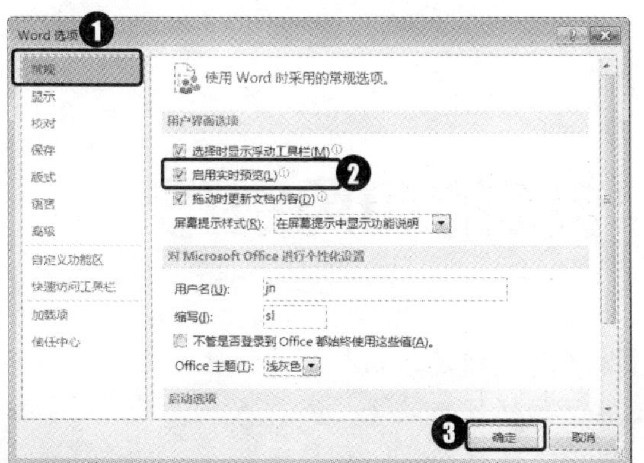

技巧 163：逆序打印文档

●适用版本：2007、2010、2013、2016

●实用指数：★★★☆☆

说 明

打印一份多页的 Word 文档，打印完后发现第 1 页在最后，还要从后向前一页一页地进行整理。用户在打印前设置逆序打印，即可轻松解决这一问题。

方法

要设置逆序打印文档，具体操作方法如下。

在 Word 文档中打开“Word 选项”对话框，❶切换到“高级”选项卡；❷在“打印”选项组中选中“逆序打印页面”复选框；❸单击 确定 按钮即可，如下图所示。

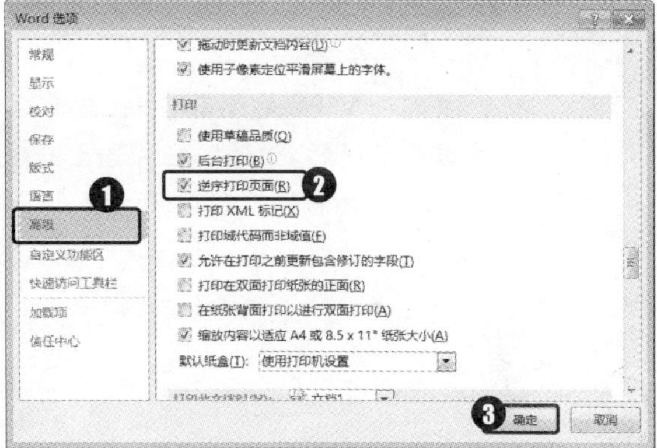

Word 宏、VBA 与域的应用技巧

宏和 VBA 是 Word 中比较难掌握的知识点，但是它强大的灵活性是毋庸置疑的。“域”在 Word 中经常使用，如插入页码等。因为不是以“域”命名的，所以用户不太熟悉，但是它的存在确实会帮助用户实现很多功能。

▷▷ 6.1 宏与 VBA 技巧

宏是能组织到一起作为独立命令使用的一系列 Word 命令，它能使日常工作变得更轻松容易。VBA（Visual Basic for Applications）是 Visual Basic 的一种宏语言，是微软开发出来的编程语言，主要用来扩展 Windows 的应用程序功能，特别是 Microsoft Office 软件。本节就来介绍一些宏与 VBA 的技巧。

技巧 164：添加“开发工具”选项卡

●**适用版本：**2007、2010、2013、2016

●**实用指数：**★★☆☆☆

说 明

对于初次使用 Word 2013 的用户，可能不知道如何打开“开发工具”选项卡，接下来介绍怎样添加“开发工具”选项卡。

方法

要添加“开发工具”选项卡，具体操作方法如下。

在 Word 文档中，打开“Word 选项”对话框，❶切换到“自定义功能区”选项卡中；❷在“自定义功能区”下拉列表框中选择“主选项卡”选项；❸在下方的列表框中选中“开发工具”复选框；❹单击 确定 按钮即可在 Word 功能区添加“开发工具”选项卡，如下图所示。

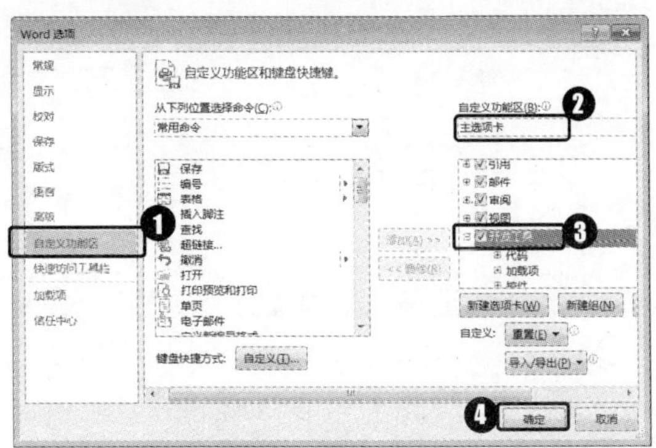

技巧 165：录制宏

●**适用版本：**2007、2010、2013、2016

●**实用指数：**★★★☆☆

说 明

录制宏就是将所完成的操作翻译为 Visual Basic 代码的过程。默认情况下，Word 将宏存储在 Normal 模板内，这样每一个 Word 文档都可以使用它，也可以将宏保存在某一个文档中，仅供该文档使用。

方法

例如，录制一个在 Word 文档中插入 5 行 4 列表格的宏，具体操作方法如下。

第 1 步： 打开光盘\素材文件\第 6 章\6.1\“录制宏.docx”文件，❶切换到“开发工具”选项卡；❷在“代码”组中单击“录制宏”按钮，如下图所示。

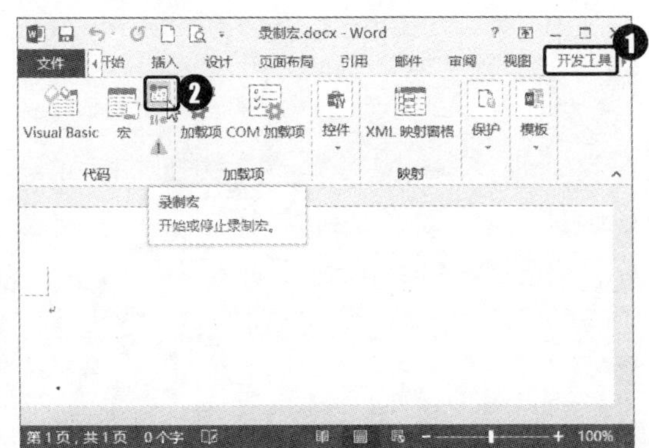

第 2 步： 打开“录制宏”对话框，❶在“宏名”文本框中输入要录制的宏名，它可以在宏按钮的功能提示中显示出来，例如，这里输入“插入 5 行 4 列表格”；❷在“将宏保存在”下拉列表框中，默认选择“所有文档（Normal.dotm）”选项，将宏保存为模板，在所有的文档中都可以使用；❸单击“键盘”按钮，如下图所示。

第 3 步： 打开“自定义键盘”对话框，将光标定位在“请按新快捷键”文本框中，按〈Ctrl+N〉组合键，这样以后按下该快捷键即可运行此宏，如下图所示。

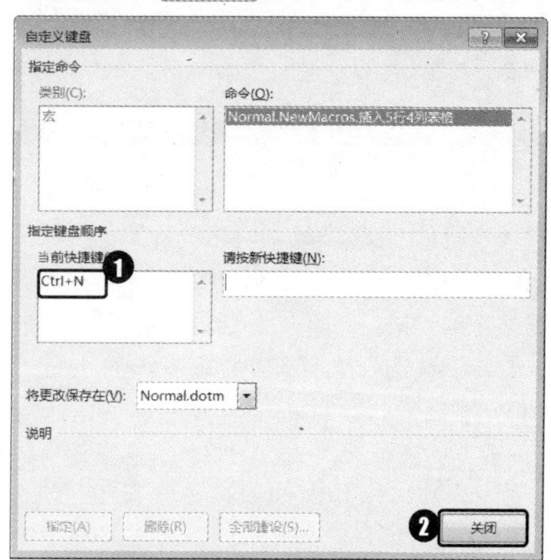

第 4 步： ❶单击 指定(A) 按钮，即可将〈Ctrl+N〉组合键添加到“当前快捷键”列表框中；❷单击 关闭 按钮，如下图所示。

第 5 步： 此时鼠标指针呈形状，表示正在录制宏，❶切换到“插入”选项卡；❷在“表格”组中单击“表格”按钮；❸从弹出的下拉列表中选择要插入表格的行和列，这里选择 5 行 4 列，如下图所示。

第 6 步： 此时，在文档中添加了一个 5 行 4 列的表格，如下图所示。

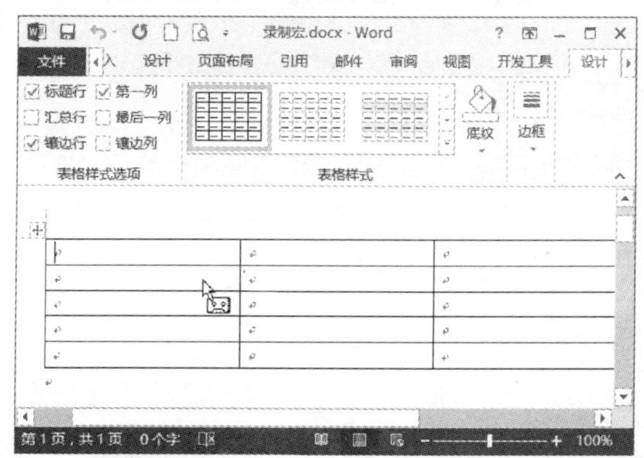

第 7 步： ❶录制完成后，切换到“开发工具”选项卡；❷在“代码”组中单击“停止录制”按钮，如下图所示。

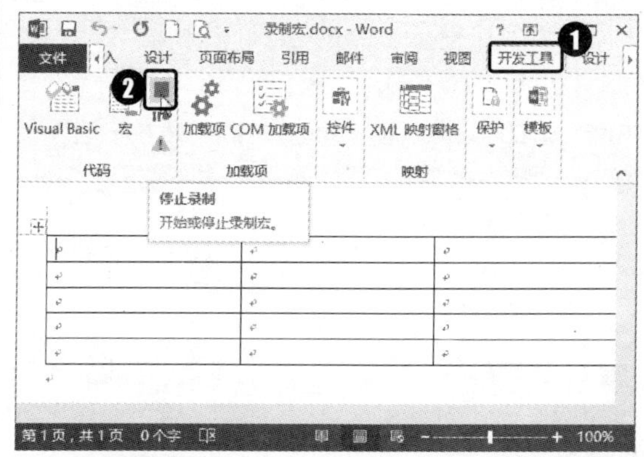

第 8 步： 退出录制状态，此后若需要在 Word 文档中插入 5 行 4 列的表格，只须按已

经定义的宏快捷键〈Ctrl+N〉即可，如下图所示。

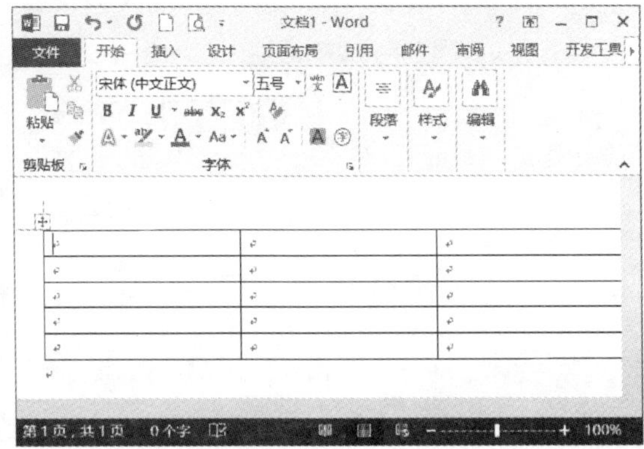

专家点拨

在录制宏之前，用户要计划好需要宏执行的步骤和命令，在实际操作中先演练一遍，在此过程中尽量不要有多余的操作。

如果在录制宏的过程中进行了错误的操作，同时也做了更正操作，则更正错误的操作也会被录制。用户可以在录制结束后，在 Visual Basic 编辑器中将不必要的操作代码删除。

在录制宏时通常无法使用鼠标右键，若要使用，可以按〈Shift+F10〉组合键来代替；无法使用拖动鼠标的方法选中文本，要用键盘或者快捷键代替。

技巧 166：运行宏

●适用版本：2007、2010、2013、2016

●实用指数：★★★☆☆

说 明

宏录制完后，用户可以运行宏，运行宏的方法有很多种，包括使用宏快捷键、通过“宏”按钮和使用 Visual Basic 编辑器等。

方法

例如，通过单击“宏”按钮来运行宏，具体操作方法如下。

第 1 步： 打开光盘\素材文件\第 6 章\6.1\“运行宏.docx”文件，❶切换到“开发工具”选项卡；❷在“代码”组中单击“宏”按钮，如下图所示。

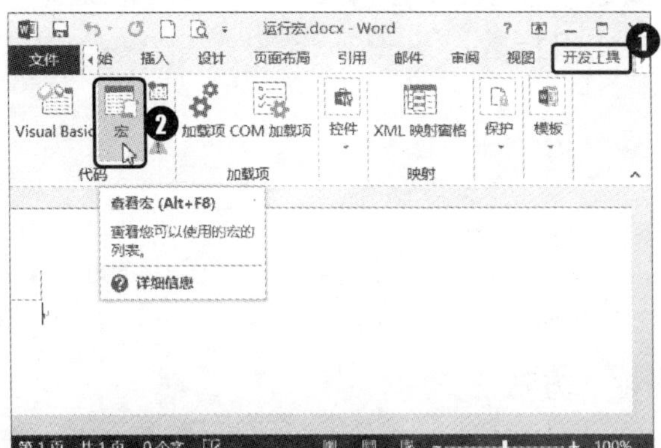

第 2 步： 打开“宏”对话框，❶在“宏名”列表框中选择要运行的宏，例如选择“插入 5 行 4 列表格”；❷单击 运行(R) 按钮，如下图所示。

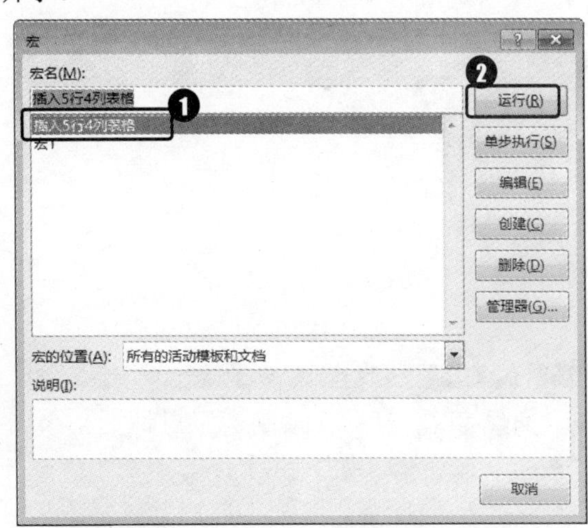

第 3 步： 在 Word 文档中运行该宏，运行结果如下图所示。

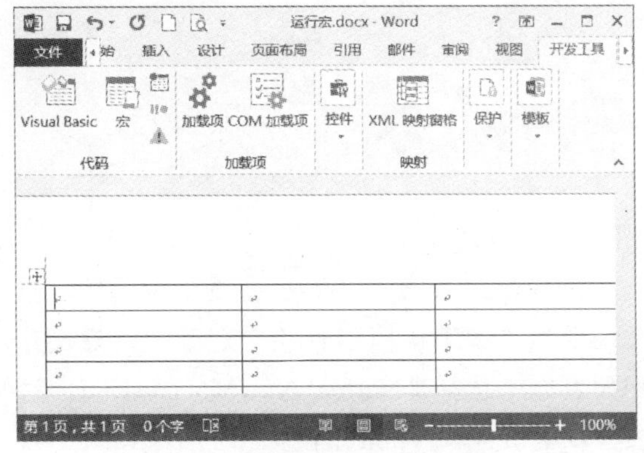

技巧 167：将宏添加到自定义快速访问工具栏中

●适用版本：2007、2010、2013、2016

●实用指数：★★☆☆☆

说 明

为了方便录制与运行宏，用户可以将宏添加到自定义快速访问工具栏中，使其成为一个命令按钮。

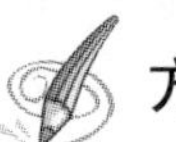

方法

要将宏添加到自定义快速访问工具栏中，具体操作方法如下。

第 1 步： ❶在 Word 文档中，切换到“开发工具”选项卡；❷在“代码”组中单击“录制宏”按钮，如下图所示。

第 2 步： 打开“录制宏”对话框，单击“按钮”按钮，如下图所示。

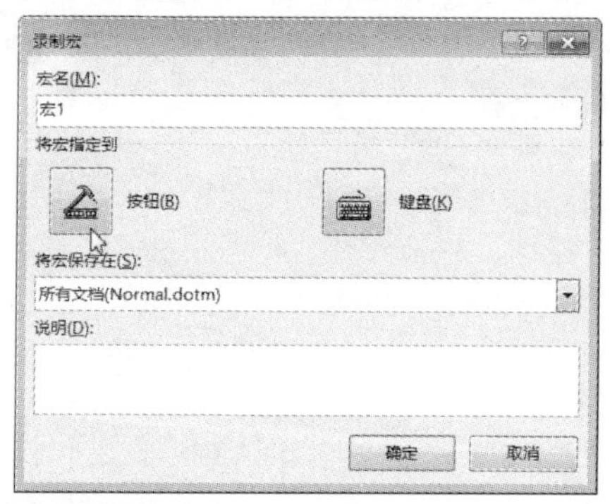

第 3 步： 打开“Word 选项”对话框，自动切换到“快速访问工具栏”选项卡，❶在左侧列表框中选择“Normal.NewMacros.宏 1”选项；❷单击 添加(A) >> 按钮，如下图所示。

第 4 步： 将“Normal.NewMacros.宏 1”选项添加到右侧列表框中，单击 修改(M)... 按钮，如下图所示。

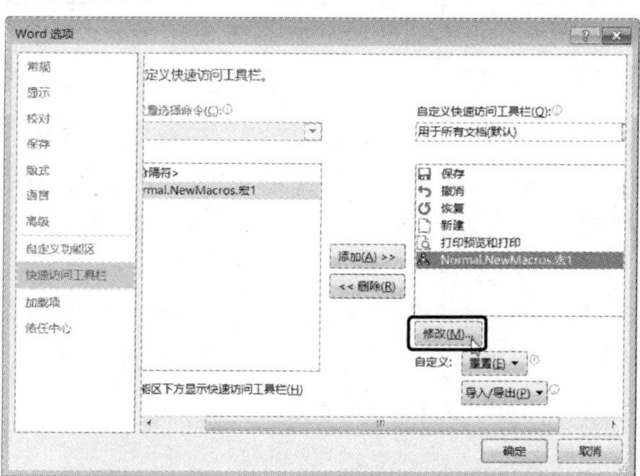

第 5 步： 打开“修改按钮”对话框，❶在“符号”列表框中选择一个合适的符号；❷在“显示名称”文本框中输入用户自行设计的名称，这里输入“录制宏”；❸单击 确定 按钮，如下图所示。

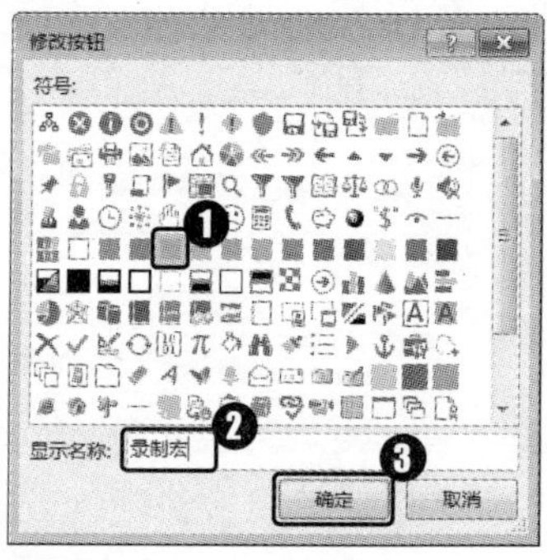

第 6 步： 返回“Word 选项”对话框中，再次单击 确定 按钮返回 Word 文档中，此时在自定义快速访问工具栏中即可看到刚插入的宏图标，如下图所示。

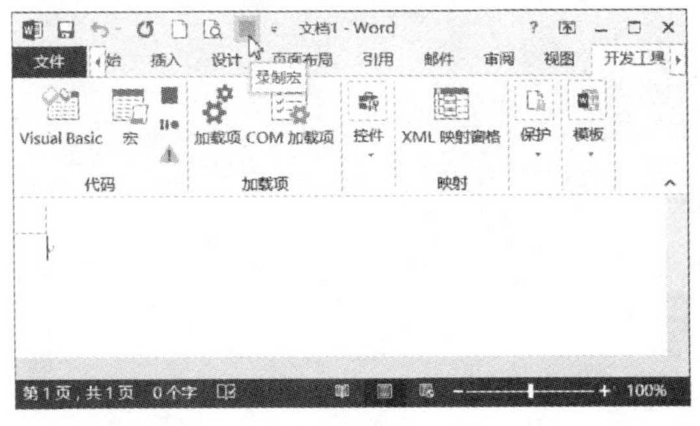

专家点拨

在某一 Word 文档中的快速访问工具栏中插入宏图标后，所有 Word 文档的快速访问工具栏都会显示该宏图标。同样，在某一 Word 文档中将该图标从快速访问工具栏删除，所有 Word 文档的快速访问工具栏都不显示该宏图标。

技巧 168：使用宏加密文档

●**适用版本**：2007、2010、2013、2016

●**实用指数**：★★★☆☆

说　明

在 Word 文档中，用户可以使用宏功能加密文档。

方法

要使用宏加密文档，具体操作方法如下。

第 1 步： 打开光盘\素材文件\第 6 章\6.1\“使用宏加密文档.docx”文件，❶切换到“开发工具”选项卡；❷在“代码”组中单击“宏”按钮，如下图所示。

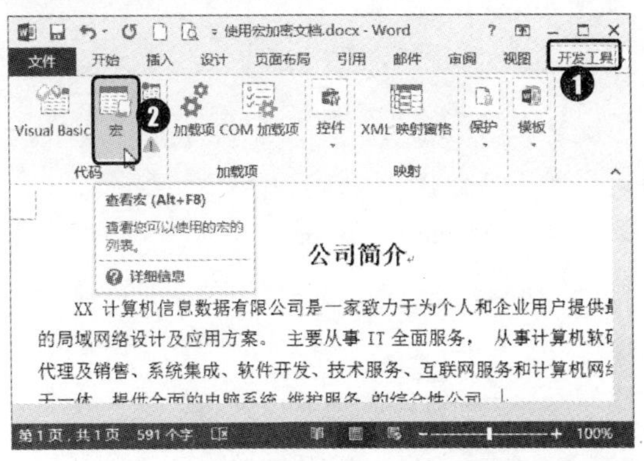

第 2 步： 打开“宏”对话框，❶在“宏名”文本框中输入“Autopassword”；❷单击 创建(C) 按钮，如下图所示。

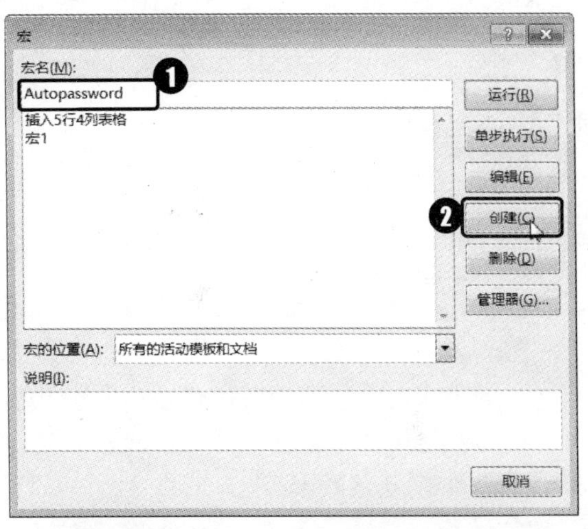

第 3 步： 弹出“Microsoft Visual Basic for Applications - Normal - [NewMacros(代码)]”代码编辑窗口，❶在窗口的“Sub Autopassword()”和“End Sub”之间输入以下代码；❷单击工具栏中的“运行子过程/用户窗体”按钮；❸单击“关闭”按钮关闭此窗口，如下图所示。

```
With Options
.BackgroundSave = True
.CreateBackup = False
.SavePropertiesPrompt = False
.SaveInterval = 10
.SaveNormalPrompt = False
End With
With ActiveDocument
.ReadOnlyRecommended = False
.EmbedTrueTypeFonts = False
.SaveFormsData = False
.Password = "123456"
.WritePassword = "123456"
End With
Application.DefaultSaveFormat = " "
```

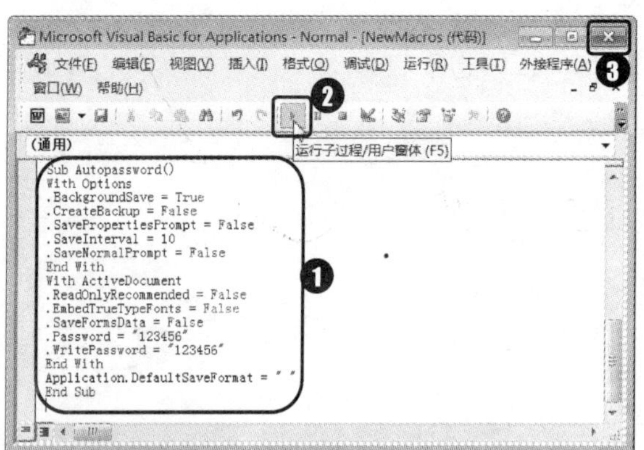

第 4 步： 设置完成后，将该文档保存并关闭，当再次打开该文档时，会弹出“密码”对话框，在“请键入打开文件所需的密码”文本框中输入密码“123456”，单击 确定 按钮，如下图所示。

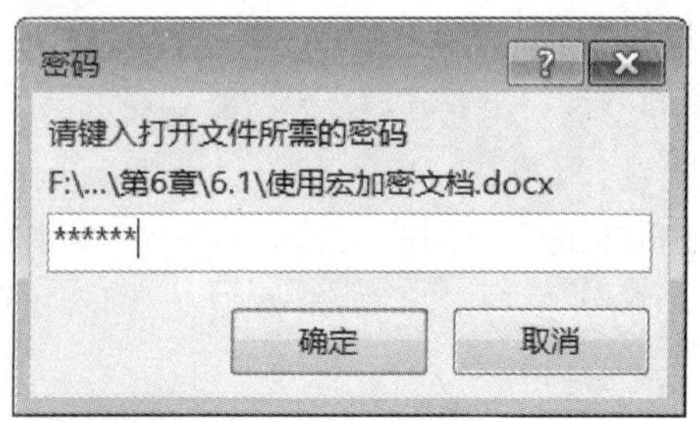

第 5 步： 弹出“密码”对话框，在“密码”文本框中输入“123456”，单击 确定 按钮，即可打开文档，如下图所示。

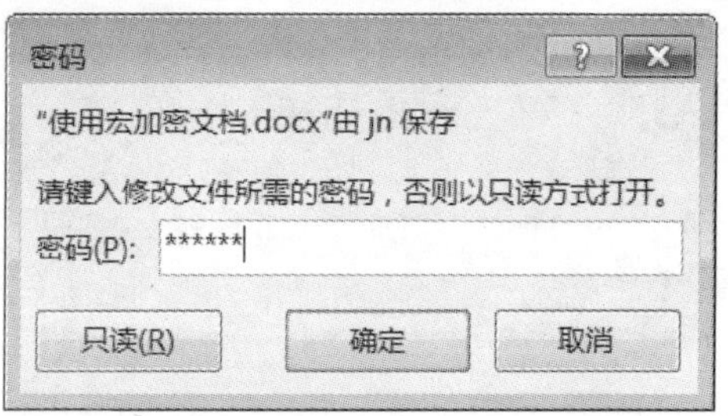

专家点拨

第 3 步输入的代码中，“Password”和“WritePassword”分别代表“打开权限”和“修改权限”的密码。运行完代码后，要将宏中表示密码的内容删除，例如本例中的“123456”，这样可以防止别人打开宏后看到其中的密码。

技巧 169：修改或取消通过宏加密的文档密码

●**适用版本：** 2007、2010、2013、2016

●**实用指数：** ★★★☆☆

说 明

如果用户想要修改或取消通过宏对 Word 文档设置的密码，可以按照以下方法来处理。

方法

例如，要修改通过宏加密的文档密码，具体操作方法如下。

第 1 步： 打开光盘\素材文件\第 6 章\6.1\“修改通过宏加密的文档密码.docx”文件，会弹出“密码”对话框，输入密码“123456”，单击 确定 按钮，如下图所示。

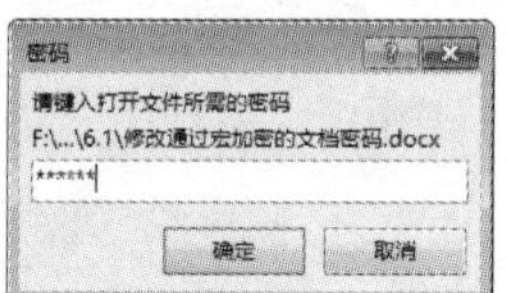

第 2 步： 再次弹出“密码”对话框，在“密码”文本框中再次输入“123456”，单击 确定 按钮，如下图所示。

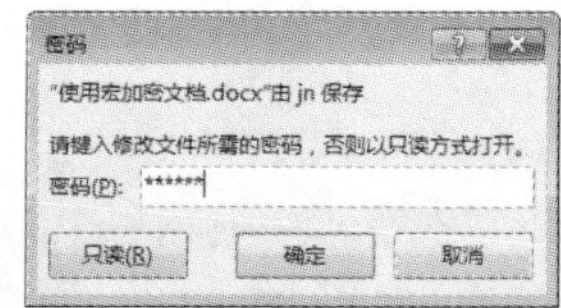

第 3 步： 打开文档“修改通过宏加密的文档密码.docx”，❶切换到“开发工具”选项卡；❷在“代码”组中单击“宏”按钮，如下图所示。

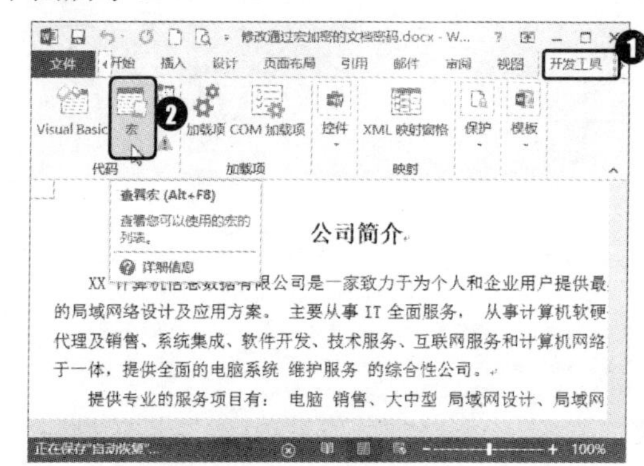

第4步： ❶打开“宏”对话框，在“宏名”列表框中选择“Autopassword”选项；❷单击右侧的 编辑(E) 按钮，如下图所示。

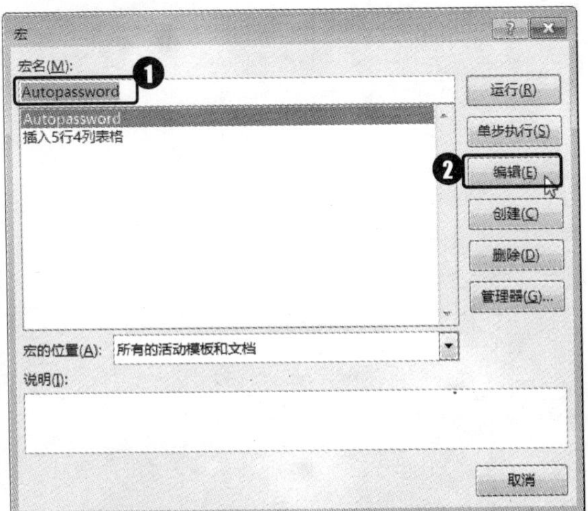

第5步： 弹出“Microsoft Visual Basic for Applications - Normal - [NewMacros(代码)]”代码编辑窗口，❶在代码中将密码“123456”修改为“111”；❷单击工具栏中的“运行子过程/用户窗体”按钮▸；❸单击“关闭”按钮✕关闭窗口，如下图所示。

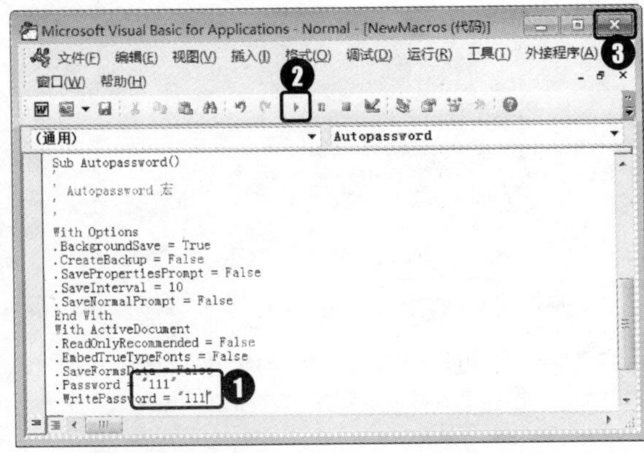

第6步： 设置完成后，将该文档保存并关闭，即可修改或取消通过宏加密的文档密码。

技巧170：查杀Word文档中的宏病毒

● **适用版本：** 2007、2010、2013、2016

● **实用指数：** ★★☆☆☆

说明

宏病毒是一种寄存在文档或模板的宏中的计算机病毒。一旦打开这样的文档，其中的宏就会被执行，宏病毒就会被激活，转移到计算机上并驻留在Normal模板上。此后，所有自动保存的文档都会“感染”上这种宏病毒。

接下来介绍怎样查杀文档中的宏病毒。

方法

要查杀Word文档中的宏病毒，具体操作方法如下。

第1步： ❶在Word文档中，切换到“开发工具”选项卡；❷在“代码”组中单击“宏安全性”按钮，如下图所示。

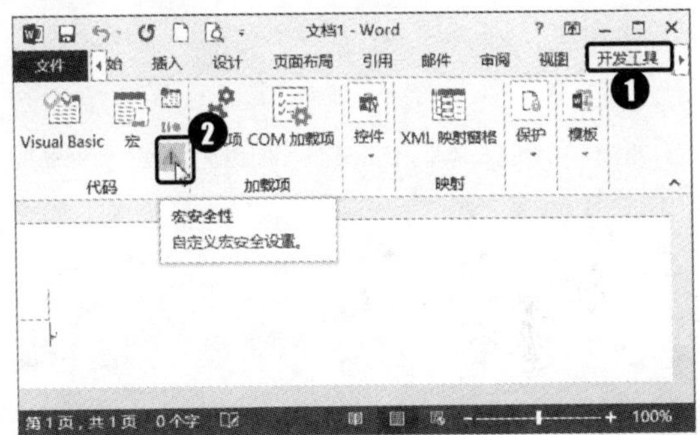

第2步： 打开“信任中心”对话框，❶自动切换到“宏设置”选项卡；❷在“宏设置”选项组中选中“禁用所有宏，并发出通知”单选按钮；❸单击 确定 按钮，如下图所示。

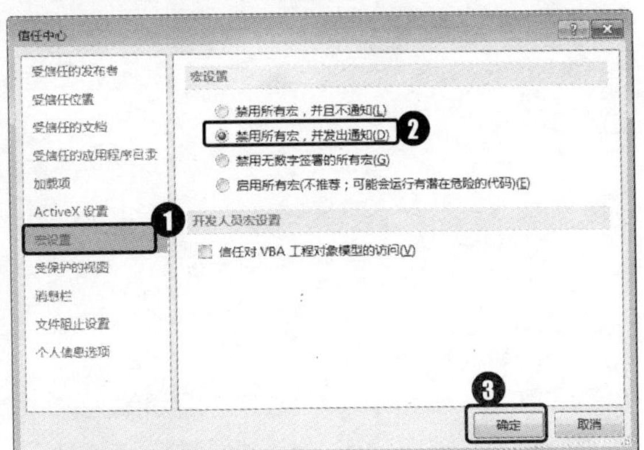

第3步： 按〈Alt+F11〉组合键，打开VBA代码编辑窗口，在左侧的“工程 - Normal”任务窗格中双击任意一个文件夹，将其右侧的代码删除即可。

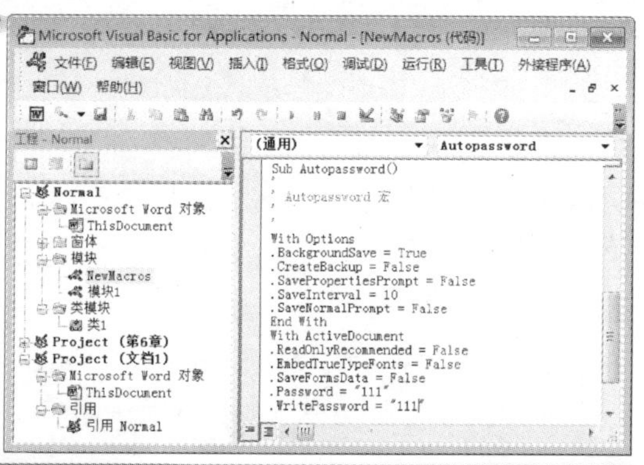

技巧 171：使用数字证书进行宏的签名

●**适用版本：**2007、2010、2013、2016

●**实用指数：**★★☆☆☆

说明

在日常工作中，难免存在一些由于来源问题而无法确保其安全性的文档。下面介绍通过数字证书来确认来源的可靠性的方法——使用数字证书进行宏的签名。

方法

要使用数字证书进行宏的签名，具体操作方法如下。

第 1 步：打开光盘\素材文件\第 6 章\6.1\“使用数字证书进行宏的签名.docx”文件，❶切换到“开发工具”选项卡；❷在“代码”组中单击“Visual Basic”按钮，如下图所示。

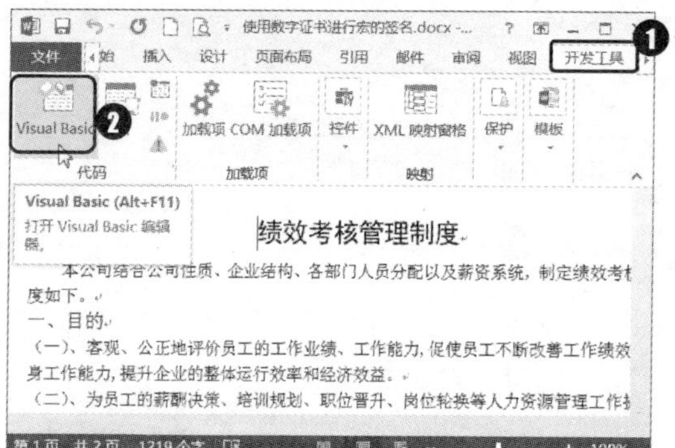

第 2 步：弹出 VBA 代码编辑窗口，❶在左侧的“工程 - Normal”任务窗格中选择需要进行数字签名的工程；❷选择“工具”菜单下的“数字签名”菜单项，如下图所示。

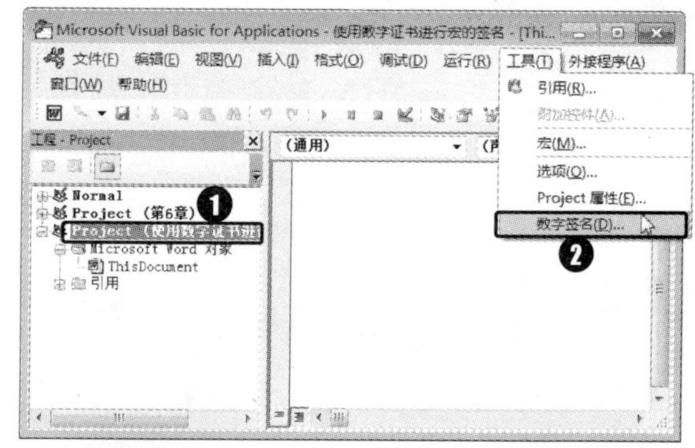

第 3 步：打开“数字签名”对话框，单击 选择(C)... 按钮，如下图所示。

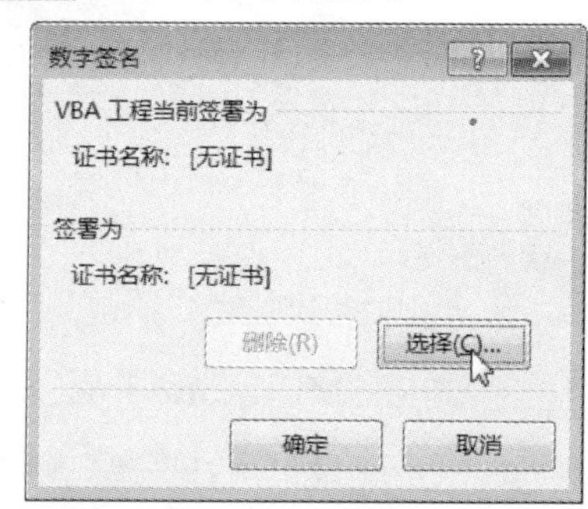

第 4 步：打开“Windows 安全”对话框，选择一个合适的证书，然后单击 确定 按钮，如下图所示。

第 5 步：返回“数字签名”对话框，单击 确定 按钮即可，如下图所示。

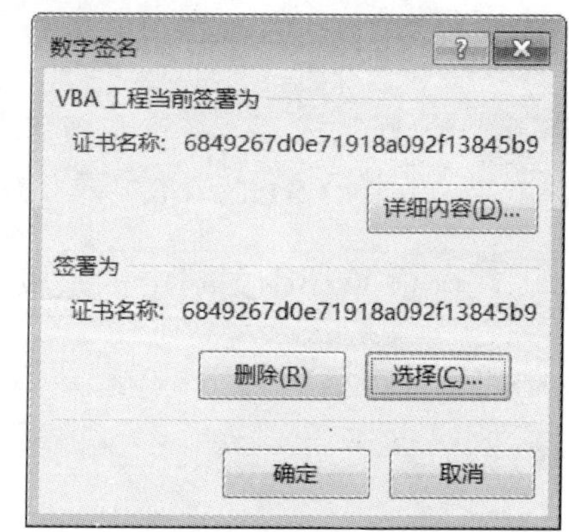

技巧 172：使用宏展示 Word 中的全部快捷键

●**适用版本**：2007、2010、2013、2016

●**实用指数**：★★★☆☆

说　明

在 Word 文档中有很多的快捷键，怎样才能看到全部的快捷键呢？下面介绍一种让 Word 的全部快捷键尽收眼底的方法。

方法

要使用宏显示 Word 中的全部快捷键，具体操作方法如下。

第 1 步： ❶在 Word 文档中，切换到“开发工具”选项卡；❷在“代码”组中单击“宏”按钮，如下图所示。

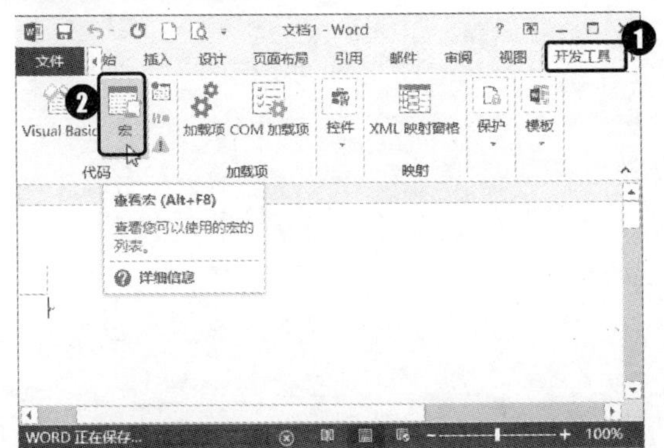

第 2 步： 打开“宏”对话框，❶在“宏的位置”下拉列表框中选择“Word 命令”选项；❷在“宏名”列表框中选择“ListCommands”选项；❸单击 运行(R) 按钮，如下图所示。

第 3 步： 打开“命令列表”对话框，❶在“新建一篇列出以下内容的文档”中选中“当前键盘设置”单选按钮；❷单击 确定 按钮，如下图所示。

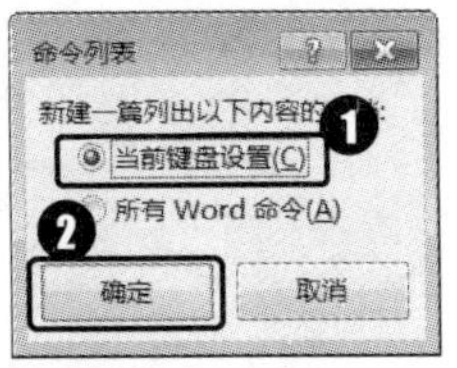

第 4 步： 新建一个文档，并在文档中显示所有的快捷键，如下图所示。

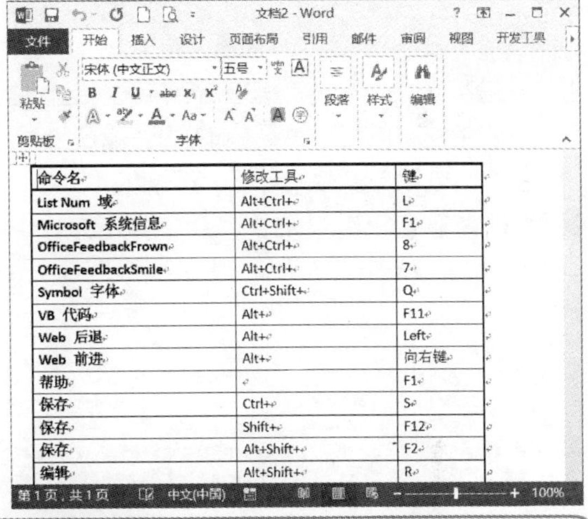

命令名	修改工具	键
List Num 域	Alt+Ctrl+	L
Microsoft 系统信息	Alt+Ctrl+	F1
OfficeFeedbackFrown	Alt+Ctrl+	8
OfficeFeedbackSmile	Alt+Ctrl+	7
Symbol 字体	Ctrl+Shift+	Q
VB 代码	Alt+	F11
Web 后退	Alt+	Left
Web 前进	Alt+	向右键
帮助		F1
保存	Ctrl+	S
保存	Shift+	F12
保存	Alt+Shift+	F2
编辑	Alt+Shift+	R

技巧 173：快速显示汉字全集

●**适用版本**：2007、2010、2013、2016

●**实用指数**：★★★☆☆

说　明

利用 VBA 可以一次性在 Word 中输入汉字全集。

方法

要快速显示汉字全集，具体操作方法如下。

第 1 步： 在 Word 文档中，按〈Alt+F11〉组合键打开 VBA 代码编辑窗口，输入如下代码，如下图所示。

```
Sub China_Characters()
Dim i As Long
Dim str As String
For i = 19968 To 65536 - 24667
```

```
str = str & VBA.ChrW$(i)
Next
ActiveDocument.Content = str
End Sub
```

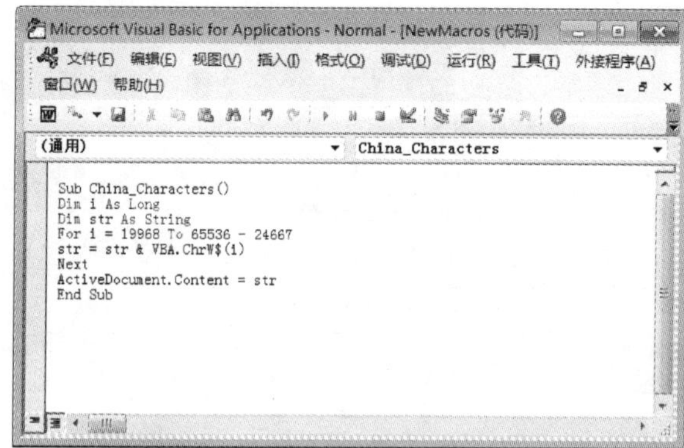

第 2 步： 单击工具栏中的“运行子过程/用户窗体”按钮后关闭代码编辑窗口，即可看到文档中显示出汉字全集，如下图所示。

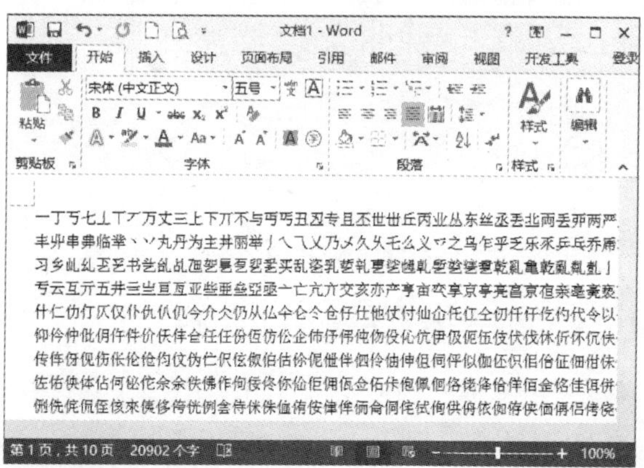

专家点拨

如果用户只想显示一部分汉字，可以在 VBA 代码中适当减少参数 i 的循环次数。

6.2 域的技巧

在 Word 文档中，域是一种可以发生变化的数据。了解了关于宏与 VBA 的一些技巧之后，接下来介绍域方面的技巧。

技巧 174：查看域的分类

●**适用版本：** 2007、2010、2013、2016

●**实用指数：** ★★☆☆☆

在 Word 文档中，“域”是无处不在的，面对如此多的域，用户要想全部掌握或记住是很难的，但可以先从总体上掌握域的分类和常用域。

要了解域的分类，具体操作方法如下。

第 1 步： 在 Word 文档中，❶切换到“插入”选项卡；❷在“文本”组中单击“文档部件”按钮；❸从弹出的下拉列表中选择“域”选项，如下图所示。

第 2 步： 打开“域”对话框，可以在“类别”下拉列表中看到 Word 将域分为 9 大类，如下图所示。

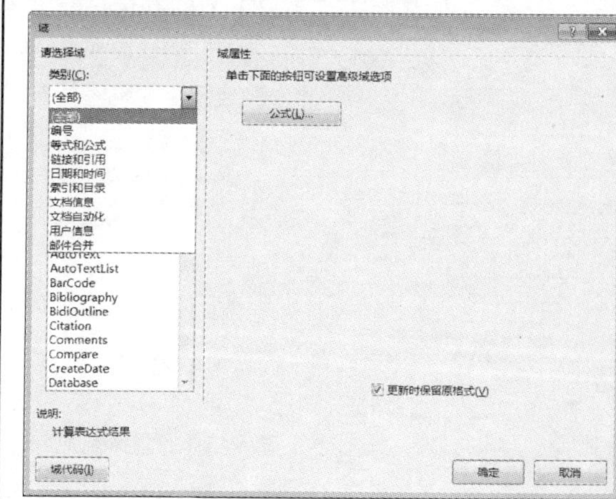

技巧 175：隐藏域的灰色底纹

●适用版本：2007、2010、2013、2016

●实用指数：★★★☆☆

说 明

在页面视图中，整体域的底纹颜色是灰色，但不影响打印效果，打印出来的域文档中并没有底纹。用户可以使用下面的方法隐藏域的灰色底纹。

方法

要隐藏域的灰色底纹，具体操作方法如下。

第 1 步： 打开光盘\素材文件\第 6 章\6.2\“隐藏域的底纹.docx”文件，可以看到域会显示出灰色底纹，如下图所示。

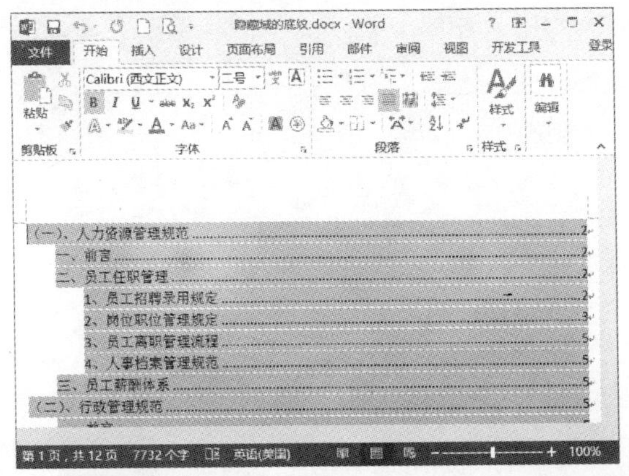

第 2 步： 打开“Word 选项”对话框，❶切换到“高级”选项卡；❷在“显示文档内容”选项组中的“域底纹”下拉列表框中选择“不显示”选项；❸单击 确定 按钮，如下图所示。

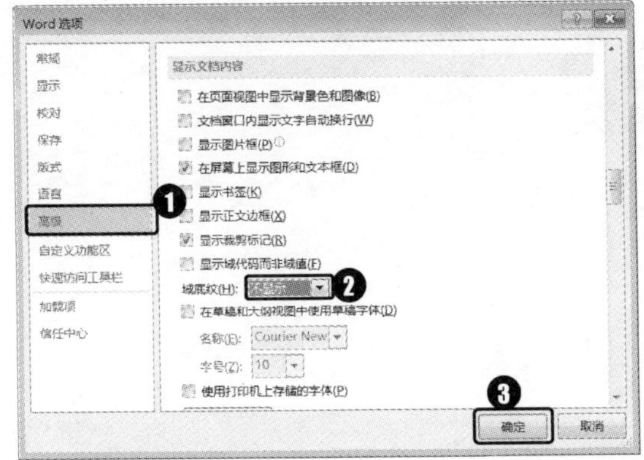

第 3 步： 返回 Word 文档中，即可看到域的底纹设置效果如下图所示。

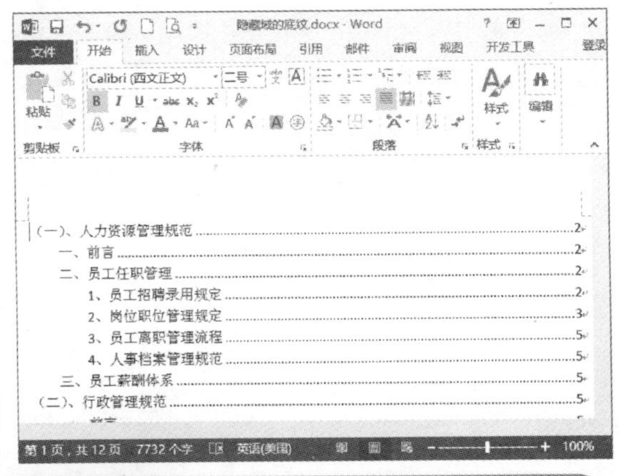

技巧 176：使用域显示文档的名称和保存位置

●适用版本：2007、2010、2013、2016

●实用指数：★★★☆☆

说 明

在 Word 文档中，用户不仅可以通过“属性”功能来查看文档的名称和保存位置，还可以使用域查看文档的名称和保存位置。

方法

要使用域查看文档的名称和保存位置，具体操作方法如下。

第 1 步： 打开光盘\素材文件\第 6 章\6.2\“使用域查看文档的名称和保存位置.docx”文件，❶将光标定位到要插入文档的名称和保存位置的地方；❷切换到“插入”选项卡；❸在“文本”组中单击“文档部件”按钮；❹从弹出的下拉列表中选择“域”选项，如下图所示。

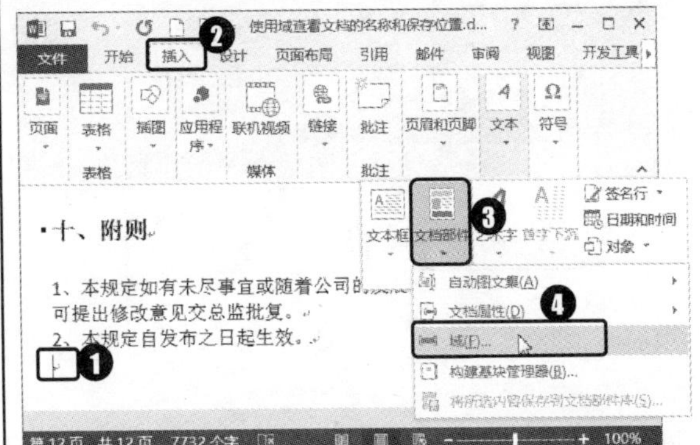

第 2 步： 打开“域”对话框，❶在“类别”下拉列表框中选择“文档信息”选项；❷在“域名”列表框中选择“FileName”选项；❸单击 域代码(I) 按钮，如下图所示。

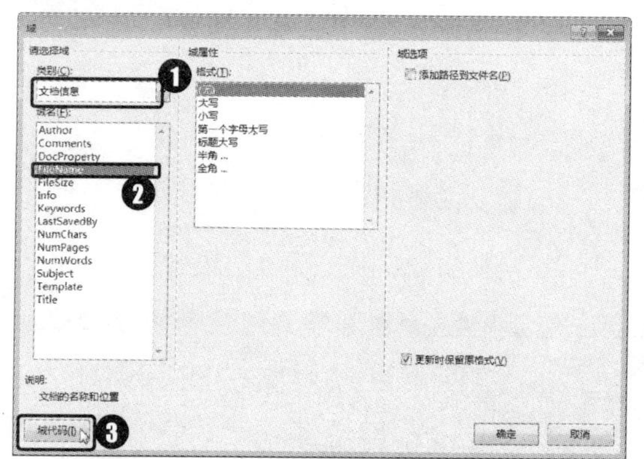

第 3 步： 在“域”对话框中出现 选项(O)... 按钮，单击该按钮，如下图所示。

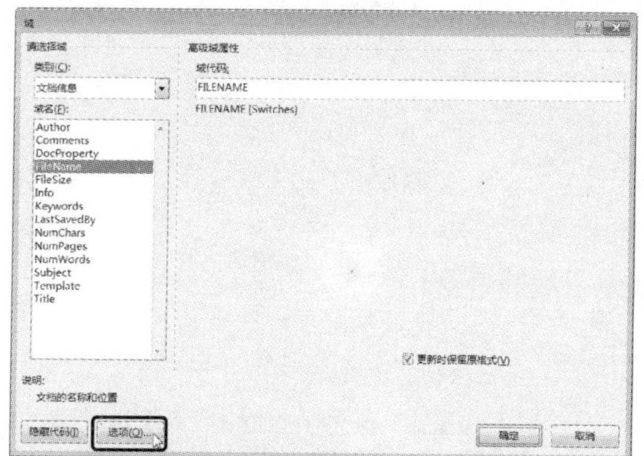

第 4 步： 打开“域选项”对话框，❶切换到“通用开关”选项卡；❷在“格式”列表框中选择一种显示格式，例如选择“半角”选项；❸单击 添加到域(A) 按钮；❹在“域代码”文本框中显示出添加的域代码，如下图所示。

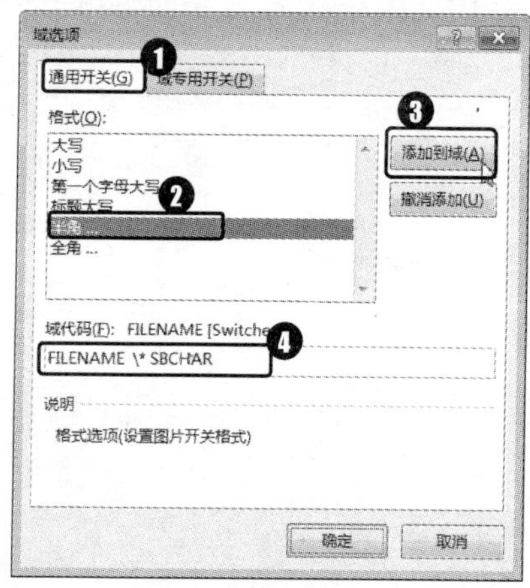

第 5 步： ❶切换到“域专用开关”选项卡；❷在“开关”列表框中选择“\p”选项；❸单击 添加到域(A) 按钮，在“域代码”文本框中显示出添加的代码；❹单击 确定 按钮，如下图所示。

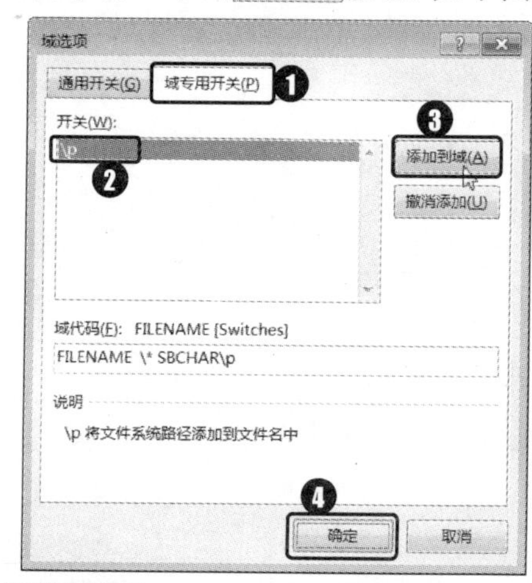

第 6 步： 返回“域”对话框中，此时在“高级域属性”选项组的“域代码”文本框中即可看到设置好的域代码，单击 确定 按钮，如下图所示。

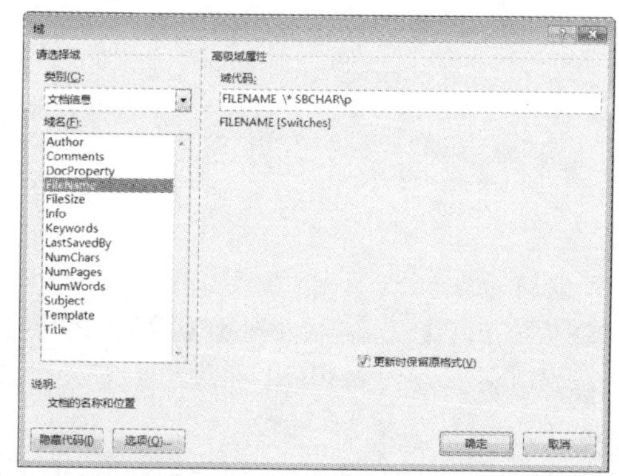

第 7 步： 返回文档中，发现在文档的插入点定位处显示出该文档的名称和完整的保存路径，如下图所示。

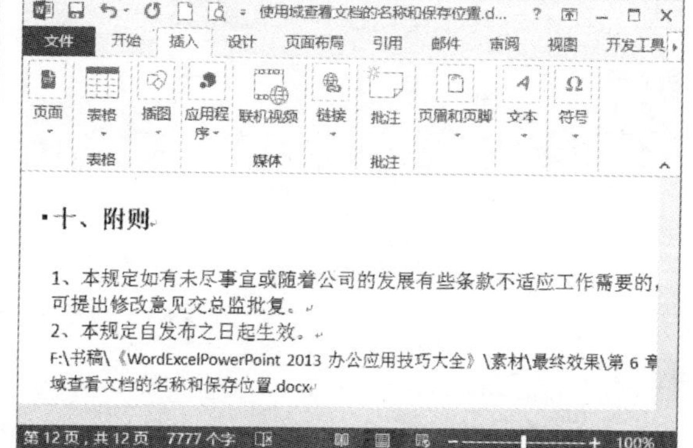

技巧 177：使用域输入分数

●适用版本：2007、2010、2013、2016

●实用指数：★★★☆☆

说　明

要在文档中输入分数，必须先安装公式编辑器，否则就无法输入。其实，使用域也可以输入分数，而且这种方法更加方便、快捷。

方法

要使用域输入分数，具体操作方法如下。

第 1 步： 在 Word 文档中，按〈Ctrl+F9〉组合键输入域符号“{}”，然后在其中输入域代码“EQ \F (3,5)”。

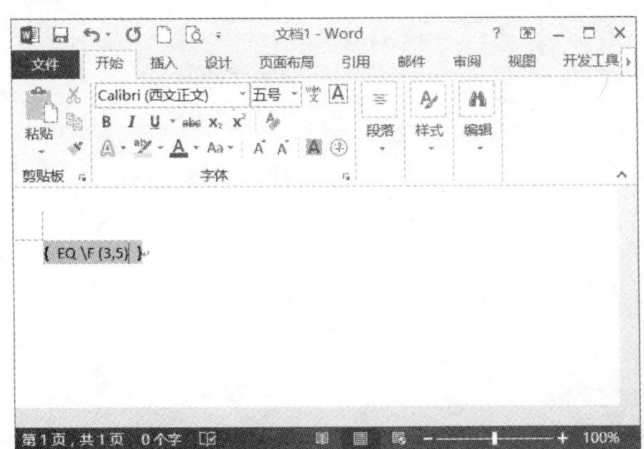

第 2 步： 将光标定位在域中，按〈F9〉键更新域，即可看到输入的分数效果，如下图所示。

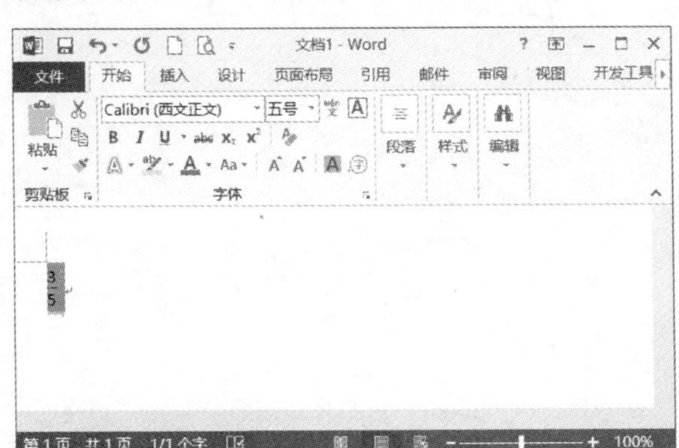

第 3 步： 若要返回域代码状态，按〈Shift+F9〉组合键即可。

> **专家点拨**
>
> 在输入域代码时，必须处于英文编辑状态，而且“EQ”和“\F”之间一定要有空格，否则代码不正确。

技巧 178：使用 MacroButton 域设置提示项

●适用版本：2007、2010、2013、2016

●实用指数：★★★☆☆

说　明

在 Word 自带的模板中，很多都使用了 MacroButton 域，使用该域，特别是在设置表单时，可以在其中设置提示项，用户只须单击该提示项就可以填写内容，同时将提示项替换掉。

方法

要使用 MacroButton 域设置提示项，具体操作方法如下。

第 1 步： 打开光盘\素材文件\第 6 章\6.2\“使用域设置提示项.docx”文件，❶将光标定位到要插入 MacroButton 域的位置；❷切换到“插入”选项卡；❸在“文本”组中单击“文档部件”按钮；❹从弹出的下拉列表中选择“域”选项，如下图所示。

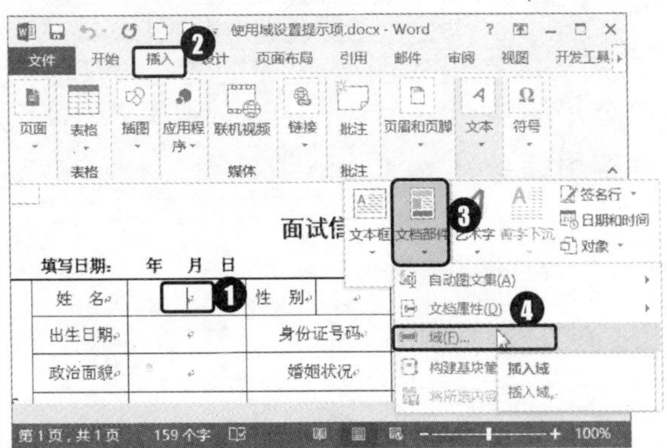

第 2 步： 打开“域”对话框，❶在“请选择域”选项组中的“类别”下拉列表框中选择“文档自动化”选项；❷在下方的“域名”列

表框中选择“MacroButton”选项；❸在“域属性”选项组中的“显示文字”文本框中输入“请输入您的姓名”；❹单击 确定 按钮，如下图所示。

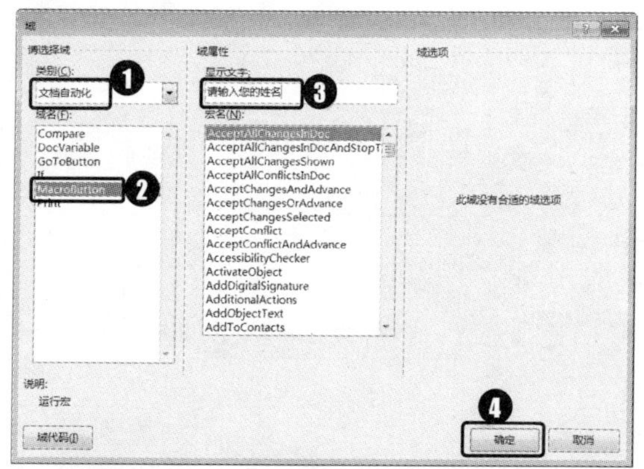

第 3 步：此时表格中已经添加了提示项，按〈Shift+F9〉组合键可以切换到域代码状态，再次切换又会返回域结果状态，用户只要单击该提示项即可在此输入内容，替换提示项，如下图所示。

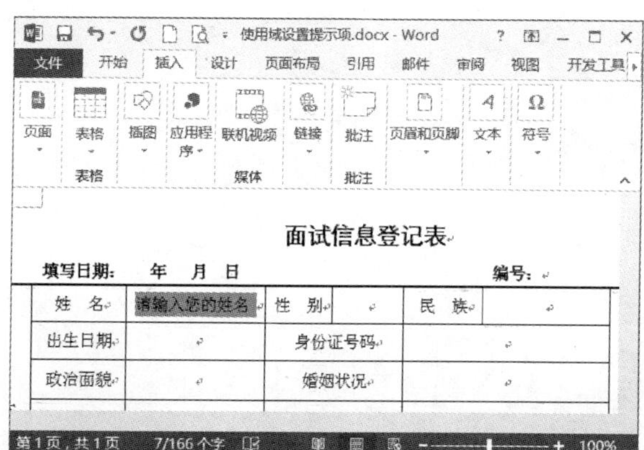

技巧 179：快速找到 Normal.dotm 模板

●适用版本：2007、2010、2013、2016

●实用指数：★★☆☆☆

说 明

在 Word 中利用 Template 域可以快速找到 Normal.dotm 模板。

方法

要利用 Template 域快速找到 Normal.dotm 模板，具体操作方法如下。

第 1 步：打开光盘\素材文件\第 6 章\6.2\“快速找到 Normal.dotm 模板.docx”，按照技巧 178 介绍的方法打开“域”对话框，如下图所示。

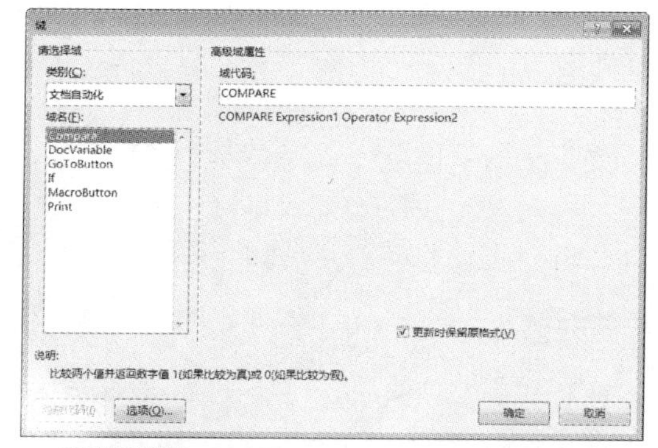

第 2 步：❶在“请选择域”选项组中的“类别”下拉列表框中选择“文档信息”选项；❷在“域名”列表框中选择“Template”选项；❸在“域选项”选项组中选中“添加路径到文件名”复选框；❹单击 确定 按钮，如下图所示。

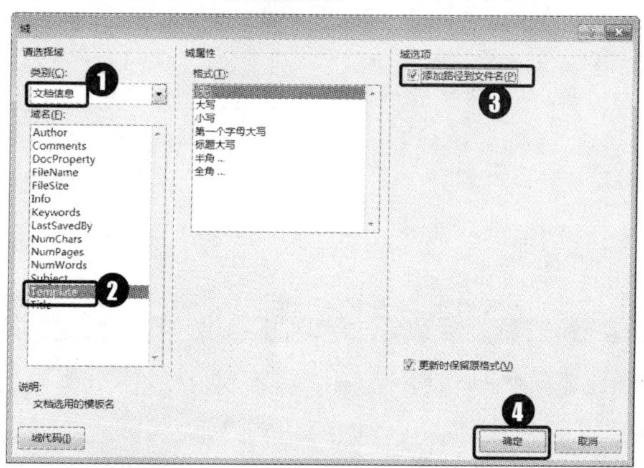

第 3 步：此时在文档中会得到一段文字，如下图所示。

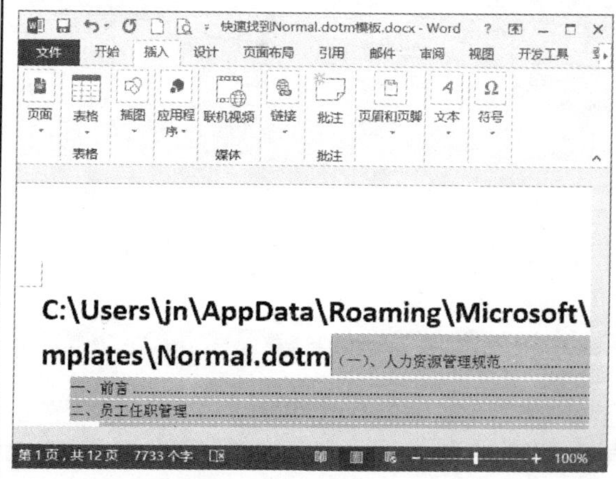

第 4 步：用户只要复制该段文字中的部分内容“C:\Users\jn\AppData\Roaming\Microsoft\Templates”即可，然后按〈Win+E〉组合键，打开资源管理器，在地址栏中粘贴复制的内容，单击“转到”按钮➔，如下图所示。

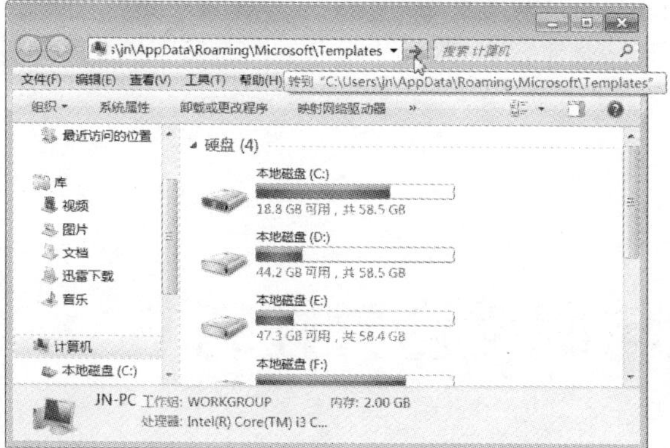

第 5 步：在窗口中看到 Normal.dotm 模板文件，如下图所示。

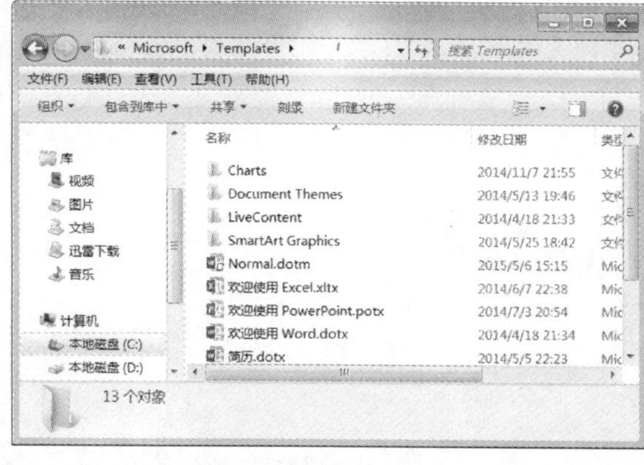

Word 文档安全与邮件合并技巧

随着信息化的高速发展，企业之间、个人之间的竞争日益激烈，信息安全越来越重要，文档安全也成为用户必须重视的问题。Word 的邮件合并功能可以实现批量制作名片、信件封面以及请帖等内容相同的功能，使工作更加简单高效。

▷▷ 7.1　文档安全技巧

文档安全即为 Word 文档加密，这样可以防止文档被其他人打开、阅读或修改。本节就来介绍一些文档安全的技巧。

技巧 180：设置文档安全级别

●适用版本：2007、2010、2013、2016
●实用指数：★★☆☆☆

说 明

文档也有安全性问题，为了让文档更安全，Office 提供了比较完善的安全和文档保护功能，包括安全级别、数字签名、密码设置、窗体保护和批注口令等。接下来介绍怎样设置文档的安全级别。

方法

要设置文档的安全级别，具体操作方法如下。

第 1 步： 在 Word 文档中，打开“Word 选项”对话框，❶切换到“信任中心”选项卡；❷单击 信任中心设置(T)... 按钮，如下图所示。

第 2 步： 打开“信任中心”对话框，❶切换到“宏设置”选项卡；❷在“宏设置”选项组中看到共分为 4 个安全级别，如下图所示。

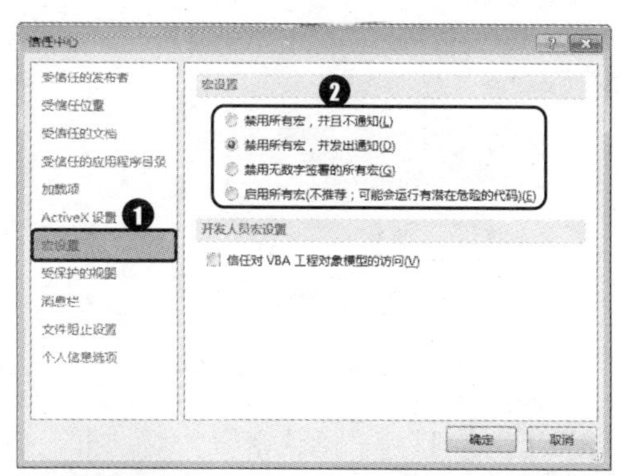

第 3 步： 用户可以根据实际工作需要设置安全级别。

技巧 181：设置文档的打开密码

●适用版本：2007、2010、2013、2016
●实用指数：★★★☆☆

说 明

打开密码是指打开文件时需要用的密码，以阻止其他人查看和编辑文档。

方法

要设置文档的打开密码，具体操作方法如下。

第 1 步： 打开光盘\素材文件\第 7 章\7.1\“设置文档的打开密码.docx”文件，单击 文件 按钮，❶从弹出的界面中选择“信息”选项；❷在“信息”界面中单击“保护文档”按钮；❸从弹出的下拉列表中选择“用密码进行加密”选项，如下图所示。

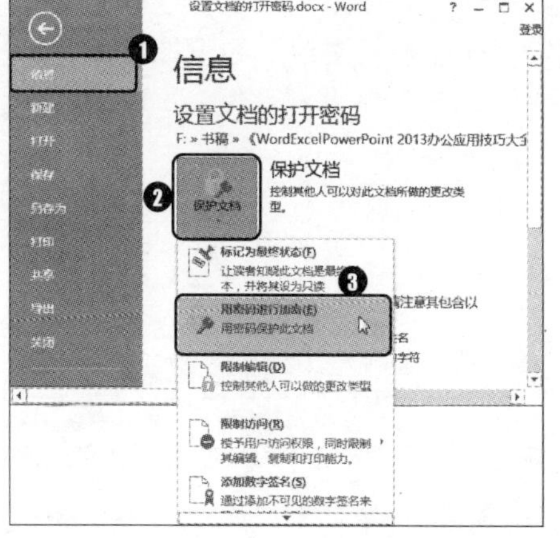

第 2 步： 打开“加密文档”对话框，❶在“密码”文本框中输入密码“111”；❷单击确定按钮，如下图所示。

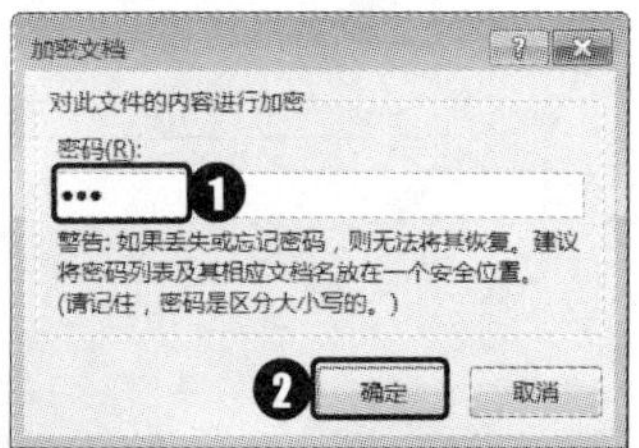

第 3 步： 打开“确认密码”对话框，❶在“重新输入密码”文本框中输入密码“111”；❷单击确定按钮，如下图所示。

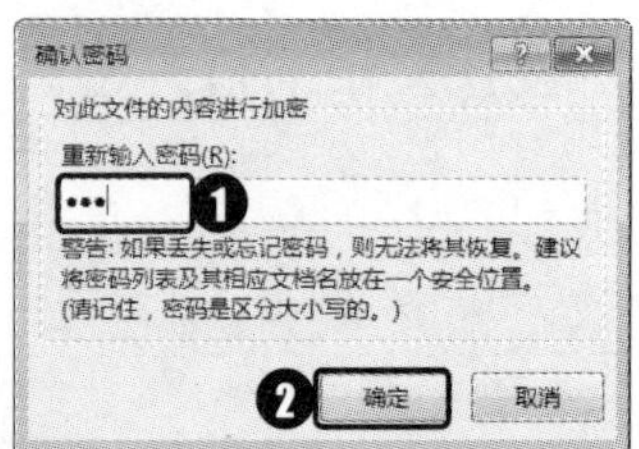

第 4 步： 设置了打开密码的文档会显示“必须提供密码才能打开此文档”的权限信息，如下图所示。

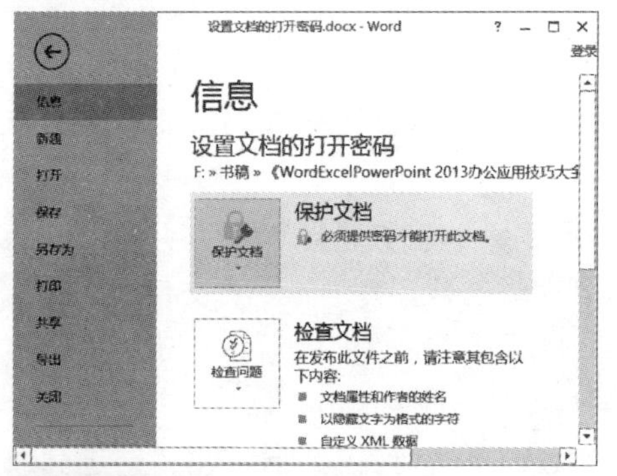

第 5 步： 保存并关闭该文档，当再次打开时，会弹出“密码”对话框，只有输入正确的密码后才能打开文档，如下图所示。

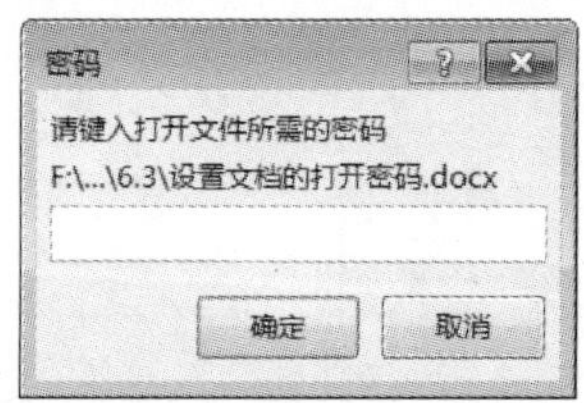

技巧 182：设置文档的修改密码

●**适用版本：** 2007、2010、2013、2016

●**实用指数：** ★★★☆☆

说 明

设置修改密码是指为文档设置修改权限，其他人只能以只读方式打开文档而无法编辑修改文档。

方法

要设置文档的修改密码，具体操作方法如下。

第 1 步： 打开光盘\素材文件\第 7 章\7.1\“设置文档的修改密码.docx”文件，单击文件按钮，❶从弹出的界面中选择“另存为”选项；❷在弹出的“另存为”界面中选择“计算机”选项；❸单击右下角的“浏览”按钮，如下图所示。

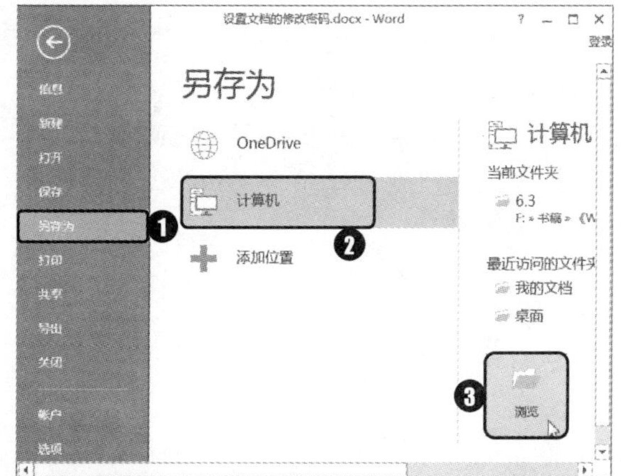

第 2 步： 打开“另存为”对话框，❶在地址栏中设置要保存的位置；❷单击工具(L)按钮；❸从弹出的下拉列表中选择“常规选项”选项，如下图所示。

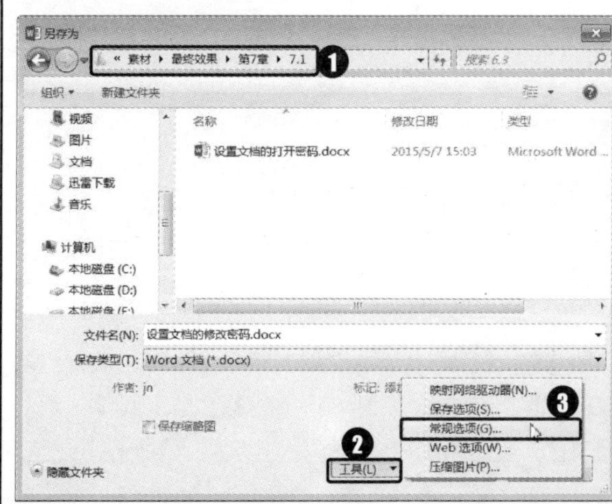

第 3 步： 打开“常规选项”对话框，❶在“修改文件时的密码”文本框中输入密码“111”；❷单击 确定 按钮，如下图所示。

第 4 步： 打开“确认密码”对话框，❶在“请再次键入修改文件时的密码”文本框中输入密码“111”；❷单击 确定 按钮，如下图所示。

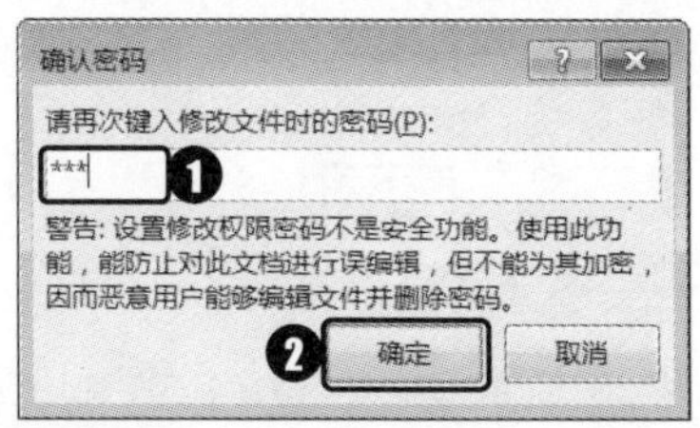

第 5 步： 返回“另存为”对话框，单击 保存(S) 按钮后关闭该文档。重新打开文档，弹出“密码”对话框，如下图所示。

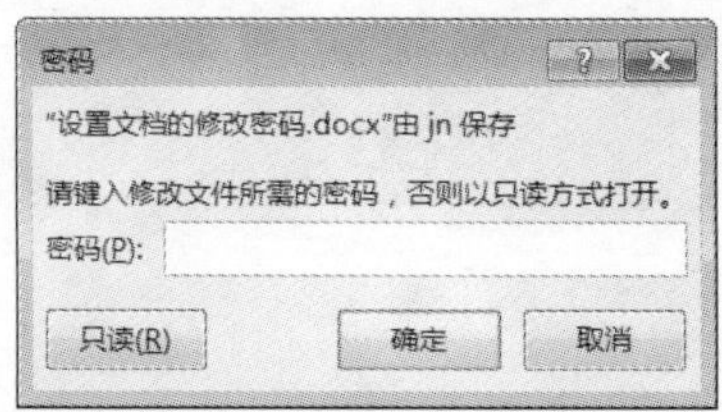

第 6 步： 输入正确的密码，单击 确定 按钮即可打开该文档，如果用户不知道密码，则单击 只读(R) 按钮可以以只读方式打开文档。

技巧 183：设置文档限制编辑

●**适用版本：** 2007、2010、2013、2016

●**实用指数：** ★★★☆☆

说 明

当为文档设置修改密码后，其他用户就不能查看与编辑该文档了。如果用户希望文档可以被其他用户查看，但是某些内容不想被其他用户编辑，可以通过 Word 提供的“限制编辑”功能来实现。

方法

要设置文档限制编辑，具体操作方法如下。

第 1 步： 打开光盘\素材文件\第 7 章\7.1\“设置文档限制编辑.docx”文件，选中要限制编辑的文本，单击 文件 按钮，❶从弹出的界面中选择“信息”选项；❷在“信息”界面中单击“保护文档”按钮；❸从弹出的下拉列表中选择“限制编辑”选项，如下图所示。

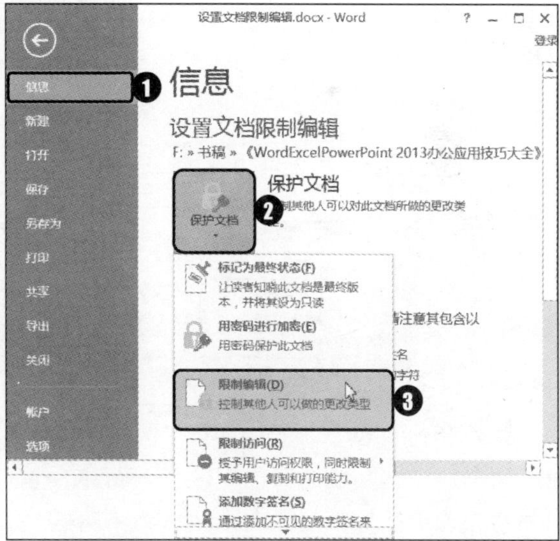

第 2 步： ❶打开“限制编辑”任务窗格，在“2. 编辑限制”选项组中选中“仅允许在文档中进行此类型的编辑”复选框，在下拉列表框中默认选择“不允许任何更改（只读）”选项；❷在“例外项（可选）”选项组中选中“每个人”复选框；❸单击“3. 启动强制保护”选项组中的 是，启动强制保护 按钮，如下图所示。

第 3 步： 打开“启动强制保护”对话框，❶在“保护方法”选项组中选中“密码”单选钮；❷在“新密码”和“确认新密码”文本框中输入密码“111”；❸单击确定按钮，如下图所示。

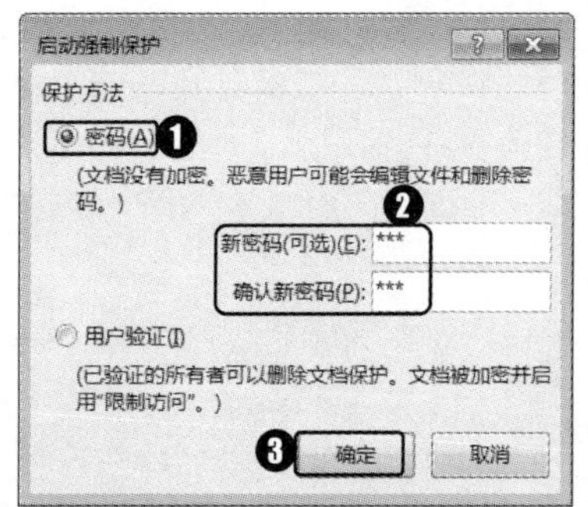

第 4 步： 此时，选中的文本区域为可编辑的文本，文本区域的颜色变成了浅黄色，首尾都添加了中括号，其他文本区域为不可编辑区域，如下图所示。

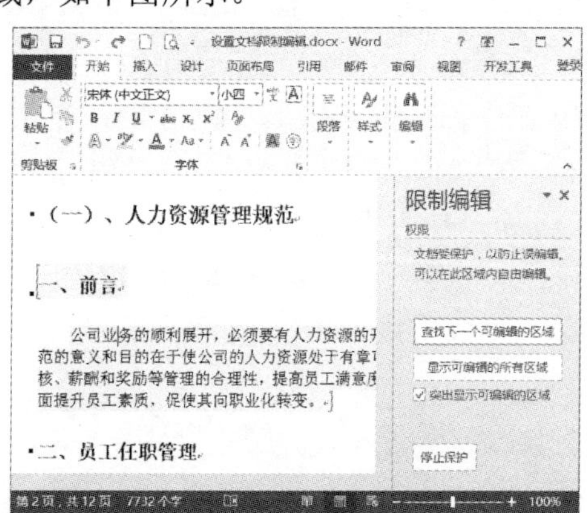

技巧 184：取消限制编辑

●**适用版本：**2007、2010、2013、2016

●**实用指数：**★★☆☆☆

说 明

取消文档限制编辑的方法也很简单，接下来进行介绍。

方法

要取消文档的限制编辑，具体操作方法如下。

第 1 步： 打开光盘\素材文件\第 7 章\7.1\“取消文档限制编辑.docx”文件，弹出“Microsoft Word”提示对话框，单击确定按钮，如下图所示。

第 2 步： 打开文档，文档处于阅读视图状态下，❶单击标题栏中的“视图”选项；❷从弹出的下拉列表中选择“编辑文档”选项，如下图所示。

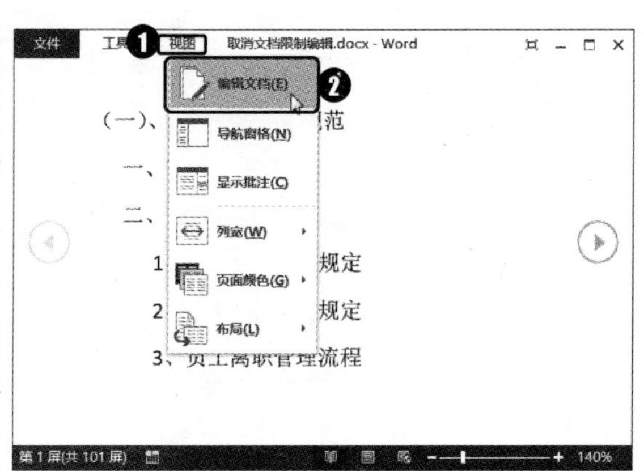

第 3 步： 进入页面视图，❶切换到“审阅”选项卡；❷单击“保护”组中的“限制编辑”按钮，如下图所示。

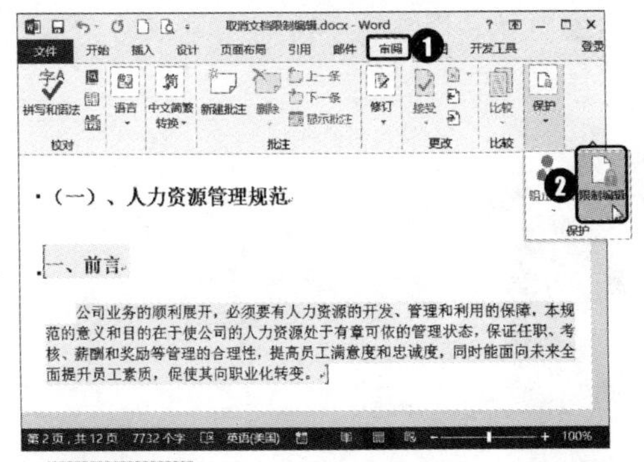

第 4 步： 打开“限制编辑”任务窗格，单击 停止保护 按钮，如下图所示。

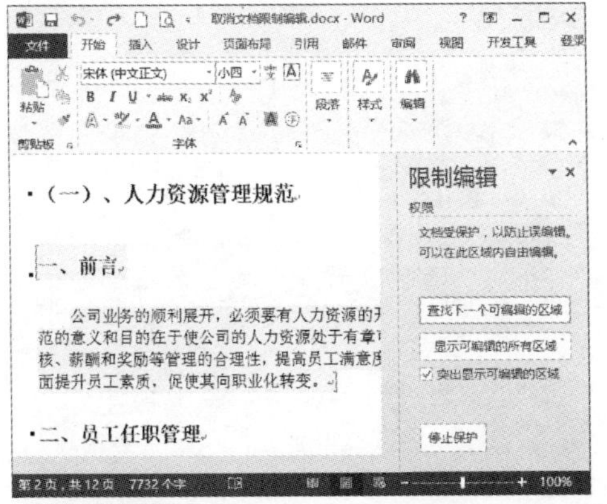

第 5 步： 打开“取消文档保护”对话框，❶在“密码”文本框中输入保护文档时设置的密码，这里输入“111”；❷单击 确定 按钮，如下图所示。

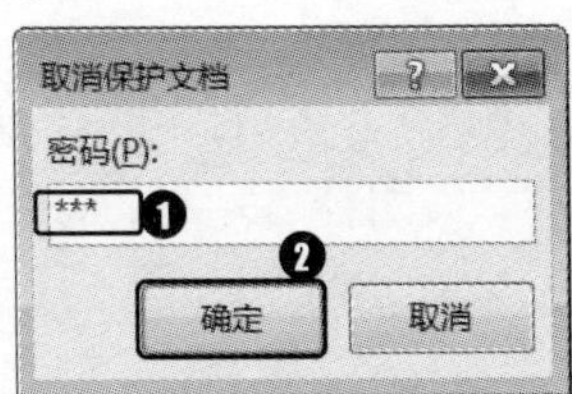

第 6 步： 返回“限制编辑”任务窗格，在“2. 编辑限制”选项组中取消选中“仅允许在文档中进行此类型的编辑”复选框，如下图所示。

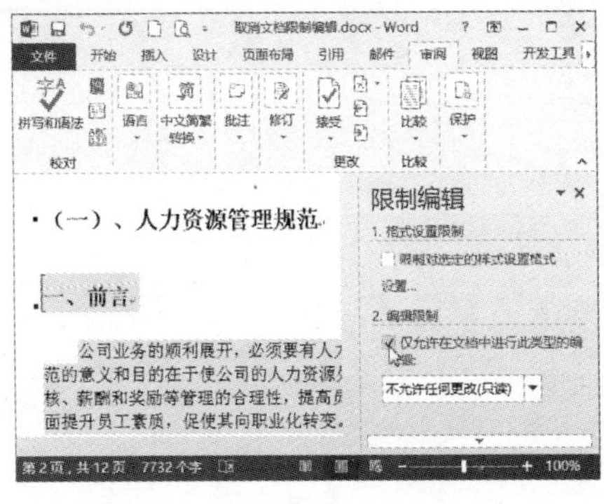

第 7 步： 弹出“Microsoft Word”提示对话框，提示用户“是否删除被忽略的例外项？”，单击 是 按钮，如下图所示。

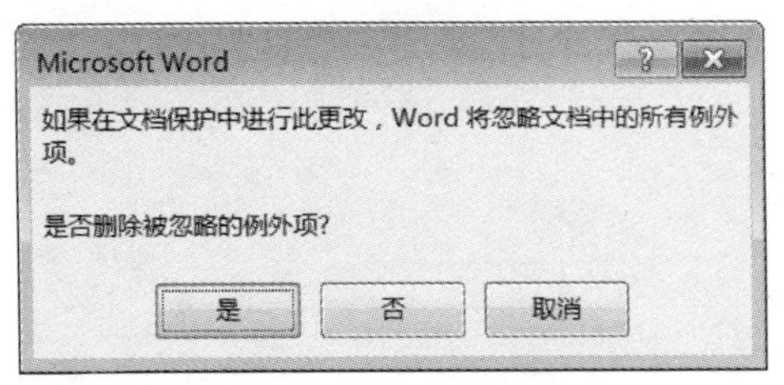

第 8 步： 取消文档的限制编辑，如下图所示。

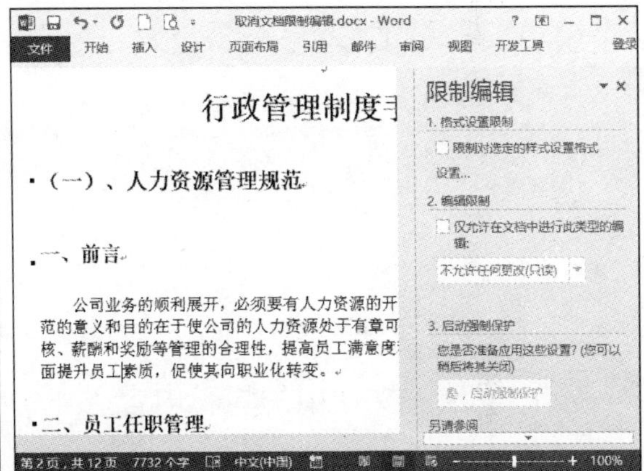

技巧 185：对窗体进行保护

- **适用版本：** 2007、2010、2013、2016
- **实用指数：** ★★☆☆☆

说　明

有些文档需要对窗体进行保护，具体设置方法与设置限制编辑大同小异。

方法

要对窗体进行保护，具体操作方法如下。

第 1 步： 按照技巧 184 介绍的方法打开“限制编辑”任务窗格，❶在“2. 编辑限制”选项组中选中“仅允许在文档中进行此类型的编辑”复选框；❷在下拉列表中选择“填写窗体”选项；❸单击 是，启动强制保护 按钮，如下图所示。

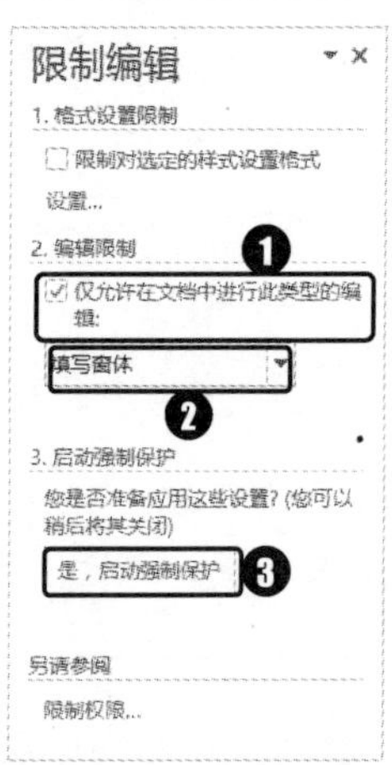

第 2 步： 打开“启动强制保护”对话框，对其进行密码加密即可，如下图所示。

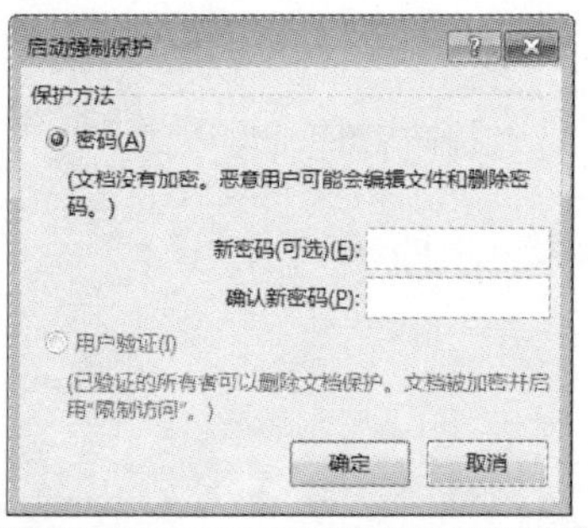

技巧 186：清除文档中的隐私内容

●**适用版本：**2007、2010、2013、2016

●**实用指数：**★★★☆☆

用户在共享或者发布文档时，为了保护个人隐私及安全起见，可以将文档中的一些隐私内容清除。

用户可以通过文档检查器查找并删除隐私内容，也可以通过资源管理器删除隐私内容，接下来进行简单介绍。

例如，要通过文档检查器查找并删除隐私内容，具体操作方法如下。

第 1 步： 打开光盘\素材文件\第 7 章\7.1\“删除文档中的隐私内容.docx”文件，单击 文件 按钮，❶从弹出的界面中选择“信息”选项；❷在“信息”界面中单击“检查问题”按钮；❸从弹出的下拉列表中选择“检查文档”选项，如下图所示。

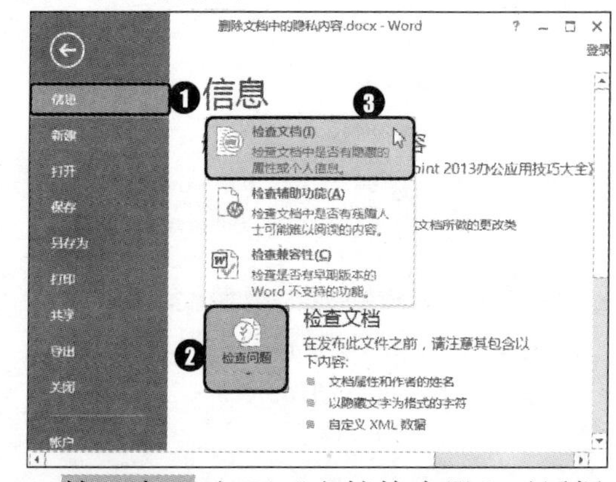

第 2 步： 打开“文档检查器”对话框，Word 默认选中了“文档属性和个人信息”复选框，单击 检查(I) 按钮，如下图所示。

第 3 步： 检查结束后，在“文档检查器”对话框中显示了审阅检查结果，❶单击 全部删除 按钮删除隐私内容；❷单击 关闭(C) 按钮，如下图所示。

技巧 187：保护文档的分节文本

●适用版本：2007、2010、2013、2016

●实用指数：★★★☆☆

说 明

当文档由一节或者多节组成时，可以利用 Word 提供的文档保护功能来保护一节或者多节的文本。

方法

要保护文档的分节文本，具体操作方法如下。

第 1 步： 打开光盘\素材文件\第 7 章\7.1\“保护文档的分节文本.docx”文件，❶切换到“审阅”选项卡；❷在“保护”组中单击“限制编辑”按钮，如下图所示。

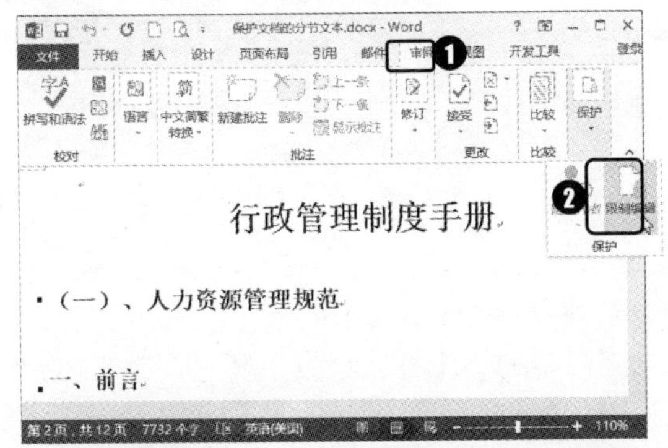

第 2 步： 打开“限制编辑”任务窗格，❶在“2. 编辑限制”选项组中选中“仅允许在文档中进行此类型的编辑”复选框；❷在下拉列表框中选择“填写窗体”选项；❸单击“选择节…”链接，如下图所示。

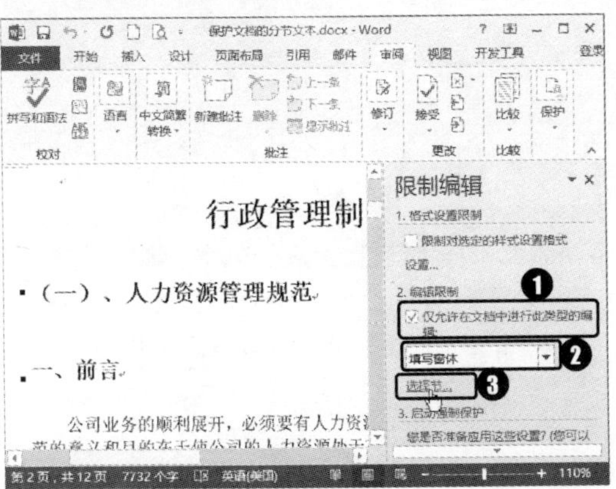

第 3 步： 打开“节保护”对话框，❶在“受保护的节”列表框中取消选中“节 2”复选框；❷单击 确定 按钮，如下图所示。

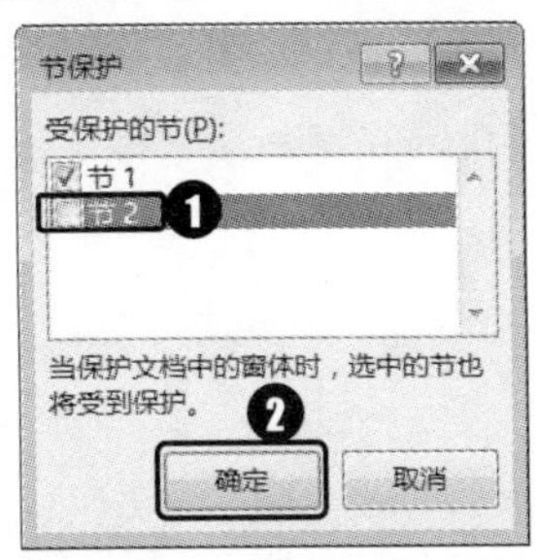

第 4 步： 返回“限制编辑”任务窗格中，在“3. 启动强制保护”选项组中单击 是，启动强制保护 按钮，如下图所示。

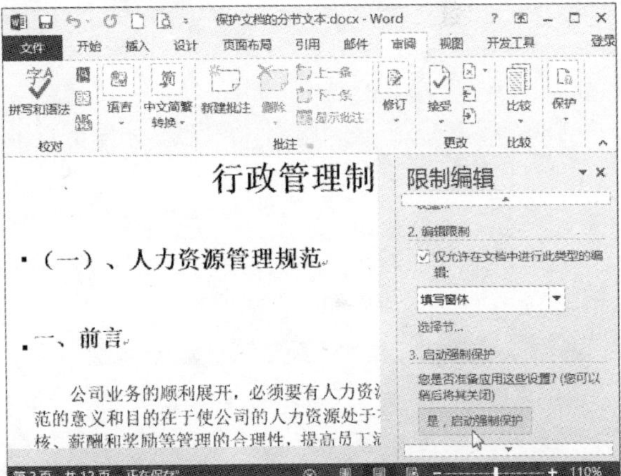

第 5 步： 打开“启动强制保护”对话框，在其中设置密码，这里将密码设置为“111”，单击 确定 按钮，即可保护第 1 节内容，如下图所示。

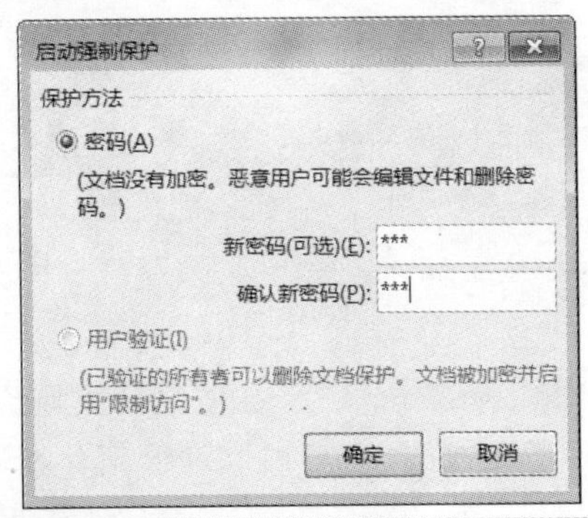

技巧 188：限制格式编辑

●适用版本：2007、2010、2013、2016

●实用指数：★★★☆☆

说明

对于一些具有固定格式的文档，用户可以对文档的样式设置限制格式编辑，这样可以防止对文档应用新的格式或者修改样式。

方法

要限制格式编辑，具体操作方法如下。

第 1 步： 打开光盘\素材文件\第 7 章\7.1\“设置限制格式编辑.docx”文件，❶切换到“审阅”选项卡；❷在“保护”组中单击“限制编辑”按钮，如下图所示。

第 2 步： 打开“限制编辑”任务窗格，❶在“1. 格式设置限制”选项组中选中“限制对选定的样式设置格式”复选框；❷单击“设置…”链接，如下图所示。

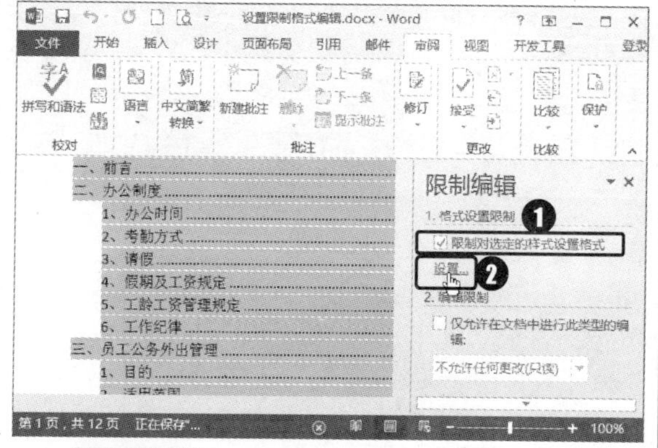

第 3 步： 打开“格式设置限制”对话框，❶单击 无(N) 按钮取消选中“当前允许使用的样式”列表框中的所有复选框；❷在该列表框中选中“古典型 1”复选框；❸单击 确定 按钮，如下图所示。

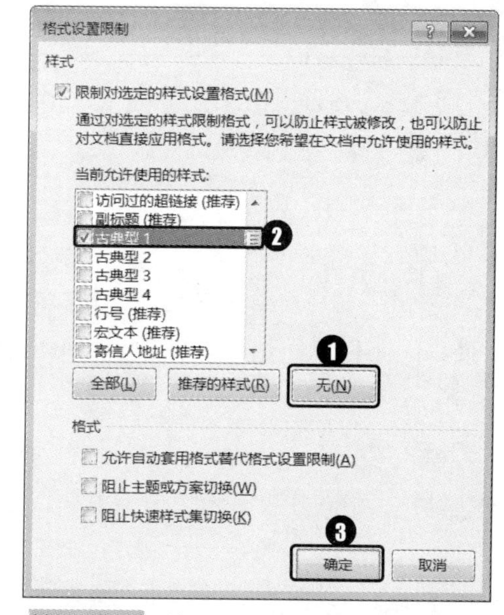

第 4 步： 弹出“Microsoft Word”提示对话框，提示用户“您是否希望将其删除？”，单击 是(Y) 按钮，如下图所示。

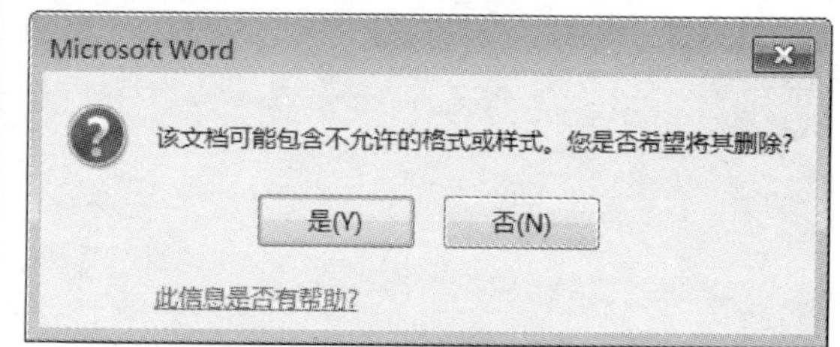

第 5 步： 返回“限制编辑”任务窗格，此时文档中的文本样式已发生变化，在“3. 启动强制保护”选项组中单击 是，启动强制保护 按钮，如下图所示。

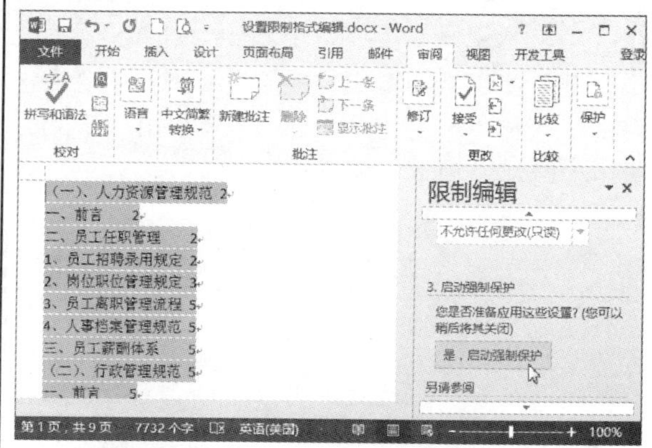

第 6 步： 打开“启动强制保护”对话框，在其中设置密码，这里不设置任何密码，单击 确定 按钮，如下图所示。

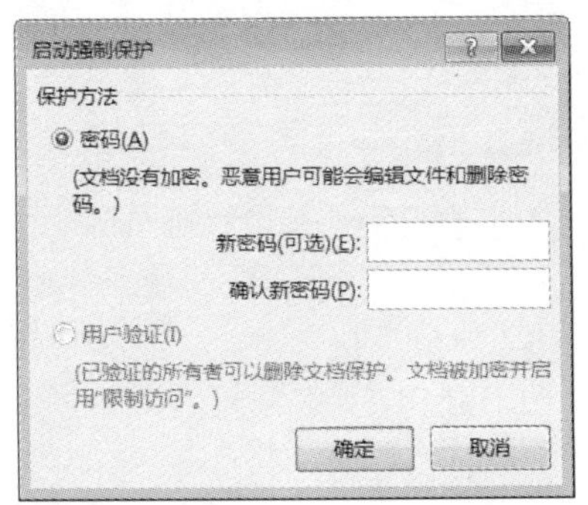

第 7 步： 切换到“开始”选项卡，单击“样式”组右下角的“对话框启动器”按钮，打开“样式”任务窗格，用户可以发现只有“全部清除”和“正文”两种样式。将文档的格式进行限制后，只能为所选内容应用指定的样式，并且这些样式无法被修改，如下图所示。

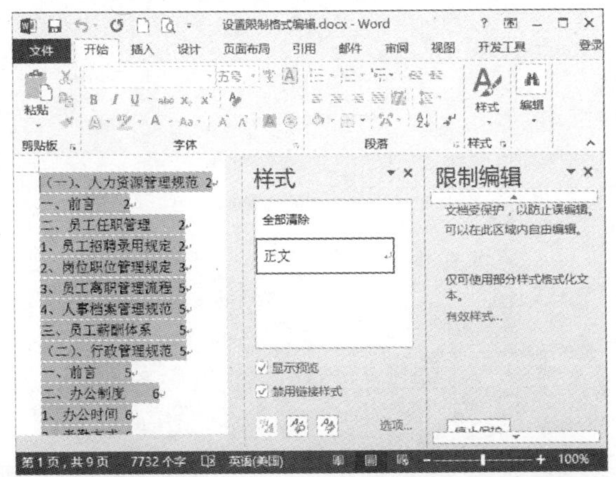

技巧 189：将 Word 文档转换为 PDF 格式

●**适用版本：**2007、2010、2013、2016

●**实用指数：**★★★★☆

说 明

对于已经编辑完成的文档，如果不希望其他用户对原文档进行任何的改动，可以将文档转换为 PDF 格式。

方法

要将 Word 文档转换为 PDF 格式，具体操作方法如下。

第 1 步： 打开光盘\素材文件\第 7 章\7.1\“将 Word 文档转换为 PDF 格式.docx”文件，单击 文件 按钮，❶从弹出的界面中选择“导出”选项；❷弹出“导出”界面，选择“创建 PDF/XPS 文档”选项；❸单击右下角的“创建 PDF/XPS”按钮，如下图所示。

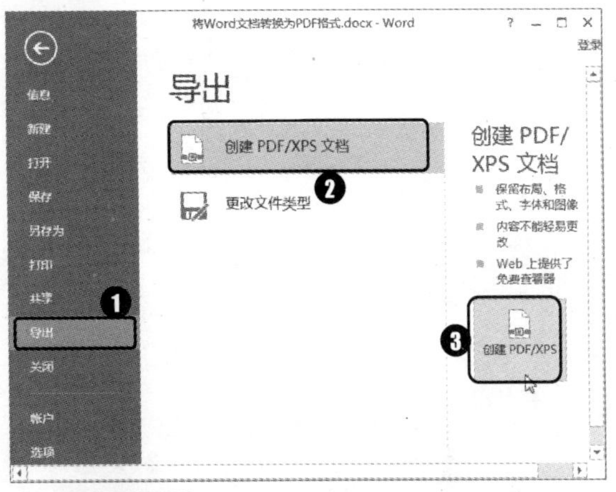

第 2 步： 打开“发布为 PDF 或 XPS”对话框，设置文档的保存位置，然后单击 发布(S) 按钮，如下图所示。

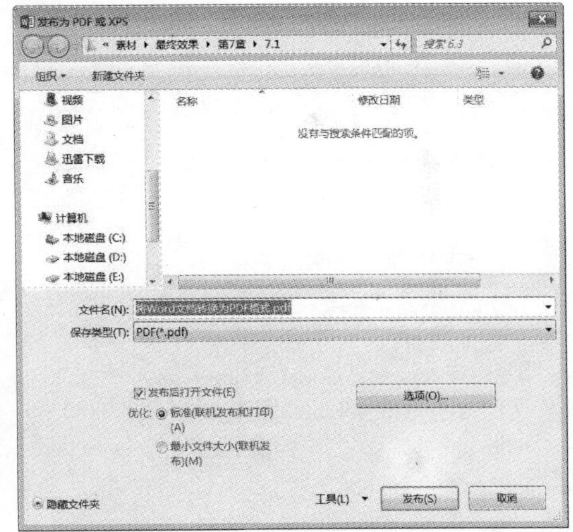

第 3 步： 将文档转换为 PDF 格式，并保存在用户设置的位置，效果如下图所示。

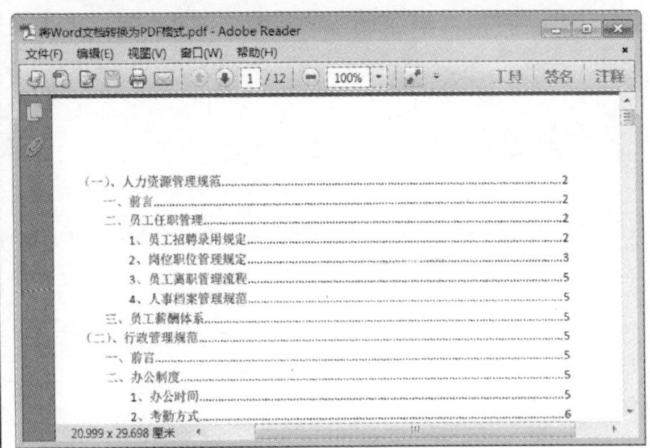

▷▷ 7.2　邮件合并技巧

邮件合并功能不仅能处理与邮件相关的文档，还可以帮助用户批量制作标签、工资条、邀请函等。本节就来介绍一些邮件合并方面的技巧。

技巧 190：制作不干胶标签

● **适用版本**：2007、2010、2013、2016

● **实用指数**：★★★☆☆

说 明

在实际工作中经常用到不干胶标签，用户可以准备好不干胶纸，使用 Word 的“邮件合并”功能制作不干胶标签。

Word 的“邮件合并”功能可以将数据源和主文档合并生成一个新的文档，其中数据源可以是 Excel 文件、Access 数据库和文本文件等。

方法

要制作不干胶标签，具体操作方法如下。

第 1 步： 打开光盘\素材文件\第 7 章\7.2\“数据源.xlsx”文件，如下图所示。

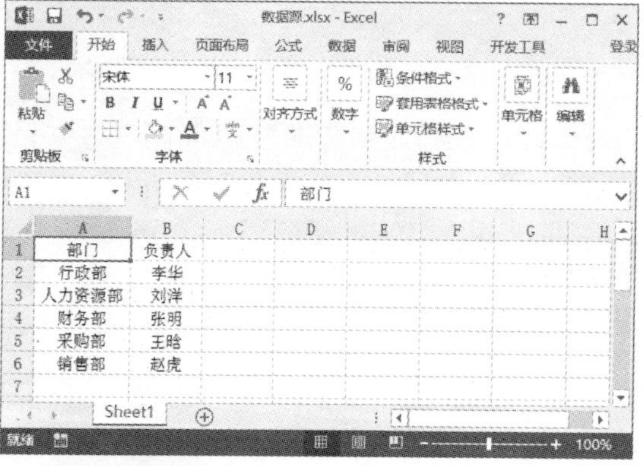

第 2 步： 制作主文档。❶在 Word 2013 文档中，切换到“页面布局”选项卡；❷单击“页面设置”组右下角的“对话框启动器”按钮 ，如下图所示。

第 3 步： 打开“页面设置”对话框，切换到“纸张”选项卡，设置纸张的大小与不干胶纸的大小相同，这里保持默认设置，单击 确定 按钮，如下图所示。

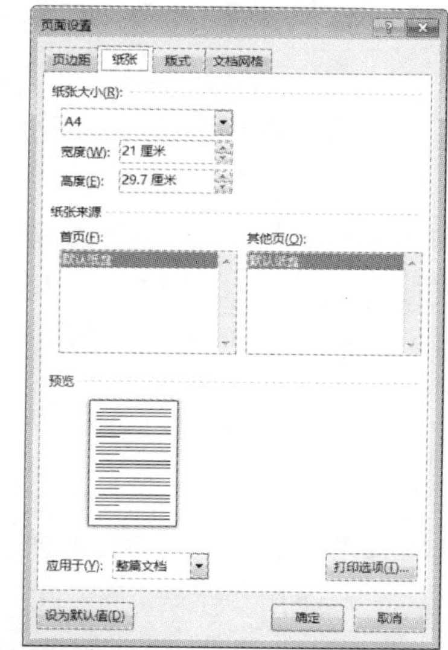

第 4 步： ❶切换到“邮件”选项卡；❷在“开始邮件合并”组中单击 开始邮件合并 按钮；❸从弹出的下拉列表中选择“标签”选项，如下图所示。

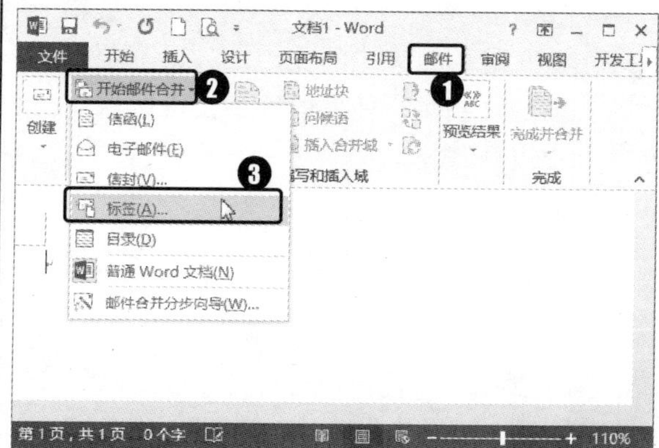

第 5 步： 打开“标签选项”对话框，❶在

“产品编号”列表框中选择“A4（纵向）”选项，在右侧“标签信息”选项组中显示所选产品编号的信息；❷单击新建标签(N)...按钮，如下图所示。

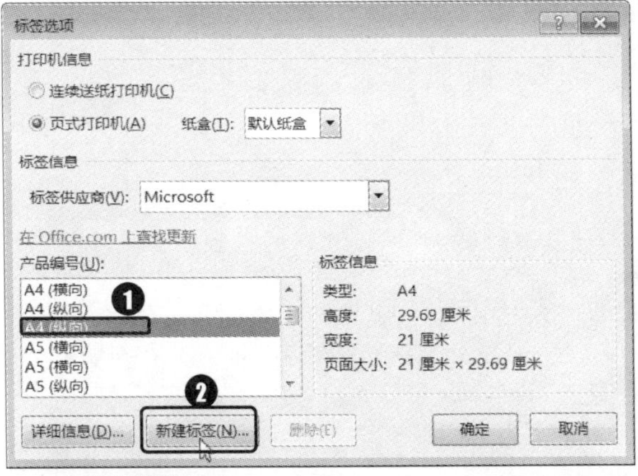

第 6 步：打开“标签详情”对话框，❶在“标签名称”文本框中输入“不干胶标签”；❷在“标签列数”和“标签行数”微调框中分别输入标签的行数和列数，这里分别输入“4”和“8”，设置“上边距”为“0.4 厘米”，“侧边距”为“0.4 厘米”，“标签高度”为“3 厘米”，“标签宽度”为“4.4 厘米”，“纵向跨度”为“3.3 厘米”，“横向跨度”为“4.8 厘米”；❸在“页面大小”下拉列表框中选择“A4（21×29.7cm）”选项；❹单击确定按钮，如下图所示。

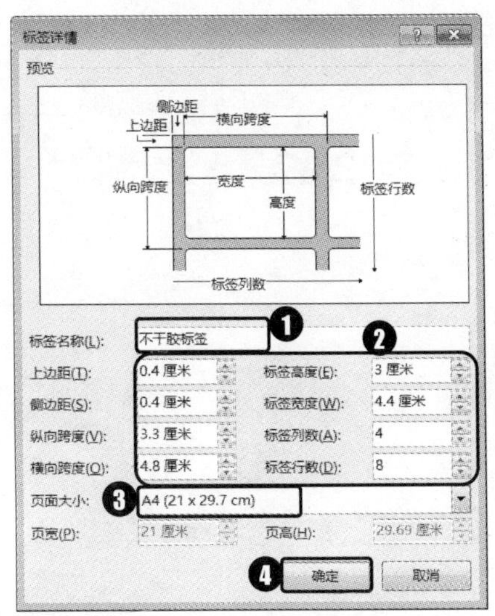

第 7 步：返回“标签选项”对话框，在“产品编码”列表框中显示出制作的标签，并在右侧“标签信息”选项组中显示标签信息，如下图所示。

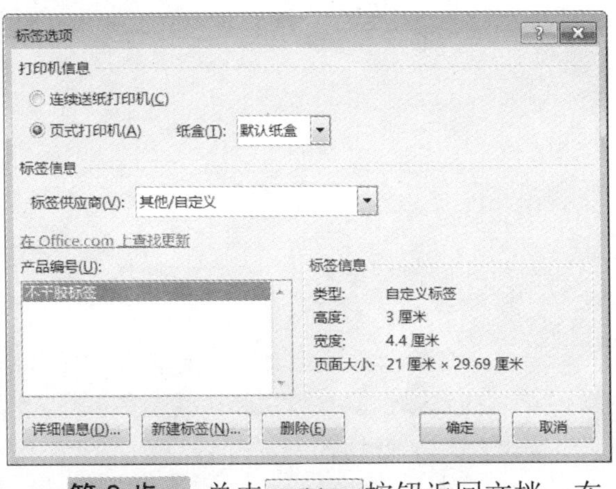

第 8 步：单击确定按钮返回文档，在文档中插入设计的标签表格，但是插入的表格不显示框线，如下图所示。

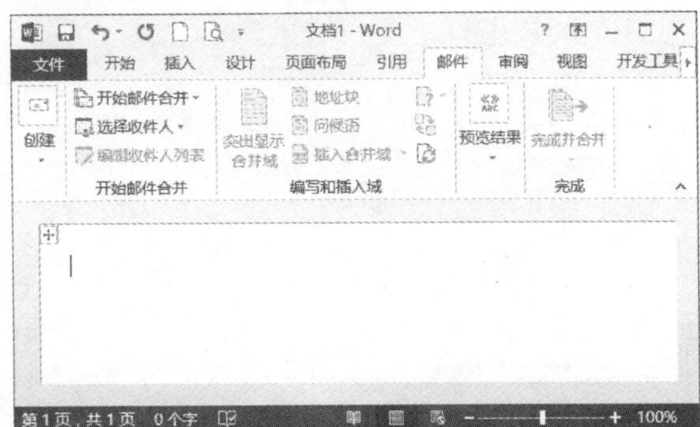

第 9 步：❶为了方便查看，单击表格左上角的⊞按钮选中整个表格；❷切换到“开始”选项卡；❸在“段落”组中单击“下框线”按钮⊞右侧的下三角按钮；❹从弹出的下拉列表中选择“所有框线”选项，如下图所示。

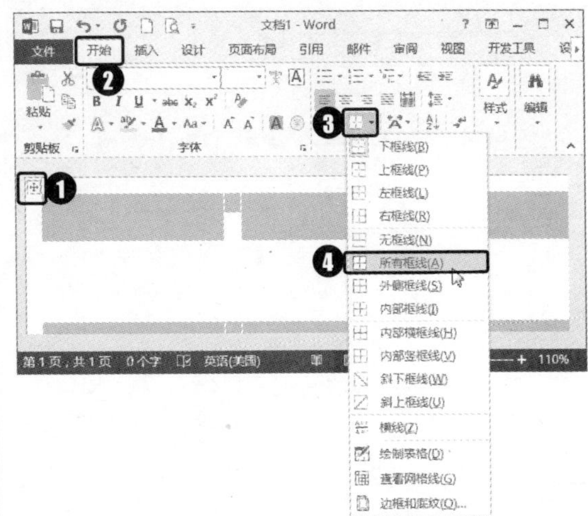

第 10 步： 查看标签表格的设置效果，如下图所示。

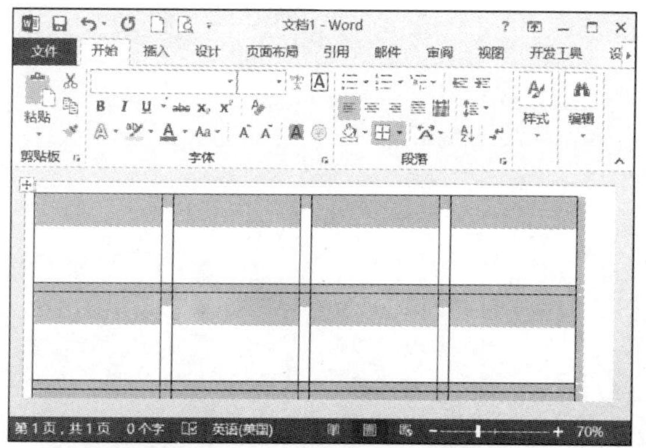

第 11 步： ❶切换到“邮件”选项卡；❷在“开始邮件合并”组中单击“选择收件人”按钮；❸从弹出的下拉列表中选择“使用现有列表”选项，如下图所示。

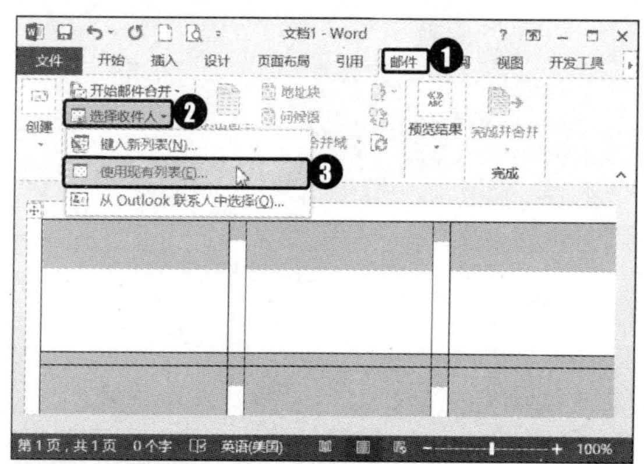

第 12 步： 打开“选择数据源”对话框，❶在地址栏中找到要插入数据源的保存位置；❷选择“数据源.xlsx”选项；❸单击“打开(O)”按钮，如下图所示。

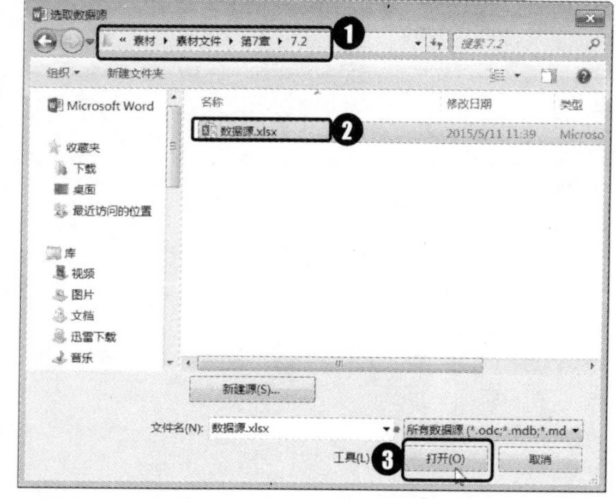

第 13 步： 打开“选择表格”对话框，因为数据源中只有一个工作表“Sheet1”，所以这里默认选择“Sheet1$”选项，单击“确定”按钮，如下图所示。

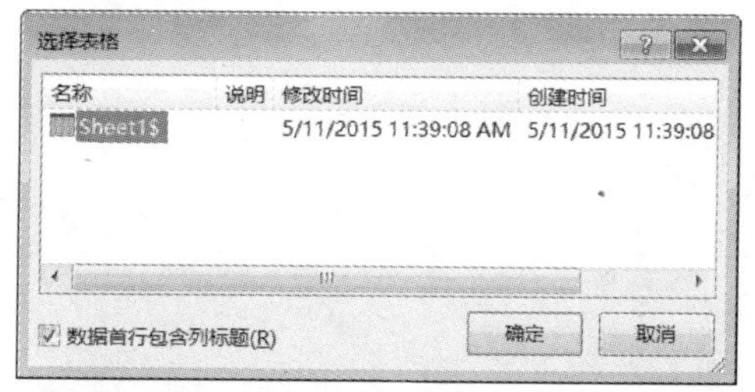

第 14 步： 返回文档中，在“编写和插入域”组中单击“插入合并域”按钮，如下图所示。

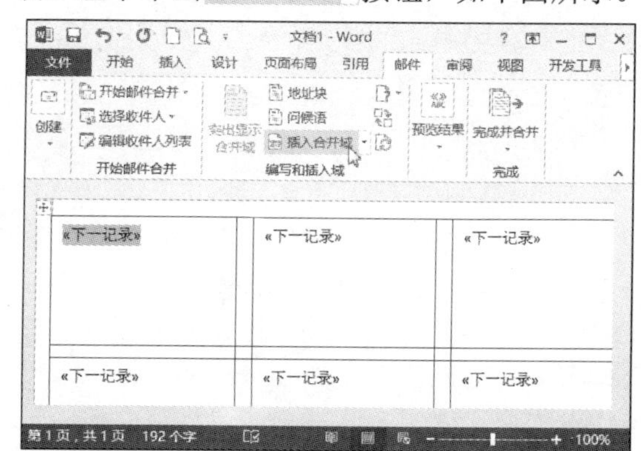

第 15 步： 打开“插入合并域”对话框，❶在“插入”选项组中选中“数据库域”单选按钮；❷在“域”列表框中选择“部门”选项；❸单击“插入(I)”按钮，如下图所示。

第 16 步： 单击“关闭”按钮关闭“插入合并域”对话框返回文档中，在“编写和插入域”组中单击“更新标签”按钮，如下图所示。

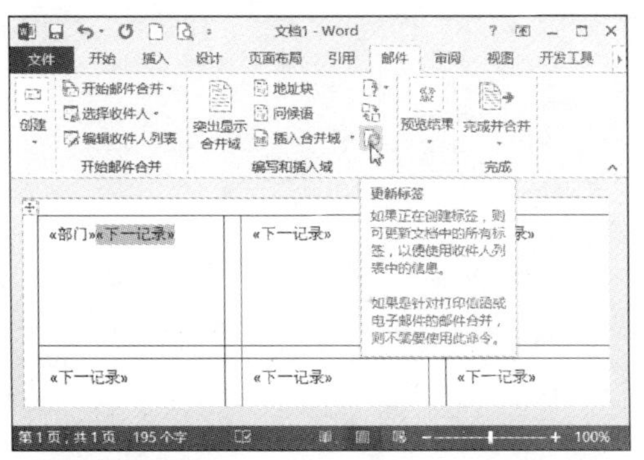

第 17 步： ❶在“完成”组中单击“完成并合并”按钮；❷从弹出的下拉列表中选择“编辑单个文档”选项，如下图所示。

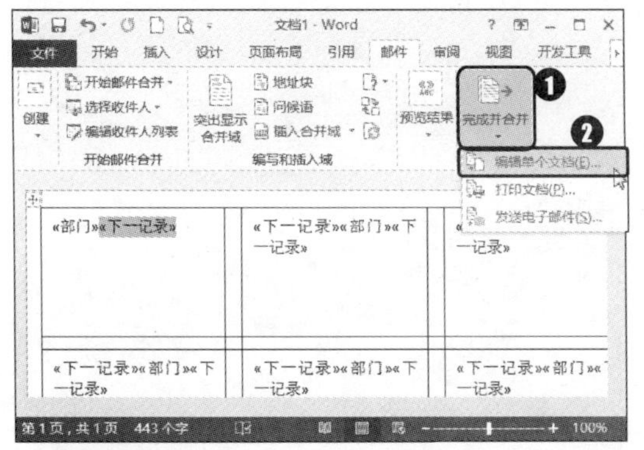

第 18 步： 打开“合并到新文档”对话框，在“合并记录”选项组中设置要合并的范围，这里选中“全部”单选按钮，然后单击 确定 按钮，如下图所示。

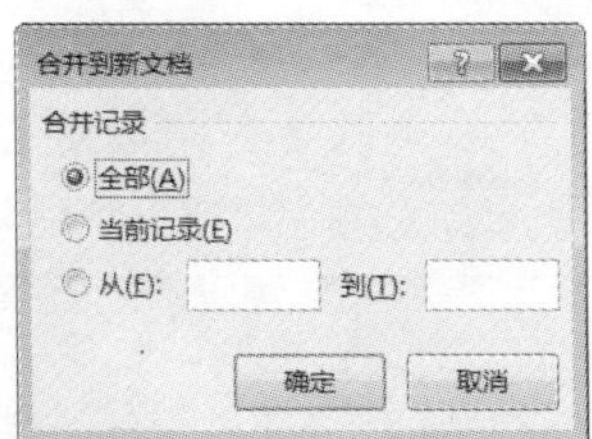

第 19 步： 新建了一个名为“标签 1”的新文档，“数据源.xlsx”中的部门数据分布在文档的标签框中，如下图所示。

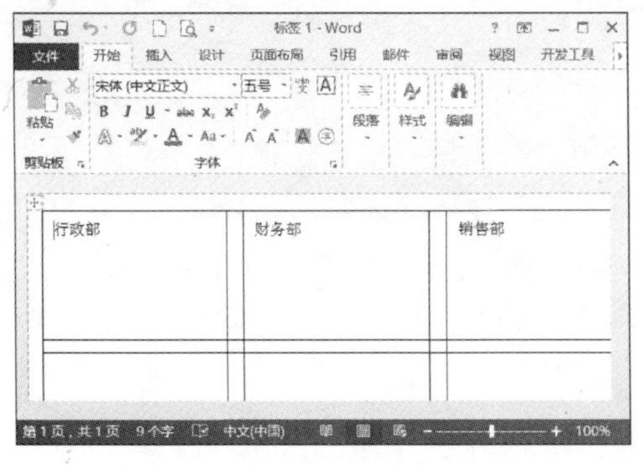

第 20 步： 对标签中的部门数据进行字体设置，再准备不干胶纸，页面大小与设置的纸张大小一致，然后将内容打印出来即可。

> **专家点拨**
>
> 第 15 步中，在“插入合并域”对话框中，用户可以根据需要在一个单元格中插入一个或者几个域名称，例如，本实例中，如果用户想要插入“部门”和“负责人”两个域名称，在“域”列表框中选择“部门”选项，单击 插入(I) 按钮，然后选择“负责人”选项，再次单击 插入(I) 按钮即可。

技巧 191：制作通知书

- **适用版本：** 2007、2010、2013、2016
- **实用指数：** ★★★☆☆

说 明

在日常工作中，有时需要制作各种通知书，使用 Word 提供的“邮件合并”功能制作通知书既快捷又准确。

方法

例如，要制作面试通知书，具体操作方法如下。

第 1 步： 打开光盘\素材文件\第 7 章\7.2\“面试通知书.docx”文件，❶切换到“邮件”选项卡；❷在“开始邮件合并”组中单击 开始邮件合并 按钮；❸从弹出的下拉列表中选择“普通 Word 文档”选项，如下图所示。

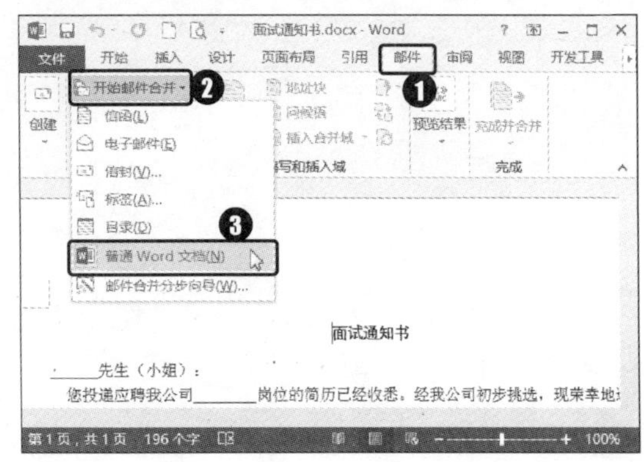

第 2 步： ❶在“开始邮件合并”组中单击 选择收件人 按钮；❷从弹出的下拉列表中选择“使用现有列表”选项，如下图所示。

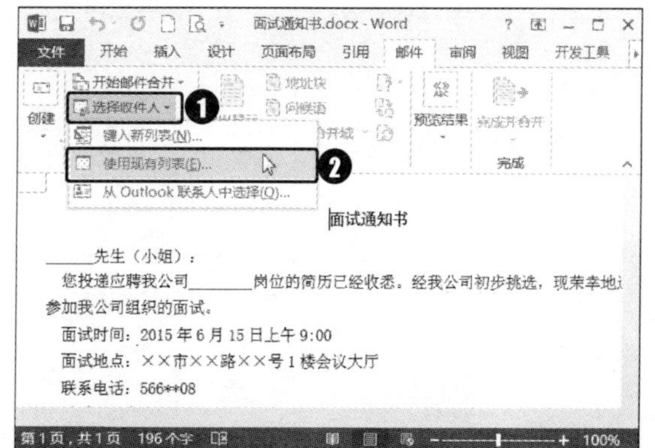

第 3 步： 打开“选择数据源”对话框，❶找到保存数据源的位置；❷选择“面试人员信息.xlsx”选项；❸单击 打开(O) 按钮，如下图所示。

第 4 步： 打开“选择表格”对话框，单击 确定 按钮，如下图所示。

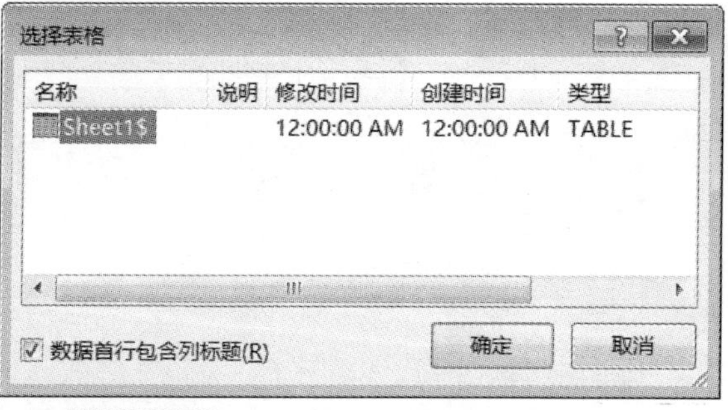

第 5 步： 在“开始邮件合并”组中单击 编辑收件人列表 按钮，如下图所示。

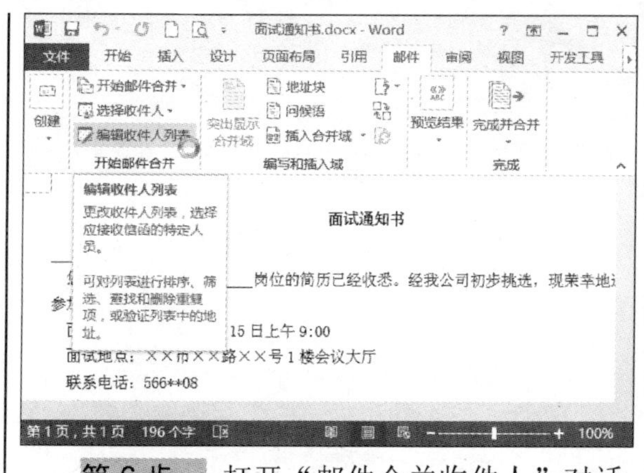

第 6 步： 打开“邮件合并收件人”对话框，默认是全选，这里保持全选不变，单击 确定 按钮，如下图所示。

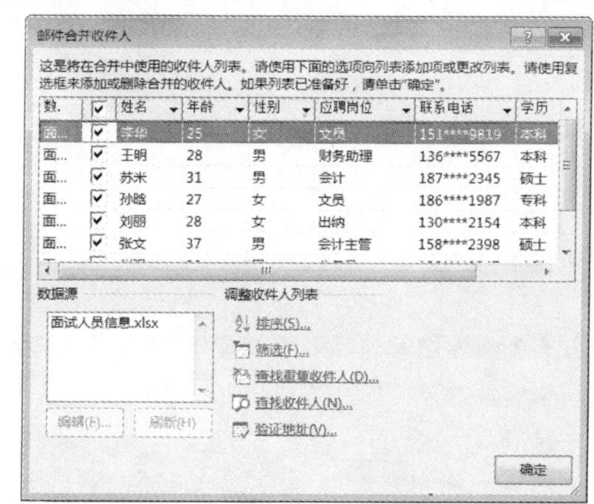

数...	✓	姓名	年龄	性别	应聘岗位	联系电话	学历
面...	✓	李华	25	女	文员	151****9819	本科
面...	✓	王明	28	男	财务助理	136****5567	本科
面...	✓	苏米	31	男	会计	187****2345	硕士
面...	✓	孙晗	27	女	文员	186****1987	专科
面...	✓	刘丽	28	女	出纳	130****2154	本科
面...	✓	张文	37	男	会计主管	158****2398	硕士

第 7 步： ❶在 Word 文档中选中要插入姓名的位置；❷在“编写和插入域”组中单击 插入合并域 按钮右侧的下三角按钮；❸从弹出的下拉列表中选择“姓名”选项，如下图所示。

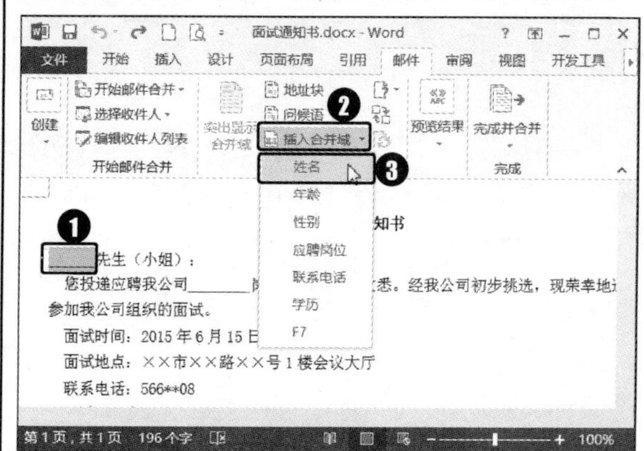

第 8 步： 在其中插入姓名域，按照相同的方法在 Word 文档中插入“应聘岗位”域，如下图所示。

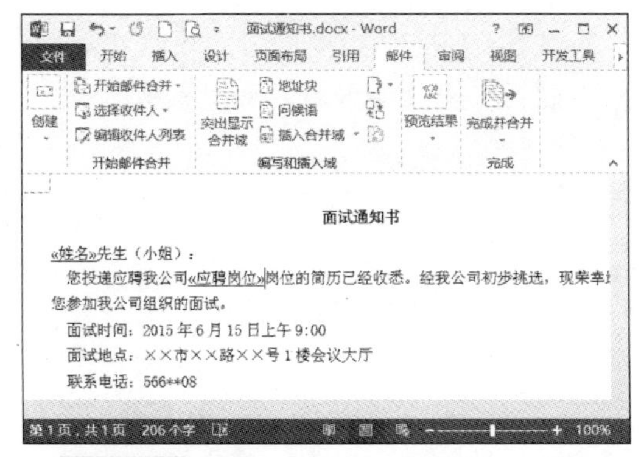

第 9 步： ❶在“完成”组中单击“完成并合并”按钮；❷从弹出的下拉列表中选择“编辑单个文档”选项，如下图所示。

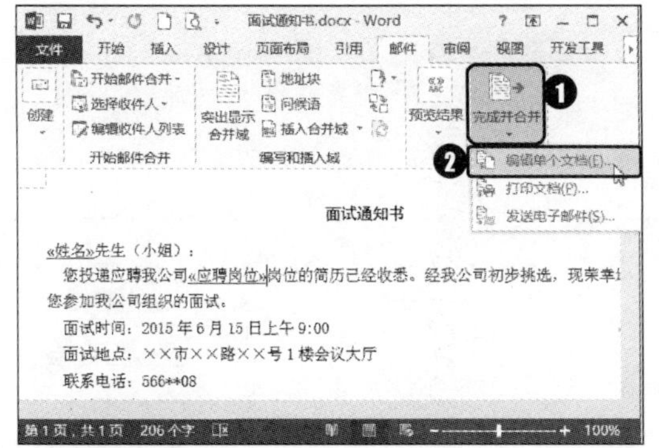

第 10 步： 打开“合并到新文档”对话框，❶在“合并记录”选项组中选中“全部”单选按钮；❷单击 确定 按钮，如下图所示。

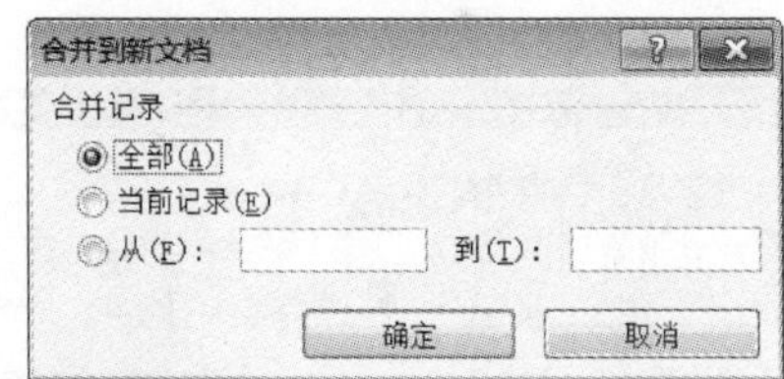

第 11 步： 生成一个合并后的新文档“信函 1”。由于本实例的数据源中共有 8 条记录，所以生成的文档“信函 1”为 8 页，即针对每个人生成一页面试通知书，如下图所示。

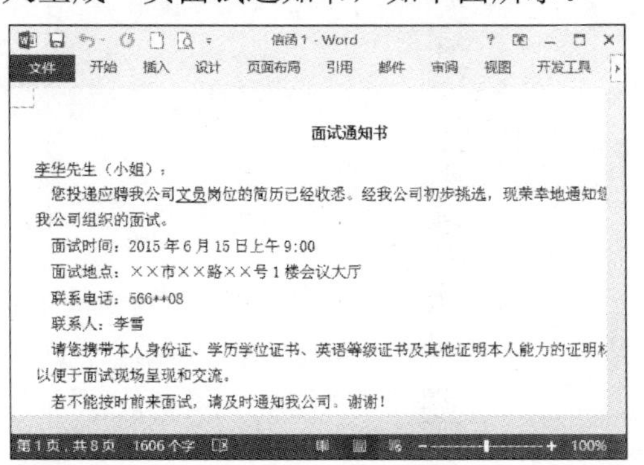

技巧 192：制作工资条

● **适用版本：** 2007、2010、2013、2016

● **实用指数：** ★★★☆☆

说 明

用户在 Excel 中制作工资条时需要使用各种函数，但函数并不是很好掌握。下面介绍使用 Word 的“邮件合并”功能快速简单地制作工资条的方法。

方法

要制作工资条，具体操作方法如下。

第 1 步： ❶在 Word 文档中，切换到“邮件”选项卡；❷在“开始邮件合并”组中单击 开始邮件合并 按钮；❸从弹出的下拉列表中选择“目录”选项，如下图所示。

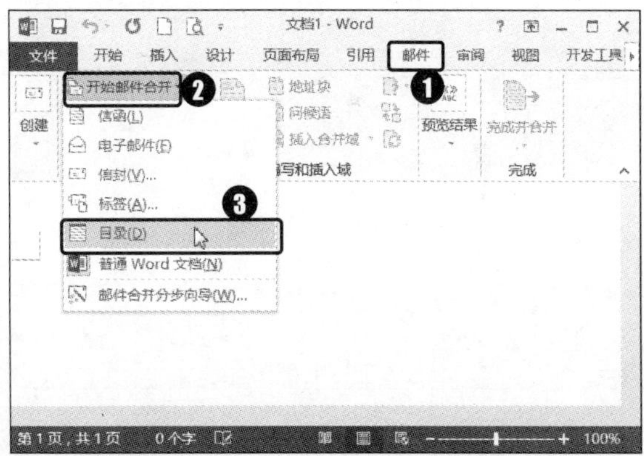

第 2 步： ❶在文档中输入文本内容；❷在“开始邮件合并”组中单击 选择收件人 按钮；❸从弹出的下拉列表中选择“使用现有列表”选项，如下图所示。

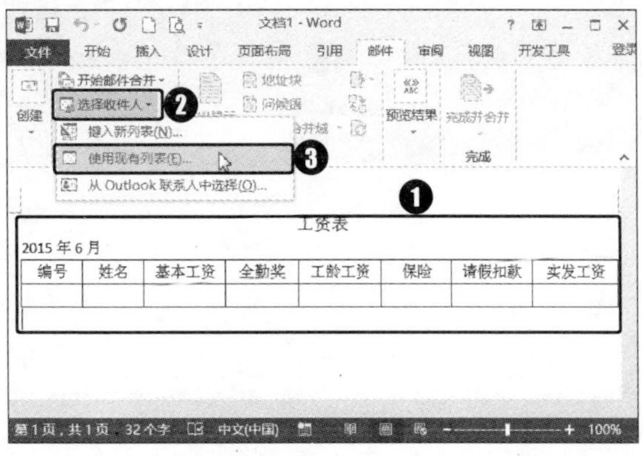

第 3 步： 打开“选择数据源”对话框，❶找到保存数据源的位置；❷选择“工资表.xlsx”选项；❸单击打开(O)按钮，如下图所示。

第 4 步： 打开“选择表格”对话框，单击确定按钮，如下图所示。

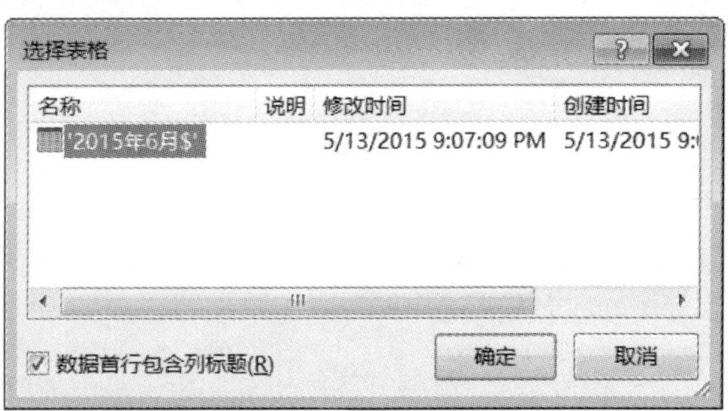

第 5 步： ❶将光标定位到第 1 个单元格中；❷在“编写和插入域”组中单击插入合并域按钮右侧的下三角按钮；❸从弹出的下拉列表中选择“编号”选项，如下图所示。

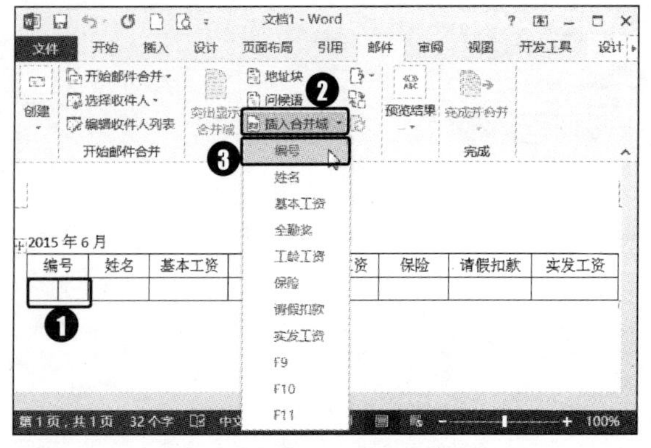

第 6 步： 按照同样的方法依次在其他单元格中插入相应的域内容，如下图所示。

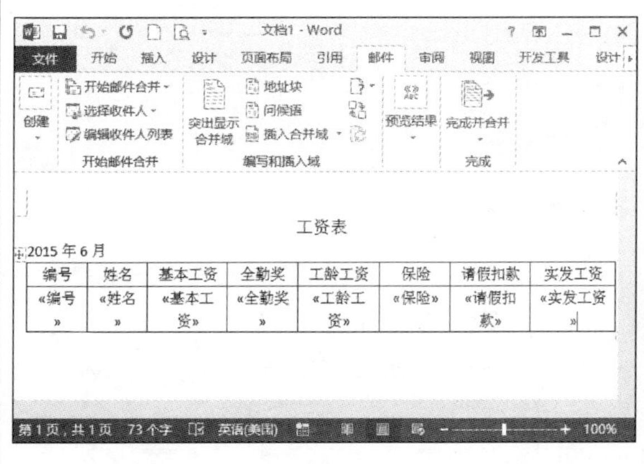

第 7 步： ❶在“完成”组中单击“完成并合并”按钮；❷从弹出的下拉列表中选择“编辑单个文档”选项，如下图所示。

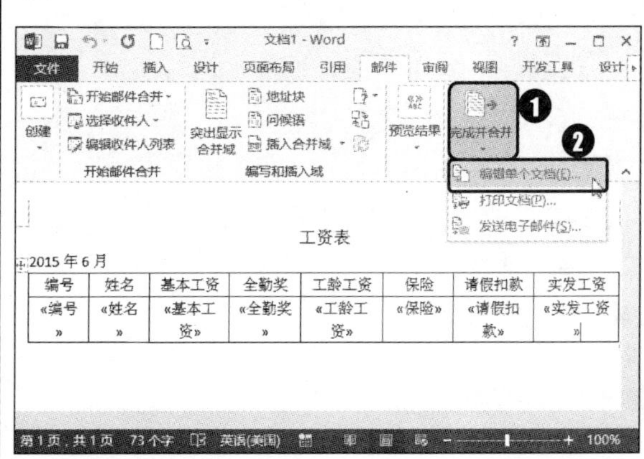

第 8 步： 打开“合并到新文档”对话框，在“合并记录”选项组中选中“全部”单选按钮，单击确定按钮，如下图所示。

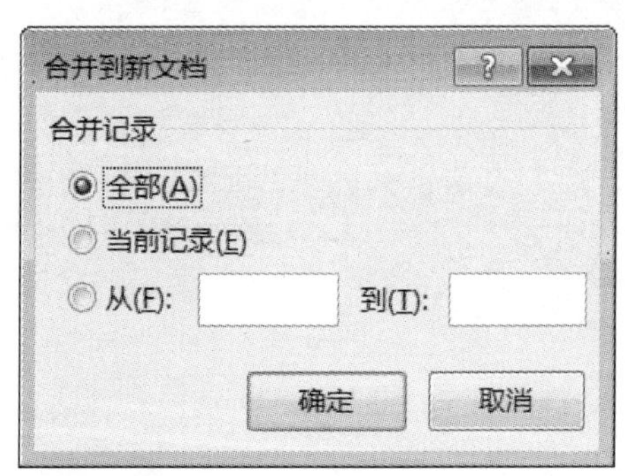

第 9 步： 新建一个名为“目录 1”的文档，并显示工资条，然后将此文档保存打印即可。

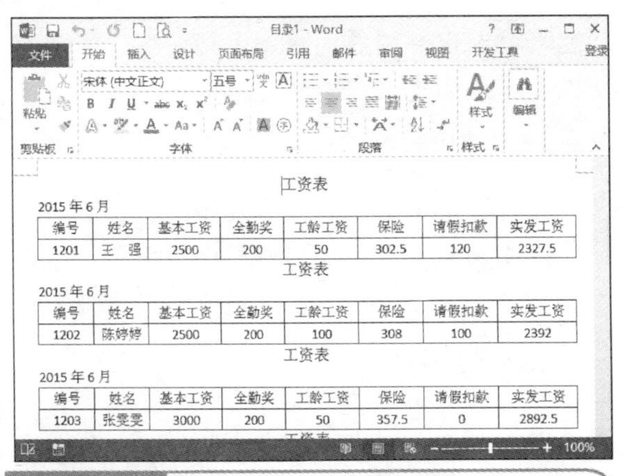

工资表

2015 年 6 月

编号	姓名	基本工资	全勤奖	工龄工资	保险	请假扣款	实发工资
1201	王　强	2500	200	50	302.5	120	2327.5

工资表

2015 年 6 月

编号	姓名	基本工资	全勤奖	工龄工资	保险	请假扣款	实发工资
1202	陈婷婷	2500	200	100	308	100	2392

工资表

2015 年 6 月

编号	姓名	基本工资	全勤奖	工龄工资	保险	请假扣款	实发工资
1203	张雯雯	3000	200	50	357.5	0	2892.5

技巧 193：配置 Outlook 账户

● **适用版本：**2007、2010、2013、2016

● **实用指数：**★★☆☆☆

说 明

在 Word 中运用 Outlook 发送文档时，用户首先要配置 Outlook 账户，使其能正常收发邮件。

方法

要配置 Outlook 账户，具体操作方法如下。

第 1 步： 单击开始按钮，从弹出的"开始"菜单中依次选择"所有程序"→"Microsoft Office 2013"→"Outlook 2013"菜单项，如下图所示。

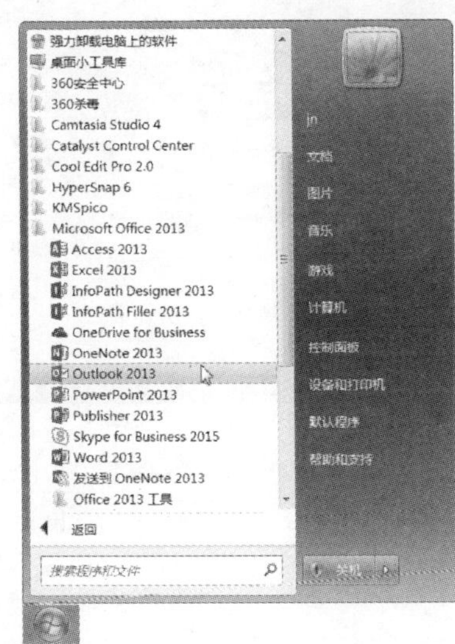

第 2 步： 新建一个 Outlook 2013 文件，单击"文件"按钮，从弹出的界面中选择"信息"选项，然后单击"添加帐户"按钮，如下图所示。

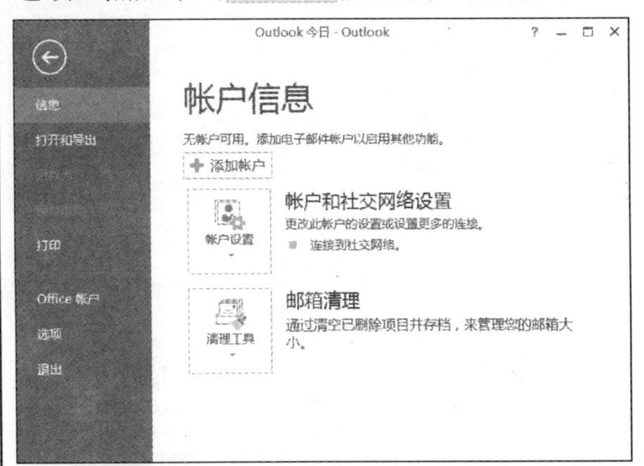

第 3 步： 弹出"选择服务"对话框，❶选中"电子邮件账户"单选按钮；❷单击"下一步(N) >"按钮，如下图所示。

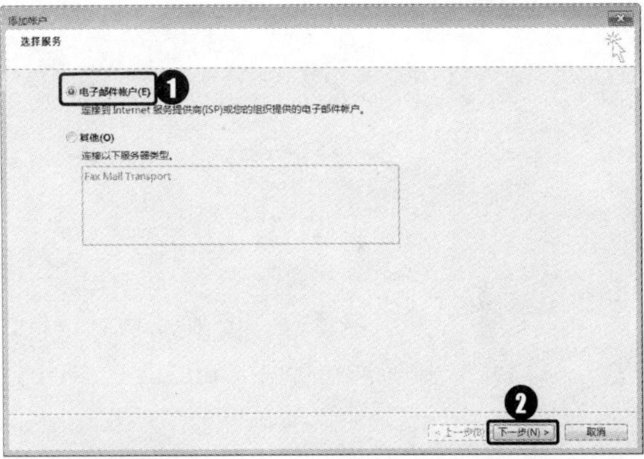

第 4 步： 进入"自动账户设置"界面，❶用户可以分别在"您的姓名""电子邮件地址""密码"和"重新键入密码"文本框中输入相应的信息；❷单击"下一步(N) >"按钮，如下图所示。

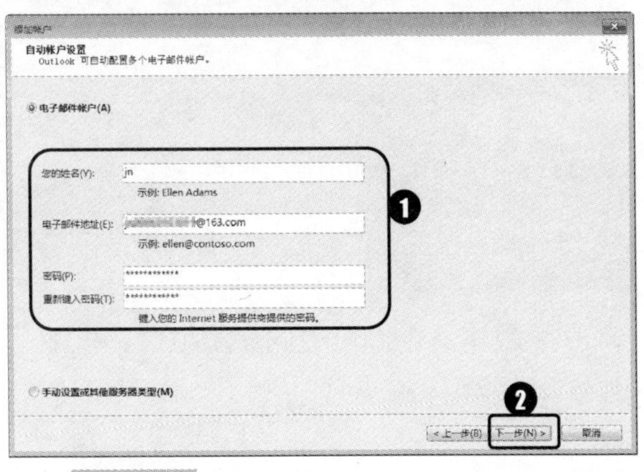

第 5 步： 弹出"Microsoft Outlook"提示对话框，单击"允许(A)"按钮，如下图所示。

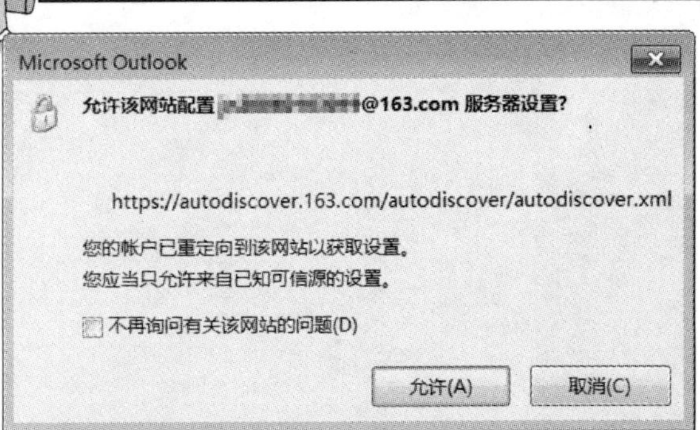

第 6 步： 此时，Word 系统正在配置电子邮件服务器设置，如下图所示。

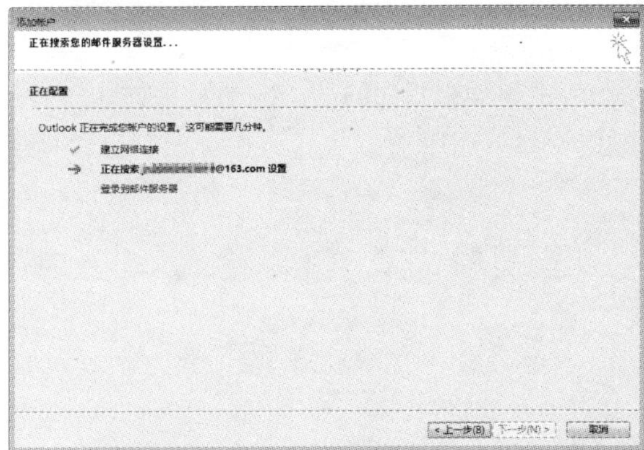

第 7 步： 弹出电子邮件配置成功对话框，单击 完成 按钮即可完成 Outlook 账户的配置，如下图所示。

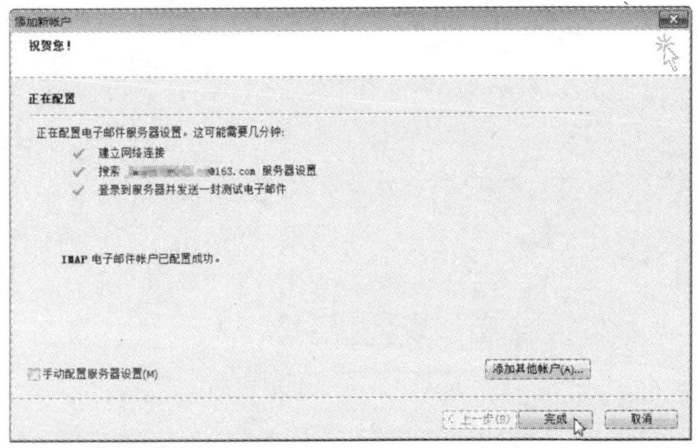

技巧 194：群发电子邮件

●适用版本：2007、2010、2013、2016

●实用指数：★★☆☆☆

说明

用户可以使用 Word 提供的“邮件合并”功能来群发电子邮件，将每个指定客户名字的文档发送到指定客户的邮件地址中。

方法

要群发电子邮件，具体操作方法如下。

第 1 步： 打开光盘\素材文件\第 7 章\7.2\“面试通知书.docx”文件，❶切换到“邮件”选项卡；❷在“开始邮件合并”组中单击 开始邮件合并 按钮；❸从弹出的下拉列表中选择“电子邮件”选项，如下图所示。

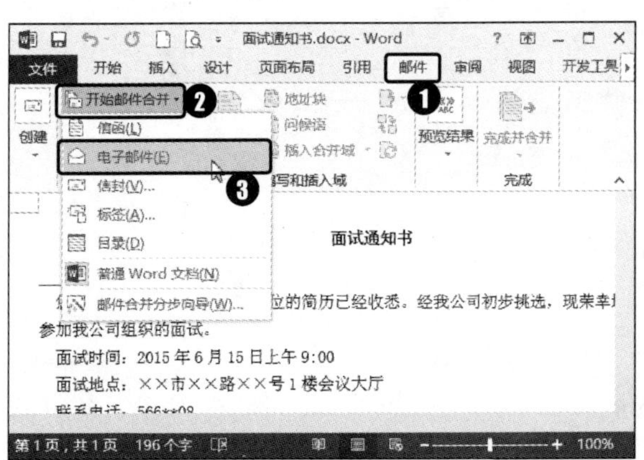

第 2 步： ❶在“开始邮件合并”组中单击 选择收件人 按钮；❷从弹出的下拉列表中选择“使用现有列表”选项，如下图所示。

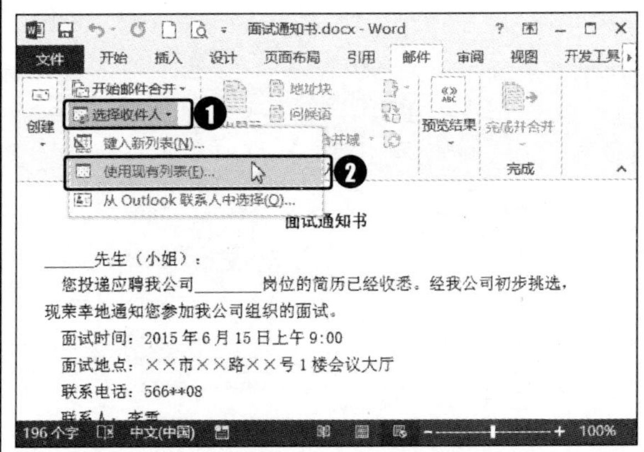

第 3 步： 打开“选择数据源”对话框，❶找到保存数据源的位置；❷选择“面试人员信息.xlsx”选项；❸单击 打开(O) 按钮，如下图所示。

第 4 步： 打开“选择表格”对话框，单击 确定 按钮，如下图所示。

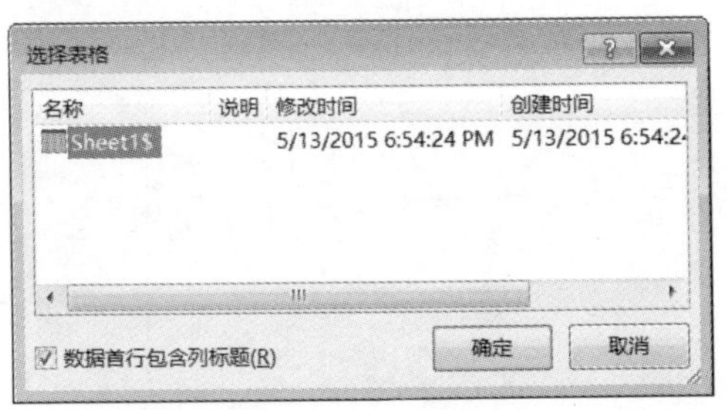

第 5 步： ❶在 Word 文档中选中要插入姓名的位置；❷在“编写和插入域”组中单击 插入合并域 按钮右侧的下三角按钮 ▾；❸从弹出的下拉列表中选择“姓名”选项，如下图所示。

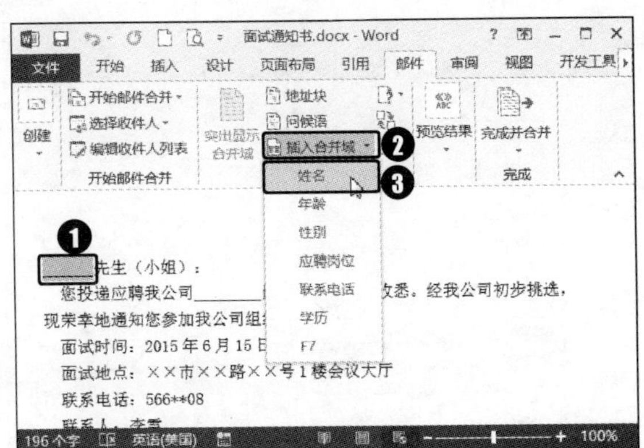

第 6 步： 使用同样的方法插入“应聘岗位”域。❶在“完成”组中单击“完成并合并”按钮；❷从弹出的下拉列表中选择“发送电子邮件”选项，此时在文档中即可看到“姓名”和“应聘岗位”在不断地变化并发送邮件，如下图所示。

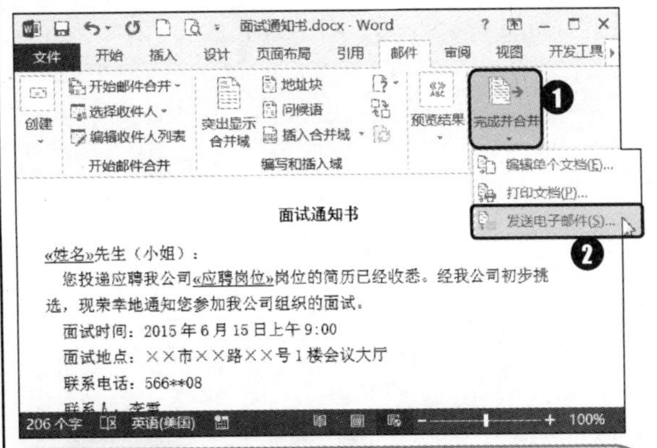

技巧 195：在邮件合并域中将年月日分开

●**适用版本：**2007、2010、2013、2016

●**实用指数：**★★☆☆☆

说 明

用户还可以使用“邮件合并”功能将数据源中包含年、月、日的日期以分开插入的形式合并到主文档中。

方法

要在邮件合并域中将年月日分开，具体操作方法如下。

第 1 步： 打开光盘\素材文件\第 7 章\7.2\“在邮件合并域中将年月日分开.docx”文件，❶切换到“邮件”选项卡；❷在“开始邮件合并”组中单击 开始邮件合并 ▾ 按钮；❸从弹出的下拉列表中选择“目录”选项，如下图所示。

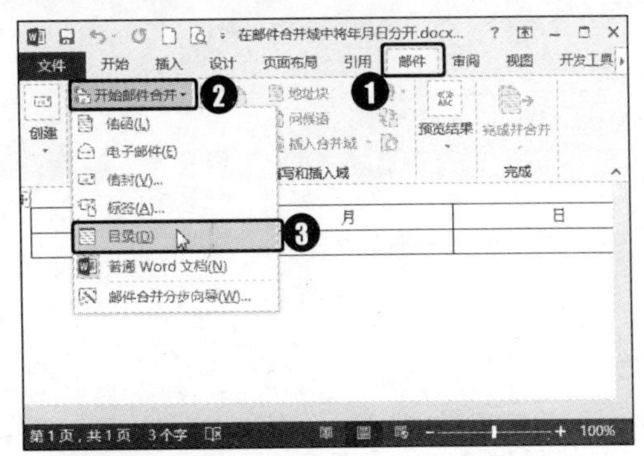

第 2 步： 按照技巧 192 介绍的方法打开数据源，将插入点定位在第一个空白单元格中(即

在要插入年的地方），按〈Ctrl+F9〉组合键，插入域符号“{ }”，在其中输入“mergefield"日期" \@"yyyy"”，如下图所示。

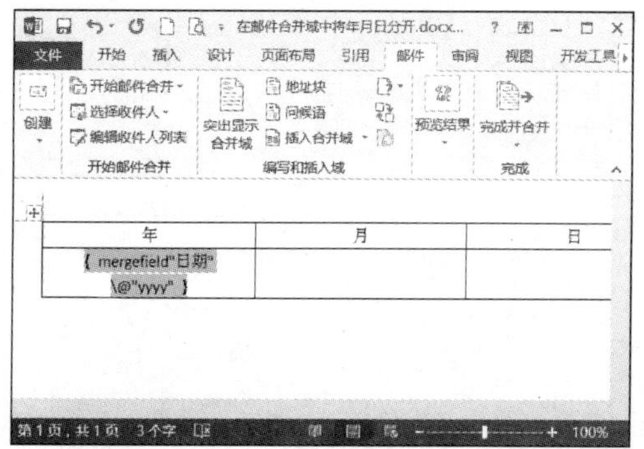

第 3 步： 按〈F9〉键即可更新域，将插入点定位到要插入“月”的单元格中，按〈Ctrl+F9〉组合键，插入一对域符号“{ }”，然后输入“mergefield"日期"\@"M"”，如下图所示。

第 4 步： 按照以上的操作，在要输入“日”的空白单元格中插入“{ mergefield"日期"\@"d"}”域，如下图所示。

第 5 步： 按〈F9〉键，切换到“邮件”选项卡，❶在“完成”组中单击“完成并合并”按钮；❷从弹出的下拉列表中选择“编辑单个文档”选项，如下图所示。

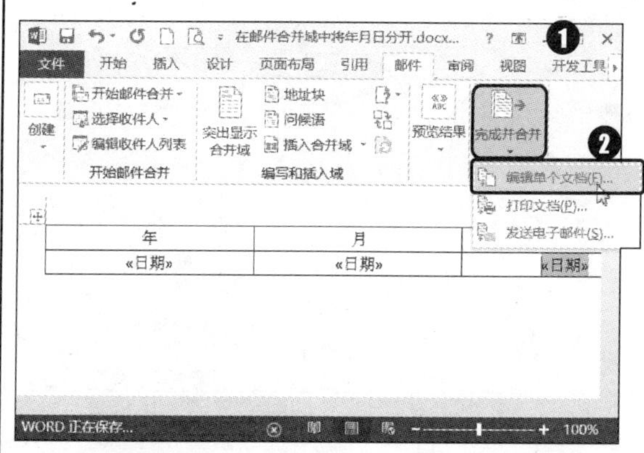

第 6 步： 打开“合并到新文档”对话框，选中“全部”单选按钮，然后单击确定按钮，如下图所示。

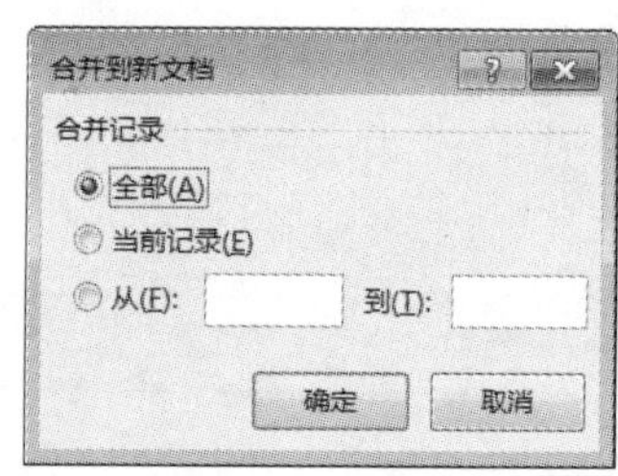

第 7 步： 新建一个新文档“目录 1”，可以看到分开的年月日效果，将其保存在光盘\最终效果\第 7 章\7.2 中，并重命名为“在邮件合并域中将年月日分开.docx”，如下图所示。

技巧 196：邮件合并后更改日期格式

- **适用版本：** 2007、2010、2013、2016
- **实用指数：** ★★☆☆☆

说 明

日常工作中，经常使用“邮件合并”功能批量制作邀请函和通知等，但是邮件合并后有些数据格式却不是用户想要。接下来介绍邮件合并后怎样更改日期格式。

方法

要在邮件合并后更改日期格式，具体操作方法如下。

第 1 步： 打开光盘\素材文件\第 7 章\7.2\“面试通知书 01.docx”文件，❶切换到“邮件”选项卡；❷在“开始邮件合并”组中单击 选择收件人 按钮；❸从弹出的下拉列表中选择“使用现有列表”选项，如下图所示。

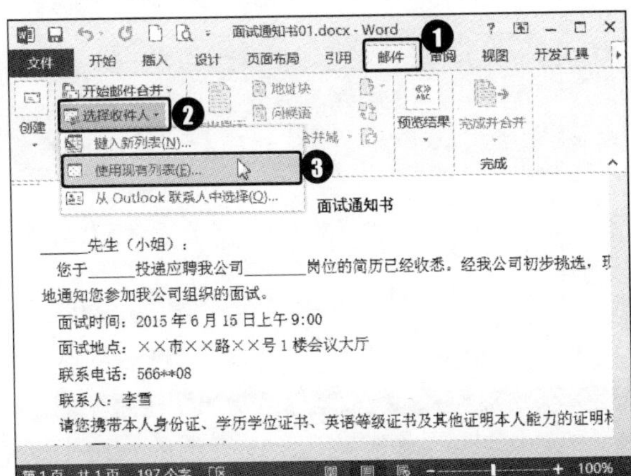

第 2 步： 打开“选择数据源”对话框，❶找到保存数据源的位置；❷选择“面试人员信息 01.xlsx”选项；❸单击 打开(O) 按钮，如下图所示。

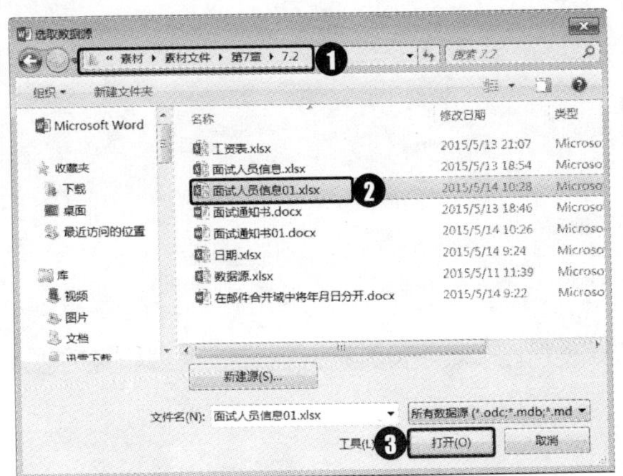

第 3 步： 打开“选择表格”对话框，单击 确定 按钮，如下图所示。

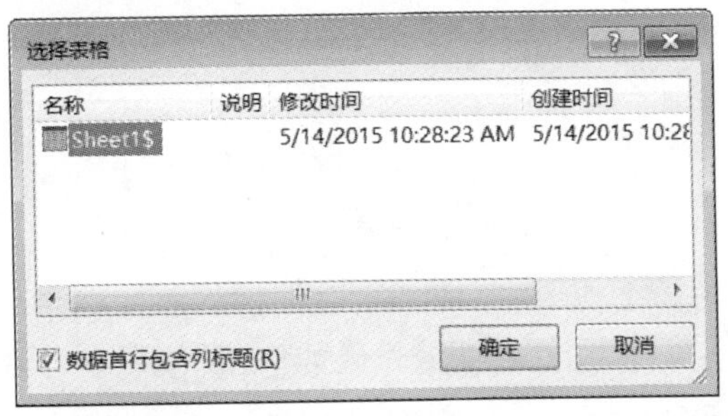

第 4 步： 在 Word 文档中选中要插入域的位置，按照技巧 191 介绍的插入合并域的方法，依次插入相应的域，如下图所示。

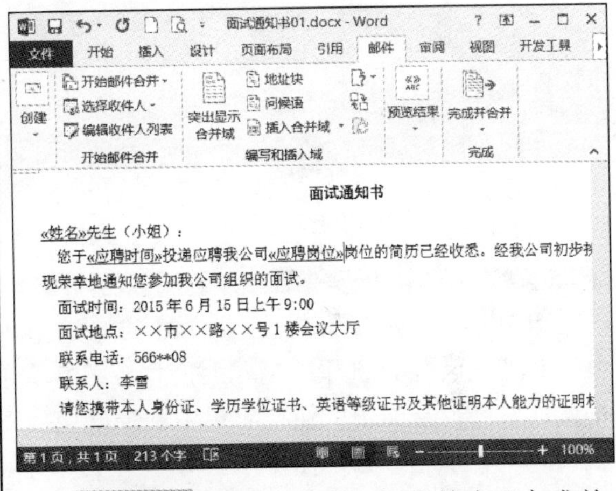

第 5 步： ❶在“完成”组中单击“完成并合并”按钮；❷从弹出的下拉列表中选择“编辑单个文档”选项，如下图所示。

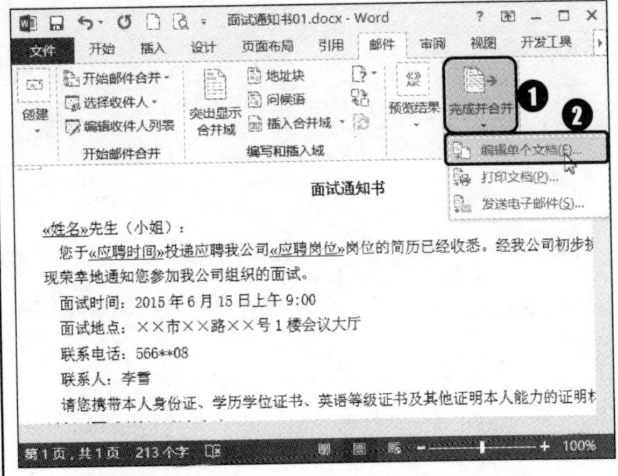

第 6 步： 打开“合并到新文档”对话框，❶在“合并记录”选项组中选中“全部”单选按钮；❷单击 确定 按钮，如下图所示。

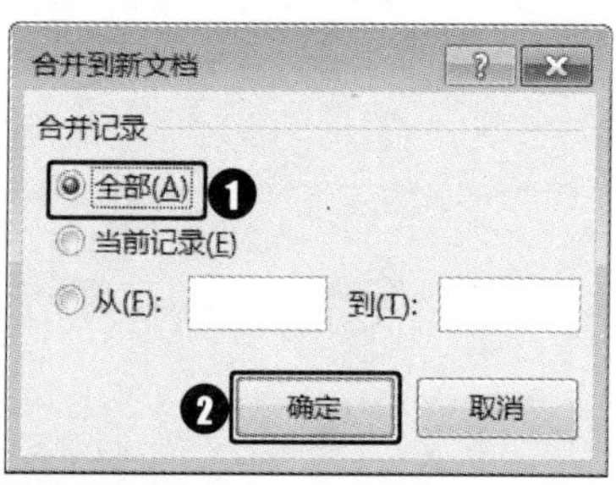

第 7 步： 生成一个合并后的新文档“信函 1”，添加的日期域效果如下图所示。

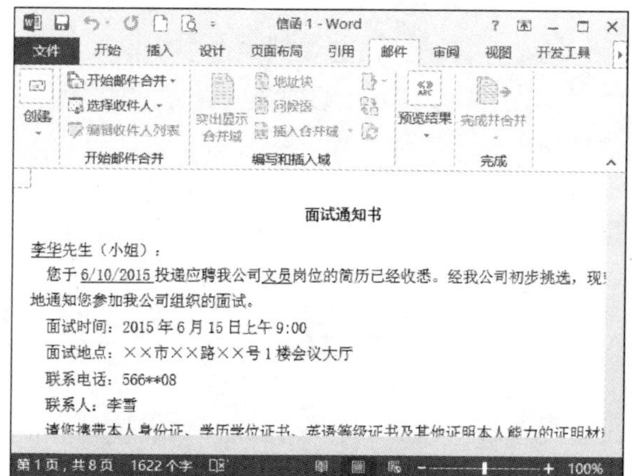

第 8 步： ❶在素材文件“面试通知书01.docx”文件中，选中“应聘时间”域；❷单击鼠标右键，从弹出的快捷菜单中选择“切换域代码”菜单项，如下图所示。

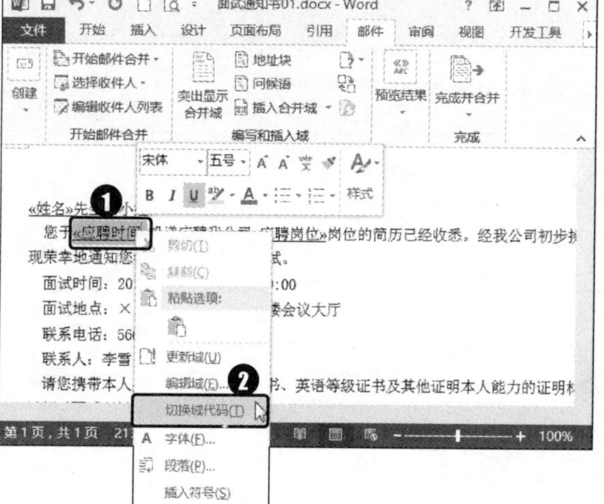

第 9 步： 此时显示出“应聘时间”域的域代码，用户可以将光标定位在域代码中，对其进行修改，这里将域代码修改为“{MERGEFIELD 应聘时间\@"yyyy-MM-dd"}”，如下图所示。

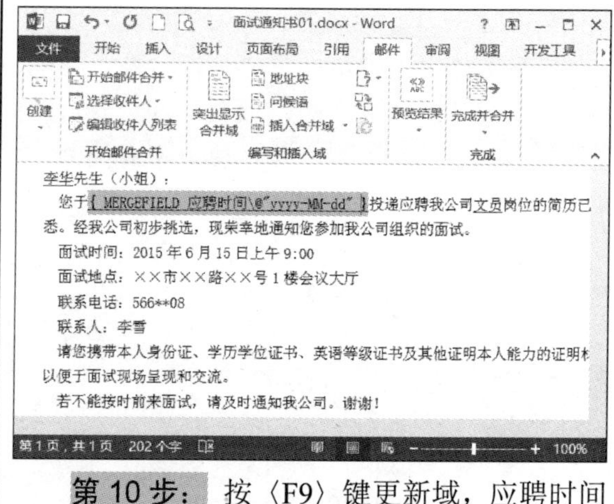

第 10 步： 按〈F9〉键更新域，应聘时间的日期形式效果如下图所示。

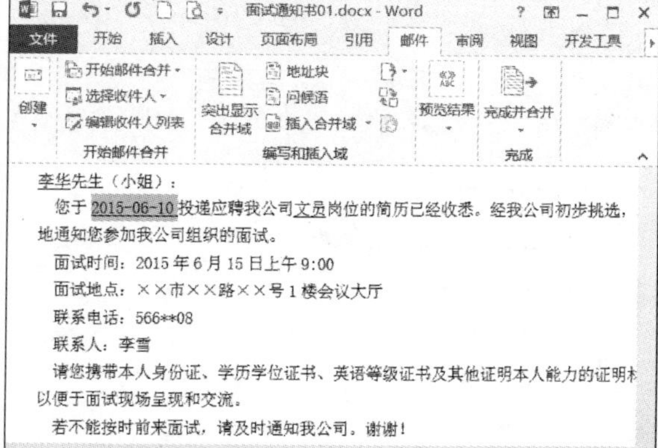

第 11 步： 按照技巧 191 介绍的方法生成一个新文档，并将其保存为“邮件合并后更改日期格式.docx”，效果如下图所示。

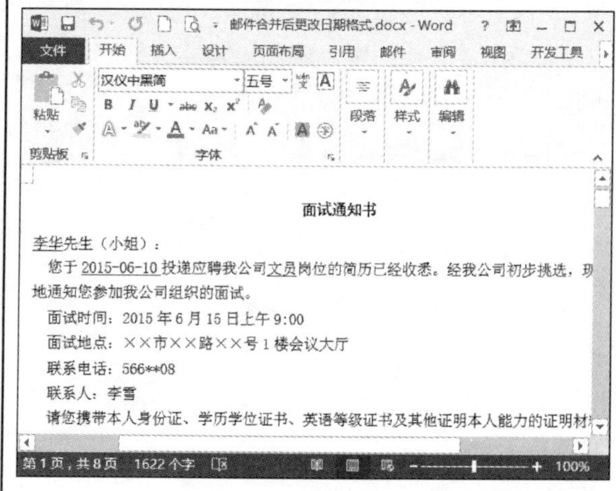

Excel 工作簿与工作表的操作技巧

Excel 2013 是专门用来制作电子表格的软件，通过该软件可以制作各种各样的表格。在使用该软件制作表格前，掌握工作簿与工作表的相关操作技巧，可以使工作达到事半功倍的效果。

▷▷ 8.1 工作簿操作技巧

工作簿就是通常说的 Excel 文件，主要用于保存表格的内容。下面就为读者介绍工作簿的操作技巧。

技巧 197: 利用模板快速创建工作簿

●适用版本：2007、2010、2013、2016

●实用指数：★★★☆☆

说明

Excel 自带许多模板，用户可以利用这些模板快速创建各种类型的工作簿。

方法

例如，根据“预算”类别中的“节日礼品列表”模板创建工作簿，具体操作方法如下。

第 1 步： 启动 Excel 2013，在接下来打开的窗口中将显示程序自带的模板缩略图，此时可直接单击需要的模板选项，也可选择模板类别，本例中单击“预算”链接，如下图所示。

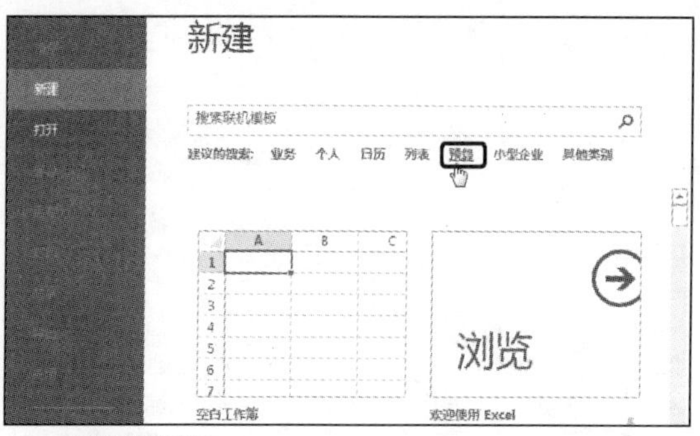

第 2 步： ❶单击需要的模板选项，本例中单击“节日礼品列表”；❷在打开的窗口中可放大显示该模板，直接单击“创建”按钮，如下图所示。

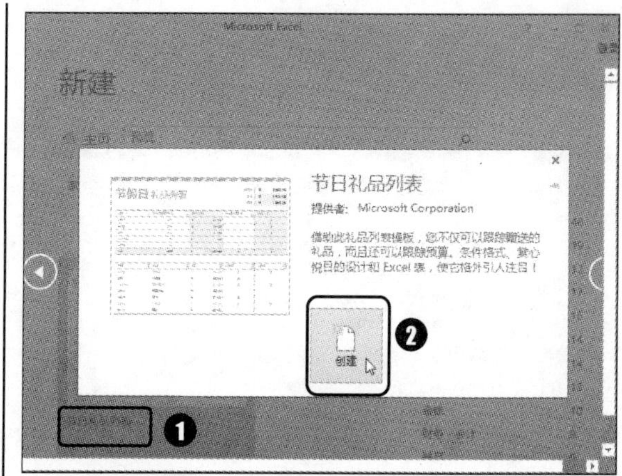

第 3 步： 若选择的是未下载过的模板，则系统会自行下载模板，完成下载后，Excel 会基于所选模板自动创建一个新工作簿，此时可发现基本内容、格式和统计方式基本上都编辑好了，用户只须在相应的位置输入相关内容即可，效果如下图所示。

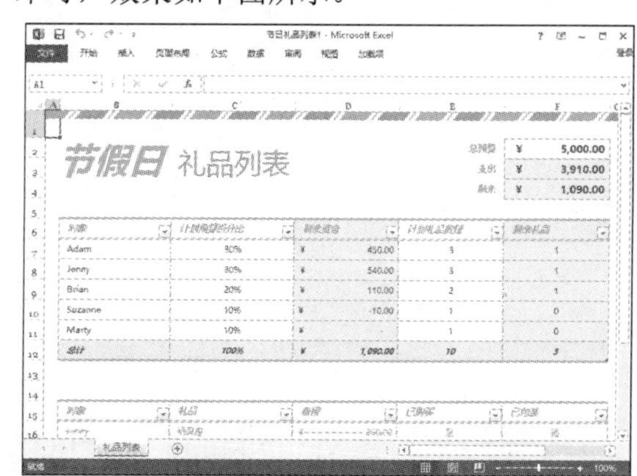

专家点拨

在 Excel 2007、2010 版本中，根据模板创建工作簿的操作方法略有不同。在 Excel 2007 中，须在 Excel 工作窗口中单击“Office”按钮，在弹出的下拉菜单中选择“新建”菜单项，在弹出的“新建工作簿”中选择模板创建工作簿即可；在 Excel 2010 中，须在 Excel 工作窗口中单击“文件”按钮，在左侧选择“新建”菜单项，在中间窗格中选择模板创建工作簿即可。Excel 2013、2016 不仅可以在工作窗口中通过“文件”界面新建工作簿，还能在启动过程中新建工作簿。

此外，在 Excel 2013 中有时会切换到“文件”界面中进行相关的操作，Excel 2007 中只需要单击“Office”按钮，在弹出的下拉菜单中找到相应的菜单项进行操作即可，此后不再一一赘述了。

技巧 198：创建工作簿模板

●**适用版本：**2007、2010、2013、2016

●**实用指数：**★★★☆☆

在办公过程中，经常会编辑工资表、财务报表等，若每次都新建空白工作簿，再依次输入相关内容，势必会影响工作效率，此时可以新建一个模板来提高效率。

方法

例如，要创建一个“工资表模板.xltx”，具体操作方法如下。

第 1 步： 新建一个存放模板的文件夹，本例中在“E:\高效办公不求人系列\Word Excel Point 2013 办公应用技巧\素材文件\第 8 章”目录下新建一个名为“自定义模板”的文件夹。

第 2 步： 在 Excel 窗口中单击“文件”按钮，如下图所示。

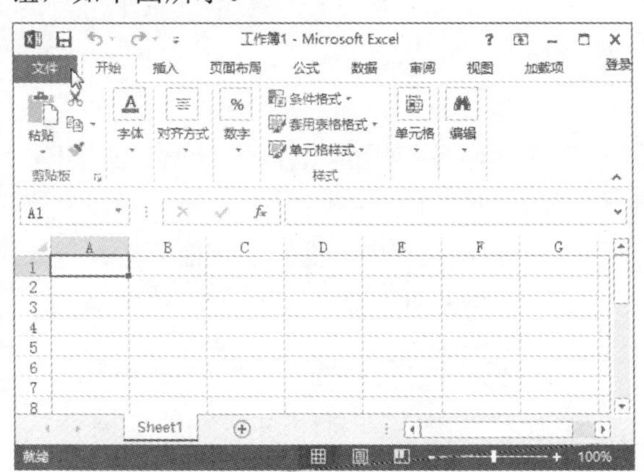

第 3 步： 进入“文件”界面，选择左侧窗格中的“选项”菜单项，如下图所示。

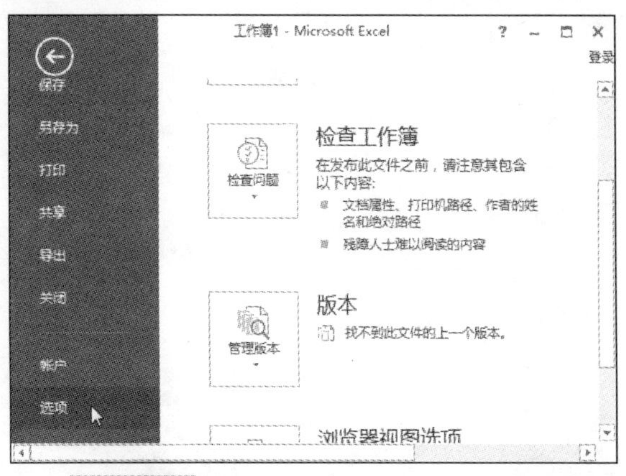

第 4 步： ❶弹出“Excel 选项”对话框后切换到“保存”选项卡；❷在“默认个人模板位置”文本框中输入模板存放路径，本例中为“E:\高效办公不求人系列\Word Excel Point 办公应用技巧大全\素材文件\第 8 章\自定义模板”；❸单击“确定”按钮，如下图所示。

第 5 步： 新建一个空白工作簿，输入相关内容，并设置好格式及计算方式，效果如下图所示。

工资表

编号	姓名	部门	基本工资	岗位工资	全勤奖	请假天数	考勤扣款	实发工资
YG001	张浩	营销部	2000	500	500		0	3000
YG002	刘妙儿	市场部	1500	800	500		0	2800
YG003	吴欣	广告部	2500	600	500		0	3600
YG004	李冉	市场部	1500	500	500		0	2500
YG005	朱杰	财务部	2000	700	500		0	3200
YG006	王欣雨	营销部	2000	500	500		0	3000
YG007	林霖	广告部	2500	800	500		0	3800
YG008	黄佳华	广告部	2500	1000	500		0	4000
YG009	杨笑	市场部	1500	500	500		0	2500
YG010	吴佳佳	财务部	2000	600	500		0	3100

第 6 步： ❶切换到“文件”界面，在左侧窗格选择“另存为”菜单项，❷在中间窗格选择“计算机”选项；❸在右侧窗格单击“浏览”

按钮，如下图所示。

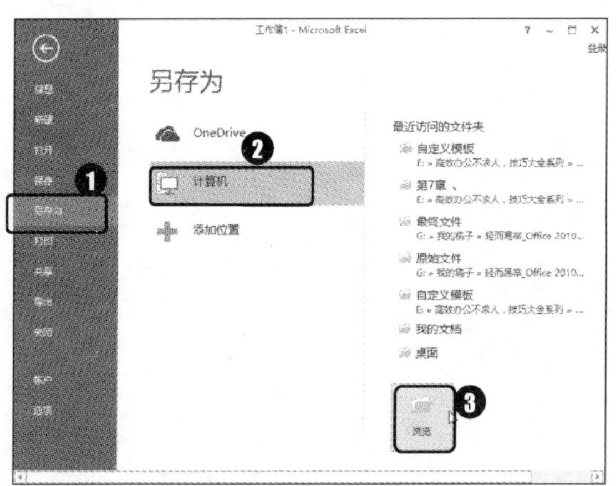

第 7 步： 弹出“另存为”对话框，❶在“保存类型”下拉列表框中选择“Excel 模板(*.xltx)”选项，此时保存路径将自动设置为模板的存放路径；❷输入文件名；❸单击“保存”按钮，如下图所示。

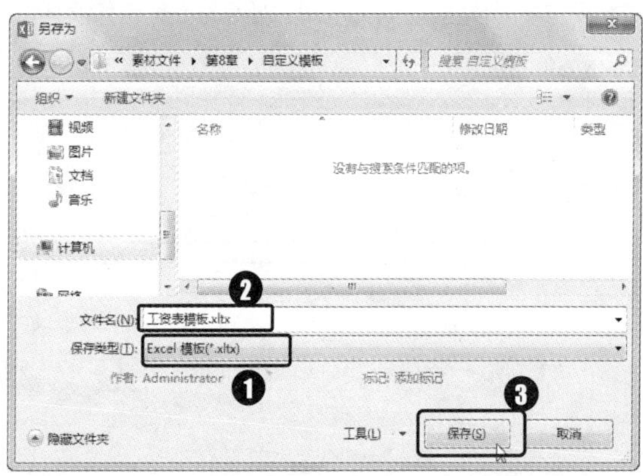

> **专家点拨**
>
> 在 Excel 2007、2010 版本中创建工作簿模板时，不需要执行第 1~3 步操作，只是在保存为模板格式时，需要将保存路径设置为“C:\Users\Administrator\AppData\Roaming\Microsoft\Templates”(其中，“Administrator”为当前登录系统的用户名)。

第 8 步： 创建好“工资表模板.xltx”后，就可以根据该模板创建新工作簿了，具体操作方法为：❶在 Excel 窗口中切换到“文件”界面，在左侧窗格选择“新建”菜单项；❷右侧窗格的模板缩略图预览中会出现“特色 个人”选项，单击“个人”链接，就可以看到创建的模板了；❸单击模板选项，即可基于该模板创建新工作簿，如下图所示。

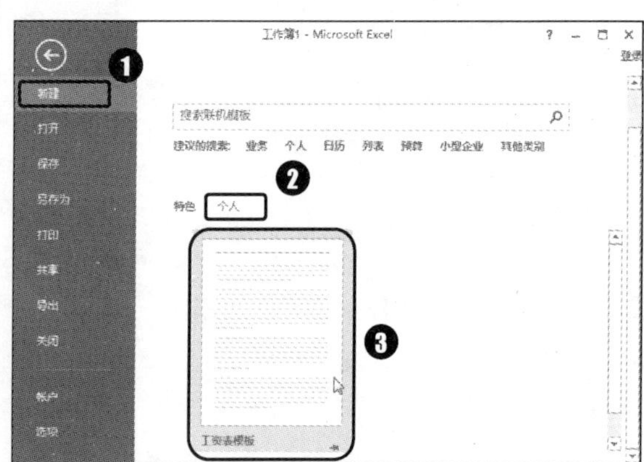

技巧 199：将工作簿固定在最近使用的工作簿列表中

●**适用版本：**2007、2010、2013、2016

●**实用指数：**★★★★★

说 明

启动 Excel 2013 程序后，在打开的窗口左侧有一个“最近使用的文档”页面，该页面中显示了最近使用的工作簿，单击某个工作簿选项可快速打开该工作簿。另外，在 Excel 窗口中切换到“文件”界面，在左侧窗格中选择“打开”菜单项，在右侧窗格中会显示“最近使用的工作簿”列表，通过该列表也可快速访问最近使用过的工作簿。

当打开多个工作簿后，通过“最近使用的文档”或“最近使用的工作簿”列表来打开最近使用的工作簿时，有可能列表中已经没有需要的工作簿了。因此，我们可以把需要频繁操作的工作簿固定在列表中，以方便使用。

方法

例如，要将“6 月工资表.xlsx”固定到“最近使用的工作簿”列表中，具体操作方法如下。

打开文件“6 月工资表.xlsx”，❶切换到“文件”界面，在左侧窗格中选择“打开”菜单项；❷在“最近使用的工作簿”列表中，将鼠标指向“6 月工资表.xlsx”时，右侧会出现图标，单击该图标即可将“6 月工资表.xlsx”固定到“最近使用的工作簿”列表中，如下图所示。

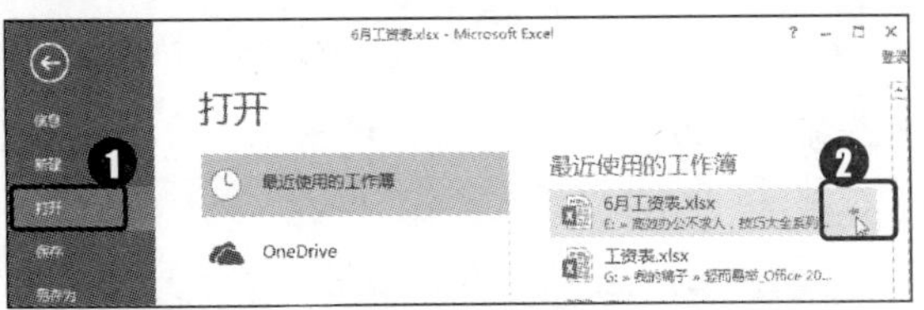

将某个工作簿固定到“最近使用的工作簿”列表中后，图标会变成，此时单击图标，可取消工作簿的固定。

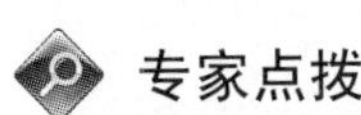

专家点拨

在 Excel 2010 中，切换到“文件”界面后，在右侧窗格选择“最近所有文件”，中间窗格将显示最近使用的工作簿。

技巧 200: 修改最近使用的工作簿的数目

●**适用版本：** 2007、2010、2013、2016

●**实用指数：** ★★☆☆☆

说 明

默认情况下，“最近使用的工作簿”列表中显示了最近使用过的 25 个工作簿，用户可以根据实际操作需求自行更改显示的数目。

方法

例如，要将最近使用的工作簿数目设置为 15，具体操作方法如下。

打开“Excel 选项”对话框，❶切换到“高级”选项卡；❷在“显示”选项组中，将“显示此数目的‘最近使用的工作簿’”微调框的数值设置为“15”，❸单击“确定”按钮，如下图所示。

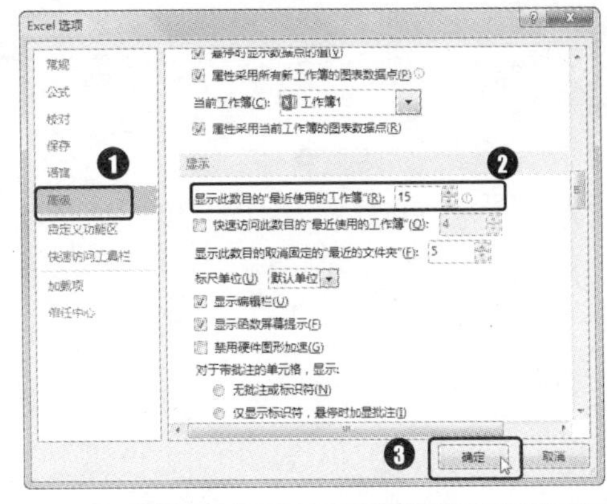

专家点拨

如果将“显示此数目的‘最近使用的工作簿’”微调框的值设置为“0”，则“最近使用的工作簿”列表中将不再显示最近使用过的工作簿。

技巧 201: 快速切换工作簿

●**适用版本：** 2007、2010、2013、2016

●**实用指数：** ★★★★★

说 明

当打开了多个工作簿时，人们习惯通过任务栏中的窗口按钮来切换工作簿窗口。若任务栏中窗口按钮太多时，会影响切换速度，此时可以通过 Excel 自带的“窗口切换”功能快速切换。

方法

通过 Excel 自带的“窗口切换”功能切换工作簿的具体操作方法如下。

❶在当前工作簿窗口中切换到“视图”选项卡；❷单击“窗口”组中的“切换窗口”按钮；❸在弹出的下拉列表中选择需要切换的工作簿即可，如下图所示。

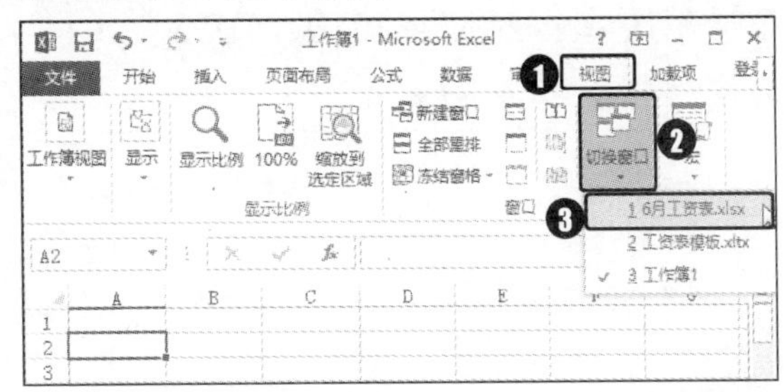

技巧 202：更改 Excel 默认工作表张数

●适用版本：2007、2010、2013、2016
●实用指数：★★★★★

默认情况下，在 Excel 2013 中新建一个工作簿后，该工作簿中只有 1 张空白工作表，根据操作需要，用户可以更改工作簿中默认的工作表张数。

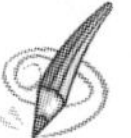

例如，要将默认的工作表张数设置为 4，具体操作方法如下。

打开“Excel 选项”对话框，❶在“常规”选项卡的“新建工作簿时”选项组中，将“包含的工作表数”微调框中的值设置为“4”；❷单击“确定”按钮，如下图所示。

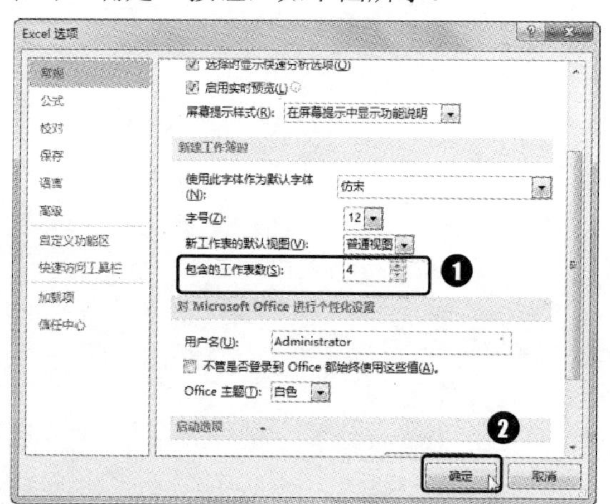

技巧 203：更改新建工作簿的默认字体与字号

●适用版本：2007、2010、2013、2016
●实用指数：★★★★☆

在新建工作簿中输入文本内容后，默认显示的字体为“宋体”，字号为“11”。在实际操作中，许多用户对默认的字体并不满意，因此每次新建工作簿都会重新设置字体格式。根据这样的情况，我们可以更改新建工作簿的默认字体与字号，这样新建的工作簿会采用更改后的字体与字号。

例如，要将默认的字体更改为“仿宋”、字号更改为“12”，具体操作方法如下。

打开“Excel 选项”对话框，❶在“常规”选项卡中的“新建工作簿时”选项组中，在“使用此字体作为默认字体”下拉列表框中选择字体，本例中选择“仿宋”；❷在“字号”下拉列表框中选择字号，本例中选择“12”；❸单击“确定”按钮，如下图所示。

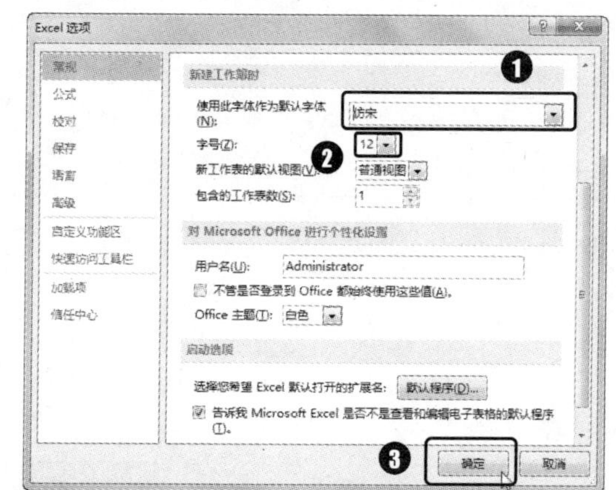

技巧 204：更改工作簿的默认保存路径

●适用版本：2007、2010、2013、2016
●实用指数：★★★★☆

新建的工作簿都有一个默认保存路径，而在实际操作中，用户经常会选择其他保存路径。因此，用户可根据操作需要将常用存储路径设置为默认保存位置。

例如，要将默认的保存路径设置为“E:\高效办公不求人系列\Word Excel Point 办公应用技巧\素材文件\第 8 章”，具体操作方法如下。

打开“Excel 选项”对话框，❶切换到“保存”选项卡；❷在“保存工作簿”栏的“默认本地文件位置”文本框中输入常用存储路径（也可通过单击“浏览”按钮进行设置），本例中输入“E:\高效办公不求人系列\Word Excel Point 办公应用技巧大全\素材文件\第 8 章”；❸单击“确定”按钮，如下图所示。

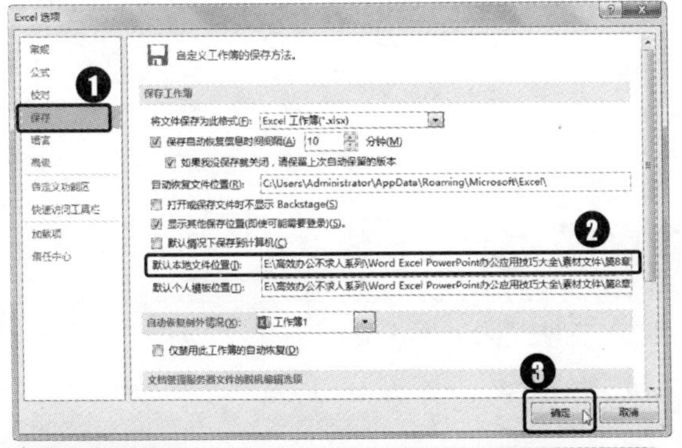

技巧 205：清除工作簿的个人信息

●适用版本：2007、2010、2013、2016

●实用指数：★★☆☆☆

说明

将工作簿编辑好后，有时可能需要发送给其他人查阅，若不想让别人知道工作簿的文档属性及个人信息，可将这些信息删除掉。

方法

删除工作簿的文档属性和个人信息的具体操作方法如下。

第 1 步： 打开“Excel 选项”对话框，❶切换到“信任中心”选项卡；❷单击“信任中心设置”按钮，如下图所示。

第 2 步： 弹出“信任中心”对话框，❶切换到“个人信息选项”选项卡；❷在“文档特定设置”选项组中单击“文档检查器”按钮，如下图所示。

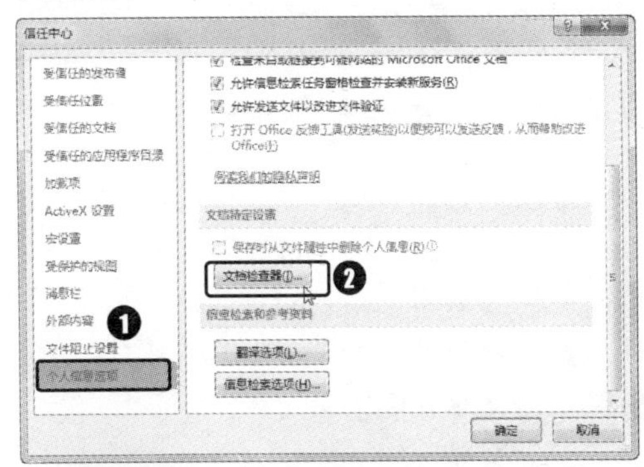

第 3 步： 弹出“文档检查器”对话框，❶选中“文档属性和个人信息”复选框；❷单击“检查”按钮，如下图所示。

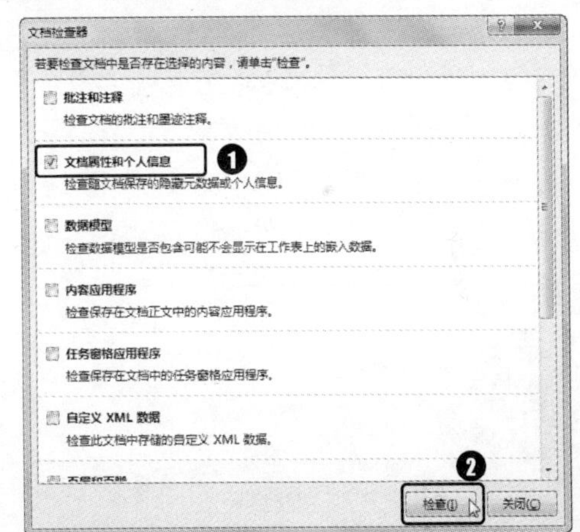

第 4 步： ❶检查完毕，单击“全部删除”按钮删除信息；❷单击“关闭”按钮关闭“文档检查器”对话框，如下图所示。

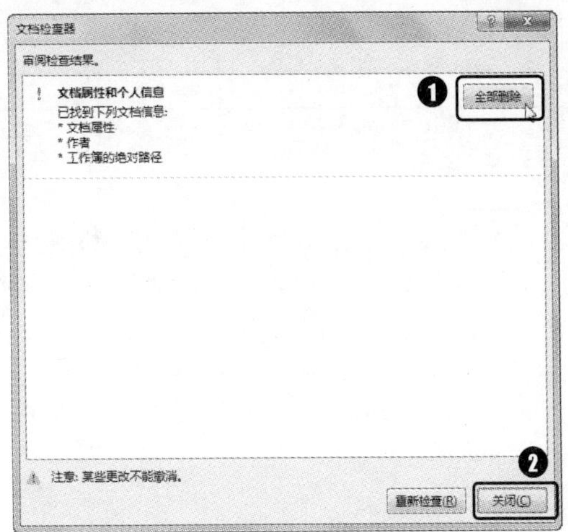

第 5 步： 在接下来返回的对话框中依次单击“确定”按钮，保存设置即可。

技巧 206：将工作簿标记为最终状态

●**适用版本**：2007、2010、2013、2016

●**实用指数**：★★★☆☆

将工作簿编辑好后，如果需要给其他用户查看，为了避免他人无意间修改工作簿，可以将其标记为最终状态。

方法

例如，要将“6 月工资表.xlsx”标记为最终状态，具体操作方法如下。

第 1 步： 打开“6 月工资表.xlsx”，切换到“文件”界面，默认显示“信息”页面，❶直接在右侧窗格中单击“保护工作簿”按钮；❷在弹出的下拉列表中选择“标记为最终状态”选项，如下图所示。

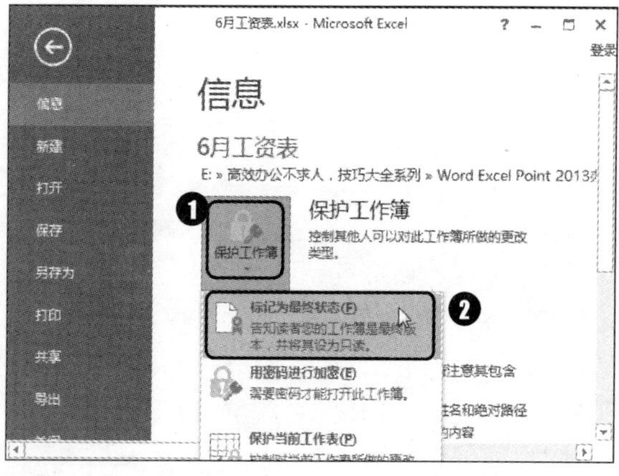

专家点拨

在 Excel 2007 版本中，单击“Office”按钮，在弹出的下拉菜单中依次选择“准备”→“标记为最终状态”菜单项即可。

第 2 步： 弹出提示框，提示当前工作簿将被标记为最终版本并保存，单击“确定”按钮，如下图所示。

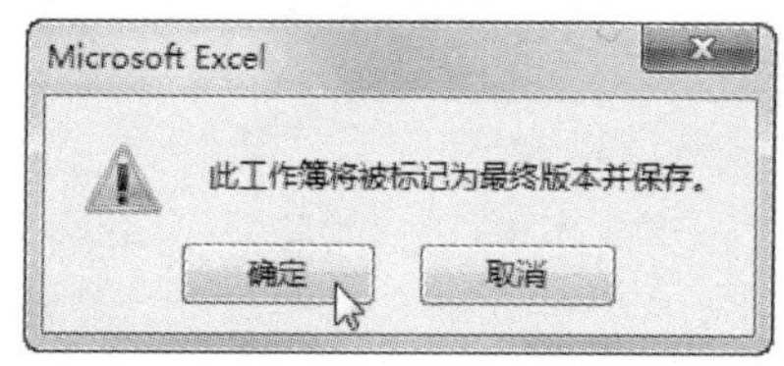

第 3 步： 弹出提示框，单击“确定”按钮即可，如下图所示。

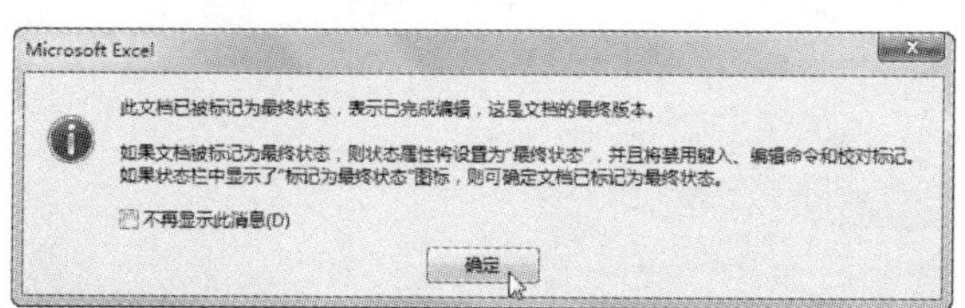

技巧 207：为工作簿设置打开密码

●**适用版本**：2007、2010、2013、2016

●**实用指数**：★★★★★

对于非常重要的工作簿，为了防止其他用户查看，可以设置打开工作簿时的密码，以达到保护工作簿的目的。

对工作簿设置打开密码后，再次打开该工作簿时，会弹出“密码”对话框，此时需要输入正确的密码才能将其打开，如下图所示。

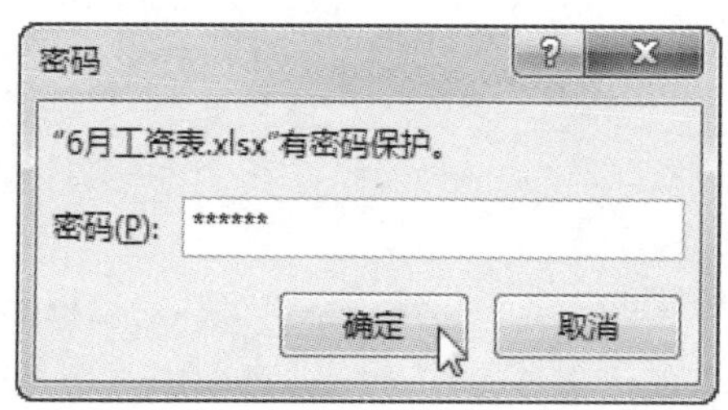

方法

例如，要为“6 月工资表.xlsx”设置打开密码，具体操作方法如下。

第 1 步： 打开“6 月工资表.xlsx”，切换到“文件”界面。

第 2 步： ❶默认显示“信息”页面，单击“保护工作簿”按钮；❷在弹出的下拉列表中选择“用密码进行加密”选项，如下图所示。

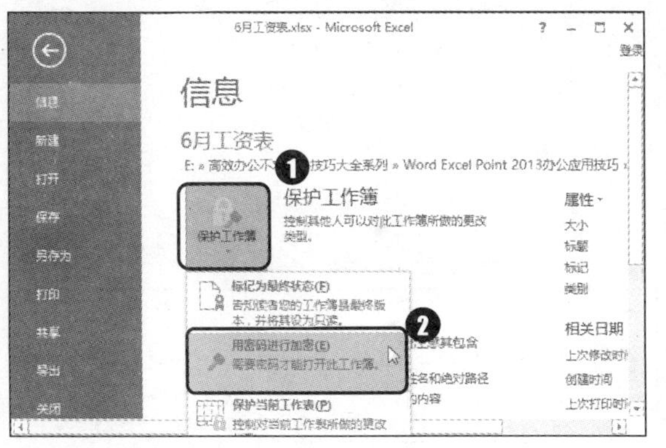

> **专家点拨**
>
> 在 Excel 2007 版本中，单击“Office”按钮，在弹出的下拉菜单中依次选择“准备”→“加密文档”菜单项即可。

第 3 步： 弹出“加密文档”对话框，❶在“密码”文本框中输入密码“123456”；❷单击“确定”按钮，如下图所示。

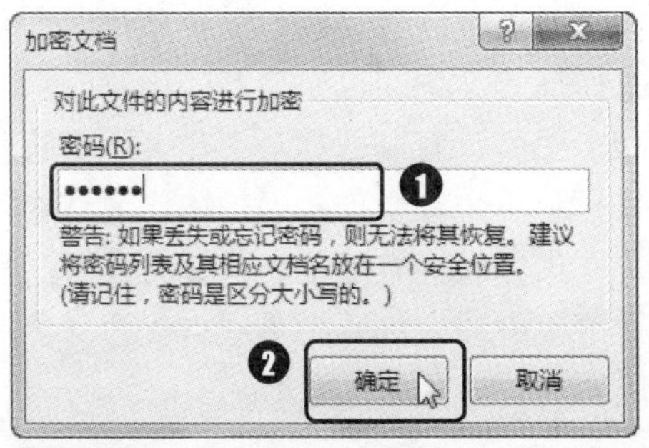

第 4 步： 弹出“确认密码”对话框，❶在“重新输入密码”文本框中再次输入设置的密码“123456”；❷单击“确定”按钮，如下图所示。

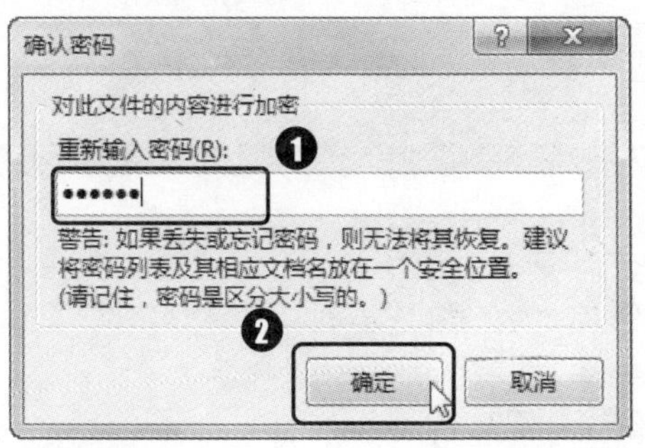

第 5 步： 返回工作簿，进行保存操作即可。

> **专家点拨**
>
> 若要取消工作簿的密码保护，需要先打开该工作簿，然后打开“加密文档”对话框，将“密码”文本框中的密码删除，最后单击“确定”按钮即可。

技巧 208：为工作簿设置修改密码

●**适用版本：** 2007、2010、2013、2016

●**实用指数：** ★★★★★

说 明

对于比较重要的工作簿，在允许其他用户查阅的情况下，为了防止数据被编辑修改，用户可以设置一个修改密码。打开设置了修改密码的工作簿时，会弹出“密码”对话框提示输入密码，这时只有输入正确的密码才能打开工作簿并进行编辑，否则只能单击“只读”按钮以只读方式打开，效果如下图所示。

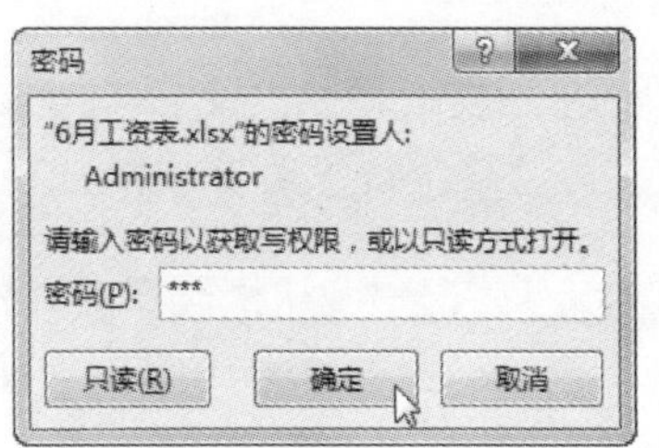

方法

例如，要为“6 月工资表.xlsx”设置修改密码，具体操作方法如下。

第 1 步： 打开“6 月工资表.xlsx”，按〈F12〉键。

第 2 步： 弹出“另存为”对话框，❶单击“工具”按钮；❷在弹出的下拉列表中选择“常规选项”选项，如下图所示。

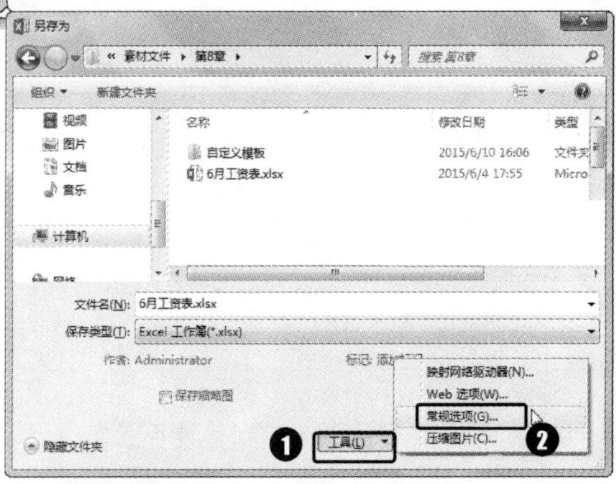

第 3 步： 弹出“常规选项”对话框，❶在“修改权限密码”文本框中输入密码“abc”；❷单击“确定”按钮，如下图所示。

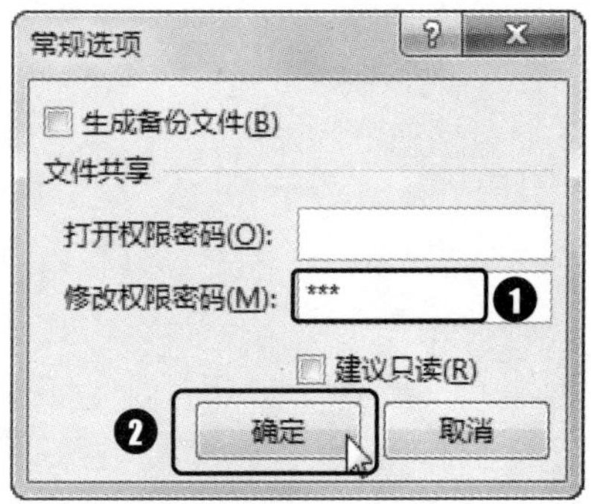

专家点拨

在“打开权限密码”文本框中输入密码，可以为工作簿设置打开密码。

第 4 步： 弹出“确认密码”对话框，❶再次输入密码“abc”；❷单击“确定”按钮，如下图所示。

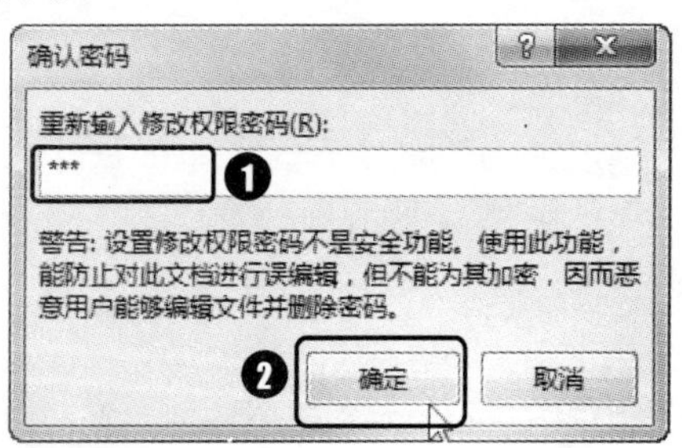

第 5 步： 返回“另存为”对话框，单击“保存”按钮。

第 6 步： 弹出“确认另存为”对话框，单击“是”按钮，替换原工作簿即可，如下图所示。

专家点拨

若要取消工作簿的修改密码，需要先打开该工作簿，然后打开“常规选项”对话框，将“修改权限密码”文本框中的密码删除，最后单击“确定”按钮即可。

技巧 209：防止工作簿结构被修改

●**适用版本：**2007、2010、2013、2016

●**实用指数：**★★★★★

说 明

在 Excel 中，可以通过保护工作簿的功能保护工作簿的结构，以防止其他用户随意增加或删除工作表、复制或移动工作表、将隐藏的工作表显示出来等操作。保护工作簿结构后，当用户在工作表标签处单击鼠标右键时，弹出的快捷菜单中的大部分菜单项将变为灰色，如下图所示。

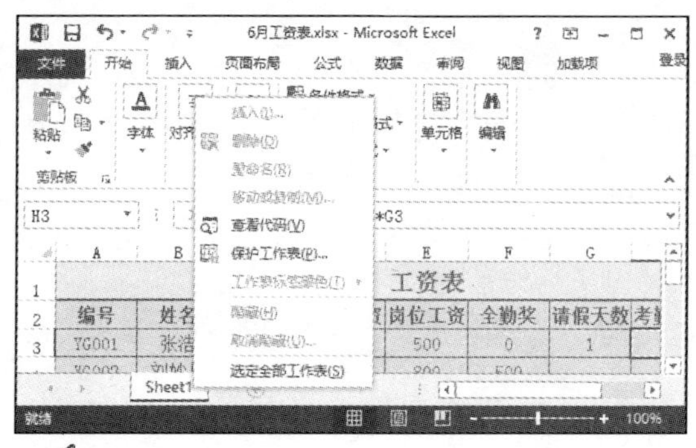

方法

例如，要保护“6 月工资表.xlsx”的结构，具体操作方法如下。

第 1 步： 打开“6 月工资表.xlsx”，❶切换到“审阅”选项卡；❷单击“更改”组中的

“保护工作簿”按钮，如下图所示。

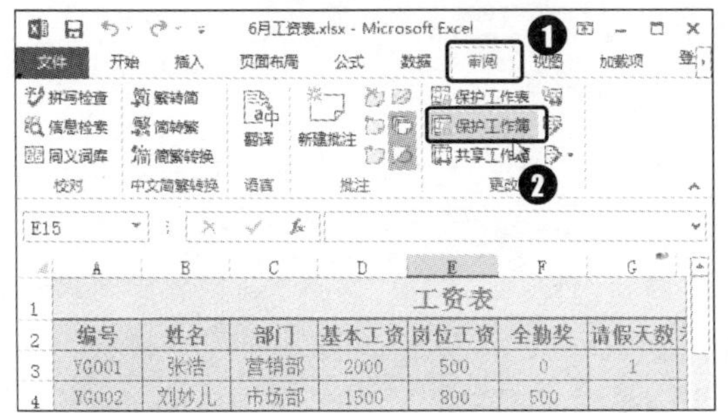

第 2 步： 弹出“保护结构和窗口”对话框，❶选中“结构”复选框；❷在“密码（可选）”文本框中输入密码；❸单击“确定”按钮，如下图所示。

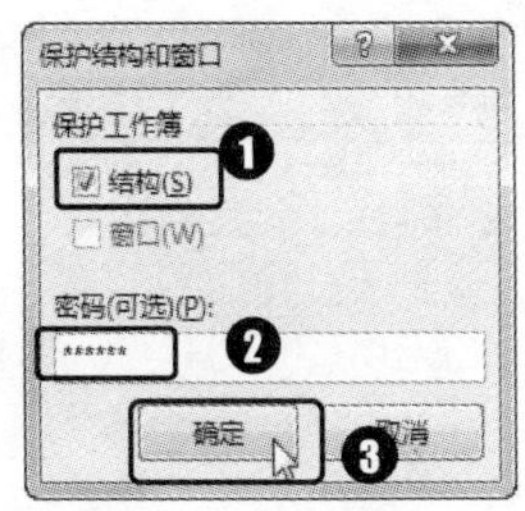

第 3 步： 弹出“确认密码”对话框，❶再次输入密码；❷单击“确定”按钮，如下图所示。

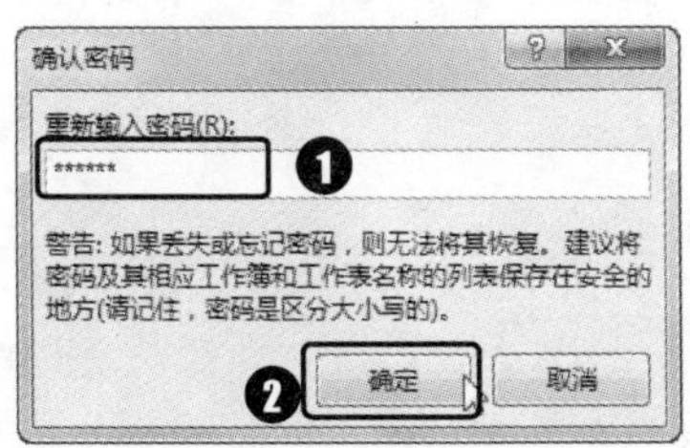

8.2　工作表基本操作技巧

工作表就是 Excel 窗口中由许多横线和竖线交叉组成的表格，由多个单元格组成，用于存储和处理数据。下面为读者介绍工作表的操作技巧。

技巧 210：快速切换工作表

●适用版本：2007、2010、2013、2016

●实用指数：★★★★★

说　明

当工作簿中有两个以上的工作表时，就涉及工作表的切换操作，在工作表标签栏单击某个工作表标签，就可以切换到对应的工作表。当工作表数量太大时，虽然也可以通过工作表标签切换，但会非常烦琐，这时可通过单击鼠标右键快速切换工作表。

方法

通过单击鼠标右键快速切换工作表的操作方法如下。

第 1 步： 使用鼠标右键单击工作表标签栏右侧的滚动按钮 ‹ ›，如下图所示。

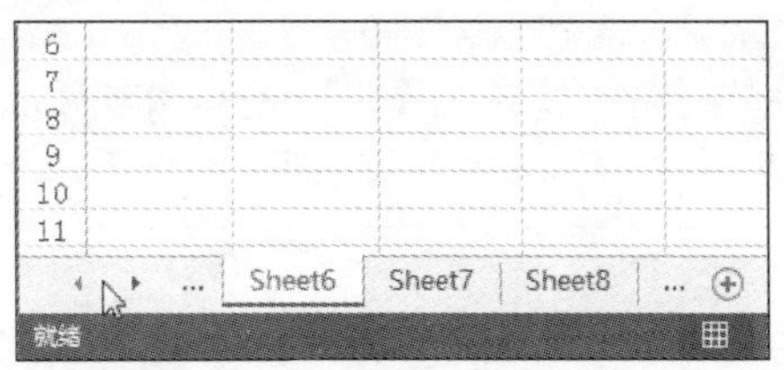

第 2 步： 弹出“激活”对话框，❶在列表框中选择需要切换到的工作表；❷单击“确定”按钮，如下图所示。

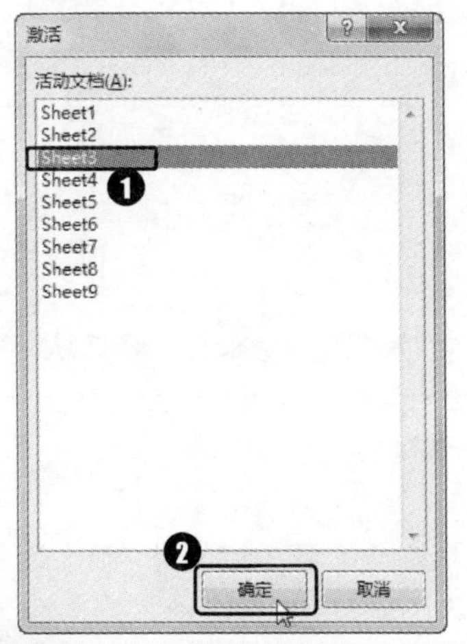

技巧 211：重命名工作表

●适用版本：2007、2010、2013、2016

●实用指数：★★★★★

说　明

在 Excel 中，工作表的默认名称为“Sheet1”

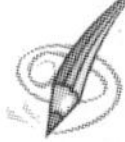

"Sheet2"等，根据需要，可对工作表进行重命名操作，以便区分和查询工作表数据。

方法

例如，要将"Sheet1"工作表重新命名为"培训成绩"，具体操作方法如下。

第 1 步： ❶使用鼠标右键单击要重命名的工作表标签；❷在弹出的快捷菜单中选择"重命名"菜单项，如下图所示。

第 2 步： 此时工作表标签呈可编辑状态，如下图所示。

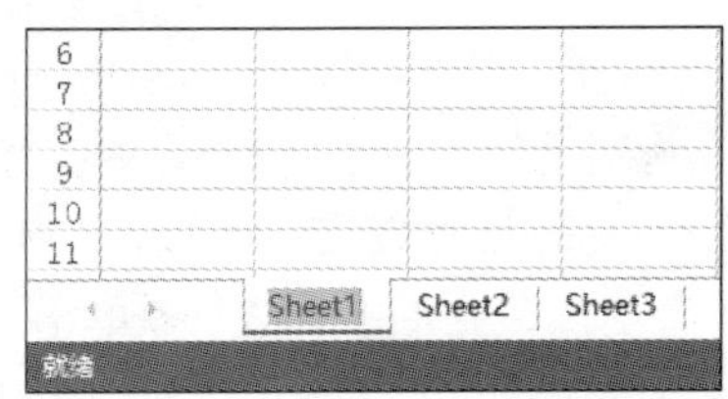

第 3 步： 直接输入工作表的新名称，然后按〈Enter〉键确认即可，如下图所示。

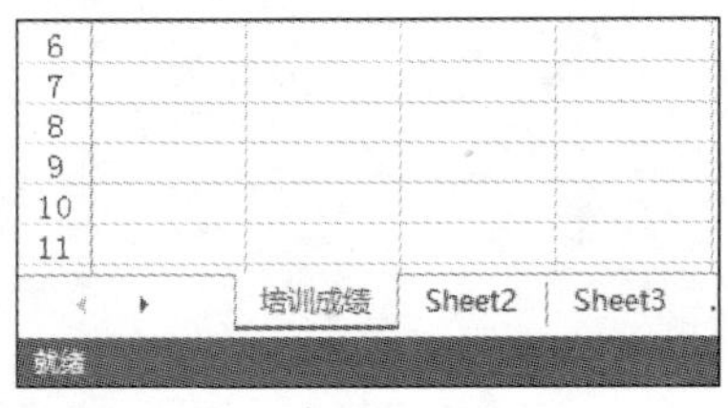

> **专家点拨**
>
> 双击某个工作表标签，可快速对其进行重命名操作。

技巧 212：设置工作表标签颜色

- **适用版本：** 2007、2010、2013、2016
- **实用指数：** ★★★★★

当工作簿中包含的工作表太多时，除了可以用名称进行区别外，还可以对工作表标签设置不同的颜色来以示区别。

方法

例如，要将"Sheet2"的工作表标签设置为红色，具体操作方法如下。

❶使用鼠标右键单击"Sheet2"的工作表标签；❷在弹出的快捷菜单中选择"工作表标签颜色"菜单项；❸在弹出的子菜单中选择需要的颜色即可，本例中选择红色，如下图所示。

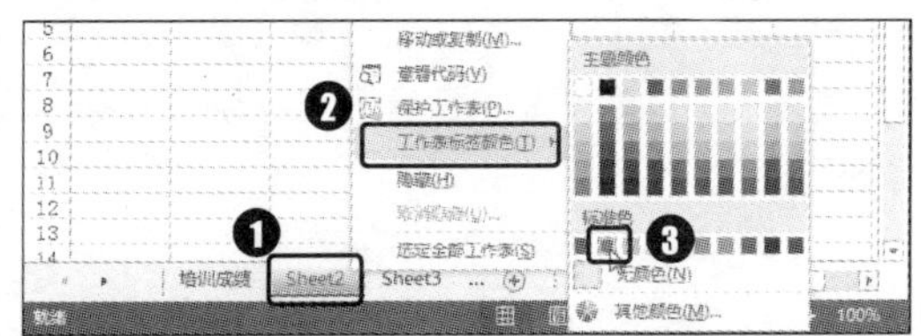

技巧 213：复制工作表

- **适用版本：** 2007、2010、2013、2016
- **实用指数：** ★★★★★

当要制作的工作表中有许多数据与已有的工作表中的数据相同时，可通过复制工作表来提高工作效率。

方法

例如，要复制"6 月出差登记表"工作表，具体操作方法如下。

第 1 步： ❶使用鼠标右键单击要复制的工作表对应的标签；❷在弹出的快捷菜单中选择"移动或复制"菜单项，如下图所示。

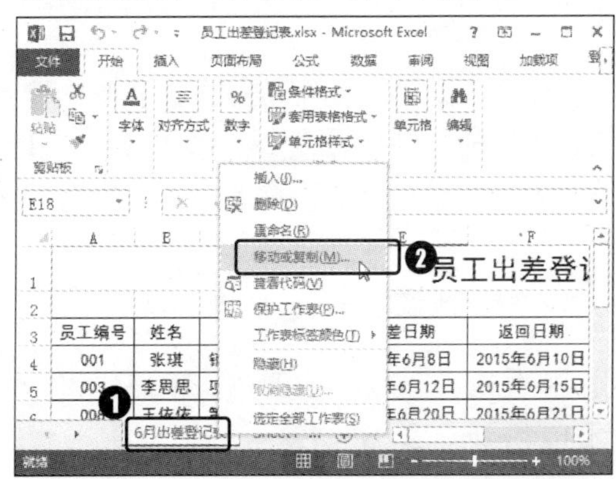

第 2 步： 弹出“移动或复制工作表”对话框，❶在“下列选定工作表之前”列表框中选择工作表的目标位置，如“Sheet1”；❷选中“建立副本”复选框；❸单击“确定”按钮，如下图所示。

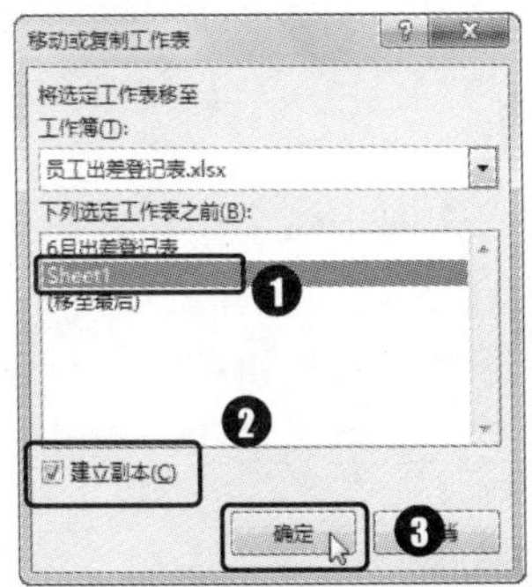

第 3 步： 通过上述操作后，即可在“Sheet1”的前面复制一个工作表，如下图所示。

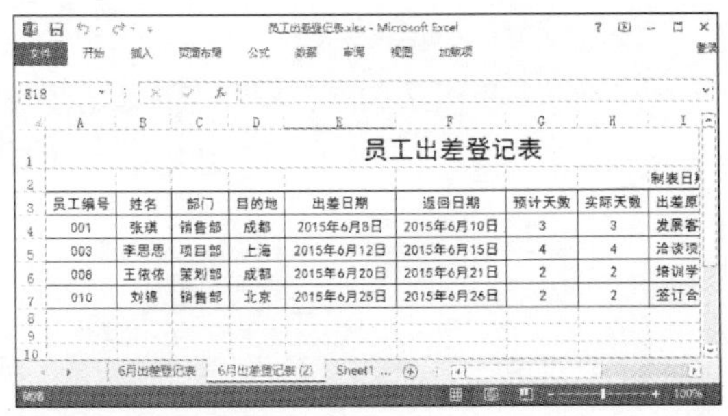

专家点拨

在“移动或复制工作表”对话框中，若取消选中“建立副本”复选框，可实现工作表的移动操作。

技巧 214：将工作表复制到其他工作簿

● **适用版本：** 2007、2010、2013、2016

● **实用指数：** ★★★★★

说 明

对工作表进行复制操作时，还可以将其复制到其他工作簿，从而提高工作效率。

方法

例如，要将工作表复制到新建工作簿中，具体操作方法如下。

第 1 步： ❶使用鼠标右键单击要复制的工作表对应的标签；❷在弹出的快捷菜单中选择“移动或复制”菜单项，如下图所示。

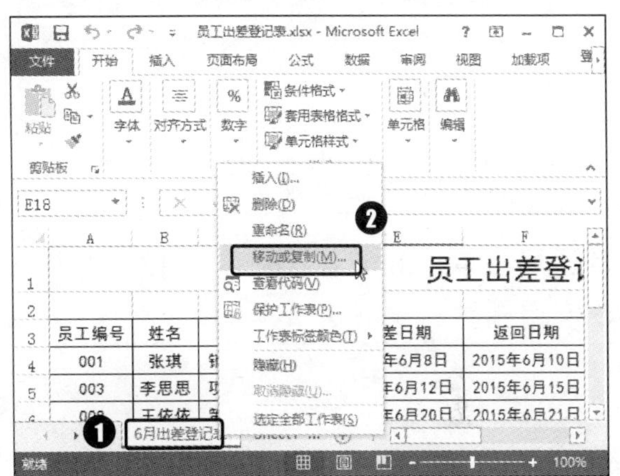

第 2 步： 弹出“移动或复制工作表”对话框，❶在“将选定工作表移至工作簿”下拉列表框中选择目标工作簿，本例中选择“(新工作簿)”；❷选中“建立副本”复选框；❸单击“确定”按钮，如下图所示。

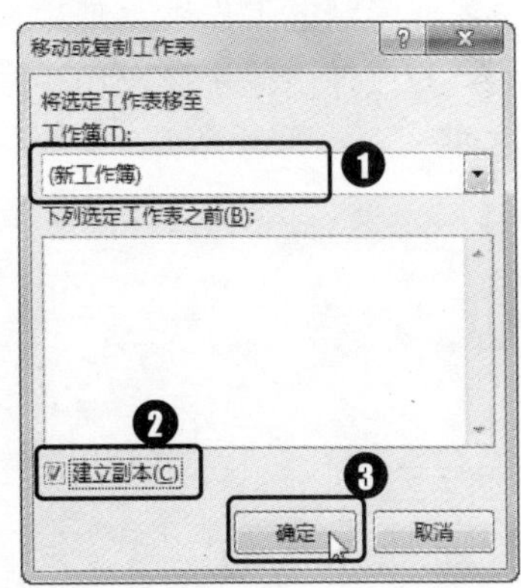

第 3 步： 完成操作后，系统会自动新建一个工作簿，在新工作簿内包含了复制的工作表，效果如下图所示。

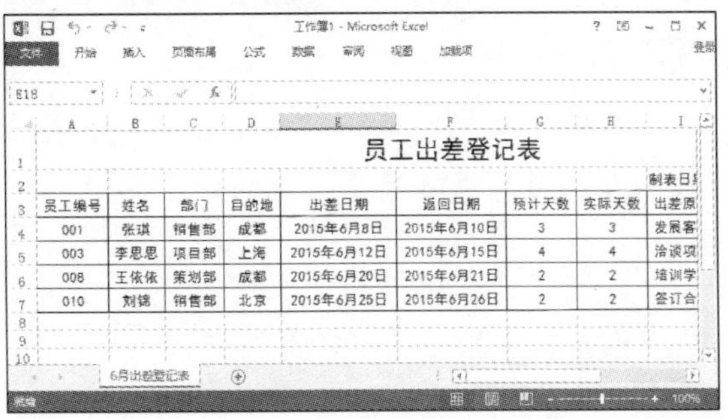

 专家点拨

若要将工作表复制到已有的其他工作簿中，则还需要将目标工作簿打开，“将选定工作表移至工作簿”下拉列表框中才会有该工作簿的选项。

技巧 215：隐藏工作表

●**适用版本**：2007、2010、2013、2016

●**实用指数**：★★★★★

说 明

对于有重要数据的工作表，如果不希望其他用户查看，可以将其隐藏起来。

 方法

例如，要将“7 月出差登记表”工作表隐藏起来，具体操作方法如下。

❶选中需要隐藏的工作表，使用鼠标右键单击其标签；❷在弹出的快捷菜单中选择“隐藏”菜单项即可，如下图所示。

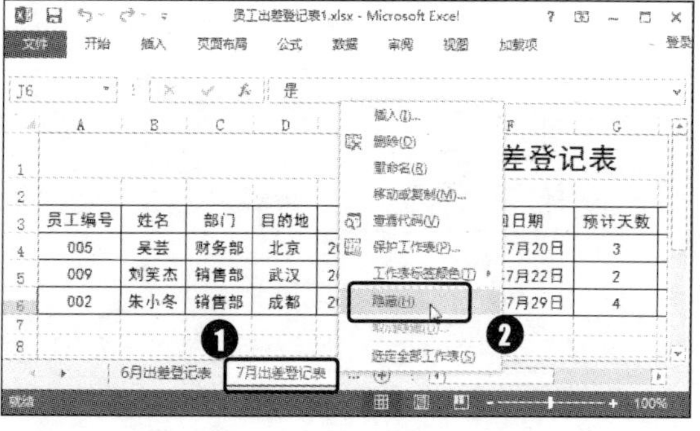

 专家点拨

隐藏了工作表之后，若要将其显示出来，可使用鼠标右键单击任意一个工作表标签，在弹出的快捷菜单中选择“取消隐藏”菜单项，在弹出的“取消隐藏”对话框中选择需要显示的工作表。

技巧 216：对两个工作表进行并排查看

●**适用版本**：2007、2010、2013、2016

●**实用指数**：★★★★☆

当要对工作簿中两个工作表的数据进行查看比较时，若通过切换工作表的方式进行查看，会显得非常烦琐。若能将两个工作表进行并排查看对比，会大大提高工作效率。

 方法

例如，要将“2014 年期末成绩表”和“2015 年期末成绩表”两个工作表的数据进行查看对比，具体操作方法如下。

第 1 步：❶切换到“视图”选项卡；❷单击“窗口”组中的“新建窗口”按钮，如下图所示。

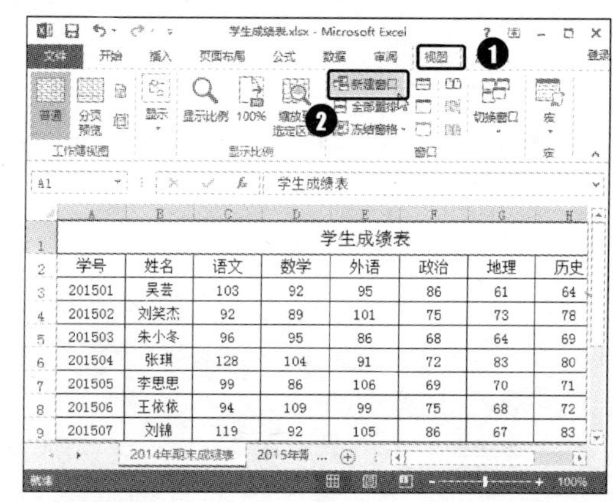

第 2 步：自动新建一个副本窗口，❶切换到“视图”选项卡；❷单击“窗口”组中的“全部重排”按钮，如下图所示。

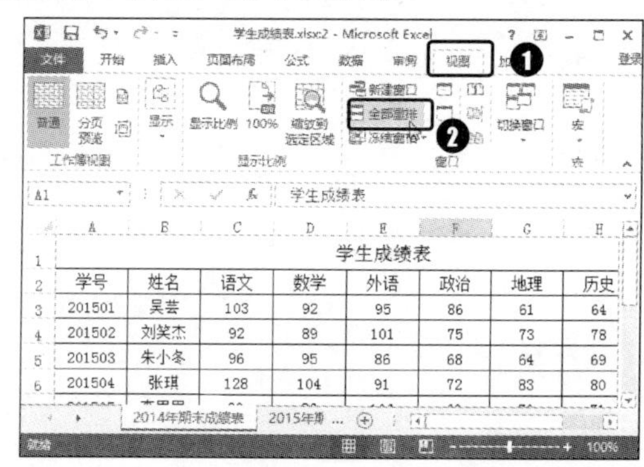

第 3 步： 弹出“重排窗口”对话框，❶选择排列方式，本例中选择“垂直并排”单选按钮；❷单击“确定”按钮，如下图所示。

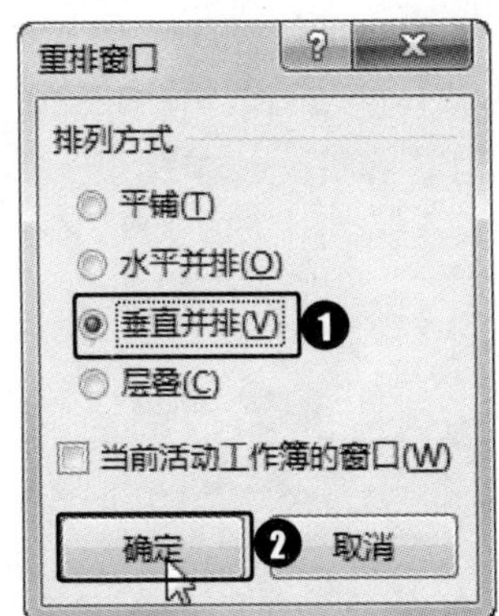

第 4 步： 原始工作簿窗口和副本窗口即可以垂直并排的方式进行显示，此时用户便可对两个工作表的数据同时进行查看，效果如下图所示。

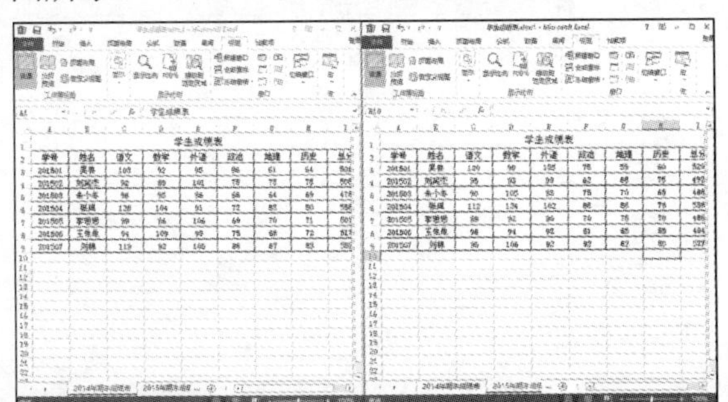

技巧 217：拆分工作表窗口

●**适用版本：**2007、2010、2013、2016

●**实用指数：**★★★★☆

在处理大型数据的工作表时，可以通过 Excel 的“拆分”功能将窗口拆分为几个（最多 4 个）大小可调的窗格。拆分后，可以单独滚动其中的一个窗格而保持其他窗格不变，从而同时查看分隔较远的工作表数据。

方法

例如，要将“期末成绩表”工作表拆分查看，具体操作方法如下。

第 1 步： ❶在工作表中选中要拆分窗口位置的单元格；❷切换到“视图”选项卡；❸单击“窗口”组中的“拆分”按钮，如下图所示。

第 2 步： 窗口将被拆分为 4 个小窗口，单击水平滚动条或垂直滚动条即可查看和比较工作表中的数据，效果如下图所示。

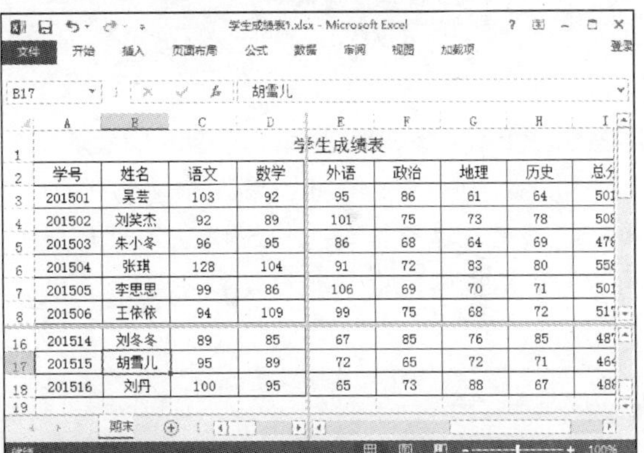

技巧 218：让工作表中的标题行在滚动时始终显示

●**适用版本：**2007、2010、2013、2016

●**实用指数：**★★★★★

说　明

当工作表中有大量数据时，为了保证在拖动工作表滚动条时能始终看到工作表中的标题，可以使用冻结工作表的方法。

如果工作表的行标题和列标题就在对应的首行和首列，则直接冻结首行和首列即可；如果工作表的行标题和列标题不在首行和首列，就需要冻结工作表的多行和多列了。

方法

例如，要冻结多行，具体操作方法如下。

第 1 步： ❶在要操作的工作表中选中标题行下的第一个单元格；❷切换到“视图”选项卡；❸在“窗口”组中单击“冻结窗格”按钮；❹在弹出的下拉列表中选择需要的冻结方式即可，本例中选择“冻结拆分窗格”选项，如下图所示。

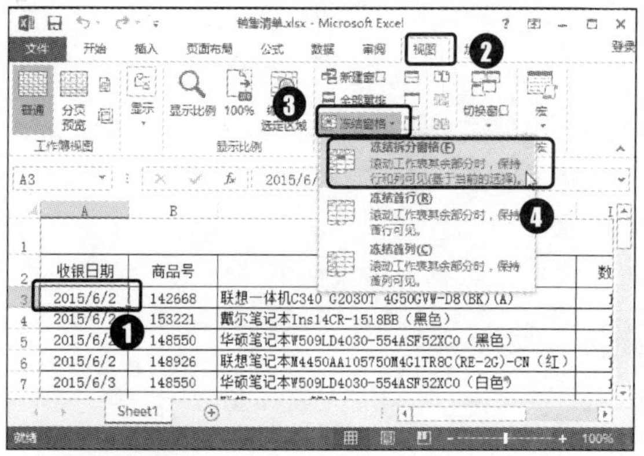

第 2 步： 此时，所选单元格上方的多行被冻结起来，这时拖动工作表滚动条查看表中的数据，被冻结的多行始终保持不变，效果如下图所示。

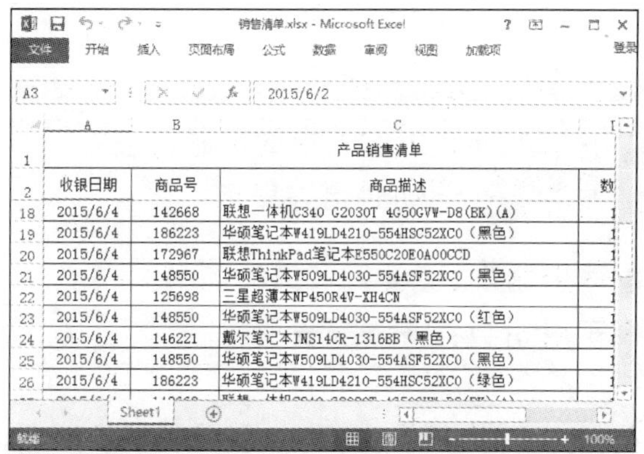

技巧 219：将图片设置为工作表背景

●适用版本：2007、2010、2013、2016

●实用指数：★★★☆☆

说 明

在 Excel 中，可以将图片设置为工作表背景，以美化工作表，提高视觉效果。

方法

例如，要为“销售清单 1.xlsx”中的工作表设置图片背景，具体操作方法如下。

第 1 步： 在需要操作的工作表中，❶切换到“页面布局”选项卡；❷在“页面设置”组中单击“背景”按钮，如下图所示。

第 2 步： 打开“插入图片”页面，单击“浏览”按钮，如下图所示。

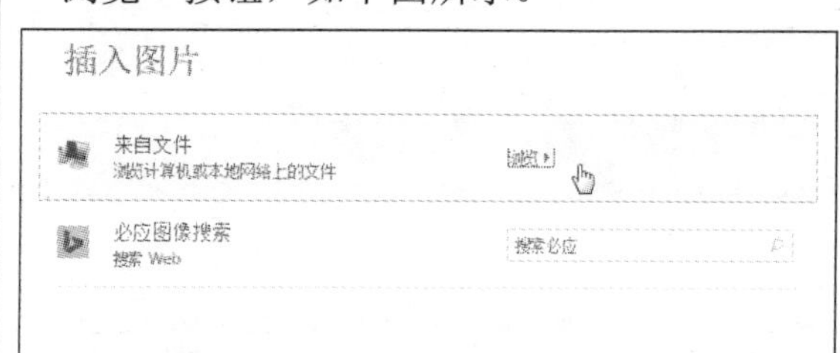

第 3 步： 弹出“工作表背景”对话框，❶选择需要作为工作表背景的图片；❷单击“插入”按钮即可，如下图所示。

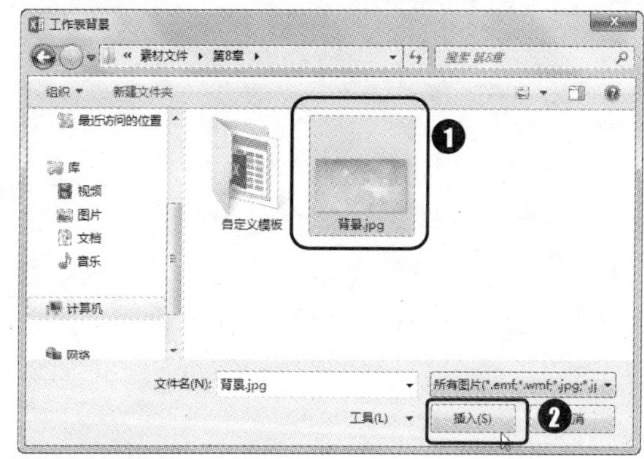

技巧 220：快速插入多行或多列

●适用版本：2007、2010、2013、2016

●实用指数：★★★★★

说 明

完成工作表的编辑后，若要在其中添加数据，就需要添加行或列，通常用户都会一行或一列地逐一插入。如果需要添加大量的数据，这个方法就显得烦琐，并且还会影响工作效率，这时就有必要掌握插入多行或多列的方法。

方法

例如，要插入多行，具体操作步骤如下。

第 1 步： ❶在工作表中选中多行，本例中选择 5 行，并单击鼠标右键；❷在弹出的快捷菜单中单击“插入”菜单项，如下图所示。

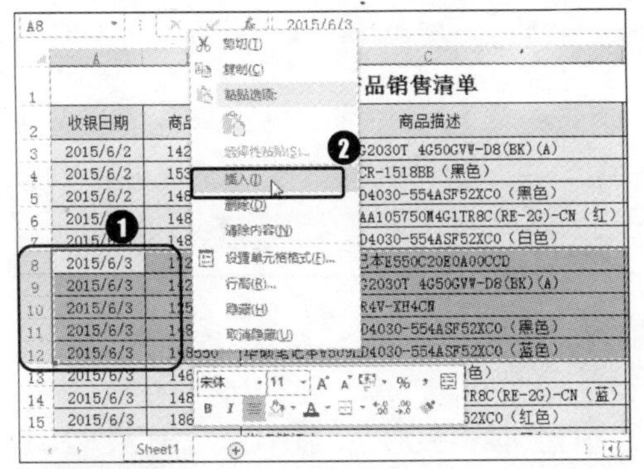

第 2 步： 通过上述操作后，即可在选中的操作区域上方插入数量相同的行，效果如下图所示。

	A	B	C
5	2015/6/2	148550	华硕笔记本W509LD4030-554ASF52XC0（黑色）
6	2015/6/2	148926	联想笔记本M4450AA105750M4G1TR8C(RE-2G)-CN（红）
7	2015/6/3	148550	华硕笔记本W509LD4030-554ASF52XC0（白色）
8			
9			
10			
11			
12			
13	2015/6/3	172967	联想ThinkPad笔记本E550C20E0A00CCD
14	2015/6/3	142668	联想一体机C340 G2030T 4G50GVW-D8(BK)(A)
15	2015/6/3	125698	三星超薄本NP450R4V-XH4CN
16	2015/6/3	148550	华硕笔记本W509LD4030-554ASF52XC0（黑色）
17	2015/6/3	148550	华硕笔记本W509LD4030-554ASF52XC0（蓝色）
18	2015/6/3	146221	戴尔笔记本INS14CR-1316BB（白色）
19	2015/6/3	148926	联想笔记本M4450AA105750M4G1TR8C(RE-2G)-CN（蓝）
20	2015/6/3	186223	华硕笔记本W419LD4210-554HSC52XC0（红色）

技巧 221：交叉插入行

●**适用版本：** 2007、2010、2013、2016

●**实用指数：** ★★★☆☆

说 明

前面讲解了快速插入多行的操作方法，通过该方法只能插入连续的多行，如果要插入不连续的多行，依次插入会浪费一定的时间，此时可以使用交叉插入行的方法。

方法

例如，要在“销售清单 2.xlsx”的工作表中交叉插入行，具体操作方法如下。

第 1 步： ❶按住〈Ctrl〉键不放，选择不连续的多行，并单击鼠标右键；❷在弹出的快捷菜单中选择“插入”菜单项，如下图所示。

第 2 步： 通过上述操作后，即可在所选行的上方插入对等数量的空白行，效果如下图所示。

	A	B	C
1		产品销售清单	
2	收银日期	商品号	商品描述
3	2015/6/2	142668	联想一体机C340 G2030T 4G50GVW-D8(BK)(A)
4	2015/6/2	153221	戴尔笔记本Ins14CR-1518BB（黑色）
5	2015/6/2	148550	华硕笔记本W509LD4030-554ASF52XC0（黑色）
6			
7	2015/6/2	148926	联想笔记本M4450AA105750M4G1TR8C(RE-2G)-CN（红）
8	2015/6/3	148550	华硕笔记本W509LD4030-554ASF52XC0（白色）
9			
10			
11	2015/6/3	172967	联想ThinkPad笔记本E550C20E0A00CCD
12	2015/6/3	142668	联想一体机C340 G2030T 4G50GVW-D8(BK)(A)
13	2015/6/3	125698	三星超薄本NP450R4V-XH4CN
14			
15	2015/6/3	148550	华硕笔记本W509LD4030-554ASF52XC0（黑色）
16	2015/6/3	148550	华硕笔记本W509LD4030-554ASF52XC0（蓝色）
17	2015/6/3	146221	戴尔笔记本INS14CR-1316BB（白色）

技巧 222：隔行插入空行

●**适用版本：** 2007、2010、2013、2016

●**实用指数：** ★★★☆☆

说 明

在工作表中插入行时，若希望每隔一行插入新的一行，则可以通过添加辅助列，再通过排序来达到这个目的。

 方法

例如，要在“员工出差登记表 2.xlsx”的工作表中隔行插入空行，具体操作方法如下。

第 1 步： 在工作表的第 1 列前插入 1 列作为辅助列，根据行数输入序号“1、2、3……”，再在下方输入“1.1、2.1、3.1……”之类的序号，如下图所示。

	A	B	C	D	E	F	G
1							
2		员工编号	姓名	部门	目的地	出差日期	返回日期
3	1	001	张琪	销售部	成都	2015年6月8日	2015年6月10日
4	2	003	李思思	项目部	上海	2015年6月12日	2015年6月15日
5	3	008	王依依	策划部	成都	2015年6月20日	2015年6月21日
6	4	010	刘锦	销售部	北京	2015年6月25日	2015年6月26日
7	1.1						
8	2.1						
9	3.1						
10	4.1						

第 2 步： ❶选择辅助列的序号单元格区域；❷切换到“数据”选项卡；❸单击“排序和筛选”组中的“升序”按钮，如下图所示。

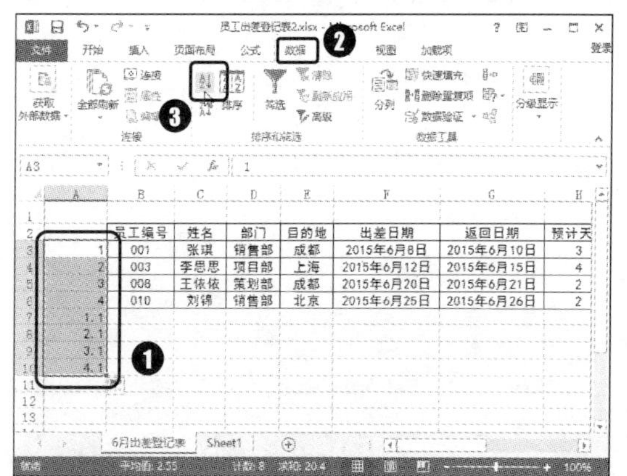

第 3 步： 弹出“排序提醒”对话框，❶选中“扩展选定区域”单选按钮；❷单击“排序”按钮，如下图所示。

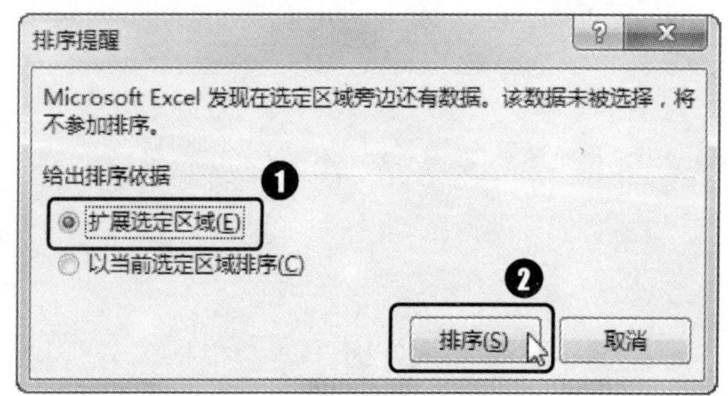

第 4 步： 经过以上操作，即可在工作表中隔行插入空行，删除工作表中的辅助列即可，效果如下图所示。

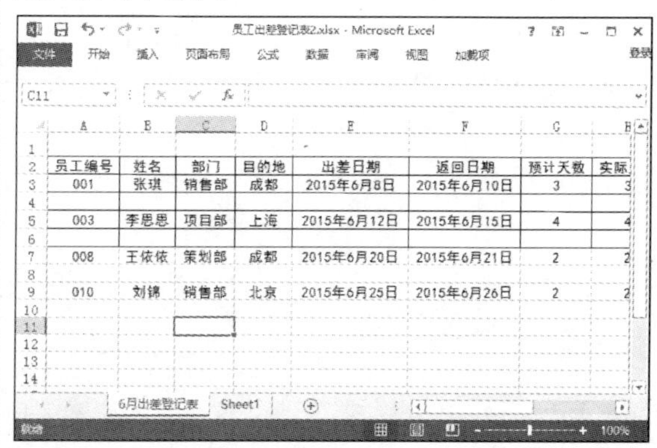

	A	B	C	D	E	F	G
2	员工编号	姓名	部门	目的地	出差日期	返回日期	预计天数
3	001	张琪	销售部	成都	2015年6月8日	2015年6月10日	3
5	003	李思思	项目部	上海	2015年6月12日	2015年6月15日	4
7	008	王依依	策划部	成都	2015年6月20日	2015年6月21日	2
9	010	刘锦	销售部	北京	2015年6月25日	2015年6月26日	2

 **专家点拨**

隔行插入空行时，因为排序条件是单元格区域，所以数据区域中不能有任何合并过的单元格，否则无法实现排序。

技巧 223：更改〈Enter〉键的功能

● **适用版本：** 2007、2010、2013、2016

● **实用指数：** ★★☆☆☆

说 明

默认情况下，在 Excel 中按〈Enter〉键是要结束当前单元格的输入并跳转到同一列下一行的单元格中。根据需要，用户可以对〈Enter〉键的功能进行更改，以便在按〈Enter〉键时，活动单元格向上、向左或向右移动，操作步骤如下。

 方法

更改〈Enter〉键功能的具体操作方法如下。

打开“Excel 选项”对话框，❶切换到“高级”选项，❷在“编辑选项”选项组中，保持“按 Enter 键后移动所选内容”复选框的默认勾选状态，在“方向”下拉列表框中选择需要的移动方向；❸单击“确定”按钮，如下图所示。

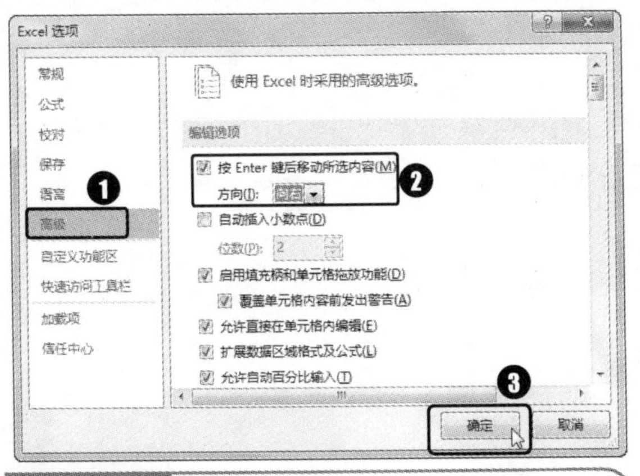

技巧 224：制作斜线表头

●适用版本：2007、2010、2013、2016

●实用指数：★★★★★

说 明

在制作工作表时，有的表格还会需要制作斜线表头，并在斜线划分的两个区域中输入不同的内容。

方法

例如，要在“智能手机销售情况.xlsx”的工作表中制作斜线表头，具体操作方法如下。

第 1 步： ❶选中需要制作斜线表头的单元格；❷在“开始”选项卡的“对齐方式”组中单击“对话框启动器”按钮，如下图所示。

各地智能手机销售情况（单位：台）				
	苹果	小米	联想	三星
重庆	1982656	5624157	4655623	5265622
江苏	3878589	2458565	2655655	3566597
南京	5015582	1762658	1796695	1656966
上海	2556867	4553693	6286557	2659987
广州	1862658	1626563	3595685	3989475

第 2 步： 弹出“设置单元格格式”对话框，❶切换到“边框”选项卡，❷在“边框”选项组中单击需要的斜线边框；❸单击“确定”按钮，如下图所示。

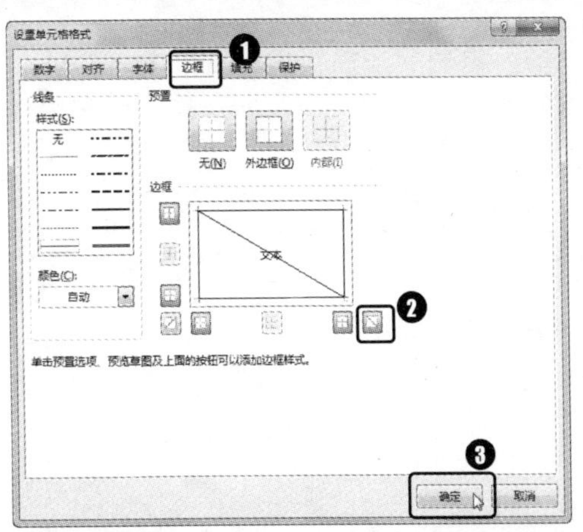

第 3 步： 返回工作表，在当前单元格中输入内容，还可根据操作需要通过输入空格的方式调整内容的位置，效果如下图所示。

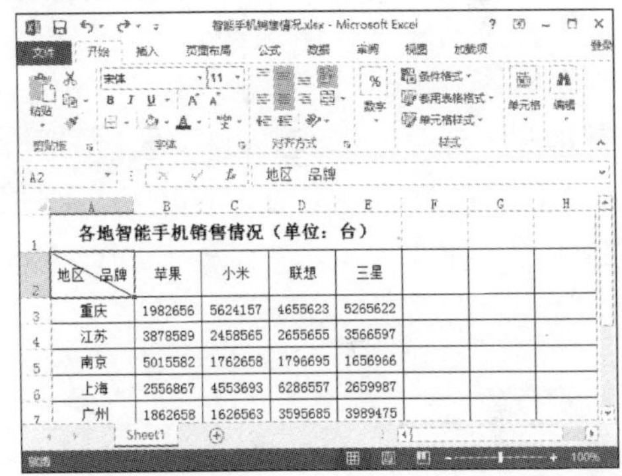

各地智能手机销售情况（单位：台）				
地区　品牌	苹果	小米	联想	三星
重庆	1982656	5624157	4655623	5265622
江苏	3878589	2458565	2655655	3566597
南京	5015582	1762658	1796695	1656966
上海	2556867	4553693	6286557	2659987
广州	1862658	1626563	3595685	3989475

> **专家点拨**
>
> 通过上述操作方法只能制作简单的斜线表头，若要设计更复杂的表头，就需要通过插入直线和文本框来进行制作了。

技巧 225：设置工作表之间的超链接

●适用版本：2007、2010、2013、2016

●实用指数：★★★★★

说 明

当一个工作簿含有众多工作表时，为了方便切换和查看工作表，用户可以制作一个工作表汇总，并为其设置工作表超链接。

方法

例如，要为“公司产品销售情况.xlsx”中的工作表设置超链接，具体操作方法如下。

第 1 步： ❶在包含了工作表名称的工作表中，本例中为“工作表汇总”，选中要创建超链接的单元格，本例中选择“A2”；❷切换到“插入”选项卡；❸在“链接”组单击“超链接”按钮，如下图所示。

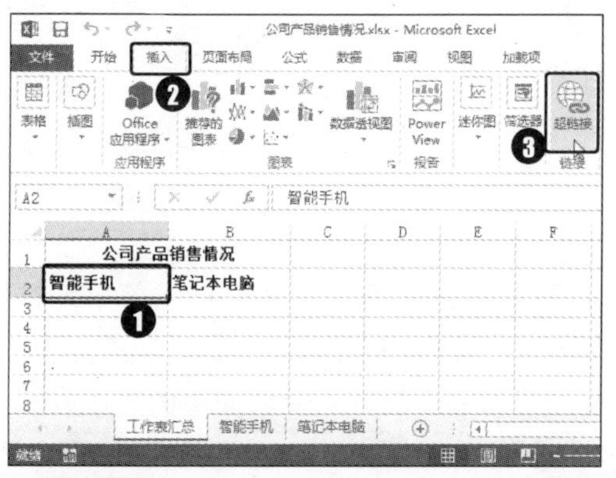

第 2 步： 弹出“插入超链接”对话框，❶在“链接到”选项组中选择链接位置，这里选择“本文档中的位置”；❷在右侧的列表框中选择要链接的工作表，本例中选择“智能手机”；❸单击“确定”按钮，如下图所示。

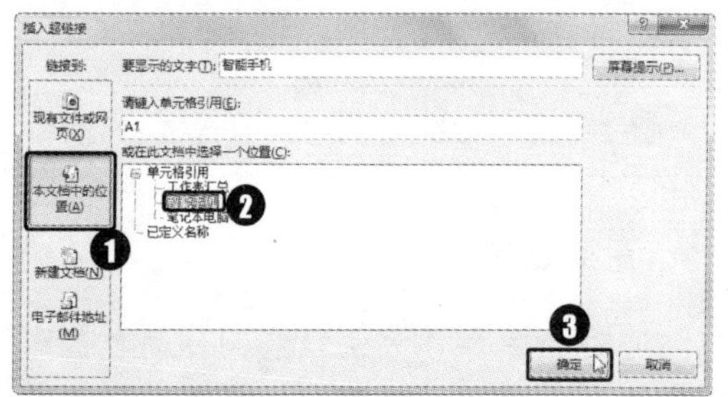

第 3 步： 返回工作表，参照上述操作步骤为其他单元格设置相应的超链接。设置超链接后，单元格中的文本呈蓝色显示并带有下画线，用鼠标单击设置了超链接的文本，即可跳转到相应的工作表，如下图所示。

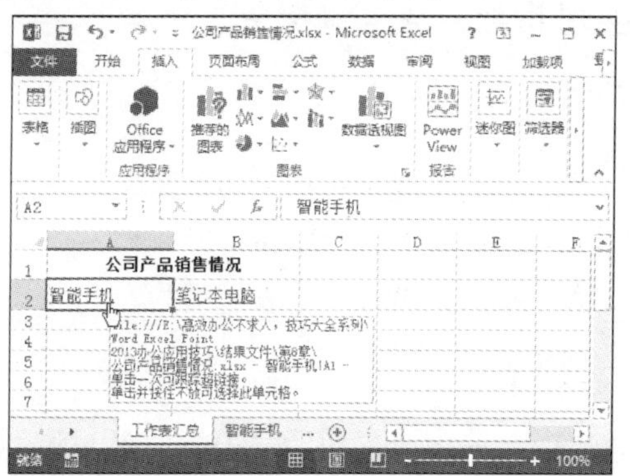

技巧 226：保护工作表不被他人修改

- **适用版本：** 2007、2010、2013、2016
- **实用指数：** ★★★★★

说 明

如果工作表中的数据比较重要，为了防止他人随意修改，可以为工作表设置保护。

方法

例如，要对“笔记本电脑”工作表设置保护，具体操作方法如下。

第 1 步： ❶在要设置保护的工作表中，切换到“审阅”选项卡；❷单击“更改”组中的“保护工作表”按钮，如下图所示。

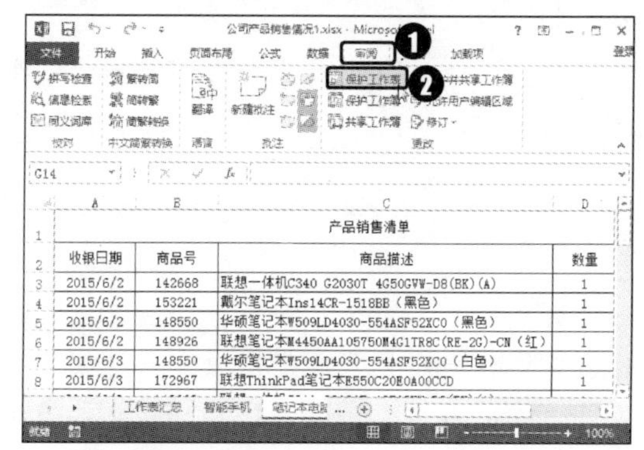

第 2 步： 弹出“保护工作表”对话框，❶在“允许此工作表的所有用户进行”列表框中，设置允许其他用户进行的操作；❷在“取消工作表保护时使用的密码”文本框中输入保护密码；❸单击“确定”按钮，如下图所示。

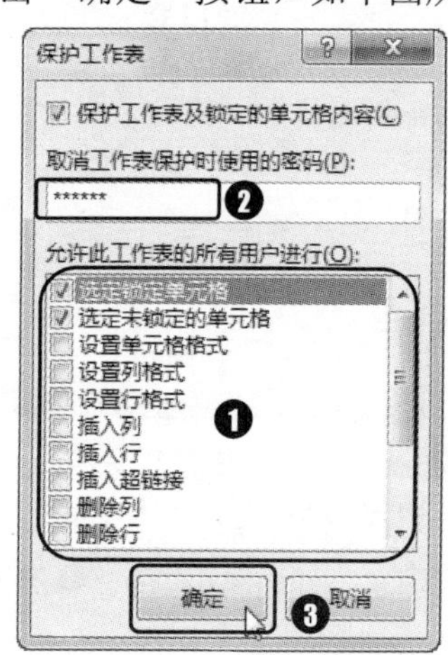

第 3 步： 弹出“确认密码”对话框，❶再次输入密码；❷单击“确定”按钮，如下图所示。

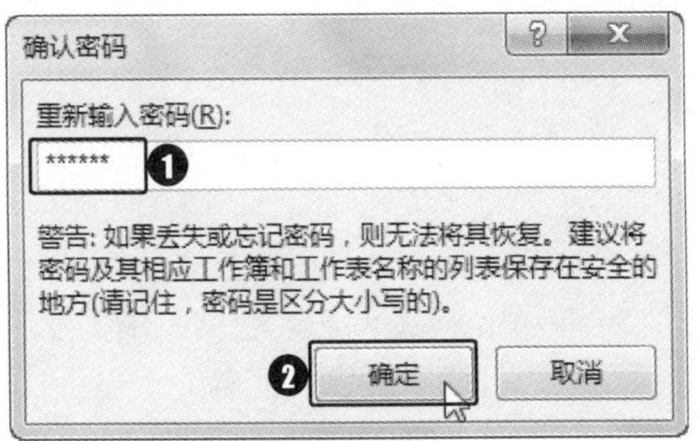

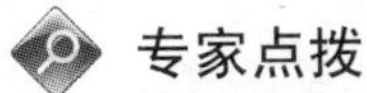

专家点拨

若要撤销对工作表设置的密码保护，可切换到“审阅”选择卡，单击“更改”组中的“撤销工作表保护”按钮，在弹出的“撤销工作表保护”对话框中输入设置的密码，然后单击“确定”按钮即可。

技巧 227：为不同的单元区域设置不同的密码

- **适用版本：** 2007、2010、2013、2016
- **实用指数：** ★★★★★

说 明

对工作表进行保护操作时，还可以为不同的单元格区域设置不同的密码。

方法

例如，要对“笔记本电脑”工作表的某个单元格区域设置密码保护，具体操作方法如下。

第 1 步： ❶选择要保护的单元格区域；❷切换到“审阅”选项卡；❸单击“更改”组中的“允许用户编辑区域”按钮，如下图所示。

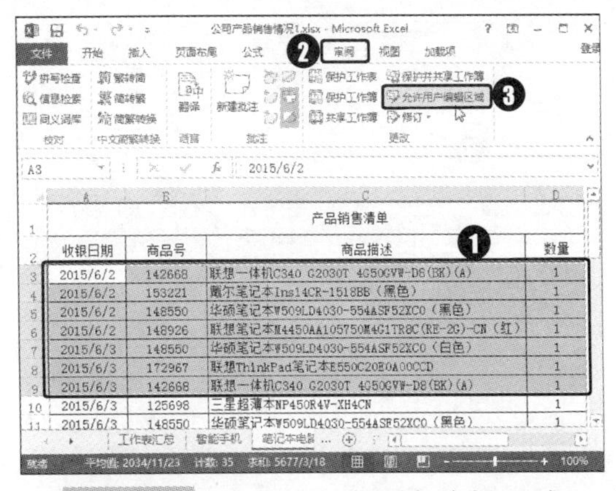

第 2 步： 弹出“允许用户编辑区域”对话框，单击“新建”按钮，如下图所示。

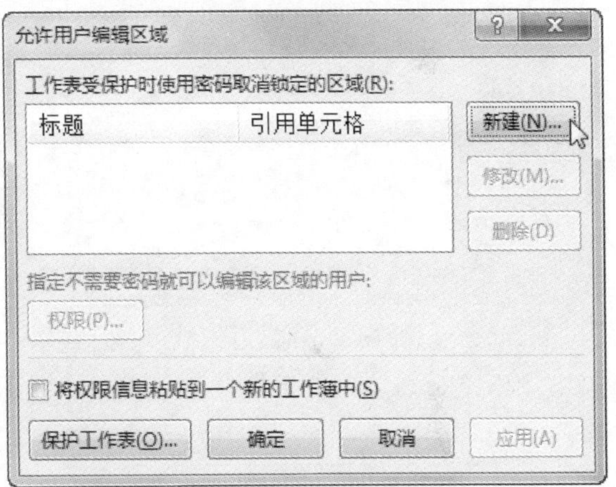

第 3 步： 弹出“新区域”对话框，❶在“区域密码”文本框中输入保护密码；❷单击“确定”按钮，如下图所示。

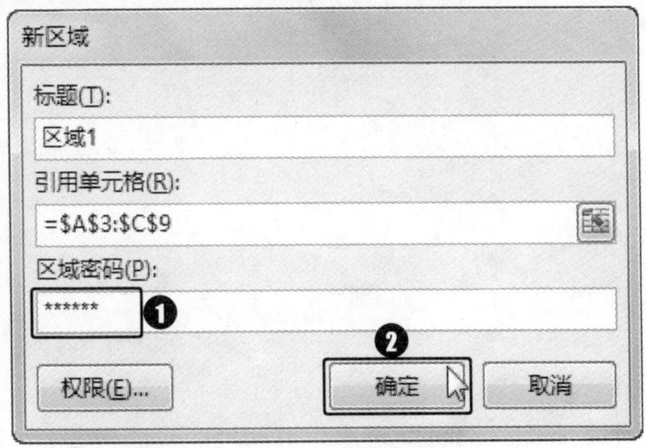

第 4 步： 弹出“确认密码”对话框，❶再次输入密码；❷单击“确定”按钮，如下图所示。

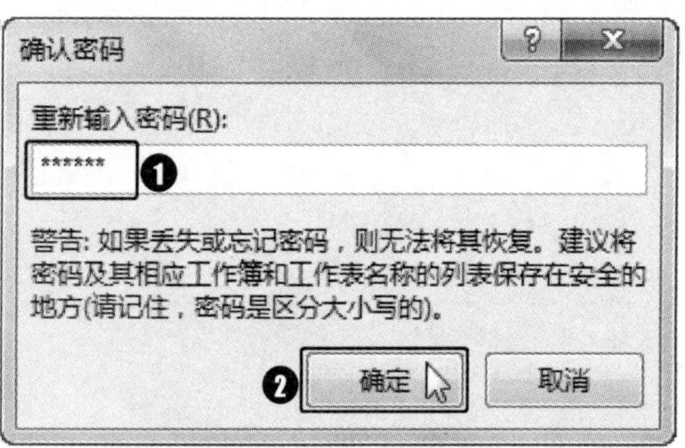

第 5 步： 返回“允许用户编辑区域”对话框，单击“保护工作表”按钮，如下图所示。

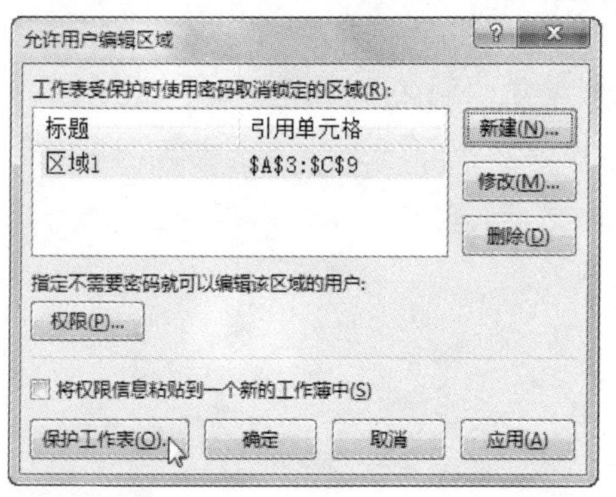

第 6 步： 弹出“保护工作表”对话框，单击“确定”按钮即可保护选择的单元格区域，如下图所示。

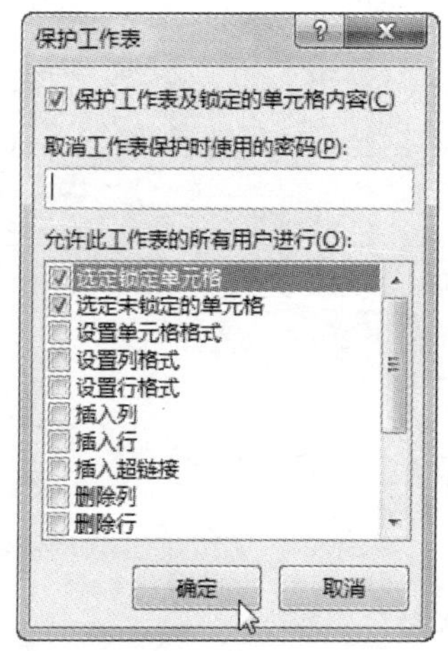

8.3 工作表打印技巧

表格制作完成后，可通过打印设置将工作表内容打印出来，本节将向读者介绍工作表的相关打印技巧。

技巧 228：编辑页眉和页脚信息

●适用版本：2007、2010、2013、2016

●实用指数：★★★★☆

说 明

在 Excel 电子表格中，页眉的作用在于显示每一页顶部的信息，通常包括表格名称等内容，而页脚则用来显示每一页底部的信息，通常包括页数、打印日期和时间等。

方法

例如，要在页眉位置添加公司名称，在页脚位置添加制表日期信息，具体操作方法如下。

第 1 步： ❶在要设置页眉、页脚的工作表中，切换到“插入”选项卡；❷单击“文本”组中的“页眉和页脚”按钮，如下图所示。

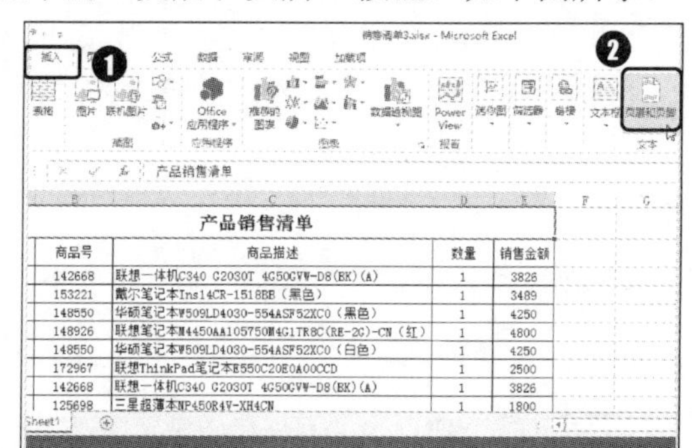

第 2 步： 进入页眉和页脚编辑状态，同时功能区中会出现“页眉和页脚工具-设计”选项卡，❶在页眉框中输入页眉内容；❷单击“导航”组中的“转至页脚”按钮，如下图所示。

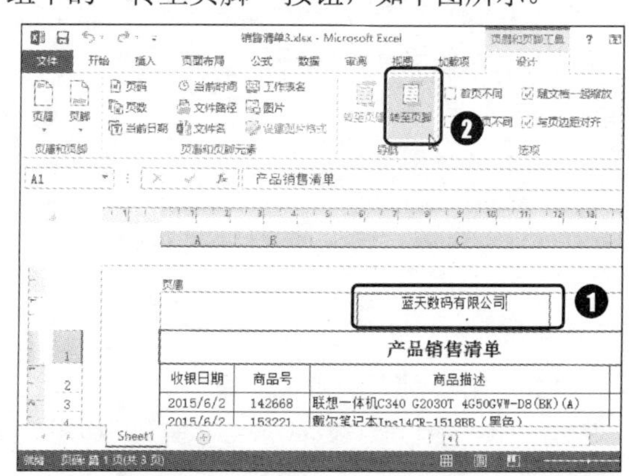

第 3 步： 切换到页脚编辑区，输入页脚

信息，如下图所示。

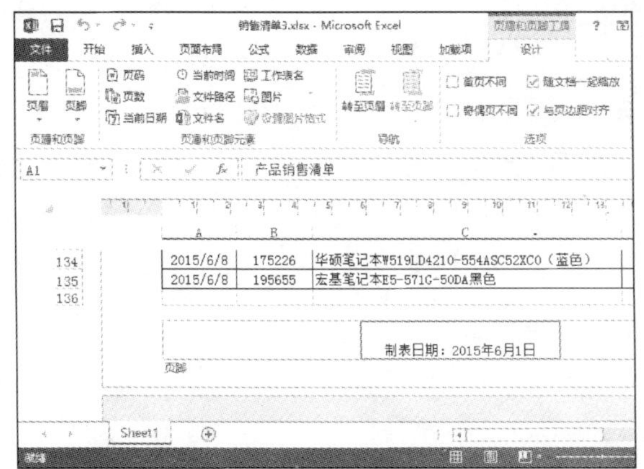

第 4 步： ❶完成页眉页脚的信息编辑后，单击工作表中的任意单元格，退出页眉页脚编辑状态；❷切换到“视图”选项卡；❸单击“工作簿视图”组中的“页面布局”按钮，切换到页面布局视图模式，即可查看添加的页眉和页脚信息，如下图所示。

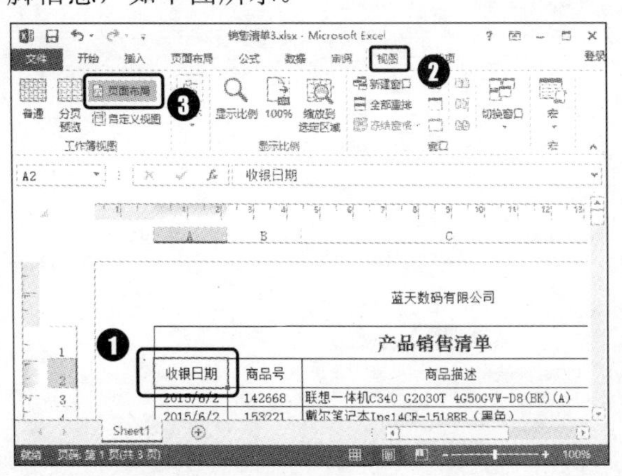

专家点拨

本操作中讲解的是自定义添加页眉和页脚信息，还可以根据需要添加系统自带的页眉和页脚，方法为：切换到“页面布局”选项卡，单击“页面设置”组中的“功能扩展”按钮，弹出“页面设置”对话框，切换到“页眉/页脚”选项卡，在“页眉”下拉列表框中选择需要的页眉样式，在“页脚”下拉列表框中选择需要的页脚样式，完成后单击“确定”按钮即可。

技巧 229：在页眉页脚中添加文件路径

●适用版本：2007、2010、2013、2016

●实用指数：★★★☆☆

说 明

在编辑页眉和页脚内容时，还可以添加文件路径，在打印时将文件路径打印出来，可以清楚地知道该文件的存放位置，方便以后查找文件。

方法

例如，要在页眉中添加文件路径，具体操作方法如下。

第 1 步： ❶在要进行操作的工作表中，切换到“页面布局”选项卡；❷单击“页面设置”组中的“对话框启动器”按钮，如下图所示。

第 2 步： 弹出“页面设置”对话框，❶切换到“页眉/页脚”选项卡；❷单击“自定义页眉”按钮，如下图所示。

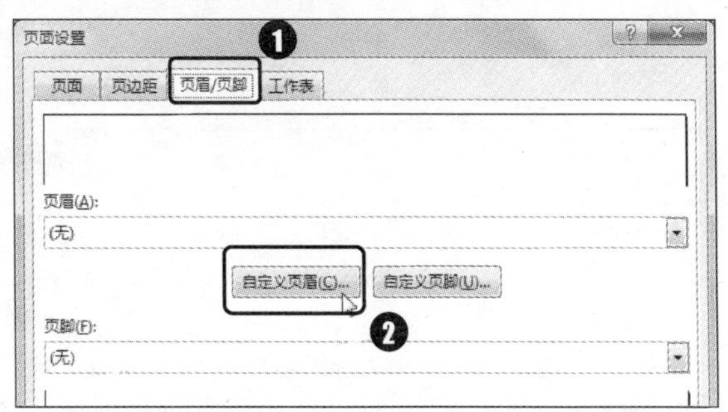

第 3 步： 弹出“页眉”对话框，❶将光标插入点定位到需要添加文件路径的文本框中，

如“左”文本框；❷单击“插入文件路径”按钮，如下图所示。

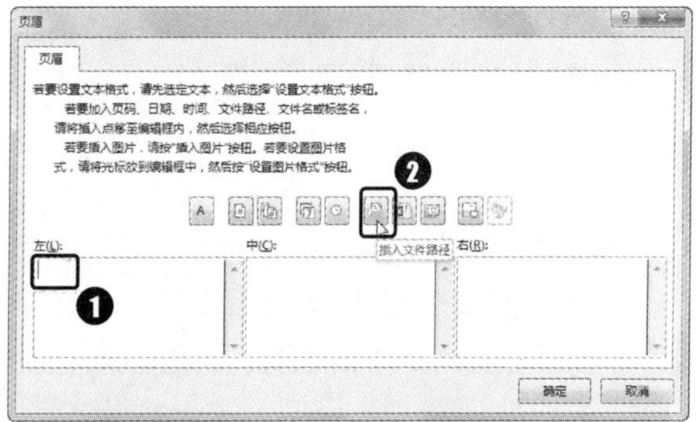

第 4 步：“左”文本框中将出现文件路径参数，直接单击“确定”按钮，如下图所示。

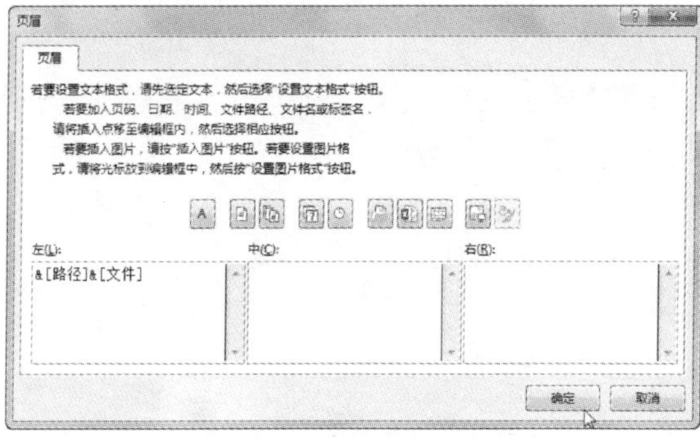

第 5 步：返回到“页面设置”对话框，“页眉”文本框中将显示具体的文件路径信息，单击“确定”按钮确认即可，如下图所示。

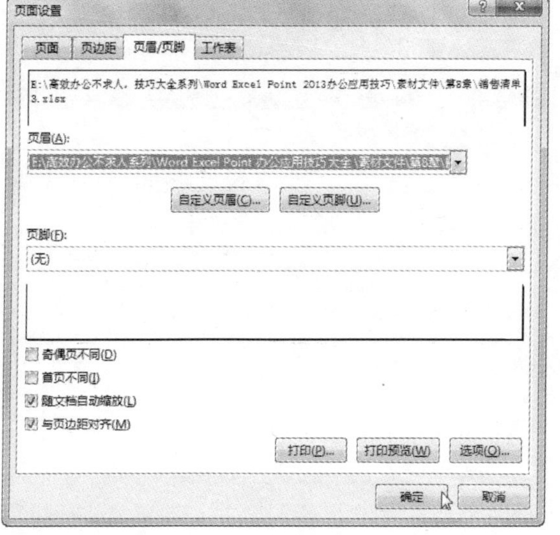

技巧 230：为奇偶页设置不同的页眉和页脚

●适用版本：2007、2010、2013、2016

●实用指数：★★★★☆

说 明

在设置页眉、页脚信息时，还可分别为奇偶页设置不同的页眉、页脚。

方法

例如，要对奇偶页设置不同的页眉信息，具体操作方法如下。

第 1 步：打开“页面设置”对话框，❶切换到“页眉/页脚”选项卡；❷选中“奇偶页不同”复选框；❸单击“自定义页眉”按钮，如下图所示。

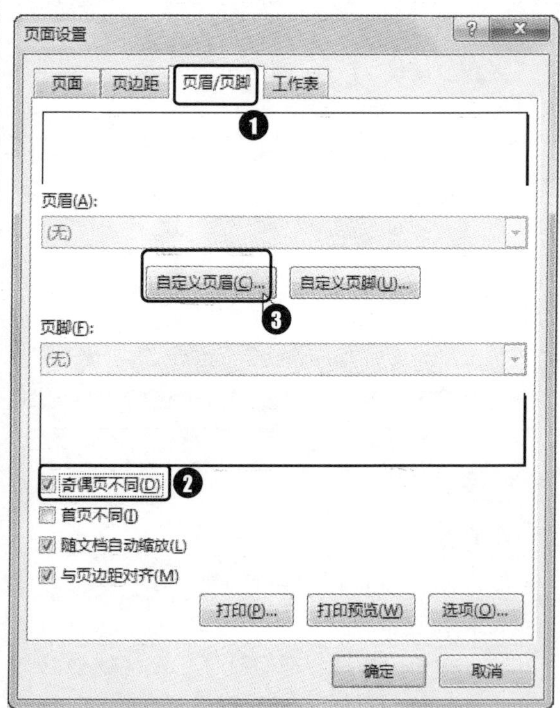

第 2 步：弹出“页眉”对话框，在“奇数页页眉”选项卡中设置奇数页的页眉信息，如在“左”文本框中输入公司名称，如下图所示。

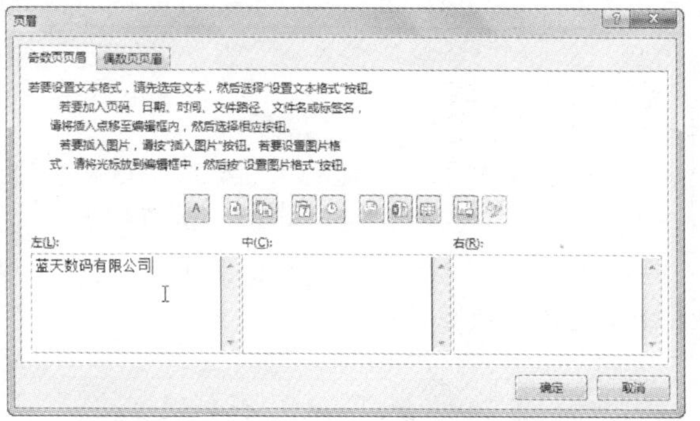

第 3 步： ❶切换到“偶数页页眉”选项卡；❷设置偶数页的页眉信息，如通过单击“插入文件名”按钮插入文件名；❸完成设置后，单击“确定”按钮，如下图所示。

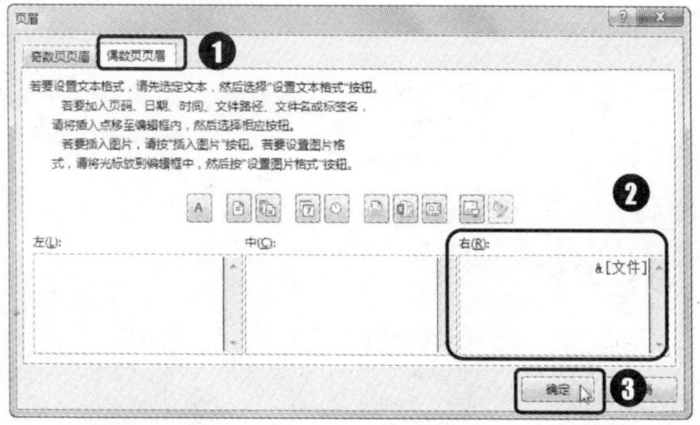

第 4 步： 返回“页面设置”对话框，单击“确定”按钮即可。

技巧 231：插入分页符对表格进行分页

●**适用版本：**2007、2010、2013、2016

●**实用指数：**★★★☆☆

说 明

在打印工作表时，有时需要将本可以打印在一页上的内容分两页甚至多页来打印，这就需要在工作表中插入分页符对表格进行分页。

方法

例如，要对“销售清单 4.xlsx”中的工作表进行分页设置，具体操作方法如下。

❶在工作表中选中要作为下一页起始行的行；❷切换到“页面布局”选项卡；❸单击“页面设置”组中的“分隔符”按钮；❹在打开的下拉列表中选择“插入分页符”选项，如下图所示。

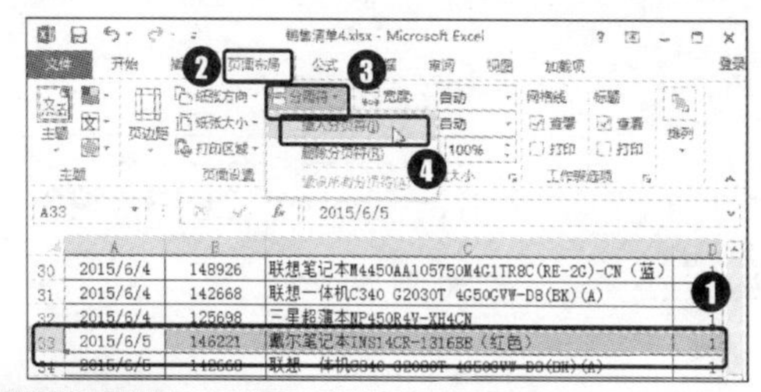

技巧 232：设置打印页边距

●**适用版本：**2007、2010、2013、2016

●**实用指数：**★★☆☆☆

说 明

页边距是指打印在纸张上的内容距离纸张上、下、左、右边界的距离。打印工作表时，应该根据要打印表格的行数、列数，以及纸张大小来设置页边距。

方法

设置页边距的具体操作方法如下。

打开“页面设置”对话框，❶切换到“页边距”选项卡；❷通过“上”“下”“左”“右”微调框设置各页边距的值；❸单击“确定”按钮，如下图所示。

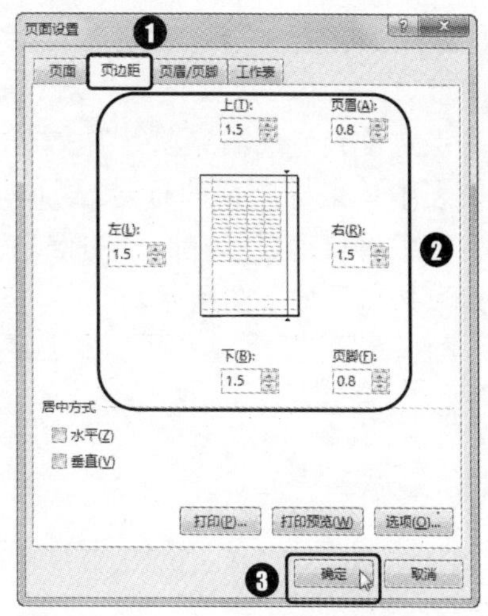

专家点拨

如果对工作表设置了页眉和页脚，则还可通过“页眉”“页脚”微调框设置页眉和页脚的边距。

技巧 233：重复打印标题行

●适用版本：2007、2010、2013、2016

●实用指数：★★★★★

在打印大型表格时，为了使每一页都有表格的标题行，就需要设置打印标题。

例如，要对“销售清单 3.xlsx”中的工作表设置打印标题，具体操作方法如下。

第 1 步： 打开工作表，❶切换到“页面布局”选项卡；❷单击“页面设置”组中的“打印标题”按钮，如下图所示。

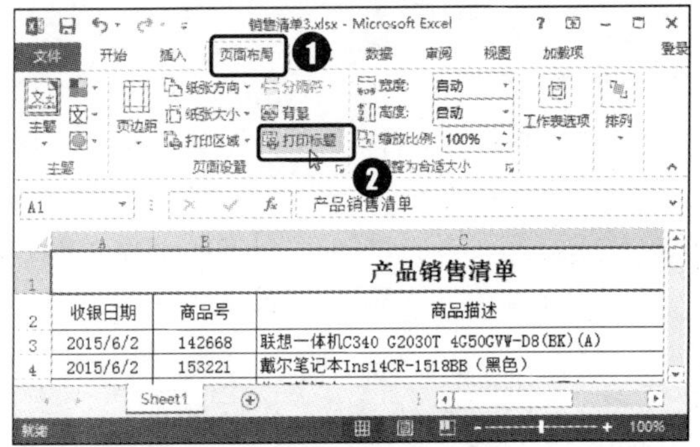

第 2 步： 弹出“页面设置”对话框，将光标插入点定位到“顶端标题行”文本框内，❶在工作表中单击标题行的行号，“顶端标题行”文本框中将自动显示标题行的信息；❷单击“确定”按钮，如下图所示。

专家点拨

对于设置了列标题的大型表格，还需要设置标题列，操作方法很简单，只须将光标插入点定位到“左端标题列”文本框内，然后在工作表中单击标题列的列标即可。

技巧 234：打印员工的工资条

●适用版本：2007、2010、2013、2016

●实用指数：★★★★★

打印普通的工资表比较简单，如果要将其打印成工资条，就需要在每一张工资条中显示标题，此时可参考下面的案例进行实现。

方法

例如，要将“6 月工资表.xlsx”中的工作表打印成工资条，具体操作方法如下。

第 1 步： 在要打印工资条的工作表中，参照前面的操作方法设置重复打印标题行。

第 2 步： 返回工作表，❶选中需要打印的员工工资数据；❷切换到“页面布局”选项卡；❸单击“页面设置”组中的“打印区域”按钮；❹在弹出的下拉列表中选择“设置打印区域”选项，将其设置为打印区域，如下图所示。

第 3 步： ❶设置好后，切换到“文件”界面，在左侧窗格选择“打印”菜单项，在右侧窗格可预览该工资条的打印效果；❷单击中间窗格的“打印”按钮可打印该员工的工资条，

如下图所示。

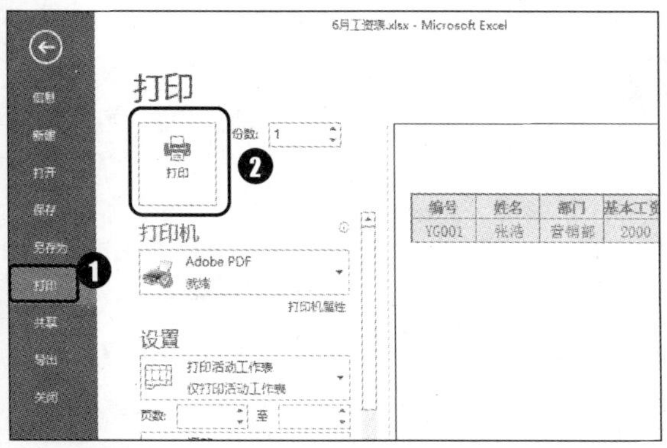

技巧 235：只打印工作表中的图表

●适用版本：2007、2010、2013、2016

●实用指数：★★★★☆

说 明

如果一张工作中既有数据信息又有图表，但用户只想打印其中的图表，此时可以通过下面的方法来完成。

方法

例如，要打印“智能手机销售情况 1.xlsx”工作簿中的图表，具体操作方法如下。

在工作表中选中需要打印的图表，切换到“文件”界面，❶在左侧窗格中选择“打印”菜单项，在中间窗格的“设置”下方的下拉列表框中默认选中的是“打印选定图表”选项，无须再进行选择；❷直接单击“打印”按钮进行打印即可，如下图所示。

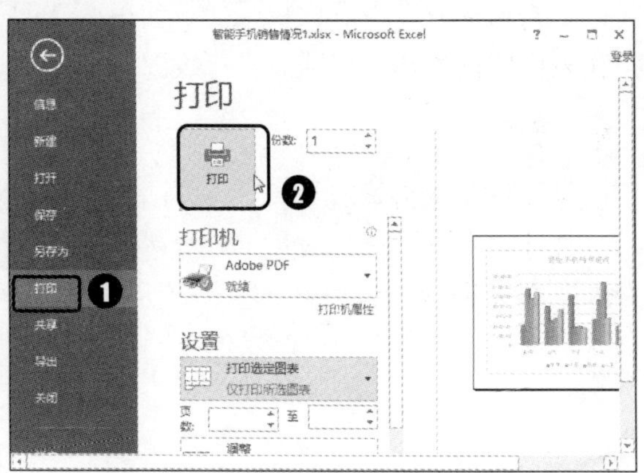

专家点拨

在 Excel 2007 版本中选中图表后，单击“Office”按钮，在弹出的下拉菜单中选择“打印”菜单项，在弹出的“打印内容”对话框中单击“确定”按钮即可打印。为了确保打印内容无误，也可在下拉菜单中将鼠标指针指向“打印”菜单项，在弹出的子菜单中选择“打印预览”菜单项进行打印预览，再执行打印操作即可。

技巧 236：将工作表中的公式打印出来

●适用版本：2007、2010、2013、2016

●实用指数：★★☆☆☆

说 明

打印工作表时，默认将只显示表格中的数据，如果需要将工作表中的公式打印出来，就需要设置在单元格中显示公式。

方法

例如，要在“6 月工资表.xlsx”的工作表中显示计算公式，具体操作步骤如下。

第 1 步： 在工作表中选择任意单元格，❶切换到“公式”选项卡；❷在“公式审核”组中单击“显示公式”按钮，如下图所示。

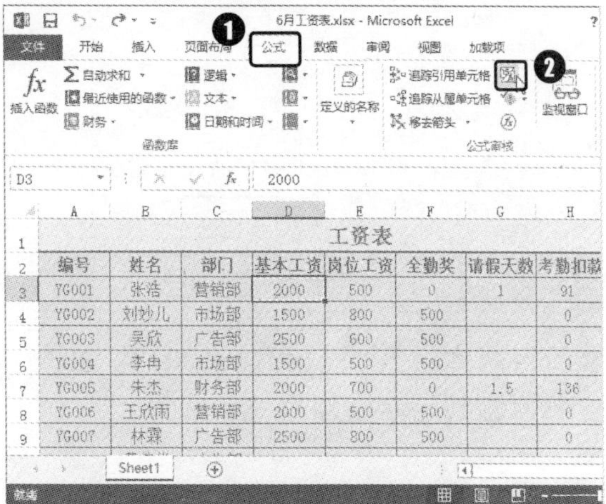

第 2 步： 通过上述操作后，所有含有公式的单元格将显示公式。通过这样的设置后，

打印当前工作表时就能将公式打印出来了。

技巧 237：避免打印工作表中的错误值

●适用版本：2007、2010、2013、2016

●实用指数：★★☆☆☆

说 明

在工作表中使用公式时，可能会因为数据空缺或数据不全等原因而导致返回错误值。在打印工作表时，为了不影响美观，可以通过设置避免打印错误值。

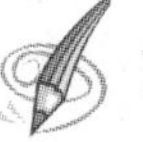

方法

避免打印工作表中的错误值的具体操作方法如下。

在要进行操作的工作表中，打开“页面设置”对话框，❶切换到“工作表”选项卡；❷在“错误单元格打印为”下拉列表框中选择“空白”选项；❸单击“确定”按钮，如下图所示。

技巧 238：居中打印表格数据

●适用版本：2007、2010、2013、2016

●实用指数：★★★★★

说 明

如果工作表的内容较少，则打印时无法占满一页，为了不影响打印美观，可以通过设置居中方式，将表格打印在纸张的正中间。

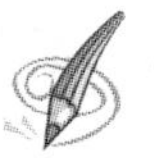

方法

设置居中打印工作表的具体操作方法如下。

打开“页面设置”对话框，❶切换到“页边距”选项卡；❷在“居中方式”选项组中勾选“水平”和“垂直”复选框；❸单击“确定”按钮，如下图所示。

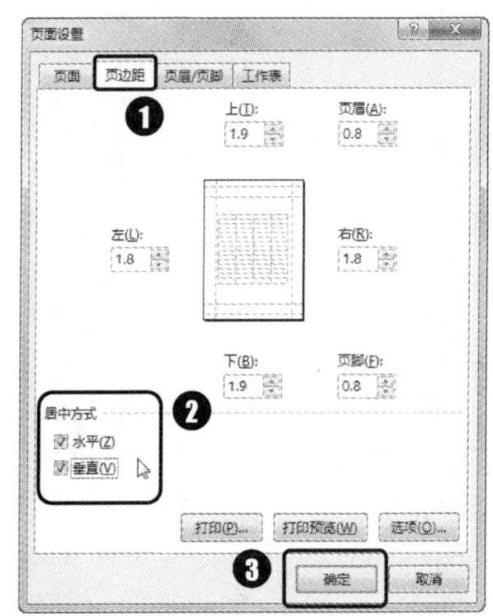

技巧 239：打印工作表中的网格线

●适用版本：2007、2010、2013、2016

●实用指数：★★☆☆☆

说 明

默认情况下，若工作表中没有设置边框样式，其网格线是不会打印出来的。如果要打印工作表中的网格线，就需要进行设置。

方法

设置打印网格线的具体操作方法如下。

打开“页面设置”对话框，❶切换到“工作表”选项卡；❷在“打印”选项组中勾选“网格线”复选框；❸单击“确定”按钮，如下图所示。

技巧 240：打印行号和列标

●适用版本：2007、2010、2013、2016

●实用指数：★★☆☆☆

说 明

默认情况下，Excel 打印工作表时不会打印行号和列标。如果需要打印行号和列标，就需要在打印工作表前进行简单的设置。

方法

设置打印行号和列标的具体操作方法如下。

打开“页面设置”对话框，❶切换到“工作表”选项卡；❷在“打印”选项组中勾选“行号列标”复选框；❸单击“确定”按钮，如下图所示。

技巧 241：一次性打印多个工作表

●适用版本：2007、2010、2013、2016

●实用指数：★★★★☆

说 明

当工作簿中含有多个工作表时，若依次打印，会非常浪费时间，为了提高工作效率，可以一次性打印多个工作表。

方法

一次性打印多个工作表的具体操作方法如下。

在工作簿中选择要打印的多个工作表，切换到“文件”界面，❶在左侧窗格中选择“打印”菜单项；❷在中间窗格单击“打印”按钮，如下图所示。

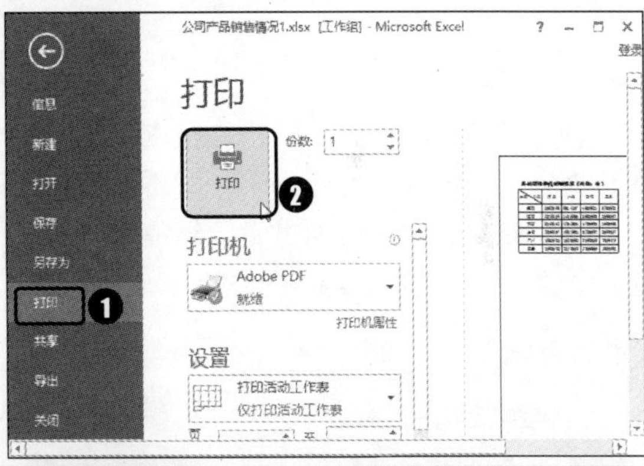

技巧 242：只打印工作表中的部分数据

●适用版本：2010、2013、2016

●实用指数：★★★★★

说 明

对工作表进行打印时，如果不需要全部打印，则可以选择需要的数据进行打印。

方法

打印工作表中的部分数据的具体操作方法如下。

在工作表中选择需要打印的数据区域（可以是一个区域，也可以是多个区域），切换到“文件”界面，❶在左侧窗格中选择“打印”

菜单项；❷在中间窗格的“设置”下方的下拉列表框中选择“打印选定区域”选项；❸单击“打印”按钮，如下图所示。

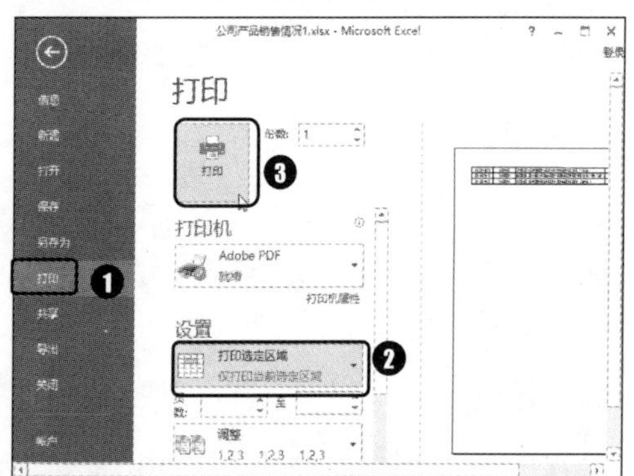

技巧 243：实现缩放打印

●适用版本：2007、2010、2013、2016
●实用指数：★★★☆☆

说 明

有时候制作的 Excel 表格在最末一页只有几行内容，如果直接打印出来，既不美观又浪费纸张。此时，用户可通过设置缩放比例的方法，让最后一页的内容显示到前一页中。

方法

设置缩放比例的具体操作方法如下。

打开“页面设置”对话框，❶在“页面”选项卡的“缩放”选项组中，通过“缩放比例”微调框设置缩放比例；❷单击“确定”按钮，如下图所示。

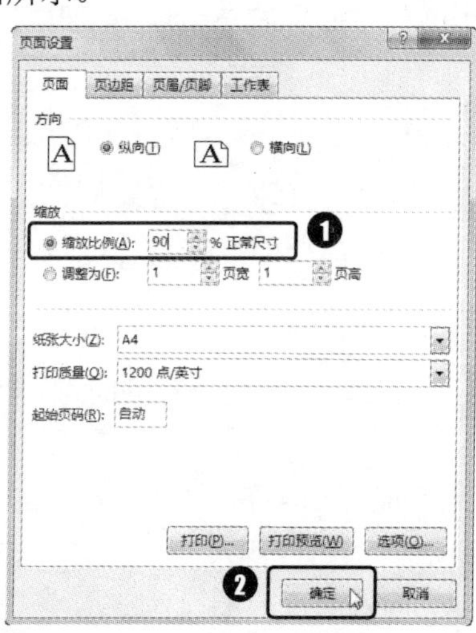

技巧 244：打印批注

●适用版本：2007、2010、2013、2016
●实用指数：★★★☆☆

说 明

在编辑工作表时，若插入了批注，默认情况下是不会打印批注内容的，若要打印批注，则要进行设置。

方法

设置打印批注的具体操作方法如下。

第 1 步： 打开“Excel 选项”对话框，❶切换到“高级”选项卡；❷在“显示”选项组中选中“批注和标识符”单选按钮；❸单击“确定”按钮，如下图所示。

第 2 步： 返回工作表，打开“页面设置”对话框，❶切换到“工作表”选项卡；❷在“打印”选项组中，在“批注”下拉列表框中选择“如同工作表中的显示”选项；❸单击“确定”按钮，如下图所示。

Excel 数据输入与编辑技巧

对于办公人员来讲，掌握数据的输入与编辑技巧是至关重要的。掌握这些技巧，用户可以使工作变得得心应手，从而在很大程度上提高工作效率。

▷▷ 9.1 数据输入技巧

使用 Excel 编辑各类工作表时，需要先在工作表中输入各种数据。下面就为读者介绍各种数据的输入技巧。

技巧 245：利用记忆功能快速输入数据

●适用版本：2007、2010、2013、2016

●实用指数：★★★★★

在单元格中输入数据时，灵活运用 Excel 的记忆功能，可快速输入与当前列其他单元格中相同的数据，从而提高输入效率。

例如，要在“销售清单.xlsx”的工作表中利用记忆功能输入数据，具体操作方法如下。

第 1 步： 选中要输入与当前列其他单元格相同数据的单元格，按〈Alt+↓〉组合键，在弹出的下拉列表中将显示当前列的所有数据，此时可选择需要输入的数据，如下图所示。

第 2 步： 当前单元格中将自动输入所选数据，如下图所示。

技巧 246：快速输入系统日期和时间

●适用版本：2007、2010、2013、2016

●实用指数：★★★☆☆

在编辑销售订单类的工作表时，通常需要输入当时的系统日期和时间，除了常规的手动输入方法外，还可以通过快捷键快速输入。

例如，要在“销售订单.xlsx”的工作表中利用快捷键输入系统日期和时间，具体操作方法如下。

第 1 步： 选中要输入系统日期的单元格，按〈Ctrl+;〉组合键，如下图所示。

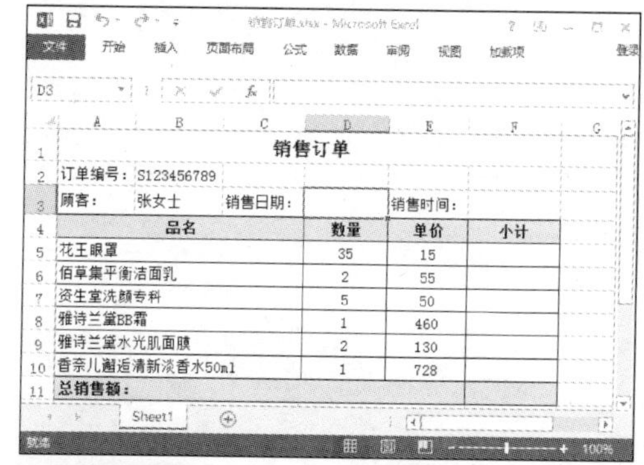

第 2 步： 选中要输入系统时间的单元格，按〈Ctrl+Shift+;〉组合键，如下图所示。

技巧 247：设置小数位数

●适用版本：2007、2010、2013、2016

●实用指数：★★★★★

说 明

在工作表中输入小数时，如果要输入大量特定格式的小数，如格式为“55.000”的小数，那么肯定有许多数的小数部分不够或多于 3 位，如果全部都手动设置，将会增加工作量，此时可通过设置数字格式来统一设置小数位数。

方法

例如，要为“销售订单 1.xlsx”中的数据设置统一的小数位数，具体操作方法如下。

第 1 步： ❶选中要设置小数位数的单元格区域；❷单击“数字”组中的“对话框启动器”按钮，如下图所示。

第 2 步： 弹出“设置单元格格式”对话框，❶在“数字”选项卡的“分类”列表框中选择“数值”选项；❷在右侧的“小数位数”微调框中设置小数位数，本例中设置“2”；❸单击“确定”按钮，如下图所示。

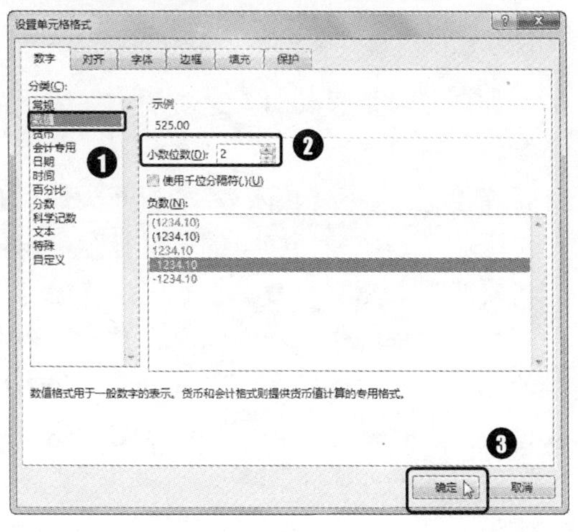

第 3 步： 返回工作表，即可看到所选单元格区域都自动添加了 2 位小数，效果如下图所示。

销售订单				
订单编号：S123456789				
顾客：张女士	销售日期：2015/6/10	销售时间：		16:27
品名	数量	单价	小计	
花王眼罩	35	15.00	525.00	
佰草集平衡洁面乳	2	55.00	110.00	
资生堂洗颜专科	5	50.00	250.00	
雅诗兰黛BB霜	1	460.00	460.00	
雅诗兰黛水光肌面膜	2	130.00	260.00	
香奈儿邂逅清新淡香水50ml	1	728.00	728.00	
总销售额：			2333.00	

专家点拨

在对数据设置数值、货币、日期及时间等格式时，可以选中已经输入的数据进行设置，也可以先为单元格设置需要的格式后再输入数据。

技巧 248：输入身份证号

●**适用版本：** 2007、2010、2013、2016

●**实用指数：** ★★★★★

说 明

在单元格中输入超过 11 位的数字时，Excel 会自动使用科学记数法来显示该数字，例如在单元格中输入了数字“123456789101”，该数字将显示为“1.23457E+11”。如果要在单元格中输入 15 位或 18 位的身份证号码，需要先将这些单元格的数字格式设置为文本。

方法

例如，要在“员工信息登记表.xlsx”的工作表中输入身份证号码，具体操作方法如下。

第 1 步： ❶选中要输入身份证号码的单元格区域；❷在“开始”选项卡的“数字”组中，在“数字格式”下拉列表中选择“文本”选项，如下图所示。

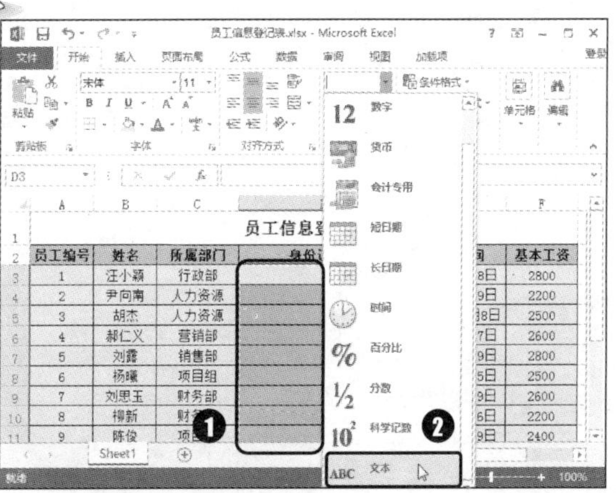

第 2 步： 通过上述设置后，即可在单元格中输入身份证号码了，输入后的效果如下图所示。

D6 500231123456784266

员工编号	姓名	所属部门	身份证号码	入职时间	基本工资
1	汪小颖	行政部	500231123456789123	2014年3月8日	2800
2	尹向南	人力资源	500231123456782356	2013年4月9日	2200
3	胡杰	人力资源	500231123456784562	2010年12月8日	2500
4	郝仁义	营销部	500231123456784266	2014年6月7日	2600
5	刘露	销售部	500231123456784563	2014年8月9日	2800
6	杨曦	项目组	500231123456787596	2012年7月5日	2500
7	刘思玉	财务部	500231123456783579	2013年5月9日	2600
8	柳新	财务部	500231123456783466	2014年7月6日	2200
9	陈俊	项目组	500231123456787103	2011年6月9日	2400
10	胡媛媛	行政部	500231123456781395	2010年5月27日	2500
11	赵东亮	人力资源	500231123456782468	2012年9月26日	2800
12	艾佳佳	项目组	500231123456781279	2014年3月6日	2200
13	王其	行政部	500231123456780376	2011年11月3日	2400
14	朱小西	财务部	500231123456781018	2012年7月9日	2800

> **专家点拨**
>
> 此外，在单元格中先输入一个英文状态下的单引号（'），再在单引号后面输入数字，也可以实现身份证号码的输入。

技巧 249：输入分数

●**适用版本：** 2007、2010、2013、2016

●**实用指数：** ★★★★★

说 明

默认情况下，在 Excel 中输入的分数会自动变成日期格式，例如在单元格中输入分数“2/5”，确认后会自动变成“2 月 5 日”。要输入分数，须按下面的操作方法进行。

方法

例如，要输入分数“4/7”，具体操作方法如下。

第 1 步： 选中要输入分数的单元格，依次输入“0”+空格+分数，本例中输入“0 4/7”，如下图所示。

C3 0 4/7

市场分析		
品名	销售额	所占市场份额
混水阀	2146855	0 4/7
水龙头	2468588	
五金	3496566	
脸盆	2059618	
洗手台	4069368	

第 2 步： 完成输入后，按〈Enter〉键确认即可。

技巧 250：输入以“0”开头的数字编号

●**适用版本：** 2007、2010、2013、2016

●**实用指数：** ★★★★★

说 明

默认情况下，在单元格中输入以“0”开头的数字时，Excel 会将其识别成纯数字，从而直接省略掉“0”。如果要在单元格中输入以“0”开头的数字，既可通过设置文本的方式实现，也可通过自定义数据格式的方式实现。

方法

例如，要输入“0001”之类的数字编号，具体操作方法如下。

第 1 步： 选中要输入以“0”开头数字的单元格区域，按照技巧 247 的方法打开“设置单元格格式”对话框，❶在“数字”选项卡的“分类”列表框中选择“自定义”选项；❷在右侧的“类型”文本框中输入“0000”（“0001”是 4 位数，因此要输入 4 个“0”）；❸单击“确定”按钮，如下图所示。

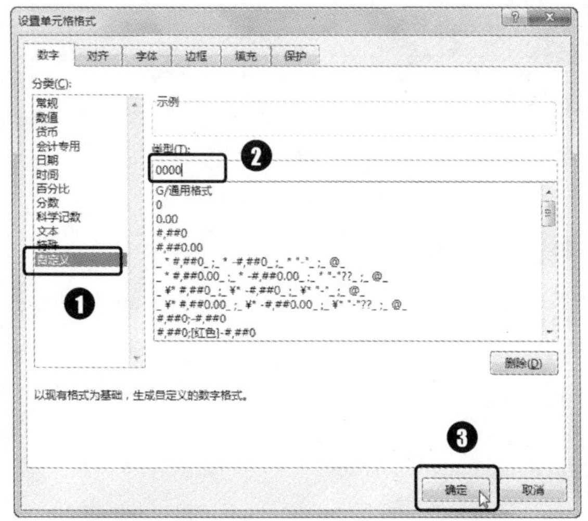

第 2 步： 返回工作表，直接输入“1”“2”……，将自动在前面添加“0”，效果如下图所示。

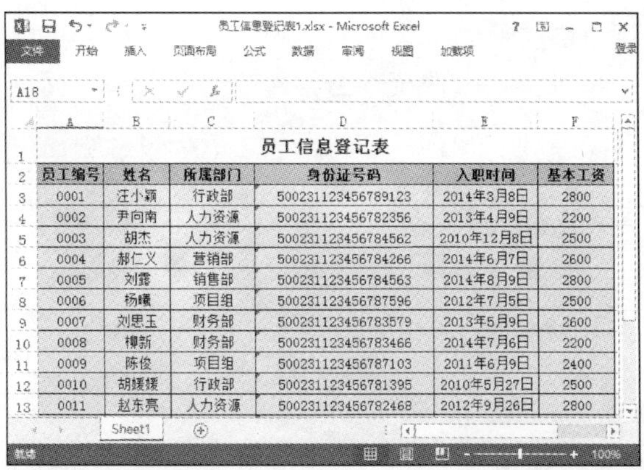

专家点拨

通过设置文本的方式输入以“0”开头的数字编号，可参考输入身份证号码的操作步骤，这里不再赘述。

技巧 251：巧妙输入位数较多的员工编号

●**适用版本：** 2007、2010、2013、2016

●**实用指数：** ★★★★★

用户在编辑工作表的时候，经常需要输入位数较多的员工编号、学号、证书编号等，如 LYG2014001、LYG2014002……编号的部分字符是相同的，若重复地输入会非常烦琐，且易出错，此时可以通过自定义数据格式快速输入。

例如，要输入员工编号“LYG2014001”，具体操作方法如下。

第 1 步： 选中要输入员工编号的单元格区域，按照技巧 247 的方法打开“设置单元格格式”对话框，❶在“数字”选项卡的“分类”列表框中选择“自定义”选项；❷在右侧的“类型”文本框中输入“"LYG2014"000”（“LYG2014”是固定不变的重复内容）；❸单击“确定”按钮，如下图所示。

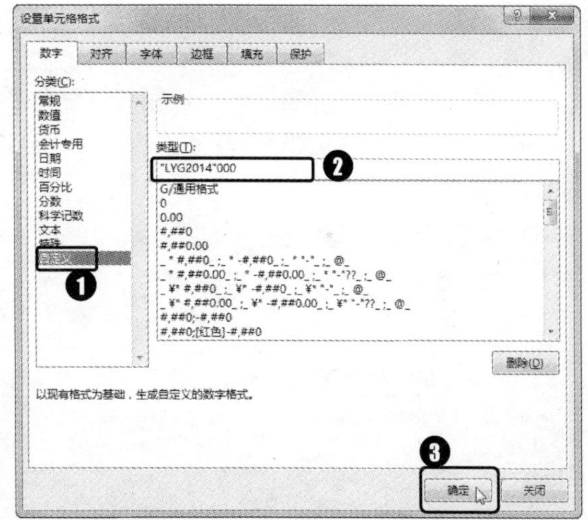

第 2 步： 返回工作表，在单元格区域中输入编号后的序号，如“1、2……”，然后按〈Enter〉键确认，即可显示完整的编号，效果如下图所示。

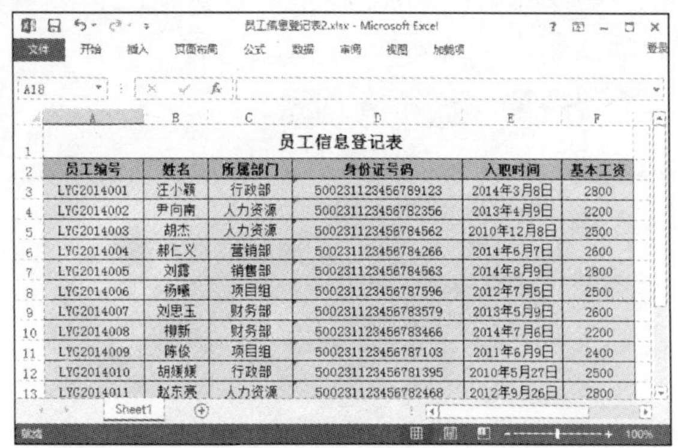

技巧 252：快速输入部分重复的内容

●**适用版本**：2007、2010、2013、2016
●**实用指数**：★★★★★

当要在工作表中输入大量含部分重复内容的数据时，通过自定义数据格式的方法输入，可大大提高输入速度。

例如，要输入“项目一组”“项目二组”……之类的数据，具体操作方法如下。

第 1 步： 选中要输入数据的单元格区域，按照技巧 247 的方法打开“设置单元格格式”对话框，❶在“数字”选项卡的“分类”列表框中选择“自定义”选项；❷在右侧的“类型”文本框中输入“项目@组”；❸单击“确定”按钮，如下图所示。

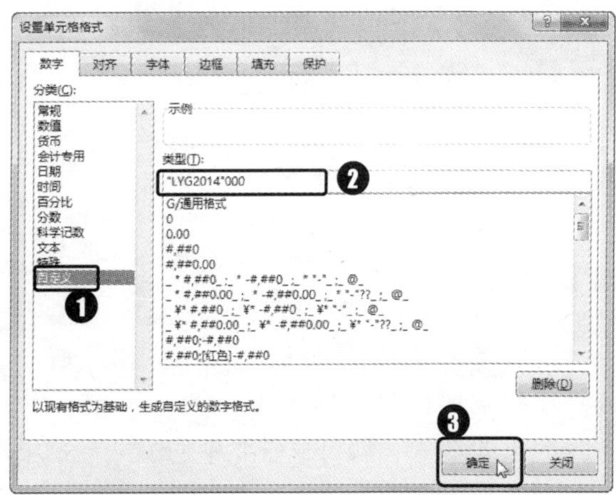

第 2 步： 返回工作表，只需在单元格中直接输入“一”“二”……，即可自动输入重复部分的内容，效果如下图所示。

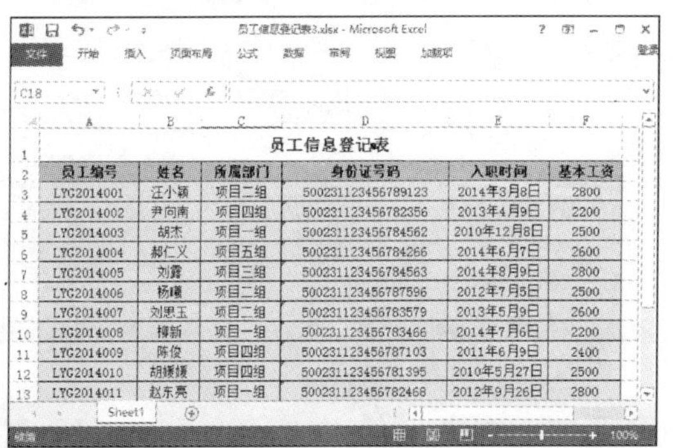

员工信息登记表

员工编号	姓名	所属部门	身份证号码	入职时间	基本工资
LYG2014001	汪小颖	项目二组	500231123456789123	2014年3月8日	2800
LYG2014002	尹向南	项目四组	500231123456782356	2013年4月9日	2200
LYG2014003	胡杰	项目一组	500231123456784562	2010年12月8日	2500
LYG2014004	郝仁义	项目五组	500231123456784266	2014年6月7日	2600
LYG2014005	刘露	项目三组	500231123456784563	2014年8月9日	2800
LYG2014006	杨曦	项目二组	500231123456787596	2012年7月5日	2500
LYG2014007	刘思玉	项目二组	500231123456783579	2013年5月9日	2600
LYG2014008	柳新	项目一组	500231123456783466	2014年7月6日	2200
LYG2014009	陈俊	项目四组	500231123456787103	2011年6月9日	2400
LYG2014010	胡媛媛	项目四组	500231123456781395	2010年5月27日	2500
LYG2014011	赵东亮	项目一组	500231123456782468	2012年9月26日	2800

技巧 253：输入邮政编码

●**适用版本**：2007、2010、2013、2016
●**实用指数**：★★★★★

用户在输入“041009”之类的邮政编码时，Excel 会自动识别成“41009”，而将“0”忽略掉。为了能输入正确的邮政编码，在输入前需要进行数字格式的设置。

方法

输入邮政编码的操作方法如下。

选中要输入邮政编码的单元格区域，按照技巧 247 的方法打开“设置单元格格式”对话框，❶在“数字”选项卡的“分类”列表框中选择“特殊”选项；❷在右侧的“类型”列表框中选择“邮政编码”选项；❸单击“确定”按钮，如下图所示。

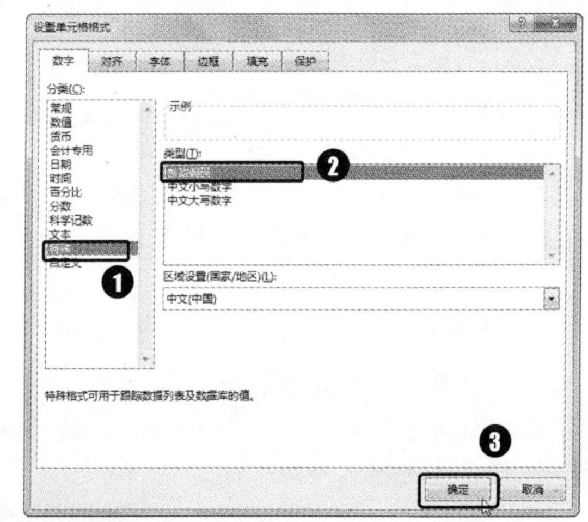

技巧 254：快速输入大写中文数字

●**适用版本**：2007、2010、2013、2016
●**实用指数**：★★★☆☆

在编辑工作表时，有时还会输入大写的中文数字。对于少量的大写中文数字，按照常规的方法直接输入即可；对于大量的大写

中文数字，先进行格式设置再输入可以提高输入速度。

方法

设置输入大写中文数字的操作方法如下。

第 1 步： 选中要输入大写中文数字的单元格区域，按照技巧 247 的方法打开“设置单元格格式”对话框，❶在“数字”选项卡的“分类”列表框中选择“特殊”选项；❷在右侧的“类型”列表框中选择“中文大写数字”选项；❸单击“确定”按钮，如下图所示。

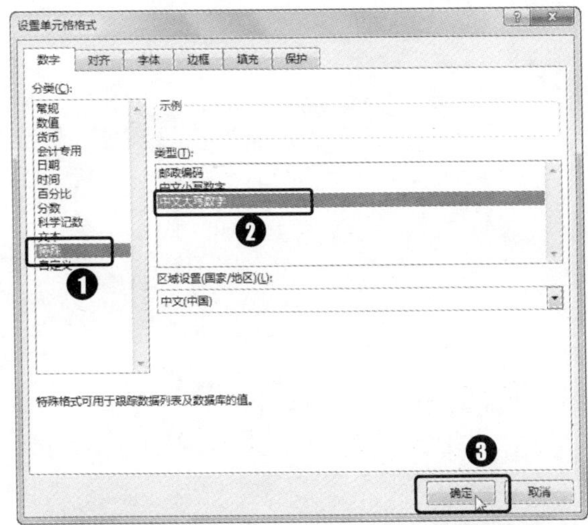

第 2 步： 返回工作表，直接输入数字如“123”，然后按〈Enter〉键，即可将数字自动转换成大写中文数字“壹佰贰拾叁”。

技巧 255：对手机号码进行分段显示

●**适用版本：**2007、2010、2013、2016

●**实用指数：**★★☆☆☆

说 明

手机号码一般都由 11 位数字组成，为了增强手机号码的易读性，可以将其设置为分段显示。

方法

例如，要将手机号码按照 3-4-4 的位数进行分段显示，具体操作方法如下。

第 1 步： 选中需要设置分段显示的单元格区域，按照技巧 247 的方法打开“设置单元格格式”对话框，❶在“数字”选项卡的“分类”列表框中选择“自定义”选项；❷在右侧的“类型”文本框中输入“000-0000-0000”；❸单击“确定”按钮，如下图所示。

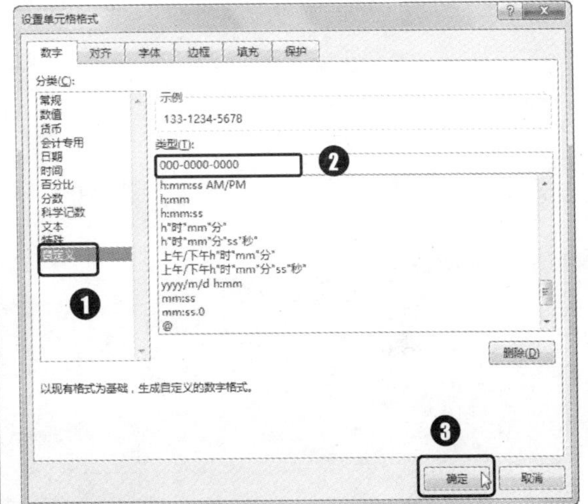

第 2 步： 返回工作表，即可看到手机号码自动分段显示，效果如下图所示。

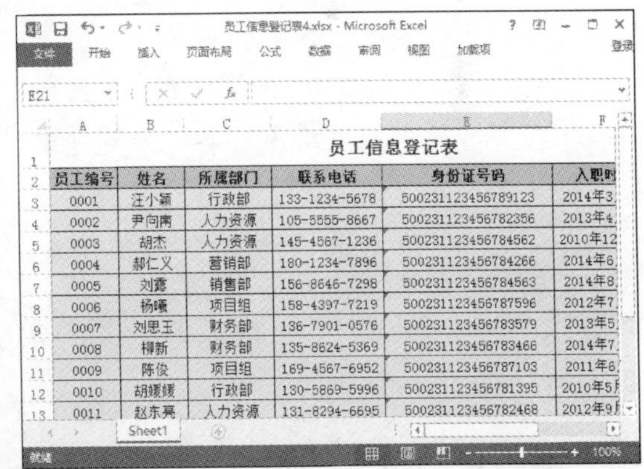

员工信息登记表

员工编号	姓名	所属部门	联系电话	身份证号码	入职时
0001	汪小颖	行政部	133-1234-5678	500231123456789123	2014年3
0002	尹向南	人力资源	105-5555-8667	500231123456782356	2013年4
0003	胡杰	人力资源	145-4567-1236	500231123456784562	2010年12
0004	郝仁义	营销部	180-1234-7896	500231123456784266	2014年6
0005	刘露	销售部	156-8646-7298	500231123456784563	2014年8
0006	杨曦	项目组	158-4397-7219	500231123456787596	2012年7
0007	刘思玉	财务部	136-7901-0576	500231123456783579	2013年5
0008	柳新	财务部	135-8624-5369	500231123456783466	2014年7
0009	陈俊	项目组	169-4567-6952	500231123456787103	2011年6
0010	胡媛媛	行政部	130-5869-5996	500231123456781395	2010年5月
0011	赵东亮	人力资源	131-8294-6695	500231123456782468	2012年9月

技巧 256：快速在多个单元格中输入相同的数据

●**适用版本：**2007、2010、2013、2016

●**实用指数：**★★★★★

说 明

在输入数据时，有时需要在一些单元格中输入相同的数据，逐个输入非常费时，为了提高输入速度，用户可按以下方法在多个单元格中快速输入相同的数据。

方法

例如，要在多个单元格中输入“1”，具体操作方法如下。

选择要输入“1”的单元格区域，输入“1”，然后按〈Ctrl+Enter〉组合键确认，即可在选中的多个单元格中输入相同的内容，效果如下图所示。

	A	B	C	D	E
11	10:26:19	Za新焕真皙美白三件套	260	1	
12	10:38:13	水密码护肤品套装	149	2	
13	10:46:32	水密码防晒套装	136	1	
14	10:51:39	韩束墨菊化妆品套装五件套	329	1	
15	10:59:23	Avene雅漾清爽倍护防晒喷雾SPF30+	226		
16	11:16:54	雅诗兰黛晶透沁白淡斑精华露30ml	825	1	
17	11:19:08	Za姬芮多元水活蜜润套装	208		
18	11:22:02	自然堂美白遮瑕雪润皙白bb霜	108	1	
19	11:34:48	温碧泉明星复合水精华60ml	135	1	
20	11:47:02	卡姿兰甜美粉嫩公主彩妆套装	280	1	
21	11:56:23	雅漾修红润白套装	730		
22	12:02:13	温碧泉明星复合水精华60ml	135	1	
23	12:18:46	卡姿兰蜗牛化妆品套装	178	1	
24	12:19:02	Za美肌无瑕两用粉饼盒	30		
25	12:20:55	雅诗兰黛红石榴套装	750	1	

专家点拨

如果要在多个工作表的单元格中输入相同的数据，可按住〈Ctrl〉键选中需要同时输入相同数据的多张工作表，然后在当前工作表中输入需要的数据即可。

技巧 257：快速为数据添加文本单位

●适用版本：2007、2010、2013、2016

●实用指数：★★★☆☆

说明

在工作表中输入数据时，有时还需要为数字添加文本单位，手动输入不仅浪费时间，而且在计算数据时无法参与计算。要想添加可以参与计算的文本单位，就要设置数据格式。

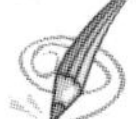

方法

例如，要添加文本单位“元”，具体操作方法如下。

第 1 步： 选中要添加文本单位的单元格区域，按照技巧 247 的方法打开“设置单元格格式”对话框，❶在“数字”选项卡的“分类”列表框中选择“自定义”选项；❷在右侧的“类型”文本框中输入“#元”；❸单击“确定”按钮，如下图所示。

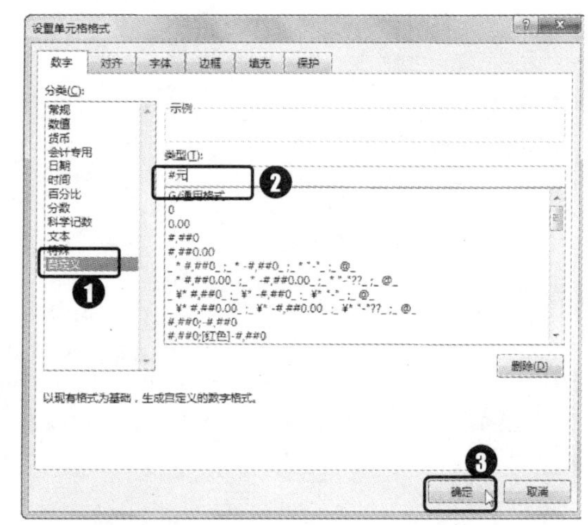

第 2 步： 返回工作表，所选单元格区域自动添加了文本单位，效果如下图所示。

	A	B	C	D	E
1	6月9日销售清单				
2	销售时间	品名	单价	数量	小计
3	9:30:25	香奈儿邂逅清新淡香水50ml	756元	1	
4	9:42:36	韩束墨菊化妆品套装五件套	329元	1	
5	9:45:20	温碧泉明星复合水精华60ml	135元	1	
6	9:45:20	温碧泉美容三件套美白补水	169元	1	
7	9:48:37	雅诗兰黛红石榴套装	750元	1	
8	9:48:37	雅诗兰黛晶透沁白淡斑精华露30ml	825元	1	
9	10:21:23	雅漾修红润白套装	730元	1	

技巧 258：利用填充功能快速输入相同的数据

●适用版本：2007、2010、2013、2016

●实用指数：★★★★★

说明

在输入工作表数据时，可以使用 Excel 的填充功能快速向上、向下、向左或向右填充相同的数据。

方法

例如，要向下填充数据，具体操作方法如下。

第 1 步： 选中单元格，输入数据，如输入“销售部”。

第 2 步： 选中之前输入内容的单元格，

将鼠标指针指向右下角，指针呈✚时，按住鼠标左键不放并向下拖动，拖动到目标单元格后释放鼠标左键即可，如下图所示。

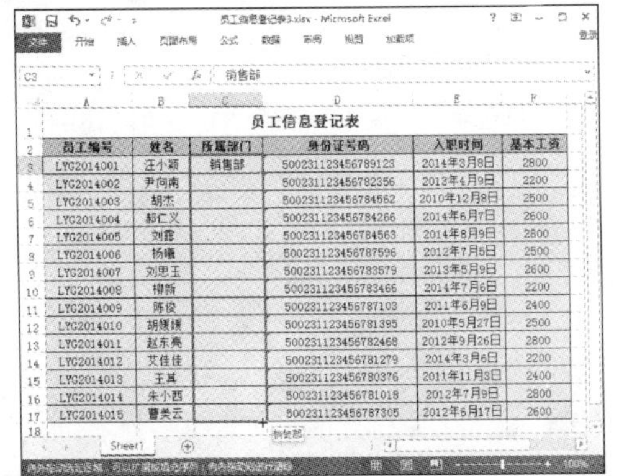

技巧 259：快速输入序列数据

●**适用版本**：2007、2010、2013、2016

●**实用指数**：★★★★★

说　明

利用填充功能填充数据时，还可以填充等差序列或等比序列数字。

方法

例如，利用填充功能输入等比序列数字，具体操作方法如下。

第 1 步： ❶在单元格中输入等比序列的起始数据，如“2”，选中该单元格；❷在“开始”选项卡的“编辑”组中，单击“填充”下拉按钮；❸在弹出的下拉列表中选择“序列”选项，如下图所示。

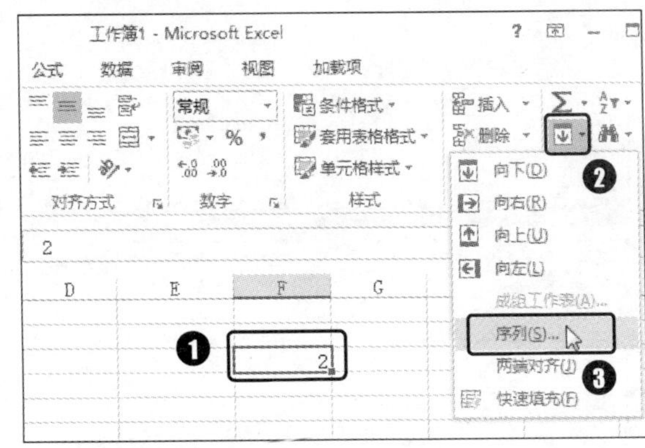

第 2 步： 弹出“序列”对话框，❶在“序列产生在”选项组中选择填充单选按钮，如“列”表示向下填充；❷在“类型”选项组中选择填充的数据类型，本例中选中“等比序列”单选按钮；❸在“步长值”文本框中输入步长值；❹在“终止值”文本框中输入结束值；❺单击“确定”按钮，如下图所示。

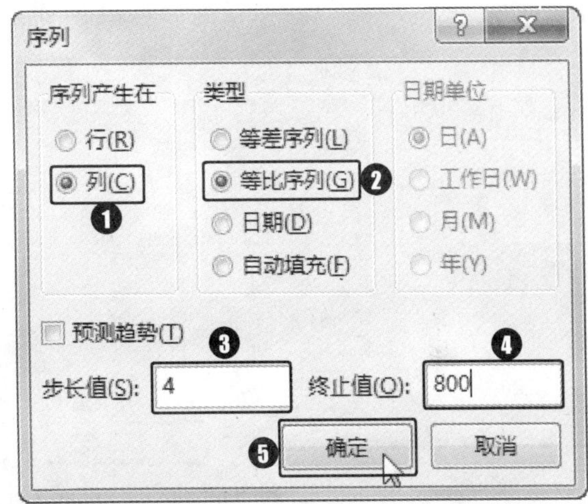

> **专家点拨**
>
> 此外，还可通过拖动鼠标的方式填充序列数据，操作方法为：在单元格中依次输入序列的两个数字，并选中这两个单元格，将鼠标指针指向第二个单元格的右下角，指针呈✚时按住鼠标右键不放并向下拖动，当拖动到目标单元格后释放鼠标右键，在自动弹出的快捷菜单中选择“等差序列”或“等比序列”菜单项，即可填充相应的序列数据。当指针呈✚时，按住鼠标左键向下拖动，可直接填充等差序列。

技巧 260：自定义填充序列

●**适用版本**：2007、2010、2013、2016

●**实用指数**：★★★★☆

说　明

在编辑工作表数据时，经常需要填充序列数据。Excel 提供了一些内置序列，用户可直接使用。对于经常使用而内置序列中没有的数据序列，则需要自定义数据序列，以后便可填充自定义的序列，从而加快数据的输入速度。

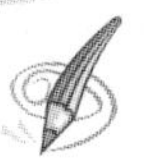

方法

例如，要自定义序列“助教、讲师、副教授、教授”，具体操作方法如下。

第 1 步： 打开“Excel 选项”对话框，❶切换到“高级”选项卡；❷在“常规”选项组中单击“编辑自定义列表”按钮，如下图所示。

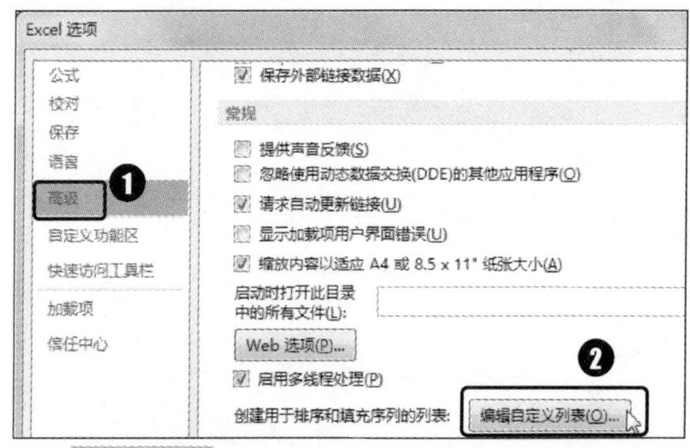

第 2 步： 弹出“自定义序列”对话框，❶在“输入序列”文本框中输入自定义序列的内容；❷单击“添加”按钮，将输入的数据序列添加到左侧的“自定义序列”列表框中；❸单击“确定”按钮，如下图所示。

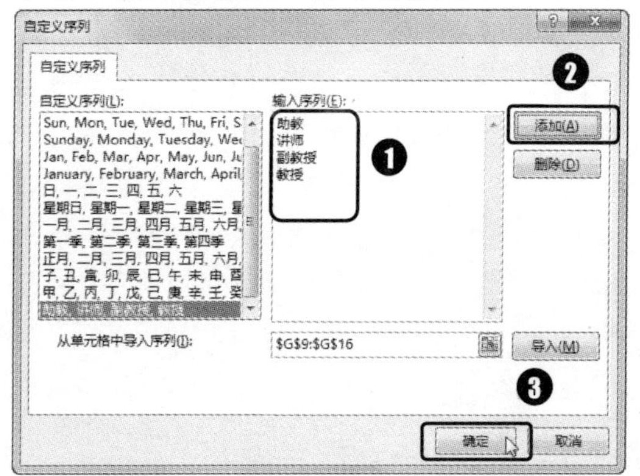

第 3 步： 返回“Excel 选项”对话框，单击“确定”按钮即可。经过上述操作后，在单元格中输入自定义序列的第一个内容，再利用填充功能拖动鼠标，即可自动填充自定义的序列。

技巧 261：自动填充日期值

●适用版本：2007、2010、2013、2016

●实用指数：★★★★★

说 明

在编辑记账表格、销售统计等类型的工作表时，经常要输入连贯的日期值，除了使用手动输入的方法输入外，还可以通过填充功能快速输入，以提高工作效率。

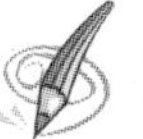

方法

例如，要在“海尔冰箱销售统计.xlsx”的工作表中填充日期，具体操作方法如下。

第 1 步： 在单元格中输入起始日期，并选中该单元格，将鼠标指针指向单元格的右下角，指针呈**+**时按住鼠标右键不放并向下拖动。

第 2 步： 当拖动到目标单元格后释放鼠标右键，在自动弹出的快捷菜单中选择日期填充方式，如“以月填充”，如下图所示。

第 3 步： 查看填充后的效果，如下图所示。

海尔冰箱销售统计

日期	销售数量	销售单价（单位：元）	销售额
2015/1/15	1679	4068	6830172
2015/2/15	1056	4068	4295808
2015/3/15	2576	4068	10479168
2015/4/15	1268	4068	5158224
2015/5/15	1049	4068	4267332
2015/6/15	3206	4068	13042008
2015/7/15	1276	4068	5190768
2015/8/15	2489	4068	10125252
2015/9/15	1682	4068	6842376
2015/10/15	3469	4068	14111892
2015/11/15	2479	4068	10084572
2015/12/15	3169	4068	12891492

技巧 262：只允许在单元格中输入数字

●适用版本：2007、2010、2013、2016

●实用指数：★★☆☆☆

说 明

在工作表中输入数据时，如果某列的单元

格只能输入数字，则可以设置限制在该列中只能输入数字而不能输入其他内容。

方法

例如，要设置“B3:B14”单元格区域只能输入数字，具体操作方法如下。

第 1 步： ❶选择要设置内容限制的单元格区域，本例中选择“B3:B14”；❷切换到“数据”选项卡；❸单击“数据工具”组中的“数据验证”按钮，如下图所示。

第 2 步： 弹出“数据验证”对话框，❶在“允许”下拉列表框中选择“自定义”选项；❷在“公式”文本框中输入“=ISNUMBER(B3)”（ISNUMBER 函数用于测试输入的内容是否为数值，“B3”是指选择单元格区域的第一个活动单元格）；❸单击“确定”按钮，如下图所示。

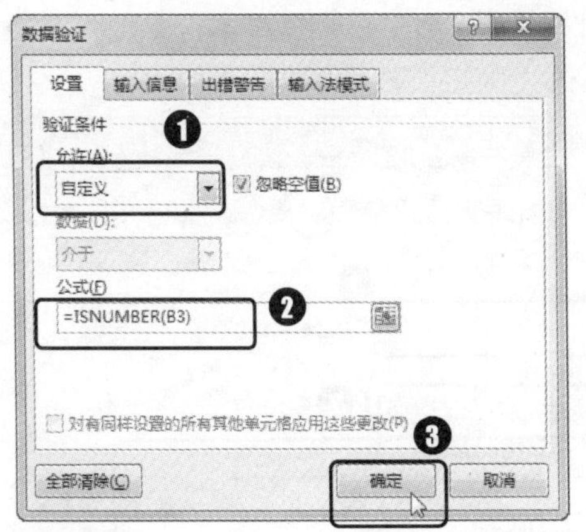

第 3 步： 经过以上操作后，如果在“B3:B14”单元格区域输入除数字以外的其他内容，就会出现错误提示的警告。

专家点拨

Excel 2013 中需要对“数据验证”对话框进行设置，而在 Excel 2007、2010 中则是通过对“数据有效性”对话框进行设置，打开该对话框的操作方法为：切换到“数据”选项卡，单击“数据工具”中的“数据有效性”按钮。

技巧 263：为数据输入设置下拉列表

●**适用版本：**2007、2010、2013、2016

●**实用指数：**★★★★★

说　明

通过设置下拉列表，可在输入数据时选择设置好的单元格内容，提高工作效率。

方法

例如，要在“员工信息登记表 3.xlsx”的工作表中设置下拉列表，具体操作方法如下。

第 1 步： 选中要建立下拉列表的单元格区域，按照技巧 262 介绍的方法打开“数据验证”对话框。

第 2 步： ❶在“允许”下拉列表框中选择“序列”选项；❷在“来源”文本框中输入以英文逗号为间隔的序列内容；❸单击“确定”按钮，如下图所示。

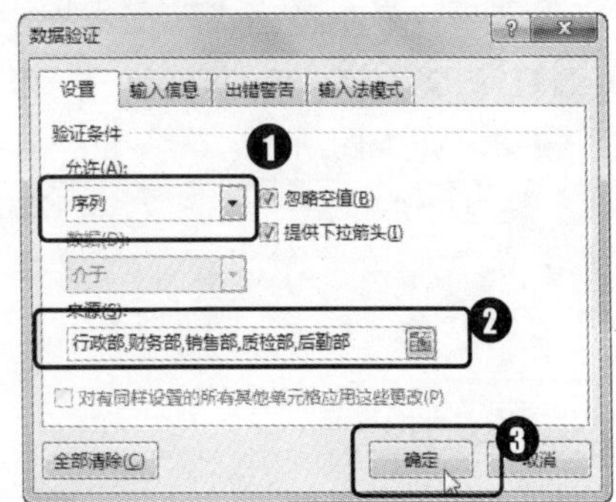

第 3 步： 返回工作表，单击设置了下拉列表的单元格，其右侧会出现一个下拉按钮，单击该按钮，将弹出一个下拉列表，选择某个选项，即可快速在该单元格中输入所选内容，如下图所示。

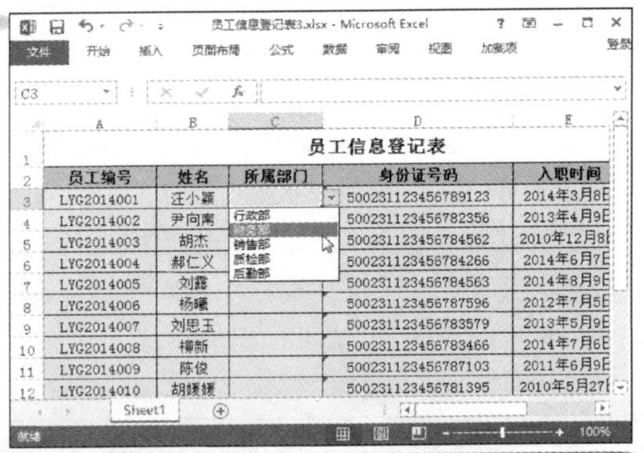

技巧 264：限制重复数据的输入

●适用版本：2007、2010、2013、2016

●实用指数：★★★★★

说 明

在 Excel 中录入数据时，有时会要求某个区域的单元格数据具有唯一性，如身份证号码、发票号码之类的数据。在输入过程中，有可能会因为输入错误而导致数据相同，此时可以通过“数据验证”功能防止重复输入。

方法

例如，要在“员工信息登记表.xlsx”的工作表中设置防止重复输入，具体操作方法如下。

第 1 步： 选中要设置防止重复输入的单元格区域，如“D3:D17”，按照技巧 262 介绍的方法打开“数据验证”对话框。

第 2 步： ❶在“允许”下拉列表框中选择“自定义”选项；❷在“公式”文本框中输入“=COUNTIF($D$3:$D$17,D3)<=1”；❸单击“确定”按钮，如下图所示。

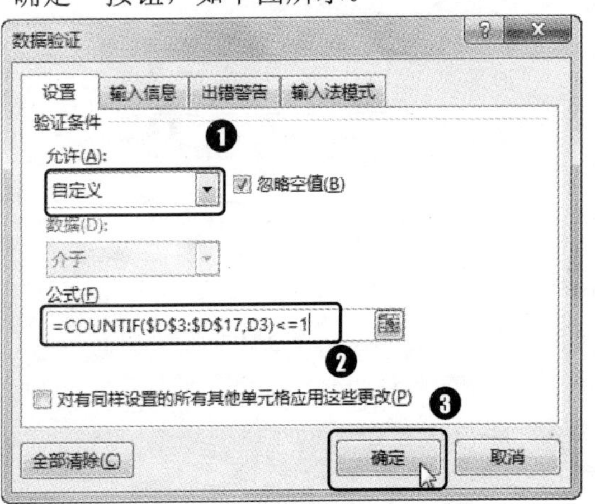

第 3 步： 通过上述操作后，当输入重复数据时，就会出现错误提示的警告。

▷▷ 9.2 数据编辑技巧

完成数据的输入后，还须掌握一定的编辑技巧，接下来就为读者进行介绍。

技巧 265：圈释表格中无效的数据

●适用版本：2007、2010、2013、2016

●实用指数：★★★★★

说 明

在编辑工作表的时候，还可通过 Excel 的圈释无效数据功能快速找出错误的或不符合条件的数据。

方法

例如，要在“员工信息登记表 4.xlsx”的工作表中圈释无效数据，具体操作方法如下。

第 1 步： 选中要进行操作的数据区域，按照技巧 262 介绍的方法打开“数据验证”对话框。

第 2 步： ❶在“允许”下拉列表框中选择数据类型，如“日期”；❷在“数据”下拉列表框中选择数据条件，如“介于”；❸分别在“开始日期”和“结束日期”文本框中输入参数值；❹单击“确定”按钮，如下图所示。

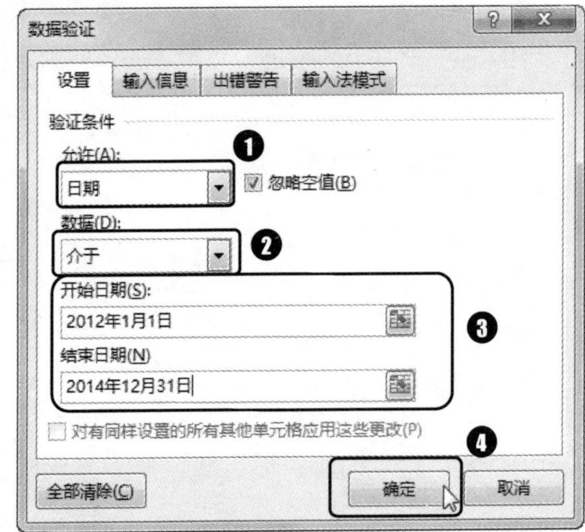

第 3 步： 返回工作表，保持当前单元格区域的选中状态，❶在“数据工具”组中单击“数据验证”按钮右侧的下拉按钮；❷在弹出的下拉列表中选择“圈释无效数据”选项，即可将无效数据标示出来，如下图所示。

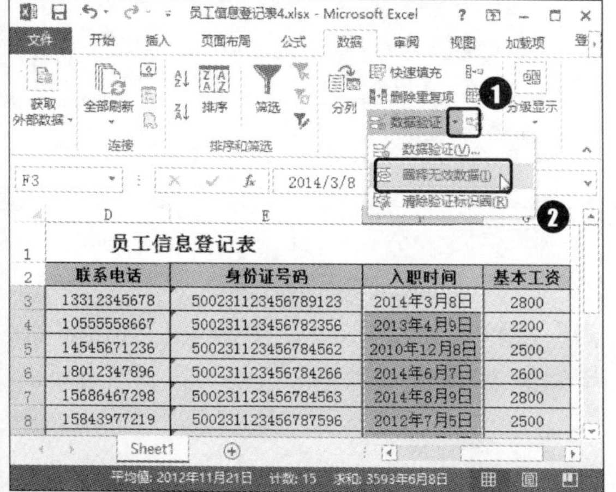

技巧 266：指定工作表中的可编辑区域

- **适用版本：** 2007、2010、2013、2016
- **实用指数：** ★★★☆☆

说 明

为了保证工作表的安全性，可以在工作表中为其他查看该工作表的用户指定可以编辑的区域，而其他区域只能查看，不能编辑。

方法

例如，要在“员工信息登记表 4.xlsx”的工作表中指定允许编辑的区域，具体操作方法如下。

第 1 步： 选择允许编辑的单元格区域，按照技巧 247 的方法打开“设置单元格格式”对话框。

第 2 步： ❶切换到“保护”选项卡；❷取消选中“锁定”复选框；❸单击“确定”按钮，如下图所示。

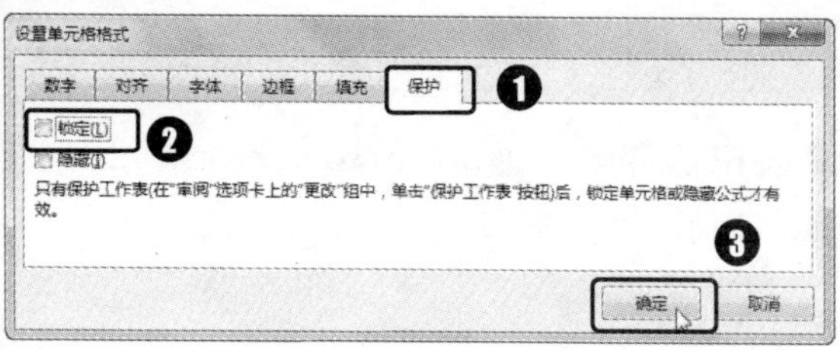

第 3 步： 返回工作表，按照技巧 226 的方法打开“保护工作表”对话框，❶在“允许此工作表的所有用户进行”列表框中取消选中“选定锁定的单元格”复选框，并设置指定区域允许的操作；❷在“取消工作表保护时使用的密码”文本框中输入密码；❸单击“确定”按钮，如下图所示。

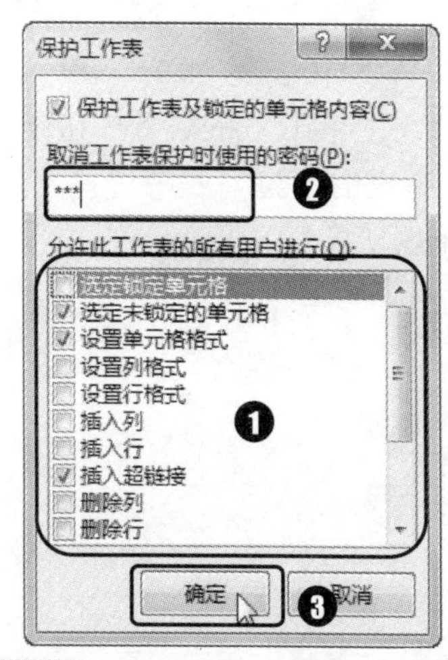

第 4 步： 弹出“确认密码”对话框，❶再次输入密码；❷单击“确定”按钮，如下图所示。

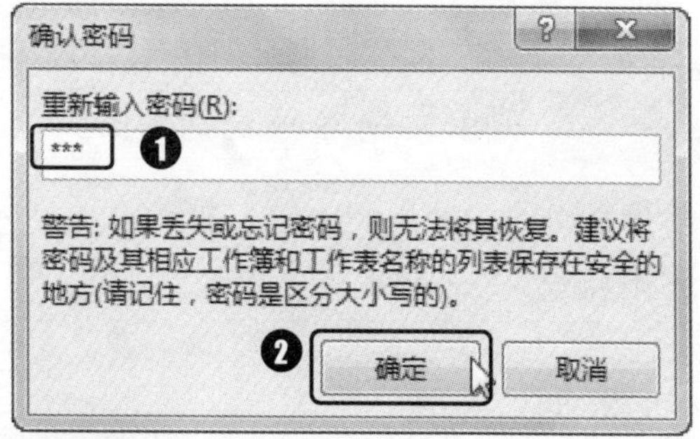

第 5 步： 通过上述操作，用户只能对指定区域进行选择及执行允许的操作。

技巧 267：将数据复制为关联数据

- **适用版本：** 2007、2010、2013、2016
- **实用指数：** ★★★★★

说 明

在对数据进行复制与粘贴操作时，可以将数据粘贴为关联数据。当对源数据进行更改后，关联数据会自动更新，这样就能保持数据间的同步变化。

方法

例如，要在“销售清单 4.xlsx”的工作表中将数据复制为关联数据，具体操作方法如下。

第 1 步： 选中要复制的单元格或单元格区域，本例中选择“C8”单元格，按〈Ctrl+C〉组合键进行复制。

第 2 步： ❶选中要粘贴数据的单元格或单元格区域，本例中选择“C16”单元格；❷在“粘贴板”组中单击“粘贴”按钮下方的下拉按钮；❸在弹出的下拉列表中选择“粘贴链接”选项，如下图所示。

技巧 268：将单元格区域复制为图片

- **适用版本：** 2010、2013、2016
- **实用指数：** ★★☆☆☆

说 明

对于包含重要数据的工作表，为了防止他人随意修改，不仅可以通过设置密码实现保护，还可以通过复制为图片的方法来达到目的。

方法

例如，要将“员工信息登记表 4.xlsx”中的工作表复制为图片，具体操作方法如下。

第 1 步： ❶选中要复制为图片的单元格区域；❷在“开始”选项卡的“剪贴板”中，单击“复制”按钮右侧的下拉按钮；❸在弹出的下拉列表中选择“复制为图片”选项，如下图所示。

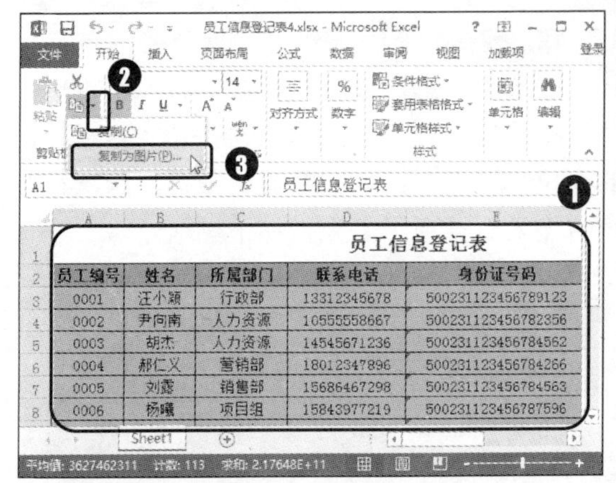

第 2 步： 弹出“复制图片”对话框，❶在“外观”选项组中选中“如屏幕所示”单选按钮；❷在“格式”选项组中选中“位图”单选按钮；❸单击“确定”按钮，如下图所示。

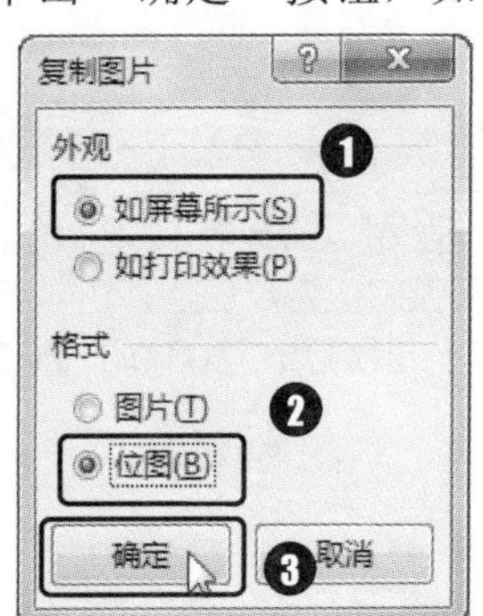

第 3 步： 返回工作表，选择要粘贴的目标单元格，按〈Ctrl+V〉组合键进行粘贴即可，本例中在新建工作表中进行粘贴操作。

> **专家点拨**
>
> 除了上述操作方法外，还可通过粘贴图片的方式，将单元格区域复制为图片，操作方法为：选中要复制为图片的单元格区域，直接按〈Ctrl+C〉组合键进行复制，然后选中要粘贴的目标单元格，单击“粘贴”按钮下方的下拉按钮，在弹出的下拉列表中选择“图片”选项即可。

技巧 269：将数据复制为关联图片

- **适用版本：** 2007、2010、2013、2016
- **实用指数：** ★★☆☆☆

说 明

将数据复制为图片时，还可以复制为关联图片。当对源数据进行更改后，关联的图片会自动更新，从而保持数据间的同步变化。

方法

例如，要将“员工信息登记表 4.xlsx”中的工作表复制为关联图片，具体操作方法如下。

第 1 步： 选中要复制为关联图片的单元格区域，直接按〈Ctrl+C〉组合键进行复制。

第 2 步： 选中要粘贴的目标单元格，本例中在新建工作表中选择；❶在“剪贴板”组中单击“粘贴”按钮下方的下拉按钮；❷在弹出的下拉列表中选择“链接的图片”选项，如下图所示。

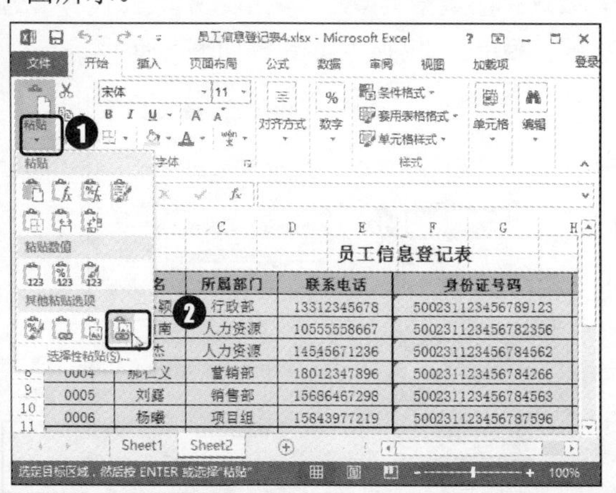

> **专家点拨**
>
> 在 Excel 2007 中的操作略有区别，选中要粘贴的目标单元格后，单击“粘贴”按钮下方的下拉按钮，在弹出的下拉列表中选择“以图片格式”选项，在弹出的级联列表中选择“粘贴图片链接”选项即可。

技巧 270：在粘贴数据时对数据进行目标运算

●**适用版本：** 2007、2010、2013、2016

●**实用指数：** ★★★★☆

说 明

在编辑工作表数据时，还可通过选择性粘贴的方式对数据区域进行计算。

方法

例如，要将工作表中的“单价”都降低 6 元，具体操作方法如下。

第 1 步： ❶在任意空白单元格中输入“6”后选择该单元格；❷按〈Ctrl+C〉组合键进行复制。

第 2 步： ❶选择要进行计算的目标单元格区域；❷在“剪贴板”组单击“粘贴”按钮下方的下拉按钮；❸在弹出的下拉列表选择“选择性粘贴”选项，如下图所示。

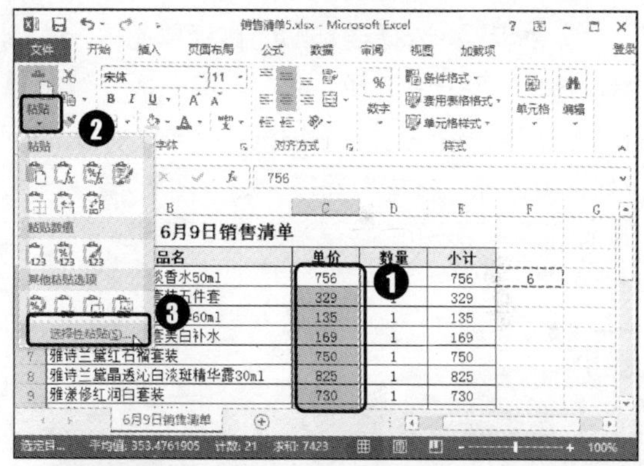

第 3 步： 弹出“选择性粘贴”对话框，❶在“运算”选项组中选择计算方式，本例中选择“减”单选按钮；❷单击“确定”按钮，如下图所示。

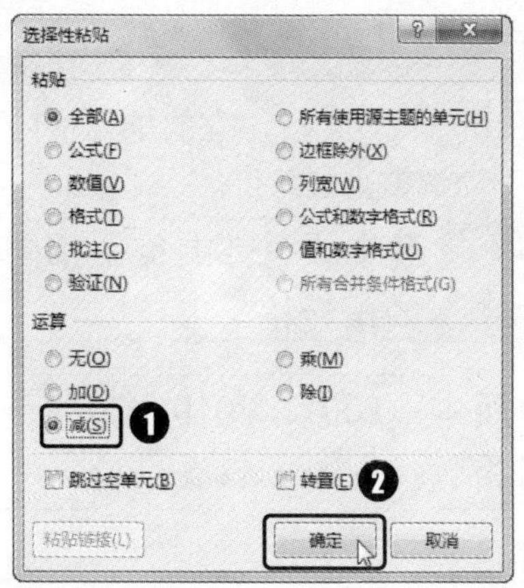

第 4 步： 经过上述操作后，表格中所选区域的数字都减掉了 6。

技巧 271：将表格行或列数据进行转置

●适用版本：2007、2010、2013、2016

●实用指数：★★★☆☆

在编辑工作表数据时，有时还需要将表格中的数据进行转置，即将原来的行变成列，原来的列变成行。

方法

例如，要将“海尔冰箱销售统计 2.xlsx”的工作表中的数据进行转置，具体操作方法如下。

第 1 步： 在工作表中选择数据区域，按〈Ctrl+C〉组合键进行复制操作。

第 2 步： 选择要粘贴的目标单元格，本例中在新建工作表中选择；❶在“剪贴板”组中单击“粘贴”按钮下方的下拉按钮；❷在弹出的下拉列表中选择“转置”选项，如下图所示。

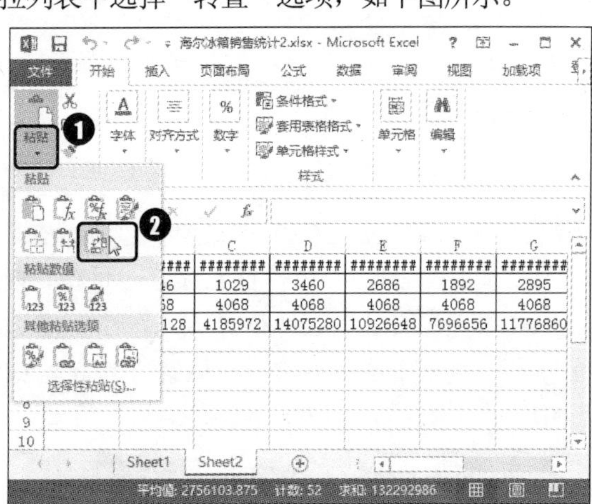

第 3 步： 转置后，有的单元格内容显示不全，手动调整列宽即可。

技巧 272：选中所有数据类型相同的单元格

●适用版本：2007、2010、2013、2016

●实用指数：★★☆☆☆

在编辑工作表的过程中，若要对数据类型相同的多个单元格进行操作，就需要先选中这些单元格，除了通过常规的操作方法逐个选中外，还可通过定位功能快速选择。

方法

例如，要在工作表中选择所有包含公式的单元格，具体操作方法如下。

第 1 步： ❶在“开始”选项卡中，单击“编辑”组中的“查找和选择”按钮；❷在弹出的下拉列表中选择“定位条件”选项，如下图所示。

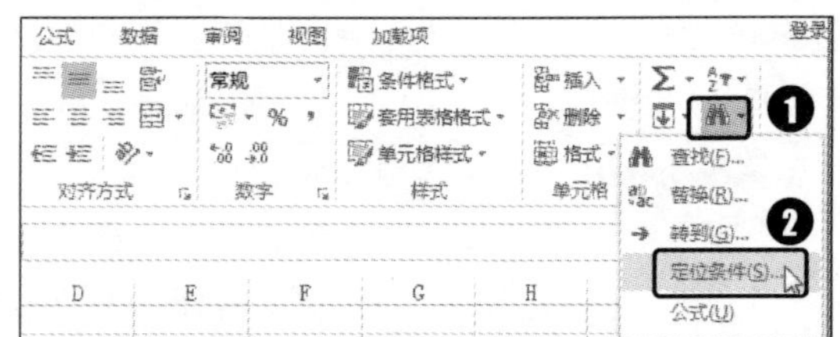

第 2 步： 弹出“定位条件”对话框，❶设置要选择的数据类型，本例中选中“公式”单选按钮；❷单击“确定”按钮，如下图所示。

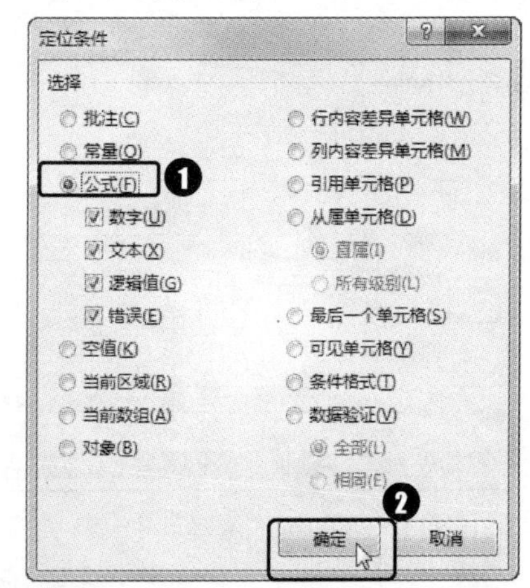

技巧 273：清除某种特定格式的单元格内容

●适用版本：2007、2010、2013、2016

●实用指数：★★★☆☆

在编辑工作表时，有的用户为了美化工作表，会在其中设置各种各样的格式。像这类工作表，如果要清除设置了某种格式的单元格内容，可通过查找功能快速实现。

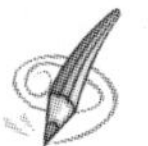

方法

例如，以绿色背景为条件查找单元格并清除其内容，具体操作方法如下。

第 1 步： ❶在“开始”选项卡的“编辑”组中，单击“查找和选择”按钮；❷在弹出的下拉列表中选择“查找”选项，如下图所示。

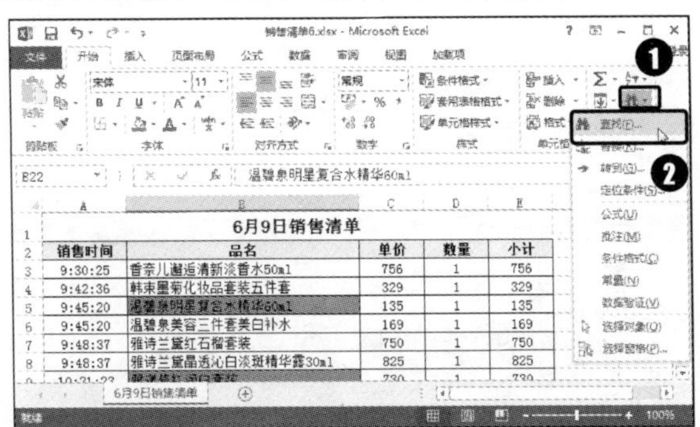

第 2 步： 弹出“查找和替换”对话框，❶单击“选项”按钮展开对话框；❷单击“格式”按钮，如下图所示。

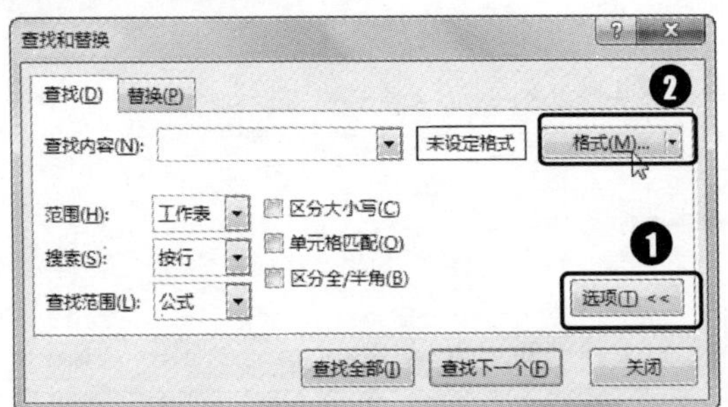

第 3 步： 弹出“查找格式”对话框，设置查找条件，❶本例中切换到“填充”选项卡；❷在“背景色”选项组中选择绿色；❸单击“确定”按钮，如下图所示。

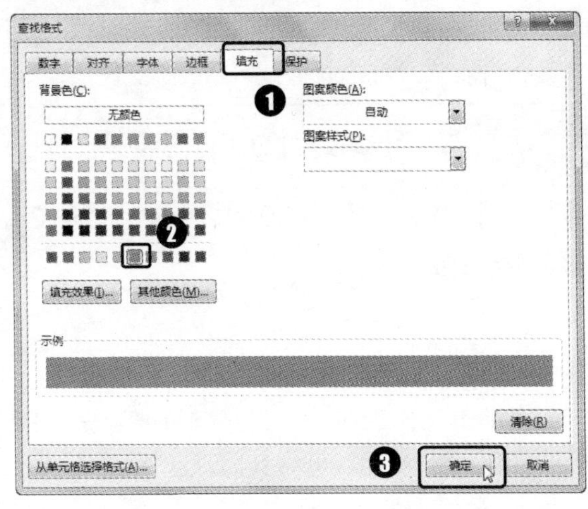

第 4 步： ❶返回“查找和替换”对话框，单击“查找全部”按钮；❷此时将展开该对话框，并在列表框中显示出查找到的数据信息，按〈Ctrl+A〉组合键选中查找到的全部单元格，如下图所示。

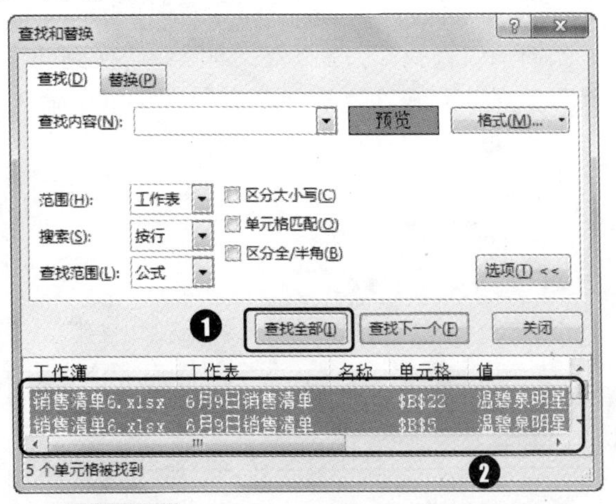

第 5 步： 单击 Excel 窗口标题栏切换到工作表窗口，按〈Delete〉键即可清除单元格内容，如下图所示。

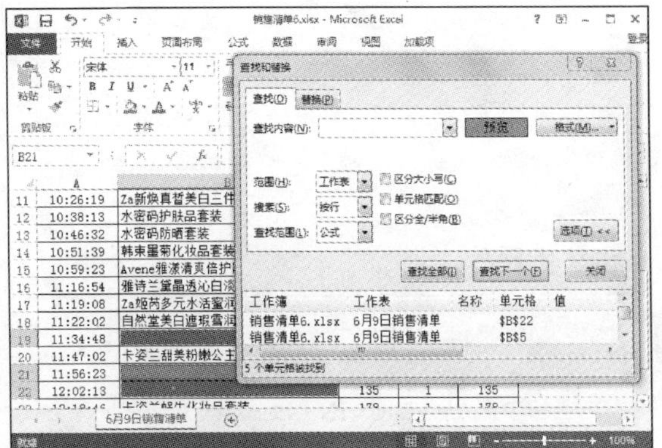

第 6 步： 完成操作后，单击“关闭”按钮关闭“查找和替换”对话框即可。

技巧 274：删除单元格中的通配符

●**适用版本：** 2007、2010、2013、2016

●**实用指数：** ★☆☆☆☆

说 明

用户在编辑工作表时，有时需要从外部导入数据到 Excel 工作表中，导入后，工作表中有可能会出现多余的字符，如英文状态下的“?”“*”或“~”等。为了工作表的美观，需要将这些多余的字符删除掉，手动删除费时费力，此时可通过替换功能快速删除。

方法

例如，在“销售清单 7.xlsx”的工作表中删除英文字符“?”，具体操作方法如下。

打开“查找和替换”对话框，❶切换到“替换”选项卡；❷在“查找内容”文本框中输入“~?”；❸单击“全部替换”按钮，如下图所示。

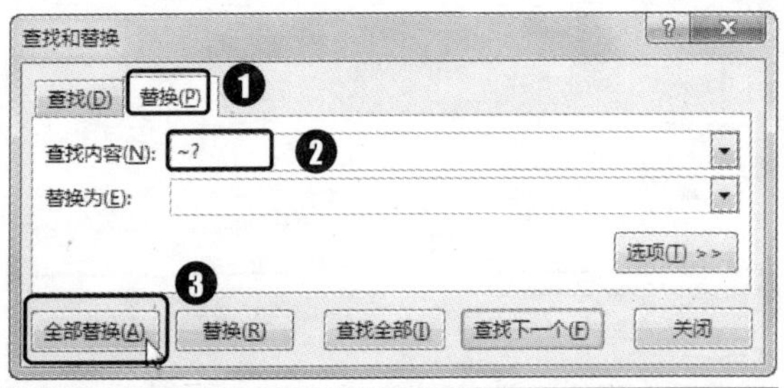

专家点拨

在 Excel 中进行查找时，“?”“*”本身就是通配符，其中“?”代表任意一个字符，“*”代表所有的字符，因此在进行查找替换时，必须在前面加上“~”，表示查找通配符本身。还需要强调的是，如果要查找“~”，在“查找内容”文本框中必须输入“~~”，而不能输入“~”，否则无法进行查找替换操作。

技巧 275：使用批注为单元格添加注释信息

●适用版本：2007、2010、2013、2016

●实用指数：★★★☆☆

说 明

在编辑工作表时，还可以通过插入批注的方式为单元格添加注释信息。

方法

例如，要在“员工信息登记表 4.xlsx”的工作表中插入批注，具体操作方法如下。

第 1 步： ❶选择要添加批注的单元格；❷切换的“审阅”选项卡；❸单击“批注”组中的“新建批注”按钮，如下图所示。

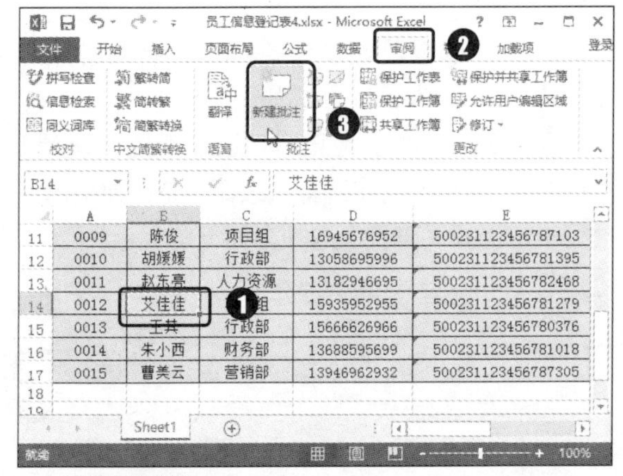

第 2 步： 工作表中将出现一个批注文本框，直接在文本框中输入批注内容即可，如下图所示。

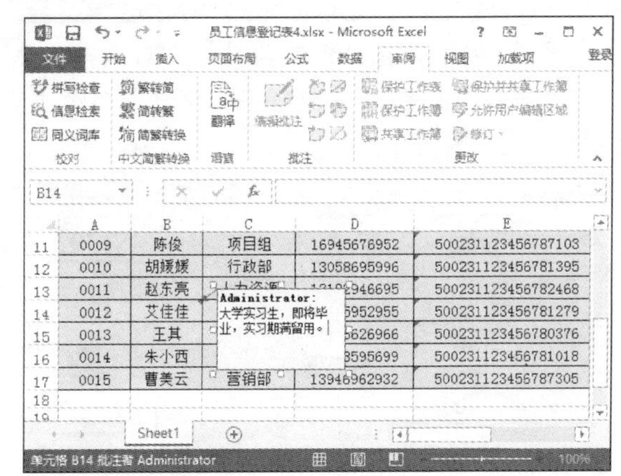

专家点拨

默认情况下，添加批注后，仅仅在单元格右上角显示批注标识符，指向该标识符时，便会显示批注内容。另外，选择包含批注的单元格后，可通过“批注”组中的相关按钮对批注进行编辑修改、显示/隐藏等操作。

技巧 276：隐藏单元格中的内容

●适用版本：2007、2010、2013、2016

●实用指数：★★☆☆☆

说 明

在编辑工作表时，如果某些重要数据不希望被其他用户查看，可将其隐藏起来。

方法

例如，要在“员工信息登记表4.xlsx”的工作表中隐藏重要数据，具体操作方法如下。

第1步： 选中要隐藏内容的单元格区域，按照247的方法打开“设置单元格格式”对话框。

第2步： ❶在“分类”列表框中选择“自定义”选项；❷在右侧的“类型”文本框中输入三个英文半角分号“;;;”，如下图所示。

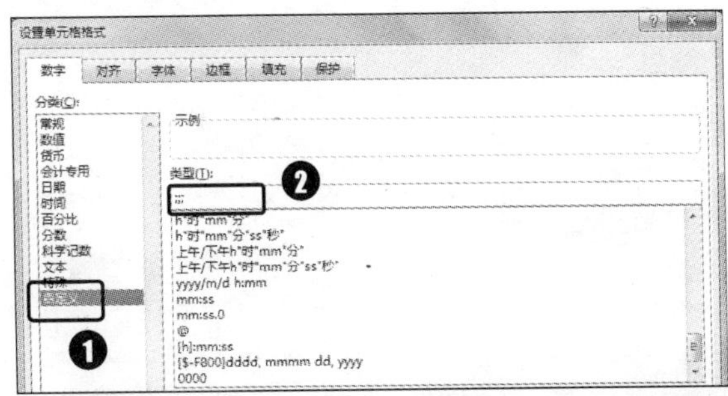

第3步： ❶切换到“保护”选项卡；❷取消选中“锁定”复选框，选中“隐藏”复选框；❸单击“确定”按钮，如下图所示。

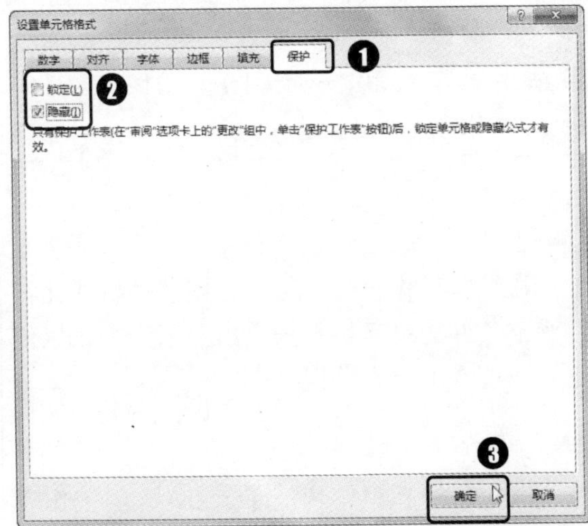

第4步： 此时单元格内容已经隐藏起来了，为了防止其他用户将其显示出来，还须设置密码加强保护。保持当前单元格区域的选中状态，打开“保护工作表”对话框，❶在“允许此工作表的所有用户进行”列表框只勾选“选定未锁定的单元格”复选框；❷在“取消工作表保护时使用的密码”文本框中输入密码；❸单击“确定”按钮，如下图所示。

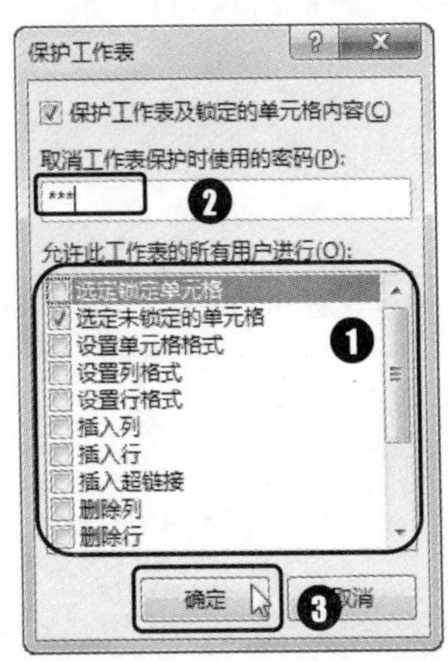

第5步： 弹出“确认密码”对话框，再次输入密码，单击“确定”按钮即可。

> **专家点拨**
>
> 隐藏单元格内容后，若要将其显示出来，可先撤销工作表保护，再打开“设置单元格格式”对话框，在“分类”列表框中选择“自定义”选项，在右侧的“类型”列表框中选择“G/通用格式”选项，单击“确定”按钮，即可将单元格内容显示出来。对于设置了数字格式的单元格，显示出来后，内容可能会显示不正确，此时只须再设置正确的数字格式即可。

技巧277：巧用分列功能分列显示数据

●**适用版本：**2007、2010、2013、2016

●**实用指数：**★★☆☆☆

说 明

在编辑工作表时，还可以使用分列功能将一个列中的内容划分成多个单独的列进行放置，以便更好地查看数据。

方法

例如，要对“商品名称.xlsx”的工作表中的数据进行分列显示，具体操作方法如下。

第1步： ❶选择需要分列的单元格区域；❷切换到“数据”选项卡；❸在“数据工具”组中单击“分列”按钮，如下图所示。

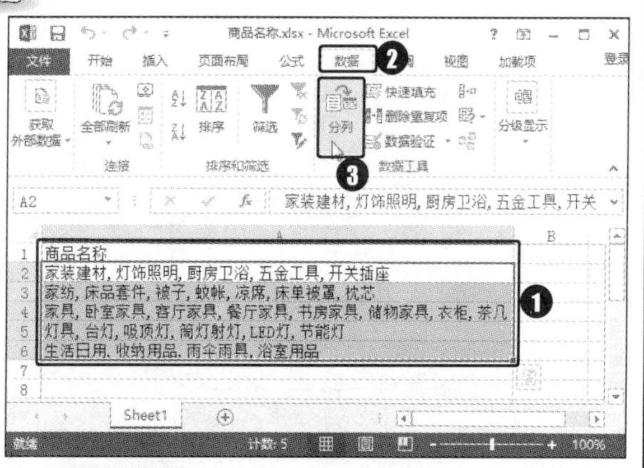

第 2 步： 弹出“文本分列向导-第 1 步，共 3 步”对话框，❶在“请选择最合适的文件类型”选项组中选中“分隔符号”单选按钮；❷单击“下一步”按钮，如下图所示。

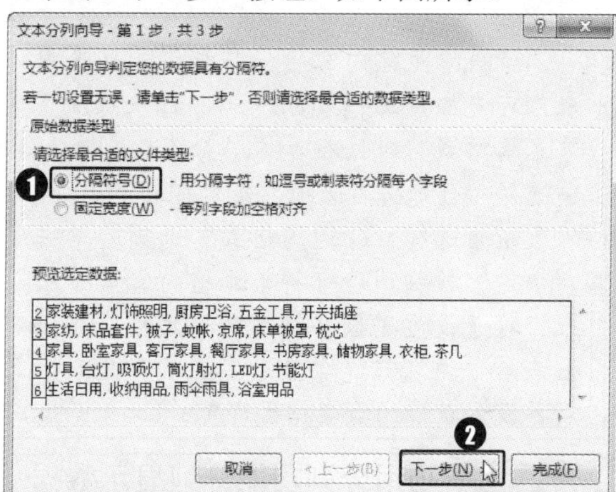

第 3 步： 弹出“文本分列向导-第 2 步，共 3 步”对话框，❶在“分隔符号”选项组中选择分隔符号，本例中的文本是以逗号分隔的，所以选中“逗号”复选框；❷单击“下一步”按钮，如下图所示。

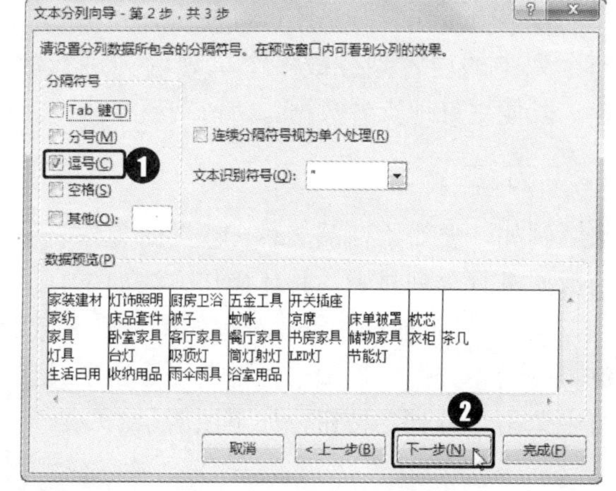

第 4 步： 弹出“文本分列向导-第 3 步，共 3 步”对话框，❶在“列数据格式”选项组中选中“常规”单选按钮；❷单击“完成”按钮，如图所示。

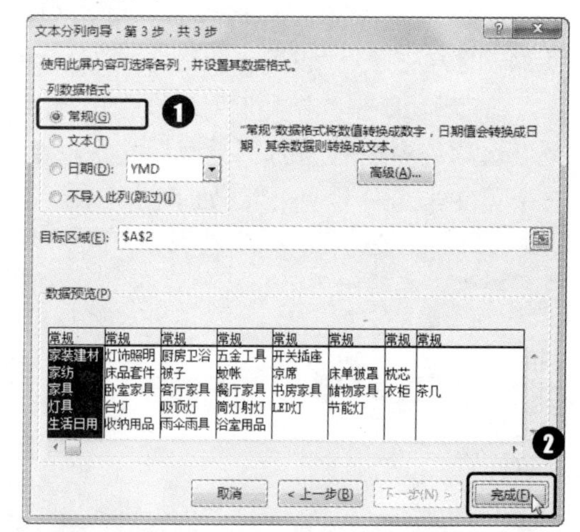

第 5 步： 返回工作表，所选单元格区域将分列显示，对各列调整合适的列宽即可。

技巧 278：利用条件格式突出显示符合特定条件的数据

●**适用版本：**2007、2010、2013、2016

●**实用指数：**★★★★★

说 明

在编辑工作表时，可以使用条件格式让符合特定条件的单元格数据突出显示出来，以便更好地查看工作表数据。

方法

例如，要在“销售清单 5.xlsx”的工作表中将含有“雅诗兰黛”文字的单元格突出显示出来，具体操作方法如下。

第 1 步： ❶选择要设置条件格式的单元格区域；❷在“开始”选项卡的“样式”组中单击“条件格式”按钮；❸在弹出的下拉列表中选择需要的条件规则，本例中选择“突出显示单元格规则”选项；❹在弹出的级联列表中选择具体条件，本例中选择“文本包含”选项，如下图所示。

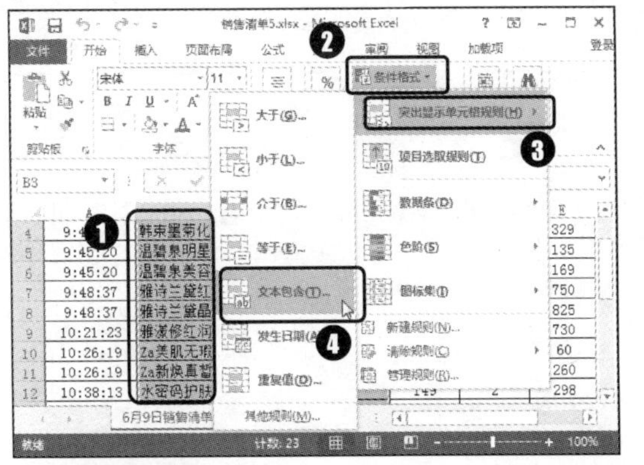

第 2 步： 弹出“文本中包含”对话框，❶设置具体条件及显示方式；❷单击“确定”按钮，如下图所示。

技巧 279：利用条件格式突显双休日

●**适用版本：**2007、2010、2013、2016

●**实用指数：**★★★☆☆

编辑工作表时，用户还可以通过条件格式来突出显示双休日。

例如，要在“备忘录.xlsx”的工作表中突出显示双休日，具体操作方法如下。

第 1 步： ❶选择要设置条件格式的单元格区域；❷在“开始”选项卡的“样式”组中单击“条件格式”按钮；❸在弹出的下拉列表中选择“新建规则”选项，如下图所示。

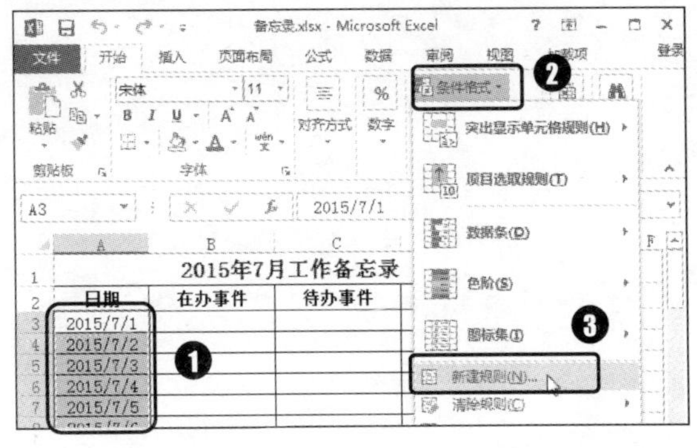

第 2 步： 弹出“新建格式规则”对话框，❶在“选择规则类型”列表框中选择“使用公式确定要设置格式的单元格”选项；❷在“编辑规则说明”选项组的文本框中输入公式“=WEEKDAY($A3,2)>5”；❸单击“格式”按钮，如下图所示。

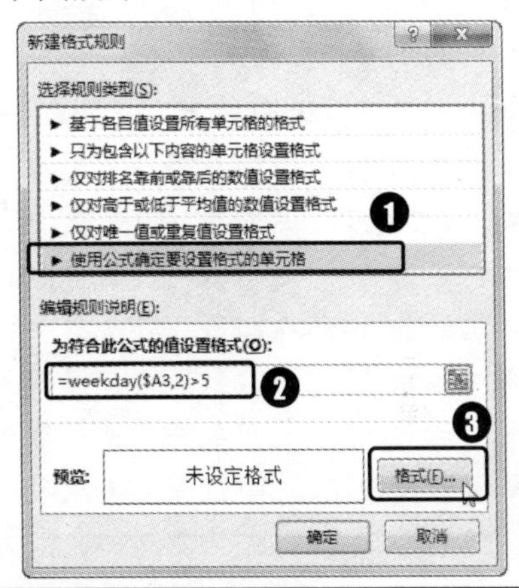

专家点拨

“WEEKDAY(日期,2)”返回数字 1（星期一）到数字 7（星期日），如果函数返回的数字>5，即 6 或 7，表示这个日期为星期六或星期日。

第 3 步： 弹出“设置单元格格式”对话框，❶根据需要设置显示方式，本例中在“填充”选项卡选择红色背景色；❷单击“确定”按钮，如下图所示。

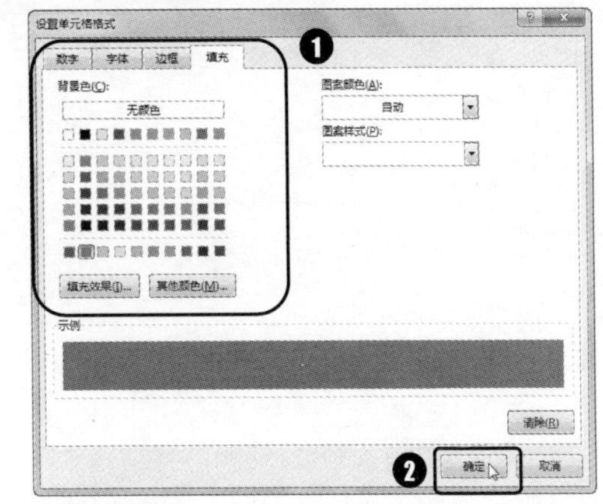

第 4 步： 返回“新建格式规则”对话框，单击“确定”按钮即可。

专家点拨

在“WEEKDAY(serial_number,[return_type])”函数中，第二个参数“return_type”不同，函数返回的结果也不同。

- 若为 1：返回数字 1（星期日）到数字 7（星期六）；
- 若为 2：返回数字 1（星期一）到数字 7（星期日）；
- 若为 3：返回数字 0（星期一）到数字 6（星期日）；
- 若为 11：返回数字 1（星期一）到数字 7（星期日）；
- 若为 12：返回数字 1（星期二）到数字 7（星期一）；
- 若为 13：返回数字 1（星期三）到数字 7（星期二）；
- 若为 14：返回数字 1（星期四）到数字 7（星期三）；
- 若为 15：返回数字 1（星期五）到数字 7（星期四）；
- 若为 16：返回数字 1（星期六）到数字 7（星期五）；
- 若为 17：返回数字 1（星期日）到数字 7（星期六）。

Excel 数据统计与分析技巧

完成表格的编辑后，还可通过 Excel 的排序、筛选及分类汇总等功能对表格数据进行统计与分析。本章将针对这些功能为读者讲解一些实用技巧。

▷▷ 10.1　数据排序技巧

在编辑工作表时，可通过排序功能对表格数据进行排序，从而方便查看和管理数据。

技巧 280：按笔画进行排序

●适用版本：2007、2010、2013、2016
●实用指数：★★★★★

说 明

在编辑工资表和员工信息表之类的表格时，若要以员工姓名为依据进行排序，人们通常会按字母顺序进行排序。除此之外，还可以按照文本的笔画进行排序，下面就讲解操作方法。

方法

例如，在"员工信息登记表.xlsx"的工作表中，要以"姓名"为关键字，按笔画进行排序，具体操作方法如下。

第 1 步： ❶选中数据区域中的任意单元格；❷切换到"数据"选项卡；❸单击"排序和筛选"组中的"排序"按钮，如下图所示。

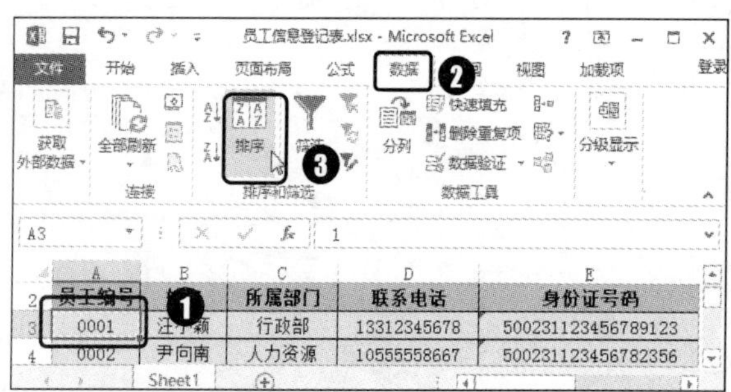

第 2 步： 弹出"排序"对话框，❶在"主要关键字"下拉列表框中选择排序依据，如选择"姓名"；❷在"次序"下拉列表框中选择排序方式，如选择"升序"；❸单击"选项"按钮，如下图所示。

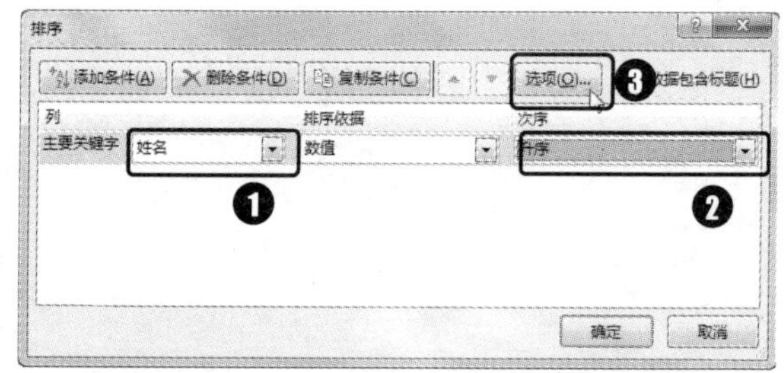

第 3 步： 弹出"排序选项"对话框，❶在"方法"选项组中选中"笔画排序"单选按钮；❷单击"确定"按钮，如下图所示。

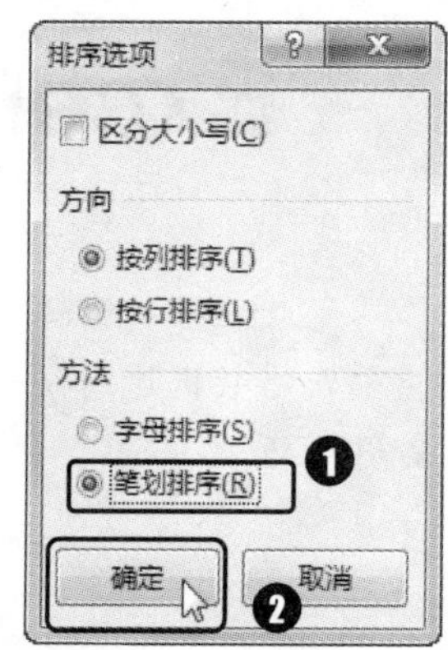

第 4 步： 返回"排序"对话框，单击"确定"按钮即可。

技巧 281：按行进行排序

●适用版本：2007、2010、2013、2016
●实用指数：★★★★☆

说 明

默认情况下，对表格数据进行排序时是按列进行排序的，但是如果表格标题是以列的方式进行输入的，若按照默认的排序方向排序，则可能无法实现预期的效果，此时就需要按行进行排序了。

方法

例如，要对"海尔冰箱销售统计.xlsx"的工作表数据按行进行排序，具体操作方法如下。

第 1 步： 选中要进行排序的单元格区域，本例中选择"B1:G4"，按照技巧 280 打开"排序选项"对话框。

第 2 步： ❶在“方向”选项组中选中“按行排序”单选按钮；❷单击“确定”按钮，如下图所示。

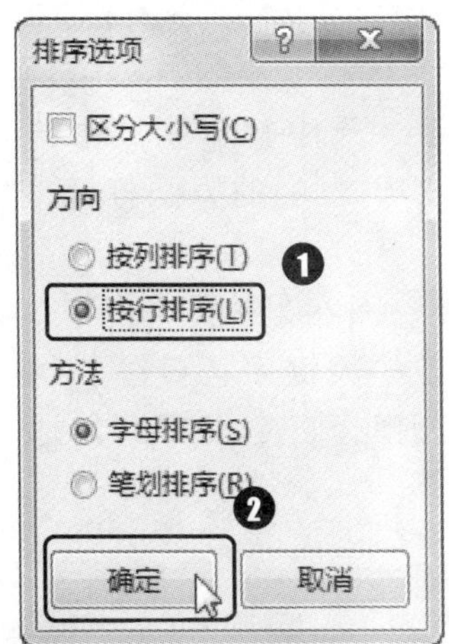

第 3 步： ❶返回“排序”对话框，设置排序关键字及次序；❷单击“确定”按钮，如下图所示。

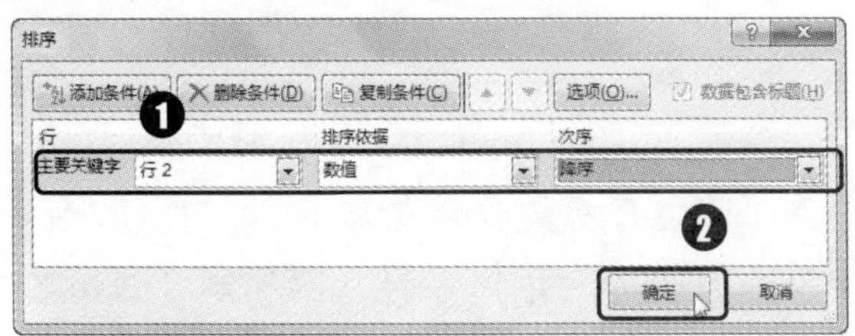

第 4 步： 返回工作表，即可查看排序后的效果，如下图所示。

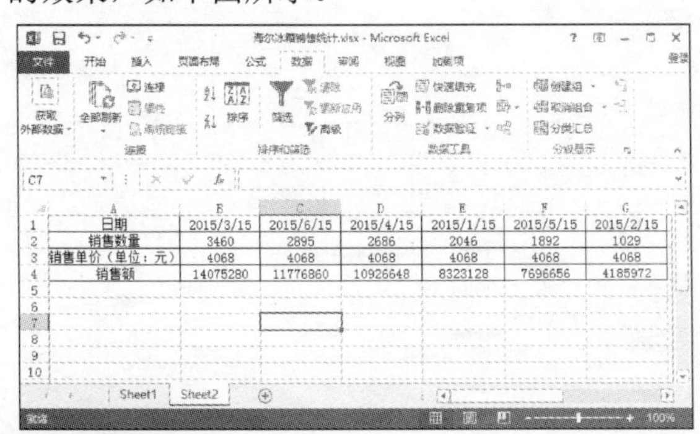

技巧 282：只对工作表中的某列进行排序

●**适用版本：**2007、2010、2013、2016

●**实用指数：**★☆☆☆☆

说 明

对工作表进行排序时，有时候会因为特殊需求，只对工作表中的某列进行排序。只对某列进行排序后，只是该列数据的位置发生改变，而其他列的数据不会发生改变。

方法

例如，要在“员工信息登记表.xlsx”的工作表中只对“所属部门”列进行排序，具体操作方法如下。

第 1 步： ❶选中要排序的单元格区域，本例中选择“C2:C17”；❷切换到“数据”选项卡；❸选择需要的排序方法，如“升序”，如下图所示。

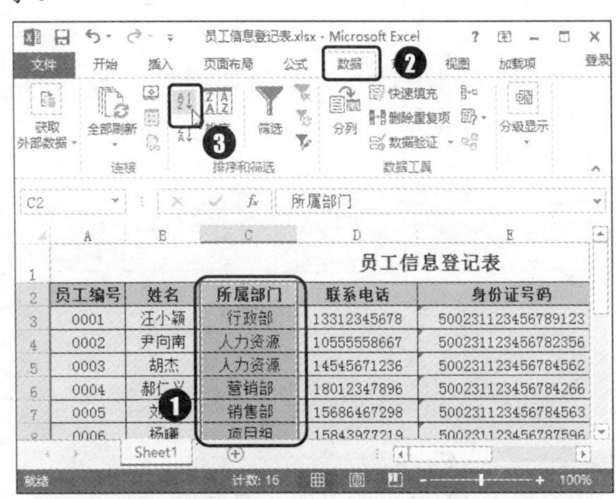

第 2 步： 弹出“排序提醒”对话框，❶选中“以当前选定区域排序”单选按钮；❷单击“排序”按钮即可，如下图所示。

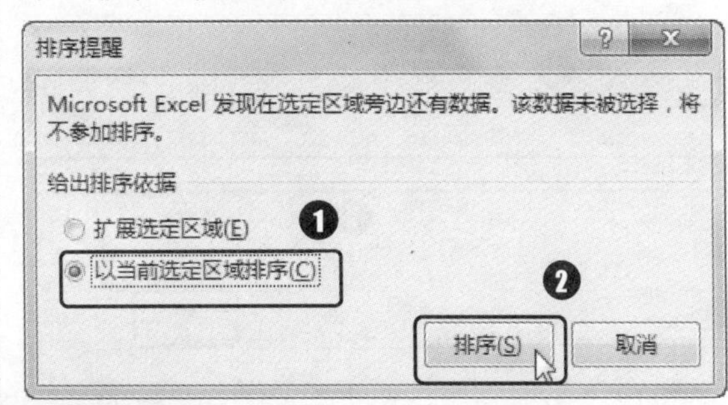

技巧 283：按照单元格背景颜色进行排序

●**适用版本：**2007、2010、2013、2016

●**实用指数：**★★★☆☆

说 明

编辑表格时，若设置了单元格背景颜色或

字体颜色等格式，则还可以按照设置的格式进行排序。

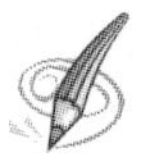

方法

例如，要将工作表数据按照单元格背景颜色进行排序，具体操作方法如下。

第 1 步： 选中数据区域中的任意单元格，按照技巧 280 的方法打开“排序”对话框。

第 2 步： ❶在“主要关键字”下拉列表框中选择排序关键字，如“品名”；❷在“排序依据”下拉列表中选择排序依据，如“单元格颜色”；❸在“次序”下拉列表框中选择单元格颜色，在右侧的下拉列表框中设置该颜色所处的单元格位置，如下图所示。

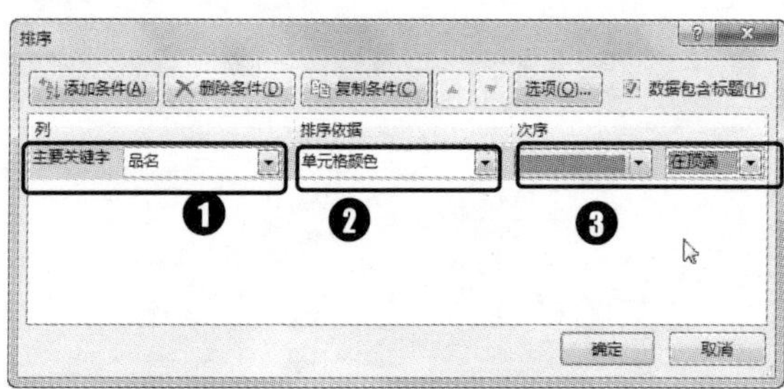

第 3 步： ❶单击“添加条件”按钮；❷设置其他关键字排序参数；❸单击“确定”按钮即可，如下图所示。

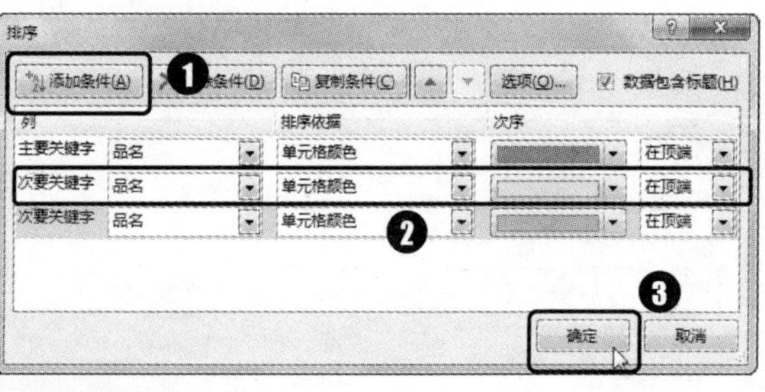

技巧 284：通过自定义序列排序数据

●适用版本：2007、2010、2013、2016

●实用指数：★★★★★

说 明

在对工作表数据进行排序时，如果希望按照指定的字段序列进行排序，则需要先自定义序列。

方法

例如，要将“员工信息登记表.xlsx”的工作表数据按照自定义序列进行排序，具体操作方法如下。

第 1 步： 选中数据区域中的任意单元格，按照技巧 280 的方法打开“排序”对话框。

第 2 步： ❶在“主要关键字”下拉列表框中选择排序关键字；❷在“次序”下拉列表框中选择“自定义序列”选项，如下图所示。

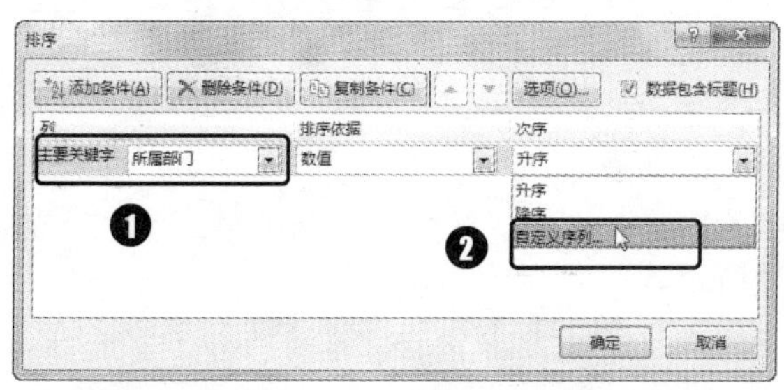

第 3 步： 弹出“自定义序列”对话框，❶在“输入序列”文本框中输入排序序列；❷单击“添加”按钮，将其添加到“自定义序列”列表框中；❸单击“确定”按钮，如下图所示。

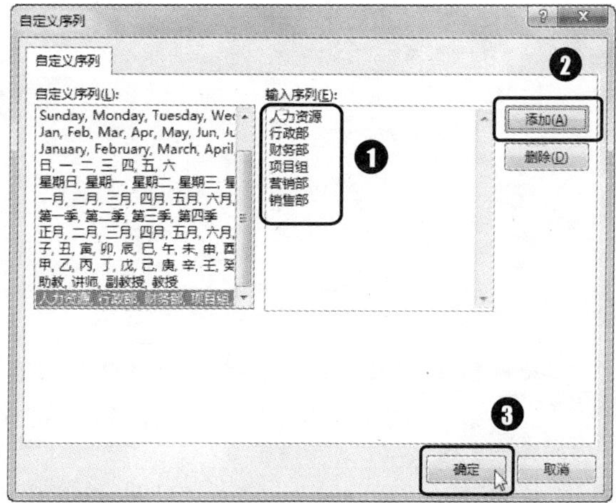

第 4 步： 返回“排序”对话框，单击“确定”按钮，在返回的工作表中即可查看排序后的效果，如下图所示。

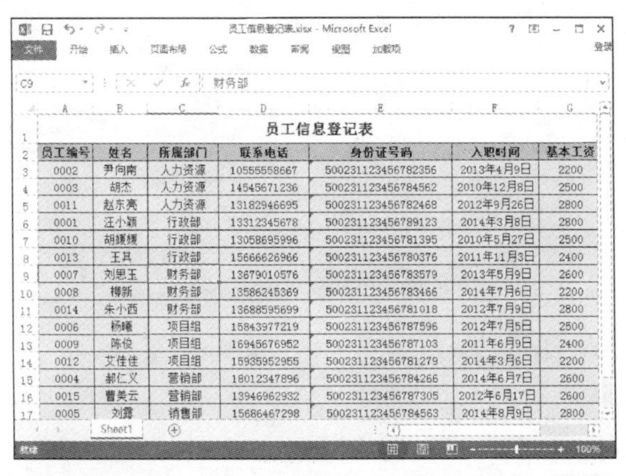

技巧 285：对表格数据进行随机排序

●适用版本：2007、2010、2013、2016

●实用指数：★★☆☆☆

说 明

对工作表数据进行排序时，通常是按照一定的规则进行排序的，但在某些特殊情况下还需要对数据进行随机排序。

方法

例如，要对“应聘职员面试顺序.xlsx”的工作表数据进行随机排序，具体操作方法如下。

第 1 步： 在工作表中创建一列辅助列，并输入标题“排序”，在下方第一个单元格中输入函数“=RAND()”，如下图所示。

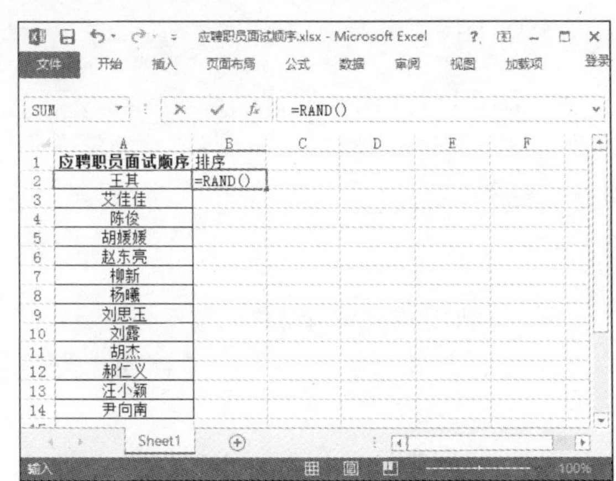

第 2 步： 按〈Enter〉键计算结果，利用填充功能向下填充公式，如下图所示。

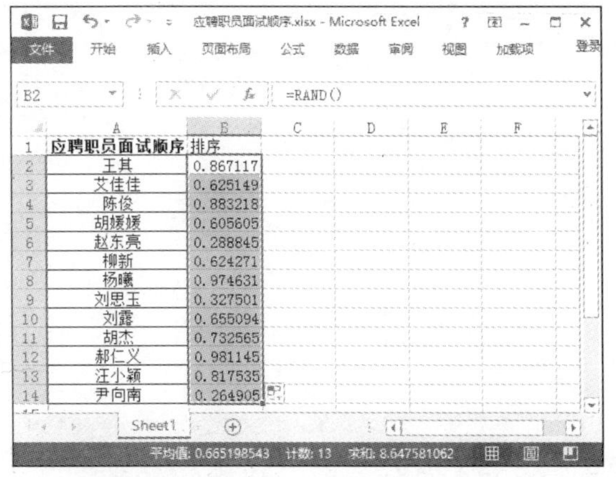

第 3 步： ❶选择辅助列中的数据；❷切换到“数据”选项卡；❸单击“排序和筛选”组中的“升序”按钮或“降序”按钮，如下图所示。

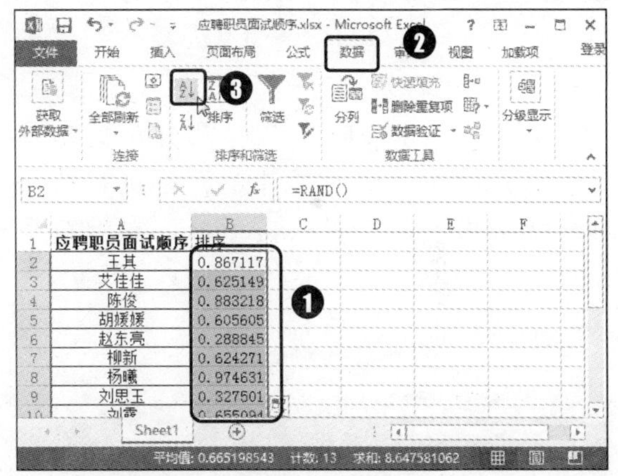

第 4 步： 弹出“排序提醒”对话框，❶选中“扩展选定区域”单选按钮；❷单击“排序”按钮，如下图所示。

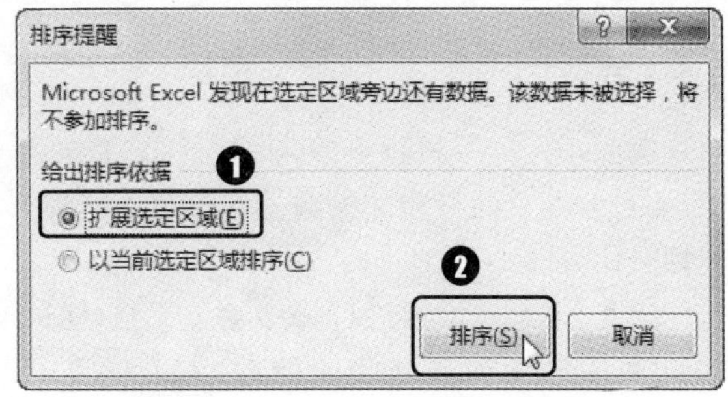

第 5 步： 返回工作表，删除辅助列，即可查看排序后的效果，如下图所示。

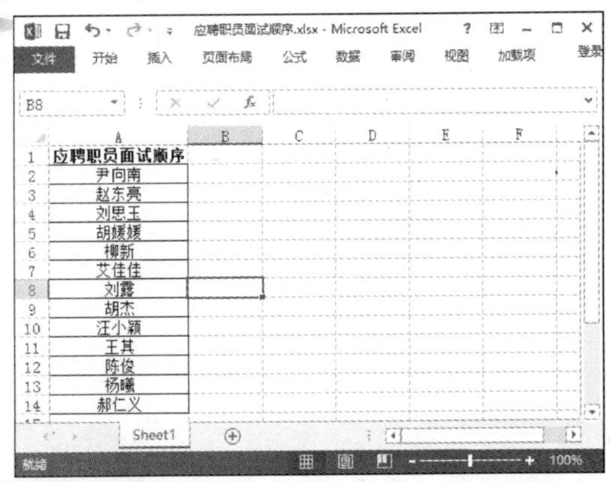

技巧 286：对合并单元格相邻的数据区域进行排序

●适用版本：2007、2010、2013、2016
●实用指数：★★★★★

在编辑工作表时，若对部分单元格进行了合并操作，则对相邻单元格进行排序时会弹出如下图所示的提示框，导致排序失败。

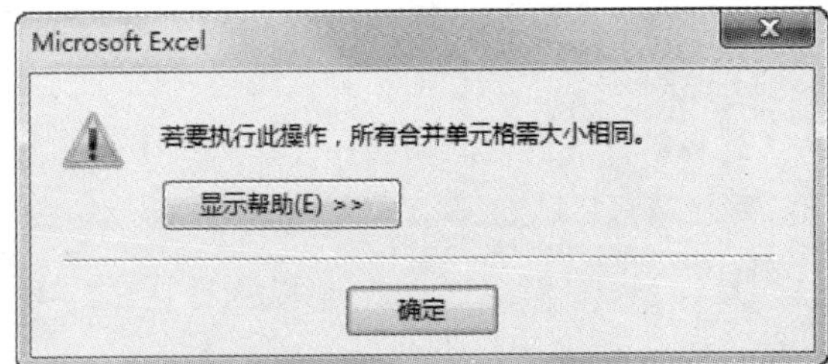

针对这种情况，就需要按照下面的操作方法进行排序。

例如，在“手机报价参考.xlsx”的工作表中，要对合并单元格相邻的数据区域进行排序，具体操作方法如下。

第 1 步： 选中要进行排序的单元格区域，本例中选择“B3:C5”，按照技巧 280 的方法打开“排序”对话框。

第 2 步： ❶取消选中“数据包含标题”复选框；❷设置排序参数；❸单击“确定”按钮，如下图所示。

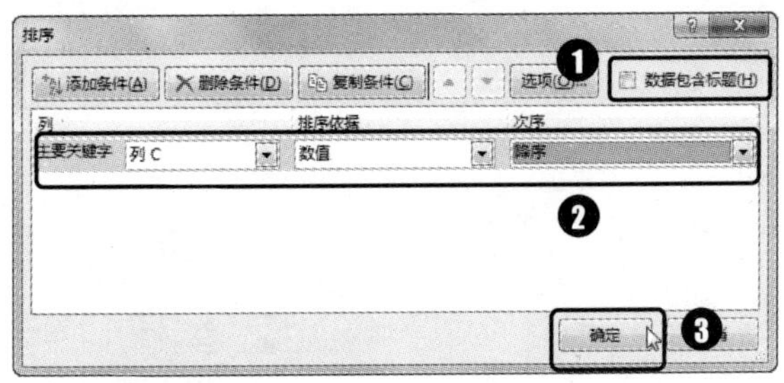

第 3 步： 返回工作表，即可查看排序后的效果，如下图所示。

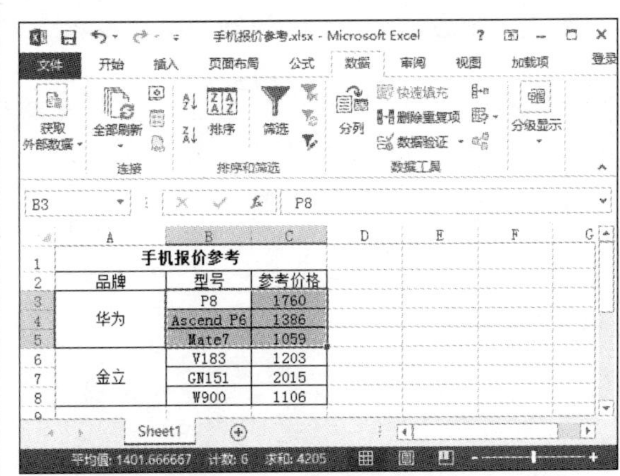

第 4 步： 参照上述方法，对“B6:C8”单元格区域进行排序即可。

技巧 287：利用排序法制作工资条

●适用版本：2007、2010、2013、2016
●实用指数：★★★★★

说 明

在 Excel 中，利用排序功能不仅能对工作表数据进行排序，还能制作一些特殊表格，例如工资条等。

例如，利用排序功能将“6 月工资表.xlsx”的工作表制作成工资条效果，具体操作方法如下。

第 1 步： ❶选中工资表的标题行，进行复制操作；❷选中“A13:I21”单元格区域，进行粘贴操作，如下图所示。

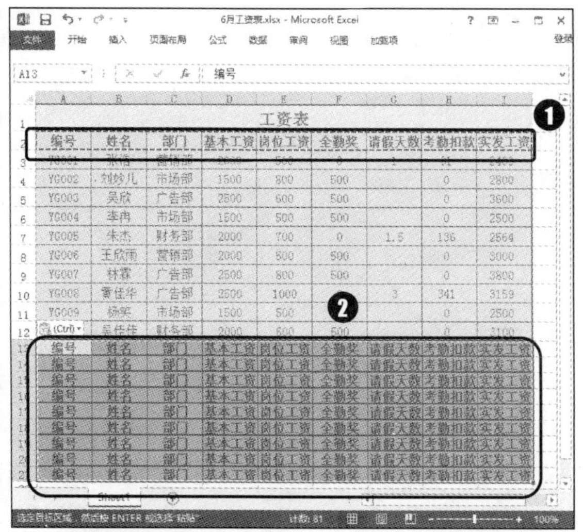

第 2 步： ❶在原始单元格区域右侧添加辅助列，并填充 1~10 的数字；❷在添加了重复标题区域右侧填充 1~9 的数字，效果如下图所示。

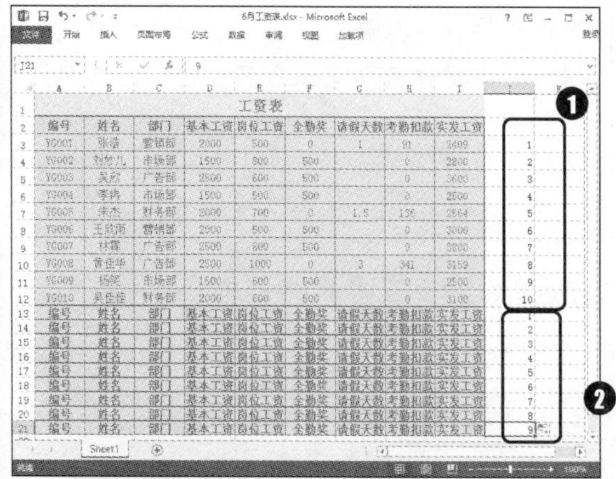

第 3 步： ❶在辅助列中选中任意单元格；❷切换到“数据”选项卡；❸单击“排序和筛选”组中的“升序”按钮，如下图所示。

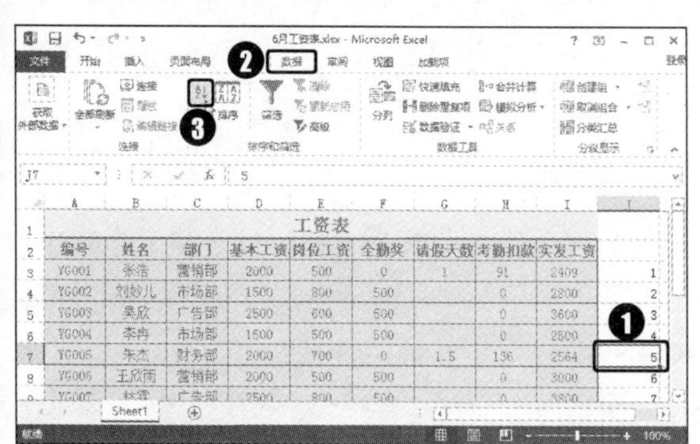

第 4 步： 删除辅助列的数据，完成后的效果如下图所示。

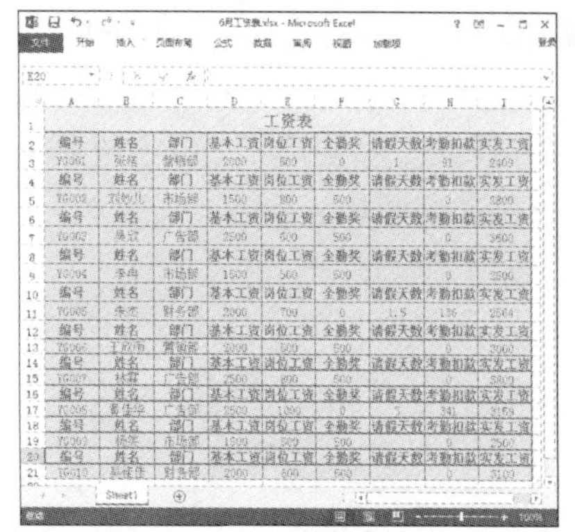

10.2　数据筛选技巧

在管理工作表数据时，可以通过筛选功能将符合某个条件的数据显示出来，将不符合条件的数据隐藏起来，以便数据的管理与查看。

技巧 288：进行多条件筛选

●**适用版本：** 2007、2010、2013、2016

●**实用指数：** ★★★★★

说 明

多条件筛选是将符合多个指定条件的数据筛选出来，以便用户更好地分析数据。

方法

例如，在“销售业绩表.xlsx”的工作表中，将“销售地区”为“西南”、“销售总量”在 7000 以上的数据筛选出来，具体操作方法如下。

第 1 步： ❶选中数据区域中的任意单元格；❷切换到“数据”选项卡；❸单击“排序和筛选”组中的“筛选”按钮，如下图所示。

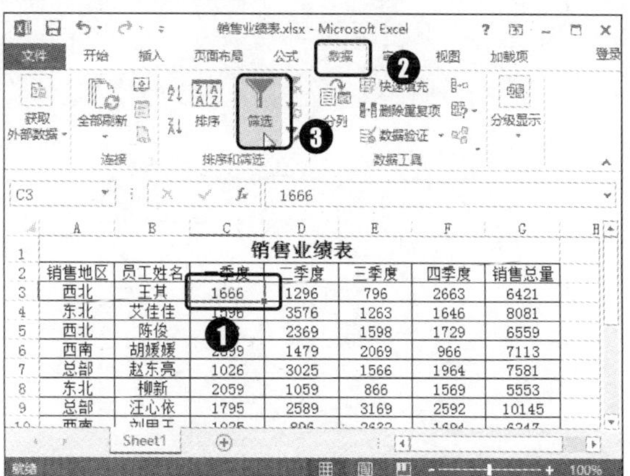

第 2 步： 打开筛选状态，❶单击“销售地区”列右侧的下拉按钮；❷在弹出的下拉列表中设置筛选条件，本例中勾选“西南”复选框；❸单击“确定”按钮，如下图所示。

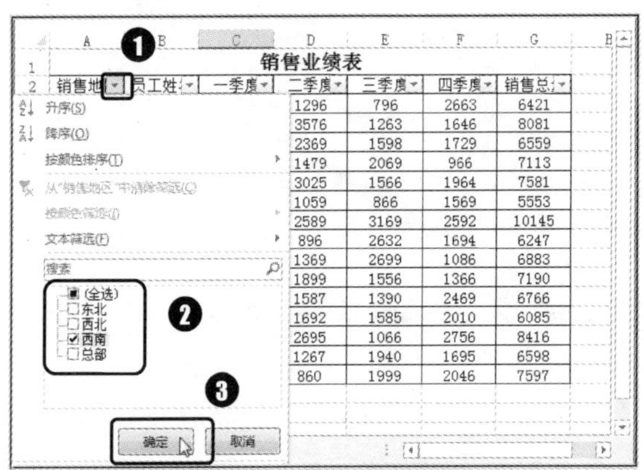

第 3 步： 返回工作表，❶单击“销售总量”列右侧的下拉按钮；❷在弹出的下拉列表中设置筛选条件，如选择“数字筛选”选项；❸在弹出的级联列表中选择“大于”选项，如下图所示。

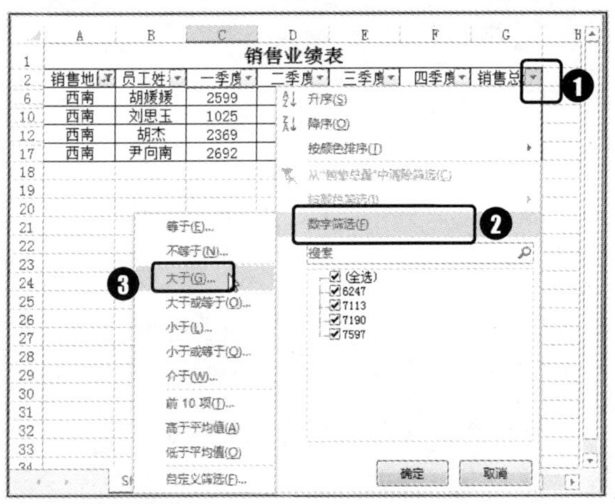

第 4 步： 弹出“自定义自动筛选方式”对话框，❶在文本框中输入“7000”；❷单击“确定”按钮，如下图所示。

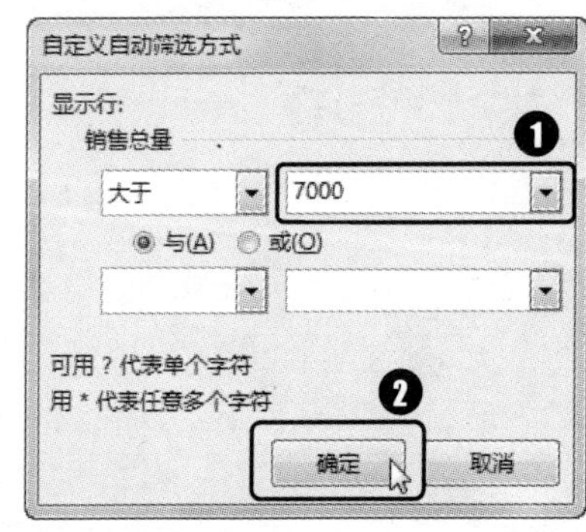

第 5 步： 返回工作表，可看见只显示“销售地区”为“西南”、“销售总量”在 7000 以上的数据，如下图所示。

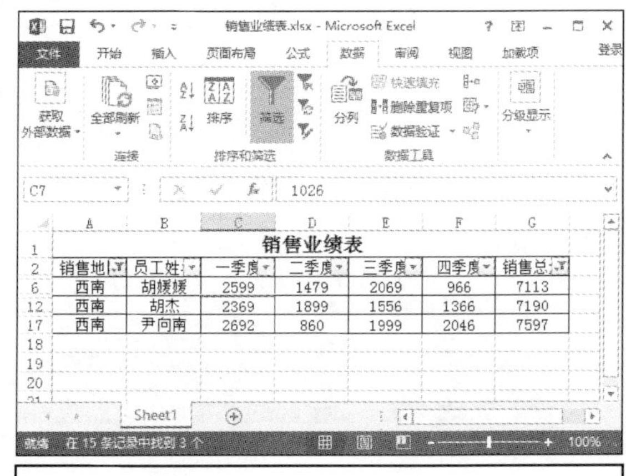

专家点拨

表格数据呈筛选状态时，单击“筛选”按钮可退出筛选状态。若在“排序和筛选”组中单击“清除”按钮，可快速清除当前设置的所有筛选条件，将所有数据显示出来，但不退出筛选状态。

技巧 289：筛选销售成绩靠前的数据

●**适用版本：** 2007、2010、2013、2016

●**实用指数：** ★★★★☆

说 明

在制作销售表、员工考核成绩表等之类的工作表时，要从庞大的数据中查找排名前几位的记录不是一件容易的事，此时可以利用筛选功能快速筛选。

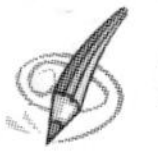

方法

例如，在“销售业绩表.xlsx”的工作表中，将“二季度”销售成绩排名前 5 位的数据筛选出来，具体操作方法如下。

第 1 步： 选中数据区域中的任意单元格，打开筛选状态。

第 2 步： ❶单击“二季度”右侧的下拉按钮；❷在弹出的下拉列表中选择“数字筛选”选项；❸在弹出的级联列表中选择“前 10 项”

选项，如下图所示。

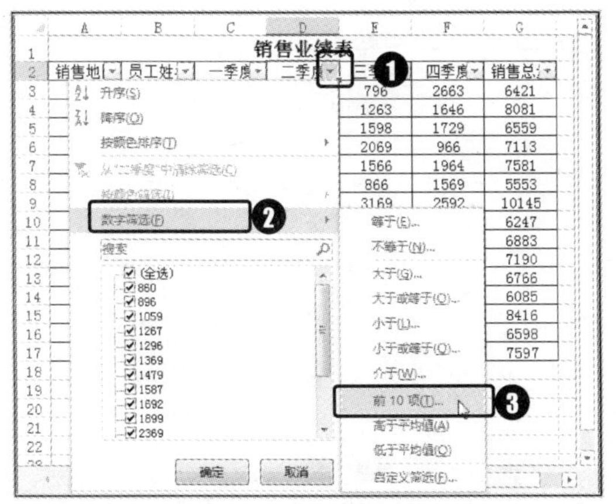

第3步：弹出“自动筛选前10个”对话框，❶在中间的数值框中输入“5”；❷单击“确定”按钮即可，如下图所示。

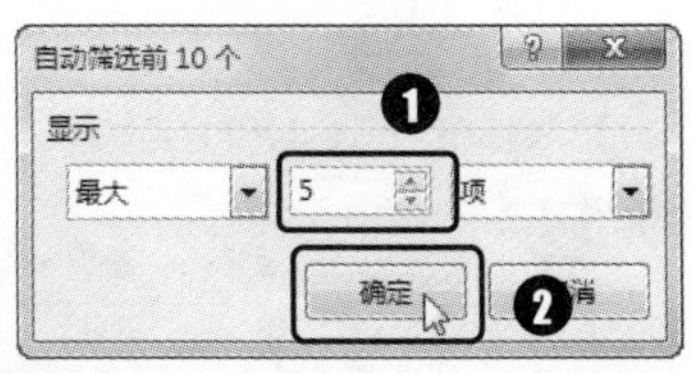

技巧290：在文本筛选中使用通配符进行模糊筛选

●适用版本：2007、2010、2013、2016

●实用指数：★★☆☆☆

筛选数据时，当不能明确指定筛选的条件时，可以使用通配符进行模糊筛选。常见的通配符有“?”和“*”，其中“?”代表单个字符，“*”代表任意多个连续的字符。

例如，要在“销售清单.xlsx”中使用通配符进行模糊筛选，具体操作方法如下。

第1步：选中数据区域中的任意单元格，打开筛选状态。

第2步：❶单击“品名”列右侧的下拉按钮；❷在弹出的下拉列表中选择“文本筛选”选项；❸在打开的级联列表中选择“自定义筛选”选项，操作如下图所示。

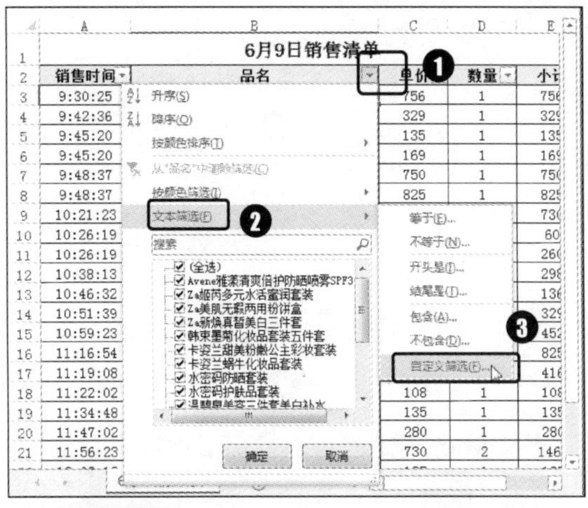

第3步：弹出“自定义自动筛选方式”对话框，❶设置筛选条件，本例中在第一个下拉列表框中选择“等于”选项，在右侧文本框中输入“雅*”；❷单击“确定”按钮，如下图所示。

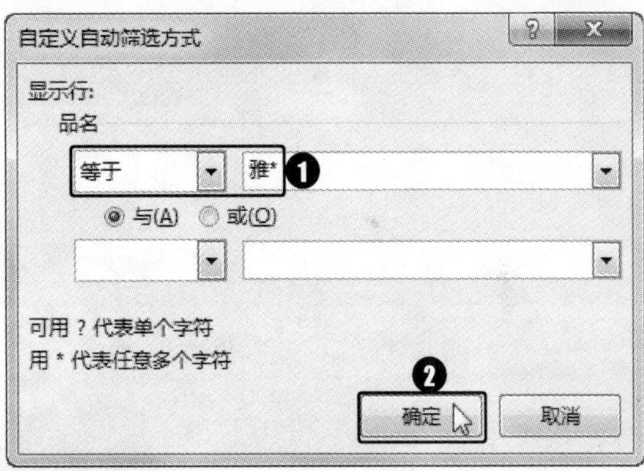

技巧291：对双行标题的工作表进行筛选

●适用版本：2007、2010、2013、2016

●实用指数：★★★★★

当工作表中的标题由两行组成，且有的单元格进行了合并处理时，若选中数据区域中的任意单元格再进入筛选状态，会发现无法正常筛选数据，此时就需要参考下面的操作方法。

例如，要在“工资表.xlsx”中进行筛选，具体操作方法如下。

第1步：❶通过单击行号选中第2行标

题；❷单击“筛选”按钮，如下图所示。

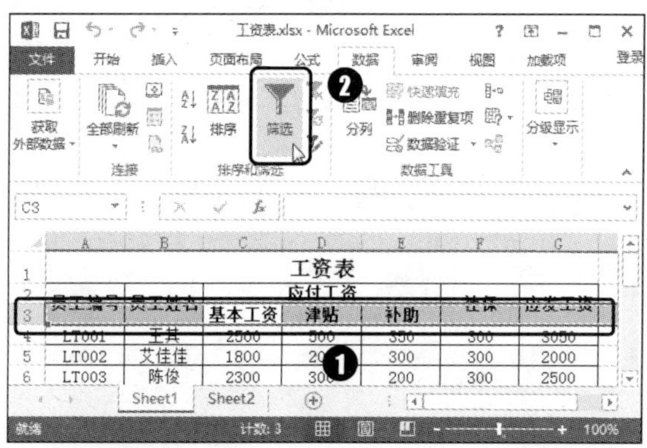

第 2 步： 进入筛选状态，此时用户便可根据需要设置筛选条件了，效果如下图所示。

员工编号	员工姓名	应付工资 基本工资	津贴	补助	社保	应发工资
LT001	王其	2500	500	350	300	3050
LT002	艾佳佳	1800	200	300	300	2000
LT003	陈俊	2300	300	200	300	2500
LT004	胡媛媛	2000	800	350	300	2850
LT005	赵东亮	2200	400	300	300	2600
LT006	柳新	1800	500	200	300	2200
LT007	杨曦	2300	280	280	300	2560
LT008	刘思玉	2200	800	350	300	3050

技巧 292：使用搜索功能进行筛选

●**适用版本：** 2007、2010、2013、2016

●**实用指数：** ★★★★★

说明

当工作表中的数据非常庞大时，可以通过搜索功能简化筛选过程，从而提高工作效率。

方法

例如，在“数码产品销售清单.xlsx”的工作表中，通过搜索功能快速将“商品描述”为“联想一体机 C340 G2030T 4G50GVW-D8 (BK)(A)”的数据筛选出来，具体操作方法如下。

第 1 步： 选中数据区域中的任意单元格，打开筛选状态。

第 2 步： 单击“商品描述”列右侧的下拉按钮，在弹出的下拉列表中可看见众多条件选项，如下图所示。

第 3 步： ❶在搜索框中输入搜索内容，若不记得确切的商品描述，只须输入“联想”；❷此时将自动显示符合条件的搜索结果，根据需要设置筛选条件，本例中只勾选“联想一体机 C340 G2030T 4G50GVW-D8(BK)(A)”；❸单击“确定”按钮，如下图所示。

第 4 步： 返回工作表，可看见只显示了“商品描述”为“联想一体机 C340 G2030T 4G50GVW-D8(BK)(A)”的数据，效果如下图所示。

收银日期	商品号	商品描述	数量	销售金额
2015/6/2	142668	联想一体机C340 G2030T 4G50GVW-D8(BK)(A)	1	3826
2015/6/3	142668	联想一体机C340 G2030T 4G50GVW-D8(BK)(A)	1	3826
2015/6/4	142668	联想一体机C340 G2030T 4G50GVW-D8(BK)(A)	1	3826
2015/6/4	142668	联想一体机C340 G2030T 4G50GVW-D8(BK)(A)	1	3826
2015/6/4	142668	联想一体机C340 G2030T 4G50GVW-D8(BK)(A)	1	3826
2015/6/5	142668	联想一体机C340 G2030T 4G50GVW-D8(BK)(A)	1	3826
2015/6/5	142668	联想一体机C340 G2030T 4G50GVW-D8(BK)(A)	1	3826

技巧 293：对筛选结果进行排序整理

●适用版本：2007、2010、2013、2016

●实用指数：★★★★★

说 明

对表格内容进行筛选分析的同时，还可根据操作需要，将表格按筛选字段进行升序或降序排列。

方法

例如，在“销售业绩表.xlsx”的工作表中，先将“销售总量”前 5 名的数据筛选出来，再进行降序排列，具体操作方法如下。

第 1 步： 参照技巧 289 的操作方法，将“销售总量”前 5 名的数据筛选出来，效果如下图所示。

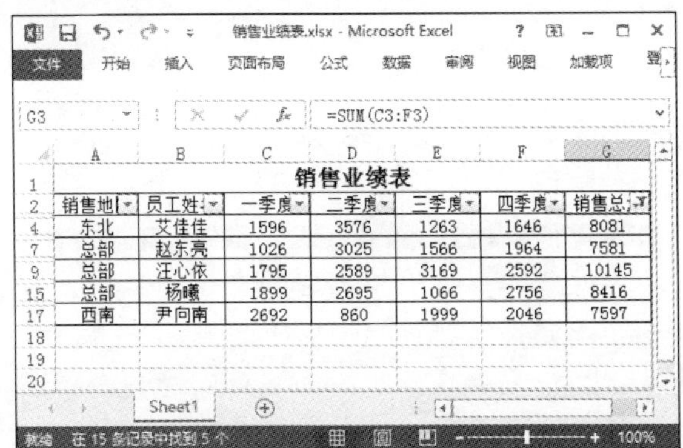

第 2 步： ❶单击“销售总量”列右侧的下拉按钮；❷在弹出的下拉列表中选择排序方式，如“降序”，如下图所示。

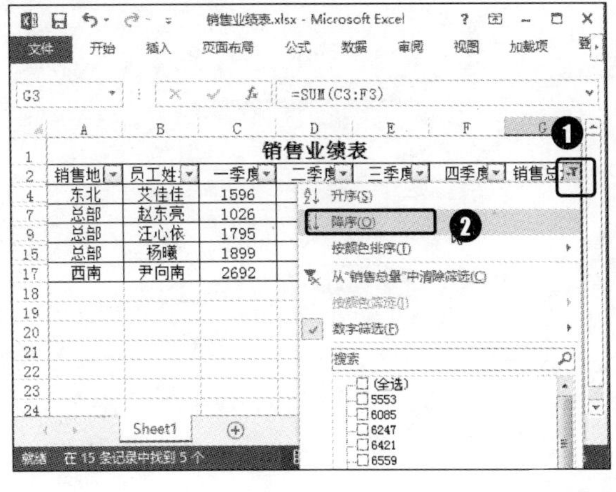

第 3 步： 查看筛选结果的降序排列效果，如下图所示。

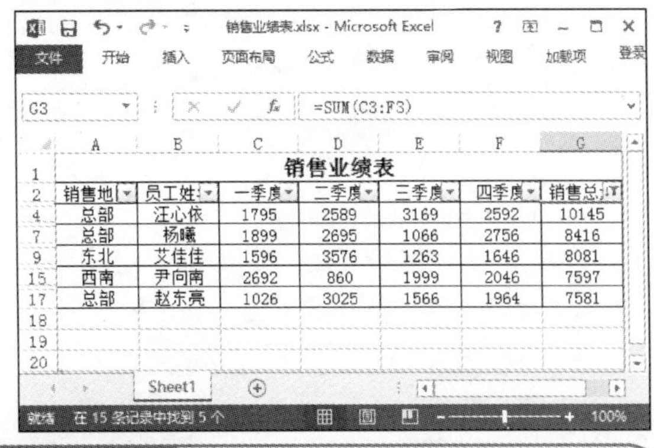

技巧 294：设定多个条件进行高级筛选

●适用版本：2007、2010、2013、2016

●实用指数：★★★☆☆

说 明

当要对表格数据进行多条件筛选时，用户通常会按照常规方法依次设置筛选条件。如果需要设置的筛选字段较多，且条件比较复杂，通过常规方法就会比较麻烦，而且还易出错，此时便可通过高级筛选进行筛选。

方法

例如，要在“销售业绩表.xlsx”的工作表中进行高级筛选，具体操作方法如下。

第 1 步： ❶在数据区域下方创建一个筛选的约束条件；❷选择数据区域内的任意单元格，切换到“数据”选项卡；❸单击“排序和筛选”组中的“高级”按钮，如下图所示。

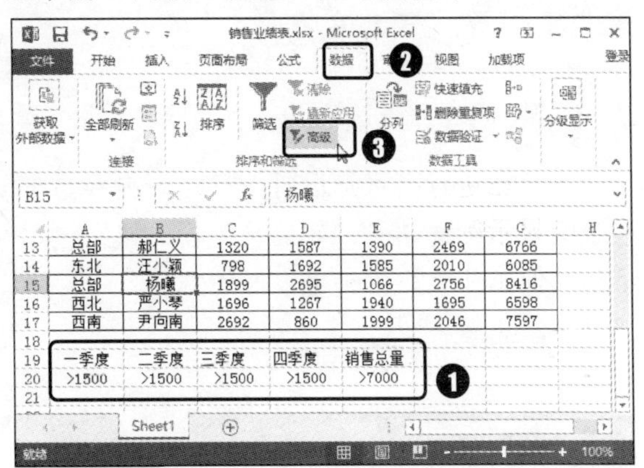

第 2 步： 弹出“高级筛选”对话框，“列

表区域”中自动设置了参数区域（若有误，须手动修改），❶将光标插入点定位在“条件区域”中，在工作表中拖动鼠标选择参数区域；❷单击“确定”按钮，如下图所示。

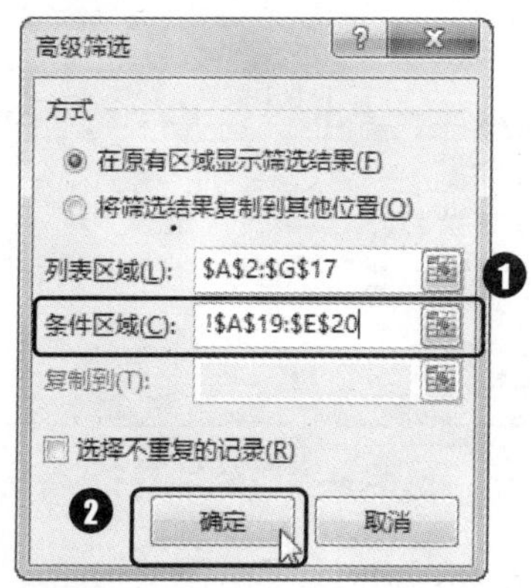

第 3 步： 返回工作表，即可查看到筛选结果，效果如下图所示。

技巧 295：将筛选结果复制到其他工作表中

●**适用版本：**2007、2010、2013、2016

●**实用指数：**★★★★☆

对数据进行高级筛选时，默认会在原数据区域中显示筛选结果，如果希望将筛选结果显示到其他工作表，可参考下面的方法。

例如，在“销售业绩表.xlsx”的工作表中，将筛选结果显示到其他工作表，具体操作方法如下。

第 1 步： 在数据区域下方创建一个筛选的约束条件，如下图所示。

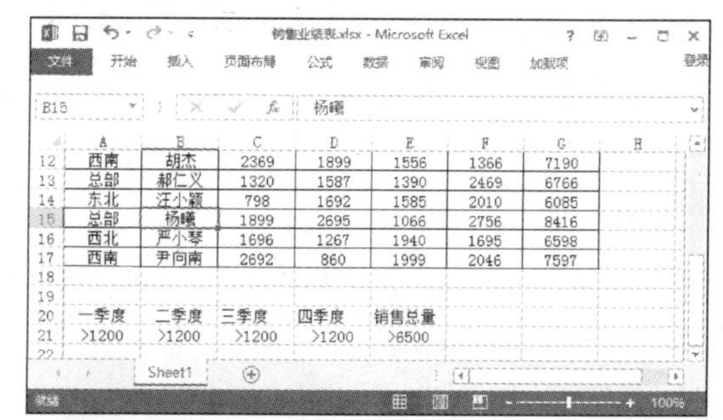

第 2 步： ❶新建一个名为“筛选结果”的工作表，并切换到该工作表；❷选中任意单元格，切换到“数据”选项卡，❸单击“排序和筛选”组中的“高级”按钮，如下图所示。

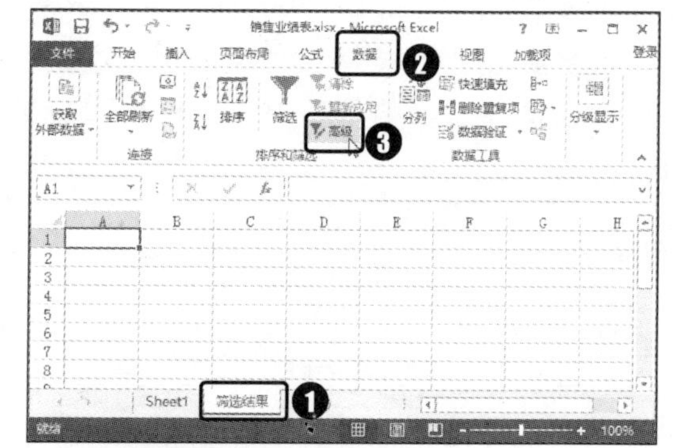

第 3 步： 弹出“高级筛选”对话框，❶选中“将筛选结果复制到其他位置”单选按钮；❷分别在“列表区域”和“条件区域”参数框中设置参数区域；❸在“复制到”参数框中设置筛选结果要放置的起始单元格；❹单击“确定”按钮，如下图所示。

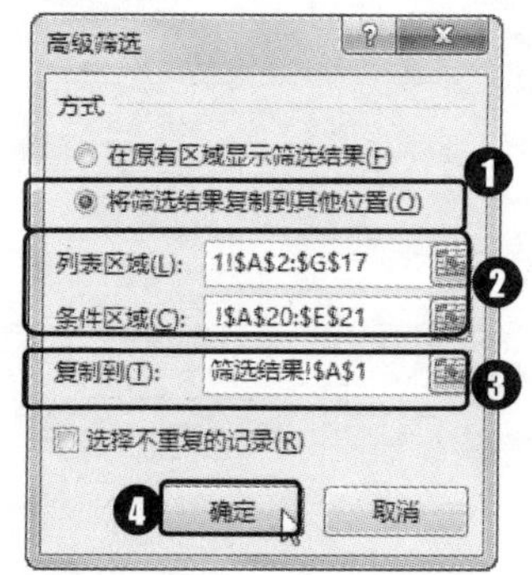

第 4 步： 返回工作表，即可在“筛选结果”工作表中查看筛选结果，效果如下图所示。

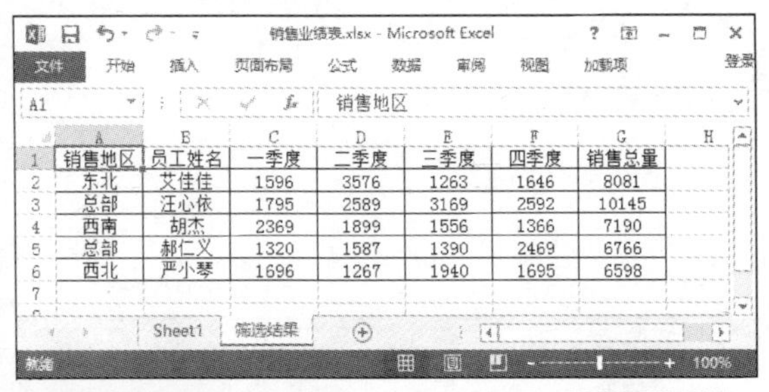

销售地区	员工姓名	一季度	二季度	三季度	四季度	销售总量
东北	艾佳佳	1596	3576	1263	1646	8081
总部	汪心依	1795	2589	3169	2592	10145
西南	胡杰	2369	1899	1556	1366	7190
总部	郝仁义	1320	1587	1390	2469	6766
西北	严小琴	1696	1267	1940	1695	6598

技巧 296：高级筛选不重复的记录

●适用版本：2007、2010、2013、2016

●实用指数：★★☆☆☆

说 明

通过高级筛选功能筛选数据时，还可对工作表中的数据进行过滤，保证字段或工作表中没有重复的值。

方法

例如，在“员工信息登记表 1.xlsx”的工作表中，通过高级筛选过滤重复的记录，具体操作方法如下。

第 1 步： 参照技巧 294 的操作方法，创建筛选的约束条件后，打开“高级筛选”对话框。

第 2 步： ❶设置筛选的相关参数；❷选中“选择不重复的记录”复选框；❸单击“确定”按钮，如下图所示。

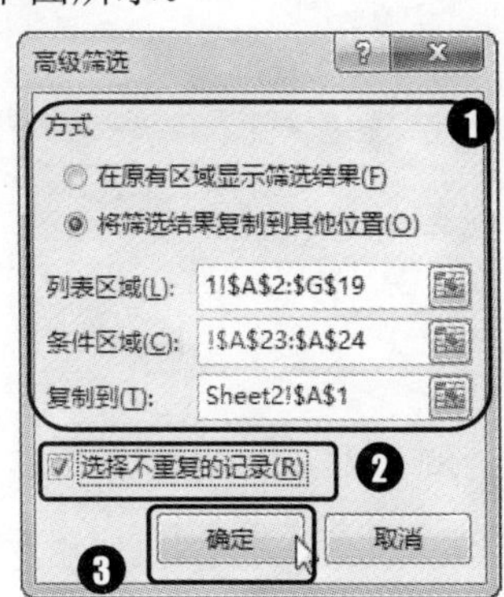

10.3 数据汇总与分析技巧

在办公过程中，通常会遇到各种繁杂的数据，此时可以利用 Excel 强大的统计与分析功能进行处理，接下来就介绍相关的操作技巧。

技巧 297：创建分类汇总

●适用版本：2007、2010、2013、2016

●实用指数：★★★★☆

说 明

分类汇总是指根据指定的条件对数据进行分类，并计算各分类数据的汇总值。

方法

例如，在“家电销售情况.xlsx”的工作表中，以“商品类别”为分类字段，对销售额进行求和汇总，具体操作方法如下。

第 1 步： ❶在“商品类别”列中选中任意单元格；❷单击“数据”选项卡，“排序和筛选”组中的“升序”按钮进行排序，如下图所示。

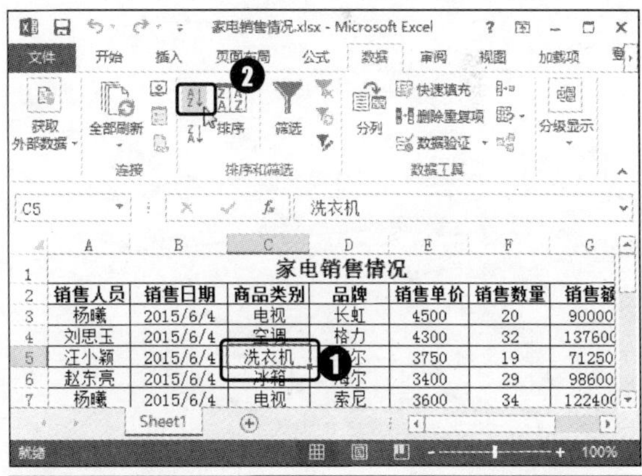

> **专家点拨**
>
> 在进行分类汇总前，应先以需要进行分类汇总的字段为关键字进行排序，以避免无法达到预期的汇总效果。

第 2 步： ❶选择数据区域中的任意单元格；❷切换到“数据”选项卡；❸单击“分级显示”组中的“分类汇总”按钮，如下图所示。

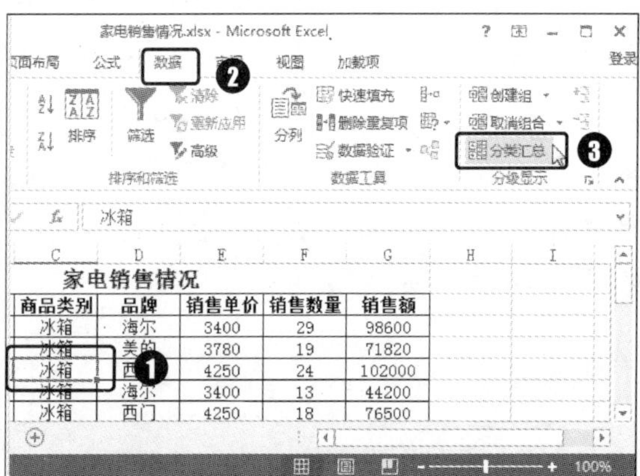

第 3 步： 弹出“分类汇总”对话框，❶在“分类字段”下拉列表框中选择要进行分类汇总的字段，如“商品类别”；❷在“汇总方式”下拉列表框选择需要的汇总方式，如“求和”；❸在“选定汇总项”列表框中设置要进行汇总的项目，如“销售额”；❹单击“确定”按钮，如下图所示。

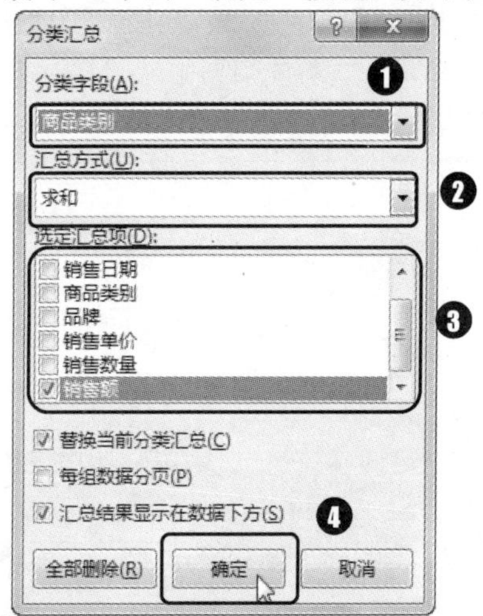

第 4 步： 返回工作表，工作表数据完成分类汇总。分类汇总后，工作表左侧会出现一个分级显示栏，通过单击分级显示栏中的分级显示符号可分级查看相应的表格数据，效果如下图所示。

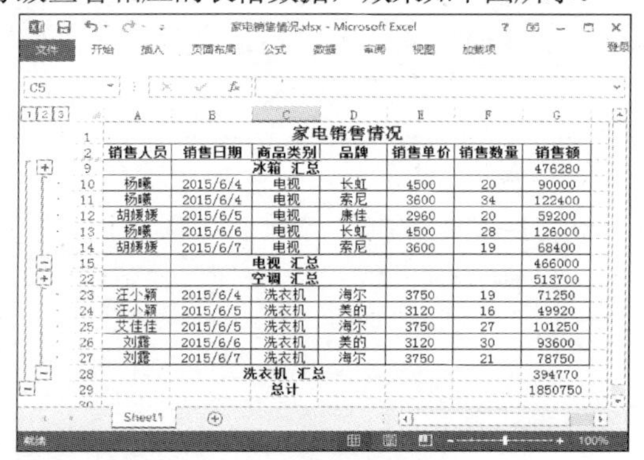

对数据进行分类汇总后，再次打开“分类汇总”对话框，单击“全部删除”按钮，可清除分类汇总。

技巧 298：更改分类汇总

● 适用版本：2007、2010、2013、2016

● 实用指数：★★★★☆

创建分类汇总后，还可根据需要更改汇总方式。

方法

更改分类汇总的操作方法如下。

在创建了分类汇总的工作表中选中任意单元格，按照技巧 297 的方法打开“分类汇总”对话框，❶根据需要设置汇总字段和汇总方式等参数；❷单击“确定”按钮，如下图所示。

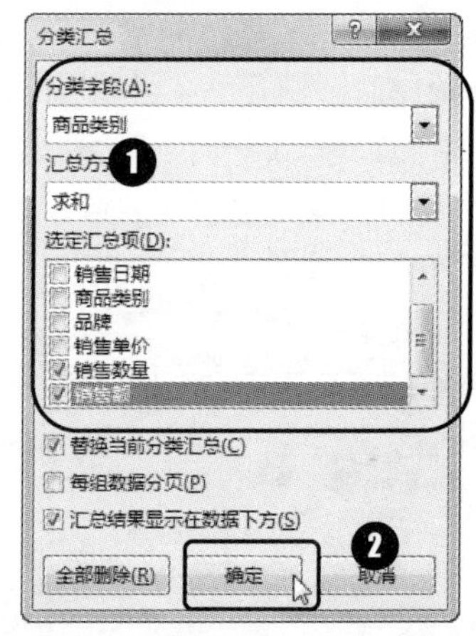

技巧 299：对表格数据进行嵌套分类汇总

● 适用版本：2007、2010、2013、2016

● 实用指数：★★★★☆

所谓嵌套分类汇总，就是在原分类汇总的

基础上再进行分类汇总。

方法

例如，在“家电销售情况.xlsx”的工作表中，以“商品类别”为分类字段，对销售额进行求和汇总，再以“品牌”为分类字段对销售额进行求和汇总，具体操作方法如下。

第1步： 选中数据区域中的任意单元格，按照技巧280的方法打开“排序”对话框，❶设置排序条件；❷单击“确定”按钮，如下图所示。

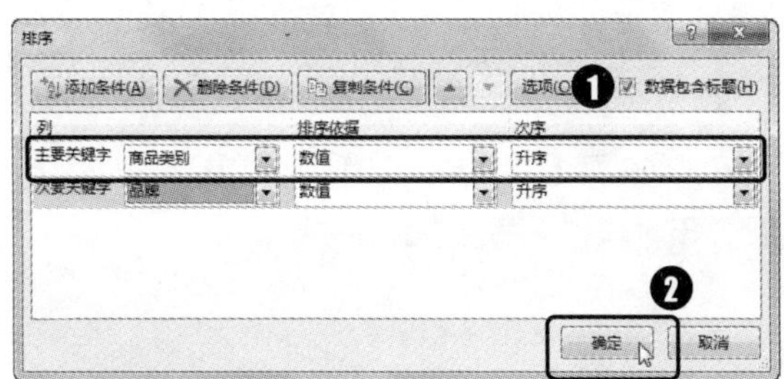

第2步： 返回工作表，选中数据区域中的任意单元格，按照技巧297的方法打开“分类汇总”对话框，❶设置以“商品类别”为分类字段，对“销售额”进行“求和”汇总；❷单击“确定”按钮，如下图所示。

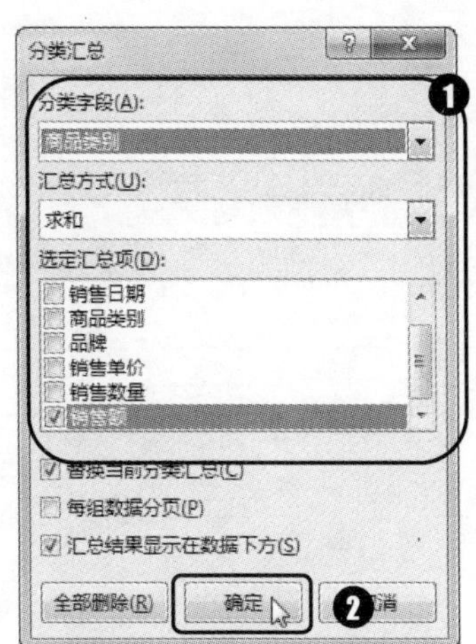

第3步： 返回工作表，再次打开“分类汇总”对话框，❶设置“品牌”为分类字段，对“销售额”进行“求和”汇总；❷取消选中“替换当前分类汇总”复选框；❸单击“确定”按钮，如下图所示。

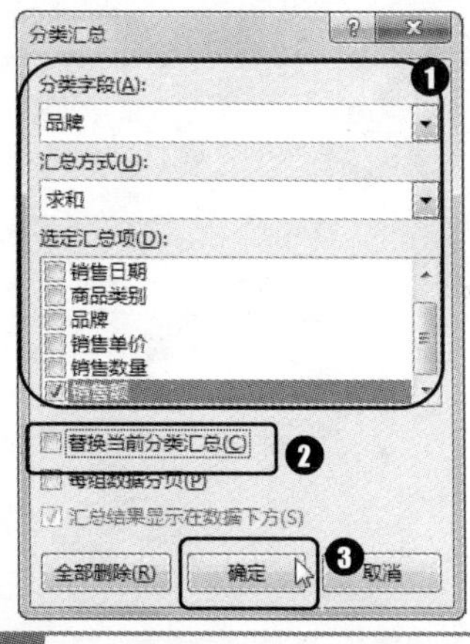

技巧300：复制分类汇总结果

●**适用版本：** 2007、2010、2013、2016

●**实用指数：** ★★★☆☆

说 明

对工作表数据进行分类汇总后，可将汇总结果复制到新工作表中进行保存。根据操作需要，可以将包含明细数据在内的所有内容进行复制，也可以只复制不含明细数据的汇总结果。

方法

例如，要复制不含明细数据的汇总结果，具体操作方法如下。

第1步： 在创建了分类汇总的工作表中，通过左侧的分级显示栏调整要显示的内容，本例中单击3按钮，隐藏明细数据。

第2步： ❶选中数据区域；❷在“开始”选项卡的“编辑”组中，单击“查找和选择”按钮；❸在弹出的下拉列表中选择“定位条件”选项，如下图所示。

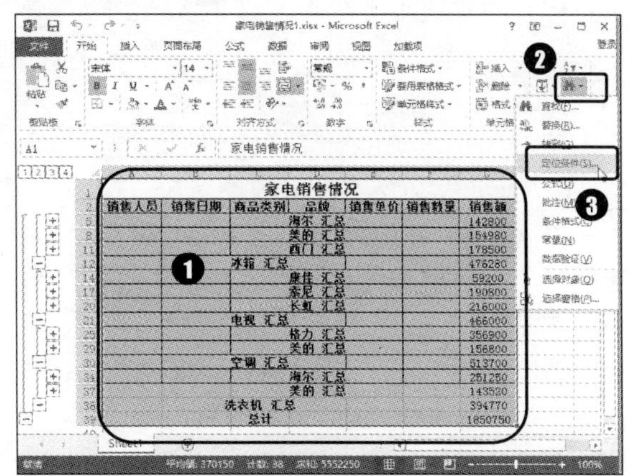

第 3 步： 弹出“定位条件”对话框，❶选中“可见单元格”单选按钮；❷单击“确定”按钮，如下图所示。

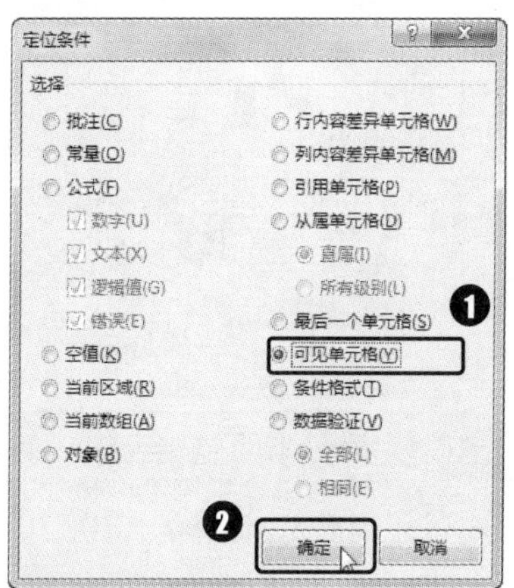

第 4 步： 返回工作表，直接按〈Ctrl+C〉组合键进行复制操作，然后在新建工作表中执行粘贴操作即可。

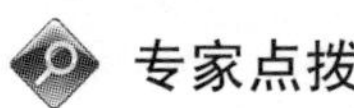

专家点拨

若要将包含明细数据在内的所有内容进行复制，则选中数据区域后直接进行复制和粘贴操作即可。

技巧 301：分页存放汇总结果

●**适用版本：**2007、2010、2013、2016

●**实用指数：**★★☆☆☆

说明

如果希望将分类汇总后的每组数据进行分页打印，可通过设置分页汇总来实现。

方法

例如，在“家电销售情况.xlsx”的工作表中，将分类汇总分页存放，具体操作方法如下。

第 1 步： 选中数据区域中的任意单元格，按照技巧 297 的方法打开“分类汇总”对话框。

第 2 步： ❶设置分类汇总的相关条件；❷选中“每组数据分页”复选框；❸单击“确定”按钮，如下图所示。

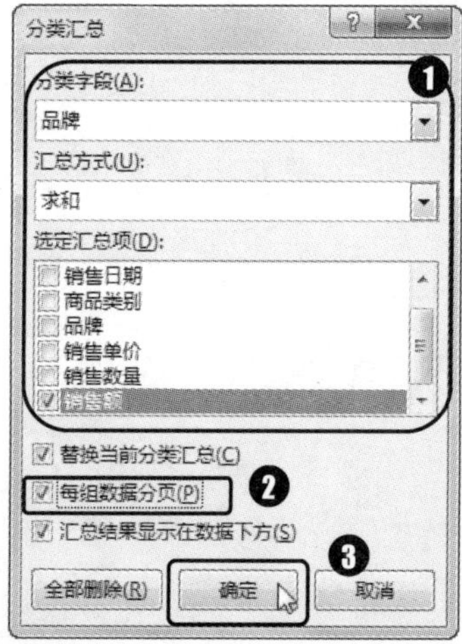

技巧 302：对同一张工作表的数据进行合并计算

●**适用版本：**2007、2010、2013、2016

●**实用指数：**★★★☆☆

说明

合并计算是指将多个格式相似的工作表或数据区域按指定的方式进行自动匹配计算。如果所有数据在同一张工作表中，则可以在同一张工作表中进行合并计算。

方法

例如，要对“家电销售汇总.xlsx”的工作表数据进行合并计算，具体操作方法如下。

第 1 步： ❶选中汇总数据要存放的起始单元格；❷切换到“数据”选项卡；❸单击“数据工具”组中的“合并计算”按钮，如下图所示。

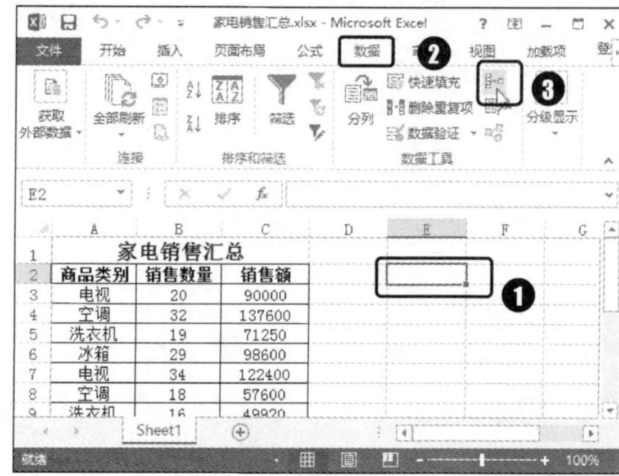

第 2 步： 弹出“合并计算”对话框，❶在“函数”下拉列表框中选择汇总方式，如“求和”；❷将插入点定位到“引用位置”参数框，在工作表中拖动鼠标选择参与计算的数据区域；❸完成选择后，单击“添加”按钮，将选择的数据区域添加到“所有引用位置”列表框中；❹在“标签位置”选项组中选中“首行”和“最左列”复选框；❺单击“确定”按钮，如下图所示。

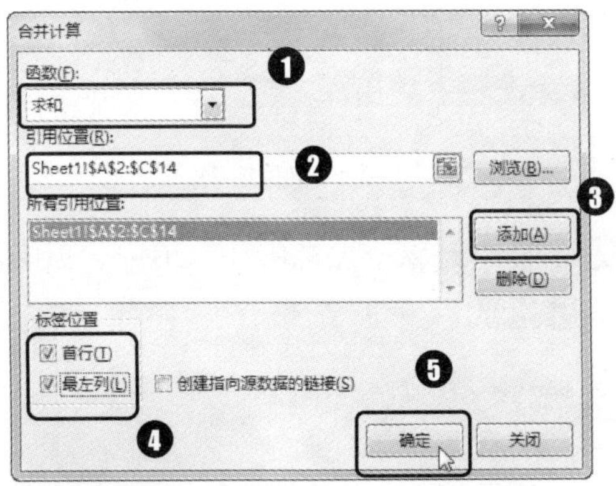

第 3 步： 返回工作表，完成合并计算，效果如下图所示。

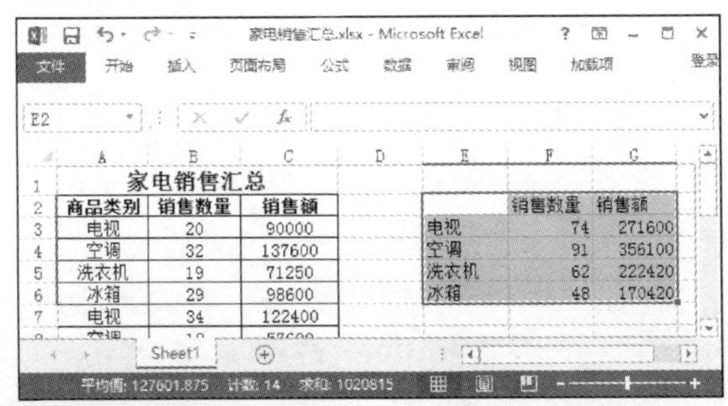

技巧 303：对多张工作表的数据进行合并计算

●适用版本：2007、2010、2013、2016

●实用指数：★★★★★

说 明

在制作销售报表和汇总报表等类型的表格时，经常需要对多张工作表的数据进行合并计算，以便更好地查看数据。

方法

例如，要对“家电销售年度汇总.xlsx”的多张工作表数据进行合并计算，具体操作方法如下。

第 1 步： 在要存放结果的工作表中，❶选中汇总数据要存放的起始单元格；❷单击“数据”选项卡“数据工具”组中的“合并计算”按钮，如下图所示。

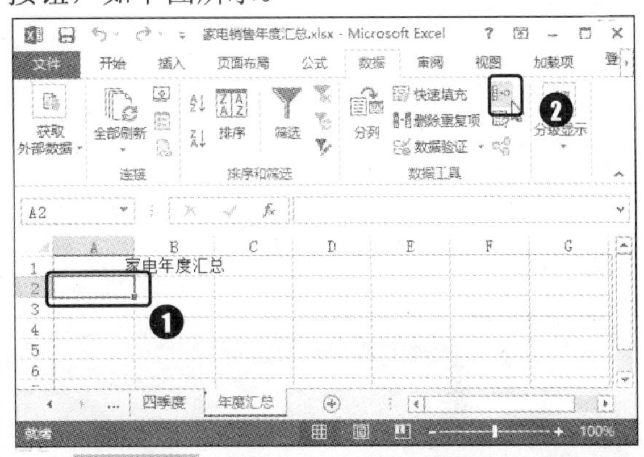

第 2 步： ❶弹出“合并计算”对话框，在“函数”下拉列表框中选择汇总方式，如“求和”；❷将光标插入点定位到“引用位置”参数框，如下图所示。

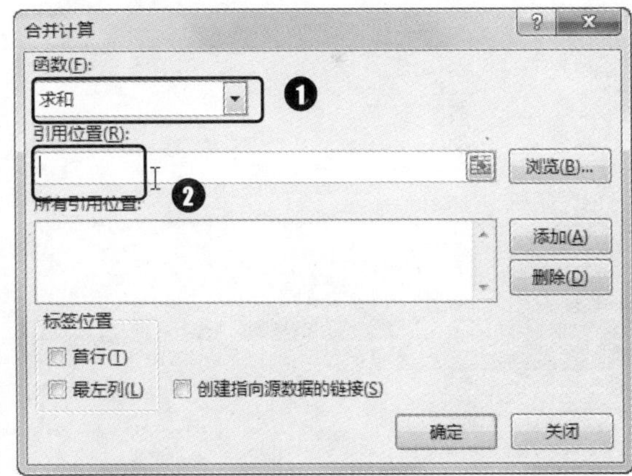

第 3 步： ❶单击参与计算的工作表的标签；❷在工作表中拖动鼠标选择参与计算的数据区域，如下图所示。

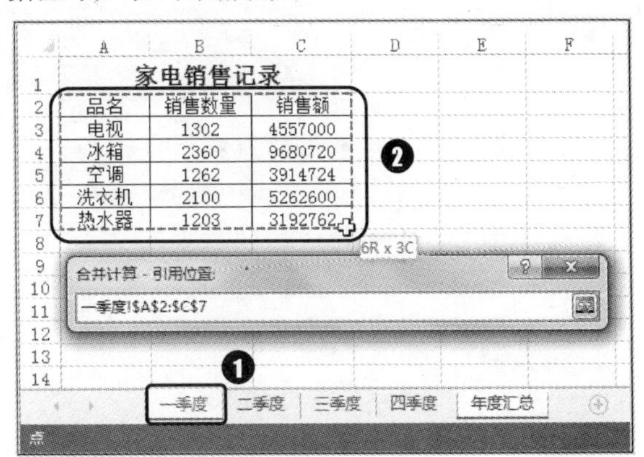

第 4 步： 完成选择后，单击“添加”按钮，将选择的数据区域添加到“所有引用位置”列表框中，如下图所示。

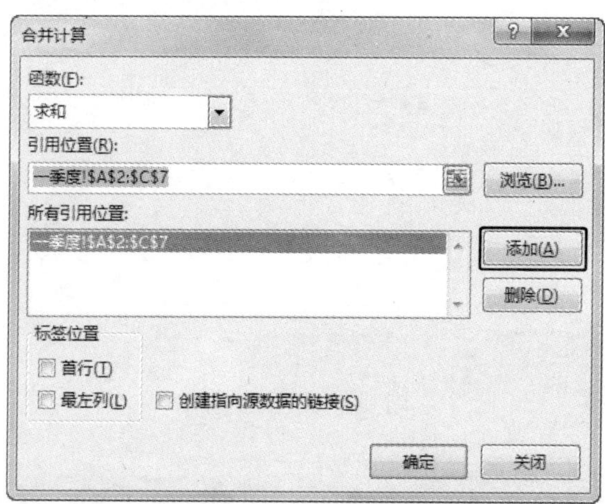

第 5 步： ❶参照上述方法，添加其他需要参与计算的数据区域；❷选中“首行”和“最左列”复选框；❸单击“确定”按钮，如下图所示。

专家点拨

对多张工作表进行合并计算时，建议选中“创建指向源数据的链接”复选框。选中该复选框后，若源数据中的数据发生变更，通过合并计算得到的数据汇总会自动进行更新。

第 6 步： 返回工作表，完成对多张工作表的合并计算，效果如下图所示。

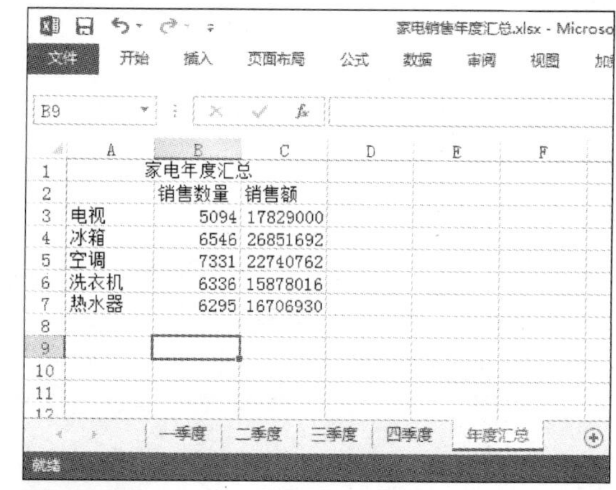

技巧 304：进行单变量求解

● **适用版本：** 2007、2010、2013、2016

● **实用指数：** ★★★☆☆

说明

单变量求解就是求解具有一个变量的方程，它通过调整可变单元格中的数值，使之按照给定的公式来满足目标单元格中的目标值。

方法

例如，假设某款手机的进价为 1250 元，销售费用为 12 元，要计算销售利润在不同情况下的加价百分比，具体操作方法如下。

第 1 步： 在工作表中选中“B4”单元格，输入公式“=B1*B2-B3”，然后按〈Enter〉键确认，如下图所示。

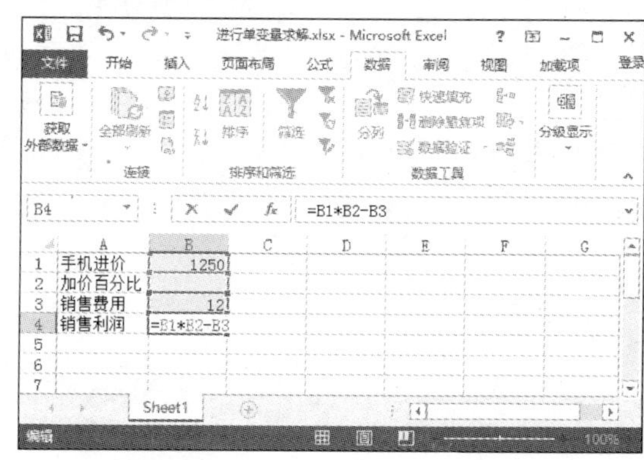

第 2 步： ❶选中“B4”单元格；❷切换到“数据”选项卡；❸单击“数据工具”组中的“模拟分析”按钮；❹在弹出的下拉列表中选择“单变量求解”选项，如下图所示。

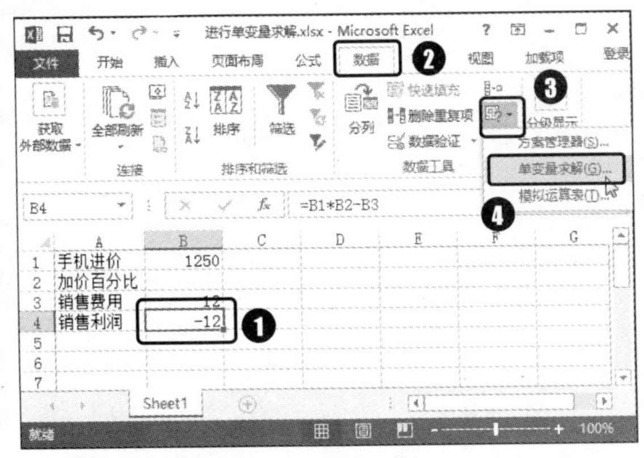

专家点拨

在 Excel 2007 中的操作略有不同，即选中单元格后，在“数据工具”组中单击“假设分析”按钮。

第 3 步： 弹出“单变量求解”对话框，❶在“目标值”文本框中输入理想的利润值，如输入“300”；❷在“可变单元格”中输入“$B$2”；❸单击“确定”按钮，如下图所示。

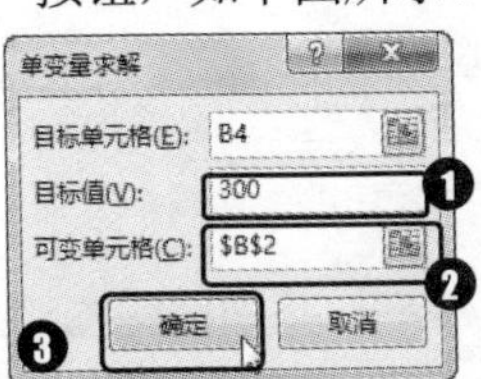

第 4 步： 弹出“单变量求解状态”对话框，单击“确定”按钮，如下图所示。

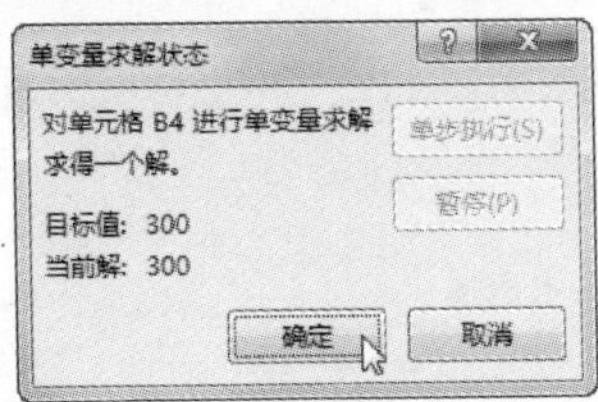

第 5 步： 返回工作表，即可计算出销售利润为 300 元时的加价百分比，效果如下图所示。

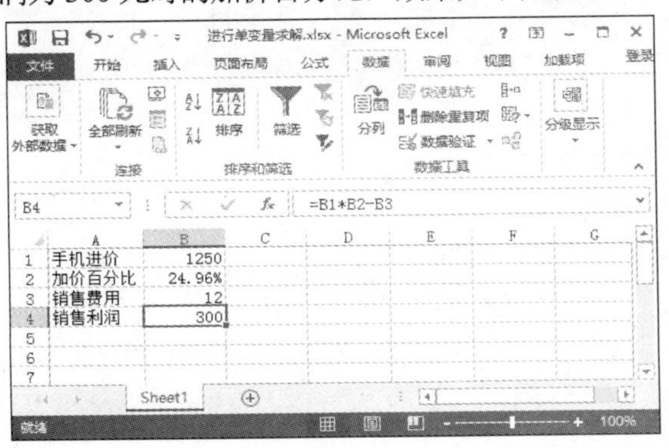

技巧 305：使用方案管理器

● 适用版本：2007、2010、2013、2016

● 实用指数：★★★☆☆

说明

单变量求解只能解决具有一个未知变量的问题，如果要解决包括多个未知变量的问题，或者要在几种假设分析中找到最佳执行方案，可以用方案管理器来实现。

方法

例如，假设某玩具的成本为 246 元，销售数量为 10，加价百分比为 40%，销售费用为 38 元，在成本、加价百分比及销售费用各不相同、销售数量不变的情况下，计算毛利情况，具体操作方法如下。

第 1 步： ❶在工作表中选中“B5”单元格；❷切换到“数据”选项卡；❸单击“数据工具”组中的“模拟分析”按钮；❹在弹出的下拉列表中选择“方案管理器”选项，如下图所示。

第 2 步： 弹出“方案管理器”对话框，单击“添加”按钮，如下图所示。

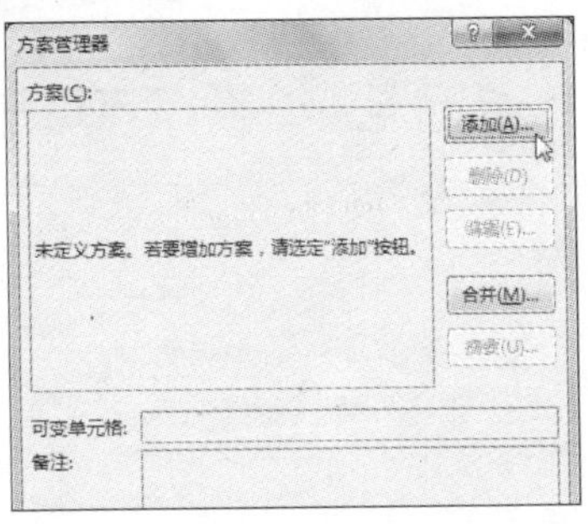

第 3 步： 弹出“添加方案”对话框，❶在“方案名”文本框中输入方案名，如“方案一”；❷在“可变单元格”文本框中输入“$B$1,$B$3,$B$4”；❸单击“确定”按钮，如下图所示。

第 4 步： 弹出“方案变量值”对话框，❶分别设置可变单元格的值，如 238、0.35 和 30；❷单击“确定”按钮，如下图所示。

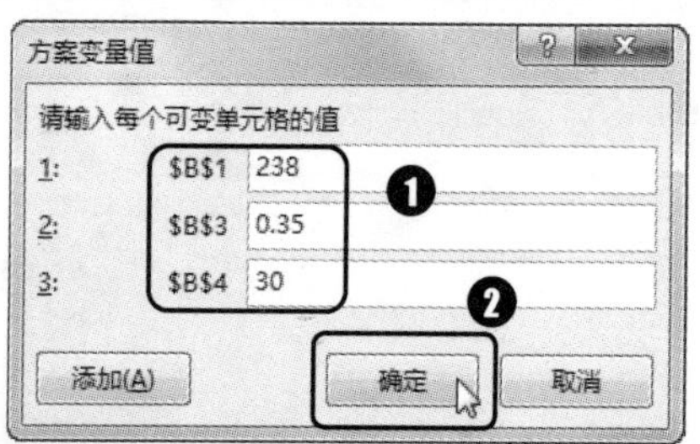

第 5 步： 返回“方案管理器”对话框，❶参照上述操作步骤添加其他方案；❷单击“摘要”按钮，如下图所示。

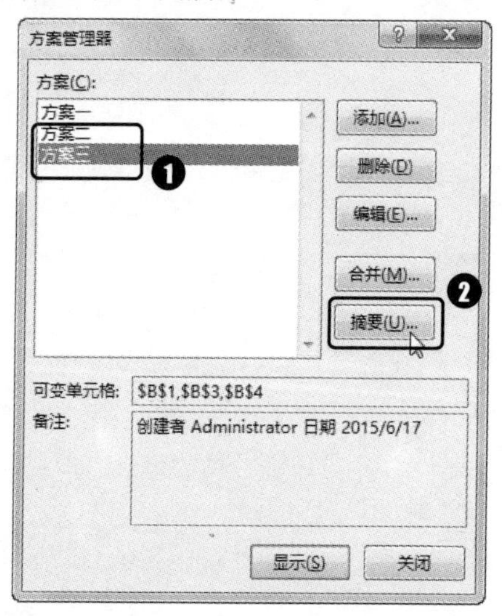

第 6 步： 弹出“方案摘要”对话框，❶选中“方案摘要”单选按钮；❷在“结果单元格”文本框中输入“B5”；❸单击“确定”按钮，如下图所示。

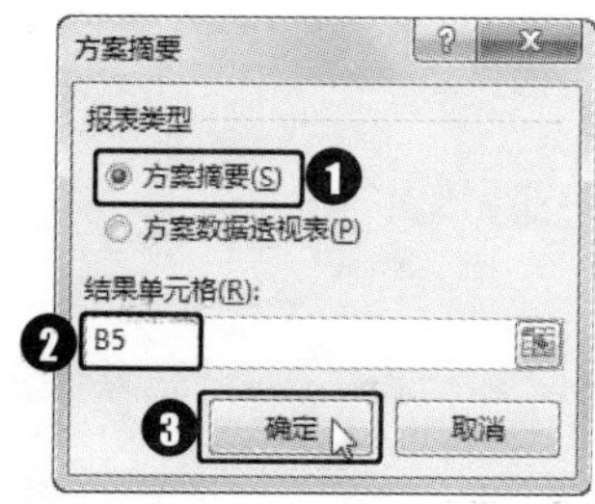

第 7 步： 返回工作表，可看到自动创建了一个名为“方案摘要”的工作表，效果如下图所示。

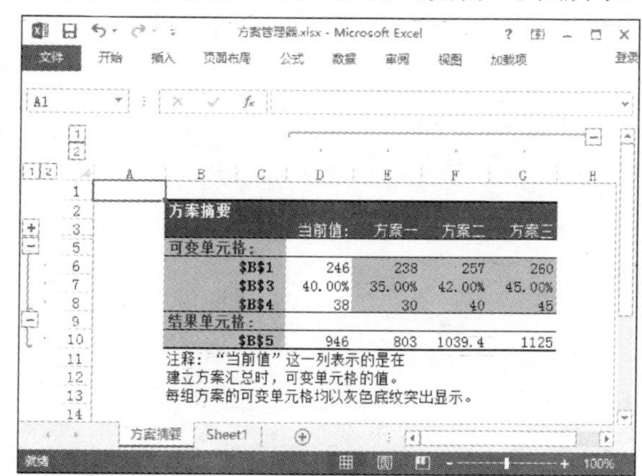

技巧 306：使用单变量模拟运算表分析数据

- **适用版本：** 2010、2013、2016
- **实用指数：** ★★★☆☆

说 明

在 Excel 中，可以使用模拟运算表分析数据。通过模拟运算表，可以在给出一个或两个变量的可能取值时，查看某个目标值的变化情况。根据使用变量的多少，可分为单变量模拟运算和双变量模拟运算两种，下面先讲解单变量模拟运算表的使用。

方法

例如，假设某人向银行贷款 50 万元，借款年限为 15 年，每年还款期数为 1 期，现在计算不同“年利率”下的“等额还款额”，具体操作方法如下。

第 1 步： 选中“F2”单元格，输入公式“=PMT(B2/D2,E2,-A2)”，按〈Enter〉键得出计算结果，如下图所示。

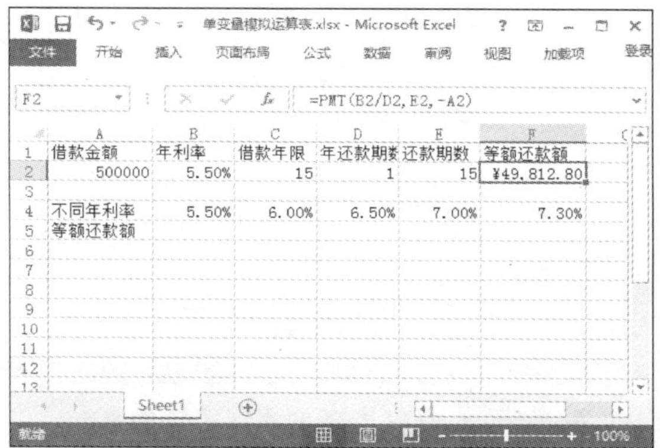

第 2 步： 选中“B5”单元格，输入公式“=PMT(B2/D2,E2,-A2)”，按〈Enter〉键得出计算结果，如下图所示。

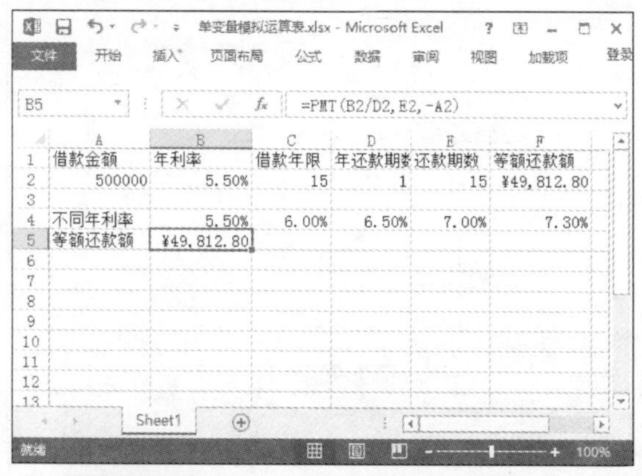

第 3 步： ❶选中“B4:F5”单元格区域；❷切换到“数据”选项卡；❸在“数据工具”组中单击“模拟分析”按钮；❹在弹出的下拉列表中选择“模拟运算表”选项，如下图所示。

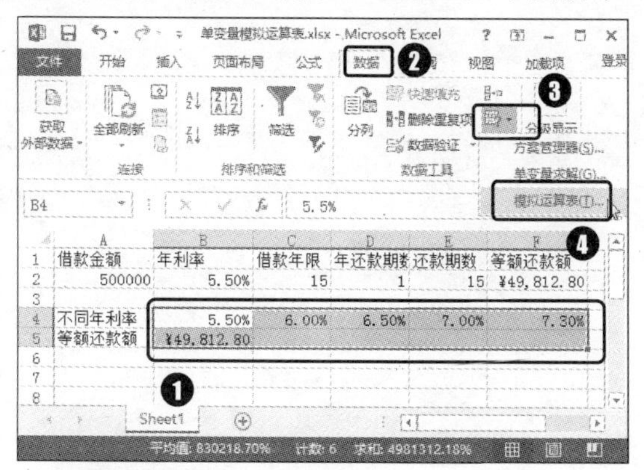

第 4 步： 弹出“模拟运算表”对话框，❶将光标插入点定位到“输入引用行的单元格”参数框，在工作表中选择要引用的单元格；❷单击“确定”按钮，如下图所示。

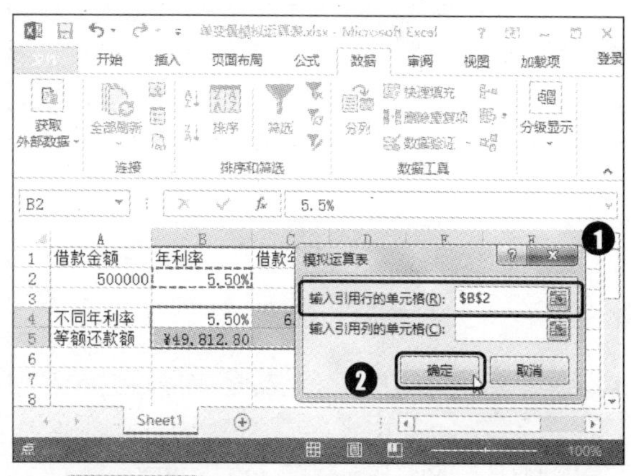

第 5 步： 进行上述操作后，即可计算出不同“年利率”下的“等额还款额”，然后将这些计算结果的数字格式设置为“货币”，效果如下图所示。

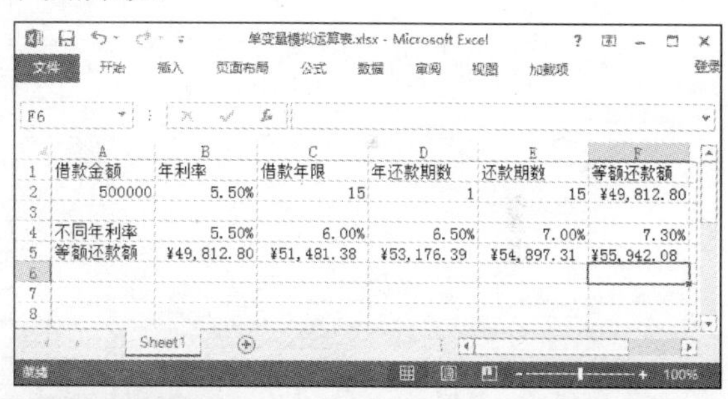

技巧 307：使用双变量模拟运算表分析数据

●**适用版本：** 2010、2013、2016

●**实用指数：** ★★★☆☆

说 明

使用单变量模拟运算表时，只能解决一个输入变量对一个或多个公式计算结果的影响问题，如果想要查看两个变量对公式计算结果的影响，则需用使用双变量模拟运算表。

方法

例如，假设借款年限为 15 年，年利率为 6.5%，每年还款期数为 1，现要计算不同“借款金额”和不同“还款期数”下的“等额还款额”，具体操作方法如下。

第 1 步： 选中“F2”单元格，输入公式“=PMT(B2/D2,E2,-A2)”，按〈Enter〉键得出计算结果，如下图所示。

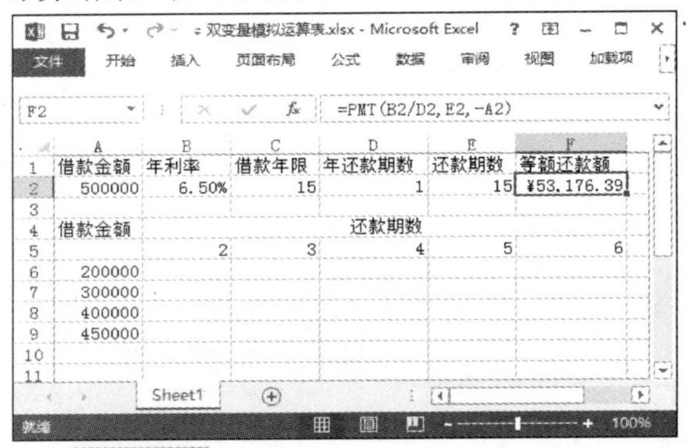

第 2 步： 选中“A5”单元格，输入公式“=PMT(B2/D2,E2,-A2)”，按〈Enter〉键得出计算结果，如下图所示。

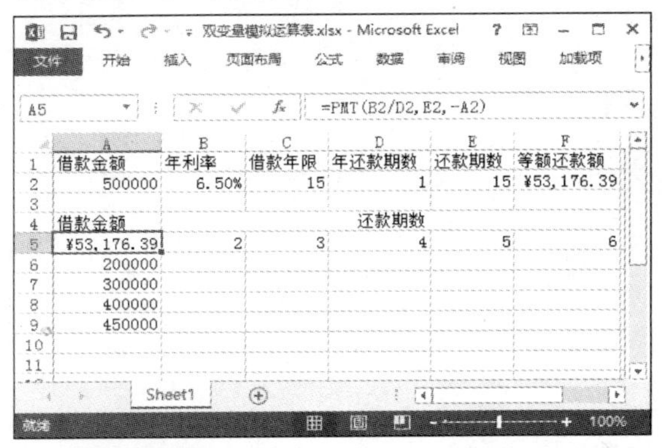

第 3 步： ❶选中“A5:F9“单元格区域；❷切换到“数据”选项卡；❸单击“数据工具”组中的“模拟分析”按钮；❹在弹出的下拉列表中选择“模拟运算表”选项，如下图所示。

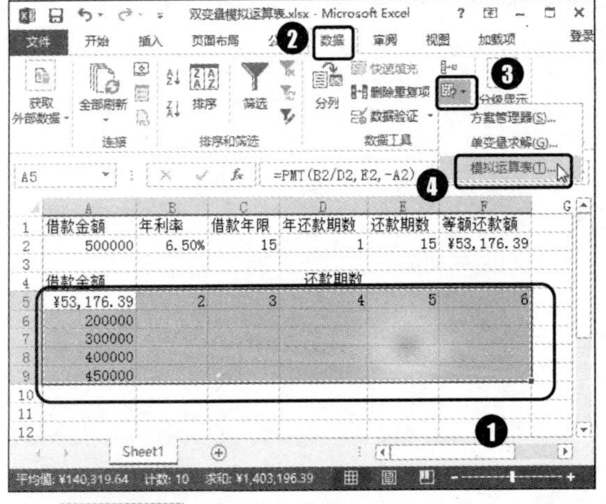

第 4 步： 弹出“模拟运算表”对话框，将光标插入点定位到“输入引用行的单元格”参数框，在工作表中选择要引用的单元格，如下图所示。

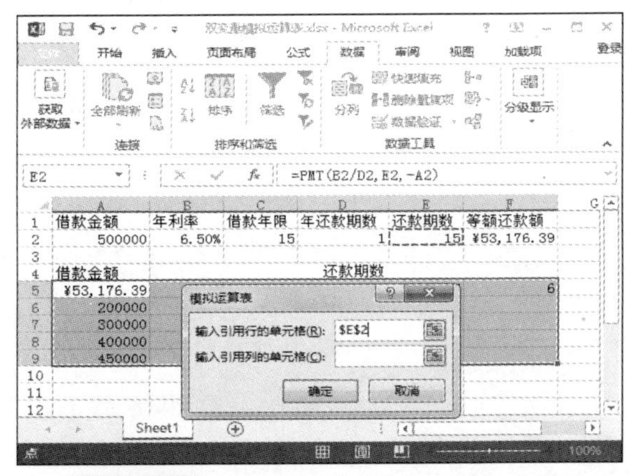

第 5 步： ❶将光标插入点定位到“输入引用列的单元格”参数框，在工作表中选择要引用的单元格；❷单击“确定”按钮，如下图所示。

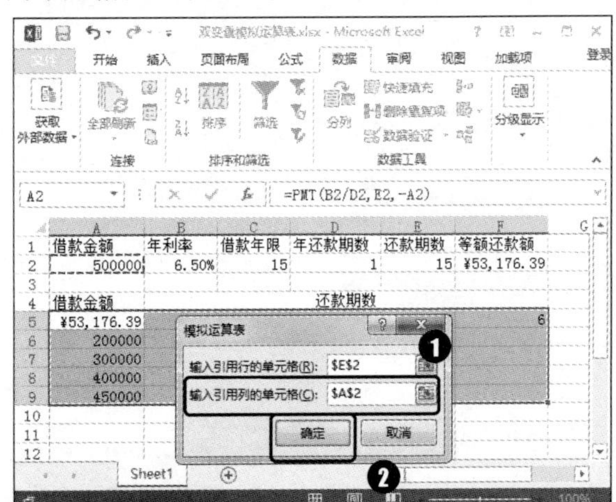

第 6 步： 进行上述操作后，即可在工作表中计算出不同“借款金额”和不同“还款期数”下的“等额还款额”，然后将这些计算结果的数字格式设置为“货币”，效果如下图所示。

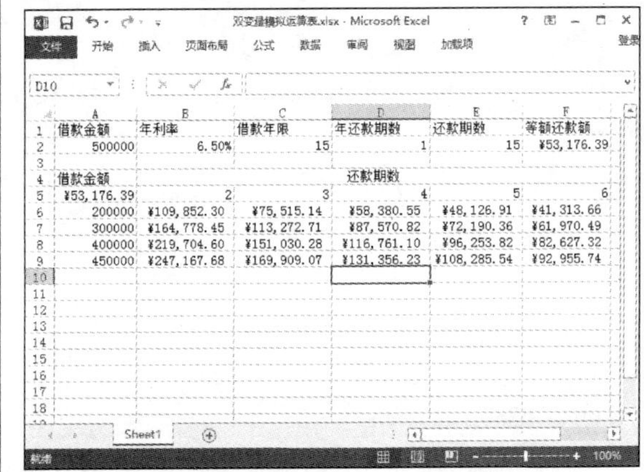

Excel 公式应用技巧

Excel 是一款非常强大的数据处理软件，其中最让用户印象深刻的便是其计算功能，通过公式和函数，用户可以非常方便地计算各种复杂的数据。本章先讲解公式的相关操作技巧。

▷▷ 11.1 公式使用技巧

Excel 中的公式是对工作表的数据进行计算的等式，它总是以“=”开始，其后便是公式的表达式。使用公式也有许多操作技巧，接下来就为读者介绍。

技巧 308: 复制公式

●适用版本：2007、2010、2013、2016

●实用指数：★★★★★

说 明

当单元格中的计算公式类似时，可通过复制公式的方式自动计算出其他单元格的结果。复制公式时，公式中引用的单元格会自动发生相应的改变。

复制公式时，可通过复制并粘贴的方式进行复制，也可通过填充功能快速复制。

方法

例如，利用填充功能复制公式，具体操作方法如下。

第 1 步： 在工作表中，选中要复制的公式所在的单元格，将鼠标指针指向该单元格的右下角，待指针呈**+**状时按住鼠标左键不放并向下拖动，如下图所示。

E3 =C3*D3

6月9日销售清单				
销售时间	品名	单价	数量	小计
9:30:25	香奈儿邂逅清新淡香水50ml	756	1	756
9:42:36	韩束墨菊化妆品套装五件套	329	1	
9:45:20	温碧泉明星复合水精华60ml	135	1	
9:45:20	温碧泉美容三件套美白补水	169	1	
9:48:37	雅诗兰黛红石榴套装	750	1	
9:48:37	雅诗兰黛晶透沁白淡斑精华露30ml	825	1	
10:21:23	雅漾修红润白套装	730	1	
10:26:19	Za美肌无瑕两用粉饼盒	30	2	
10:26:19	Za新焕真皙美白三件套	260	1	
10:38:13	水密码护肤品套装	149	2	
10:46:32	水密码防晒套装	136	1	
10:51:39	韩束墨菊化妆品套装五件套	329	1	
10:59:23	Avene雅漾清爽倍护防晒喷雾SPF30+	226	2	

第 2 步： 拖动到目标单元格后释放鼠标，即可得到复制公式后的结果，效果如下图所示。

E3 =C3*D3

6月9日销售清单				
销售时间	品名	单价	数量	小计
9:30:25	香奈儿邂逅清新淡香水50ml	756	1	756
9:42:36	韩束墨菊化妆品套装五件套	329	1	329
9:45:20	温碧泉明星复合水精华60ml	135	1	135
9:45:20	温碧泉美容三件套美白补水	169	1	169
9:48:37	雅诗兰黛红石榴套装	750	1	750
9:48:37	雅诗兰黛晶透沁白淡斑精华露30ml	825	1	825
10:21:23	雅漾修红润白套装	730	1	730
10:26:19	Za美肌无瑕两用粉饼盒	30	2	60
10:26:19	Za新焕真皙美白三件套	260	1	260
10:38:13	水密码护肤品套装	149	2	298
10:46:32	水密码防晒套装	136	1	136
10:51:39	韩束墨菊化妆品套装五件套	329	1	329
10:59:23	Avene雅漾清爽倍护防晒喷雾SPF30+	226	2	452

平均值: 402.2307692 计数: 13 求和: 5229

技巧 309: 单元格的相对引用

●适用版本：2007、2010、2013、2016

●实用指数：★★★★★

说 明

在使用公式计算数据时，通常会用到单元格的引用。引用的作用在于标识工作表上的单元格或单元格区域，并指明公式中所用的数据在工作表中的位置。通过引用，可在一个公式中使用工作表不同单元格中的数据，或者在多个公式中使用同一个单元格的数据。

默认情况下，Excel 使用的是相对引用。在相对引用中，当复制公式时，公式中的引用会根据显示计算结果的单元格位置的不同而相应改变，但引用的单元格与包含公式的单元格之间的相对位置不变。

方法

例如，要在“销售清单 1.xlsx”的工作表中使用单元格相对引用计算数据，具体操作方法如下。

在“E3”单元格中输入公式“=C3*D3”，将该公式从“E3”复制到“E4”单元格时，“E4”单元格的公式为“=C4*D4”，效果如下图所示。

E4 =C4*D4

	A	B	C	D	E
1	6月9日销售清单				
2	销售时间	品名	单价	数量	小计
3	9:30:25	香奈儿邂逅清新淡香水50ml	756	3	2268
4	9:42:36	韩束墨菊化妆品套装五件套	329	5	1645
5	9:45:20	温碧泉明星复合水精华60ml	135	1	
6	9:45:20	温碧泉美容三件套美白补水	169	1	
7	9:48:37	雅诗兰黛红石榴套装	750	1	
8	9:48:37	雅诗兰黛晶透沁白淡斑精华露30ml	825	1	

技巧 310：单元格的绝对引用

●适用版本：2007、2010、2013、2016

●实用指数：★★★★☆

说 明

绝对引用是指将公式复制到目标单元格时，公式中的单元格地址始终保持固定不变。使用绝对引用时，需要在引用的单元格地址的列标和行号前分别添加符号“$”（英文状态下输入）。

方法

例如，要在“销售清单 1.xlsx”的工作表中使用单元格绝对引用计算数据，具体操作方法如下。

在“E3”单元格中输入公式 “=$C$3*$D$3”，将该公式从“E3”复制到“E4”单元格时，“E4”单元格中的公式仍为“=$C$3*$D$3”（即公式的引用区域没有发生任何变化），且计算结果和“E3”单元格中一样，效果如下图所示。

E4 =$C$3*$D$3

	A	B	C	D	E
1	6月9日销售清单				
2	销售时间	品名	单价	数量	小计
3	9:30:25	香奈儿邂逅清新淡香水50ml	756	3	2268
4	9:42:36	韩束墨菊化妆品套装五件套	329	5	2268
5	9:45:20	温碧泉明星复合水精华60ml	135	1	
6	9:45:20	温碧泉美容三件套美白补水	169	1	
7	9:48:37	雅诗兰黛红石榴套装	750	1	
8	9:48:37	雅诗兰黛晶透沁白淡斑精华露30ml	825	1	

技巧 311：单元格的混合引用

●适用版本：2007、2010、2013、2016

●实用指数：★★☆☆☆

说 明

混合引用是指引用的单元格地址既有相对引用也有绝对引用。混合引用具有绝对列和相对行，或者绝对行和相对列。绝对引用列采用 $A1 这样的形式，绝对引用行采用 A$1 这样的形式。如果公式所在单元格的位置改变，则相对引用会发生变化，而绝对引用不变。

方法

例如，要在“销售清单 1.xlsx”的工作表中使用单元格混合引用计算数据，具体操作方法如下。

在“E3”单元格中输入公式“=$C3*D$3”，将该公式从“E3”复制到“E4”单元格时，“E4”单元格中的公式会变成“=$C4*D$3”，效果如下图所示。

E4 =$C4*D$3

	A	B	C	D	E
1	6月9日销售清单				
2	销售时间	品名	单价	数量	小计
3	9:30:25	香奈儿邂逅清新淡香水50ml	756	3	2268
4	9:42:36	韩束墨菊化妆品套装五件套	329	5	987
5	9:45:20	温碧泉明星复合水精华60ml	135	1	
6	9:45:20	温碧泉美容三件套美白补水	169	1	
7	9:48:37	雅诗兰黛红石榴套装	750	1	
8	9:48:37	雅诗兰黛晶透沁白淡斑精华露30ml	825	1	

专家点拨

选中包含公式的单元格，在编辑框中选中要改变引用方式的单元格地址，然后按〈F4〉键，可快速在相对引用、绝对引用和混合引用之间进行转换。

技巧 312：引用同一工作簿中其他工作表的单元格

●适用版本：2007、2010、2013、2016

●实用指数：★★☆☆☆

说 明

在同一工作簿中，还可以引用其他工作表中的单元格进行计算。

方法

例如，在“美的产品销售情况.xlsx”的“销售”工作表中，要引用“定价单”工作表中的单元格进行计算，具体操作方法如下。

第 1 步： ❶选中要存放计算结果的单元格，输入“=”号；❷单击选择要参与计算的单元格，并输入运算符；❸单击要引用工作表的工作表标签名称，如下图所示。

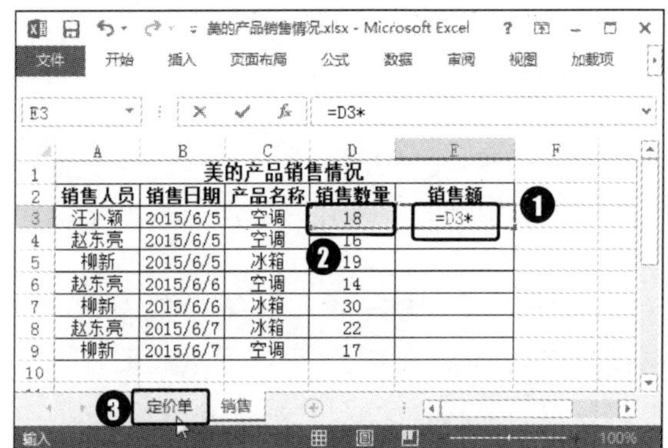

第 2 步： 切换到工作表，单击选择要参与计算的单元格，如下图所示。

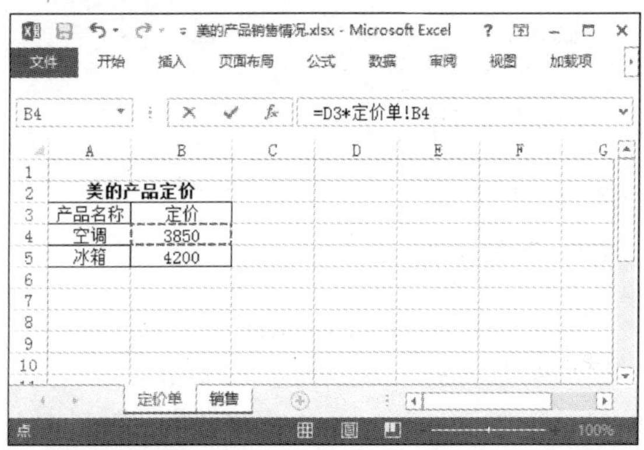

第 3 步： 直接按〈Enter〉键，得到计算结果，同时返回原工作表，效果如下图所示。

第 4 步： 将“定价单”工作表中被引用的单元格地址转换为绝对引用，并复制到相应的单元格中，效果如下图所示。

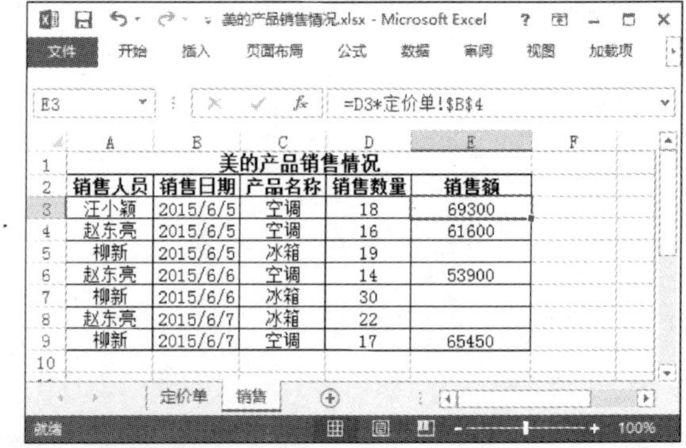

第 5 步： 参照上述操作方法，对其他单元格进行相应的计算。

技巧 313：引用其他工作簿中的单元格

●**适用版本：**2007、2010、2013、2016

●**实用指数：**★☆☆☆☆

说 明

在引用单元格进行计算时，有时还需要引用其他工作簿中的数据。

方法

例如，在“美的产品销售情况 1.xlsx”的工作表中计算数据时，需要引用“美的产品定价.xlsx”工作簿中的数据，具体操作方法如下。

第 1 步： 打开“美的产品销售情况 1.xlsx”和“美的产品定价.xlsx”两个工作簿。

第 2 步： 在“美的产品销售情况 1.xlsx”中，选中要存放计算结果的单元格，输入“=”号，单击选择要参与计算的单元格，并输入运算符。

第 3 步： 切换到“美的产品定价.xlsx”，在目标工作表中，单击选择需要引用的单元格，如下图所示。

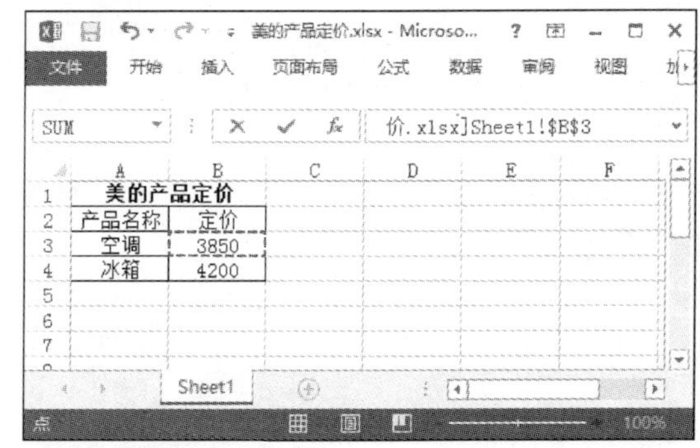

第 4 步： 直接按〈Enter〉键，得到计算

结果，同时返回原工作表，效果如下图所示。

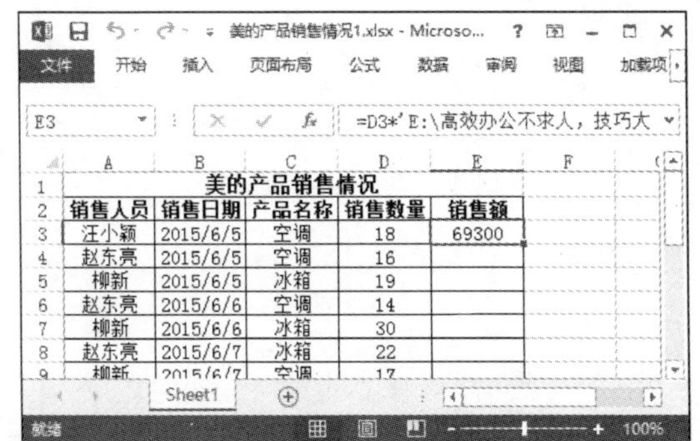

技巧 314：保护公式不被修改

●**适用版本**：2007、2010、2013、2016

●**实用指数**：★★☆☆☆

说 明

将工作表中的数据计算好后，为了防止其他用户对公式进行更改，可设置密码保护。

方法

例如，在“销售清单 2.xlsx”的工作表中，要对公式设置密码保护，具体操作方法如下。

第 1 步： 选中包含公式的单元格区域，按照技巧 247 的方法打开“设置单元格格式”对话框。

第 2 步： ❶切换到“保护”选项卡；❷选中“锁定”复选框；❸单击“确定”按钮，如下图所示。

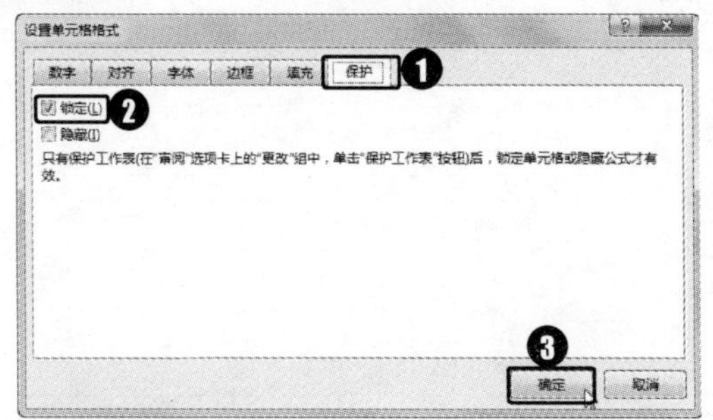

第 3 步： 返回工作表，打开“保护工作表”对话框。

第 4 步： ❶在“取消工作表保护时使用的密码”文本框中输入密码；❷单击“确定”按钮，如下图所示。

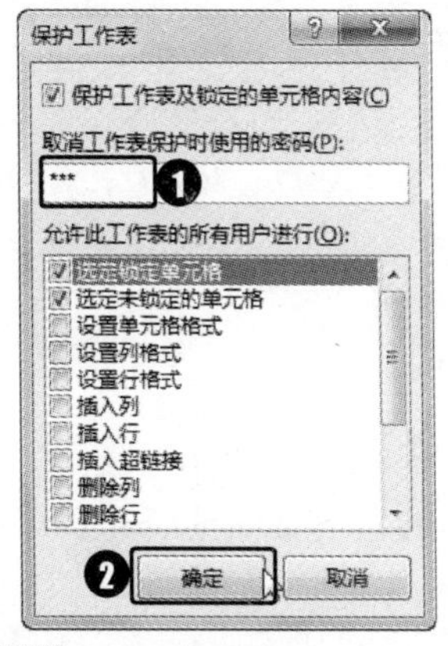

第 5 步： 弹出“确认密码”对话框，再次输入保护密码，单击“确定”按钮即可。

技巧 315：将公式隐藏起来

●**适用版本**：2007、2010、2013、2016

●**实用指数**：★★☆☆☆

说 明

为了不让其他用户看到正在使用的公式，可以将其隐藏起来。公式被隐藏后，选中单元格时，仅仅在单元格中显示计算结果，编辑栏中也不会显示任何内容。

方法

例如，要在“销售清单 2.xlsx”的工作表中隐藏公式，具体操作方法如下。

第 1 步： 选中包含公式的单元格区域，打开“设置单元格格式”对话框。

第 2 步： ❶切换到“保护”选项卡；❷勾选“锁定”和“隐藏”复选框；❸单击“确定”按钮，如下图所示。

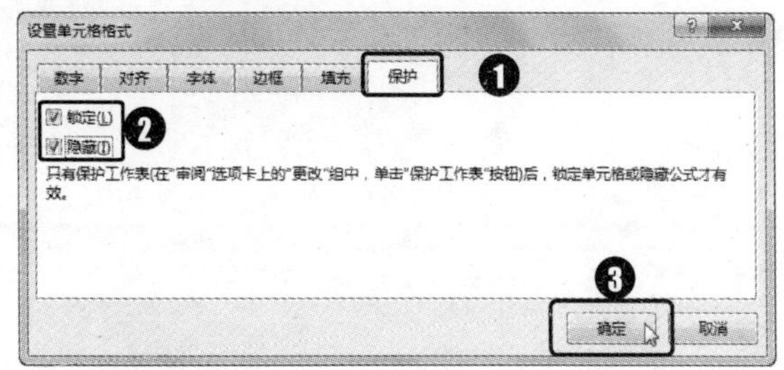

第 3 步： 返回工作表，然后参照技巧 314 的相关操作方法，打开“保护工作表”对话框并设置密码保护即可。

技巧 316：使用“&”合并单元格内容

●适用版本：2007、2010、2013、2016
●实用指数：★★★☆☆

说 明

在编辑单元格内容时，如果希望将一个或多个单元格的内容合并起来，可通过运算符“&”实现。

方法

例如，要在“员工基本信息.xlsx”的工作表中合并单元格内容，具体操作方法如下。

第 1 步： 选择要存放结果的单元格，输入公式“=B3&C3&D3”，按〈Enter〉键确认得出计算结果，如下图所示。

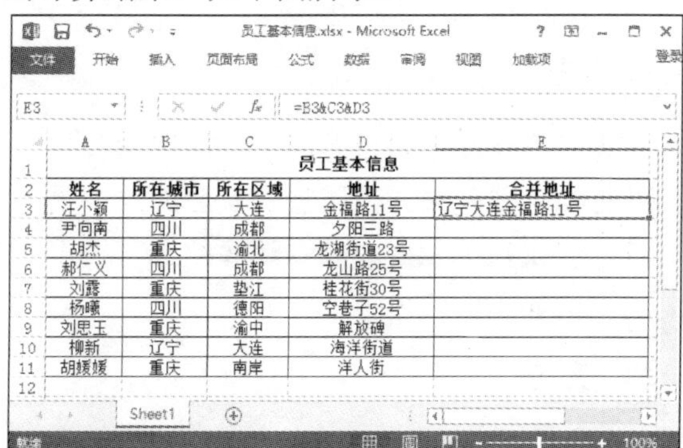

第 2 步： 将公式复制到其他单元格，得出计算结果，效果如下图所示。

E11 =B11&C11&D11

员工基本信息				
姓名	所在城市	所在区域	地址	合并地址
汪小颖	辽宁	大连	金福路11号	辽宁大连金福路11号
尹向南	四川	成都	夕阳三路	四川成都夕阳三路
胡杰	重庆	渝北	龙湖街道23号	重庆渝北龙湖街道23号
郝仁义	四川	成都	龙山路25号	四川成都龙山路25号
刘露	重庆	垫江	桂花街30号	重庆垫江桂花街30号
杨曦	四川	德阳	空巷子52号	四川德阳空巷子52号
刘思玉	重庆	渝中	解放碑	重庆渝中解放碑
柳新	辽宁	大连	海洋街道	辽宁大连海洋街道
胡媛媛	重庆	南岸	洋人街	重庆南岸洋人街

技巧 317：追踪引用单元格和从属单元格

●适用版本：2007、2010、2013、2016
●实用指数：★★★☆☆

说 明

追踪引用单元格是指查看当前公式是引用哪些单元格进行计算的，追踪从属单元格与追踪引用单元格相反，用于查看哪些公式引用了该单元格。

方法

例如，要在“销售清单 2.xlsx”的工作表中追踪引用单元格与追踪从属单元格，具体操作方法如下。

第 1 步： ❶选中要追踪引用单元格的单元格；❷切换到“公式”选项卡；❸单击“公式审核”组中的“追踪引用单元格”按钮，如下图所示。

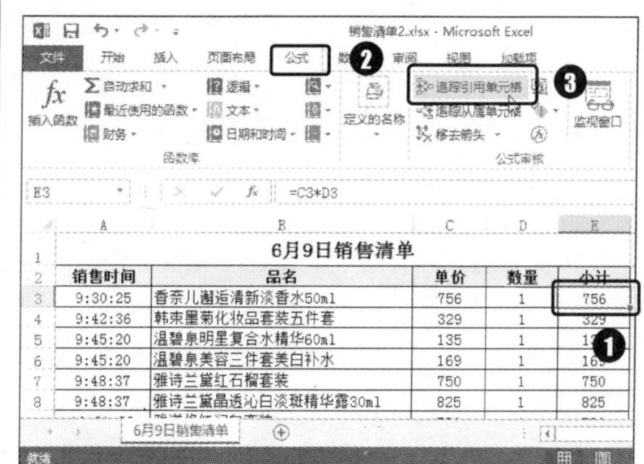

第 2 步： 使用箭头显示数据源引用指向，效果如下图所示。

E3 =C3*D3

6月9日销售清单				
销售时间	品名	单价	数量	小计
9:30:25	香奈儿邂逅清新淡香水50ml	756	1	756
9:42:36	韩束墨菊化妆品套装五件套	329	1	329
9:45:20	温碧泉明星复合水精华60ml	135	1	135
9:45:20	温碧泉美容三件套美白补水	169	1	169
9:48:37	雅诗兰黛红石榴套装	750	1	750
9:48:37	雅诗兰黛晶透沁白淡斑精华露30ml	825	1	825
10:21:23	雅漾修红润白套装	730	1	730
10:26:19	Za美肌无瑕两用粉饼盒	30	2	60
10:26:19	Za新焕真皙美白三件套	260	1	260
10:38:13	水密码护肤品套装	149	2	298
10:46:32	水密码防晒套装	136	1	136
10:51:39	韩束墨菊化妆品套装五件套	329	1	329

第 3 步： ❶选中要追踪从属单元格的单元格；❷单击“追踪从属单元格”按钮，如下图所示。

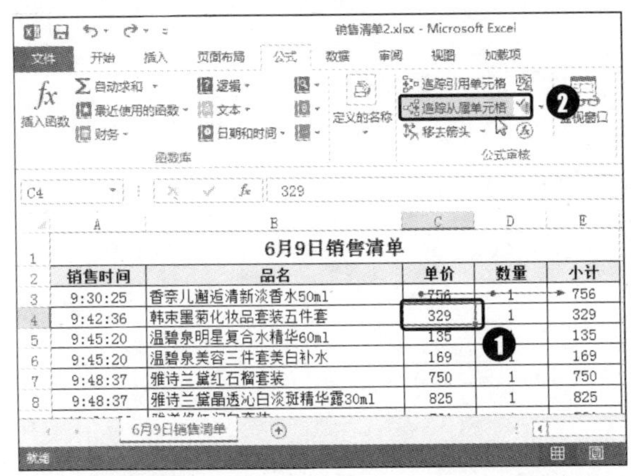

第 4 步： 使用箭头显示受当前所选单元格影响的单元格数据从属指向，效果如下图所示。

6月9日销售清单

销售时间	品名	单价	数量	小计
9:30:25	香奈儿邂逅清新淡香水50ml	756	1	756
9:42:36	韩束墨菊化妆品套装五件套	329	1	329
9:45:20	温碧泉明星复合水精华60ml	135	1	135
9:45:20	温碧泉美容三件套美白补水	169	1	169
9:48:37	雅诗兰黛红石榴套装	750	1	750
9:48:37	雅诗兰黛晶透沁白淡斑精华露30ml	825	1	825
10:21:23	雅漾修红润白套装	730	1	730
10:26:19	Za美肌无瑕两用粉饼盒	30	2	60
10:26:19	Za新焕真皙美白三件套	260	1	260
10:38:13	水密码护肤品套装	149	2	298
10:46:32	水密码防晒套装	136	1	136
10:51:39	韩束墨菊化妆品套装五件套	329	1	329

专家点拨

设置了追踪引用单元格或追踪从属单元格后，在“公式审核”组中单击“移去箭头”按钮右侧的下拉按钮，在弹出的下拉列表中选择某个选项，可移除对应的箭头标识。

▷▷ 11.2　数组公式与名称应用技巧

编辑工作表时，还可以通过数组公式或名称来计算数据，本节将介绍相关操作技巧。

技巧 318：在多个单元格中使用数组公式进行计算

●适用版本：2007、2010、2013、2016

●实用指数：★★★★★

说明

数组公式就是指对两组或多组参数进行多重计算，并返回一个或多个结果的一种计算公式。使用数组公式时，要求每个数组参数必须有相同数量的行和列。

方法

例如，在多个单元格中使用数组公式进行计算，具体操作方法如下。

第 1 步： ❶选择存放结果的单元格区域，输入“=”；❷拖动鼠标选择要参与计算的第一个单元格区域，如下图所示。

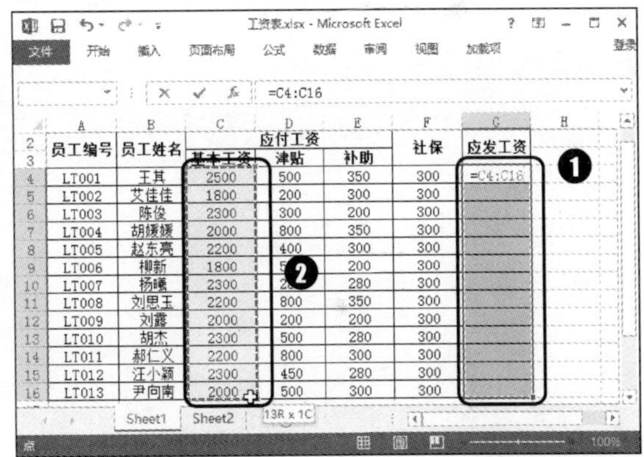

第 2 步： 参照上述操作方法，继续输入运算符号，并拖动选择要参与计算的单元格区域，完成后的效果如下图所示。

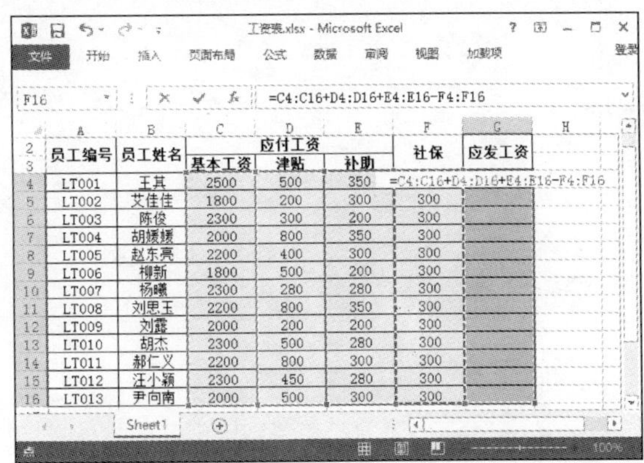

第 3 步： 按〈Ctrl+Shift+Enter〉组合键，得出数组公式计算结果，效果如下图所示。

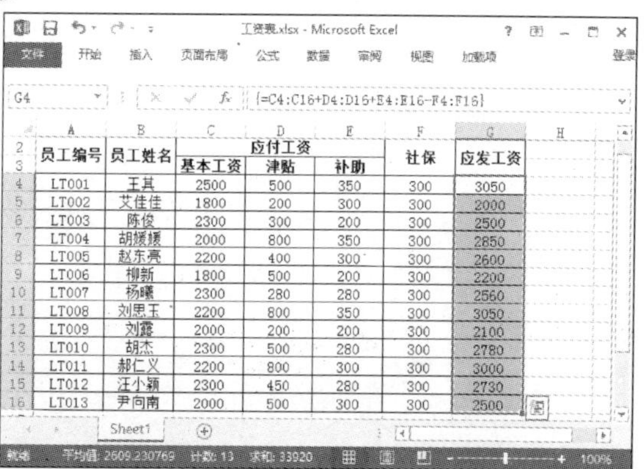

员工编号	员工姓名	应付工资			社保	应发工资
		基本工资	津贴	补助		
LT001	王其	2500	500	350	300	3050
LT002	艾佳佳	1800	200	300	300	2000
LT003	陈俊	2300	300	200	300	2500
LT004	胡媛媛	2000	800	350	300	2850
LT005	赵东亮	2200	400	300	300	2600
LT006	柳新	1800	500	200	300	2200
LT007	杨曦	2300	280	280	300	2560
LT008	刘思玉	2200	800	350	300	3050
LT009	刘露	2000	200	200	300	2100
LT010	胡杰	2300	500	280	300	2780
LT011	郝仁义	2200	800	300	300	3000
LT012	汪小颖	2300	450	280	300	2730
LT013	尹向南	2000	500	300	300	2500

技巧 319：在单个单元格中使用数组公式进行计算

●**适用版本**：2007、2010、2013、2016

●**实用指数**：★★★★★

说 明

在编辑工作表时，还可以在单个单元格中输入数组公式，以便完成多步计算。

方法

例如，在“销售订单.xlsx”的工作表中，要在某个单元格中使用数组公式进行计算，具体操作步骤如下。

第 1 步： 选择存放结果的单元格，输入“=SUM()”，再将光标插入点定位在括号内，如下图所示。

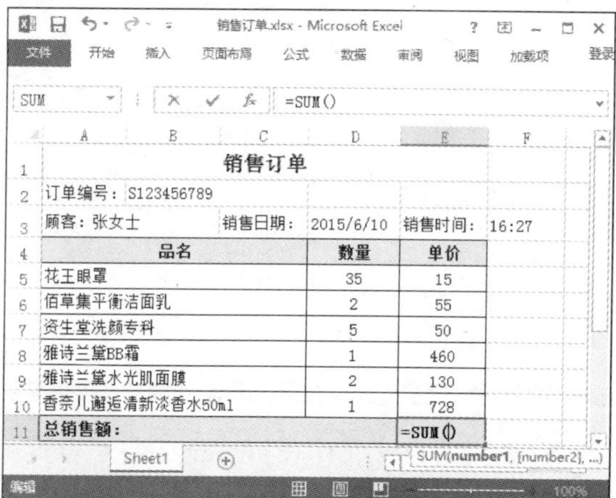

销售订单			
订单编号：S123456789			
顾客：张女士	销售日期：	2015/6/10	销售时间： 16:27
品名	数量	单价	
花王眼罩	35	15	
佰草集平衡洁面乳	2	55	
资生堂洗颜专科	5	50	
雅诗兰黛BB霜	1	460	
雅诗兰黛水光肌面膜	2	130	
香奈儿邂逅清新淡香水50ml	1	728	
总销售额：		=SUM()	

第 2 步： 拖动鼠标选择要参与计算的第一个单元格区域，输入运算符号“*”号，再拖动鼠标选择第二个要参与计算的单元格区域，如下图所示。

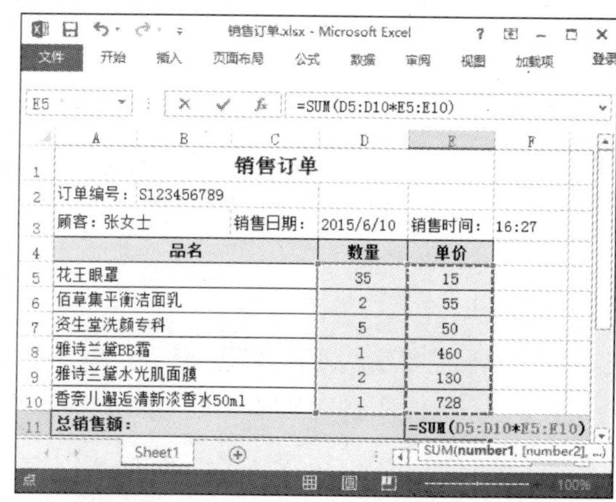

销售订单			
订单编号：S123456789			
顾客：张女士	销售日期：	2015/6/10	销售时间： 16:27
品名	数量	单价	
花王眼罩	35	15	
佰草集平衡洁面乳	2	55	
资生堂洗颜专科	5	50	
雅诗兰黛BB霜	1	460	
雅诗兰黛水光肌面膜	2	130	
香奈儿邂逅清新淡香水50ml	1	728	
总销售额：		=SUM(D5:D10*E5:E10)	

第 3 步： 按〈Ctrl+Shift+Enter〉组合键，得出数组公式计算结果，效果如下图所示。

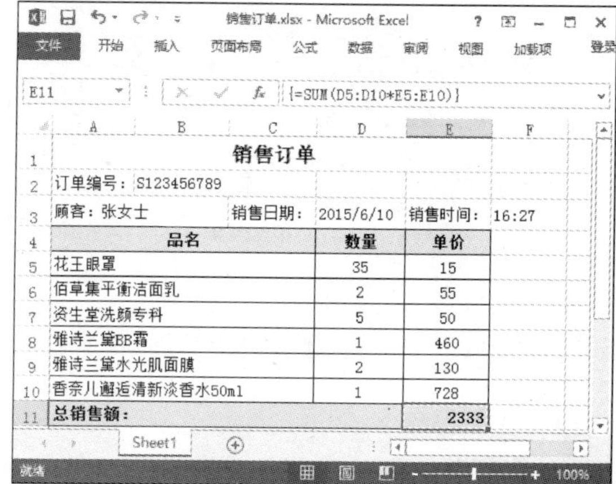

销售订单			
订单编号：S123456789			
顾客：张女士	销售日期：	2015/6/10	销售时间： 16:27
品名	数量	单价	
花王眼罩	35	15	
佰草集平衡洁面乳	2	55	
资生堂洗颜专科	5	50	
雅诗兰黛BB霜	1	460	
雅诗兰黛水光肌面膜	2	130	
香奈儿邂逅清新淡香水50ml	1	728	
总销售额：		2333	

专家点拨

在单个单元格中使用数组公式计算数据时，不能是合并后的单元格，否则会弹出提示框，提示数组公式无效。

技巧 320：扩展数组公式

●**适用版本**：2007、2010、2013、2016

●**实用指数**：★★★☆☆

说 明

在公式中用数组作为计算参数时，所有的数组必须是同维的（即有相同数量的行和列）。如果数组参数的维数不匹配，Excel 会自动扩展该参数。

方法

第 1 步： 选择存放结果的单元格区域，参照前面的操作方法设置计算参数，效果如下图所示。

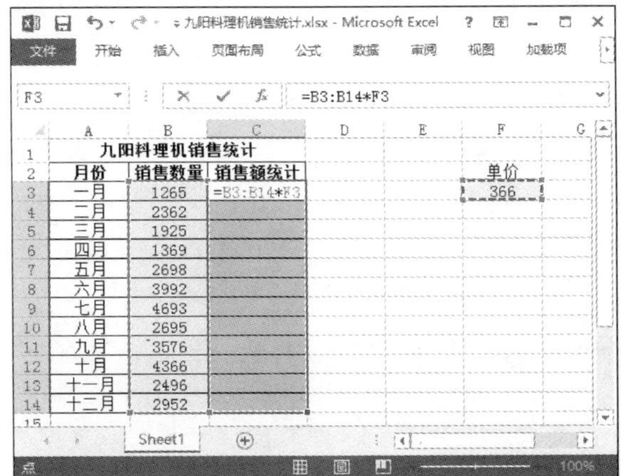

第 2 步： 按〈Ctrl+Shift+Enter〉组合键，得出数组公式计算结果，效果如下图所示。

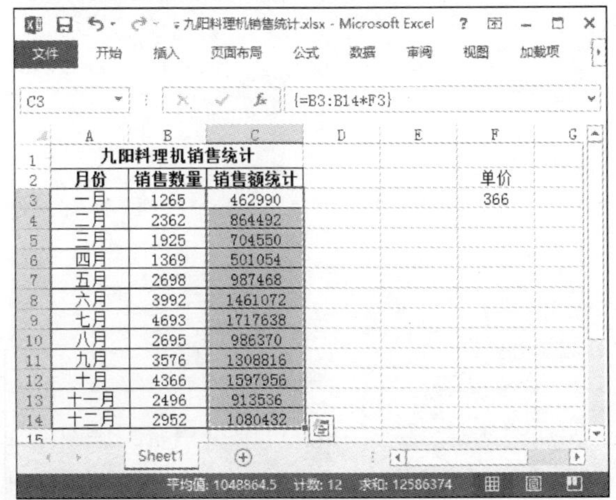

技巧 321：为单元格定义名称

●**适用版本：** 2007、2010、2013、2016

●**实用指数：** ★★☆☆☆

说 明

在 Excel 中，名称是一种由用户自定义、并能够进行数据处理的计算式。每一个名称都具有一个唯一的标识，方便在其他名称或公式中调用。

方法

例如，要将单元格区域的名称定义为“基本工资”，具体操作步骤如下。

❶选中要定义名称的单元格区域；❷在编辑栏左侧的名称框中直接输入名称，然后按〈Enter〉键确认即可，如下图所示。

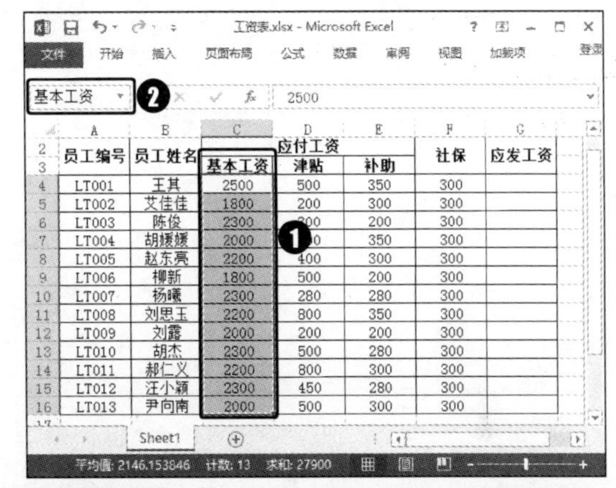

技巧 322：使用名称管理器管理名称

●**适用版本：** 2007、2010、2013、2016

●**实用指数：** ★★★★☆

说 明

在工作表中为单元格定义名称后，还可以通过“名称管理器”对名称进行修改和删除等操作。

方法

例如，要对名称进行修改，具体操作方法如下。

第 1 步： ❶切换到“公式”选项卡；❷单击“定义的名称”组中的“名称管理器”按钮，如下图所示。

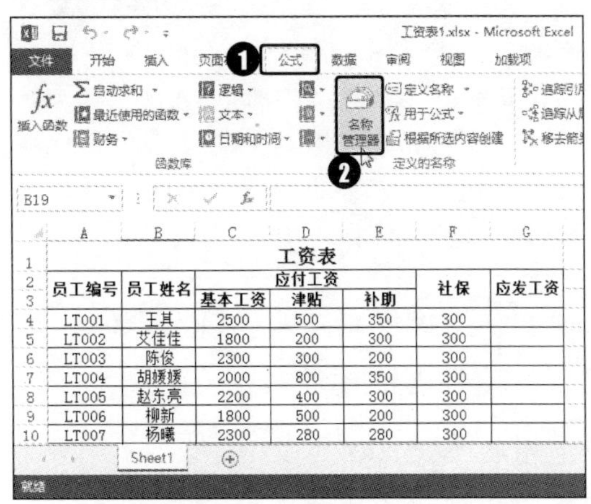

第 2 步： 弹出“名称管理器”对话框，❶在列表框中选择要修改的名称；❷单击“编辑”按钮，如下图所示。

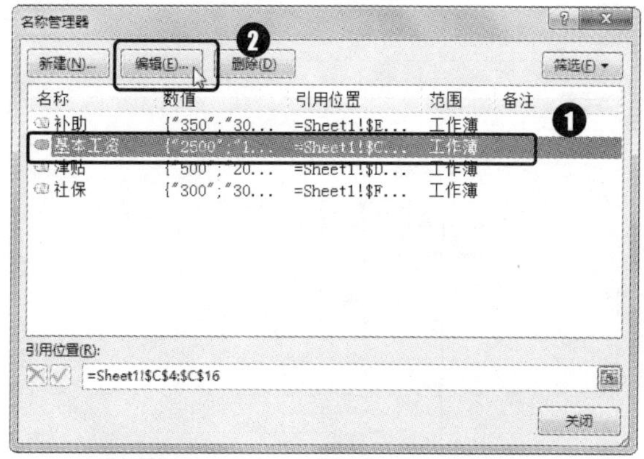

第 3 步： 弹出“编辑名称”对话框，❶通过“名称”文本框可进行重命名操作；❷在“引用位置”参数框中可重新选择单元格区域；❸设置完成后单击“确定”按钮，如下图所示。

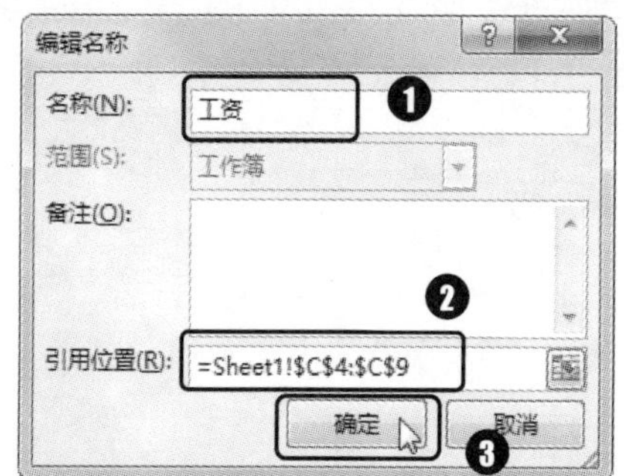

第 4 步： 返回“名称管理器”对话框，单击“关闭”按钮关闭对话框即可。

专家点拨

在“名称管理器”对话框中选中某个名称后，若单击“删除”按钮，可将其删除；若单击“新建”按钮，可在弹出的“新建名称”对话框中新建名称；若单击“筛选”按钮，可在弹出的下拉列表中对名称进行相应的筛选操作。

技巧 323：使用单元格名称对数据进行计算

●**适用版本：**2007、2010、2013、2016

●**实用指数：**★★★☆☆

说 明

在工作表中定义好名称后，可以通过名称对数据进行计算，以便提高工作效率。

方法

例如，要在“工资表.xlsx”的工作表中通过名称计算数据，具体操作方法如下。

第 1 步： 在工作表中，为相关单元格区域定义名称。本例将“C4:C16”单元格区域命名为“基本工资”，“D4:D16”单元格区域命名为“津贴”，“E4:E16”单元格区域命名为“补助”，“F4:F16”单元格区域命名为“社保”。

第 2 步： 选中要存放计算结果的单元格，直接输入公式“=基本工资+津贴+补助-社保”，如下图所示。

工资表

员工编号	员工姓名	基本工资	津贴	补助	社保	应发工资
LT001	王其	2500	500	350	=基本工资+津贴+补助-社保	
LT002	艾佳佳	1800	200	300	300	
LT003	陈俊	2300	300	200	300	
LT004	胡媛媛	2000	800	350	300	
LT005	赵东亮	2200	400	300	300	
LT006	柳新	1800	500	200	300	

第 3 步： 按〈Enter〉键得出计算结果，通过填充方式向下拖动鼠标复制公式，自动计算出其他结果，效果如下图所示。

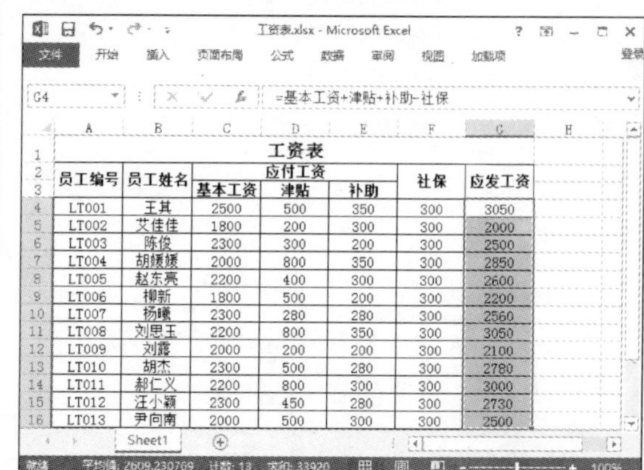

工资表

员工编号	员工姓名	基本工资	津贴	补助	社保	应发工资
LT001	王其	2500	500	350	300	3050
LT002	艾佳佳	1800	200	300	300	2000
LT003	陈俊	2300	300	200	300	2500
LT004	胡媛媛	2000	800	350	300	2850
LT005	赵东亮	2200	400	300	300	2600
LT006	柳新	1800	500	200	300	2200
LT007	杨曦	2300	280	280	300	2560
LT008	刘思玉	2200	800	350	300	3050
LT009	刘露	2000	200	200	300	2100
LT010	胡杰	2300	500	280	300	2780
LT011	郝仁义	2200	800	300	300	3000
LT012	汪小颖	2300	450	280	300	2730
LT013	尹向南	2000	500	300	300	2500

 专家点拨

在输入名称时，可切换到“公式”选项卡，在“定义的名称”组中单击“用于公式”按钮，在弹出的下拉列表中选择某个名称选项，可快速输入该名称。另外，选中要存放结果的单元格区域，再输入计算公式，按〈Ctrl+Shift+Enter〉组合键确认，可快速得出计算结果。

11.3 公式审核技巧

如果工作表中的公式使用错误，不仅不能计算出正确的结果，还会自动显示出一个错误值，如“####”“#NAME？”等。因此，用户还需要掌握一些公式审核的方法与技巧。

技巧 324：“####”错误的处理办法

●**适用版本**：2007、2010、2013、2016
●**实用指数**：★★★★★

如果工作表的列宽比较窄，使单元格无法完全显示数据，或者使用了负日期或时间，便会出现“####”错误。

 方法

解决“####”错误的方法如下。

当列宽不足以显示内容时，直接调整列宽即可。

当日期和时间为负数时，可通过下面的方法进行解决。

- 如果用户使用的是 1900 日期系统，那么 Excel 中的日期和时间必须为正值。
- 如果需要对日期和时间进行减法运算，应确保建立的公式是正确的。
- 如果公式正确，但结果仍然是负值，可以通过将该单元格的格式设置为非日期或时间格式来显示该值。

技巧 325：“#NULL!”错误的处理办法

●**适用版本**：2007、2010、2013、2016
●**实用指数**：★★★★★

当函数表达式中使用了不正确的区域运算符或指定两个并不相交的区域的交点时，便会出现“#NULL!”错误。

 方法

解决“#NULL！”错误的方法如下。

- 使用了不正确的区域运算符：若要引用连续的单元格区域，应使用冒号分隔引用区域中的第一个单元格和最后一个单元格；若要引用不相交的两个区域，应使用联合运算符，即逗号“,”。
- 区域不相交：更改引用以使其相交。

技巧 326：“#NAME?”错误的处理办法

●**适用版本**：2007、2010、2013、2016
●**实用指数**：★★★★★

说 明

当 Excel 无法识别公式中的文本时，将出现“#NAME?”错误。

 方法

解决“#NAME？”错误的方法如下。

- 区域引用中漏掉了冒号“:”：给所有区域引用添加冒号“:”。
- 在公式中输入文本时没有使用双引号：公式中输入的文本必须用双引号括起来，否则 Excel 会把输入的文本内容看作名称。
- 函数名称拼写错误：更正函数拼写，若不知道正确的拼写，可打开“插入函数”对话框，插入正确的函数。
- 使用了不存在的名称：打开“名称管理器”对话框，查看其中是否有当前使用

的名称，若没有，定义一个新名称即可。

技巧 327：“#NUM!”错误的处理办法

● **适用版本：** 2007、2010、2013、2016
● **实用指数：** ★★★★★

当公式或函数中使用了无效的数值时，便会出现“#NUM!”错误。

方法

解决“#NUM！”错误的方法如下。

- 在需要数字参数的函数中使用了无法接受的参数：确保函数中使用的参数是数字，而不是文本、时间或货币等其他格式。
- 输入的公式所得出的数字太大或太小，无法在 Excel 中表示：更改单元格中的公式，使运算的结果介于 -1*10307～1*10307 之间。
- 使用了进行迭代的工作表函数，且函数无法得到结果：为工作表函数使用不同的起始值，或者更改 Excel 迭代公式的次数。

> **专家点拨**
>
> 更改 Excel 迭代公式次数的方法为：打开“Excel 选项”对话框，切换到“公式”选项卡，在“计算选项”选项组中选中“启用迭代计算”复选框，在下方设置最多迭代次数和最大误差，然后单击“确定”按钮。

技巧 328：“#VALUE!”错误的处理办法

● **适用版本：** 2007、2010、2013、2016
● **实用指数：** ★★★★★

当使用的参数或操作数的类型不正确时，便会出现“#VALUE!”错误。

方法

解决“#VALUE！”错误的方法如下。

- 输入或编辑的是数组公式，却按〈Enter〉键确认：完成数组公式的输入后，按〈Ctrl+Shift+Enter〉键确认。
- 当公式需要数字或逻辑值时，却输入了文本：确保公式或函数所需的操作数或参数正确无误，且公式引用的单元格中包含有效的值。

技巧 329：“#DIV/0!”错误的处理办法

● **适用版本：** 2007、2010、2013、2016
● **实用指数：** ★★★★★

当数字除以零（0）时，便会出现“#DIV/0!”错误。

方法

解决“#DIV/0!”错误的方法如下。

- 将除数更改为非零值。
- 确保作为被除数的单元格不是空白单元格。

技巧 330：“#REF!”错误的处理办法

● **适用版本：** 2007、2010、2013、2016
● **实用指数：** ★★★★★

当单元格引用无效时，如函数引用的单元格（区域）被删除、链接的数据不可用等，便会出现“#REF!”错误。

方法

解决“#REF！”错误的方法如下。

- 更改公式，或者在删除或粘贴单元格后立即单击“撤销”按钮，以恢复工作表中的单元格。
- 启动使用的对象链接和嵌入（OLE）链接所指向的程序。
- 确保使用的是正确的可用的动态数据

交换（DDE）主题。

- 检查函数以确定参数没有引用无效的单元格或单元格区域。

技巧 331：“#N/A”错误的处理办法

●适用版本：2007、2010、2013、2016

●实用指数：★★★★★

说 明

当数值对函数或公式不可用时，便会出现“#N/A”错误。

方法

解决“#N/A”错误的方法如下。

- 确保函数或公式中的数值可用。
- 当为 MATCH、HLOOKUP、LOOKUP 或 VLOOKUP 函数的 lookup_value 参数赋予了不正确的值时，将出现“#N/A”错误，此时的解决方式是确保“lookup_value”参数值的类型正确。
- 当使用内置或自定义工作表函数时，若省略了一个或多个必需的函数，便会出现“#N/A”错误，此时将函数中的所有参数输入完整即可。

技巧 332：对公式中的错误进行追踪

●适用版本：2007、2010、2013、2016

●实用指数：★★★☆☆

说 明

当公式中出现错误值时，可对公式引用的区域以箭头的方式显示，从而快速追踪检查引用来源是否包含有错误值。

方法

例如，要在“工资表 2.xlsx”的工作表中追踪错误，具体操作方法如下。

第 1 步： ❶选择包含错误值的单元格；❷切换到“公式”选项卡；❸在“公式审核”组中单击“错误检查”按钮右侧的下拉按钮；❹在打开的下拉列表中选择“追踪错误”选项，如下图所示。

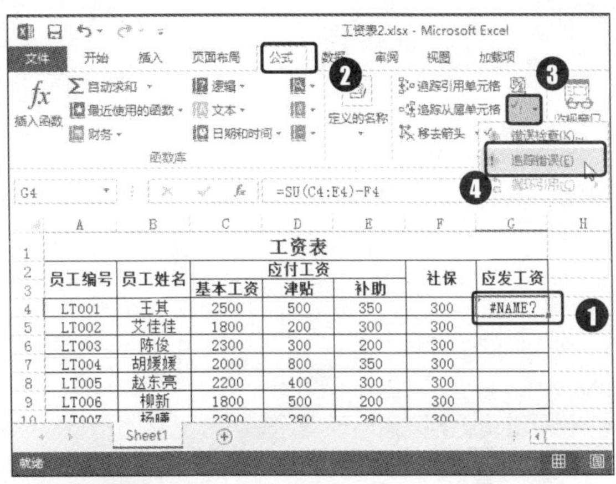

第 2 步： 对包含错误值的单元格添加追踪效果，效果如下图所示。

技巧 333：使用公式求值功能查看公式分步计算结果

●适用版本：2007、2010、2013、2016

●实用指数：★★★☆☆

说 明

在工作表中使用公式计算数据后，除了可以在单元格中查看最终的计算结果外，还能使用公式求值功能查看分步计算结果。

方法

例如，要在“工资表 3.xlsx”的工作表中查看分步计算结果，具体操作方法如下。

第 1 步： ❶选中计算出结果的单元格；❷

切换到“公式”选项卡；❸单击“公式审核”组中的“公式求值”按钮，如下图所示。

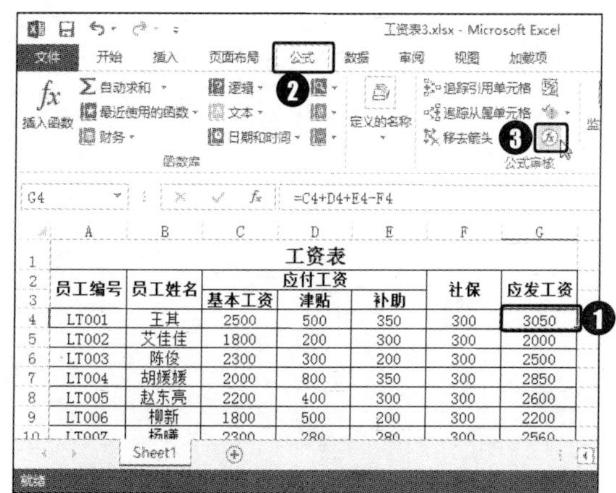

第 2 步： 弹出“公式求值”对话框，单击“求值”按钮，如下图所示。

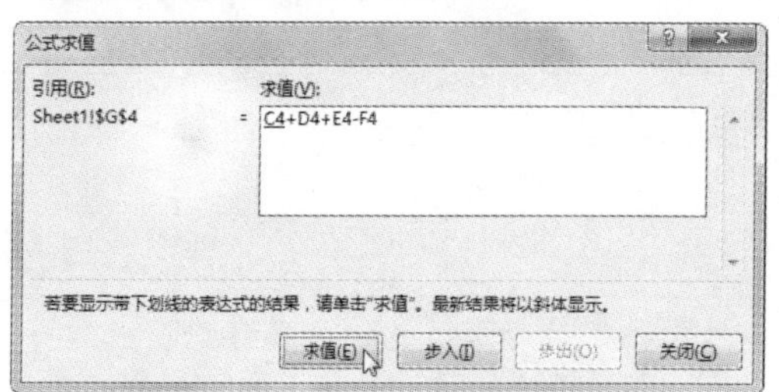

第 3 步： 显示第一步的值，单击“求值”按钮，如下图所示。

第 4 步： 将显示第一次计算的结果，并显示第二次计算的公式，效果如下图所示。

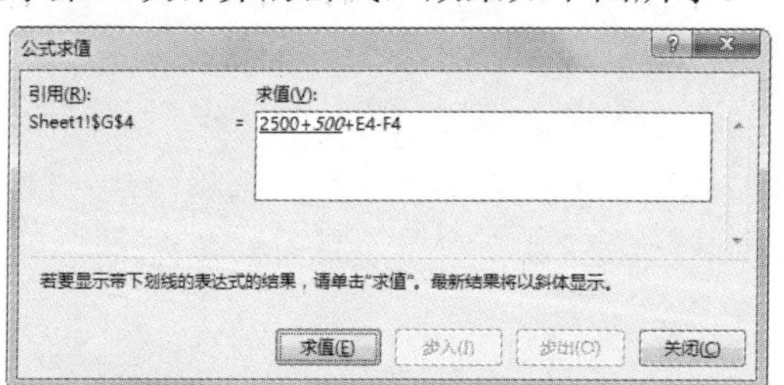

第 5 步： 继续单击“求值”按钮，直到完成公式的计算，并显示最终结果后，单击“关闭”按钮关闭对话框即可。

技巧 334：用错误检查功能检查公式

●**适用版本：**2007、2010、2013、2016

●**实用指数：**★★★★★

说 明

当公式计算结果出现错误时，可以使用错误检查功能来对错误值进行逐一检查。

方法

例如，要在“工资表 4.xlsx”的工作表中检查错误公式，具体操作方法如下。

第 1 步： ❶在数据区域中选择起始单元格；❷切换到“公式”选项卡；❸单击“公式审核”组中的“错误检查”按钮，如下图所示。

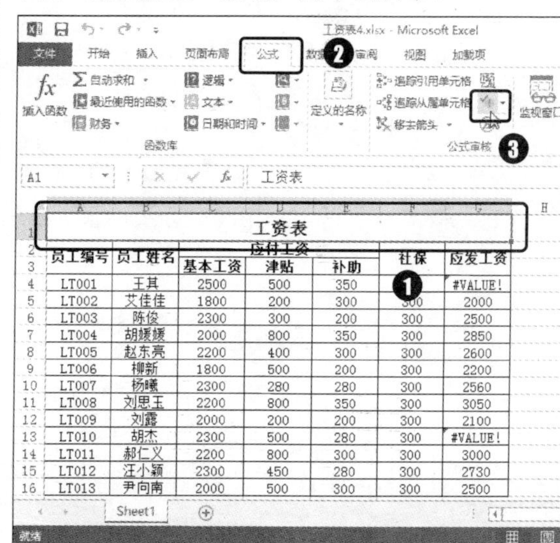

第 2 步： 系统开始从起始单元格进行检查，当检查到有错误公式时，会弹出“错误检查”对话框，并指出出错的单元格及错误原因。若要修改，单击“在编辑栏中编辑”按钮，如下图所示。

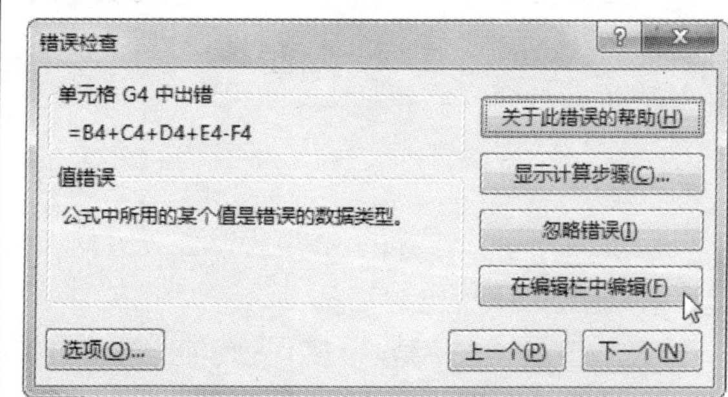

第 3 步： ❶在工作表的编辑栏中输入正确的公式；❷在“错误检查”对话框中单击“继续”按钮，继续检查工作表中的其他公式，如下图所示。

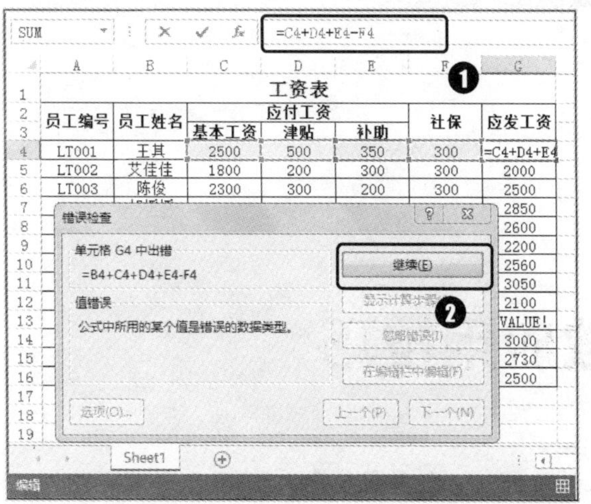

第 4 步： 当完成公式的检查后，会弹出提示框提示完成检查，单击“确定”按钮即可，如下图所示。

Excel 函数应用技巧

在 Excel 中，函数是系统预先定义好的公式。利用函数，用户可以很轻松地完成各种复杂数据的计算，并简化公式的使用。本章将针对函数的应用，为读者讲解一些应用技巧。

12.1　常用函数使用技巧

在日常事务处理中，用得最频繁的函数主要有求和函数、求平均值函数、求最大值函数及求最小值函数等。下面就分别介绍这些函数的使用方法。

技巧 335：使用 SUM 函数进行求和运算

●适用版本：2007、2010、2013、2016

●实用指数：★★★★★

说 明

在 Excel 中，SUM 函数使用非常频繁，该函数用于返回某一单元格区域中所有数字之和。SUM 函数语法为：=SUM(number1,number2,...)。其中 number1，number2…….表示参加计算的 1~255 个参数。

方法

例如，使用 SUM 函数计算销售总量，具体操作方法如下。

第 1 步： ❶选择要存放结果的单元格；❷切换到“公式”选项卡；❸单击“函数库”组中的“自动求和”按钮，如下图所示。

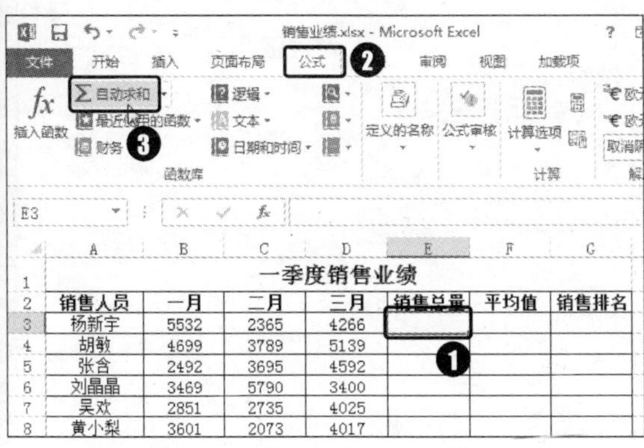

第 2 步： 拖动鼠标选择计算区域，如下图所示。

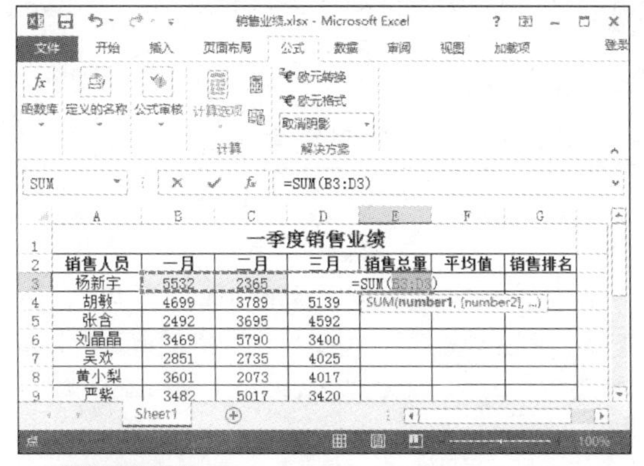

第 3 步： 按〈Enter〉键，即可得出计算结果，效果如下图所示。

第 4 步： 通过填充功能向下复制函数，计算出所有人的销售总量，效果如下图所示。

专家点拨

使用函数计算数据时，求和函数、求平均值函数等用得非常频繁，因此 Excel 提供了“自动求和”按钮，通过该按钮可进行快速计算。

技巧 336：使用 AVERAGE 函数计算平均值

●适用版本：2007、2010、2013、2016

●实用指数：★★★★★

说 明

AVERAGE 函数用于返回参数的平均值，即对选择的单元格或单元格区域进行算术平均值运算。AVERAGE 函数语法为：=AVERAGE(number1,number2,...)。其中 number1，number2……表示要计算平均值的 1~255 个参数。

方法

例如，使用 AVERAGE 函数计算三个月销量的平均值，具体操作方法如下。

第 1 步：❶选择要存放结果的单元格；❷在“函数库”组中，单击“自动求和”按钮右侧的下拉按钮；❸在弹出的下拉列表中选择“平均值”选项，如下图所示。

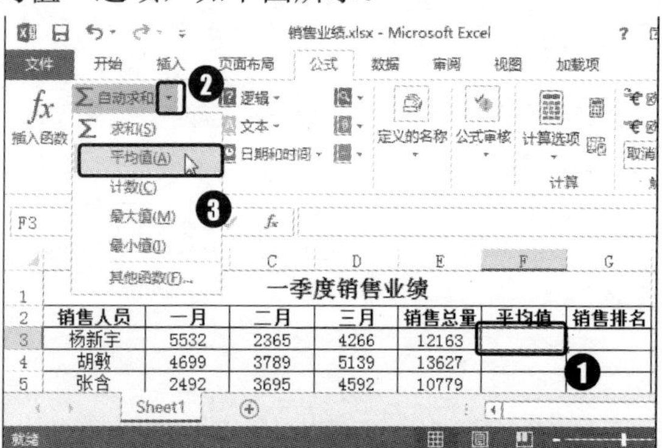

第 2 步：拖动鼠标选择计算区域，如下图所示。

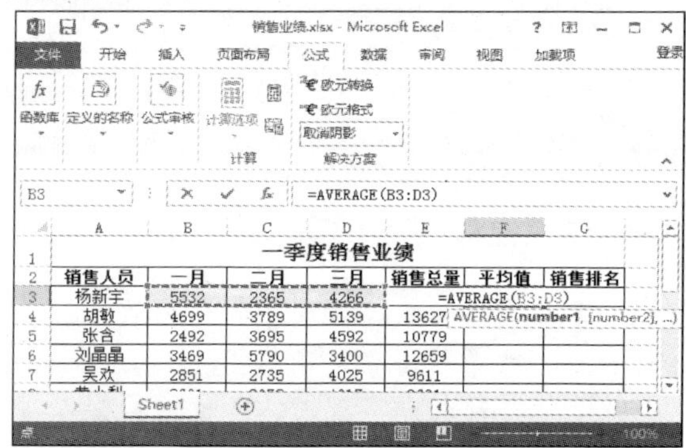

第 3 步：按〈Enter〉键得出计算结果，通过填充功能向下复制函数，即可计算出所有人的平均销售成绩，效果如下图所示。

技巧 337：使用 MAX 函数计算最大值

●适用版本：2007、2010、2013、2016

●实用指数：★★★★★

说 明

MAX 函数用于计算一串数值中的最大值，即对选择的单元格区域中的数据进行比较，找到最大的数值，并返回到目标单元格。MAX 函数的语法结构为：=MAX(number1,number2,...)。其中 number1，number2……表示要参与比较找出最大值的 1~255 个参数。

方法

例如，使用 MAX 函数找出每个月的最高销售量，具体操作方法如下。

第 1 步：❶选择要存放结果的单元格；❷在“函数库”组中，单击“自动求和”按钮右侧的下拉按钮；❸在弹出的下拉列表中选择“最大值”选项，如下图所示。

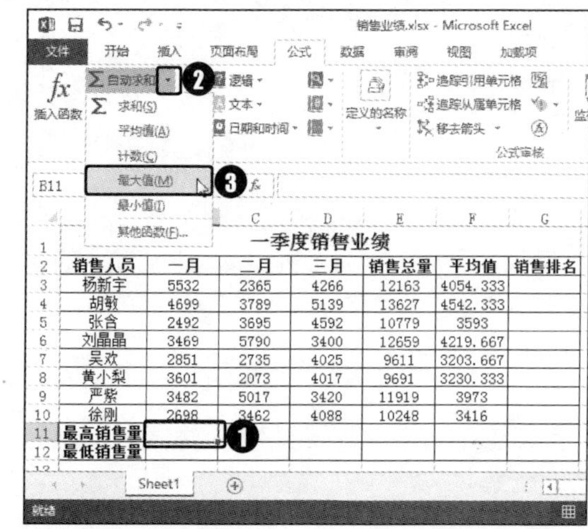

第 2 步： 拖动鼠标选择计算区域，如下图所示。

=MAX(B3:B10)

	一季度销售业绩					
销售人员	一月	二月	三月	销售总量	平均值	销售排名
杨新宇	5532	2365	4266	12163	4054.333	
胡敏	4699	3789	5139	13627	4542.333	
张含	2492	3695	4592	10779	3593	
刘晶晶	3469	5790	3400	12659	4219.667	
吴欢	2851	2735	4025	9611	3203.667	
黄小梨	3601	2073	4017	9691	3230.333	
严紫	3482	5017	3420	11919	3973	
徐刚	2698	3462	4088	10248	3416	
最	=MAX(B3:B10)					
最低销售量						

第 3 步： 按〈Enter〉键得出计算结果，通过填充功能向右复制函数，即可计算出每个月的最高销售量，效果如下图所示。

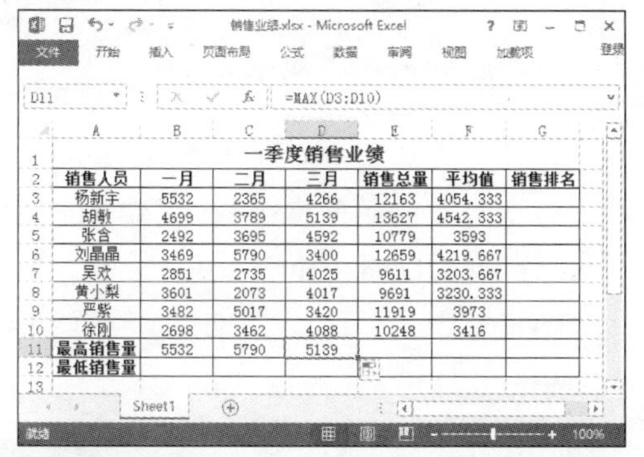

	一季度销售业绩					
销售人员	一月	二月	三月	销售总量	平均值	销售排名
杨新宇	5532	2365	4266	12163	4054.333	
胡敏	4699	3789	5139	13627	4542.333	
张含	2492	3695	4592	10779	3593	
刘晶晶	3469	5790	3400	12659	4219.667	
吴欢	2851	2735	4025	9611	3203.667	
黄小梨	3601	2073	4017	9691	3230.333	
严紫	3482	5017	3420	11919	3973	
徐刚	2698	3462	4088	10248	3416	
最高销售量	5532	5790	5139			
最低销售量						

技巧 338：使用 MIN 函数计算最小值

● **适用版本：** 2007、2010、2013、2016

● **实用指数：** ★★★★★

MIN 函数与 MAX 函数的作用相反，该函数用于计算一串数值中的最小值，即对选择的单元格区域中的数据进行比较，找到最小的数值，并返回到目标单元格。MIN 函数的语法结构为：=MIN(number1,number2,...)。其中 number1，number2……表示要参与比较找出最小值的 1~255 个参数。

第 1 步： ❶选择要存放结果的单元格；❷在“函数库”组中，单击“自动求和”按钮右侧的下拉按钮；❸在弹出的下拉列表中选择“最小值”选项，如下图所示。

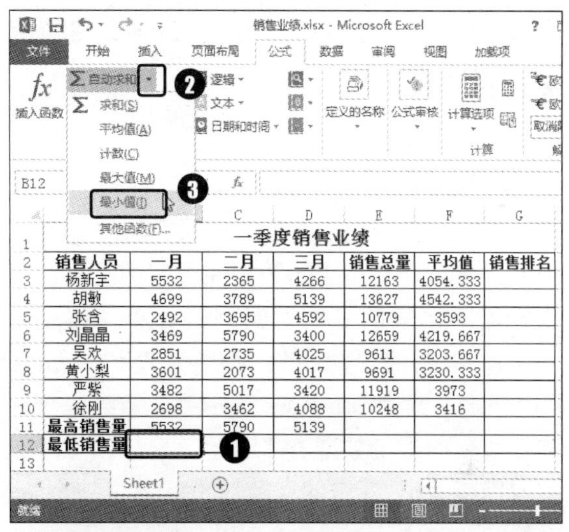

	一季度销售业绩					
销售人员	一月	二月	三月	销售总量	平均值	销售排名
杨新宇	5532	2365	4266	12163	4054.333	
胡敏	4699	3789	5139	13627	4542.333	
张含	2492	3695	4592	10779	3593	
刘晶晶	3469	5790	3400	12659	4219.667	
吴欢	2851	2735	4025	9611	3203.667	
黄小梨	3601	2073	4017	9691	3230.333	
严紫	3482	5017	3420	11919	3973	
徐刚	2698	3462	4088	10248	3416	
最高销售量	5532	5790	5139			
最低销售量						

第 2 步： 拖动鼠标选择计算区域，如下图所示。

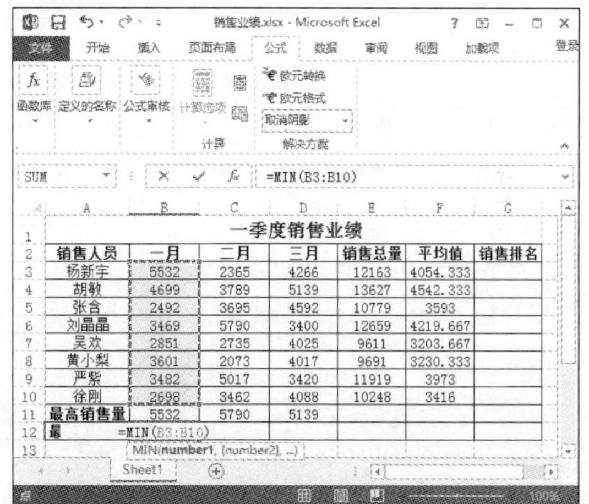

=MIN(B3:B10)

	一季度销售业绩					
销售人员	一月	二月	三月	销售总量	平均值	销售排名
杨新宇	5532	2365	4266	12163	4054.333	
胡敏	4699	3789	5139	13627	4542.333	
张含	2492	3695	4592	10779	3593	
刘晶晶	3469	5790	3400	12659	4219.667	
吴欢	2851	2735	4025	9611	3203.667	
黄小梨	3601	2073	4017	9691	3230.333	
严紫	3482	5017	3420	11919	3973	
徐刚	2698	3462	4088	10248	3416	
最高销售量	5532	5790	5139			
最	=MIN(B3:B10)					

第 3 步： 按〈Enter〉键得出计算结果，通过填充功能向右复制函数，即可计算出每个月的最低销售量，效果如下图所示。

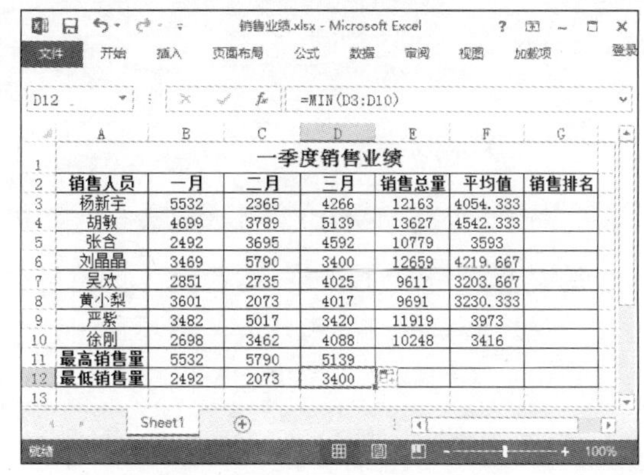

=MIN(D3:D10)

	一季度销售业绩					
销售人员	一月	二月	三月	销售总量	平均值	销售排名
杨新宇	5532	2365	4266	12163	4054.333	
胡敏	4699	3789	5139	13627	4542.333	
张含	2492	3695	4592	10779	3593	
刘晶晶	3469	5790	3400	12659	4219.667	
吴欢	2851	2735	4025	9611	3203.667	
黄小梨	3601	2073	4017	9691	3230.333	
严紫	3482	5017	3420	11919	3973	
徐刚	2698	3462	4088	10248	3416	
最高销售量	5532	5790	5139			
最低销售量	2492	2073	3400			

技巧 339：使用 RANK 函数计算排名

●适用版本：2007、2010、2013、2016

●实用指数：★★★★★

说 明

RANK 函数用于返回一个数值在一组数值中的排位，即让指定的数据在一组数据中进行比较，将比较的名次返回到目标单元格中。RANK 函数的语法结构为：=RANK(number,ref,order)。其中，number 表示要在数据区域中进行比较的指定数据；ref 表示包含一组数字节的数组或引用，其中的非数值型参数将被忽略；order 表示数字，用于指定排名的方式。若 order 为 0 或省略，则按降序排列的数据清单进行排位；若 order 不为零，则按升序排列的数据清单进行排位。

方法

例如：使用 RANK 函数计算销售总量的排名，具体操作方法如下。

第 1 步： 选中要存放结果的单元格，如“G3”，输入函数“=RANK(E3,$E$3:$E$10,0)”，如下图所示。

=RANK(E3,$E$3:$E$10,0)

一季度销售业绩						
销售人员	一月	二月	三月	销售总量	平均值	销售排名
杨新宇	5532	2365	4266	12163	4054.3	=RANK(E3,$E$3:$E$10,0)
胡敏	4699	3789	5139	13627	4542.3	
张含	2492	3695	4592	10779	3593	
刘晶晶	3469	5790	3400	12659	4219.667	
吴欢	2851	2735	4025	9611	3203.667	
黄小梨	3601	2073	4017	9691	3230.333	
严紫	3482	5017	3420	11919	3973	
徐刚	2698	3462	4088	10248	3416	
最高销售量	5532	5790	5139			
最低销售量	2492	2073	3400			

第 2 步： 按〈Enter〉键得出计算结果，通过填充功能向下复制函数，即可计算出每位员工销售总量的排名，效果如下图所示。

=RANK(E4,$E$3:$E$10,0)

一季度销售业绩						
销售人员	一月	二月	三月	销售总量	平均值	销售排名
杨新宇	5532	2365	4266	12163	4054.333	3
胡敏	4699	3789	5139	13627	4542.333	1
张含	2492	3695	4592	10779	3593	5
刘晶晶	3469	5790	3400	12659	4219.667	2
吴欢	2851	2735	4025	9611	3203.667	8
黄小梨	3601	2073	4017	9691	3230.333	7
严紫	3482	5017	3420	11919	3973	4
徐刚	2698	3462	4088	10248	3416	6
最高销售量	5532	5790	5139			
最低销售量	2492	2073	3400			

技巧 340：使用 COUNT 函数计算参数中包含数字的个数

●适用版本：2007、2010、2013、2016

●实用指数：★★★★★

说 明

COUNT 函数属于统计类函数，用于计算区域中包含数字的单元格个数。COUNT 函数的语法为：=COUNT(value1,value2,...)。其中，value1，value2……为要计数的 1~255 个参数。

方法

例如，使用 COUNT 函数统计员工人数，具体操作方法如下。

第 1 步： ❶选择要存放结果的单元格；❷在“函数库”组中，单击“自动求和”按钮右侧的下拉按钮；❸在弹出的下拉列表中选择“计数”选项，如下图所示。

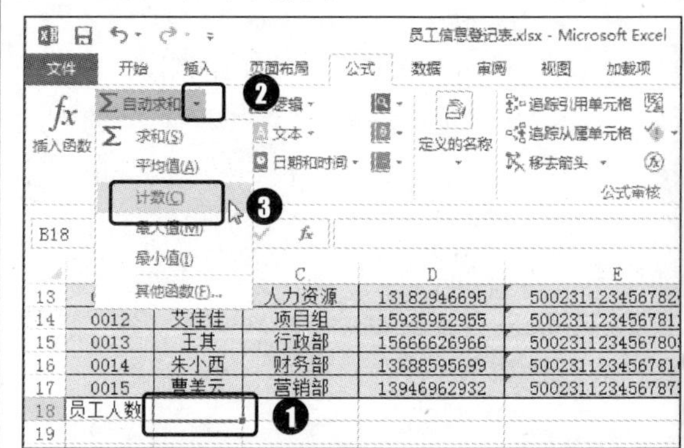

第 2 步： 拖动鼠标选择计算区域，如下图所示。

A3 =COUNT(A3:A17)

	A	B	C	D	E
1	员工信息登记表				
2	员工编号	姓名	所属部门	联系电话	身份证号码
3	0001	汪小颖	行政部	13312345678	500231123456789123
4	0002	尹向南	人力资源	10555558667	500231123456782356
5	0003	胡杰	人力资源	14545671236	500231123456784562
6	0004	郝仁义	营销部	18012347896	500231123456784266
7	0005	刘露	销售部	15686467298	500231123456784563
8	0006	杨曦	项目组	15843977219	500231123456787596
9	0007	刘思玉	财务部	13679010576	500231123456783579
10	0008	柳新	财务部	13586245369	500231123456783466
11	0009	陈俊	项目组	16945676952	500231123456787103
12	0010	胡媛媛	行政部	13058695996	500231123456781395
13	0011	赵东亮	人力资源	13182946695	500231123456782468
14	0012	艾佳佳	项目组	15935952955	500231123456781279
15	0013	王其	行政部	15666626966	500231123456780376
16	0014	朱小西	财务部	13688595699	500231123456781018
17	0015	曹美云	营销部	13946962932	500231123456787305
18	员工人数	=COUNT(A3:A17)			
19		COUNT(value1, [value2], ...)			

第 3 步： 按〈Enter〉键，即可得出计算结果，如下图所示。

员工信息登记表.xlsx - Microsoft Excel

B18 =COUNT(A3:A17)

	A	B	C	D	E
1	员工信息登记表				
2	员工编号	姓名	所属部门	联系电话	身份证号码
3	0001	汪小颖	行政部	13312345678	500231123456789123
4	0002	尹向南	人力资源	10555558667	500231123456782356
5	0003	胡杰	人力资源	14545671236	500231123456784562
6	0004	郝仁义	营销部	18012347896	500231123456784266
7	0005	刘露	销售部	15686467298	500231123456784563
8	0006	杨曦	项目组	15843977219	500231123456787596
9	0007	刘思玉	财务部	13679010576	500231123456783579
10	0008	柳新	财务部	13586245369	500231123456783466
11	0009	陈俊	项目组	16945676952	500231123456787103
12	0010	胡媛媛	行政部	13058695996	500231123456781395
13	0011	赵东亮	人力资源	13182946695	500231123456782468
14	0012	艾佳佳	项目组	15935952955	500231123456781279
15	0013	王其	行政部	15666626966	500231123456780376
16	0014	朱小西	财务部	13688595699	500231123456781018
17	0015	曹美云	营销部	13946962932	500231123456787305
18	员工人数	15			

技巧 341：使用 PRODUCT 函数计算乘积

● **适用版本：** 2007、2010、2013、2016

● **实用指数：** ★★★★★

PRODUCT 函数用于计算所有参数的乘积。PRODUCT 函数的语法结构为：=PRODUCT(number1,number2,...)。其中，number1，number2……表示要参与乘积计算的 1~255 个参数。

方法

例如，使用 PRODUCT 函数计算销售金额，具体操作方法如下。

第 1 步： ❶选择要存放结果的单元格；❷单击编辑栏中的“插入函数”按钮，如下图所示。

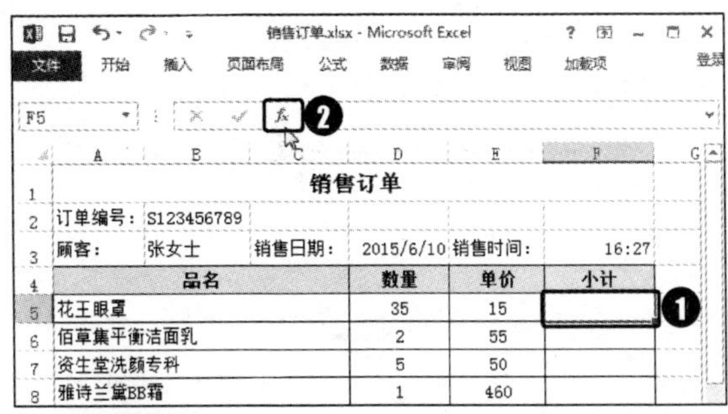

第 2 步： 弹出“插入函数”对话框，❶在“或选择类别”下拉列表框中选择函数类别，如“全部”；❷在“选择函数”列表框中选择需要的函数，本例中选择“PRODUCT”；❸单击“确定”按钮，如下图所示。

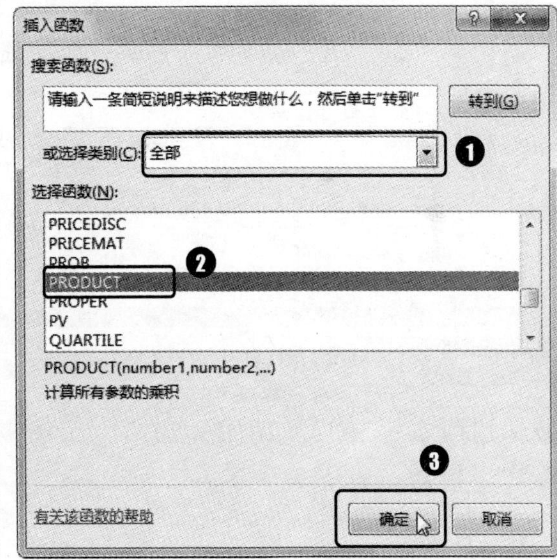

> **专家点拨**
>
> 在“插入函数”对话框中选择函数时，若不知道函数属于什么类别，建议在“或选择类别”下拉列表框中选择“全部”选项，将函数全部显示出来。

第 3 步： 弹出“函数参数”对话框，❶将光标插入点定位在“Number1”参数框，在工作表中拖动鼠标选择要参与计算的单元格区域；❷单击“确定”按钮，如下图所示。

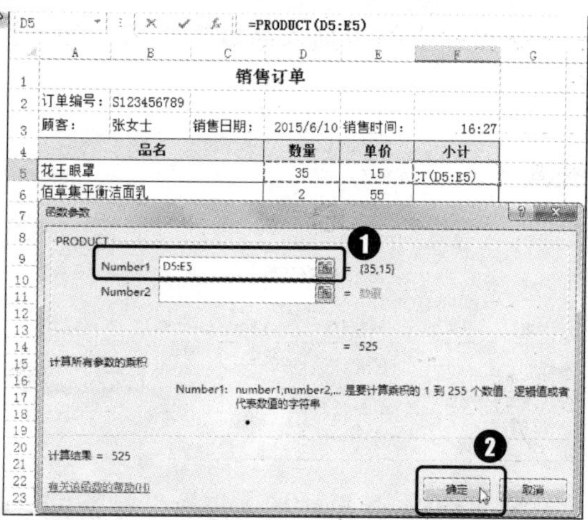

第 4 步： 返回工作表，即可得出计算结果，利用填充功能向下复制函数，可得出所有商品的销售金额，如下图所示。

销售订单.xlsx - Microsoft Excel

F10　=PRODUCT(D10:E10)

销售订单			
订单编号：S123456789			
顾客：张女士	销售日期：2015/6/10	销售时间：	16:27
品名	数量	单价	小计
花王眼罩	35	15	525
佰草集平衡洁面乳	2	55	110
资生堂洗颜专科	5	50	250
雅诗兰黛BB霜	1	460	460
雅诗兰黛水光肌面膜	2	130	260
香奈儿邂逅清新淡香水50ml	1	728	728

技巧 342：IF 函数的使用

- **适用版本：** 2007、2010、2013、2016
- **实用指数：** ★★★★★

说 明

IF 函数的功能是根据对指定条件的计算结果为 TRUE 或 FALSE，返回不同的结果。使用 IF 函数可对数值和公式执行条件检测。

IF 函数的语法结构为：=IF(logical_test, value_if_true,value_if_false)。其中各个函数参数的含义如下。

- logical_test：表示计算结果为 TRUE 或 FALSE 的任意值或表达式。例如“B5>100”是一个逻辑表达式，若单元格 B5 中的值大于 100，则表达式的计算结果为 TRUE，否则为 FALSE。
- value_if_true：是 logical_test 参数为 TRUE 时返回的值。例如，若此参数是文本字符串“合格”，而且 logical_test 参数的计算结果为 TRUE，则返回结果“合格”；若 logical_test 为 TRUE 而 value_if_true 为空，则返回 0（零）。
- value_if_false：是 logical_test 参数为 FALSE 时返回的值。例如，若此参数是文本字符串“不合格”，而 logical_test 参数的计算结果为 FALSE，则返回结果“不合格”；若 logical_test 为 FALSE 而 value_if_false 被省略，即 value_if_true 后面没有逗号，则会返回逻辑值 FALSE；若 logical_test 为 FALSE 且 value_if_false 为空，即 value_if_true 后面有逗号且紧跟着右括号，则会返回 0（零）。

> **专家点拨**
>
> 通俗地讲，IF 函数表达式可理解成：“如果（某条件，条件成立返回的结果，条件不成立返回的结果）”。

方法

例如，以表格中的总分为关键字，80 分以上（含 80 分）的为“录用”，其余的则为“淘汰”，具体操作方法如下。

第 1 步： 选择要存放结果的单元格，如“G4”，输入函数表达式“=IF(F4>=80,"录用","淘汰")”，如下图所示。

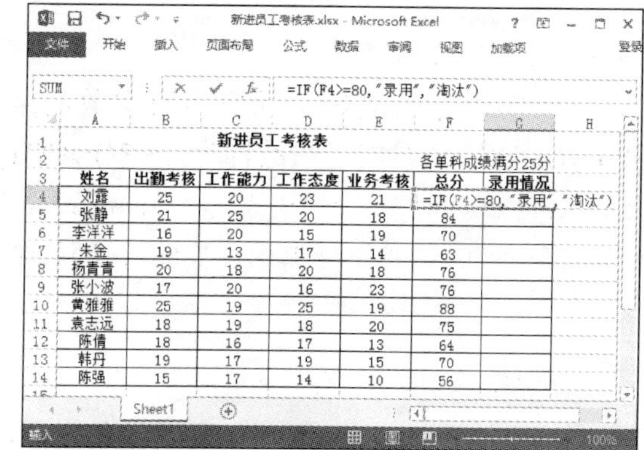
新进员工考核表.xlsx - Microsoft Excel

SUM　=IF(F4>=80,"录用","淘汰")

新进员工考核表

各单科成绩满分25分

姓名	出勤考核	工作能力	工作态度	业务考核	总分	录用情况
刘露	25	20	23	21	=IF(F4>=80,"录用","淘汰")	
张静	21	25	20	18	84	
李洋洋	16	20	15	19	70	
朱金	19	13	17	14	63	
杨青青	20	18	20	18	76	
张小波	17	20	16	23	76	
黄雅雅	25	19	25	19	88	
袁志远	18	19	18	20	75	
陈倩	18	16	17	13	64	
韩丹	19	17	19	15	70	
陈强	15	17	14	10	56	

第 2 步： 按〈Enter〉键得出计算出结果，利用填充功能向下复制函数，即可计算出其他

员工的录用情况，如下图所示。

新进员工考核表

各单科成绩满分25分

姓名	出勤考核	工作能力	工作态度	业务考核	总分	录用情况
刘露	25	20	23	21	89	录用
张静	21	25	20	18	84	录用
李洋洋	16	20	15	19	70	淘汰
朱金	19	13	17	14	63	淘汰
杨青青	20	18	20	18	76	淘汰
张小波	17	20	16	23	76	淘汰
黄雅雅	25	19	25	19	88	录用
袁志远	18	19	18	20	75	淘汰
陈倩	18	16	17	13	64	淘汰
韩丹	19	17	19	15	70	淘汰
陈强	15	17	14	10	56	淘汰

G14 =IF(F14>=80,"录用","淘汰")

专家点拨

在实际应用中，一个 IF 函数可能达不到工作的需要，这时可以使用多个 IF 函数进行嵌套。IF 函数嵌套的语法为：=IF（logical_test,value_if_true,IF（logical_test,value_if_true,IF（logical_test,value_if_true,...,value_if_false)))。通俗地讲，可以理解成"如果(某条件,条件成立返回的结果,(某条件，条件成立返回的结果，(某条件，条件成立返回的结果，……，条件不成立返回的结果)))"。例如，本例中以表格中的总分为关键字，80 分以上（含 80 分）的为"录用"，70 分以上（含 70 分）的为"有待观察"，其余的则为"淘汰"，"G4"单元格的函数表达式就为"=IF(F4>=80,"录用",IF(F4>=70,"有待观察","淘汰"))"。

12.2 财务函数使用技巧

本节将为读者介绍在日常应用中财务函数的使用方法，如计算偿还利息、贷款付款额、折旧值及投资净现值等。

技巧 343：使用 CUMIPMT 函数计算要偿还的利息

●适用版本：2007、2010、2013、2016

●实用指数：★★★★☆

说 明

函数 CUMIPMT 用于计算一笔贷款在指定期间累计需要偿还的利息数额。该函数的语法为：=CUMIPMT(rate,nper,pv,start_period,end_period,type)。各函数的含义介绍如下。

- rate：利率。
- nper：总付款期数。
- pv：现值。
- start_period：计算中的首期，付款期数从 1 开始计数。
- end_period：计算中的末期。
- type：付款时间类型。

方法

例如，某人向银行贷款 50 万元，贷款期限为 12 年，年利率为 9%，现计算此项贷款第一个月所支付的利息，以及第二年所支付的总利息，具体操作方法如下。

第 1 步： 选择要存放第一个月支付利息的单元格"B5"，输入函数"=CUMIPMT(B4/12,B3*12,B2,1,1,0)"，按〈Enter〉键，即可得出计算结果，如下图所示。

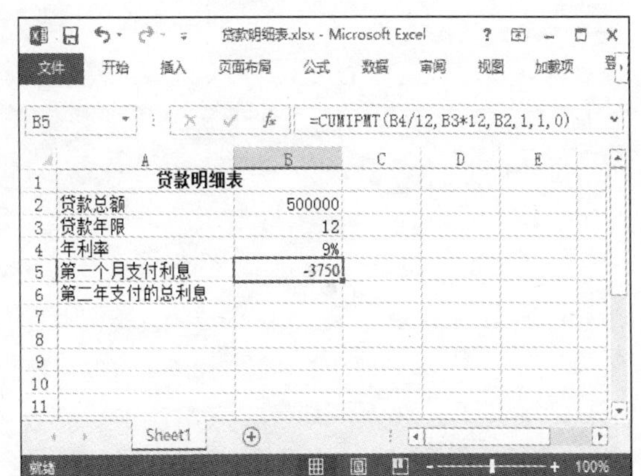

第 2 步： 选择要存放第二年支付总利息结果的单元格"B6"，输入函数"=CUMIPMT(B4/12,B3*12,B2,13,24,0)"，按〈Enter〉键，即可得出计算结果，如下图所示。

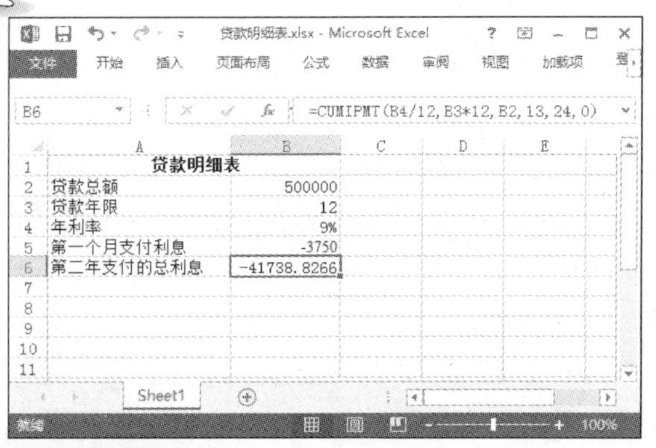

技巧 344：使用 CUMPRINC 函数计算要偿还的本金数额

●适用版本：2007、2010、2013、2016

●实用指数：★★★★☆

说 明

CUMPRINC 函数用于计算一笔贷款在给定期间需要累计偿还的本金数额。CUMPRINC 函数的语法为：=CUMPRINC(rate,nper,pv,start_period,end_period,type)。其中各参数的含义与 CUMIPMT 函数中各参数的含义相同，此处不再赘述。

方法

例如，某人向银行贷款 50 万元，贷款期限为 12 年，年利率为 9%，现计算此项贷款第一个月偿还的本金，以及第二年偿还的总本金，具体操作方法如下。

第 1 步： 选择要存放第一个月偿还本金结果的单元格“B5”，输入函数“=CUMPRINC(B4/12,B3*12,B2,1,1,0)”，按〈Enter〉键，即可得出计算结果，如下图所示。

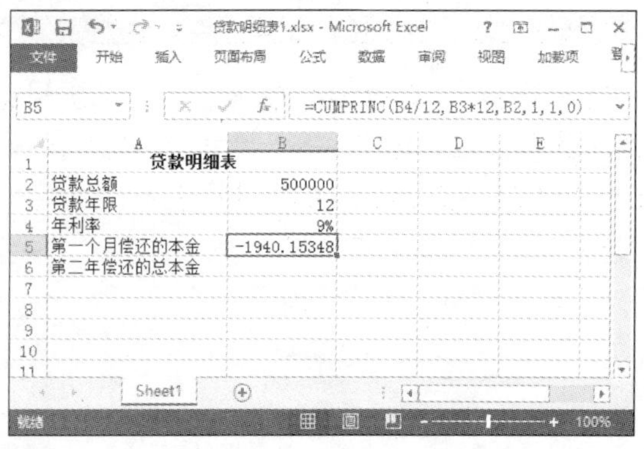

第 2 步： 选择要存放第二年偿还总本金结果的单元格“B6”，输入函数“=CUMPRINC(B4/12,B3*12,B2,13,24,0)”，按〈Enter〉键，即可得出计算结果，如下图所示。

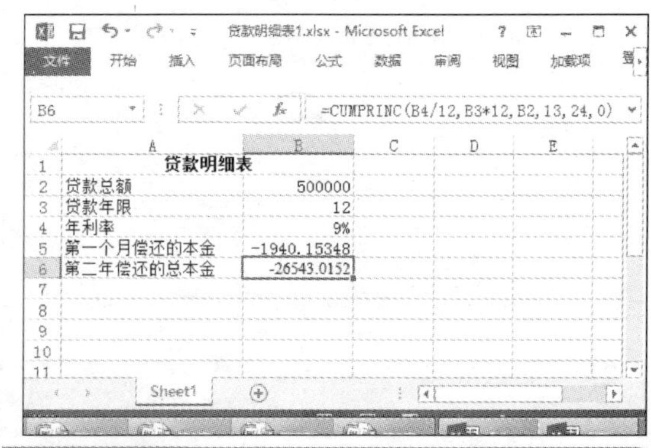

技巧 345：使用 PMT 函数计算月还款额

●适用版本：2007、2010、2013、2016

●实用指数：★★★★★

说 明

PMT 函数可以基于固定利率及等额分期付款方式计算贷款的每期付款额。PMT 函数的语法为：=PMT(rate,nper,pv,fv,type)。其中各参数的含义介绍如下。

- rate：贷款利率。
- nper：该项贷款的付款总数。
- pv：现值，或一系列未来付款的当前值的累积和，也称为本金。
- fv：未来值。
- type：用以指定各期的付款时间是在期初（1）还是期末（0 或省略）。

方法

例如，某公司因购买写字楼向银行贷款 50 万元，贷款年利率为 8%，贷款期限为 10 年（即 120 个月），现计算每月应偿还的金额，具体操作方法如下。

选择要存放结果的单元格“B5”，输入函数“=PMT(B4/12,B3,B2)”，按〈Enter〉键，即可得出计算结果，如下图所示。

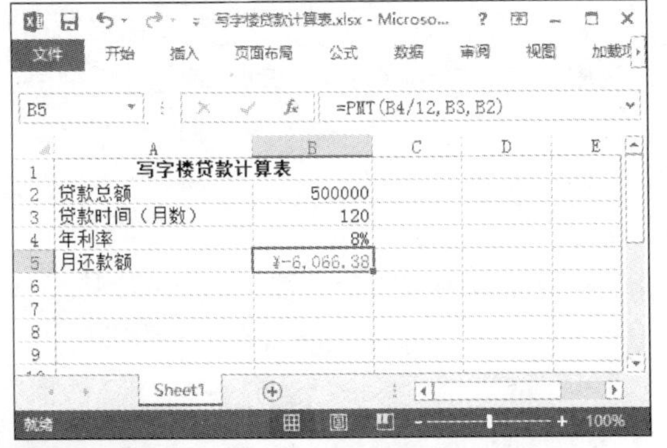

技巧 346：使用 IPMT 函数计算给定期数内的利息偿还额

●适用版本：2007、2010、2013、2016

●实用指数：★★★☆☆

说 明

如果需要基于固定利率及等额分期付款方式，返回给定期数内对投资的利息偿还额，可通过 IPMT 函数实现。IPMT 函数的语法为：=IPMT(rate,per,nper,pv,fv,type)。其中各参数的含义介绍如下。

- rate：各期利率。
- per：用于计算其利息数额的期数，必须在 1～nper 之间。
- nper：总投资期，即该项投资的付款期总数。
- pv：现值，即从该项投资开始计算时已经入账的款项，也称本金。
- fv：未来值，或在最后一次付款后希望得到的现金余额。如果省略 fv，则假设其值为零。
- type：数字 0 或 1，用以指定各期的付款时间是在期初还是期末。如果省略 type，则假设其值为零。

方法

例如，贷款 10 万元，年利率为 8%，贷款期数为 1，贷款年限为 3 年，现要分别计算第一个月和最后一年的利息，具体操作方法如下。

第 1 步： 选择要存放结果的单元格“B6”，输入函数“=IPMT(B5/12,B3*3,B4,B2)”，按〈Enter〉键，即可得出计算结果，如下图所示。

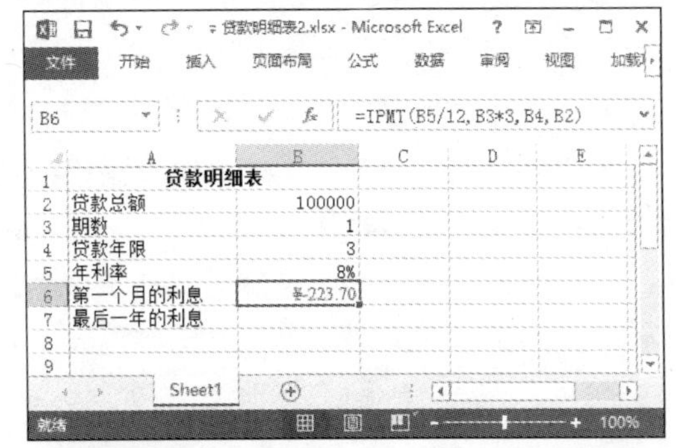

第 2 步： 选择要存放结果的单元格“B7”，输入函数“=IPMT(B5,3,B4,B2)”，按〈Enter〉键，即可得出计算结果，如下图所示。

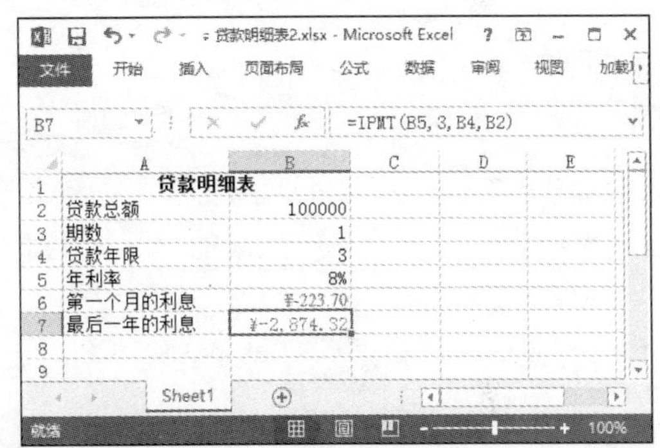

技巧 347：使用 RATE 函数计算年金的各期利率

●适用版本：2007、2010、2013、2016

●实用指数：★★★★☆

说 明

RATE 函数用于计算年金的各期利率，语法为：=RATE(nper,pmt,pv,fv,type,guess)。其中各参数的含义介绍如下。

- nper：总投资期。
- pmt：各期付款额。
- pv：现值。
- fv：未来值。
- type：用以指定各期的付款时间是在期初（1）还是期末（0）。
- guess：预期利率。

方法

例如，投资总额为 500 万元，每月支付 120 000 元，付款期限为 5 年，要分别计算每月投资利率和年投资利率，具体操作方法如下。

第 1 步： 选择要存放结果的单元格“B5”，输入函数“=RATE(B4*12,B3,B2)”，按〈Enter〉键，即可得出计算结果，根据需要将数字格式设置为百分比，如下图所示。

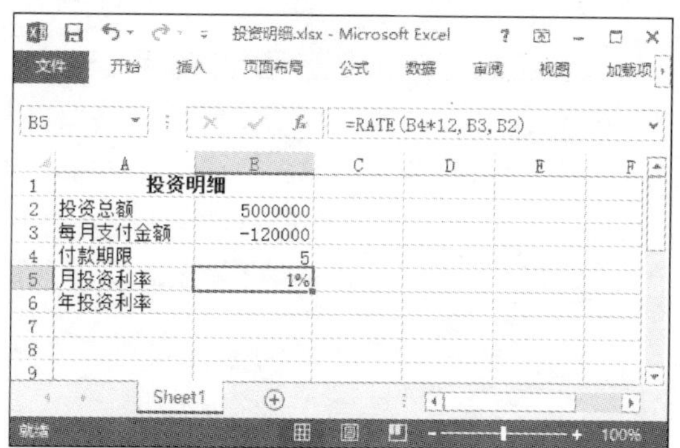

第 2 步： 选择要存放结果的单元格“B6”，输入函数“=RATE(B4*12,B3,B2)*12”，按〈Enter〉键，即可得出计算结果，如下图所示。

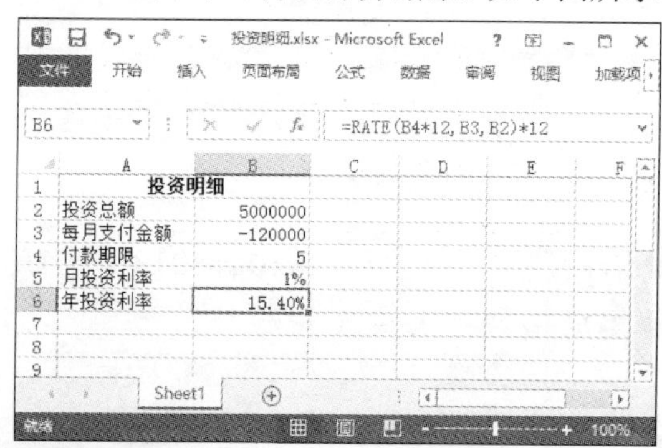

技巧 348：使用 DB 函数计算给定时间内的折旧值

●**适用版本：** 2007、2010、2013、2016

●**实用指数：** ★★★★☆

说 明

DB 函数使用固定余额递减法计算指定期间内某项固定资产的折旧值。该函数的语法为：=DB(cost,salvage,life,period,month)。其中各参数的含义介绍如下。

- cost：资产原值。
- salvage：资产在折旧期末的价值，也称为资产残值。
- life：折旧期限（有时也称作资产的使用寿命）。
- period：需要计算折旧值的期间，它必须使用与 life 参数相同的单位。
- month：第一年的月份数，若省略，则假设其值为 12。

方法

例如，某打印机设备购买时价格为 250 000 元，使用了 10 年，最后处理价为 15 000 元，现要分别计算该设备第一年 5 个月内的折旧值、第六年 7 个月内的折旧值及第九年 3 个月内的折旧值，具体操作方法如下。

第 1 步： 选择要存放结果的单元格“B5”，输入函数“=DB(B2,B3,B4,1,5)”，按〈Enter〉键，即可得出计算结果，如下图所示。

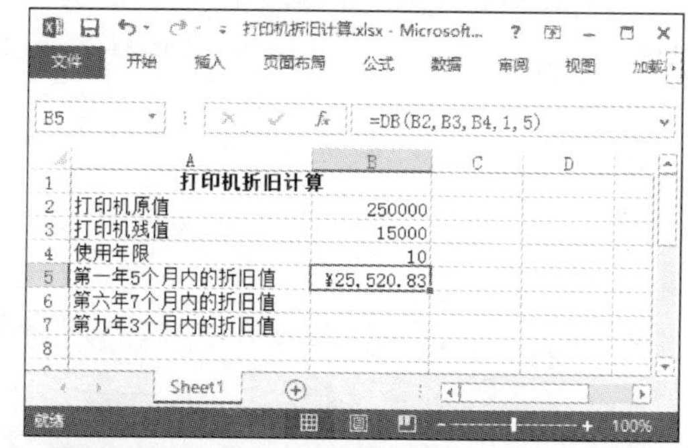

第 2 步： 选择要存放结果的单元格“B6”，输入函数“=DB(B2,B3,B4,6,7)”，按〈Enter〉键，即可得出计算结果，如下图所示。

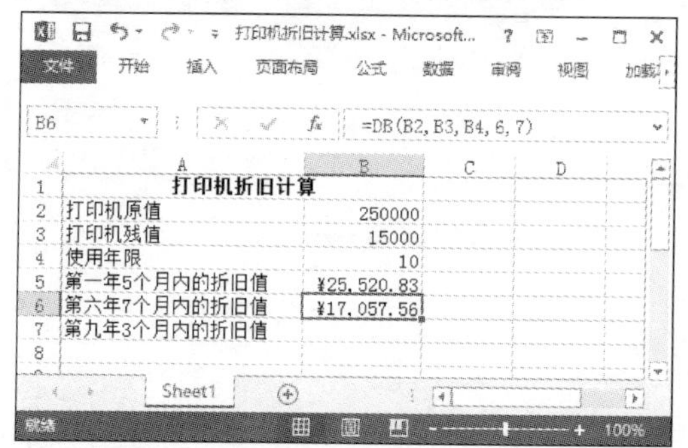

第 3 步： 选择要存放结果的单元格“B7”，输入函数“=DB(B2,B3,B4,9,3)”，按〈Enter〉

键，即可得出计算结果，如下图所示。

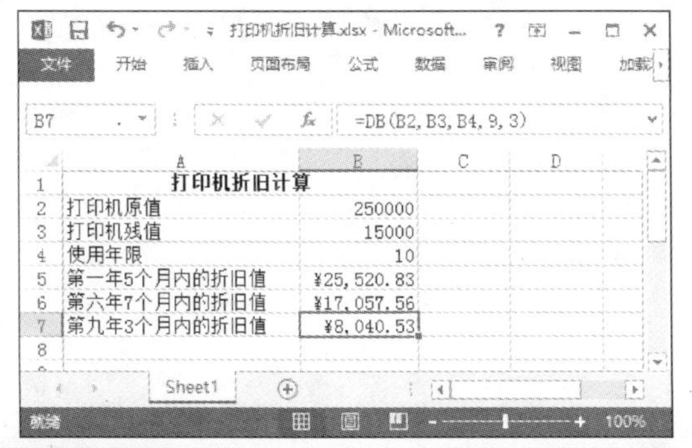

B7　=DB(B2,B3,B4,9,3)

	A	B
1	打印机折旧计算	
2	打印机原值	250000
3	打印机残值	15000
4	使用年限	10
5	第一年5个月内的折旧值	¥25,520.83
6	第六年7个月内的折旧值	¥17,057.56
7	第九年3个月内的折旧值	¥8,040.53

技巧 349：使用 NPV 函数计算投资净现值

●适用版本：2007、2010、2013、2016

●实用指数：★★★★★

说 明

NPV 函数可以基于一系列将来的收（正值）支（负值）现金流和贴现率，计算一项投资的净现值。NPV 函数的语法为：=NPV(rate,value1,value2,...)。其中各参数的含义介绍如下。

- rate：某一期间的贴现率，为固定值。
- value1，value2……：为 1～29 个参数，代表支出及收入。

方法

例如，一年前初期投资金额为 10 万元，年贴现率为 12%，第一年收益为 20 000 元，第二年收益为 55 000 元，第三年收益为 72 000 元，要计算净现值，具体操作方法如下。

选择要存放结果的单元格“B6”，输入函数“=NPV(B5,B1,B2,B3,B4)”，按〈Enter〉键，即可得出计算结果，如下图所示。

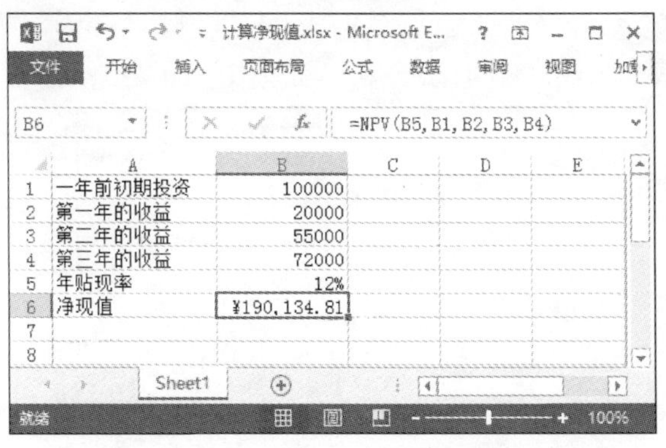

B6　=NPV(B5,B1,B2,B3,B4)

	A	B
1	一年前初期投资	100000
2	第一年的收益	20000
3	第二年的收益	55000
4	第三年的收益	72000
5	年贴现率	12%
6	净现值	¥190,134.81

技巧 350：使用 FV 函数计算投资的未来值

●适用版本：2007、2010、2013、2016

●实用指数：★★★★★

说 明

FV 函数可以基于固定利率和等额分期付款方式计算某项投资的未来值。FV 函数的语法为：=FV(rate,nper,pmt,pv,type)。其中各参数的含义如下。

- rate：各期利率。
- nper：总投资期，即该项投资的付款期总数。
- pmt：各期所应支付的金额，其数值在整个年金期间保持不变，通常 pmt 包括本金和利息，但不包括其他费用及税款。如果忽略 pmt，则必须包括 pv 参数。
- pv：现值，即从该项投资开始计算时已经入账的款项，或一系列未来付款的当前值的累积和，也称为本金。如果省略 pv，则假设其值为零，并且必须包括 pmt 参数。
- type：数字 0 或 1，用以指定各期的付款时间是在期初还是期末。如果省略 type，则假设其值为零。

方法

例如，在银行办理零存整取的业务，每月存款 5000 元，年利率 2%，存款期限为 3 年（36 个月），计算 3 年后的总存款数，具体操作方法如下。

选择要存放结果的单元格“B5”，输入函数“=FV(B4/12,B3,B2,,1)”，按〈Enter〉键，即可得出计算结果，如下图所示。

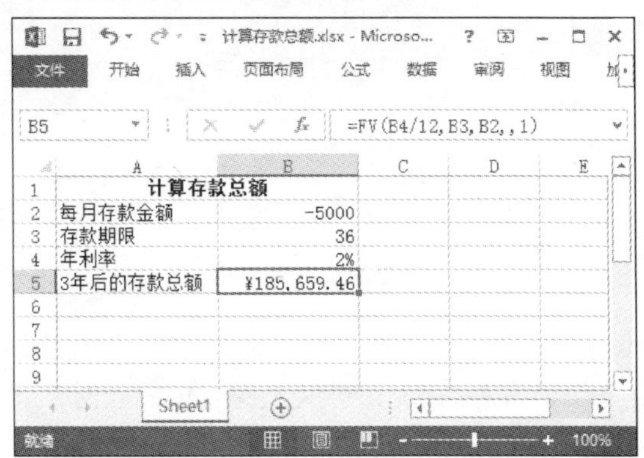

B5　=FV(B4/12,B3,B2,,1)

	A	B
1	计算存款总额	
2	每月存款金额	-5000
3	存款期限	36
4	年利率	2%
5	3年后的存款总额	¥185,659.46

技巧 351：使用 SLN 函数计算线性折旧值

●**适用版本**：2007、2010、2013、2016

●**实用指数**：★★★★★

SLN 函数用于计算某固定资产的每期限线性折旧费。SLN 函数的语法为：=SLN(cost,salvage,life)。其中各参数的含义如下。

- cost：资产原值。
- salvage：资产在折旧期末的价值（也称为资产残值）。
- life：折旧期限（也称资产的使用寿命）。

方法

例如，某打印机设备购买时价格为250 000元，使用了 10 年，最后处理价为 15 000 元，现要分别计算该设备每年、每月和每天的折旧值，具体操作方法如下。

第 1 步：选择要存放结果的单元格“B5”，输入函数“=SLN(B2,B3,B4)”，按〈Enter〉键，即可得出计算结果，如下图所示。

第 2 步：选择要存放结果的单元格“B6”，输入函数“=SLN(B2,B3,B4*12)”，按〈Enter〉键，即可得出计算结果，如下图所示。

第 3 步：选择要存放结果的单元格“B7”，输入函数“=SLN(B2,B3,B4*365)”，按〈Enter〉键，即可得出计算结果，如下图所示。

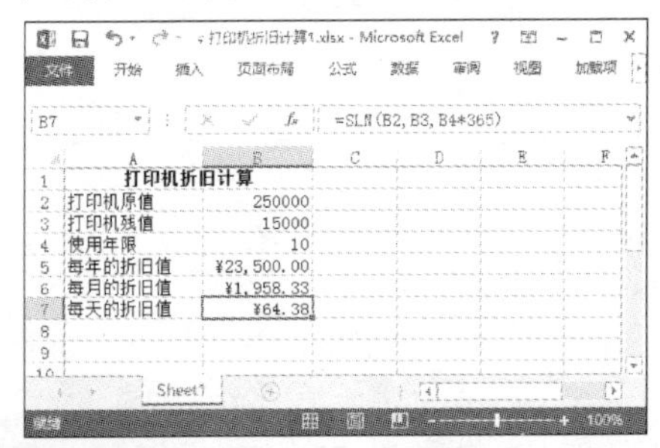

技巧 352：使用 SYD 函数按年限计算资产折旧值

●**适用版本**：2007、2010、2013、2016

●**实用指数**：★★★★★

SYD 函数用于计算某项固定资产按年限总和折旧法计算的指定期间的折旧值。该函数的语法为：=SYD(cost,salvage,life,per)。其中各参数的含义如下。

- cost：资产原值。
- salvage：资产在折旧期末的价值。
- life：折旧期限。
- per：期间。

方法

例如，某打印机设备购买时价格为250 000元，使用了 10 年，最后处理价为 15 000 元，现要分别计算该设备第一年、第五年和第九年的折旧值，具体操作方法如下。

第 1 步：选择要存放结果的单元格“B5”，输入函数“=SYD(B2,B3,B4,1)”，按〈Enter〉键，即可得出计算结果，如下图所示。

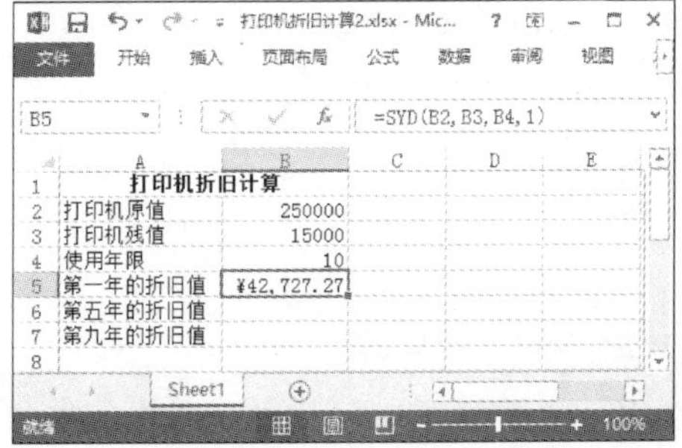

第 2 步： 选择要存放结果的单元格“B6”，输入函数“=SYD(B2,B3,B4,5)”，按〈Enter〉键，即可得出计算结果，如下图所示。

第 3 步： 选择要存放结果的单元格“B7”，输入函数“=SYD(B2,B3,B4,9)”，按〈Enter〉键，即可得出计算结果，如下图所示。

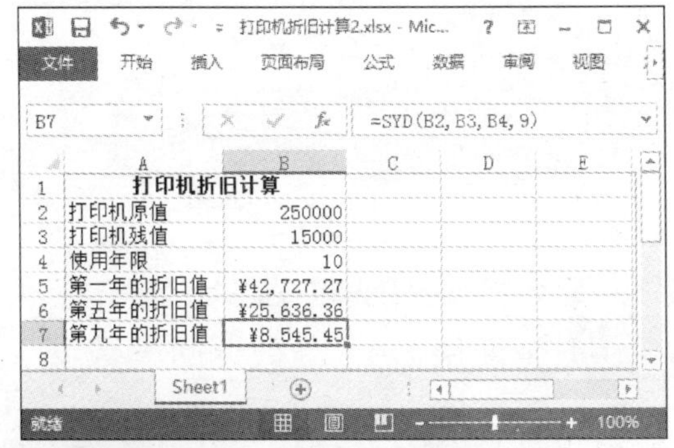

技巧 353：使用 VDB 函数计算任何时间段的折旧值

● **适用版本：** 2007、2010、2013、2016
● **实用指数：** ★★★☆☆

说 明

VDB 函数用于使用双倍余额递减法或其他指定的方法，计算某固定资产在指定的任何时间内（包括部分时间）的折旧值。VDB 函数的语法为：=VDB(cost,salvage,life,start_period,end_period,factor,no_switch)。其中各参数的含义如下。

- cost：资产原值。
- salvage：资产在折旧期末的价值（也称为资产残值）。
- life：折旧期限（也称作资产的使用寿命）。
- start_period：进行折旧计算的起始期间。
- end_period：进行折旧计算的截止期间。
- factor：余额递减速率（折旧因子）。
- no_switch：逻辑值。

方法

例如，某打印机设备购买时价格为 250 000 元，使用了 10 年，最后处理价为 15 000 元，现要分别计算该设备第 52 天的折旧值，第 20 个月与第 50 个月间的折旧值，具体操作方法如下。

第 1 步： 选择要存放结果的单元格“B5”，输入函数“=VDB(B2,B3,B4*365,0,1)”，按〈Enter〉键，即可得出计算结果，如下图所示。

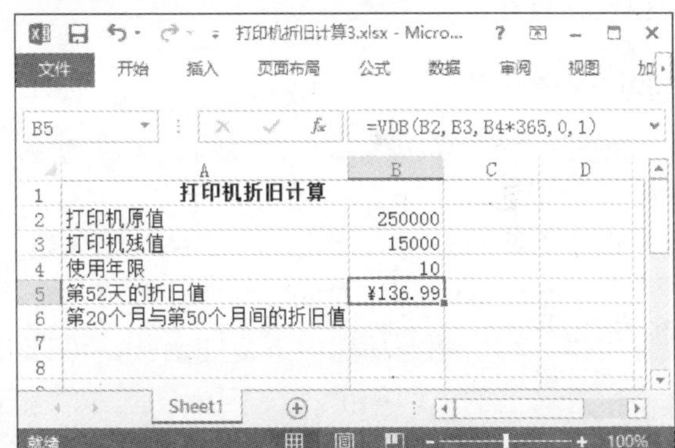

第 2 步： 选择要存放结果的单元格“B6”，输入函数“=VDB(B2,B3,B4*12,20,50)”，按〈Enter〉键，即可得出计算结果，如下图所示。

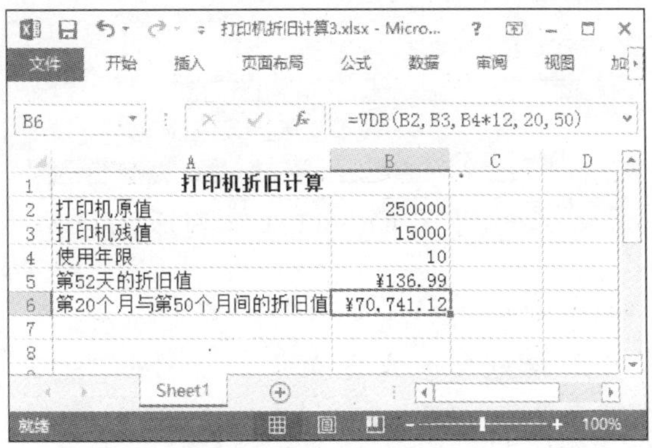

▷▷ 12.3 日期与时间函数使用技巧

下面介绍在日常应用中日期与时间函数的使用方法，如返回年份、返回月份和计算工龄等。

技巧 354：使用 YEAR 函数返回年份

●**适用版本**：2007、2010、2013、2016

●**实用指数**：★★★★☆

说 明

YEAR 函数用于返回日期的年份值，是介于 1900~9999 之间的数字。YEAR 函数的语法为：=YEAR(seial_number)，参数 seial_number 为指定的日期。

方法

例如，要统计员工进入公司的年份，具体操作方法如下。

选中要存放结果的单元格“C3”，输入函数“=YEAR(B3)”，按〈Enter〉键，即可得到计算结果，利用填充功能向下复制函数，可计算出所有员工的入职年份，如下图所示。

C3 =YEAR(B3)

员工入职时间登记表				
员工姓名	入职时间	年	月	日
杨新宇	2015/1/1	2015		
胡敏	2013/4/5	2013		
张含	2010/2/3	2010		
刘晶晶	2014/9/10	2014		
吴欢	2011/3/2	2011		
黄小梨	2010/8/15	2010		
严紫	2011/7/3	2011		
徐刚	2015/6/5	2015		

技巧 355：使用 MONTH 函数返回月份

●**适用版本**：2007、2010、2013、2016

●**实用指数**：★★★★☆

说 明

MONTH 函数用于返回指定日期中的月份值，是介于 1~12 之间的数字。该函数的语法为：=MONTH(seial_number)，参数 seial_number 为指定的日期。

方法

例如，要统计员工进入公司的月份，具体操作方法如下。

选中要存放结果的单元格“D3”，输入函数“=MONTH(B3)”，按〈Enter〉键，即可得到计算结果，利用填充功能向下复制函数，即可计算出所有员工的入职月份，如下图所示。

D3 =MONTH(B3)

员工入职时间登记表				
员工姓名	入职时间	年	月	日
杨新宇	2015/1/1	2015	1	
胡敏	2013/4/5	2013	4	
张含	2010/2/3	2010	2	
刘晶晶	2014/9/10	2014	9	
吴欢	2011/3/2	2011	3	
黄小梨	2010/8/15	2010	8	
严紫	2011/7/3	2011	7	
徐刚	2015/6/5	2015	6	

技巧 356：使用 DAY 函数返回天数值

●**适用版本**：2007、2010、2013、2016

●**实用指数**：★★★★☆

说 明

DAY 函数用于返回一个月中的第几天的数值，是介于 1~31 之间的数字。DAY 函数的语法为：=DAY(seial_number)，参数 seial_number 为指定的日期。

方法

例如，要统计员工在一个月中的第几天进入公司的，具体操作方法如下。

选中要存放结果的单元格“E3”，输入函数“=DAY(B3)”，按〈Enter〉键，即可得到计算结果，利用填充功能向下复制函数，即可计算出所有员工是在一个月中的第几天进入公司的，如下图所示。

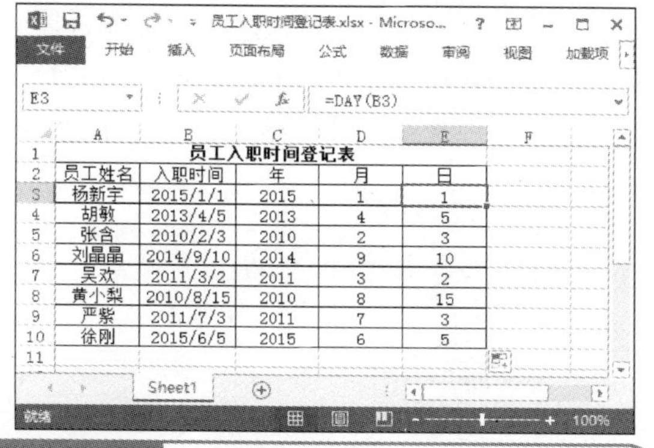

	A	B	C	D	E
1	员工入职时间登记表				
2	员工姓名	入职时间	年	月	日
3	杨新宇	2015/1/1	2015	1	1
4	胡敏	2013/4/5	2013	4	5
5	张含	2010/2/3	2010	2	3
6	刘晶晶	2014/9/10	2014	9	10
7	吴欢	2011/3/2	2011	3	2
8	黄小梨	2010/8/15	2010	8	15
9	严紫	2011/7/3	2011	7	3
10	徐刚	2015/6/5	2015	6	5

技巧 357：计算两个日期之间相隔几年

●**适用版本**：2007、2010、2013、2016

●**实用指数**：★★★★★

说 明

如果需要计算两个日期之间相隔几年，可通过 YEAR 函数实现。

方法

例如，要统计员工在公司的工作年限，具体操作方法如下。

选中要存放结果的单元格“D3”，输入函数“=YEAR(C3)-YEAR(B3)”，按〈Enter〉键，即可得到计算结果，利用填充功能向下复制函数，即可计算出所有员工的工作年限，如下图所示。

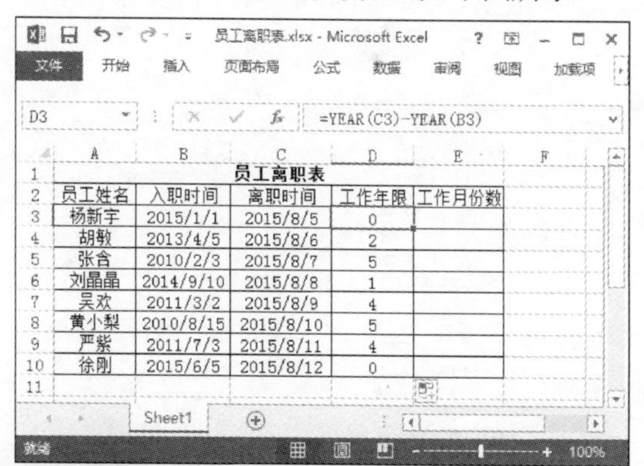

	A	B	C	D	E
1	员工离职表				
2	员工姓名	入职时间	离职时间	工作年限	工作月份数
3	杨新宇	2015/1/1	2015/8/5	0	
4	胡敏	2013/4/5	2015/8/6	2	
5	张含	2010/2/3	2015/8/7	5	
6	刘晶晶	2014/9/10	2015/8/8	1	
7	吴欢	2011/3/2	2015/8/9	4	
8	黄小梨	2010/8/15	2015/8/10	5	
9	严紫	2011/7/3	2015/8/11	4	
10	徐刚	2015/6/5	2015/8/12	0	

技巧 358：计算两个日期之间相隔几月

●**适用版本**：2007、2010、2013、2016

●**实用指数**：★★★★★

说 明

在编辑工作表时，还可计算两个日期之间相隔几月。如果需要计算间隔月份的两个日期在同年，可使用 MONTH 函数实现；如果需要计算间隔月份数的两个日期不在同一年，则需要使用 MONTH 函数和 YEAR 函数共同实现。

方法

例如，要统计员工在公司的工作月份数，具体操作方法如下。

第 1 步：选择要存放结果的单元格“E3”，输入函数“=MONTH(C3)-MONTH(B3)”，按〈Enter〉键，即可得出计算结果。将该函数复制到其他需要进行计算的单元格，完成计算后的效果如下图所示。

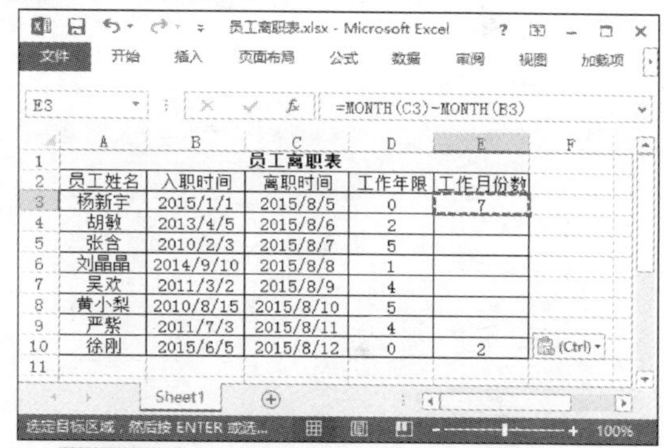

	A	B	C	D	E
1	员工离职表				
2	员工姓名	入职时间	离职时间	工作年限	工作月份数
3	杨新宇	2015/1/1	2015/8/5	0	7
4	胡敏	2013/4/5	2015/8/6	2	
5	张含	2010/2/3	2015/8/7	5	
6	刘晶晶	2014/9/10	2015/8/8	1	
7	吴欢	2011/3/2	2015/8/9	4	
8	黄小梨	2010/8/15	2015/8/10	5	
9	严紫	2011/7/3	2015/8/11	4	
10	徐刚	2015/6/5	2015/8/12	0	2

第 2 步：选择要存放结果的单元格“E4”，输入函数“=(YEAR(C4)-YEAR(B4))*12+MONTH(C4)-MONTH(B4)”，按〈Enter〉键，即可得出计算结果，将该函数复制到其他需要进行计算的单元格，完成计算后的效果如下图所示。

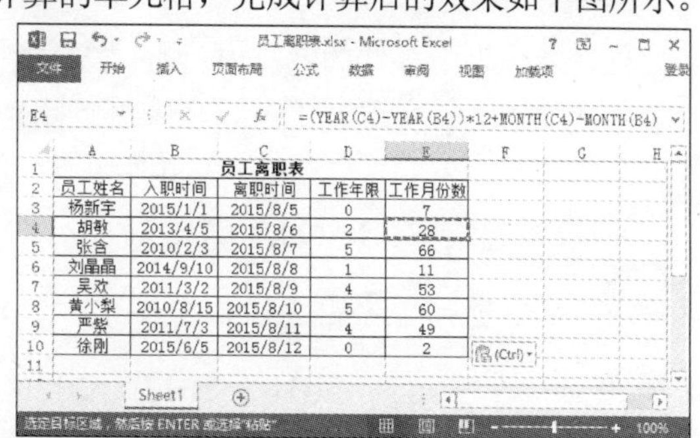

	A	B	C	D	E
1	员工离职表				
2	员工姓名	入职时间	离职时间	工作年限	工作月份数
3	杨新宇	2015/1/1	2015/8/5	0	7
4	胡敏	2013/4/5	2015/8/6	2	28
5	张含	2010/2/3	2015/8/7	5	66
6	刘晶晶	2014/9/10	2015/8/8	1	11
7	吴欢	2011/3/2	2015/8/9	4	53
8	黄小梨	2010/8/15	2015/8/10	5	60
9	严紫	2011/7/3	2015/8/11	4	49
10	徐刚	2015/6/5	2015/8/12	0	2

技巧 359：根据员工入职日期计算工龄

●**适用版本**：2007、2010、2013、2016

●**实用指数**：★★★★★

说 明

在 Excel 中，利用 YEAR 函数和 TODAY

函数，可以根据员工入职日期快速计算出员工的工龄。

方法

例如，要在“员工信息登记表 1.xlsx”的工作表中计算员工工龄，具体操作方法如下。选中要存放结果的单元格“G3”，输入函数“=YEAR(TODAY())-YEAR(F3)”，按〈Enter〉键，即可得到计算结果，此时，该计算结果显示的是日期格式，需要将数字格式设置为“常规”，然后利用填充功能向下复制函数，即可计算出所有员工的工龄，如下图所示。

G3 =YEAR(TODAY())-YEAR(F3)

员工信息登记表				
所属部门	联系电话	身份证号码	入职时间	工龄
行政部	13312345678	500231123456789123	2014年3月8日	1
人力资源	10555558667	500231123456782356	2013年4月9日	2
人力资源	14545671236	500231123456784562	2010年12月8日	5
营销部	18012347896	500231123456784266	2014年6月7日	1
销售部	15686467298	500231123456784563	2014年8月9日	1
项目组	15843977219	500231123456787596	2012年7月5日	3
财务部	13679010576	500231123456783579	2013年5月9日	2
财务部	13586245369	500231123456783466	2014年7月6日	1
项目组	16945676952	500231123456787103	2011年6月9日	4
行政部	13058695996	500231123456781395	2010年5月27日	5
人力资源	13182946695	500231123456782468	2012年9月26日	3
项目组	15935952955	500231123456781279	2014年3月6日	1
行政部	15666626966	500231123456780376	2011年11月3日	4
财务部	13688595699	500231123456781018	2012年7月9日	3
营销部	13946962932	500231123456787305	2012年6月17日	3

▷▷ 12.4　统计函数使用技巧

要对工作表中存储的数据进行分类统计，可以通过统计函数实现。本节将介绍统计函数的使用技巧。

技巧 360：使用 COUNTA 函数统计非空单元格数

●适用版本：2007、2010、2013、2016

●实用指数：★★★★★

COUNTA 函数可以对单元格区域中非空单元格的单元格个数进行统计。COUNTA 函数的语法为：=COUNTA(value1,value2,...)。其中，value1，value2……表示参加统计的 1~255 个参数，代表要进行统计的值和单元格，值可以是任意类型的信息。

方法

例如，要使用 COUNTA 函数统计访客人数，具体操作方法如下。

选中要存放结果的单元格“B16”，输入函数“=COUNTA(B4:B15)”，按〈Enter〉键，即可得到计算结果，如下图所示。

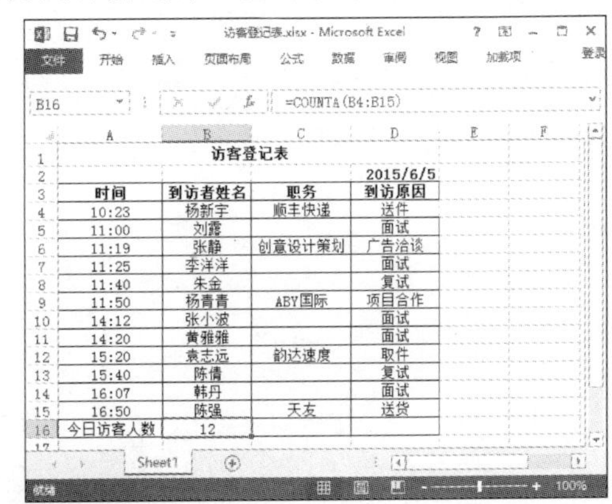

B16 =COUNTA(B4:B15)

访客登记表			
			2015/6/5
时间	到访者姓名	职务	到访原因
10:23	杨新宇	顺丰快递	送件
11:00	刘露		面试
11:19	张静	创意设计策划	广告洽谈
11:25	李洋洋		面试
11:40	朱金		复试
11:50	杨青青	ABY国际	项目合作
14:12	张小波		面试
14:20	黄雅雅		面试
15:20	袁志远	韵达速度	取件
15:40	陈倩		复试
16:07	韩丹		面试
16:50	陈强	天友	送货
今日访客人数	12		

技巧 361：使用 COUNTIF 函数进行条件统计

●适用版本：2007、2010、2013、2016

●实用指数：★★★★☆

COUNTIF 函数用于统计某区域中满足给定条件的单元格数目。COUNTIF 函数的语法为：=COUNTIF(range,criteria)。range 表示要统计单元格数目的区域；criteria 表示给定的条件，其形式可以是数字、文本等。

方法

例如，使用 COUNTIF 函数分别计算工龄在 3 年（含 3 年）以上的员工人数、人力资源部门的员工人数，具体操作方法如下。

第 1 步： 选中要存放结果的单元格“D19”，输入函数“=COUNTIF(G3:G17,">=3")”，按〈Enter〉键，即可得到计算结果，如下图所示。

第 2 步： 选中要存放结果的单元格“D20”，输入函数“=COUNTIF(C3:C17,"人力资源")”，按〈Enter〉键，即可得到计算结果，如下图所示。

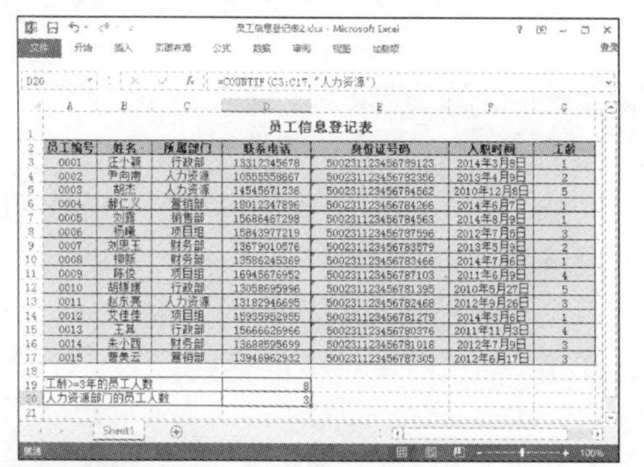

技巧 362：使用 COUNTBLANK 函数统计空白单元格数

●**适用版本：**2007、2010、2013、2016

●**实用指数：**★★★☆☆

说 明

COUNTBLANK 函数用于统计某个区域中空白单元格的单元格个数。COUNTBLANK 函数的语法为：=COUNTBLANK(range)。其中 range 为需要计算空白单元格数目的区域。

方法

例如，使用 COUNTBLANK 函数统计无总分成绩的人数，具体操作方法如下。

选中要存放结果的单元格“C16”，输入函数“=COUNTBLANK(F4:F14)”，按〈Enter〉键，即可得到计算结果，如下图所示。

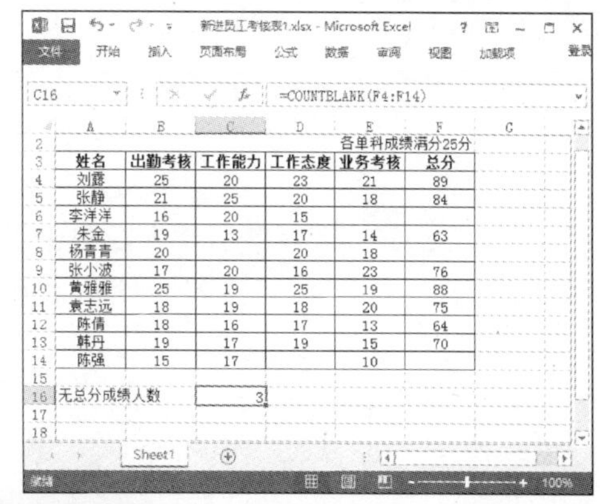

技巧 363：使用 AVERAGEA 函数计算平均值

●**适用版本：**2007、2010、2013、2016

●**实用指数：**★★★☆☆

说 明

AVERAGEA 函数用于计算列表中所有非空白单元格（即仅仅有数值的单元格）的平均值。AVERAGEA 函数的语法为：=AVERAGEA(value1,value2,...)，其中，value1，value2……为需要计算平均值的 1~30 个数值、单元格或单元格区域。

方法

例如，使用 AVERAGEA 函数计算有效总成绩的平均值，具体操作方法如下。

选中要存放结果的单元格“F15”，输入函数“=AVERAGEA(F4:F14)”，按〈Enter〉键，即可得到计算结果，如下图所示。

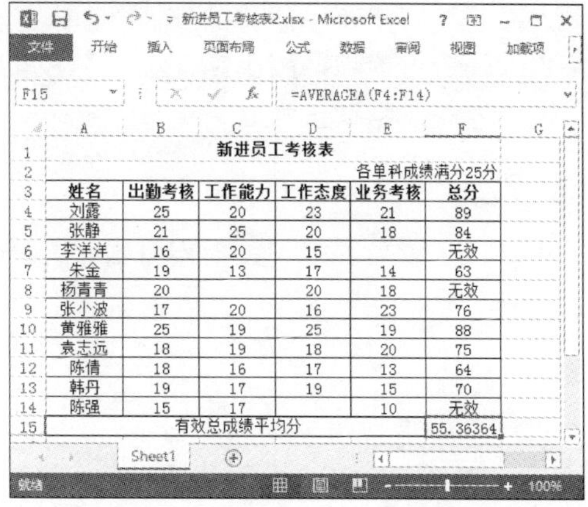

▷▷ 12.5 文本函数使用技巧

在使用函数中，可以使用文本函数来提取文本中的指定内容，接下来就介绍相关操作技巧。

技巧 364：从身份证号中提取出生日期和性别

●适用版本：2007、2010、2013、2016

●实用指数：★★★★★

说 明

在员工信息管理过程中，有时需要建立一份电子档案，档案中一般会包含身份证号码、性别和出生年月等信息。当员工人数太多时，逐个输入是一项非常烦琐的工作。为了提高工作效率，可以利用 MID 和 TRUNC 函数从身份证号中快速提取出生日期和性别。

MID 函数用于从文本字符串中指定的起始位置起，返回指定长度的字符。MID 函数的语法为：=MID(text,start_num,num_chars)。其中，text 是包含要提取字符的文本字符串；start_num 为文本中要提取的第一个字符的位置，num_chars 用于指定要提取的字符串长度。

TRUNC 函数是将数字截为整数或保留指定位数的小数。TRUNC 函数的语法为：=TRUNC(number,[num_digits])。其中，number 为必选项，表示需要截尾取整的数字；num_digits 为可选项，用于指定取整精度的数字，如果忽略，则默认为 0（零）。

方法

例如，在档案表中，要根据身份证号码分别提取员工的出生日期和性别，具体操作方法如下。

第 1 步： 选中要存放结果的单元格“E3”，输入函数“=MID(D3,7,4)&"年"&MID(D3,11,2)&"月"&MID(D3,13,2)&"日"”，按〈Enter〉键，即可得到计算结果，利用填充功能向下复制函数，即可计算出所有员工的出生日期，效果如下图所示。

员工档案表.xlsx - Microsoft Excel

=MID(D3,7,4)&"年"&MID(D3,11,2)&"月"&MID(D3,13,2)&"日"

员工档案

民族	身份证号码	出生日期	性别	联系电话
汉族	500231197610239123	1976年10月23日		13312345678
汉族	500231198002032356	1980年02月03日		10555558667
汉族	500231198510144572	1985年10月14日		14545671236
汉族	500231199209284296	1992年09月28日		18012347896
汉族	500231199010084563	1990年10月08日		15686467298
汉族	500231198706077546	1987年06月07日		15843977219
汉族	500231198811133569	1988年11月13日		13679010576
汉族	500231199103073416	1991年03月07日		13586245369
汉族	500231197011187153	1970年11月18日		16945676952
汉族	500231197202281345	1972年02月28日		13058695996
汉族	500231197412182478	1974年12月18日		13182946695
汉族	500231199108161229	1991年08月16日		15935952955
汉族	500231199007040376	1990年07月04日		15666626966
汉族	500231199305031068	1993年05月03日		13688595699
汉族	500231198812057305	1988年12月05日		13946962932

第 2 步： 选中要存放结果的单元格“F3”，输入函数“=IF(MID(D3,17,1)/2=TRUNC(MID(D3,17,1)/2),"女","男")”，按〈Enter〉键，即可得到计算结果，利用填充功能向下复制函数，即可计算出所有员工的性别，如下图所示。

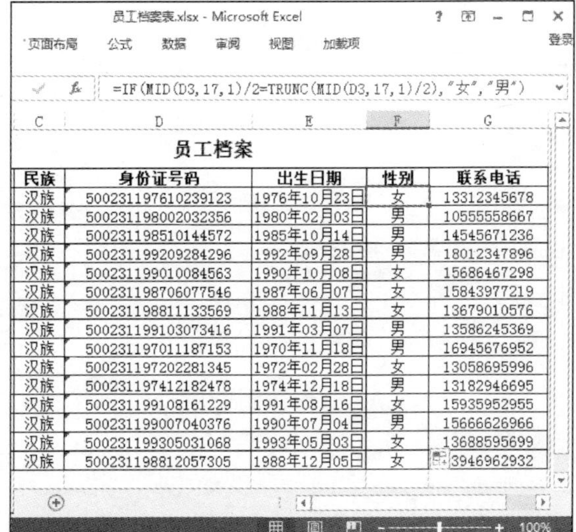

员工档案表.xlsx - Microsoft Excel

=IF(MID(D3,17,1)/2=TRUNC(MID(D3,17,1)/2),"女","男")

员工档案

民族	身份证号码	出生日期	性别	联系电话
汉族	500231197610239123	1976年10月23日	女	13312345678
汉族	500231198002032356	1980年02月03日	男	10555558667
汉族	500231198510144572	1985年10月14日	男	14545671236
汉族	500231199209284296	1992年09月28日	男	18012347896
汉族	500231199010084563	1990年10月08日	女	15686467298
汉族	500231198706077546	1987年06月07日	女	15843977219
汉族	500231198811133569	1988年11月13日	女	13679010576
汉族	500231199103073416	1991年03月07日	男	13586245369
汉族	500231197011187153	1970年11月18日	男	16945676952
汉族	500231197202281345	1972年02月28日	女	13058695996
汉族	500231197412182478	1974年12月18日	男	13182946695
汉族	500231199108161229	1991年08月16日	女	15935952955
汉族	500231199007040376	1990年07月04日	男	15666626966
汉族	500231199305031068	1993年05月03日	女	13688595699
汉族	500231198812057305	1988年12月05日	女	13946962932

专家点拨

提取性别时，比较身份证号码第 17 位数字，当该数字能被 2 整除时，性别为“女”，否则为“男”。

技巧 365：使用 LEFT 函数提取文本

●**适用版本**：2007、2010、2013、2016

●**实用指数**：★★★☆☆

说 明

LEFT 函数是从一个文本字符串的第一个字符开始，返回指定个数的字符。LEFT 函数的语法为：=LEFT(text,num_chars)。其中，text 是需要提取字符的文本字符串；num_chars 是指定需要提取的字符数，如果忽略，则默认为 1。

方法

例如，利用 LEFT 函数将员工的姓氏提取出来，具体操作方法如下。

选中要存放结果的单元格“E3”，输入函数“=LEFT(A3,1)”，按〈Enter〉键，即可得到计算结果，利用填充功能向下复制函数，即可将所有员工的姓氏提取出来，如下图所示。

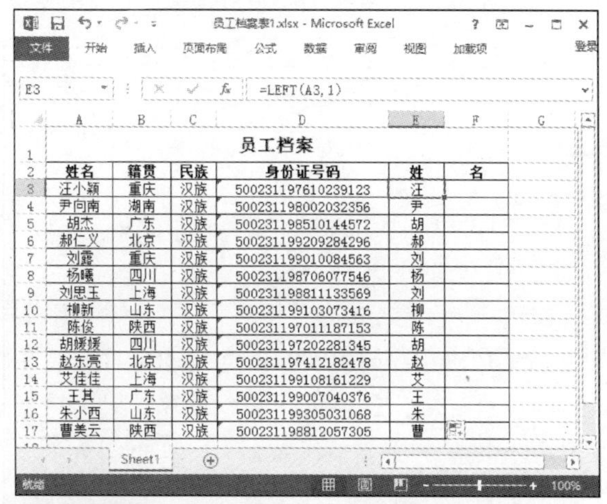

E3　=LEFT(A3,1)

员工档案

姓名	籍贯	民族	身份证号码	姓	名
汪小颖	重庆	汉族	500231197610239123	汪	
尹向南	湖南	汉族	500231198002032356	尹	
胡杰	广东	汉族	500231198510144572	胡	
郝仁义	北京	汉族	500231199209284296	郝	
刘露	重庆	汉族	500231199010084563	刘	
杨曦	四川	汉族	500231198706077546	杨	
刘思玉	上海	汉族	500231198811133569	刘	
柳新	山东	汉族	500231199103073416	柳	
陈俊	陕西	汉族	500231197011187153	陈	
胡媛媛	四川	汉族	500231197202281345	胡	
赵东亮	北京	汉族	500231197412182478	赵	
艾佳佳	上海	汉族	500231199108161229	艾	
王其	广东	汉族	500231199007040376	王	
朱小西	山东	汉族	500231199305031068	朱	
曹美云	陕西	汉族	500231198812057305	曹	

技巧 366：使用 RIGHT 函数提取文本

●**适用版本**：2007、2010、2013、2016

●**实用指数**：★★★☆☆

说 明

RIGHT 函数是从一个文本字符串的最后一个字符开始，返回指定个数的字符。RIGHT 函数的语法为：=RIGHT(text,num_chars)。其中，text 是需要提取字符的文本字符串，num_chars 是指定需要提取的字符数，如果忽略，则为 1。

方法

例如，利用 RIGHT 函数将员工的名字提取出来，具体操作方法如下。

第 1 步： 姓名有 3 个字时的操作。选中要存放结果的单元格“F3”，输入函数“=RIGHT(A3,2)”，按〈Enter〉键，即可得到计算结果，将该函数复制到其他需要计算的单元格，完成计算后的效果如下图所示。

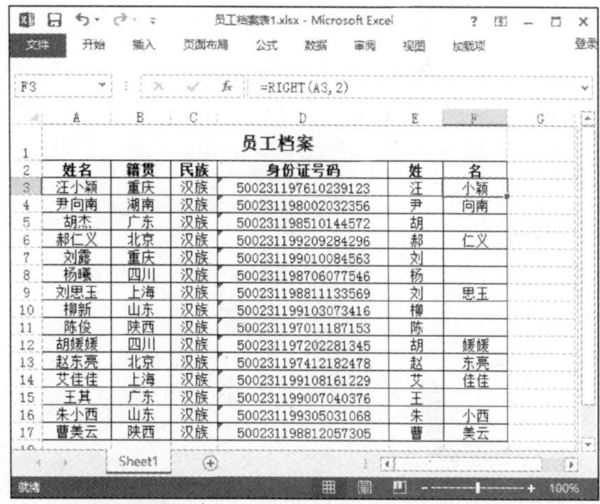

F3　=RIGHT(A3,2)

员工档案

姓名	籍贯	民族	身份证号码	姓	名
汪小颖	重庆	汉族	500231197610239123	汪	小颖
尹向南	湖南	汉族	500231198002032356	尹	向南
胡杰	广东	汉族	500231198510144572	胡	
郝仁义	北京	汉族	500231199209284296	郝	仁义
刘露	重庆	汉族	500231199010084563	刘	
杨曦	四川	汉族	500231198706077546	杨	
刘思玉	上海	汉族	500231198811133569	刘	思玉
柳新	山东	汉族	500231199103073416	柳	
陈俊	陕西	汉族	500231197011187153	陈	
胡媛媛	四川	汉族	500231197202281345	胡	媛媛
赵东亮	北京	汉族	500231197412182478	赵	东亮
艾佳佳	上海	汉族	500231199108161229	艾	佳佳
王其	广东	汉族	500231199007040376	王	
朱小西	山东	汉族	500231199305031068	朱	小西
曹美云	陕西	汉族	500231198812057305	曹	美云

第 2 步： 姓名有两个字时的操作。选中要存放结果的单元格“F5”，输入函数“=RIGHT(A5,1)”，按〈Enter〉键，即可得到计算结果，将该函数复制到其他需要计算的单元格，完成计算后的效果如下图所示。

F5　=RIGHT(A5,1)

员工档案

姓名	籍贯	民族	身份证号码	姓	名
汪小颖	重庆	汉族	500231197610239123	汪	小颖
尹向南	湖南	汉族	500231198002032356	尹	向南
胡杰	广东	汉族	500231198510144572	胡	杰
郝仁义	北京	汉族	500231199209284296	郝	仁义
刘露	重庆	汉族	500231199010084563	刘	露
杨曦	四川	汉族	500231198706077546	杨	曦
刘思玉	上海	汉族	500231198811133569	刘	思玉
柳新	山东	汉族	500231199103073416	柳	新
陈俊	陕西	汉族	500231197011187153	陈	俊
胡媛媛	四川	汉族	500231197202281345	胡	媛媛
赵东亮	北京	汉族	500231197412182478	赵	东亮
艾佳佳	上海	汉族	500231199108161229	艾	佳佳
王其	广东	汉族	500231199007040376	王	其
朱小西	山东	汉族	500231199305031068	朱	小西
曹美云	陕西	汉族	500231198812057305	曹	美云

技巧 367：快速从文本右侧提取指定数量的字符

●适用版本：2007、2010、2013、2016

●实用指数：★★★☆☆

说 明

在使用 RIGHT 函数提取员工名字时，可发现要分别对含有 3 个字和两个字的姓名进行提取，为了提高工作效率，可以通过 RIGHT 和 LEN 函数，快速从文本右侧开始提取指定数量的字符。

LEN 函数用于返回文本字符串中的字符个数。该函数的语法为：=LEN(text)，参数 text 是要计算字符个数的文本字符串。

方法

例如，利用 RIGHT 和 LEN 函数将员工的名字提取出来，具体操作方法如下。

选中要存放结果的单元格“F3”，输入函数“=RIGHT(A3,LEN(A3)-1)”，按〈Enter〉键，即可得到计算结果，利用填充功能向下复制函数，即可将其他员工的名字提取出来，如下图所示。

员工档案表2.xlsx - Microsoft Excel

F3 =RIGHT(A3,LEN(A3)-1)

员工档案

姓名	籍贯	民族	身份证号码	姓	名
汪小颖	重庆	汉族	500231197610239123	汪	小颖
尹向南	湖南	汉族	500231198002032356	尹	向南
胡杰	广东	汉族	500231198510144572	胡	杰
郝仁义	北京	汉族	500231199209284296	郝	仁义
刘露	重庆	汉族	500231199010084563	刘	露
杨曦	四川	汉族	500231198706077546	杨	曦
刘思玉	上海	汉族	500231198811133569	刘	思玉
柳新	山东	汉族	500231199103073416	柳	新
陈俊	陕西	汉族	500231197011187153	陈	俊
胡媛媛	四川	汉族	500231197202281345	胡	媛媛
赵东亮	北京	汉族	500231197412182478	赵	东亮
艾佳佳	上海	汉族	500231199108161229	艾	佳佳
王其	广东	汉族	500231199007040376	王	其
朱小西	山东	汉族	500231199305031068	朱	小西
曹美云	陕西	汉族	500231198812057305	曹	美云

专家点拨

参照本例的操作方法，还可将 LEFT 和 LEN 函数结合使用，以便快速从文本左侧开始提取指定数量的字符。

技巧 368：只显示身份号码后四位数

●适用版本：2007、2010、2013、2016

●实用指数：★★★☆☆

说 明

为了保证用户的个人信息安全，一些常用的证件号码，如身份证、银行卡号码等，可以只显示后面四位号码，其他号码则用星号代替。针对这类情况，可以通过 CONCATENATE、RIGHT 和 REPT 函数实现。

- CONCATENATE 函数用于将多个字符串合并为一个字符串，该函数的语法为：=CONCATENATE(text1,text2,...)，参数 text1，text2……是指 1~255 个要合并的文本字符串，可以是字符串、数字或对单个单元格的引用。
- REPT 函数用于在单元格中重复填写一个文本字符串。REPT 函数的语法为：=REPT(text,number_times)。其中，text 是指定需要重复显示的文本；number_times 是指定文本的重复次数，范围为 0~32 767。

方法

例如，只显示身份证号码的最后四位数，具体操作方法如下。

选中要存放结果的单元格“E3”，输入函数“ =CONCATENATE(REPT("*",14),RIGHT (D3, 4))”，按〈Enter〉键，即可得到计算结果，然后利用填充功能向下复制函数即可，如下图所示。

员工档案表3.xlsx - Microsoft Excel

E3 =CONCATENATE(REPT("*",14),RIGHT(D3,4))

员工档案

姓名	籍贯	民族	身份证号码	显示最后4位
汪小颖	重庆	汉族	500231197610239123	**************9123
尹向南	湖南	汉族	500231198002032356	**************2356
胡杰	广东	汉族	500231198510144572	**************4572
郝仁义	北京	汉族	500231199209284296	**************4296
刘露	重庆	汉族	500231199010084563	**************4563
杨曦	四川	汉族	500231198706077546	**************7546
刘思玉	上海	汉族	500231198811133569	**************3569
柳新	山东	汉族	500231199103073416	**************3416
陈俊	陕西	汉族	500231197011187153	**************7153
胡媛媛	四川	汉族	500231197202281345	**************1345
赵东亮	北京	汉族	500231197412182478	**************2478
艾佳佳	上海	汉族	500231199108161229	**************1229
王其	广东	汉族	500231199007040376	**************0376
朱小西	山东	汉族	500231199305031068	**************1068
曹美云	陕西	汉族	500231198812057305	**************7305

12.6 其他函数使用技巧

在编辑工作表时，有时候还会用到 SUMIF、ROUND 及 RAND 等函数，接下来分别讲解它们的使用方法。

技巧 369：使用 SUMIF 函数进行条件求和

●适用版本：2007、2010、2013、2016

●实用指数：★★★★☆

说 明

SUMIF 函数用于对满足条件的单元格进行求和运算。SUMIF 函数的语法为：=SUMIF(range,criteria,[sum_range])。其中各参数的含义介绍如下。

- range：要进行计算的单元格区域。
- criteria：单元格求和的条件，其形式可以为数字、表达式或文本形式等。
- sum_range：用于求和运算的实际单元格，若省略，将使用区域中的单元格。

方法

例如，使用 SUMIF 函数统计员工的销售总量，具体操作方法如下。

第 1 步： 选中要存放结果的单元格“C9”，输入函数“=SUMIF(A3:A8,"杨雪",C3:C8)”，按〈Enter〉键，即可得到计算结果，如下图所示。

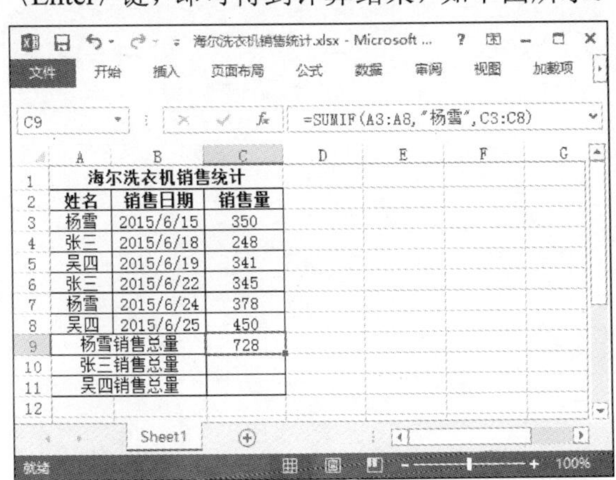

海尔洗衣机销售统计		
姓名	销售日期	销售量
杨雪	2015/6/15	350
张三	2015/6/18	248
吴四	2015/6/19	341
张三	2015/6/22	345
杨雪	2015/6/24	378
吴四	2015/6/25	450
杨雪销售总量		728
张三销售总量		
吴四销售总量		

第 2 步： 参照上述方法，对其他销售人员的销售总量进行计算，如下图所示。

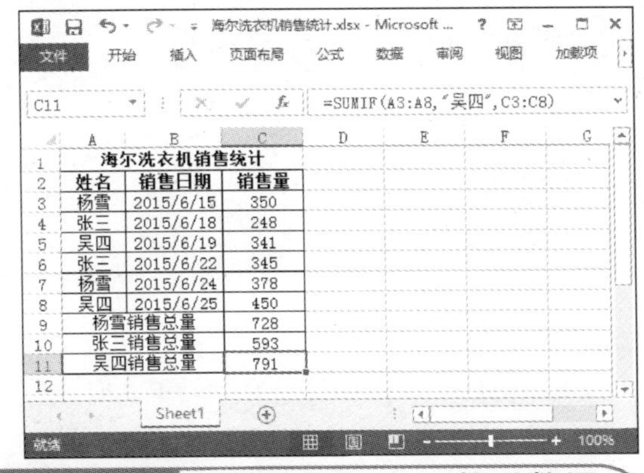

海尔洗衣机销售统计		
姓名	销售日期	销售量
杨雪	2015/6/15	350
张三	2015/6/18	248
吴四	2015/6/19	341
张三	2015/6/22	345
杨雪	2015/6/24	378
吴四	2015/6/25	450
杨雪销售总量		728
张三销售总量		593
吴四销售总量		791

技巧 370：使用 ROUND 函数对数据进行四舍五入

●适用版本：2007、2010、2013、2016

●实用指数：★★☆☆☆

说 明

ROUND 函数可按指定的位数对数值进行四舍五入。ROUND 函数的语法结构为：ROUND(number,num_digits)。其中各参数的含义介绍如下。

- number：要进行四舍五入的数值。
- num_digits：执行四舍五入时采用的位数。若该参数为负数，则圆整到小数点的左边；若该参数为正数，则圆整到最接近的整数。

方法

例如，希望对数据进行四舍五入，并只保留两位数，具体操作方法如下。

选中要存放结果的单元格“B2”，输入函数“=ROUND(A2,2)”，按〈Enter〉键，即可得到计算结果，然后利用填充功能向下复制函数即可，如下图所示。

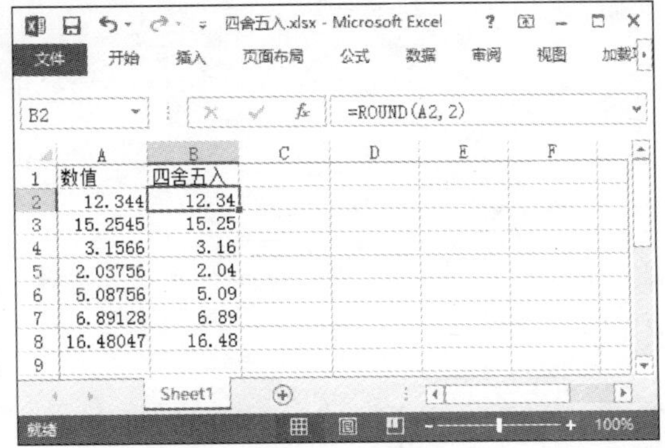

数值	四舍五入
12.344	12.34
15.2545	15.25
3.1566	3.16
2.03756	2.04
5.08756	5.09
6.89128	6.89
16.48047	16.48

技巧 371：使用 RAND 函数制作随机抽取表

●适用版本：2007、2010、2013、2016

●实用指数：★★★☆☆

RAND 函数用于返回大于或等于 0 且小于 1 的平均分布随机实数，依重新计算而变，即每次计算工作表时都将返回一个新的随机实数。该函数不需要计算参数。

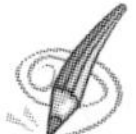

例如，公司有 230 位员工，随机抽出 24 位员工参加技能考试，具体操作方法如下。

第 1 步： 选择放置 24 个编号的单元格区域，将数字格式设置为“数值”，并将小数位数设置为 0。

第 2 步： 保持单元格区域的选中状态，在编辑栏中输入“=1+RAND()*230”，如下图所示。

	A	B	C	D
1	随机抽取			
2	开始编号：1		结束编号：230	
3	)()*230			

第 3 步： 按〈Ctrl+Enter〉组合键确认，即可得到 1~230 之间的 24 个随机编号，如下图所示。

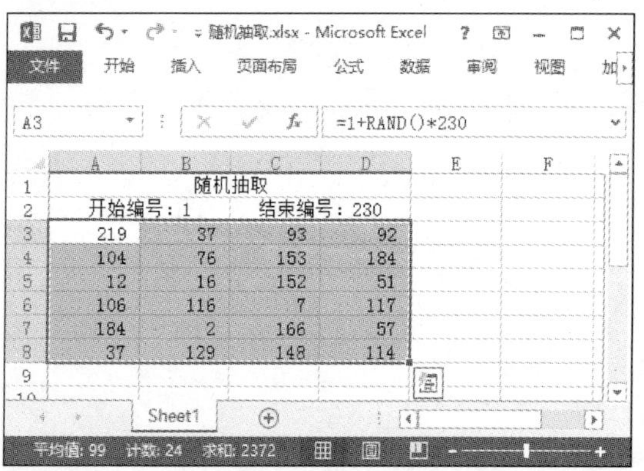

	A	B	C	D
1	随机抽取			
2	开始编号：1		结束编号：230	
3	219	37	93	92
4	104	76	153	184
5	12	16	152	51
6	106	116	7	117
7	184	2	166	57
8	37	129	148	114

技巧 372：使用 POWER 函数计算数据

●适用版本：2007、2010、2013、2016

●实用指数：★★☆☆☆

POWER 函数用于返回某个数字的乘幂。该函数的语法：=POWER(number,power)。其中，number 为底数，可以为任意实数；power 为指数，底数按该指数次幂乘方。

例如，使用 POWER 函数进行乘幂计算，具体操作方法如下。

选中要存放结果的单元格“C3”，输入函数“=POWER(A3,B3)”，按〈Enter〉键，即可得到计算结果，然后利用填充功能向下复制函数即可，如下图所示。

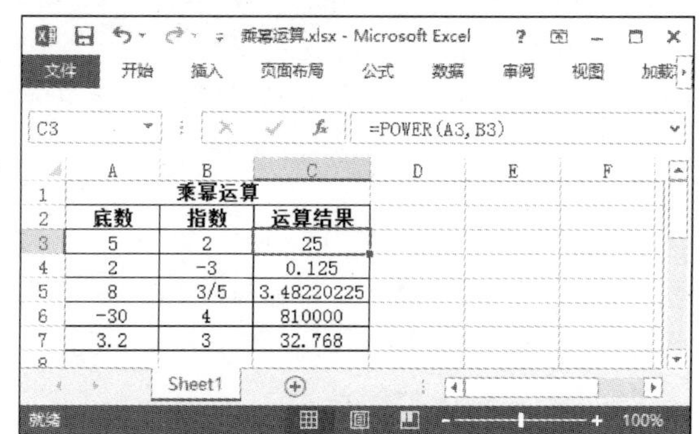

	A	B	C
1	乘幂运算		
2	底数	指数	运算结果
3	5	2	25
4	2	-3	0.125
5	8	3/5	3.48220225
6	-30	4	810000
7	3.2	3	32.768

Excel 图表制作与应用技巧

图表是重要的数据分析工具之一，通过图表，可以非常直观地诠释工作表数据，并能清楚地显示数据间的细微差异及变化情况，从而使用户能更好地分析数据。本章主要针对图表功能为读者讲解一些操作技巧。

▷▷ 13.1　图表编辑技巧

在 Excel 中，用户可以很轻松地创建各种类型的图表。完成图表的创建后，还可以根据需要进行编辑和修改，以便让图表更直观地表现工作表数据。

技巧 373：随心所欲地创建图表

●**适用版本**：2007、2010、2013、2016
●**实用指数**：★★★★★

说 明

图表的创建方法非常简单，只须选择要创建为图表的数据区域，然后选择需要的图表样式即可。在选择数据区域时，根据需要，用户可以选择整个数据区域，也可以选择部分数据区域。

方法

例如，为部分数据源创建一个柱形图，具体操作方法如下。

第 1 步： ❶选择要创建为图表的数据区域；❷切换到“插入”选项卡；❸在“图表”组中单击图表类型对应的按钮，如“插入柱形图”按钮；❹在弹出的下拉列表中选择需要的柱形图样式，如下图所示。

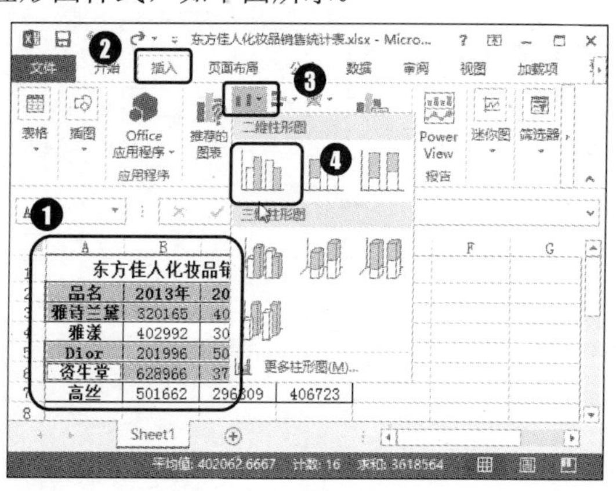

专家点拨

选择数据区域后，单击“图表”组中的“功能扩展”按钮，在弹出的“插入图表”对话框中也可选择需要的图表样式。

第 2 步： 通过上述操作后，将在工作表中插入一个图表，鼠标指针指向该图表边缘时会呈✥状，此时按住鼠标左键不放并拖动鼠标，可移动图表的位置，调整位置后的效果如下图所示。

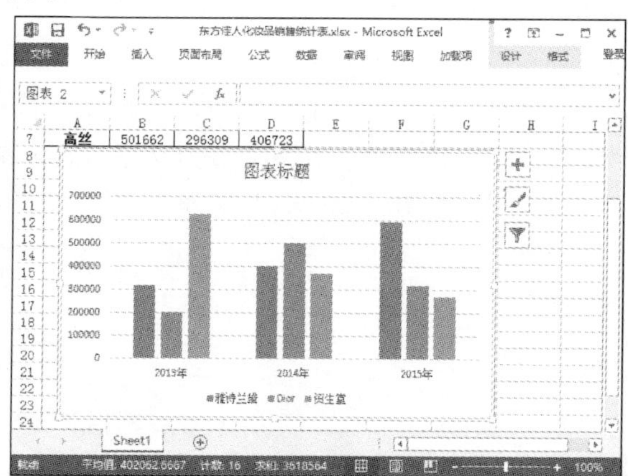

技巧 374：更改图表类型

●**适用版本**：2007、2010、2013、2016
●**实用指数**：★★★★★

说 明

创建图表后，若图表的类型不符合用户的需求，则可以更改图表的类型。

方法

例如，要将上例创建的图表更改为折线图类型的图表，具体操作方法如下。

第 1 步： ❶选中图表；❷切换到“图表工具-设计”选项卡；❸单击“类型”组中的“更改图表类型”按钮，如下图所示。

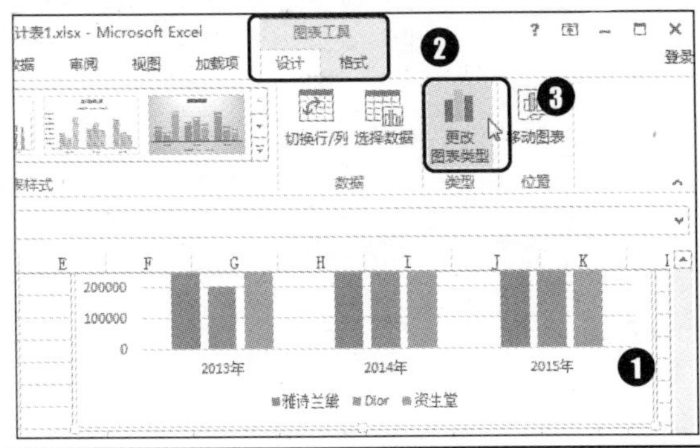

专家点拨

与 Excel 2007/2010 版本相比较，Excel 2013 图表功能的操作界面发生了比较大的变化。其中，尤为明显的是 Excel 2007/2010 中插入图表后，功能区中会显示“图表工具-设计”“图表工具-布局”和“图表工具-格式”3 个选项卡，而 2013 版中只有“图表工具-设计”和“图表工具-格式”两个选项卡；在 2013 版的“图表工具-设计”选项卡的“图表布局”组中，有一个“添加图表元素”按钮，该按钮几乎囊括了之前版本“图表工具-布局”选项卡中的所有功能。因为界面的变化，有的操作难免会有所差异，希望读者自行变通，后面不再赘述。

第 2 步： 弹出“更改图表类型”对话框，切换到“所有图表”选项卡，❶在左侧列表中选择“折线图”选项；❷在右侧预览窗格上方选择需要的折线图样式；❸预览窗格中提供了所选样式的呈现方式，根据需要进行选择；❹单击“确定”按钮即可，如下图所示。

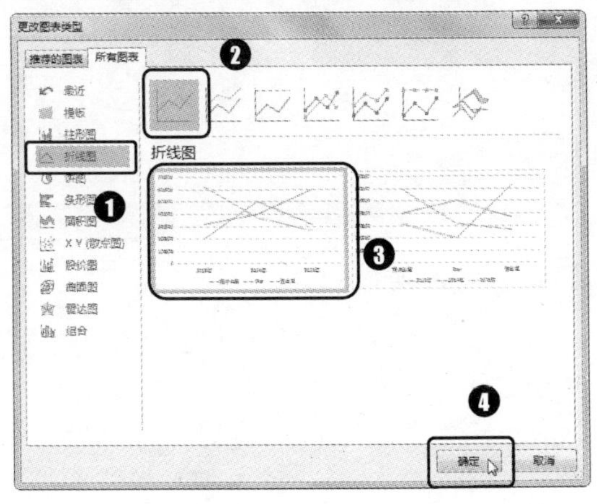

技巧 375：在一个图表中使用多个图表类型

●**适用版本：**2007、2010、2013、2016

●**实用指数：**★★☆☆☆

说明

若图表中包含多个数据系列，还可以为不同的数据系列设置不同的图表类型。

方法

例如，要对某一个数据系列使用条形图类型的图表，具体操作方法如下。

第 1 步： ❶选中需要设置不同图表类型的数据系列，如“资生堂”，使用鼠标右键单击；❷在弹出的快捷菜单中选择“更改系列图表类型”菜单项，如下图所示。

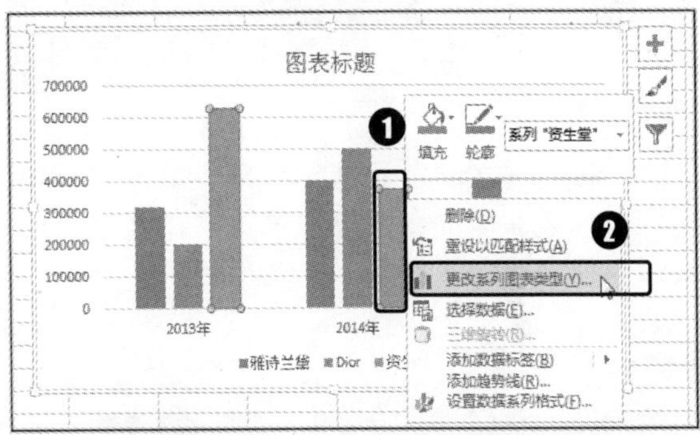

第 2 步： 弹出“更改图表类型”对话框，切换到“所有图表”选项卡，❶在左侧列表中选择“组合”选项；❷在右侧窗格中，在“资生堂”右侧的下拉列表框中选择该系列数据的图表样式；❸单击“确定”按钮，如下图所示。

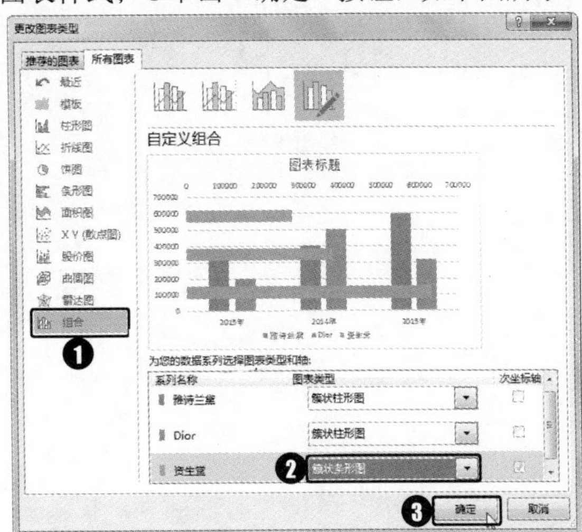

第 3 步： 返回工作表，即可查看设置后的效果，如下图所示。

技巧 376：在图表中增加数据系列

●**适用版本：**2007、2010、2013、2016

●**实用指数：**★★★★★

说 明

若在创建图表时只选择了部分数据进行图表创建，则在后期操作过程中还可以在图表中增加数据系列。

方法

例如，要在“东方佳人化妆品销售统计表1.xlsx”的图表中增加“雅漾”数据系列，具体操作方法如下。

第 1 步： ❶选中图表；❷切换到“图表工具-设计”选项卡；❸单击“数据”组中的“选择数据”按钮，如下图所示。

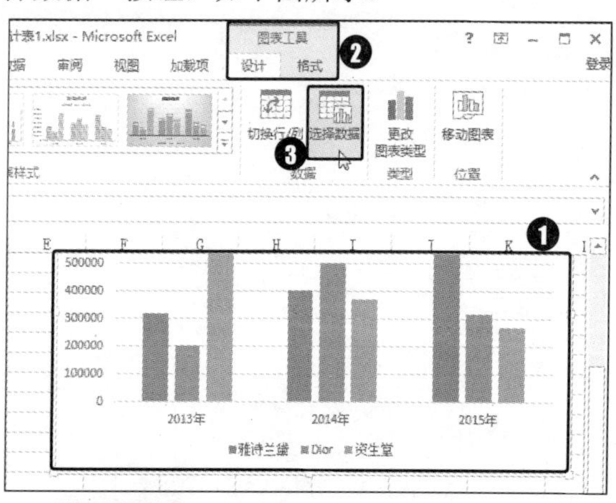

第 2 步： 弹出“选择数据源”对话框，单击“图例项（系列）”选项组中的“添加”按钮，如下图所示。

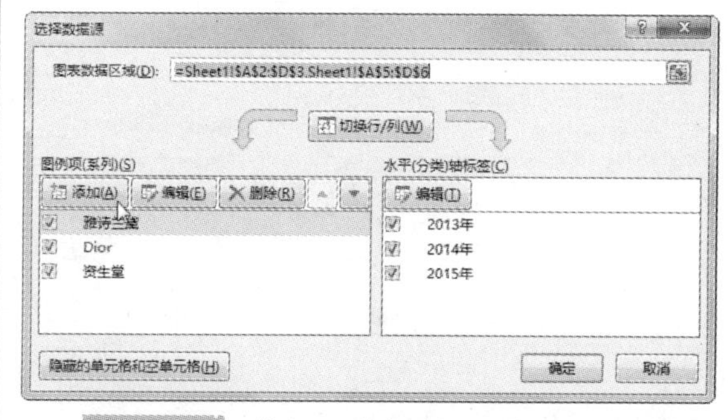

第 3 步： 弹出“编辑数据系列”对话框，❶分别在“系列名称”和“系列值”参数框中设置对应的数据源；❷单击“确定”按钮，如下图所示。

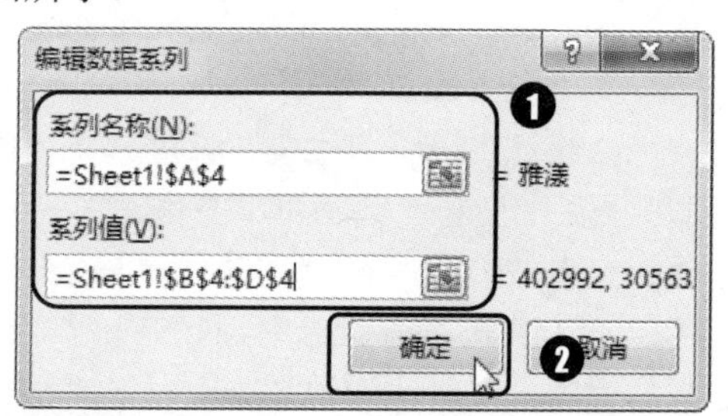

第 4 步： 返回“选择数据源”对话框，单击“确定”按钮，返回工作表，即可看到图表中增加了数据系列，效果如下图所示。

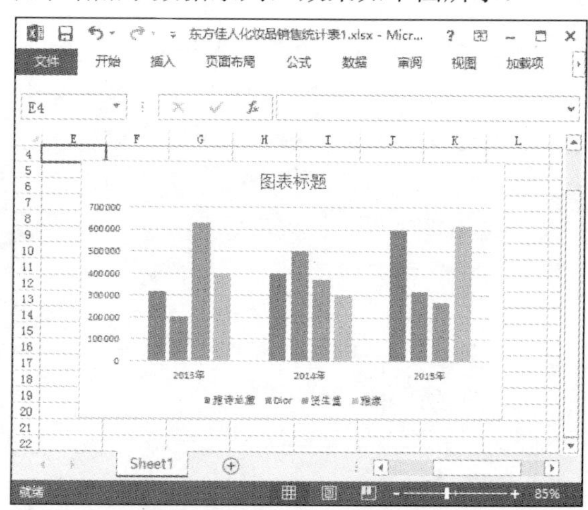

专家点拨

如果在工作表中对数据进行了修改或删除操作，图表会自动进行相应的更新。如果在工作表中增加了新数据，则图表不会自动进行更新，需要手动增加数据系列。

技巧 377：精确选择图表中的元素

●适用版本：2007、2010、2013、2016

●实用指数：★★★★★

说 明

一个图表通常由图表区、图表标题、图例及各个系列数据等元素组成，当要对某个元素对象进行操作时，需要先将其选中。一般来说，通过鼠标单击某个对象，便可将其选中。当图表内容过多时，通过单击鼠标的方式可能会选择错误，要想精确选择某元素，可通过功能区实现。

方法

例如，通过功能区选择绘图区，具体操作方法如下。

第 1 步： ❶选中图表；❷切换到“图表工具-格式”选项卡；❸在“当前所选内容”组的“图表元素”下拉列表框中选择需要的元素选项，如“绘图区”，如下图所示。

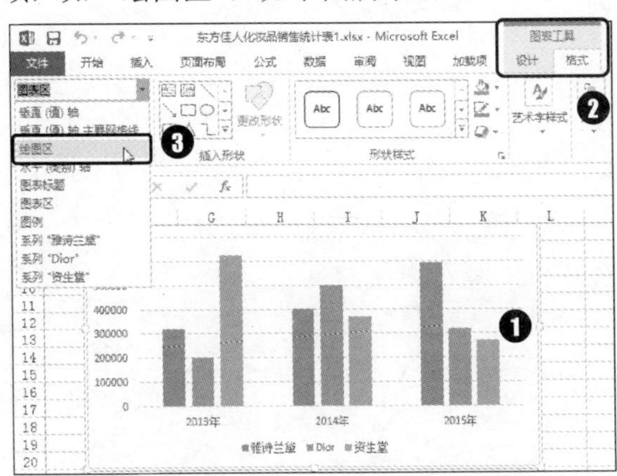

第 2 步： 图表中的绘图区即呈选中状态，效果如下图所示。

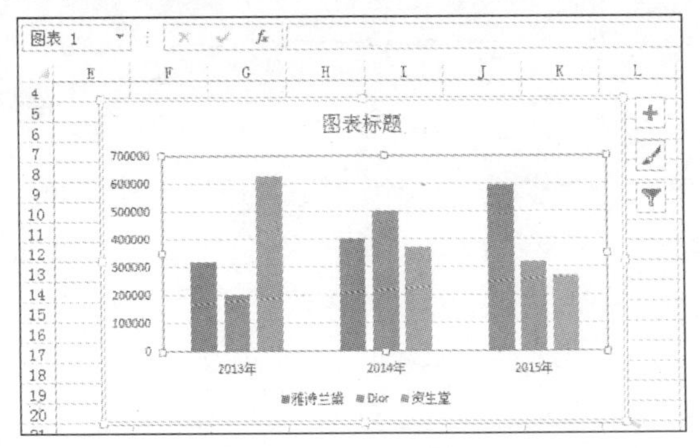

技巧 378：分离饼形图扇区

●适用版本：2007、2010、2013、2016

●实用指数：★★★★☆

说 明

在工作表中创建饼形图表后，所有的数据系列都是一个整体。根据操作需要，可以将饼图中的某扇区分离出来，以便突出显示该数据。

方法

例如，为“高丝”数据创建饼图类型的图表后，将 2015 年的销售情况分离出来，具体操作方法如下。

第 1 步： 为“高丝”数据创建一个饼图类型的图表，效果如下图所示。

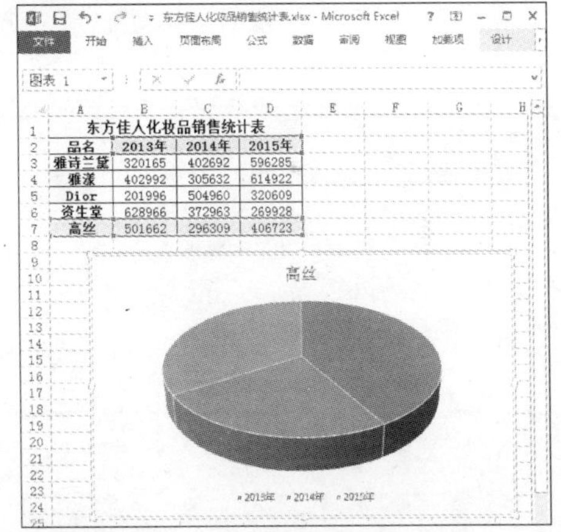

第 2 步： 在图表中选择要分离的扇区，本例中选择“2015”数据系列，然后按住鼠标左键不放并进行拖动，拖动至目标位置后，释放标左键，即可实现该扇区的分离，效果如下图所示。

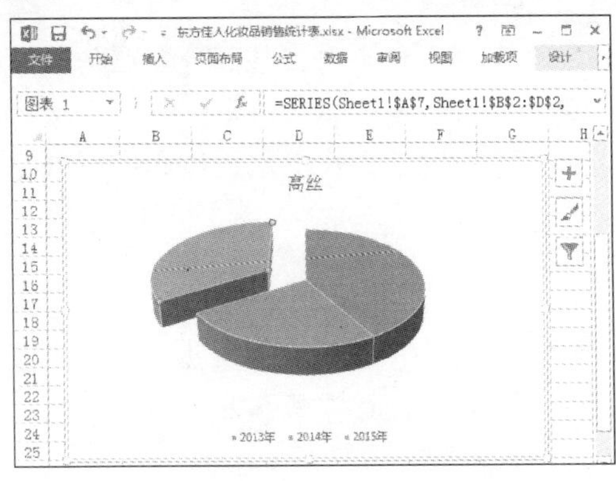

技巧 379：更改图表的数据源

●适用版本：2007、2010、2013、2016

●实用指数：★★★★★

说 明

创建图表后，还可根据操作需要更改图表的数据源。

方法

例如，要在“东方佳人化妆品销售统计表1.xlsx”的工作表中更改图表的数据源，具体操作方法如下。

第 1 步： 选中图表，按照技巧 376 的方法打开“选择数据源”对话框。

第 2 步： ❶在“图表数据区域”参数框中设置数据源；❷单击“确定”按钮，如下图所示。

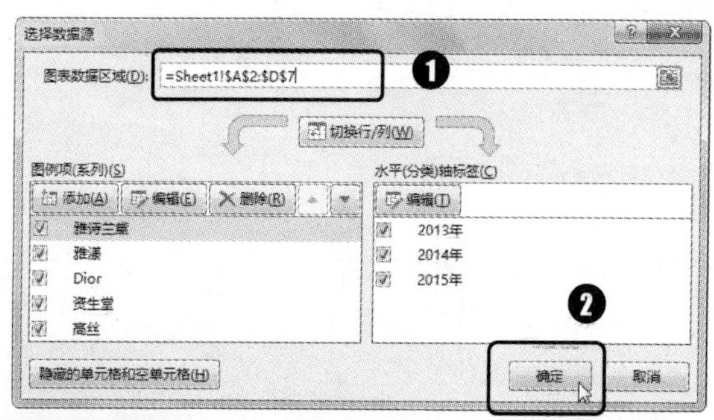

技巧 380：将隐藏的数据显示到图表中

●适用版本：2007、2010、2013、2016

●实用指数：★★★☆☆

说 明

若在编辑工作表时将某部分数据隐藏了，则创建的图表也不会显示该数据。此时，可以通过设置让隐藏的工作表数据显示到图表中。

方法

例如，在“东方佳人化妆品销售统计表2.xlsx”的工作表中有隐藏的数据，需要将该数据显示到图表中，具体操作方法如下。

第 1 步： 选中表格中的数据，创建一个图表，效果如下图所示。

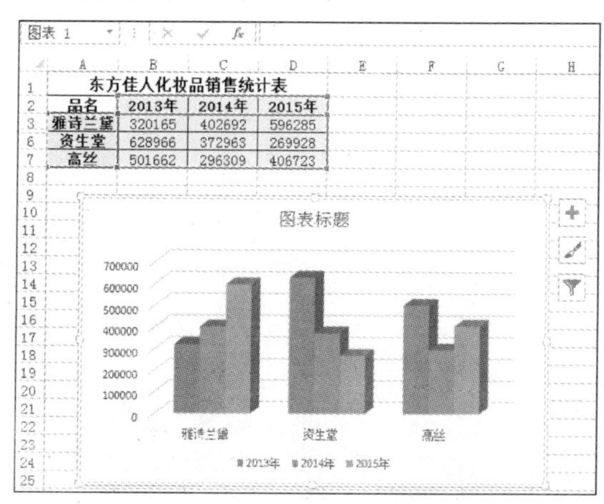

第 2 步： 选中图表，按照技巧 376 的方法打开“选择数据源”对话框，单击“隐藏的单元格和空单元格”按钮，如下图所示。

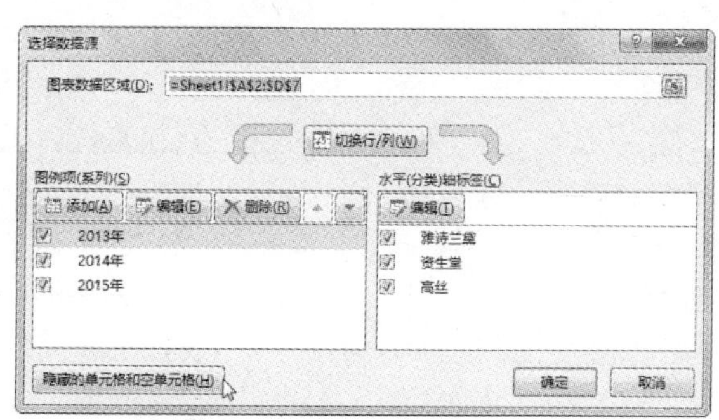

第 3 步： 弹出“隐藏和空单元格设置”对话框，❶选中“显示隐藏行列中的数据”复选框，❷单击“确定”按钮，如下图所示。

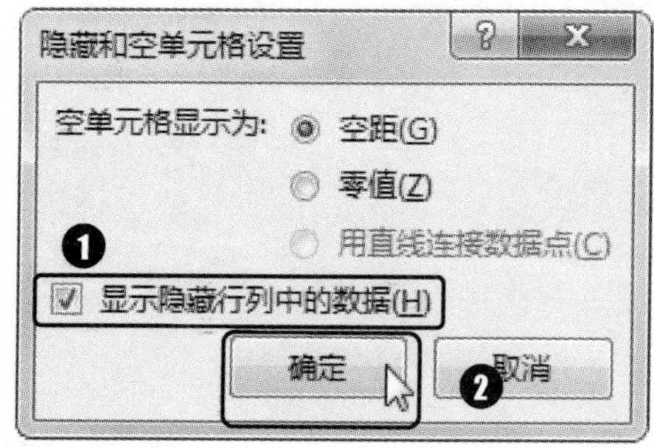

第 4 步： 返回“选择数据源”对话框，单击“确定”按钮，返回工作表，即可看见图表中显示了隐藏的数据，效果如下图所示。

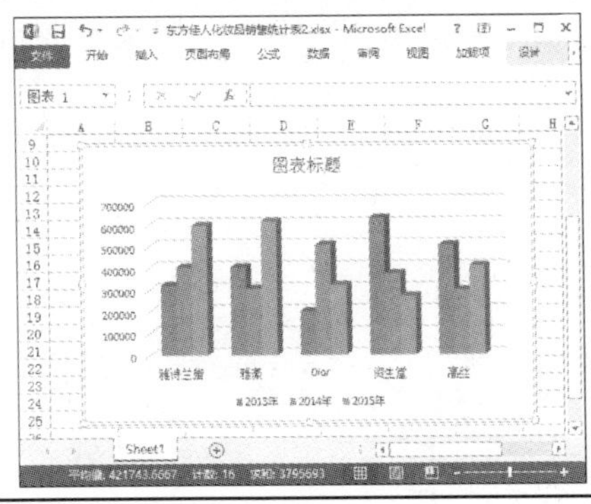

专家点拨

通过设置，只是在图表中将隐藏的数据系列显示出来，在工作表中隐藏的数据依然处于隐藏状态。

技巧 381：快速显示/隐藏图表元素

●适用版本：2013、2016
●实用指数：★★★★★

说 明

创建图表后，为了便于编辑图表，还可根据需要对图表元素进行显示或隐藏操作。

方法

例如，要在“东方佳人化妆品销售统计表 4.xlsx”的图表中将数据标签显示出来，具体操作方法如下。

选中图表，图表右侧会出现一个“图表元素”按钮+，单击该按钮，即可打开“图表元素”窗格，选中某个复选框，便可在图表中显示对应的元素；反之，取消选中某个复选框，则会隐藏对应的元素。本例中选中“数据标签”复选框，图表的分类系列上即可显示具体的数值，从而方便用户更好地查看图表，效果如下图所示。

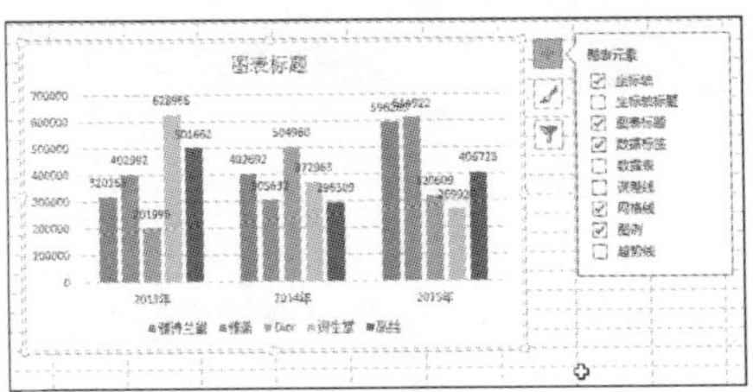

技巧 382：设置图表元素的显示位置

●适用版本：2013、2016
●实用指数：★★★☆☆

说 明

将某个图表元素显示到图表后，还可以根据需要调整其显示位置，以便更好地查看图表。

方法

例如，要调整数据标签的显示位置，具体操作方法如下。

第 1 步： 选中图表后打开“图表元素”窗格。

第 2 步： ❶将鼠标指针指向“数据标签”选项，右侧会出现一个 ▸ 按钮，单击该按钮；❷在弹出的下拉列表中选择某个位置选项即可，如下图所示。

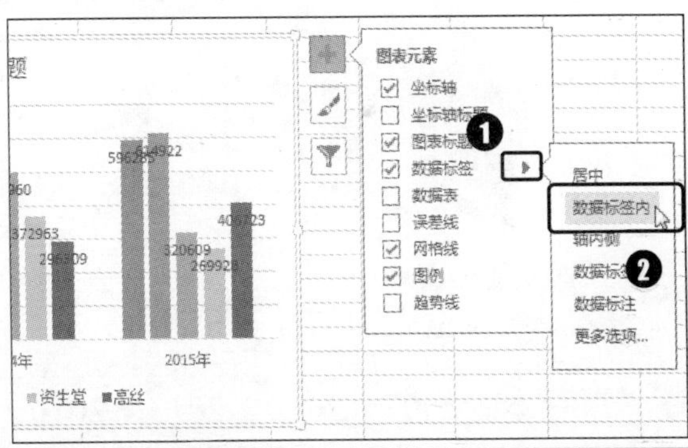

专家点拨

选中图表后，切换到“图表工具-设计”选项卡，在“图表布局”组中单击“添加图表元素”按钮，在弹出的下拉列表中选择某个元素选项，在弹出的级联列表中选择显示位置，该元素即可显示到图表的指定位置。在 Excel 2007、2010 版本中，通过“图表工具-布局”选项卡可对图表元素进行显示/隐藏、设置显示位置等相关操作。

技巧 383：设置图表标题

●适用版本：2007、2010、2013、2016
●实用指数：★★☆☆☆

说 明

在工作表中创建图表后，还可根据需要为图表设置坐标轴标题和图表标题。在设置标题前，要先将该元素显示在图表中，再在对应的标题框中输入内容即可。在 Excel 2013 中，默认将图表标题显示在图表中，因此可直接输入。

方法

例如，要在“东方佳人化妆品销售统计表 4.xlsx”的工作表中为图表添加图表标题，具体操作方法如下。

选中图表，直接在“图表标题”框中输入标题内容“化妆品销售统计”即可，完成输入后的效果如下图所示。

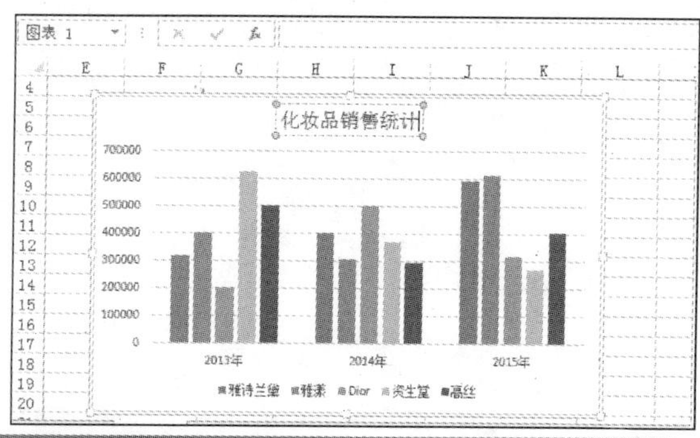

技巧 384：设置饼图的标签值类型

●适用版本：2007、2010、2013、2016

●实用指数：★★★★★

说 明

在饼图类型的图表中，将数据标签显示出来后，默认显示的是具体数值，为了让饼图更加形象直观，可以将数值设置成百分比形式。

方法

例如，在“东方佳人化妆品销售统计表 3.xlsx”的图表中，将数据标签的值设置成百分比形式，具体操作方法如下。

第 1 步： 选中图表，将数据标签显示出来。

第 2 步： ❶选中所有数据标签；❷在“图表元素”窗格中，将鼠标指针指向“数据标签”选项，单击右侧出现的 ▸ 按钮；❸在弹出的下拉列表中选择“更多选项”选项，如下图所示。

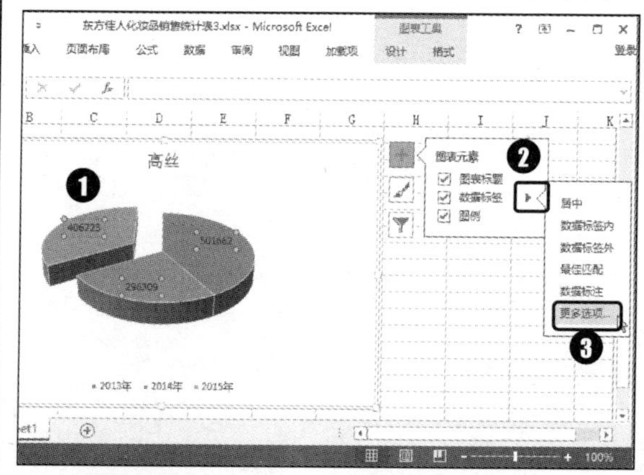

第 3 步： 打开“设置数据标签格式”任务窗格，默认显示在“标签选项”界面，❶在“标签包括”选项组中选中“百分比”复选框，取消选中“值”复选框；❷单击“关闭”按钮关闭该任务窗格，如下图所示。

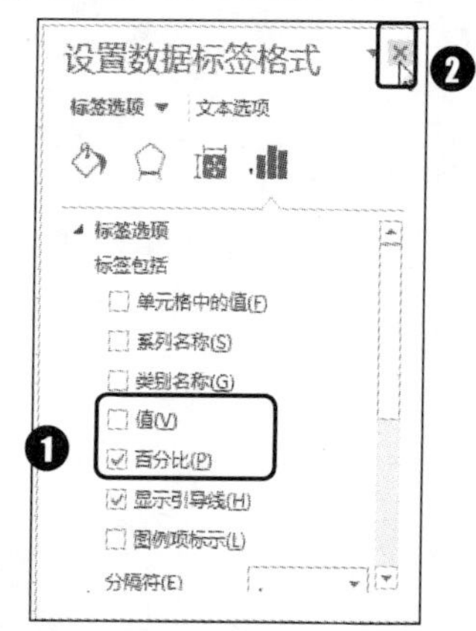

第 4 步： 图表中的数据标签即以百分比形式显示，效果如下图所示。

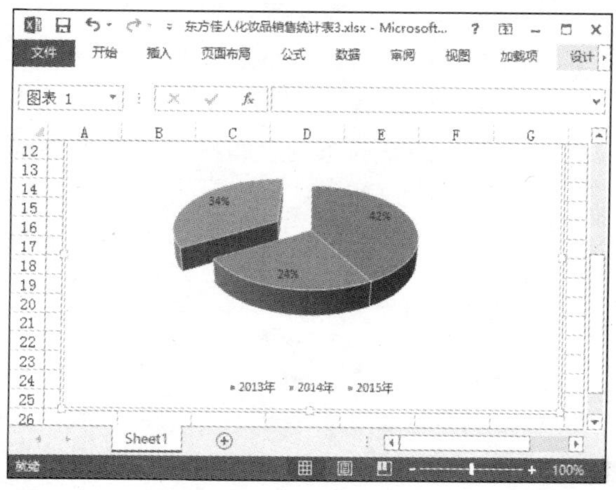

专家点拨

在“图表元素”窗格中，在某个图表元素选项中展开下拉列表后，选择其中的“更多选项”选项，便可打开对应的元素格式设置窗格。在后面的相似操作中，不再讲述元素格式设置窗格的打开方式。在Excel 2007、2010版本中，只须在“图表工具–设计”选项卡中单击某个元素按钮，在展开的下拉列表中选择选项命令，便可弹出对应的格式设置对话框。

技巧385：设置纵坐标的刻度值

●**适用版本：**2007、2010、2013、2016

●**实用指数：**★★☆☆☆

说明

创建柱形、折线等类型的图表后，图表左侧显示的是纵坐标轴，并根据数据源中的数值显示刻度。根据操作需要，用户可自定义坐标轴刻度值的大小。

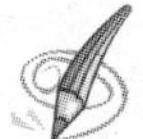

方法

例如，在“东方佳人化妆品销售统计表5.xlsx”的图表中，要设置纵坐标的刻度值，具体操作方法如下。

第1步： 选中图表，打开“设置坐标轴格式”任务窗格。

第2步： ❶单击“坐标轴选项”右侧的下拉按钮；❷在弹出的下拉列表中选择“垂直（值）轴”选项，如下图所示。

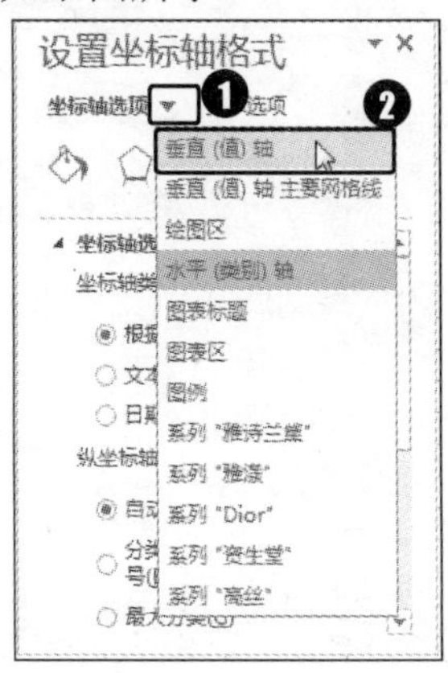

第3步： 切换到纵坐标的设置界面，❶在“坐标轴选项”界面中设置刻度值参数；❷单击“关闭”按钮即可。

技巧386：突出显示折线图表中的最大值和最小值

●**适用版本：**2007、2010、2013、2016

●**实用指数：**★★★☆☆

说明

为了让图表数据更加清楚明了，可以通过设置在图表中突出显示最大值和最小值。

方法

例如，要在折线类型的图表中突出显示大值和最小值，具体操作方法如下。

第1步： 在工作表中创建两个辅助列，并将标题命名为“最高分”和“最低分”。选择要存放结果的单元格“C3”，输入公式“=IF(B3=MAX($B$3:$B$13),B3,NA())”，按〈Enter〉键得出计算结果，利用填充功能向下复制公式，完成计算后的效果如下图所示。

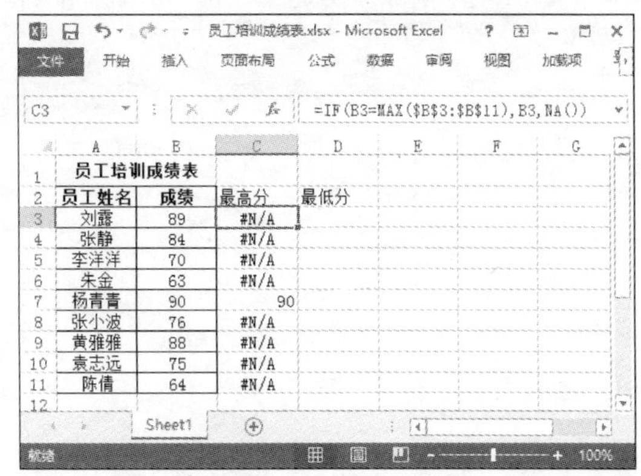

员工培训成绩表			
员工姓名	成绩	最高分	最低分
刘露	89	#N/A	
张静	84	#N/A	
李洋洋	70	#N/A	
朱金	63	#N/A	
杨青青	90	90	
张小波	76	#N/A	
黄雅雅	88	#N/A	
袁志远	75	#N/A	
陈倩	64	#N/A	

第 2 步： 选中单元格“D3”，输入公式“=IF(B3=MIN($B$3:$B$13),B3,NA())”，按〈Enter〉键得出计算结果，利用填充功能向下复制公式，完成计算后的效果如下图所示。

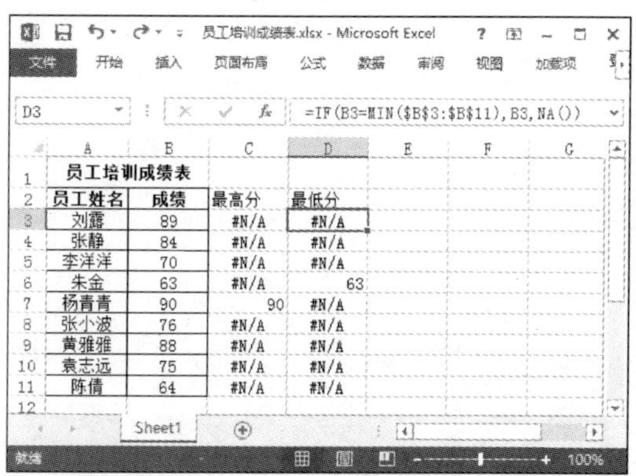

	A	B	C	D
1	员工培训成绩表			
2	员工姓名	成绩	最高分	最低分
3	刘露	89	#N/A	#N/A
4	张静	84	#N/A	#N/A
5	李洋洋	70	#N/A	#N/A
6	朱金	63	#N/A	63
7	杨青青	90	90	#N/A
8	张小波	76	#N/A	#N/A
9	黄雅雅	88	#N/A	#N/A
10	袁志远	75	#N/A	#N/A
11	陈倩	64	#N/A	#N/A

第 3 步： 选中整个数据区域，插入折线类型的图表，本例中插入的是带数据标记的折线图，图表中将突出显示最大值和最小值的点，效果如下图所示。

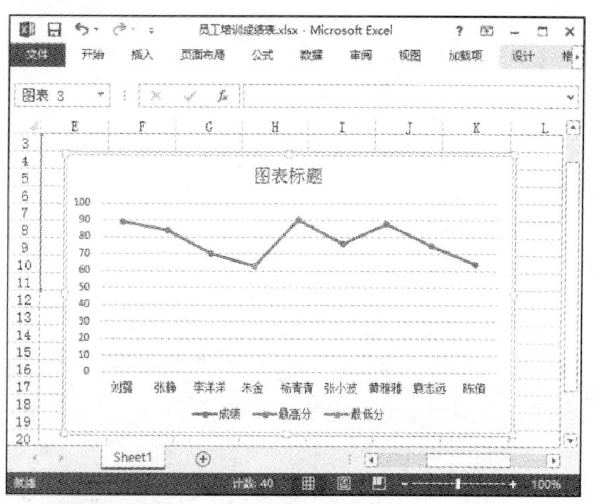

第 4 步： 在图表中选中最高数值点，将数据标签在上方显示出来，效果如下图所示。

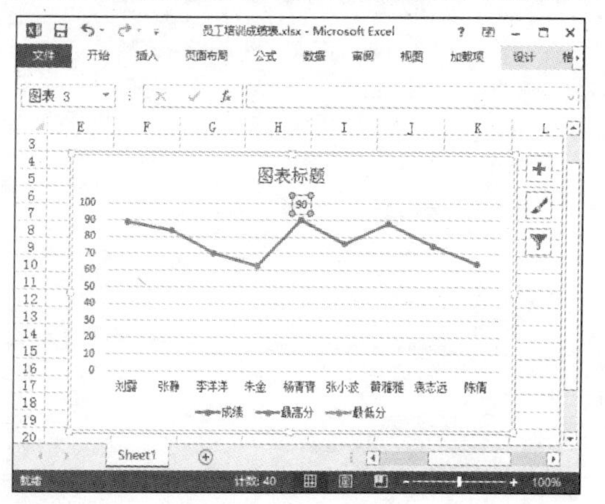

第 5 步： 选中最高数值的数据标签，打开“设置数据标签格式”任务窗格，❶在“标签选项”界面的“标签包括”选项组中，选中“系列名称”复选框；❷单击“关闭”按钮，如下图所示。

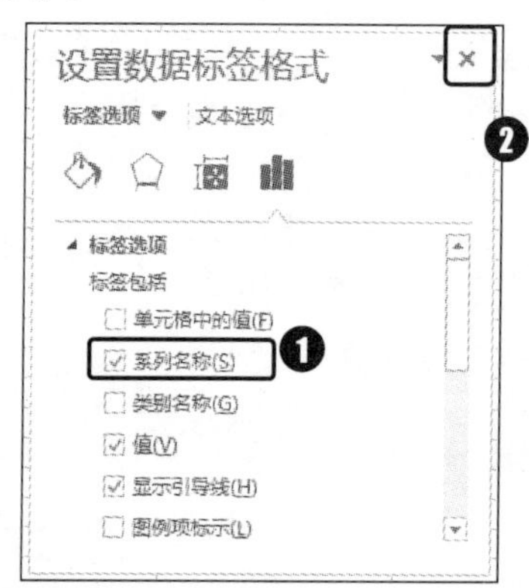

第 6 步： 返回工作表，查看设置后的效果，如下图所示。

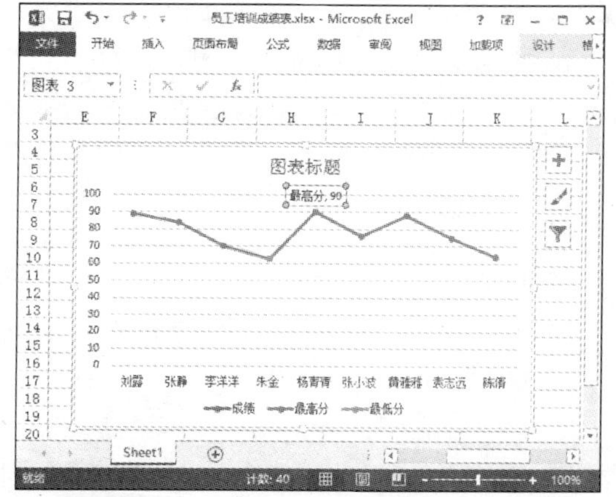

第 7 步： 参照上述操作方法，将最低数值点的数据标签在下方显示出来，并显示出系列名称，最终效果如下图所示。

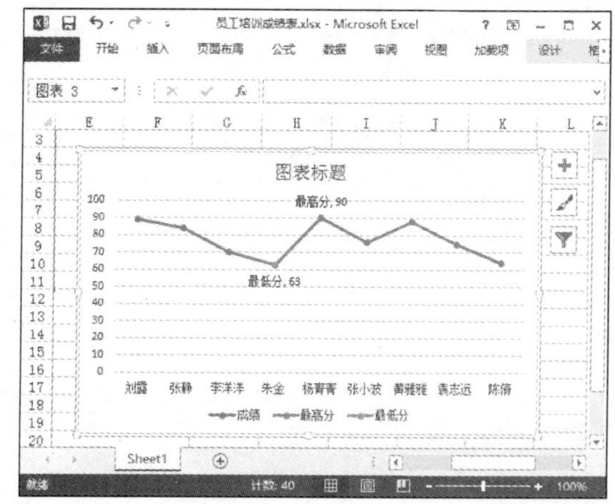

技巧 387：将图表移动到其他工作表

●适用版本：2007、2010、2013、2016
●实用指数：★★☆☆☆

说 明

默认情况下，创建的图表会显示在数据源所在的工作表内，根据操作需要，用户还可以将图表移动到其他工作表。

方法

例如，要将图表移动到新建的“图表”工作表中，具体操作方法如下。

第 1 步： 新建一张工作表，并将其命名为“图表”。

第 2 步： ❶选中图表；❷切换到“图表工具-设计”选项卡；❸单击“位置”组中的“移动图表”按钮，如下图所示。

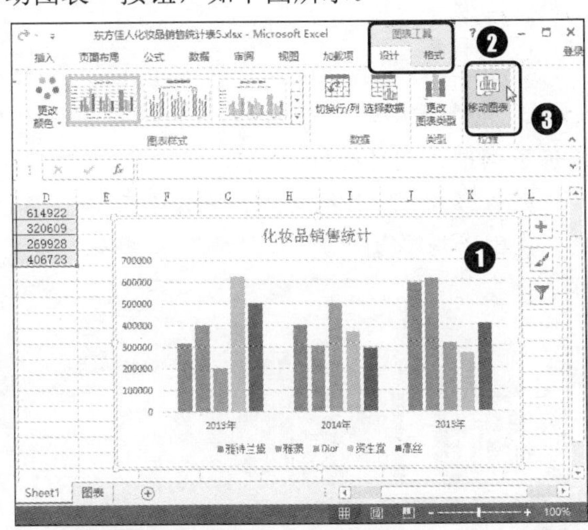

第 3 步： 弹出“移动图表”对话框，❶选择图表位置，本例中在“对象位于”下拉列表框中选择“图表”选项；❷单击“确定”按钮，如下图所示。

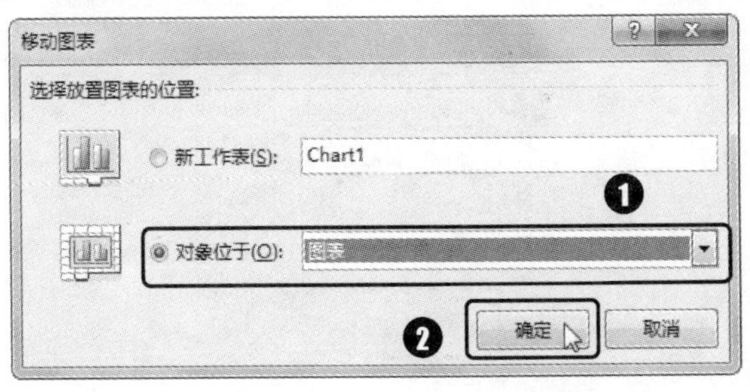

第 4 步： 通过上述操作后，图表移动到“图表”工作表中，效果如下图所示。

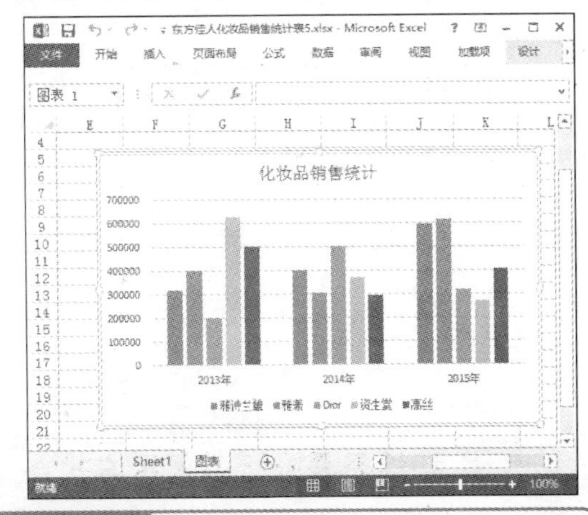

技巧 388：隐藏图表

●适用版本：2007、2010、2013、2016
●实用指数：★☆☆☆☆

说 明

创建图表后，有时图表可能会挡住工作表的数据内容，为了方便操作，可以将图表隐藏起来。

方法

例如，要将“东方佳人化妆品销售统计表 5.xlsx”的图表隐藏起来，操作方法如下。

第 1 步： ❶选中图表；❷切换到“图表工具-格式”选项卡；❸单击“排列”组中的“选择窗格”按钮，如下图所示。

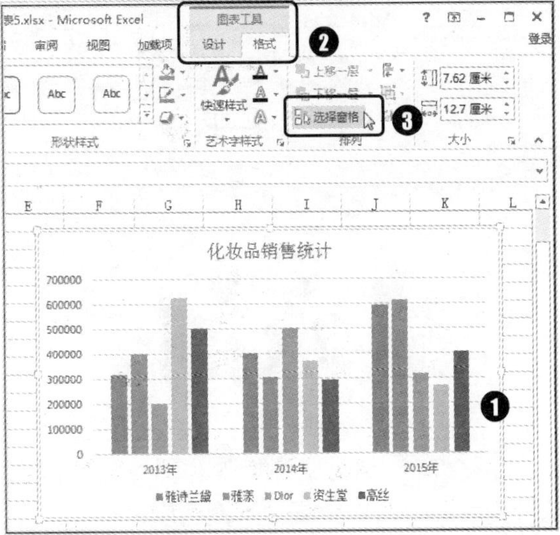

第 2 步： 打开“选择”任务窗格，单击要隐藏的图表名称右侧的按钮，即可隐藏该图表，如下图所示。

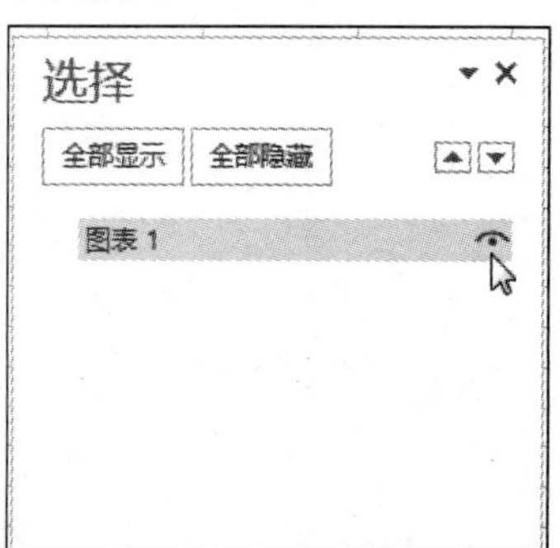

技巧 389：切换图表的行列显示方式

●**适用版本：**2007、2010、2013、2016

●**实用指数：**★★★★★

说 明

创建图表后，还可以对图表统计的行列方式进行随意切换，以便用户更好地查看和比较数据。

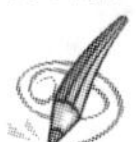

方法

例如，在“东方佳人化妆品销售统计表5.xlsx”的工作表中，将图表中的行列显示方式进行切换，具体操作方法如下。

第 1 步： ❶选中图表；❷切换到“图表工具-设计”选项卡；❸单击“数据”组中的“切换行/列”按钮，如下图所示。

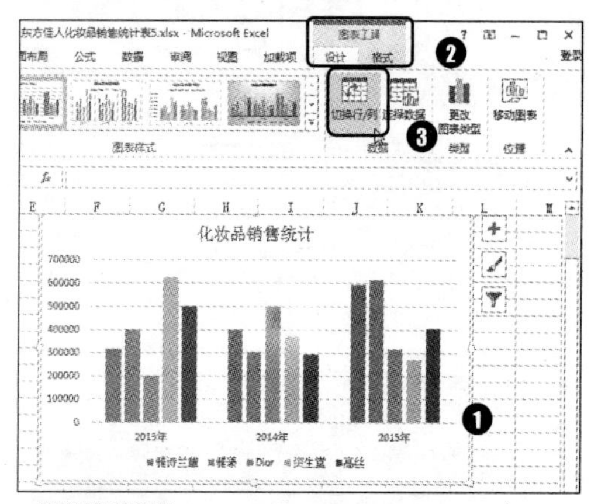

第 2 步： 通过上述操作，即可切换图表的行列显示方式，效果如下图所示。

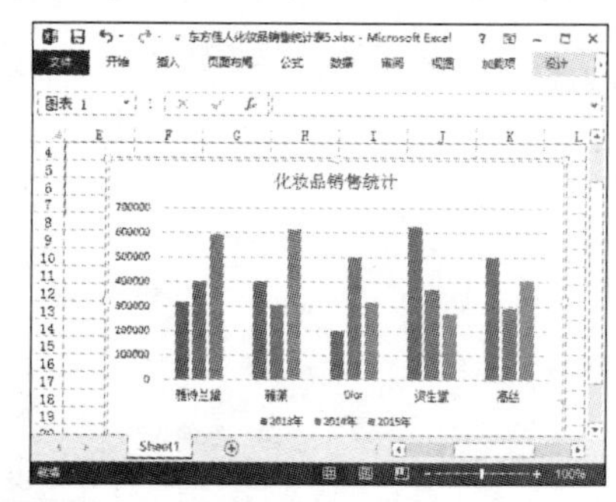

技巧 390：在图表中添加趋势线

●**适用版本：**2007、2010、2013、2016

●**实用指数：**★★★★★

说 明

创建图表后，为了能更加直观地对系列中的数据变化趋势进行分析与预测，用户可以为数据系列添加趋势线。

方法

例如，在“东方佳人化妆品销售统计表5.xlsx”的图表中，要为“雅诗兰黛”数据系列添加趋势线，具体操作方法如下。

第 1 步： 选中图表，打开“图表元素”窗格，选中“趋势线”复选框，如下图所示。

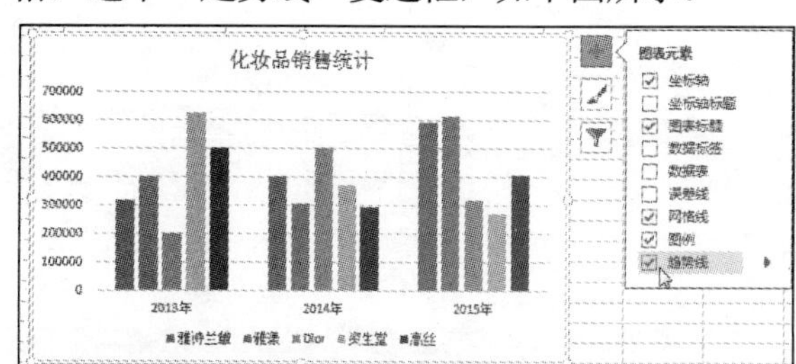

第 2 步： 弹出“添加趋势线”对话框，❶在列表框中选择要添加趋势线的系列，本例中选择“雅诗兰黛”；❷单击“确定”按钮，如下图所示。

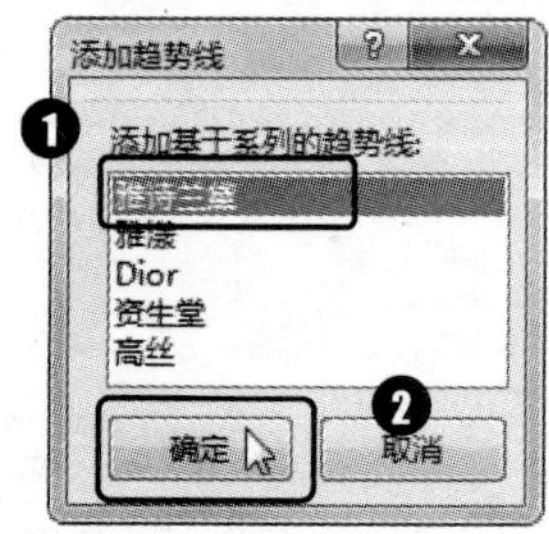

第 3 步： 查看为“雅诗兰黛”数据系列添加的趋势线，效果如下图所示。

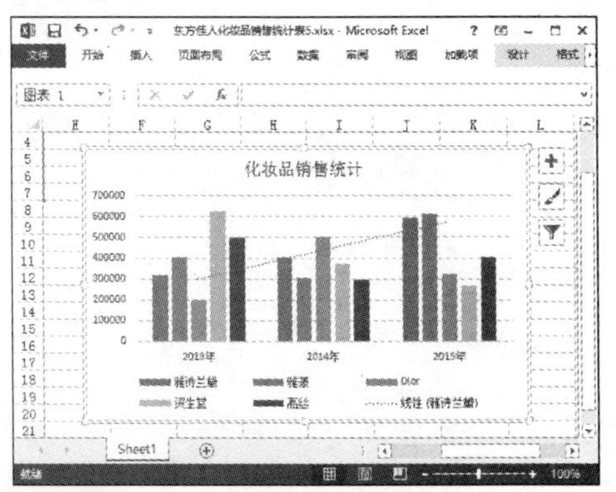

技巧 391：更改趋势线类型

●**适用版本：**2007、2010、2013、2016

●**实用指数：**★★★★☆

说 明

添加趋势线后，还可根据操作需要更改趋势线的类型。

方法

例如，将“雅诗兰黛”数据系列的趋势线的类型更改为“指数”，具体操作方法如下。

第 1 步： 选中趋势线，打开“设置趋势线格式”任务窗格。

第 2 步： ❶在“趋势线选项”界面中选择需要的趋势线类型，本例中选择“指数”；❷单击“关闭”按钮，如下图所示。

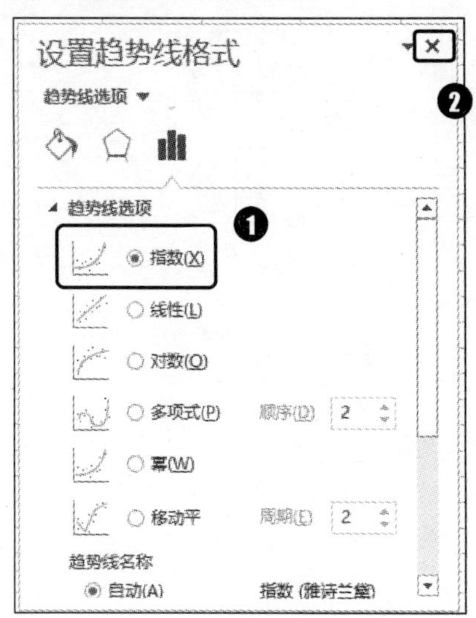

第 3 步： 返回工作表，可查看设置后的效果，如下图所示。

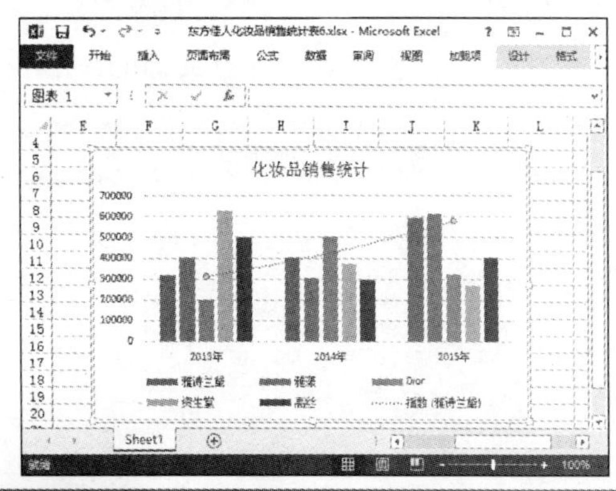

技巧 392：给图表添加误差线

●**适用版本：**2007、2010、2013、2016

●**实用指数：**★★★☆☆

说 明

误差线通常用于统计数据或科学记数法数据中，以显示相对序列中的每个数据标记的潜在误差或不确定度。

方法

例如，在“东方佳人化妆品销售统计表5.xlsx”的工作表中，为“资生堂”数据系列添加误差线，具体操作方法如下。

选中某系列数据，如“资生堂”，打开“图表元素”窗格，选中“误差线”复选框，如下图所示。

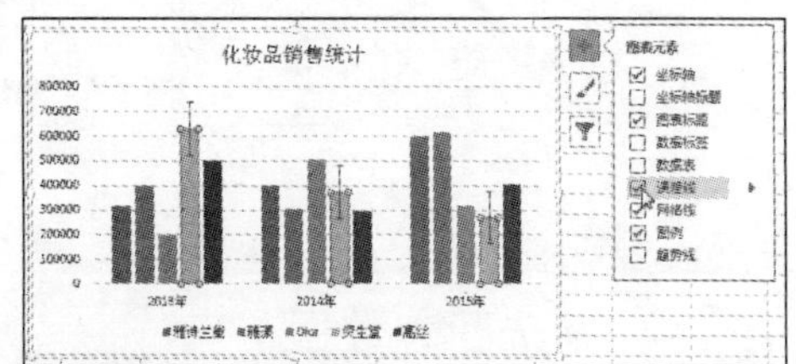

技巧 393：更改误差线类型

●**适用版本：**2007、2010、2013、2016

●**实用指数：**★★★☆☆

说 明

添加误差线后，还可根据操作需要更改误

差线的类型。

方法

例如，将“资生堂”数据系列的误差线类型更改为“负偏差”，具体操作方法如下。

第 1 步： 选中误差线，打开“设置误差线格式”任务窗格。

第 2 步： ❶在“垂直误差线”界面中选择需要的误差线类型，本例中选择“负偏差”；❷单击“关闭”按钮，如下图所示。

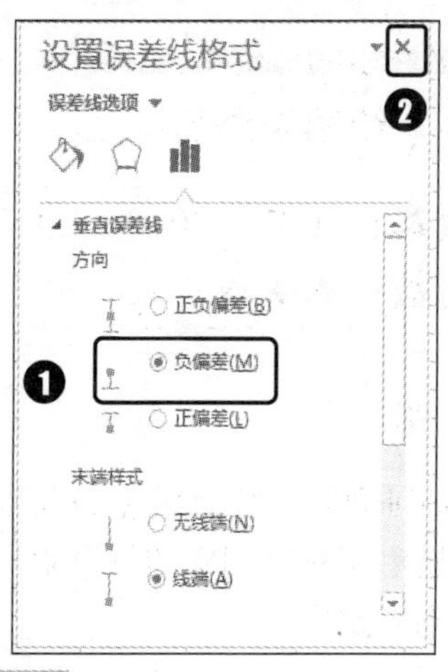

第 3 步： 返回工作表，可查看设置后的效果，如下图所示。

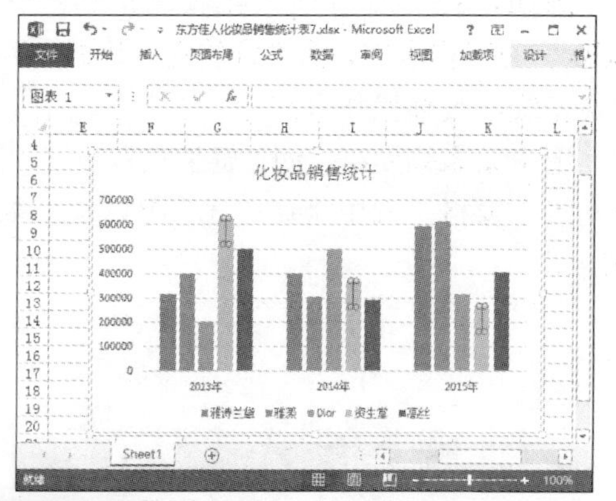

技巧 394：筛选图表数据

●适用版本：2013、2016

●实用指数：★★★★★

说 明

创建图表后，用户还可以通过图表筛选器对图表数据进行筛选，将需要查看的数据筛选出来，从而帮助用户更好地查看与分析数据。

方法

例如，在“东方佳人化妆品销售统计表5.xlsx”的图表中，将数据系列为“雅漾”“Dior”“高丝”，类别为“2014 年”“2015 年”的数据筛选出来，具体操作方法如下。

第 1 步： ❶选中图表；❷单击右侧的“图表筛选器”按钮，如下图所示。

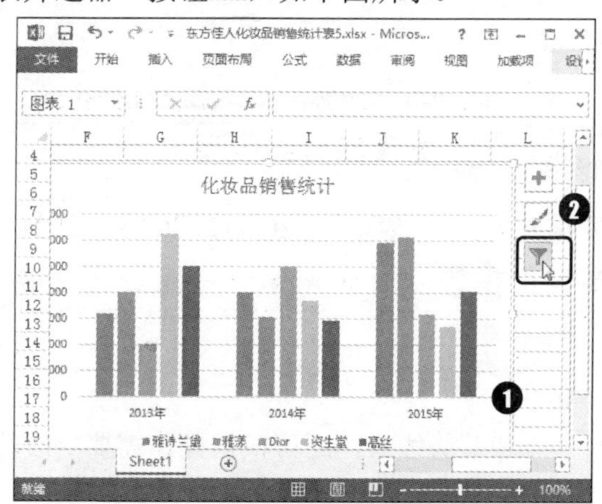

第 2 步： 打开筛选窗格，❶在“数值”界面的“系列”选项组中选中要显示的数据系列；❷在“类别”选项组中选中要显示的数据类别；❸单击“应用”按钮，如下图所示。

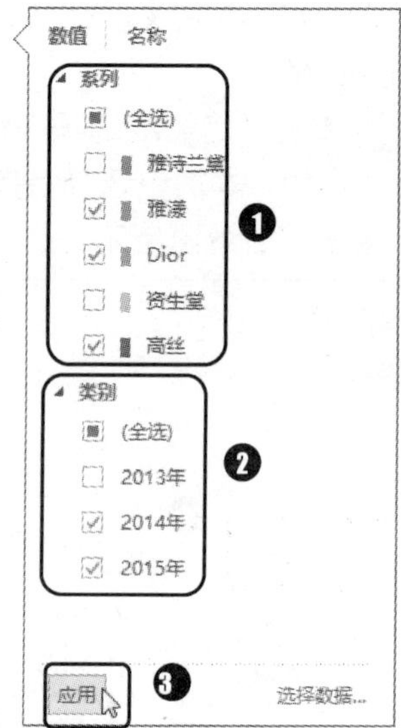

第 3 步： 返回工作表，图表中将只显示数据系列为“雅漾”“Dior”“高丝”，类别为“2014 年”“2015 年”的数据，效果如下图所示。

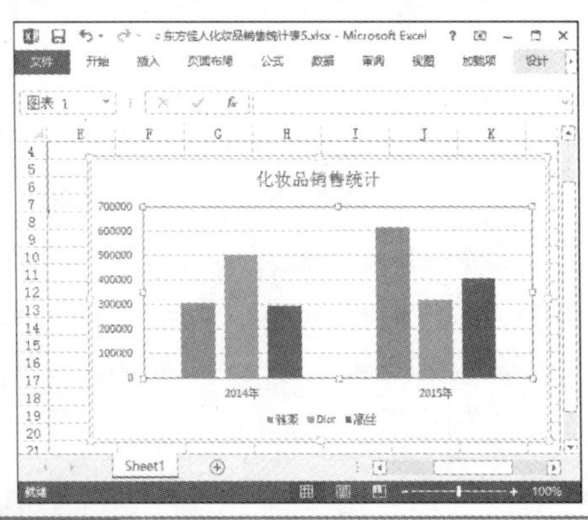

技巧 395：将图表转换为图片

●适用版本：2007、2010、2013、2016

●实用指数：★★★☆☆

说明

创建图表后，如果对数据源中的数据进行了修改，图表也会自动更新，如果不想让图表再做任何更改，可将图表转换为图片。

方法

例如，要将“东方佳人化妆品销售统计表5.xlsx”的图表转换为图片，具体操作方法如下。

第 1 步： 选中图表，按〈Ctrl+C〉组合键进行复制操作。

第 2 步： 新建一张名为“图表”的工作表，并切换到该工作表。

第 3 步： ❶在“开始”选项卡的“剪贴板”组中，单击“粘贴”按钮下方的下拉按钮；❷在弹出的下拉列表中选择“图片”选项，如下图所示。

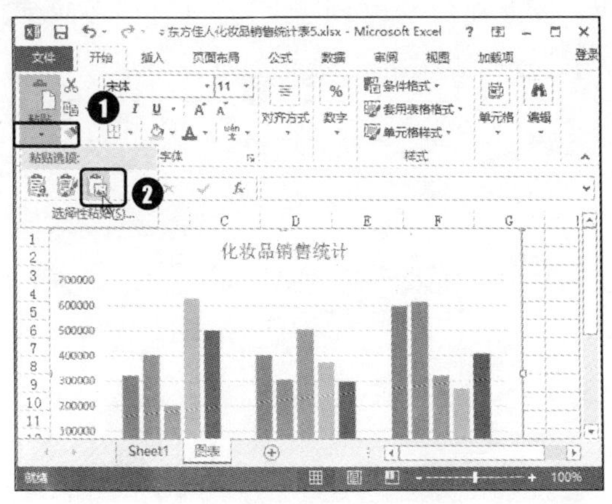

技巧 396：设置图表背景

●适用版本：2007、2010、2013、2016

●实用指数：★★☆☆☆

创建图表后，还可对其设置背景，以便让图表更加美观。

例如，要为图表设置图片背景，具体操作方法如下。

第 1 步： 使用鼠标右键单击图表，在弹出的快捷菜单中选择“设置图表区格式”菜单项，如下图所示。

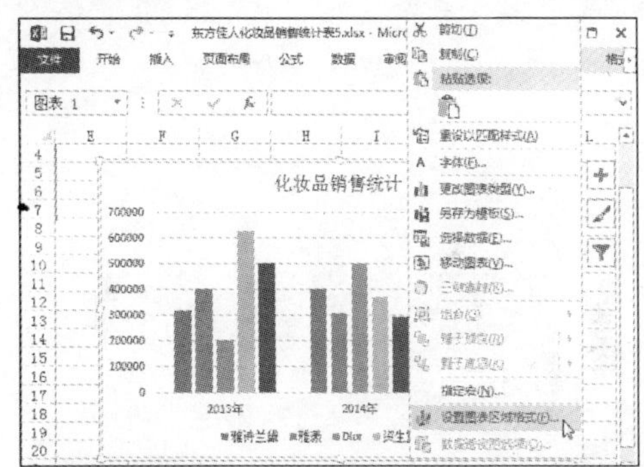

第 2 步： 打开“设置图表区格式”任务窗格，❶在“图表选项”的“填充”界面中，单击“填充”选项将其展开；❷选择背景填充方式，本例中选中“图片或纹理填充”单选按钮；❸单击“文件”按钮，如下图所示。

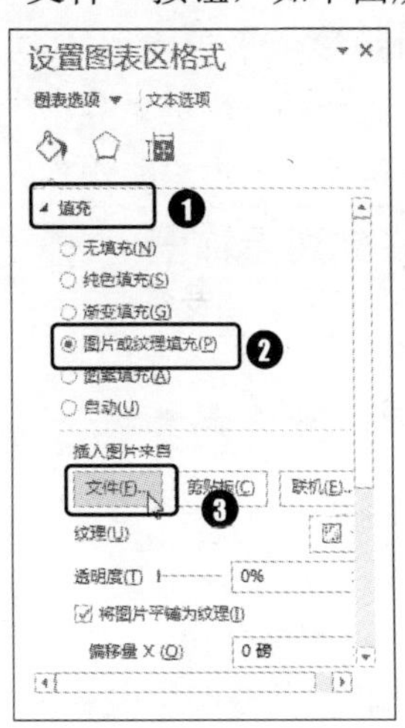

第 3 步： 弹出“插入图片”对话框，❶选择需要作为背景的图片；❷单击“插入”按钮，如下图所示。

第 4 步： 通过上述操作，为图表添加了图片背景，效果如下图所示。

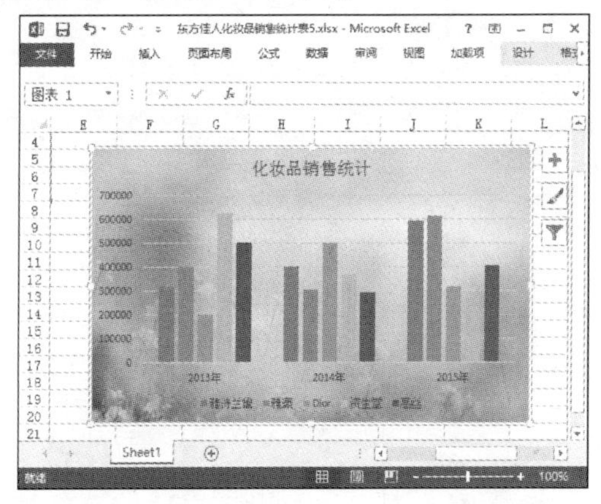

▷▷ 13.2 迷你图使用技巧

迷你图是显示于单元格中的一个微型图表，可以直观地反应数据系列中的变化趋势，接下来就为读者介绍相关的操作技巧。

技巧 397：创建迷你图

●适用版本：2010、2013、2016

●实用指数：★★★★★

说 明

Excel 提供了折线图、柱形图和盈亏 3 种类型的迷你图，用户可根据操作需要进行选择。

方法

例如，要在单元格中插入折线图类型的迷你图，具体操作方法如下。

第 1 步： ❶选中要显示迷你图的单元格；❷切换到“插入”选项卡；❸在“迷你图”组单击迷你图类型对应的按钮，这里单击“折线图”按钮，如下图所示。

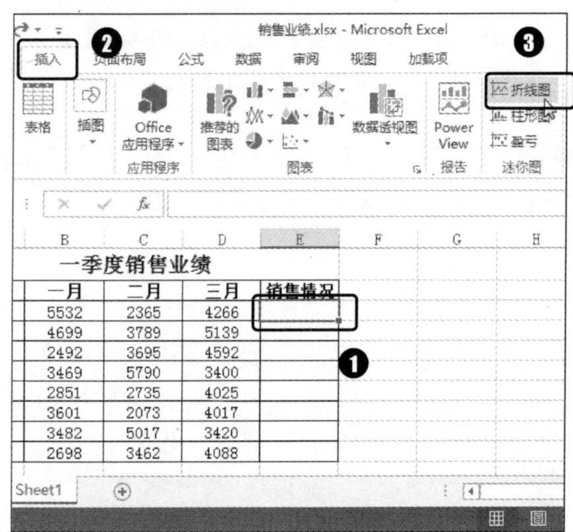

第 2 步： 弹出“创建迷你图”对话框，❶在“数据范围”参数框中设置迷你图的数据源；❷单击“确定”按钮，如下图所示。

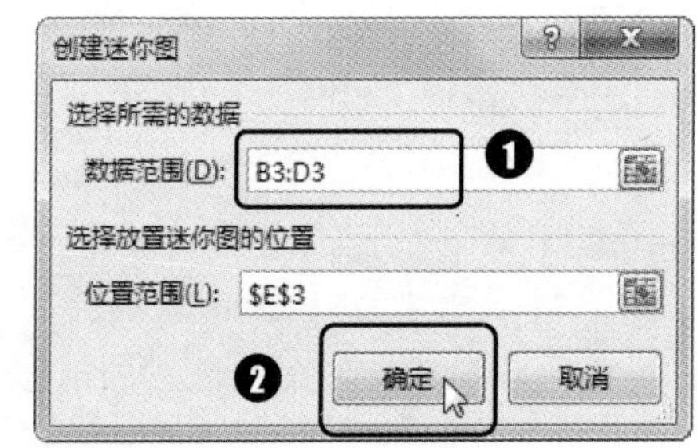

第 3 步： 返回工作表，可看见当前单元格中创建了迷你图，效果如下图所示。

一季度销售业绩

销售人员	一月	二月	三月	销售情况
杨新宇	5532	2365	4266	
胡敏	4699	3789	5139	
张含	2492	3695	4592	
刘晶晶	3469	5790	3400	
吴欢	2851	2735	4025	
黄小梨	3601	2073	4017	
严紫	3482	5017	3420	
徐刚	2698	3462	4088	

第 4 步： 参照上述操作方法，依次在其他单元格中创建迷你图，效果如下图所示。

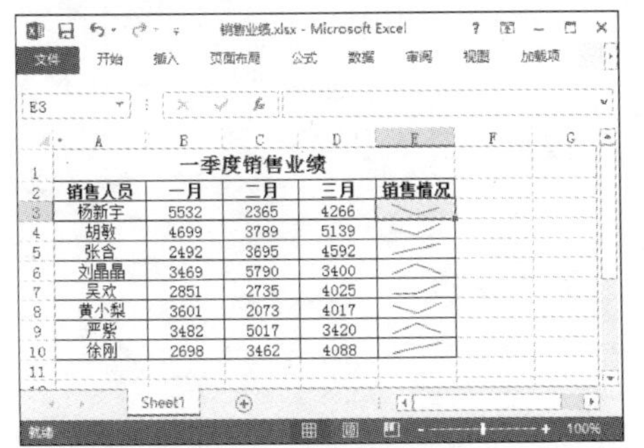

 **专家点拨**

创建迷你图时，数据源只能是同一行或同一列中相邻的单元格，否则无法创建迷你图。

技巧 398：一次性创建多个迷你图

●**适用版本**：2010、2013、2016

●**实用指数**：★★★★★

说 明

在创建迷你图时可以发现，若逐个创建，会显得非常烦琐，为了提高工作效率，可以一次性创建多个迷你图。

 **方法**

例如，要一次性创建多个柱形图类型的迷你图，具体操作方法如下。

第 1 步： ❶选中要显示迷你图的多个单元格；❷切换到“插入”选项卡；❸在“迷你图”组中单击“柱形图”按钮，如下图所示。

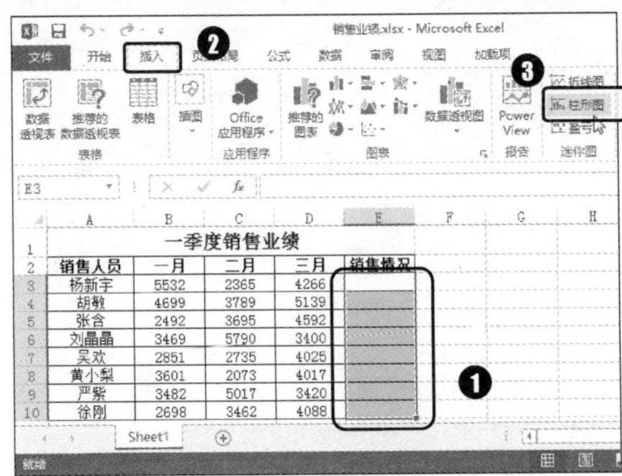

第 2 步： 弹出“创建迷你图”对话框，❶在“数据范围”参数框中设置迷你图的数据源，❷单击“确定”按钮，如下图所示。

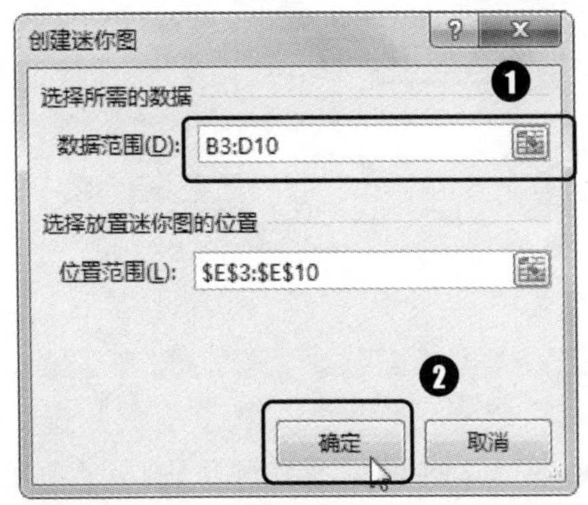

第 3 步： 返回工作表，可看见所选单元格中创建了迷你图，效果如下图所示。

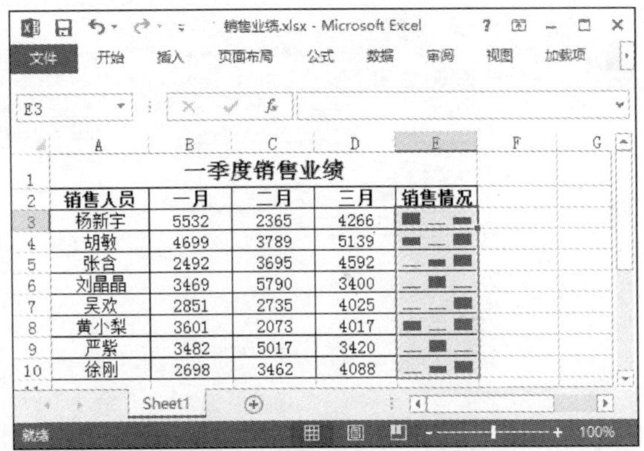

技巧 399：更改迷你图的数据源

●**适用版本**：2010、2013、2016

●**实用指数**：★★★★☆

方法

创建迷你图后，用户还可根据操作需要更改数据源。

 **方法**

例如，要为“销售业绩 1.xlsx”中的某个迷你图更改数据源，具体操作方法如下。

第 1 步： ❶选择要更改数据源的迷你图；❷切换到“迷你图工具-设计”选项卡；❸在“迷你图”组中单击“编辑数据”按钮下方的下拉按钮；❹在弹出的下拉列表中选择“编辑单个迷你图的数据”选项，如下图所示。

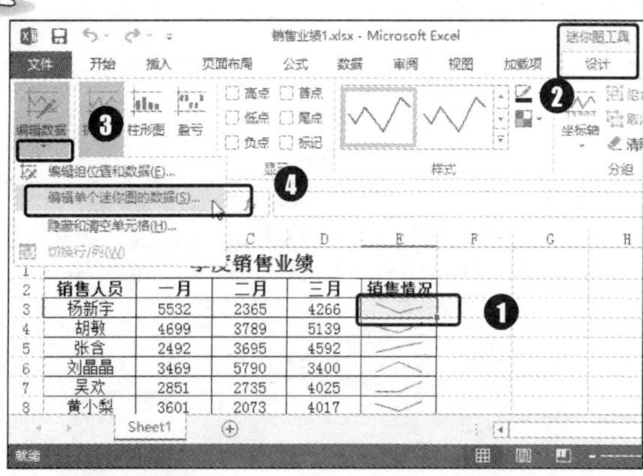

第 2 步： 弹出“编辑迷你图数据”对话框，❶在“选择迷你图的源数据区域”参数框中设置数据源；❷单击“确定”按钮，如下图所示。

专家点拨

选择多个迷你图，在“迷你图工具-设计”选项卡的“分组”组中单击“组合”按钮，可将其组合成一组迷你图。此后，选中组中的任意一个迷你图，便可同时对这个组的迷你图进行编辑操作，如更改源数据、更改迷你图类型等。此外，一次性创建的多个迷你图默认为一组迷你图，选中组中的任意一个迷你图，单击“取消组合”按钮，可拆分成单个的迷你图。

技巧 400：更改迷你图类型

●**适用版本：**2010、2013、2016

●**实用指数：**★★★☆☆

说 明

为了使图表更好地表现指定的数据，还可以随心所欲地更改迷你图的类型。

方法

例如，要将折线图类型的迷你图更改为柱形图类型的迷你图，具体操作方法如下。

第 1 步： ❶选择要更改类型的迷你图（可以是一个，也可以是多个）；❷切换到“迷你图工具-设计”选项卡；❸在“类型”组中单击“柱形图”按钮，如下图所示。

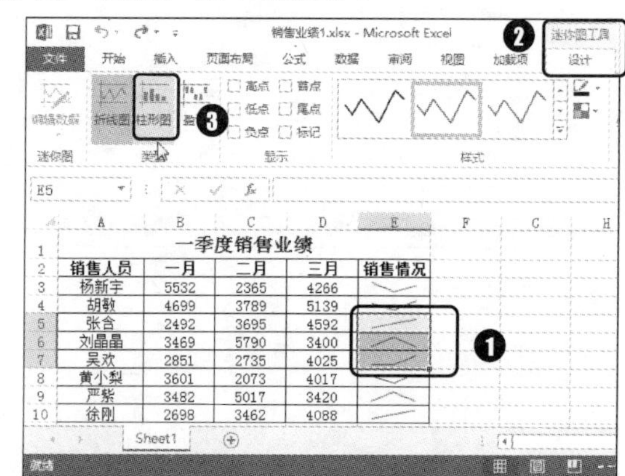

第 2 步： 所选对象即可更改为柱形图类型的迷你图，效果如下图所示。

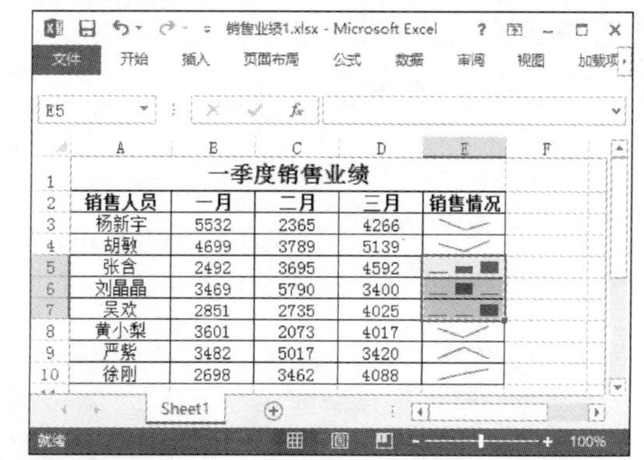

技巧 401：突出显示迷你图中的重要数据节点

●**适用版本：**2010、2013、2016

●**实用指数：**★★★★★

说 明

迷你图提供了显示“高点”“低点”等数据节点的功能，通过该功能，可在迷你图上标示出需要强调的数据值。

方法

例如，要将迷你图的“高点”值突出显示出来，具体操作方法如下。

❶选中需要编辑的迷你图；❷切换到“迷你图工具-设计”选项卡；❸在“显示”组中选中某个复选框便可显示相应的数据节点，本例中选中“高点”复选框，迷你图中即可以不同颜色突出显示最高值的数据节点，效果如下图所示。

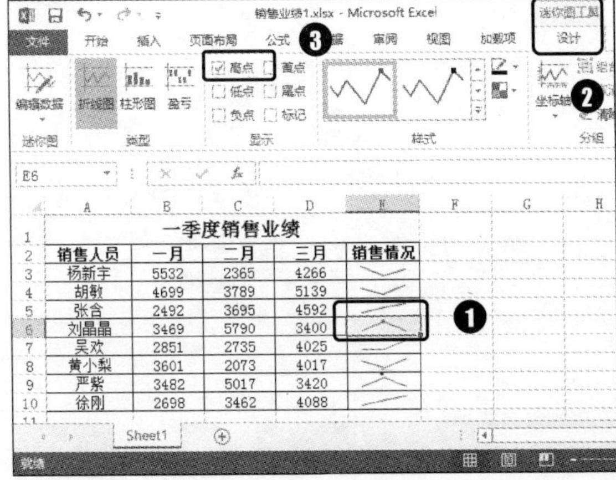

	A	B	C	D	E
1	一季度销售业绩				
2	销售人员	一月	二月	三月	销售情况
3	杨新宇	5532	2365	4266	
4	胡敏	4699	3789	5139	
5	张含	2492	3695	4592	
6	刘晶晶	3469	5790	3400	
7	吴欢	2851	2735	4025	
8	黄小梨	3601	2073	4017	
9	严紫	3482	5017	3420	
10	徐刚	2698	3462	4088	

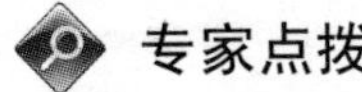

专家点拨

选择迷你图后，在“迷你图工具-设计”选项卡的“样式”组中，单击“迷你图颜色”按钮右侧的下拉按钮，在弹出的下拉列表中可以为迷你图设置颜色；单击“标记颜色”按钮，在弹出的下拉列表中可以为各个数据节点设置颜色。

Excel 数据透视表和透视图应用技巧

在 Excel 中，数据透视表和数据透视图是具有强大分析功能的工具。当表格中有大量数据时，利用数据透视表和数据透视图可以更加直观地查看数据，并且能够方便地对数据进行对比和分析。本章将针对数据透视表和数据透视图，向读者介绍一些实用的操作技巧。

▷▷ 14.1 数据透视表应用技巧

数据透视表可以从数据库中产生一个动态汇总表格，从而可以快速对工作表中的大量数据进行分类汇总。下面介绍数据透视表的相关操作技巧。

技巧 402：创建数据透视表

●**适用版本**：2007、2010、2013、2016
●**实用指数**：★★★★★

说 明

数据透视表具有强大的交互性，通过简单的布局改变，可以全方位、多角度、动态地统计和分析数据，并从大量数据中提取有用信息。

数据透视表的创建是一项非常简单的操作，只须连接到一个数据源，并输入报表的位置即可。

方法

例如，要在“销售业绩表.xlsx”的工作表中创建数据透视表，具体操作方法如下。

第 1 步： ❶选中要作为数据透视表数据源的单元格区域；❷切换到“插入”选项卡；❸单击“表格”组中的“数据透视表”按钮，如下图所示。

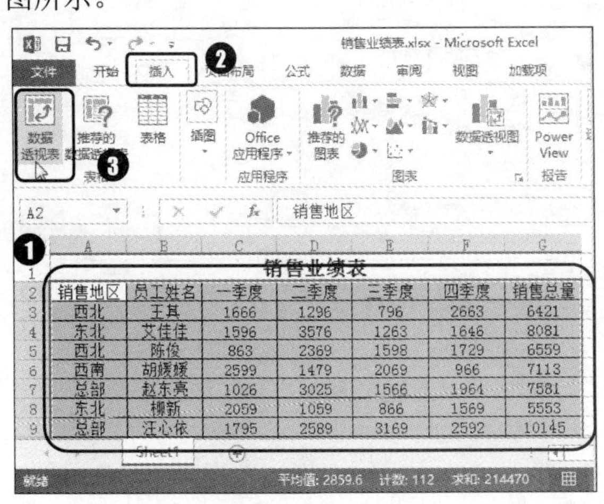

专家点拨

在 Excel 2007、2010 中创建数据透视表略有不同，选择数据区域后，切换到“插入”选项卡，在“表格”组中单击“数据透视表”按钮下方的下拉按钮，在弹出的下拉列表中选择“数据透视表”选项，在接下来弹出的“创建数据透视表”对话框中进行设置即可。

第 2 步： 弹出“创建数据透视表”对话框，此时在“请选择要分析的数据”选项组中默认选中“选择一个表或区域”单选按钮，且在“表/区域”参数框中自动设置了数据源。❶在“选择放置数据透视表的位置”选项组中选中“现有工作表”单选按钮；❷在“位置”参数框中设置放置数据透视表的起始单元格；❸单击“确定”按钮，如下图所示。

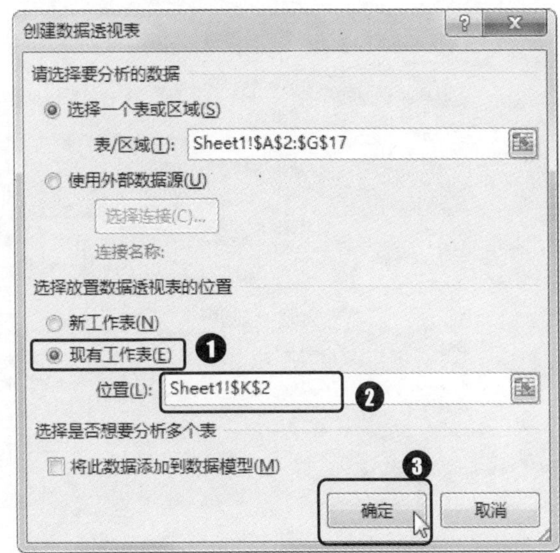

第 3 步： 目标位置将自动创建一个空白数据透视表，并自动打开“数据透视表字段”任务窗格，如下图所示。

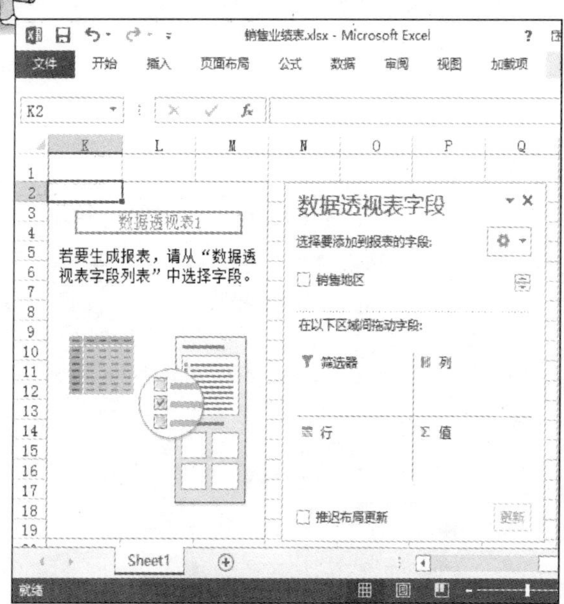

第 4 步： 在“数据透视表字段”任务窗格的“选择要添加到报表的字段”列表框中，选中某字段名称的复选框，所选字段名称会自动添加到“在以下区域间拖动字段”选项组中相应的位置，同时数据透视表中也会添加相应的字段名称和内容，效果如下图所示。

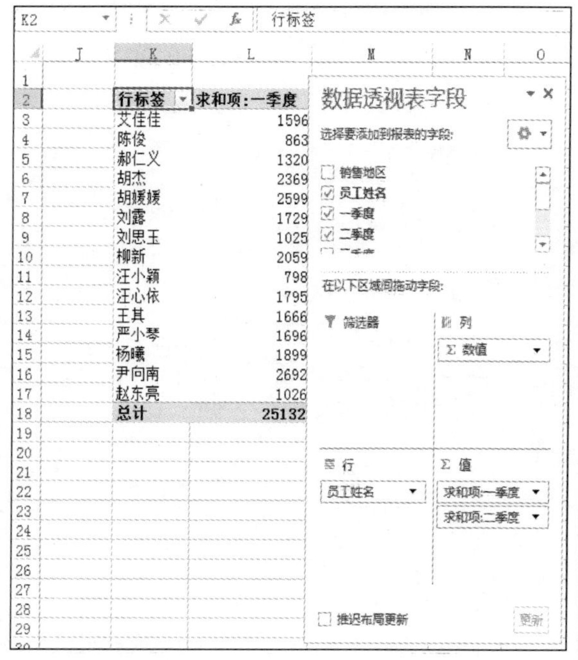

第 5 步： 在数据透视表以外单击任意空白单元格，可退出数据透视表的编辑状态，效果如下图所示。

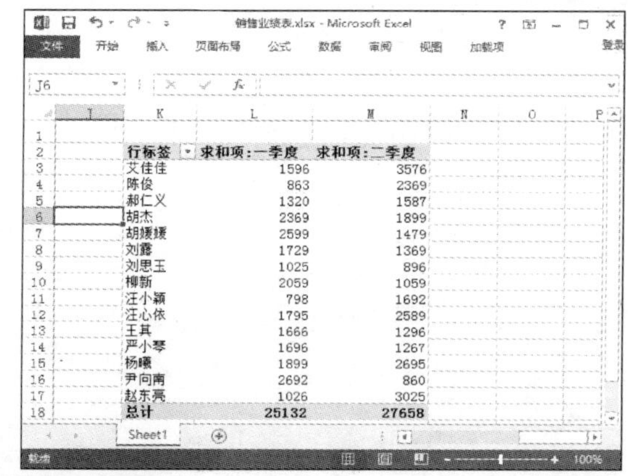

技巧 403：快速创建带内容和格式的数据透视表

● **适用版本：** 2013、2016

● **实用指数：** ★★★★★

说 明

通过上述操作方法只能创建空白的数据透视表，根据操作需要，用户还可以直接创建带内容和格式的数据透视表。

方法

例如，要在“销售业绩表.xlsx”的工作表中创建带内容和格式的数据透视表，具体操作方法如下。

第 1 步： ❶选中要作为数据透视表数据源的单元格区域；❷切换到“插入”选项卡；❸单击“表格”组中的“推荐的数据透视表”按钮，如下图所示。

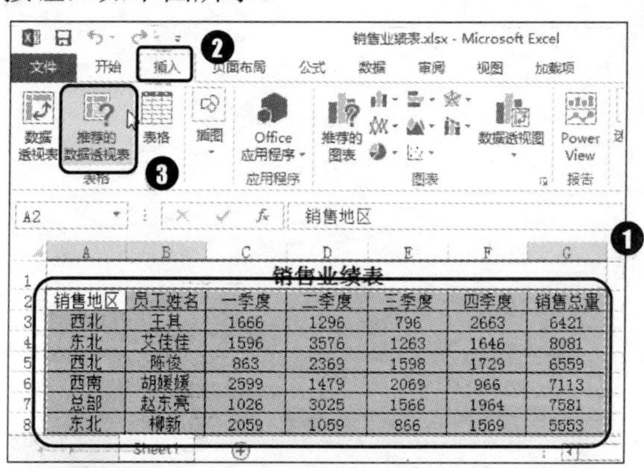

第 2 步： 弹出“推荐的数据透视表”对话框，❶在左侧窗格中选择某个透视表样式后，

右侧窗格中可以预览透视表效果；❷单击“确定”按钮，如下图所示。

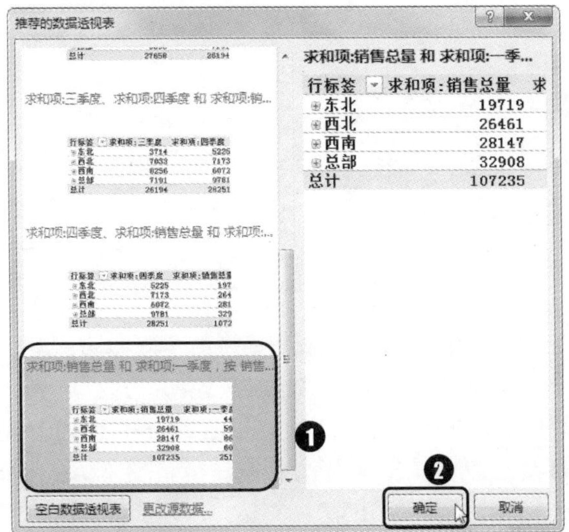

第 3 步： 执行上述操作后，即可在指定位置创建一个数据透视表，效果如下图所示。

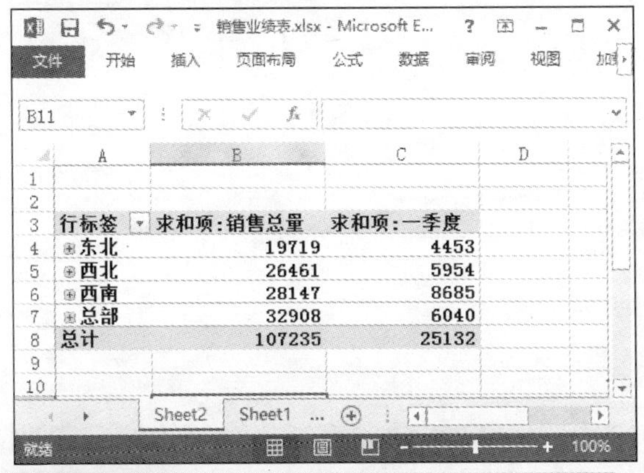

技巧 404: 重命名数据透视表

- **适用版本：** 2007、2010、2013、2016
- **实用指数：** ★★★☆☆

说 明

默认情况下，数据透视表以“数据透视表 1”“数据透视表 2”……的形式自动命名，根据操作需要，用户可对其进行重命名操作。

方法

例如，要对“销售业绩表 1.xlsx”中的数据透视表进行重命名操作，具体操作方法如下。

❶选中数据透视表中的任意单元格；❷切换到“数据透视表工具-分析”选项卡；❸在“数据透视表”组的“数据透视表名称”文本框中直接输入新名称即可，如下图所示。

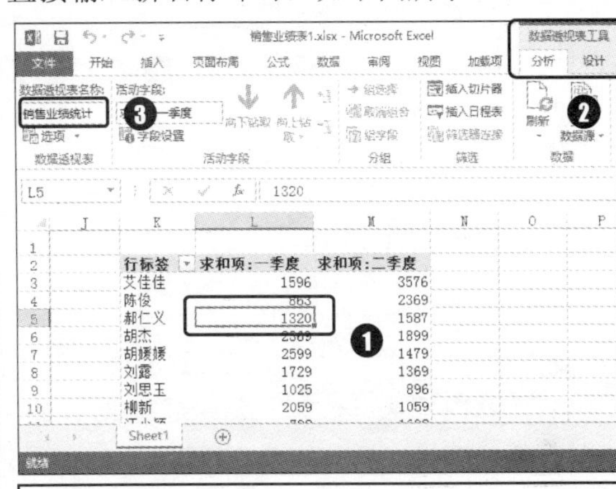

> **专家点拨**
>
> 在 Excel 2007、2010 中创建数据透视表后，功能区中将显示“数据透视表工具-选项”选项卡和“数据透视表工具-设计”选项卡，其中“数据透视表工具-选项”选项卡与 Excel 2013 中的“数据透视表工具-分析”选项卡的界面相似。

技巧 405: 更改数据透视表的数据源

- **适用版本：** 2007、2010、2013、2016
- **实用指数：** ★★★★☆

说 明

创建数据透视表后，用户还可根据需要更改数据透视表中的数据源。

方法

例如，在“销售业绩表 1.xlsx”的工作表中，要对数据透视表的数据源进行更改，具体操作方法如下。

第 1 步： ❶选中数据透视表中的任意单元格；❷切换到“数据透视工具-分析”选项卡；❸在“数据”组中单击“更改数据源”按钮下方的下拉按钮；❹在弹出的下拉列表中选择“更

改数据源”选项，如下图所示。

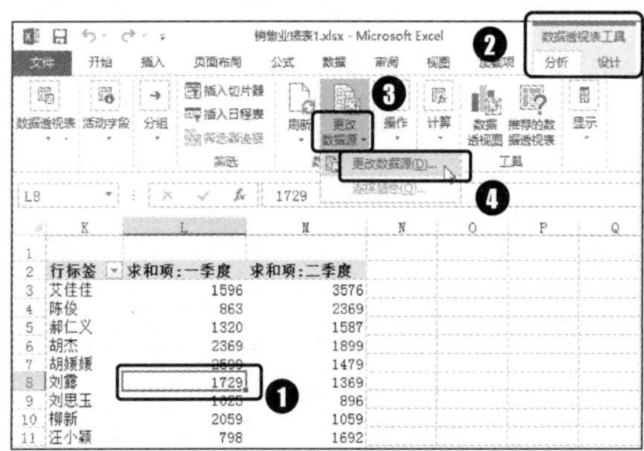

第 2 步： 弹出“更改数据透视表数据源”对话框，❶在“表/区域”参数框中设置新的数据源；❷单击“确定”按钮即可，如下图所示。

技巧 406：更新数据透视表中的数据

●**适用版本：** 2007、2010、2013、2016

●**实用指数：** ★★★★★

创建数据透视表后，若对数据源中的数据进行了修改，数据透视表中的数据不会自动更新，此时就需要手动更新。

例如，在“销售业绩表 1.xlsx”的工作表中，对数据源中的数据进行修改，然后更新数据透视表中的数据，具体操作方法如下。

第 1 步： 对数据源中的数据进行修改，本例中对一季度的销售量进行了修改，效果如下图所示。

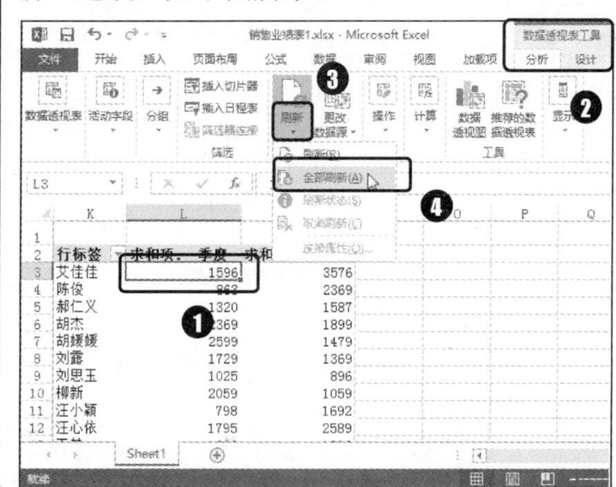

销售业绩表

销售地区	员工姓名	一季度	二季度	三季度	四季度	销售总量
西北	王其	2013	1296	796	2663	6768
东北	艾佳佳	2892	3576	1263	1646	9377
西北	陈俊	3409	2369	1598	1729	9105
西南	胡媛媛	2011	1479	2069	966	6525
总部	赵东亮	1592	3025	1566	1964	8147
东北	柳新	3489	1059	866	1569	6983
总部	汪心依	2078	2589	3169	2592	10428
西南	刘思玉	2266	896	2632	1694	7488
西北	刘露	6025	1369	2699	1086	11179
西南	胡杰	2189	1899	1556	1366	7010
总部	郝仁义	2199	1587	1390	2469	7645
东北	汪小颖	5720	1692	1585	2010	11007
总部	杨曦	2698	2695	1066	2756	9215
西北	严小琴	1239	1267	1940	1695	6141
西南	尹向南	2470	860	1999	2046	7375

第 2 步： ❶选中数据透视表中的任意单元格；❷切换到“数据透视表工具-分析”选项卡；❸在“数据”组中单击“刷新”按钮下方的下拉按钮；❹在弹出的下拉列表中选择“全部刷新”选项，如下图所示。

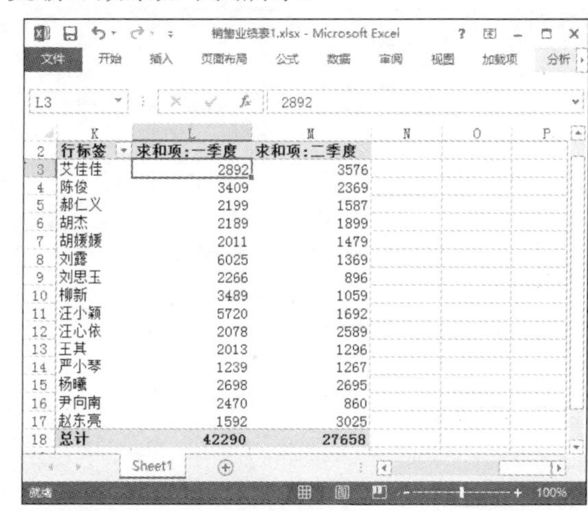

第 3 步： 数据透视表中的数据即可实现更新，效果如下图所示。

行标签	求和项:一季度	求和项:二季度
艾佳佳	2892	3576
陈俊	3409	2369
郝仁义	2199	1587
胡杰	2189	1899
胡媛媛	2011	1479
刘露	6025	1369
刘思玉	2266	896
柳新	3489	1059
汪小颖	5720	1692
汪心依	2078	2589
王其	2013	1296
严小琴	1239	1267
杨曦	2698	2695
尹向南	2470	860
赵东亮	1592	3025
总计	42290	27658

技巧 407：添加/删除数据透视表字段

●适用版本：2007、2010、2013、2016
●实用指数：★★★★★

说 明

创建数据透视表后，可以根据操作需要，随心所欲地对数据透视表的字段进行添加或删除操作，以便显示自己希望看到的数据。

方法

例如，在“销售业绩表 1.xlsx”的数据透视表中，添加“销售地区”和“销售总量”字段，删除“员工姓名”和“一季度”字段，具体操作方法如下。

❶选中数据透视表中的任意单元格；❷在“数据透视表字段”任务窗格的“选择要添加到报表的字段”列表框中选中“销售地区”和“销售总量”复选框，取消选中“员工姓名”和“一季度”复选框即可。

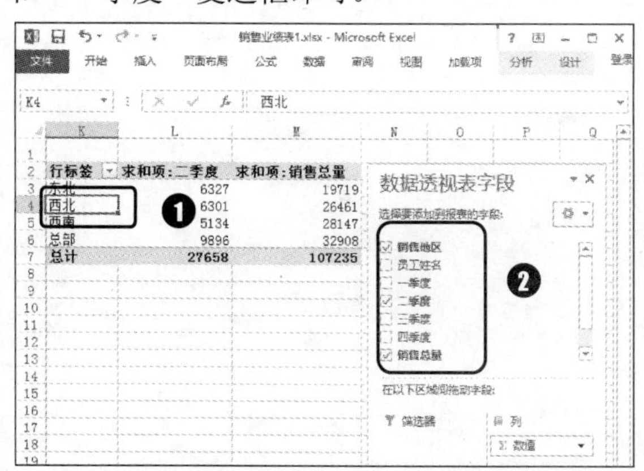

专家点拨

创建数据透视表后，若没有自动打开“数据透视表字段”任务窗格，或者无意间将该任务窗格关闭了，可选中数据透视表中的任意单元格，切换到“数据透视表工具-分析”选项卡，然后单击“显示”组中的“字段列表”按钮，即可将其显示出来。

技巧 408：查看数据透视表中的明细数据

●适用版本：2007、2010、2013、2016
●实用指数：★★★☆☆

说 明

创建数据透视表后，数据透视表将直接对数据进行汇总，在查看数据时，若希望查看某一项的明细数据，可按下面的操作实现。

方法

例如，在“销售业绩表 2.xlsx”的数据透视表中，要查看“西南”地区的销售明细，具体操作方法如下。

第 1 步： ❶选择要查看明细数据的项目，单击鼠标右键；❷在弹出的快捷菜单中选择“显示详细信息”菜单项，如下图所示。

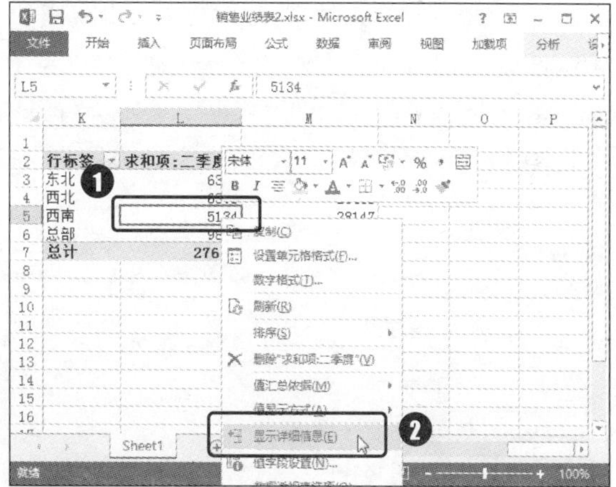

第 2 步： 系统自动新建一张新工作表，并在其中显示选择项目的全部详细信息，效果如下图所示。

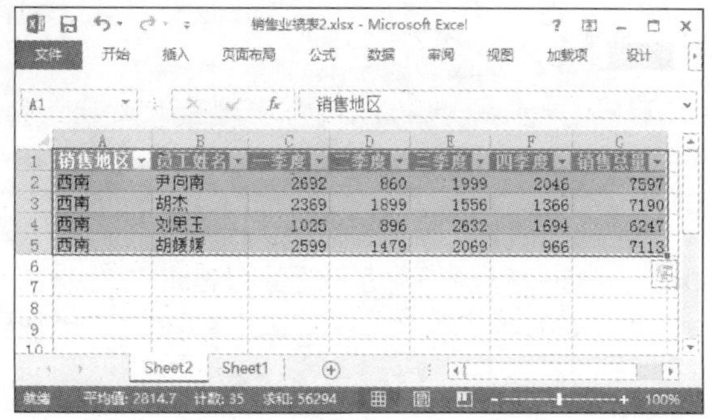

技巧 409：更改数据透视表中字段的位置

●适用版本：2007、2010、2013、2016

●实用指数：★★★★☆

说 明

创建数据透视表后，当添加需要显示的字段时，系统会自动指定它们的归属（即放置到行或列）。

根据操作需要，用户可以调整字段的放置位置，如指定放置到行、列或报表筛选器。报表筛选器就是一种大的分类依据和筛选条件，将一些字段放置到报表筛选器，可以更加方便地查看数据。

方法

例如，在“家电销售情况.xlsx”中创建数据透视表后，通过调整字段位置以达到需要的视觉效果，具体操作方法如下。

第 1 步： 选中数据区域后，创建数据透视表，并显示字段“销售人员”“商品类别”“品牌”“销售额”，效果如下图所示。

第 2 步： 创建好数据透视表后，发现表格数据非常凌乱，此时就需要调整字段位置了。❶在“数据透视表字段”任务窗格的“选择要添加到报表的字段”列表框中，使用鼠标右键单击“商品类别”字段选项；❷在弹出的快捷菜单中选择“添加到列标签”菜单项，如下图所示。

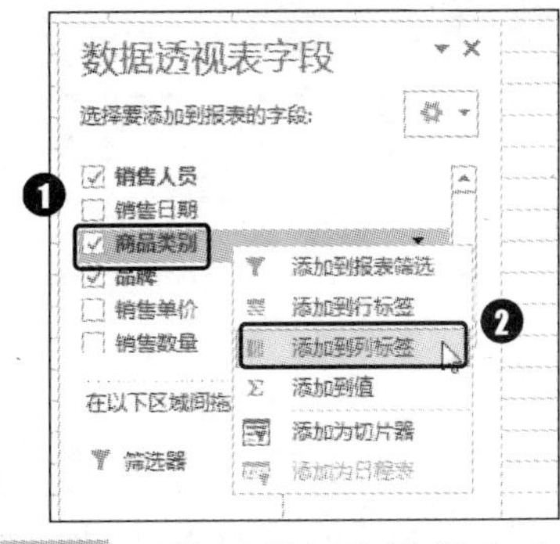

第 3 步： ❶使用鼠标右键单击“品牌”字段选项；❷在弹出的快捷菜单中选择“添加到报表筛选”菜单项，如下图所示。

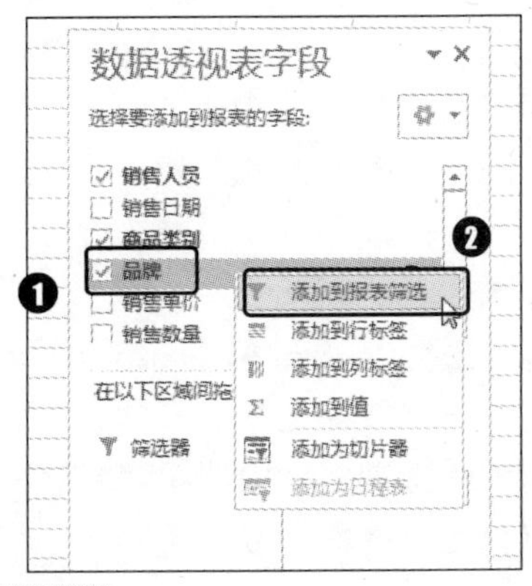

第 4 步： 通过上述操作后，数据透视表中的数据变得清晰明了，效果如下图所示。

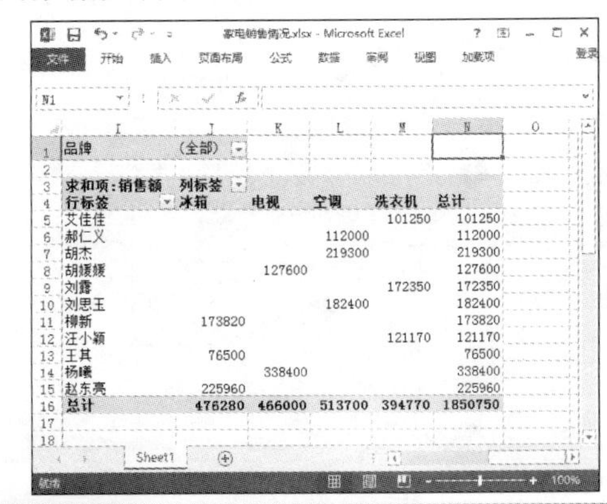

技巧 410：在数据透视表中筛选数据

●适用版本：2007、2010、2013、2016

●实用指数：★★★★★

说 明

创建好数据透视表后，还可以通过筛选功能筛选出需要查看的数据。

方法

例如，在“家电销售情况 1.xlsx”的数据透视表中，通过筛选功能只查看品牌为“美的”的销售情况，具体操作方法如下。

第 1 步： ❶单击“品牌”右侧的下拉按钮；❷在弹出的下拉列表中选择“美的”选项；❸单击“确定”按钮，如下图所示。

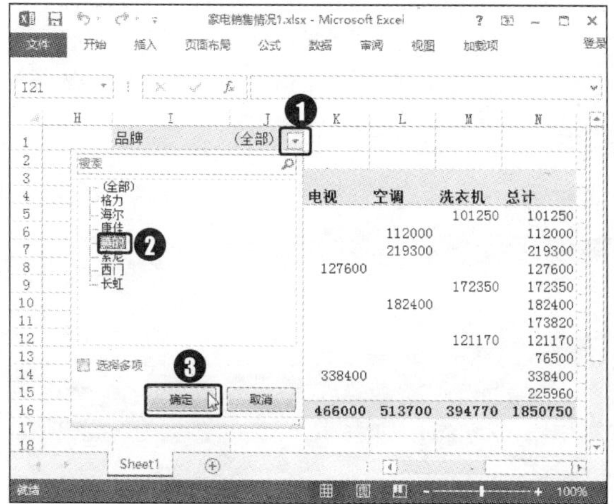

专家点拨

在下拉列表中先选中“选择多项”复选框，下拉列表中的选项会变成复选项，此时用户可以选择多个条件。

第 2 步： 此时，数据透视表中将只显示品牌为“美的”的销售情况，效果如下图所示。

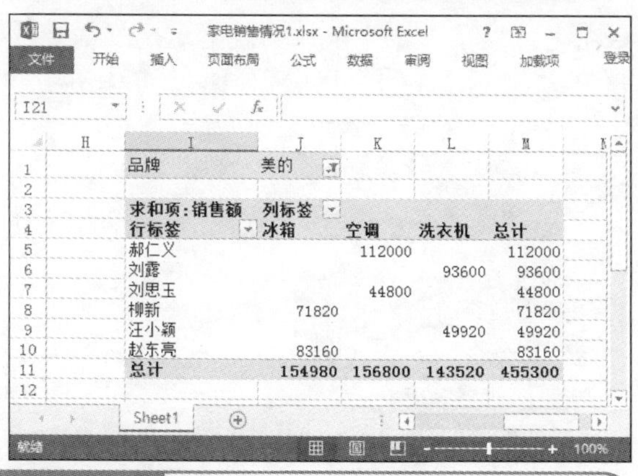

技巧 411：更改数据透视表的汇总方式

●**适用版本：**2007、2010、2013、2016

●**实用指数：**★★☆☆☆

说明

默认情况下，数据透视表中的数值是按照求和方式进行汇总的，用户可以根据操作需要指定数值的汇总方式，如计算平均值、最大值和最小值等。

方法

例如，在“销售业绩表 2.xlsx”的数据透视表中，希望对“二季度”的数值以求平均值方式进行汇总，具体操作方法如下。

第 1 步： 在数据透视表中，❶选择“求和项：二季度”列的任意单元格；❷切换到“数据透视表工具-分析”选项卡；❸单击“活动字段”组中的“字段设置”按钮，如下图所示。

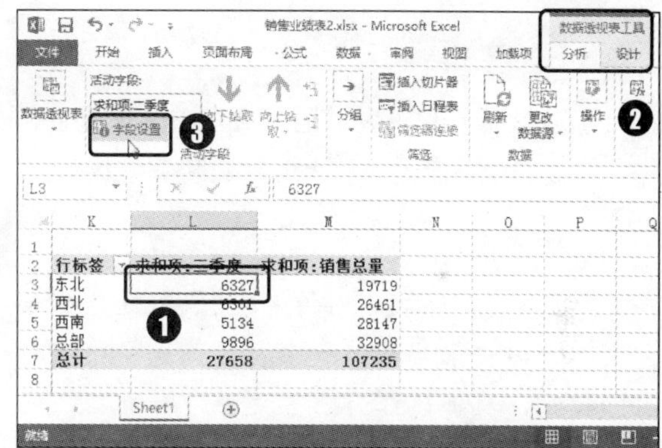

第 2 步： 弹出“值字段设置”对话框，❶在“计算类型”列表框中选择汇总方式，本例中选择“平均值”；❷单击“确定”按钮，如下图所示。

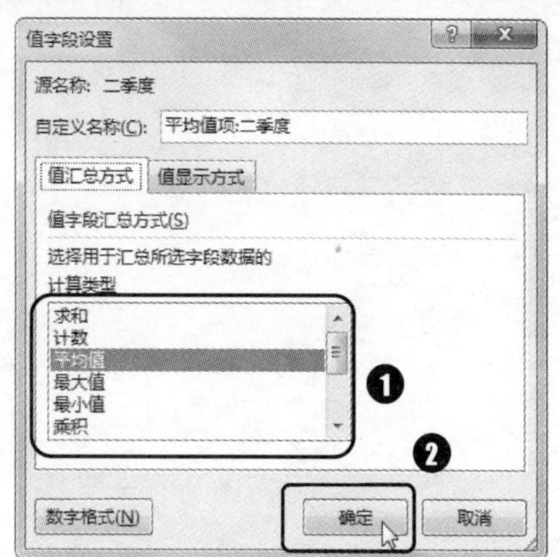

第 3 步： 返回工作表，“求和项：二季度”的数值即以求平均值方式进行汇总，效果如下图所示。

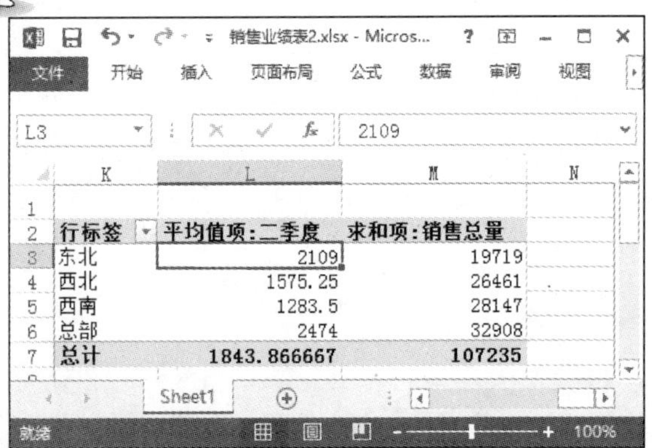

技巧 412：对数据透视表中的数据进行排序

●**适用版本：**2007、2010、2013、2016

●**实用指数：**★★★☆☆

说 明

创建数据透视表后，还可对相关数据进行排序，从而帮助用户更加清晰地分析和查看数据。

方法

例如，在“销售业绩表 1.xlsx”的数据透视表中，以“求和项：一季度”为关键字进行降序排列，具体操作方法如下。

第 1 步： ❶选中“求和项：一季度”列中的任意单元格，单击鼠标右键；❷在弹出的快捷菜单中选择“排序”菜单项；❸在弹出的子菜单中选择“降序”菜单项，如下图所示。

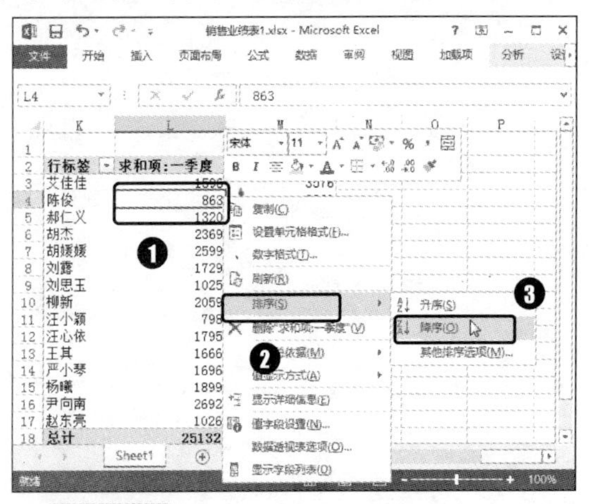

第 2 步： 此时，表格数据将以“求和项：一季度”为关键字进行降序排列，效果如下图所示。

技巧 413：在数据透视表中显示各数据占总和的百分比

●**适用版本：**2007、2010、2013、2016

●**实用指数：**★★☆☆☆

说 明

在数据透视表中，如果希望显示各数据占总和的百分比，则需要更改数据透视表的值显示方式。

方法

例如，在“销售业绩表 2.xlsx”的透视表中，希望“销售总量”中的各数据显示为占总和的百分比，具体操作方法如下。

第 1 步： 选中“销售总量”列中的任意单元格，按照技巧 411 的方法打开“值字段设置”对话框。

第 2 步： ❶切换到“值显示方式”选项卡；❷在“值显示方式”下拉列表框中选择需要的百分比方式，如“总计的百分比”；❸单击“确定”按钮，如下图所示。

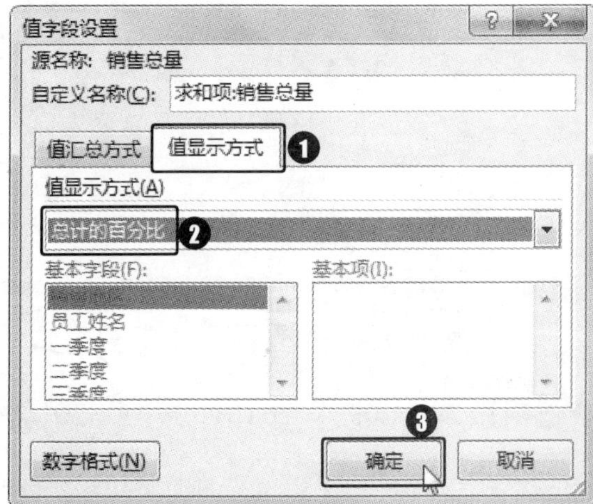

第 3 步： 返回数据透视表，即可看到该列中各数据占总和百分比的结果，效果如下图所示。

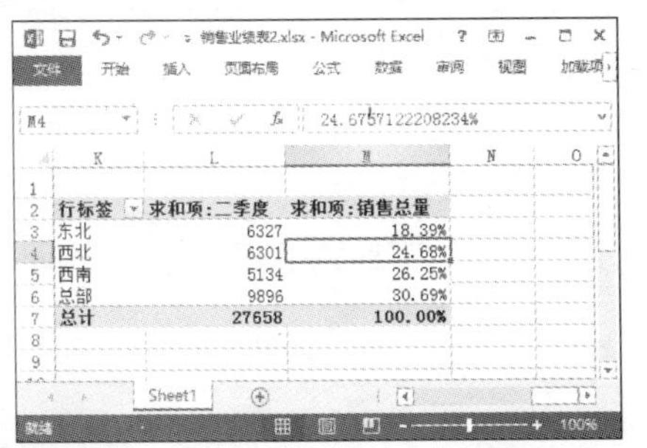

技巧 414：让数据透视表中的空白单元格显示为 0

●适用版本：2007、2010、2013、2016
●实用指数：★☆☆☆☆

默认情况下，当数据透视表单元格中没有值时显示为空白，如果希望空白单元格显示为0，则需要进行设置。

方法

例如，在“家电销售情况 1.xlsx”的数据透视表中，让空白单元格显示为 0，具体操作方法如下。

第 1 步： ❶选中数据透视表中的任意单元格；❷切换到“数据透视表工具-分析”选项卡；❸在“数据透视表”组中单击“选项”按钮右侧的下拉按钮；❹在弹出的下拉列表中选择“选项”选项，如下图所示。

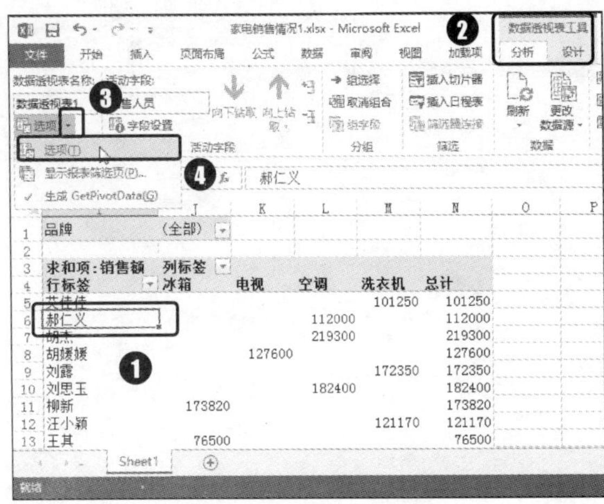

第 2 步： 弹出“数据透视表选项”对话框，❶在“格式”选项组中选中“对于空单元格”复选框，在文本框中输入“0”；❷单击“确定”按钮，如下图所示。

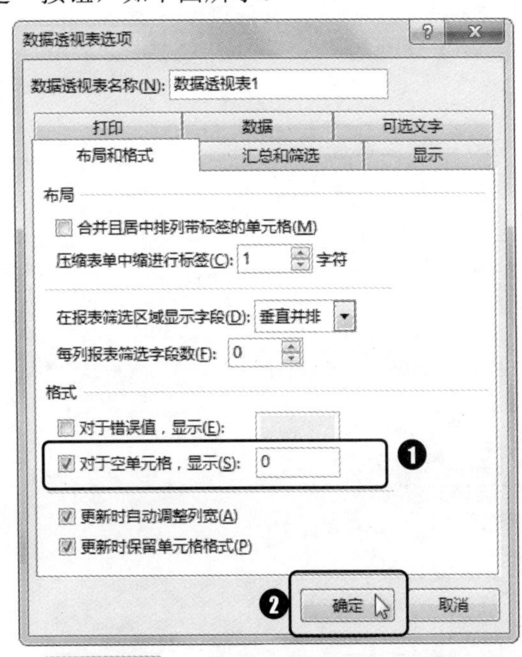

第 3 步： 返回数据透视表，可看到空白单元格显示为 0，效果如下图所示。

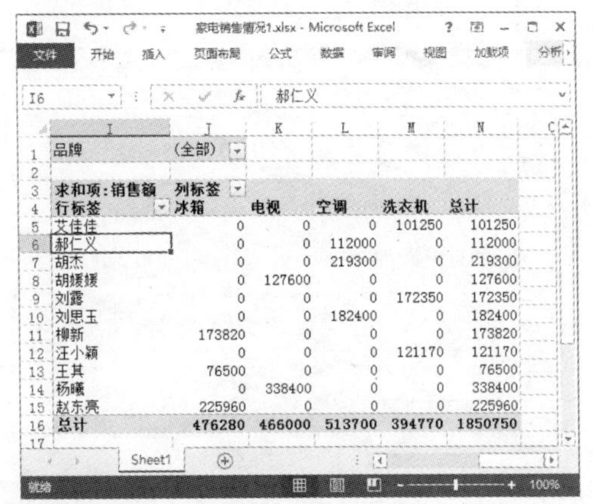

技巧 415：显示报表筛选页

●适用版本：2007、2010、2013、2016
●实用指数：★★★★☆

在创建数据透视表时，如果在报表筛选器中设置有字段，则可以通过报表筛选页功能显

示各数据子集的详细信息，以方便用户对数据进行管理与分析。

方法

例如，在“家电销售情况 1.xlsx”的数据透视表中，以“品牌”为关键字，分页显示各品牌的销售情况，具体操作方法如下。

第 1 步： ❶选中数据透视表中的任意单元格；❷切换到“数据透视表工具-分析”选项卡；❸在“数据透视表”组中单击“选项”按钮右侧的下拉按钮；❹在弹出的下拉列表中选择“显示报表筛选页”选项，如下图所示。

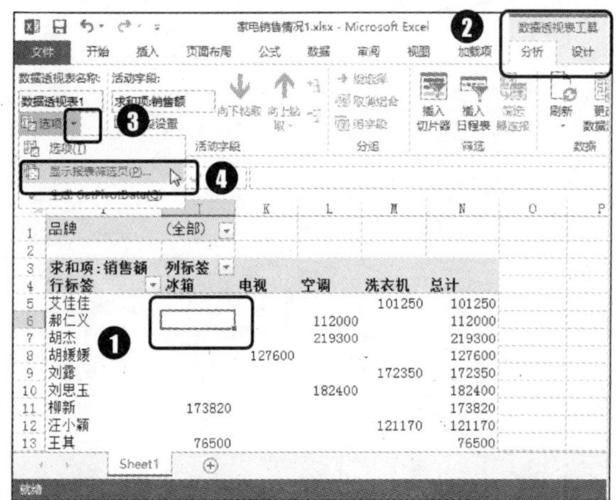

第 2 步： 弹出“显示报表筛选页”对话框，❶在“选定要显示的报表筛选页字段”列表框中选择筛选字段选项，本例选择“品牌”选项；❷单击“确定”按钮，如下图所示。

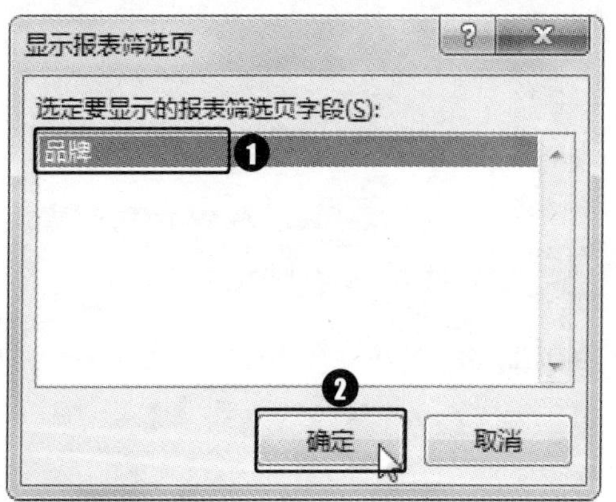

第 3 步： 返回工作表，将自动以各品牌为名称新建工作表，并显示相应的销售明细，如切换到“海尔”工作表，可查看海尔的销售情况，效果如下图所示。

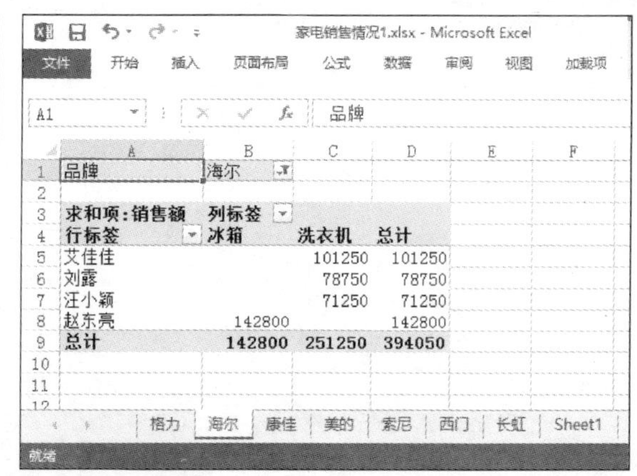

技巧 416：插入切片器

●**适用版本：** 2010、2013、2016

●**实用指数：** ★★★★☆

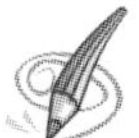
说 明

切片器是一款筛选组件，用于在数据透视表中辅助筛选数据。切片器的使用既简单又方便，可以帮助用户快速在数据透视表中筛选数据。

方法

例如，要在“家电销售情况 2.xlsx”中插入关键字为“销售日期”和“品牌”的切片器，具体操作方法如下。

第 1 步： ❶选中数据透视表中的任意单元格；❷切换到“数据透视表工具-分析”选项卡；❸单击“筛选”组中的“插入切片器”按钮，如下图所示。

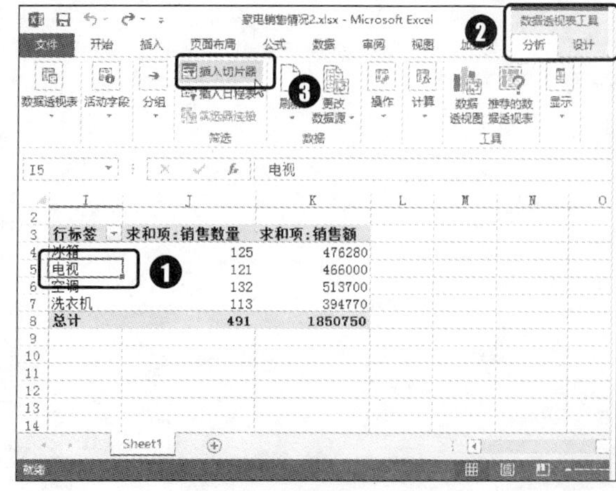

第 2 步： 弹出“插入切片器”对话框，❶在列表框中选择需要的关键字，本例中选中“销售日期”和“品牌”复选框；❷单击“确定”按钮，如下图所示。

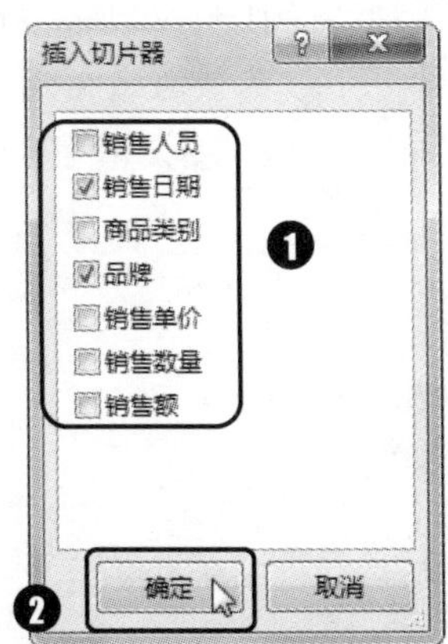

第 3 步： 在工作表中插入切片器，效果如下图所示。

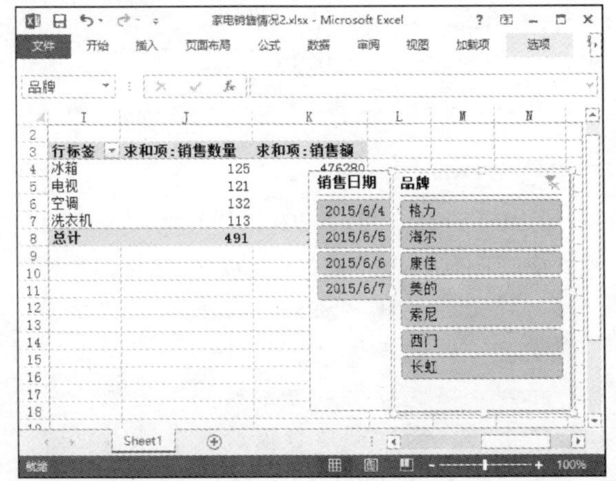

技巧 417：使用切片器筛选数据

●适用版本：2010、2013、2016

●实用指数：★★★★☆

说 明

插入切片器后，就可以通过它来筛选数据透视表中的数据了。

方法

例如，通过切片器筛选“品牌”为美的，“销售日期”为 2015/6/6 和 2015/6/7 的数据，操作方法如下。

第 1 步： 在“品牌”切片器中单击选中需要查看的字段选项，本例选择“美的”，如下图所示。

第 2 步： 在“销售日期”切片器中单击选中需要查看的字段选项，本例选择“2015/6/6”“2015/6/7”即可（先选择“2015/6/6”选项，再按住〈Ctrl〉键不放，然后选择“2015/6/7”选项），如下图所示。

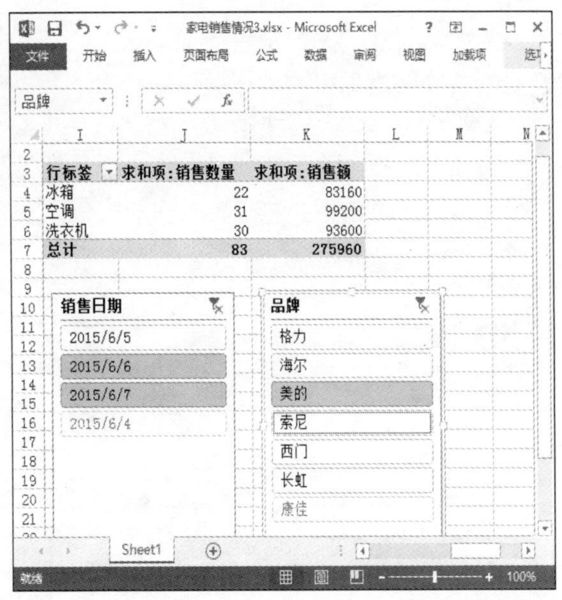

> **专家点拨**
>
> 在切片器中设置筛选条件后，右上角的“清除筛选器”按钮便会呈可用状态，单击可清除当前切片器中设置的筛选条件。

14.2 数据透视图应用技巧

数据透视图是数据透视表更深层次的应用，它以图表的形式将数据表达出来，从而可以非常直观地查看和分析数据。下面将为读者介绍数据透视图的相关使用技巧。

技巧 418：创建数据透视图

- **适用版本：**2007、2010、2013、2016
- **实用指数：**★★★★★

说 明

要使用数据透视图分析数据，首先要先创建一个数据透视图，下面就来讲解其创建方法。

方法

例如，要在“家电销售情况.xlsx”的工作表中创建数据透视图，具体操作方法如下。

第 1 步： ❶选中数据区域；❷切换到“插入”选项卡；❸在“图表”组中单击“数据透视图”按钮下方的下拉按钮；❹在弹出的下拉列表中选择“数据透视图”选项，如下图所示。

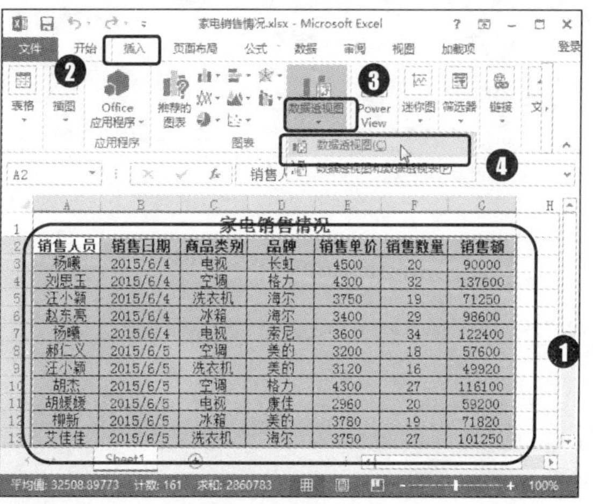

第 2 步： 弹出“创建数据透视图”对话框，此时选中的单元格区域将自动引用到“表/区域”参数框。❶在“选择放置数据透视图的位置”选项组中设置数据透视图的放置位置，本例中选中“现有工作表”单选按钮，然后在“位置”参数框中设置放置数据透视图的起始单元格；❷单击“确定”按钮，如下图所示。

> **专家点拨**
>
> 在 Excel 2007、2010 中创建数据透视图略有不同，选择数据区域后，切换到“插入”选项卡，在“表格”组中单击“数据透视表”按钮下方的下拉按钮，在弹出的下拉列表中选择“数据透视图”选项，在接下来弹出的“创建数据透视表及数据透视图”对话框中进行设置即可。

第 3 步： 返回工作表，可以看到工作表中创建了一个空白数据透视表和数据透视图，效果如下图所示。

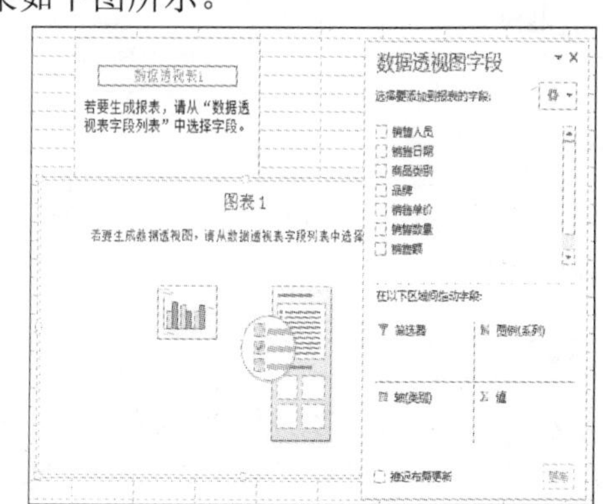

第 4 步： 在“数据透视图字段”任务窗格中，选中需要显示的字段前的复选框，数据透视图和数据透视表中会同时显示相应的数据，效果如下图所示。

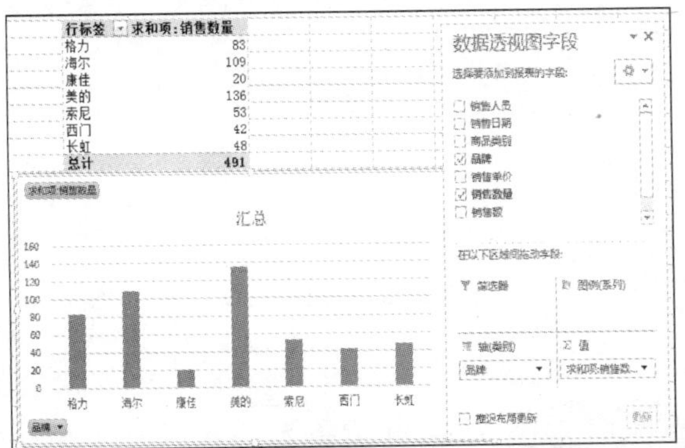

专家点拨

在 Excel 2007、2010 中创建数据透视图后，均在“数据透视图字段列表”任务窗格中设置字段。在 Excel 2013 中创建数据透视图后，会自动打开“数据透视图字段”任务窗格，在“数据透视图字段”或“数据透视表字段”任务窗格中设置字段后，数据透视图与数据透视表中的数据均会自动更新。

技巧 419：利用现有透视表创建透视图

- **适用版本：** 2007、2010、2013、2016
- **实用指数：** ★★★★☆

说 明

创建数据透视图时，还可以利用现有的数据透视表进行创建。

方法

例如，在“家电销售情况 4.xlsx”的工作表中，在数据透视表基础上创建数据透视图，具体操作方法如下。

第 1 步： 选中数据透视表中的任意单元格，❶切换到“数据透视表工具-分析”选项卡；❷单击“工具”组中的“数据透视图”按钮，如下图所示。

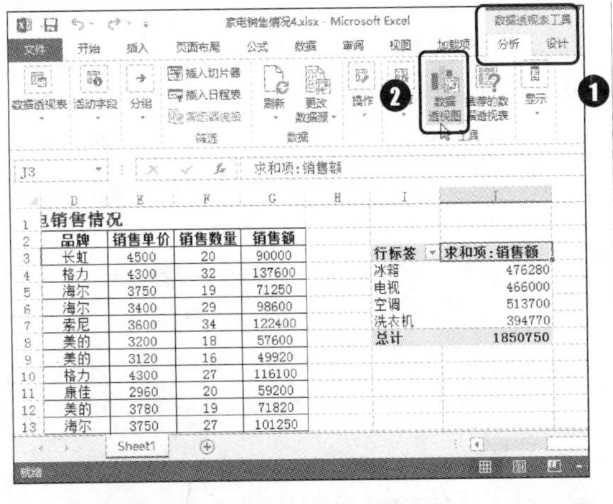

第 2 步： 弹出“插入图表”对话框，❶选择需要的图表样式；❷单击“确定”按钮，如下图所示。

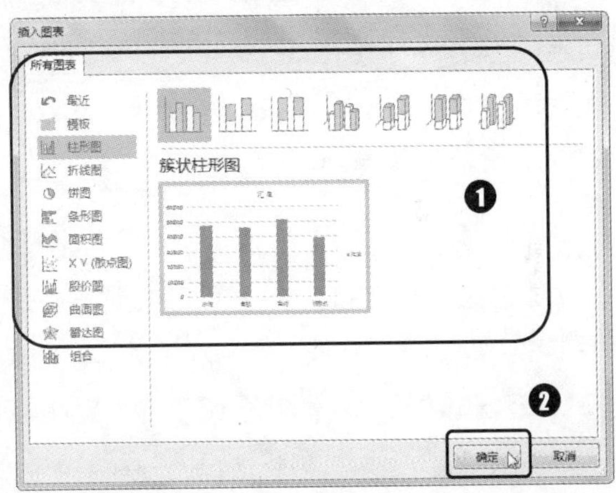

第 3 步： 返回工作表，即可看到创建了一个含数据的数据透视图，效果如下图所示。

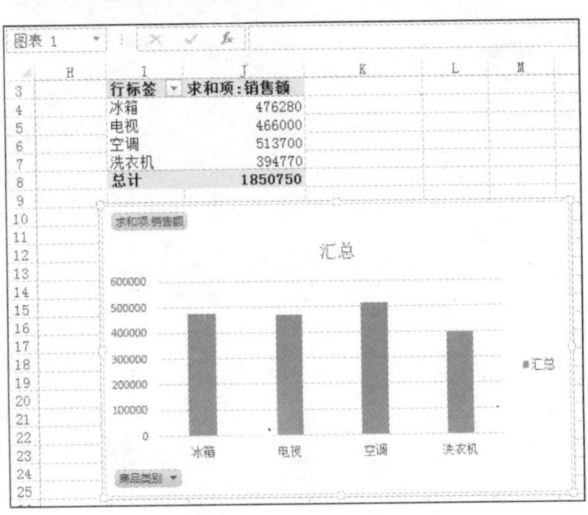

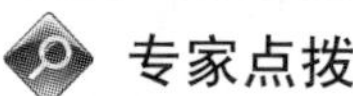

> **专家点拨**
>
> 与 Excel 2007、2010 版本相比较，Excel 2013 数据透视图功能的操作界面发生了比较大的变化。其中，尤为明显的是 Excel 2007、2010 中插入图表后，功能区中会显示"数据透视图工具–设计""数据透视图工具–布局""数据透视图工具–格式"和"数据透视图工具–分析"4 个选项卡，而 Excel 2013 中只有"数据透视图工具–分析""数据透视图工具–设计"和"数据透视图工具–格式"3 个选项卡，在 2013 的"数据透视图工具–设计"选项卡的"图表布局"组中，有一个"添加图表元素"按钮，该按钮几乎囊括了之前版本"数据透视图工具–布局"选项卡中的相关功能。因为界面的变化，有的操作难免会有所差异，希望读者自行变通。

技巧 420：更改数据透视图的图表类型

●**适用版本**：2007、2010、2013、2016

●**实用指数**：★★★☆☆

创建数据透视图后，用户还可根据需要更改图表类型。

例如，要为"家电销售情况 5.xlsx"中的数据透视图更改图表类型，具体操作方法如下。

第 1 步：❶选中数据透视图；❷切换到"数据透视图工具–设计"选项卡；❸单击"类型"组中的"更改图表类型"按钮，如下图所示。

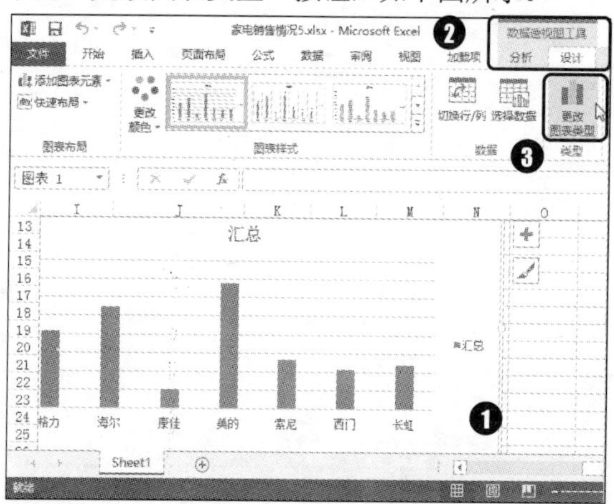

第 2 步：弹出"更改图表类型"对话框，❶选择需要的图表类型及样式；❷单击"确定"按钮即可，如下图所示。

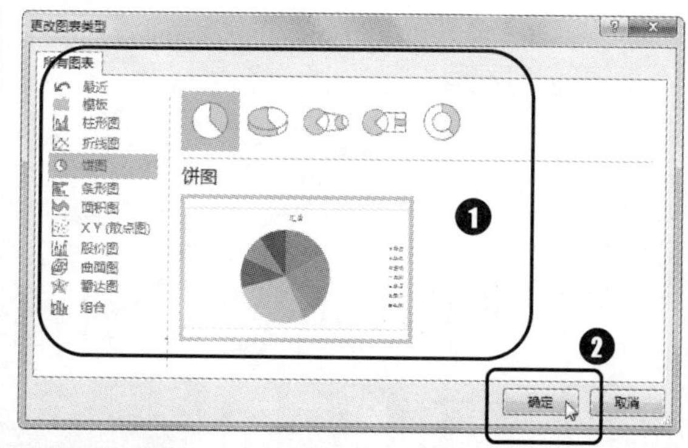

技巧 421：将数据标签显示出来

●**适用版本**：2007、2010、2013、2016

●**实用指数**：★★★☆☆

创建数据透视图后，可以像编辑普通图表一样对其进行标题设置、图表元素显示/隐藏、纵坐标的刻度值设置等相关操作。

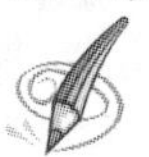

例如，要将图表元素数据标签显示出来，具体操作方法如下。

第 1 步：选中数据透视图，单击"图表元素"按钮，打开"图表元素"窗格。

第 2 步：选中"数据标签"复选框，图表的分类系列上即可显示具体的数值，效果如下图所示。

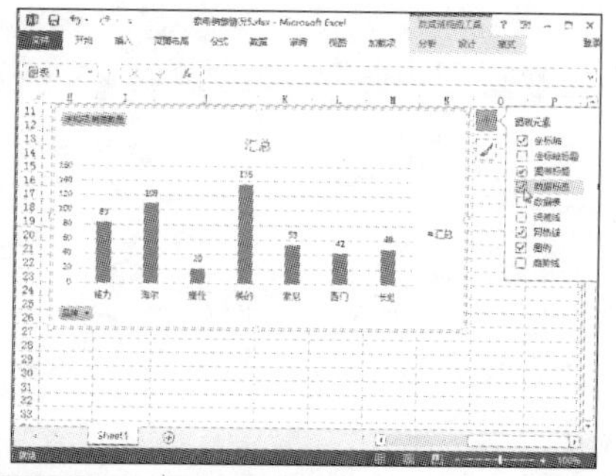

技巧 422：在数据透视图中筛选数据

●**适用版本**：2007、2010、2013、2016

●**实用指数**：★★★★★

说 明

创建好数据透视图后，可以通过筛选功能筛选出需要查看的数据。

方法

例如，在“家电销售情况 5.xlsx”的数据透视图中，通过筛选功能筛选出需要查看的数据，具体操作方法如下。

第 1 步： ❶在数据透视图中单击字段按钮，本例中单击“品牌”；❷在弹出的下拉列表中设置筛选条件，如选中“格力”“美的”“海尔”及“长虹”复选框；❸单击“确定”按钮，如下图所示。

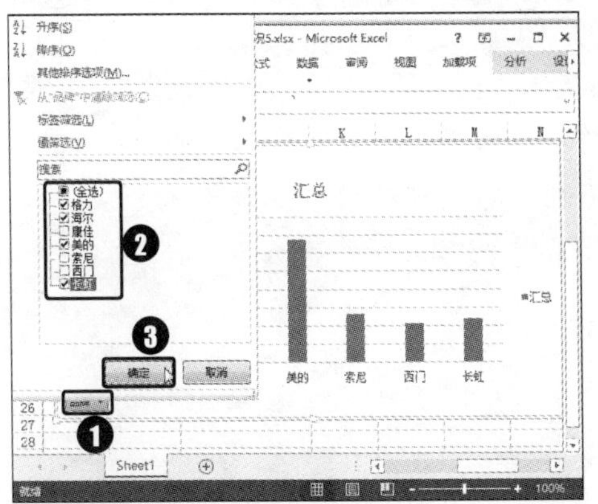

第 2 步： 返回数据透视图，可看到设置筛选后的效果，如下图所示。

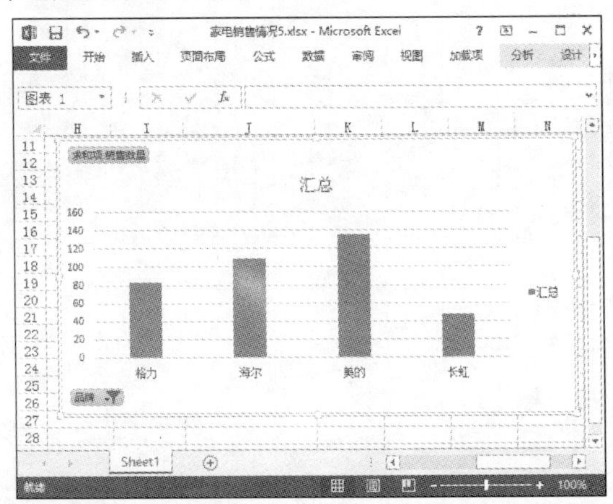

> **专家点拨**
>
> 在 Excel 2007 中创建数据透视图后，会打开一个“数据透视图筛选窗格”窗格，通过该窗格，可以对数据透视图中的数据进行筛选。

技巧 423：在数据透视图中隐藏字段按钮

●**适用版本：** 2010、2013、2016

●**实用指数：** ★★☆☆☆

说 明

创建数据透视图并为其添加字段后，透视图中会显示字段按钮。如果觉得字段按钮影响数据透视图的美观，则可以将其隐藏。

方法

例如，在“家电销售情况 5.xlsx”中，要隐藏数据透视图中的字段按钮，具体操作方法如下。

❶在数据透视图中，使用鼠标右键单击任意一个字段按钮；❷在弹出的快捷菜单中选择“隐藏图表上的所有字段按钮”菜单项，如下图所示。

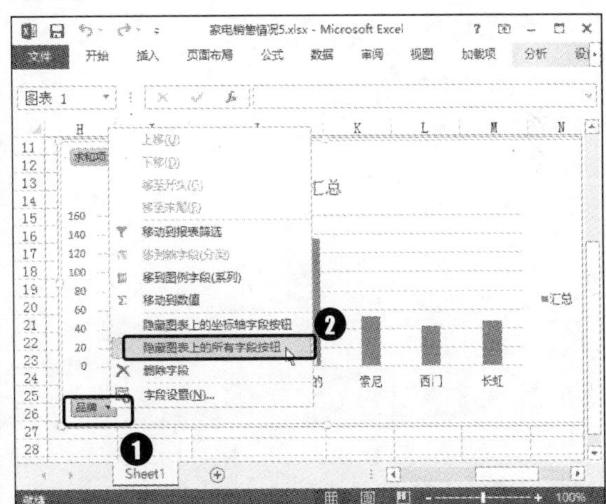

> **专家点拨**
>
> 选中数据透视图，切换到“数据透视图工具–分析”选项卡，在“显示/隐藏”组中单击“字段按钮”按钮下方的下拉按钮，在弹出的下拉列表中选择“全部隐藏”选项，也可以隐藏数据透视图中的字段按钮。隐藏字段后，再次单击“字段按钮”按钮下方的下拉按钮，在弹出的下拉列表中选择“全部隐藏”选项（即取消“全部隐藏”选项的勾选状态），可将字段按钮全部显示出来。

PPT 幻灯片编辑技巧

PPT 是 PowerPoint 的简称，用于制作和播放多媒体演示文稿，以便更好地辅助演说或演讲。在开始设计与制作幻灯片之前，应该先掌握 PPT 的基本操作，接下来就为读者介绍 PPT 的相关编辑技巧。

▷▷ 15.1 PPT 文稿基本操作技巧

PPT 文稿就是通常说的 PPT 文件，主要用于存放文稿内容。下面就为读者介绍 PPT 文稿的基本操作技巧。

技巧 424: 根据相册创建 PPT 文稿

●适用版本：2007、2010、2013、2016
●实用指数：★★★★☆

说 明

PPT 提供了相册功能，通过该功能，可以快速创建含有多张图片的 PPT 文稿。

方法

例如，利用相册功能创建一个名为“唯美”的演示文稿，具体操作方法如下。

第 1 步： ❶在 PPT 窗口中切换到“插入”选项卡；❷在“图像”组中单击“相册”按钮右侧的下拉按钮；❸在弹出的下拉列表中选择“新建相册”选项，如下图所示。

> **专家点拨**
>
> 在 PPT 2007 中，切换到“插入”选项卡后，需要在“插图”组中单击“相册”按钮右侧的下拉按钮，在弹出的“相册”对话框中进行操作。

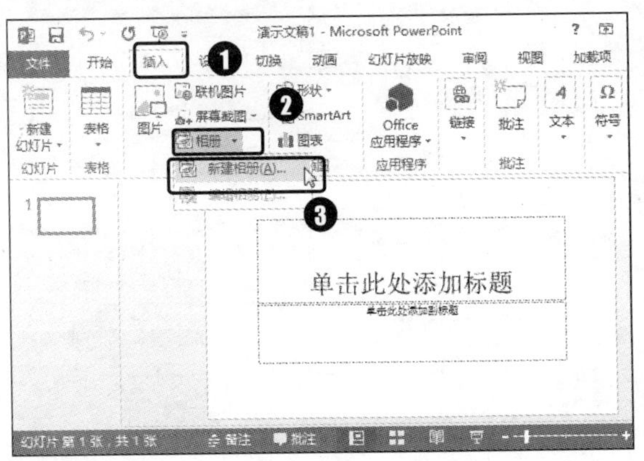

第 2 步： 弹出“相册”对话框，在“插入图片来自”选项组中单击“文件/磁盘”按钮，如下图所示。

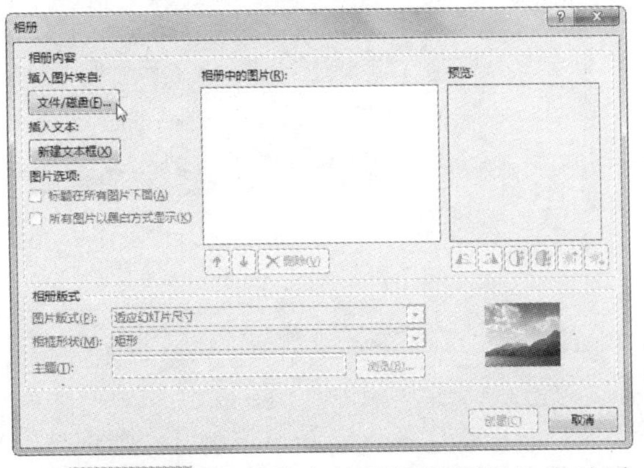

第 3 步： ❶在弹出的“插图新图片”对话框中选择需要的图片（可以是多张图片）；❷单击“插入”按钮，如下图所示。

第 4 步： 返回“相册”对话框，单击“创建”按钮，如下图所示。

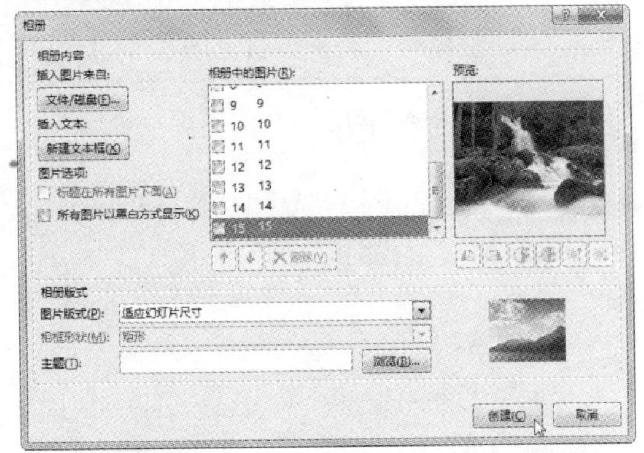

第 5 步： 此时，PPT 会打开新窗口，并基于所选的图片创建相册（即 PPT 文稿），效果如下图所示。

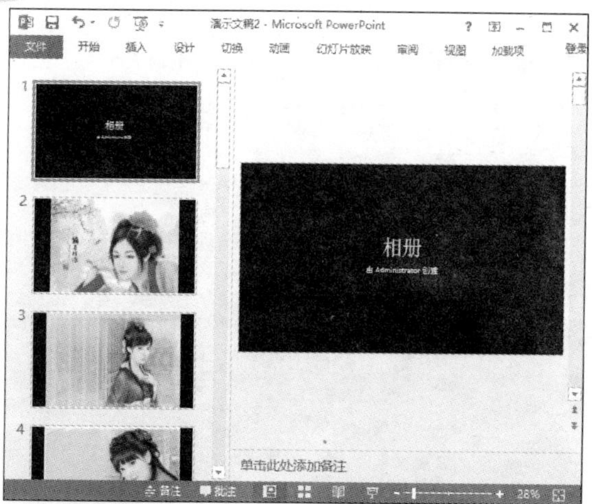

第 6 步： 按〈F12〉键，❶在弹出的“另存为”对话框中设置保存路径及文件名；❷单击“保存”按钮进行保存，如下图所示。

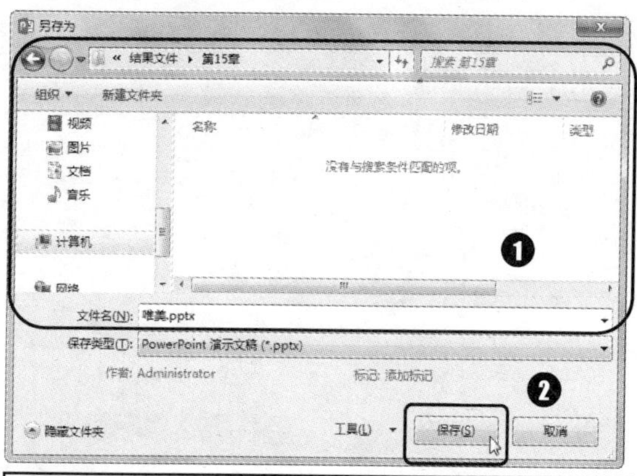

专家点拨

在“相册”对话框的“相册中的图片”列表框中选中某张图片后，可对其进行顺序调整、旋转、亮度调整等操作，设置好后，还可通过右侧的“预览”窗格预览图片。

技巧 425：嵌入字体

●**适用版本**：2007、2010、2013、2016

●**实用指数**：★★★☆☆

说 明

在编辑 PPT 文稿时，如果幻灯片中使用了计算机预设以外的字体，就需要设置嵌入字体，以避免在其他用户的计算机上播放幻灯片时因为缺少字体的原因而降低幻灯片的表现力。

方法

嵌入字体的具体操作方法如下。

第 1 步： 在要设置嵌入字体的 PPT 文稿中，单击“文件”按钮，如下图所示。

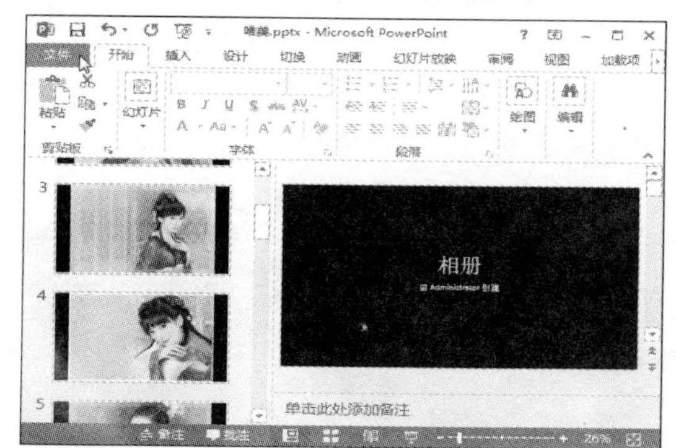

第 2 步： 进入“文件”界面，选择左侧窗格中的“选项”选项，如下图所示。

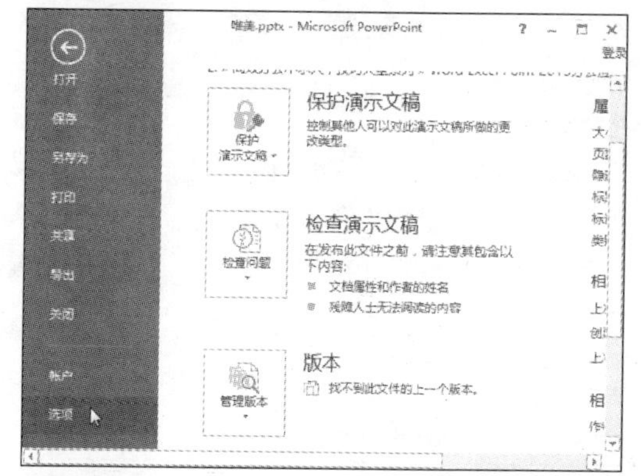

第 3 步： 弹出“PowerPoint 选项”对话框，❶切换到“保存”选项卡；❷在“共享此演示文稿时保持保真度”选项组中选中“将字体嵌入文件”复选框，并选中“仅嵌入演示文稿中使用的字符（适于减小文件大小）”单选按钮；❸单击“确定”按钮即可，如下图所示。

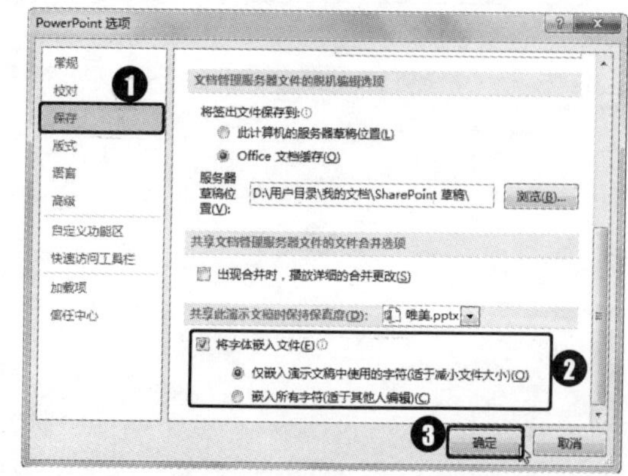

技巧 426：设置 PPT 的默认视图

●适用版本：2007、2010、2013、2016

●实用指数：★★☆☆☆

说 明

PPT 的视图模式是显示 PPT 文稿的方式，分别应用于创建、编辑或预览 PPT 文稿等不同阶段，主要有“普通”“大纲视图”“幻灯片浏览”“备注页”和“阅读视图”5 种视图模式。在 PPT 窗口中切换到“视图”选项卡，在“演示文稿视图”组中单击某个按钮，便可切换到对应的视图模式。

默认情况下，启动 PPT 程序后将以普通视图显示，可以根据操作需要改变默认的视图模式。

方法

例如，要将默认的视图模式设置为“幻灯片浏览”，具体操作方法如下。

❶打开“PowerPoint 选项”对话框，切换到“高级”选项卡；❷在“显示”选项组的“用此视图打开全部文档”下拉列表框中选择需要的视图模式，如“幻灯片浏览”；❸单击“确定”按钮即可，如下图所示。

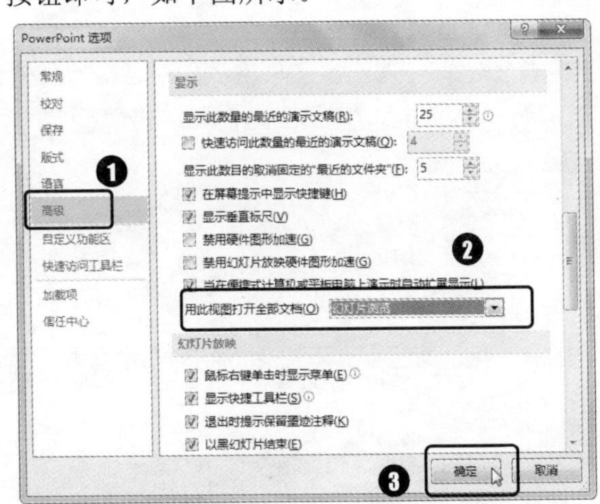

专家点拨

与以往版本相比，PPT 2013 中的视图模式有所改变。在 PPT 2007、2010 中，视图模式分别为“普通视图”“幻灯片浏览视图”“备注页”“幻灯片放映”和“阅读视图”。

技巧 427：同时查看或编辑不同的幻灯片

●适用版本：2007、2010、2013、2016

●实用指数：★★★☆☆

说 明

在编辑幻灯片时，只能逐个依次编辑。如果想要对两张或多张幻灯片并行编辑，可以通过创建新的窗口并在不同窗口显示不同的幻灯片。

方法

同时查看、编辑不同幻灯片的操作方法如下。

第 1 步： ❶在要编辑的 PPT 文稿中，切换到“视图”选项卡；❷单击“窗口”组中的“新建窗口”按钮，如下图所示。

第 2 步： 创建新的 PPT 窗口，且显示当前 PPT 文稿的内容。新建的窗口标题栏中，PPT 文稿名称是相同的，只是名称末尾会显示一个序号，该序号表示创建的第几个窗口，效果如下图所示。

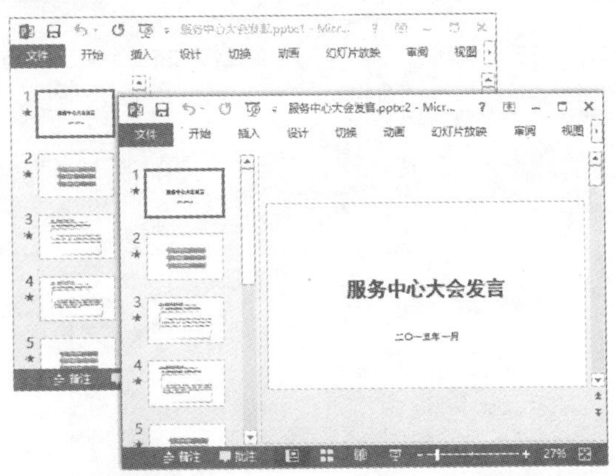

第 3 步： 参照上述操作方法，创建需要

数量的窗口。

第 4 步： 在任意一个窗口中单击“窗口”组中的“全部重排”按钮，如下图所示。

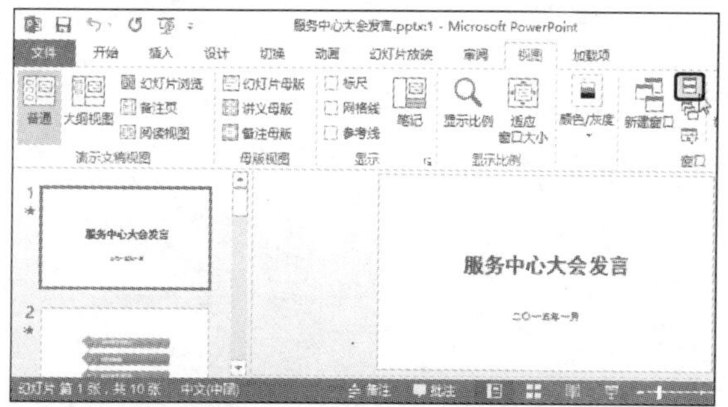

第 5 步： 此时，PPT 会自动对当前文稿所属的所有窗口进行排列。在各个窗口中切换到要编辑的幻灯片，此时便可同时查看多个幻灯片，效果如下图所示。

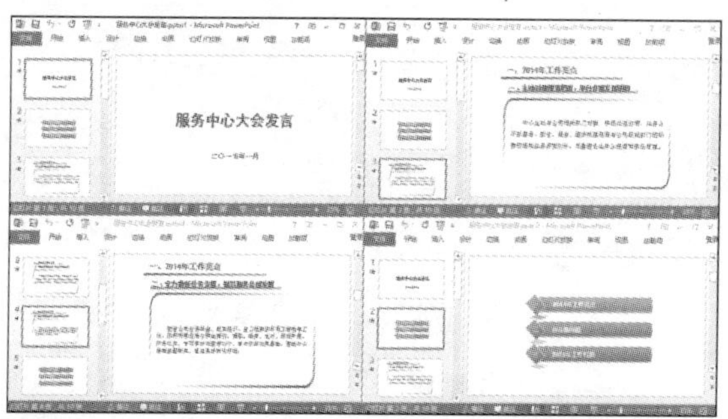

技巧 428：为 PPT 文稿设置密码保护

●**适用版本：**2007、2010、2013、2016

●**实用指数：**★★★★★

说明

为于非常重要的 PPT 文稿，为了防止其他用户查看，可以设置打开文稿时的密码，从而达到保护文稿的目的。

为 PPT 文稿设置打开密码后，再次打开该 PPT 文稿，会弹出“密码”对话框，此时需要输入正确的密码才能将其打开，如下图所示。

方法

例如，要对“服务中心大会发言.pptx”设置打开密码，具体操作方法如下。

第 1 步： 打开“服务中心大会发言.pptx”，切换到“文件”界面。

第 2 步： ❶默认显示“信息”页面，单击“保护演示文稿”按钮；❷在弹出的下拉列表中选择“用密码进行加密”选项，如下图所示。

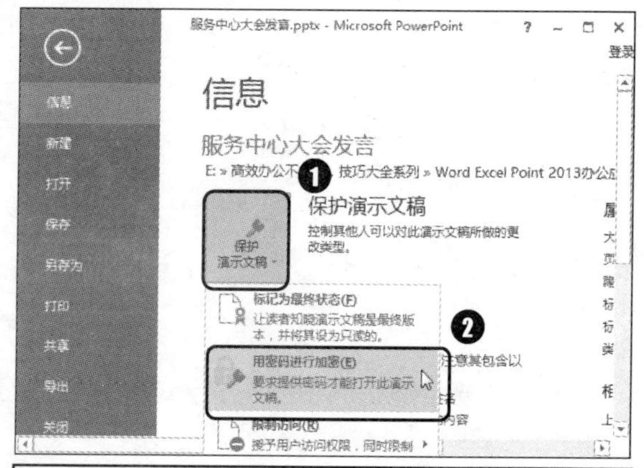

专家点拨

在 PPT 2007 版本中，单击“Office”按钮，在弹出的下拉菜单中依次选择“准备”→“加密文档”菜单项即可。

第 3 步： 弹出“加密文档”对话框，❶在“密码”文本框中输入密码；❷单击“确定”按钮，如下图所示。

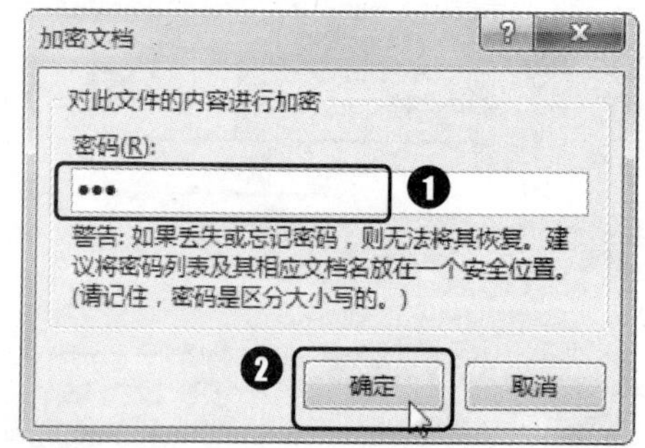

第 4 步： 弹出“确认密码”对话框，❶在“重新输入密码”文本框中再次输入设置的密码；❷单击“确定”按钮，如下图所示。

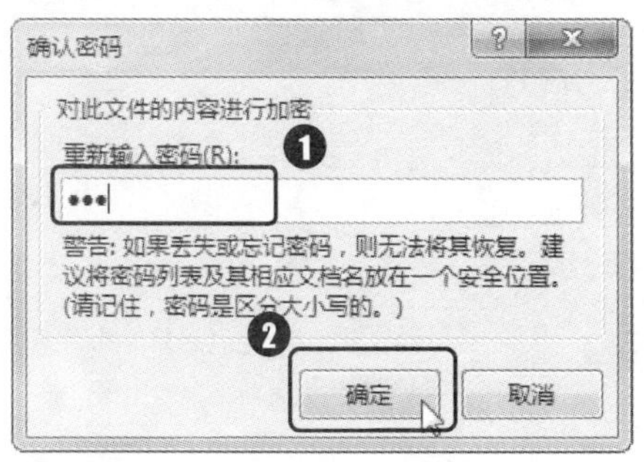

第 5 步： 返回 PPT 文稿，执行保存操作即可。

技巧 429：将 Word 文档转换成 PPT 文稿

●适用版本：2007、2010、2013、2016

●实用指数：★★★★☆

说 明

在用户编辑好一篇 Word 文档后，有时需要将 Word 文档中的内容应用到 PPT 文稿中，若逐一粘贴就会非常麻烦，此时可以通过 PPT 的新建幻灯片功能快速实现。

方法

例如，要将“会议内容.docx”转换成 PPT 文稿，具体操作方法如下。

第 1 步： 在 Word 文档中，在大纲视图下为内容设置相应的大纲级别，效果如下图所示。

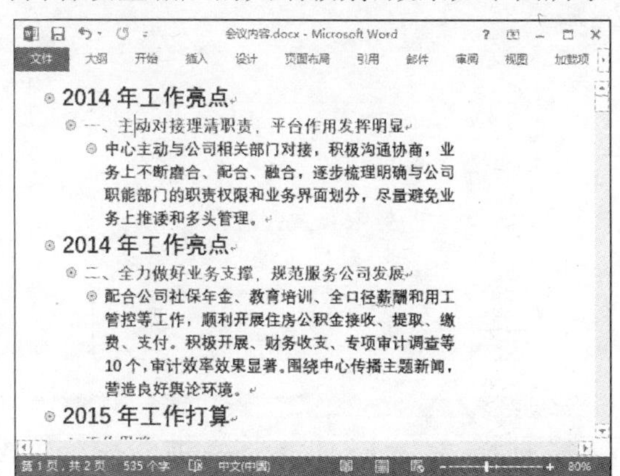

第 2 步： 在 PPT 窗口中，在“开始”选项卡的“幻灯片”组中，❶单击“新建幻灯片”按钮下方的下拉按钮；❷在弹出的下拉列表中选择“幻灯片（从大纲）”选项，如下图所示。

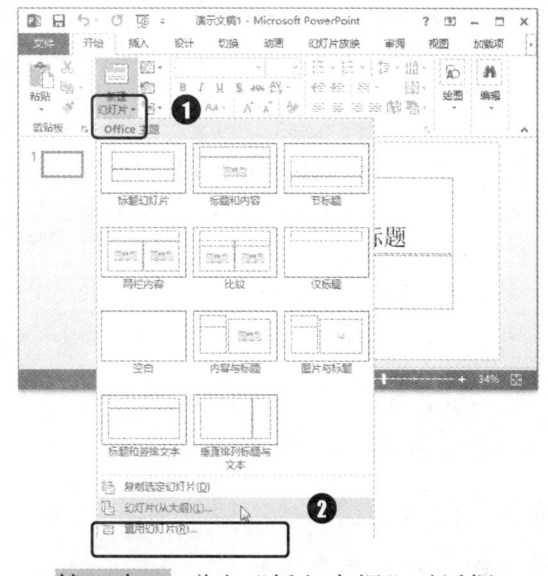

第 3 步： 弹出“插入大纲”对话框，❶选中要转换为 PPT 文稿的 Word 文档；❷单击“插入”按钮，如下图所示。

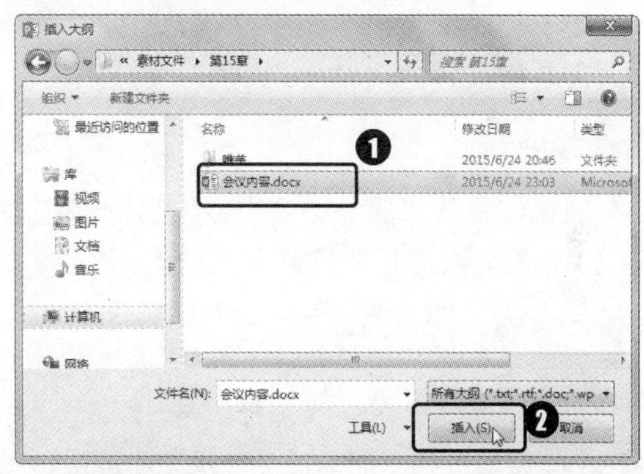

第 4 步： 返回 PPT 窗口，即可看到自动输入了 Word 文档中的内容，效果如下图所示。

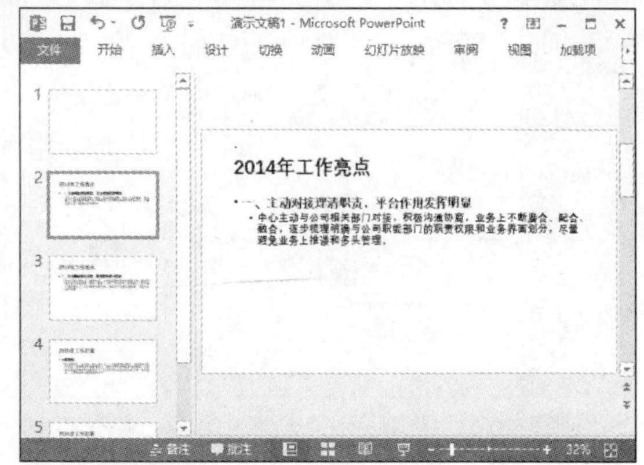

第 5 步： 以“会议内容”为文件名保存 PPT 文稿即可。

 专家点拨

将 Word 文档转换为 PPT 文稿后，Word 文档中的一级标题会成为 PPT 文稿中幻灯片的页面标题，Word 文档中的二级标题会成为 PPT 文稿中幻灯片的第一级正文，Word 文档中的三级标题会成为 PPT 文稿中幻灯片的第一级正文下的主要内容，依此类推。

技巧 430：将 PPT 文稿转换成 Word 文档

●适用版本：2007、2010、2013、2016

●实用指数：★★★☆☆

对于已经编辑好的 PPT 文稿，还可以根据操作需要将其转换成 Word 文档。

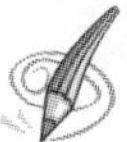 方法

例如，要将“服务中心大会发言.pptx”转换成 Word 文档，具体操作方法如下。

第 1 步： 打开“服务中心大会发言.pptx”，切换到“文件”界面。

第 2 步： ❶在左侧选择“导出”选项；❷在中间窗格选择“创建讲义”选项；❸在右侧窗格中单击“创建讲义”按钮，如下图所示。

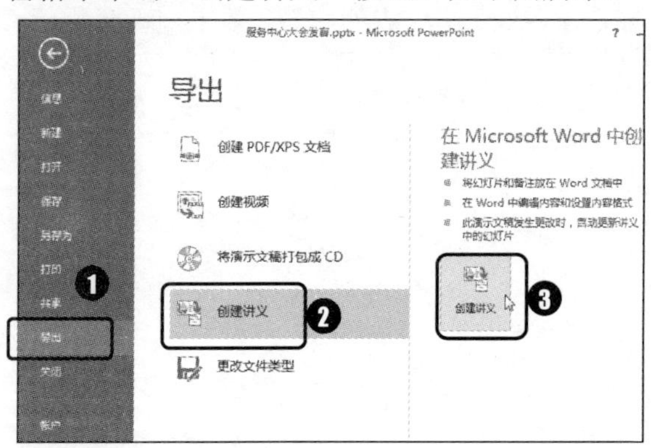

第 3 步： 弹出“发送到 Microsoft Word”对话框，❶根据需要选择版式；❷单击“确定”按钮，如下图所示。

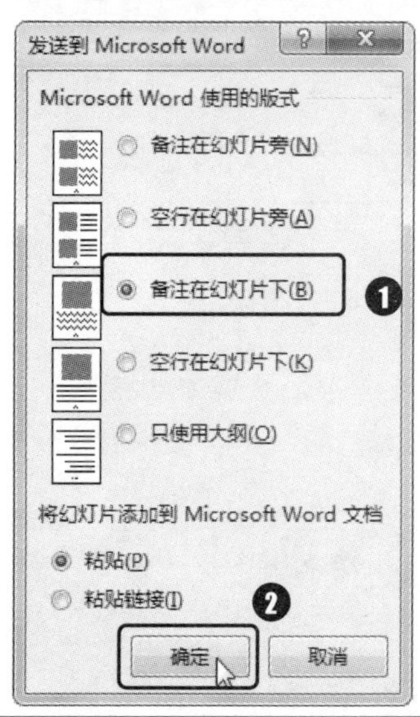

 专家点拨

在 PPT 2007 中，单击“Office”按钮，在弹出的下拉菜单中依次选择“发布”→“使用 Microsoft Office Word 创建讲义”菜单项，在弹出的“发送 Microsoft Word”对话框中进行设置；在 PPT 2010 中，切换到“文件”选项卡，依次选择“保存并发送”→“创建讲义”→“创建讲义”菜单项，在弹出的“发送 Microsoft Word”对话框中进行设置。

第 4 步： 自动新建 Word 文档，并在其中显示幻灯片内容，效果如下图所示。

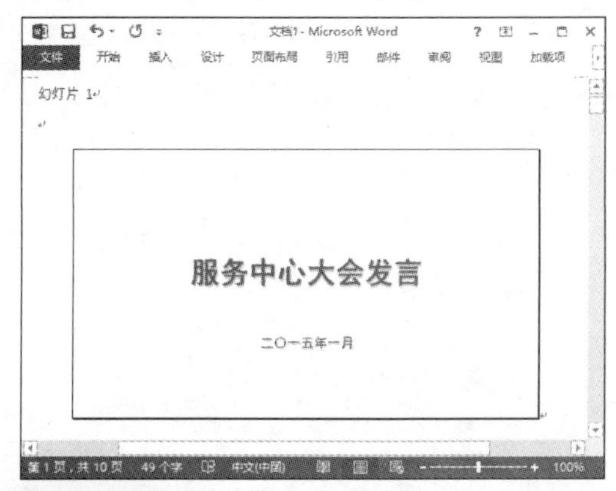

技巧 431：让其他计算机使用相同的功能区和快速访问工具栏

●适用版本：2010、2013、2016

●实用指数：★☆☆☆☆

说 明

为了提高工作效率，用户往往会将一些常用的命令添加到快速访问工具栏或功能区中，但当在其他计算机上工作时，就得再次添加相关命令。为了提高效率，可以将自定义设置的配置文件导出，然后在其他计算机中导入，以便获得相同的界面环境。

方法

导出/导入自定义设置文件的具体操作方法如下。

第 1 步： 在 PPT 窗口中打开“PowerPoint 选项”对话框。

第 2 步： ❶切换到“自定义功能区”选项卡；❷单击“导入/导出”按钮；❸在弹出的下拉列表中选择“导出所有自定义设置”选项，如下图所示。

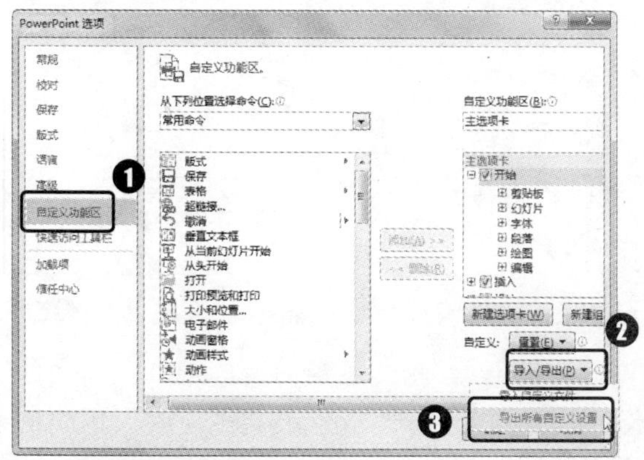

第 3 步： ❶在弹出的“保存文件”对话框中设置保存路径和文件名；❷单击“保存”按钮，如下图所示。

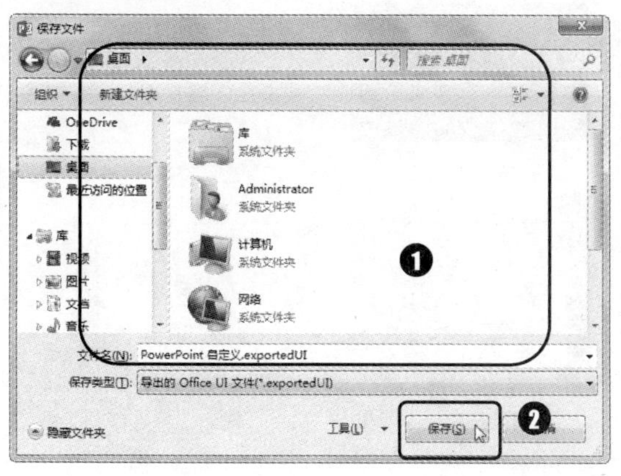

第 4 步： 将导出的自定义文件复制到其他计算机。

第 5 步： 打开“PowerPoint 选项”对话框，❶切换到“自定义功能区”选项卡；❷单击“导入/导出”按钮；❸在弹出的下拉列表中选择“导入自定义文件”选项，如下图所示。

第 6 步： ❶在弹出的“打开”对话框中选择自定义配置文件；❷单击“打开”按钮，如下图所示。

第 7 步： 弹出提示框询问是否替换此程序的全部现有的功能区和快速访问工具栏自定义设置，单击“是”按钮，如下图所示。

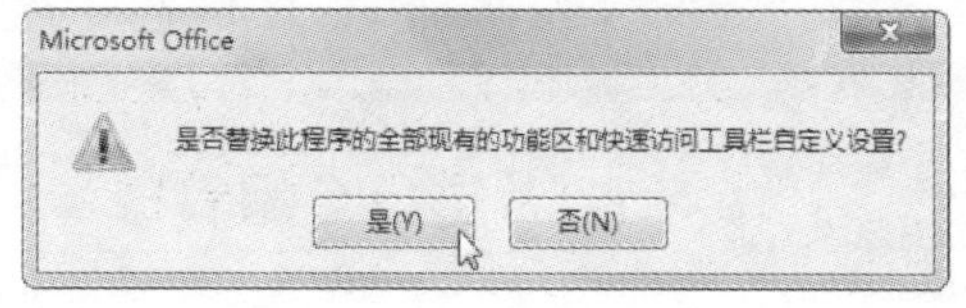

▷▷ 15.2　幻灯片编辑技巧

PPT 文稿中的每一个页面就叫幻灯片，每张幻灯片都是 PPT 文稿中既相互独立又相互联系的内容。对 PPT 文稿的操作，主要就是对幻灯片进行编辑，接下来就讲解幻灯片的相关操作技巧。

技巧 432：更改幻灯片的版式

●适用版本：2007、2010、2013、2016
●实用指数：★★★★★

说 明

版式是指一张幻灯片中所包含内容的类型、布局和格式。在编辑幻灯片的过程中，若用户对当前幻灯片的版式不满意，则可以进行更改。

方法

例如，要将幻灯片的版式更改为“内容与标题”，具体操作方法如下。

❶在“普通”或“幻灯片浏览”视图模式下，选中需要更改版式的幻灯片；❷在“开始”选项卡的“幻灯片”组中单击“版式”按钮；❸在弹出的下拉列表中选择需要的版式即可，如“内容与标题”，如下图所示。

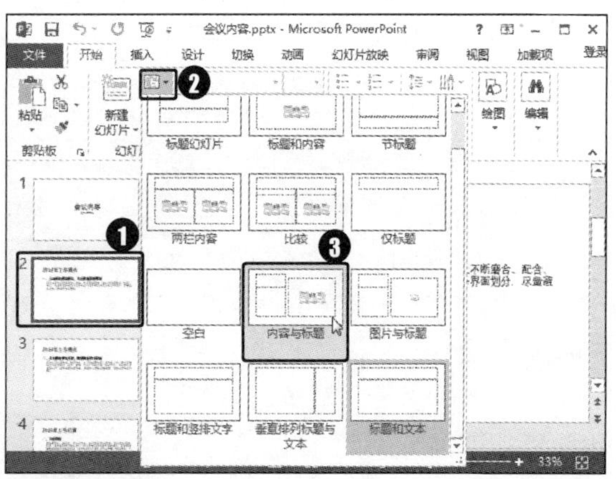

技巧 433：对幻灯片进行分组管理

●适用版本：2010、2013、2016
●实用指数：★★★★☆

说 明

在制作大型 PPT 文稿时，由于文稿中包含了大量的幻灯片，因此用户很容易迷失在这些幻灯片中，而不知道当前所处的文字及 PPT 文稿的整体结构。针对这种情况，可以使用“节”功能对幻灯片进行分组管理。

方法

例如，要对“唯美.pptx”中的幻灯片进行分组管理，具体操作方法如下。

第 1 步： 打开要编辑的 PPT 文稿，为了实时查看分节效果，可以切换到“幻灯片浏览”视图。

第 2 步： ❶选中某张幻灯片，单击鼠标右键；❷在弹出的快捷菜单中选择“新增节”菜单项，如下图所示。

第 3 步： 此时，当前所选幻灯片前面的幻灯片被划分为一个节，当前幻灯片及后面的幻灯片为一个节，效果如下图所示。

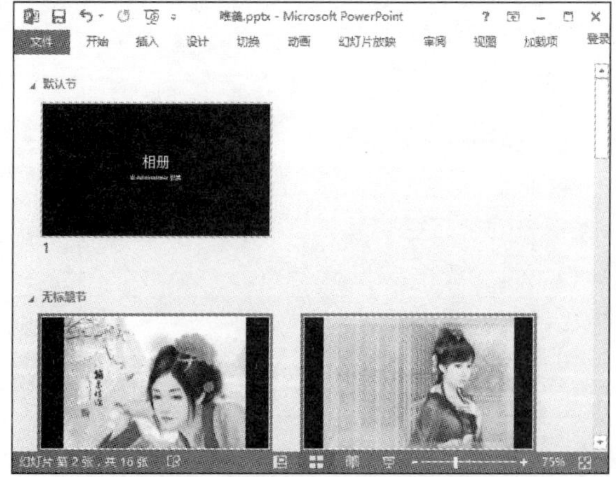

第 4 步： 用同样的方法为后面的幻灯片再进行分节，完成后的效果如下图所示。

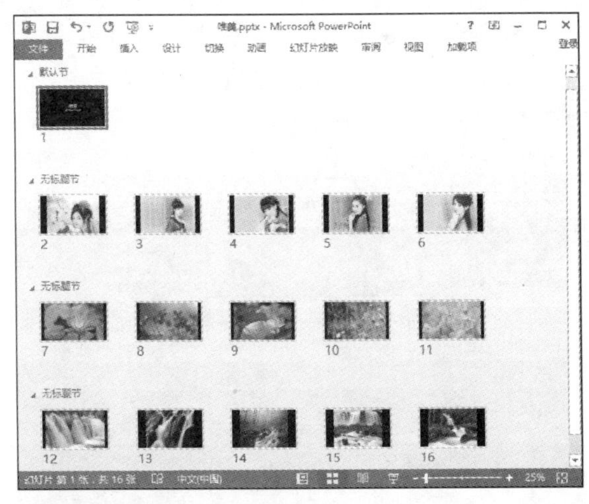

技巧 434：为节重命名

●适用版本：2010、2013、2016
●实用指数：★★★★☆

说 明

对幻灯片进行分组后，为了便于管理，可以对节进行重命名。

方法

例如，要对上述操作中的节进行重命名，具体操作方法如下。

第 1 步：❶使用鼠标右键单击节标题；❷在弹出的快捷菜单中选择“重命名节”菜单项，如下图所示。

第 2 步：弹出“重命名节”对话框，❶输入节的名称；❷单击“重命名”按钮，如下图所示。

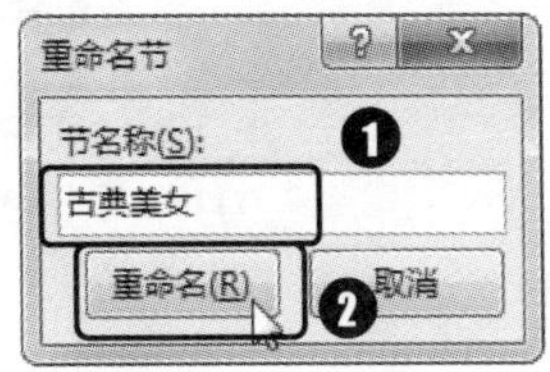

第 3 步：返回 PPT 文稿，可查看重命名后的效果，如下图所示。

第 4 步：参照上述方法对其他节进行重命名操作，完成后的效果如下图所示。

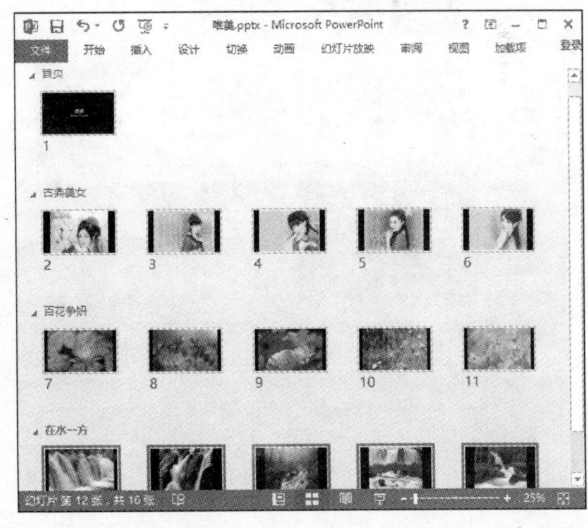

专家点拨

分节后，节都默认为展开状态，节标题的左侧有一个◢按钮，单击该按钮可折叠该节。将某个节折叠后，节标题左侧会显示▷按钮，单击该按钮可将节展开。

技巧 435：重复利用以前的幻灯片

●适用版本：2007、2010、2013、2016
●实用指数：★★★☆☆

在编辑 PPT 文稿的过程中，如果需要使用其他 PPT 文稿中的幻灯片，除了通过复制/粘贴操作之外，还可以使用“重用幻灯片”功能实现。

方法

例如，使用“重用幻灯片”功能引用其他 PPT 文稿中的幻灯片，具体操作方法如下。

第 1 步： ❶选中某张幻灯片；❷在“开始”选项卡的“幻灯片”组中，单击“新建幻灯片”按钮下方的下拉按钮；❸在弹出的下拉列表中选择“重用幻灯片”选项，如下图所示。

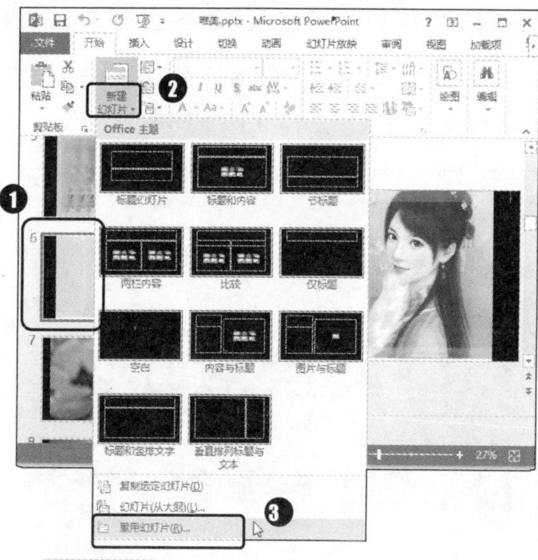

第 2 步： 打开“重用幻灯片”任务窗格，❶单击“浏览”按钮；❷在弹出的下拉列表中选择“浏览文件”选项，如下图所示。

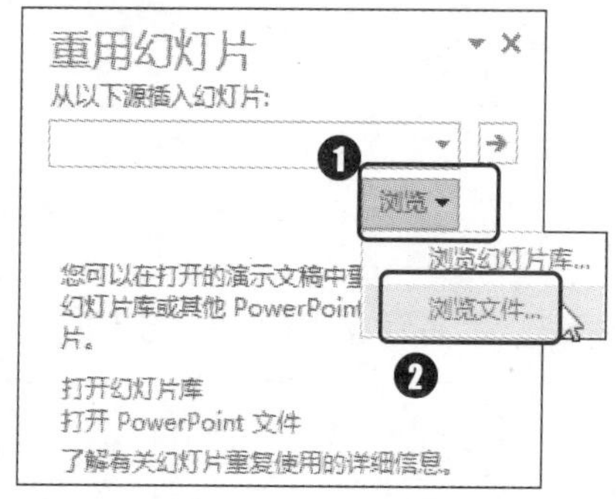

第 3 步： ❶在弹出的“浏览”对话框中打开需要使用的幻灯片所在 PPT 文稿；❷单击“打开”按钮，如下图所示。

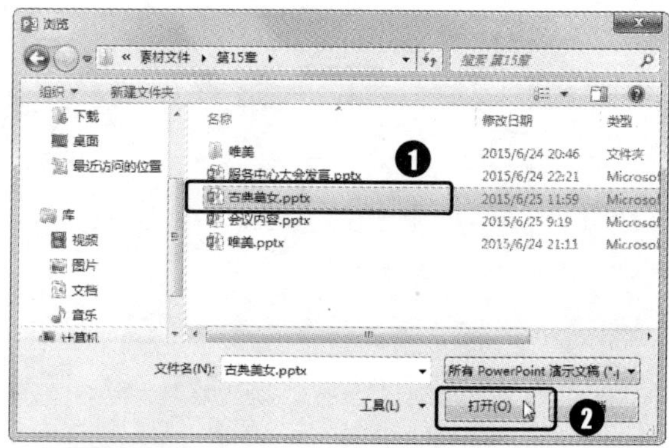

第 4 步： 打开目标 PPT 文稿后，将在“重用幻灯片”任务窗格中显示该 PPT 文稿中的所有幻灯片，在列表框中单击需要插入的幻灯片，即可将其插入到当前 PPT 文稿中所选幻灯片的后面，效果如下图所示。

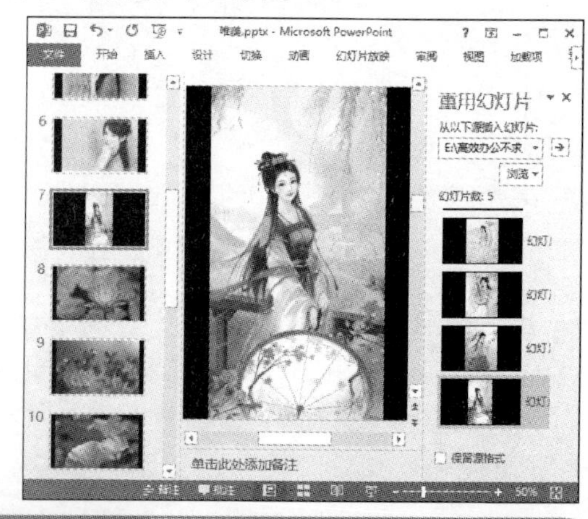

技巧 436：禁止输入文本时自动调整文本大小

●适用版本：2007、2010、2013、2016
●实用指数：★★★☆☆

在幻灯片中输入文本时，PPT 会根据占位符框的大小自动调整文本的大小。根据操作需要，可以通过设置禁止自动调整文本大小。

方法

禁止输入文本时自动调整文本大小的具体操作方法如下。

第 1 步： 在 PPT 窗口中打开“PowerPoint 选项”对话框，❶切换到“校对”选项卡；❷在“自动更正选项”选项组中单击“自动更正选项”按钮，如下图所示。

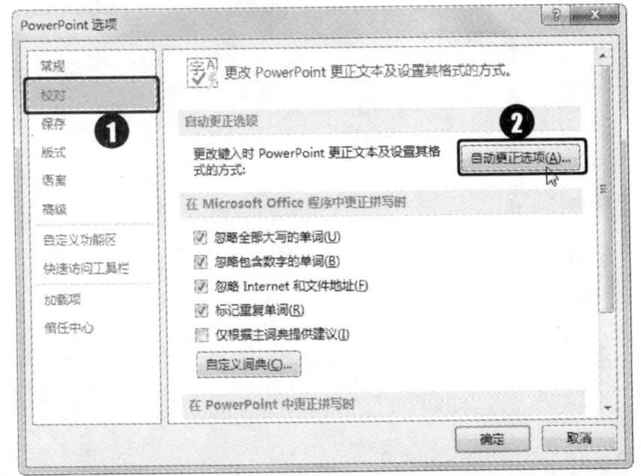

第 2 步： 弹出“自动更正”对话框，❶切换到“键入时自动套用格式”选项卡；❷在“键入时应用”选项组中，取消选中“根据占位符自动调整标题文本”复选框可禁止自动调整标题文本的大小，取消选中“根据占位符自动调整正文文本”复选框可禁止自动调整正文文本的大小；❸设置好后单击“确定”按钮即可，如下图所示。

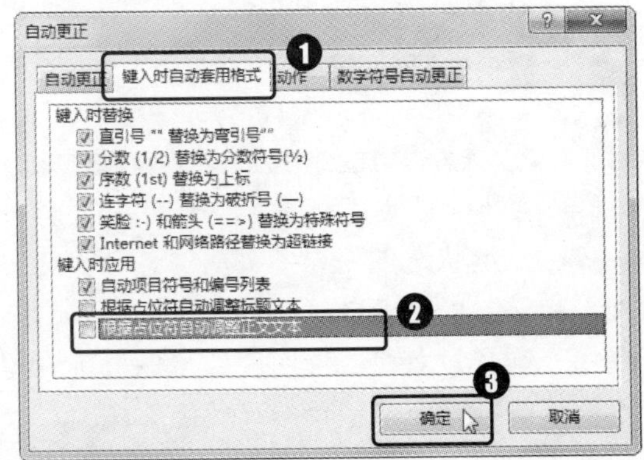

技巧 437：防止输入的网址自动显示为超链接

●**适用版本：** 2007、2010、2013、2016
●**实用指数：** ★★☆☆☆

说 明

在幻灯片中输入网址并按〈Enter〉键后，PPT 会自动为网址设置超链接。如果不希望输入的网址自动显示为超链接，可通过设置关闭超链接功能。

方法

防止输入的网址自动显示为超链接的具体操作方法如下。

第 1 步： 打开“PowerPoint 选项”对话框，❶切换到“校对”选项卡；❷在“自动更正选项”选项组中单击“自动更正选项”按钮，如下图所示。

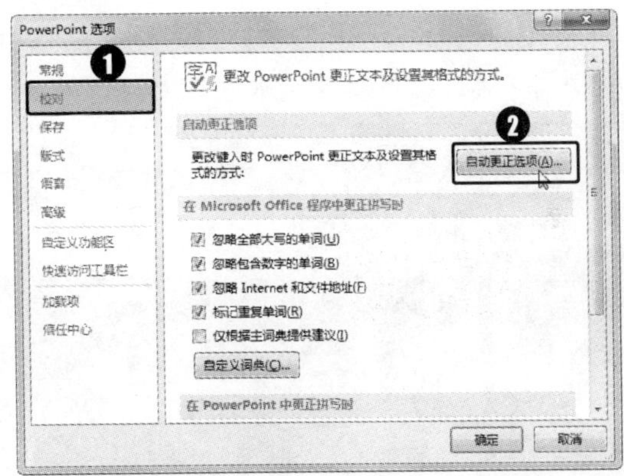

第 2 步： 弹出“自动更正”对话框，❶切换到“键入时自动套用格式”选项卡；❷取消选中“Internet 和网络路径替换为超链接”复选框；❸单击“确定”按钮即可，如下图所示。

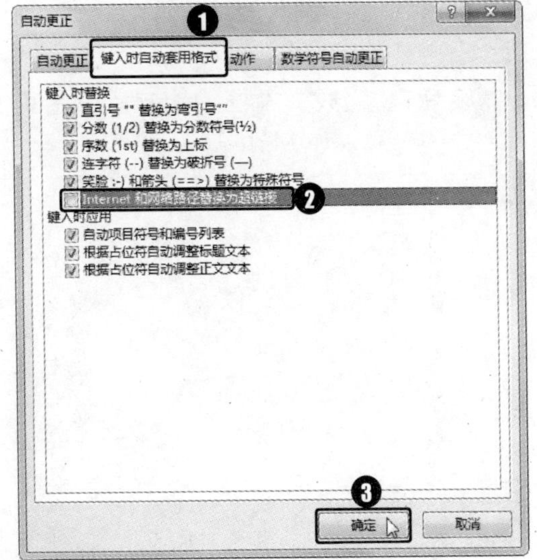

技巧 438：在图片上添加说明文字

●**适用版本：** 2007、2010、2013、2016
●**实用指数：** ★★★★★

说 明

在幻灯片中插入图片后，如果用户希望在图片上添加文字说明，则可以通过文本框实现。

方法

例如，要在“唯美.pptx”的图片中添加文字说明，具体操作方法如下。

第 1 步： ❶在要编辑的幻灯片中，切换到“插入”选项卡；❷单击“文本”组中的“文本框”按钮；❸在弹出的下拉列表中选择需要的文本框类型，如“横排文本框”，如下图所示。

第 2 步： 此时，鼠标指针呈↓状，按住鼠标左键不放并拖动鼠标，绘制文本框，绘制到合适大小后释放鼠标左键。

第 3 步： 完成文本框的绘制后，在其中输入相应的内容，如下图所示。

第 4 步： 选中文本内容，为其设置字体格式，并将第二行文字设置“右对齐”的对齐方式，然后调整文本框的位置和大小，设置后的效果如下图所示。

第 5 步： ❶选中文本框，使用鼠标右键单击；❷在弹出的快捷菜单中选择“设置形状格式”菜单项，如下图所示。

第 6 步： 打开“设置形状格式”任务窗格，❶在“形状选项”设置页面中选中“纯色填充”单选按钮；❷在“颜色”下拉列表框中选择填充颜色；❸在“透明度”微调框中设置透明度；❹设置完成后单击“关闭”按钮，如下图所示。

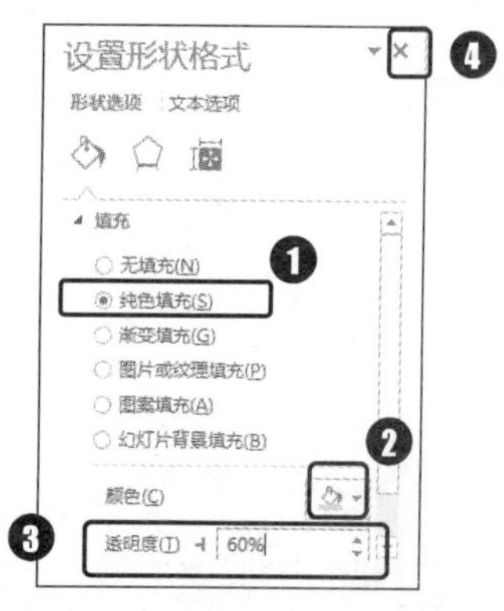

第 7 步： 返回幻灯片，可看到设置后的效果，如下图所示。

> **专家点拨**
>
> 在 PPT 2007、2010 版本中，若要对文本设置格式，则使用鼠标右键单击文本框，在弹出的快捷菜单中选择“设置形状格式”菜单项，在弹出的“设置形状格式”对话框中进行设置即可。

技巧 439：让项目符号与众不同

- **适用版本：**2007、2010、2013、2016
- **实用指数：**★★★★☆

说 明

在编辑幻灯片内容时，有时为了让内容条理清晰，通常会使用项目符号。PPT 预置的项目符号样式并不多，可能无法满足用户的需求，此时可以自定义项目符号，让文稿中的项目符合与众不同。

方法

例如，要在“会议内容.pptx”的幻灯片中自定义项目符号，具体操作方法如下。

第 1 步： ❶选中要自定义项目符号的内容；❷在“开始”选项卡的“段落”组中，单击“项目符号”右侧的下拉按钮；❸在弹出的下拉列表中选择“项目符号和编号”选项，如下图所示。

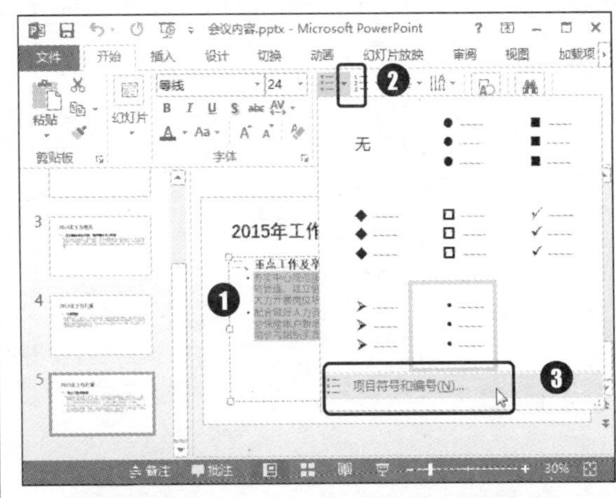

第 2 步： 弹出“项目符号和编号”对话框，单击“自定义”按钮，如下图所示。

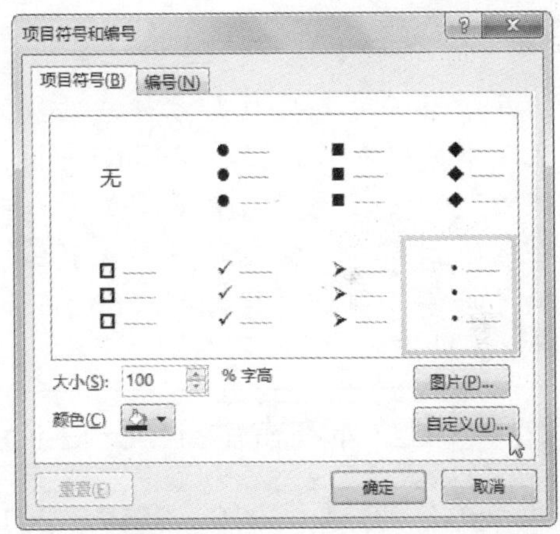

第 3 步： 弹出“符号”对话框，❶在“字体”下拉列表框中选择符号类型；❷在“符号”列表框中选择符号样式；❸单击“确定”按钮，如下图所示。

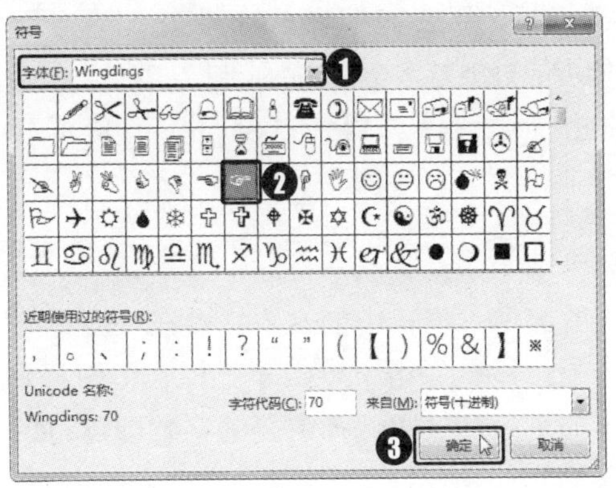

第 4 步： 返回“项目符号和编号”对话框，单击“确定”按钮，返回 PPT 文稿，即可查看设置后的效果，如下图所示。

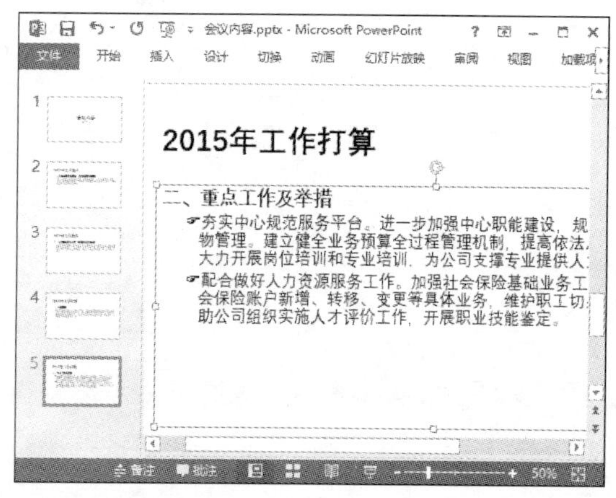

专家点拨

在带有编号或项目符号样式的段落完成文本的输入后，当按〈Enter〉键进行换行时，另起的行也会带有编号或项目符号。如果希望换行时不再含有编号或项目符号，则在换行时按〈Shift+Enter〉组合键即可。

技巧 440：让文本在占位符中分栏显示

●**适用版本：**2007、2010、2013、2016

●**实用指数：**★★★☆☆

说 明

在编辑 Word 文档时，人们通常会进行分栏排版，那么在编辑 PPT 文稿时，可否让占位符中的文本分栏显示呢？答案是肯定的，下面就讲解如何让占位符中的文本分栏显示。

方法

❶选中占位符中的文本；❷在“开始”选项卡的“段落”组中单击“分栏”按钮；❸在弹出的下拉列表中选择需要的栏数即可，如“两列”，如下图所示。

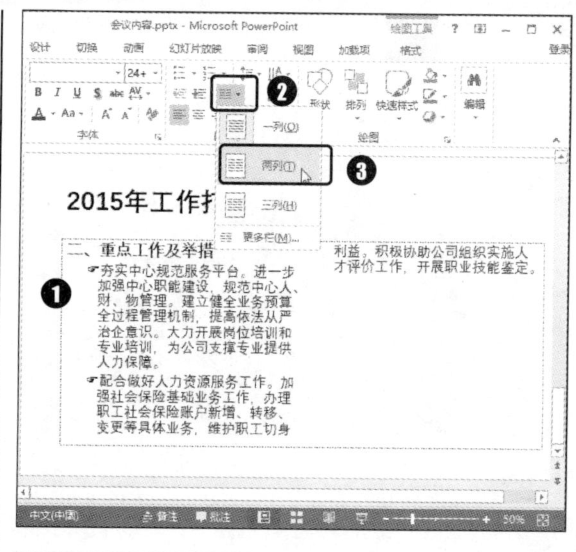

专家点拨

若在“分栏”下拉列表中选择“更多栏”选项，则可在弹出的“分栏”对话框中自定义分栏方式。

技巧 441：压缩图片减小 PPT 文稿的大小

●**适用版本：**2007、2010、2013、2016

●**实用指数：**★★☆☆☆

说 明

当在 PPT 文稿中插入了大量的图片时，为了节省磁盘空间，可以以压缩图片的方式减小文件大小。

方法

例如，要对“唯美.pptx”中的图片进行压缩，具体操作方法如下。

第 1 步： 对图片进行剪裁操作。

第 2 步： ❶选中剪裁后的图片；❷切换到“图片工具-格式”选项卡；❸单击“调整”组中的“压缩图片”按钮，如下图所示。

第 3 步： 弹出“压缩图片”对话框，❶在“压缩选项”选项组中选中“仅应用于此图片”和“删除图片的剪裁区域”复选框；❷单击“确定”按钮即可，如下图所示。

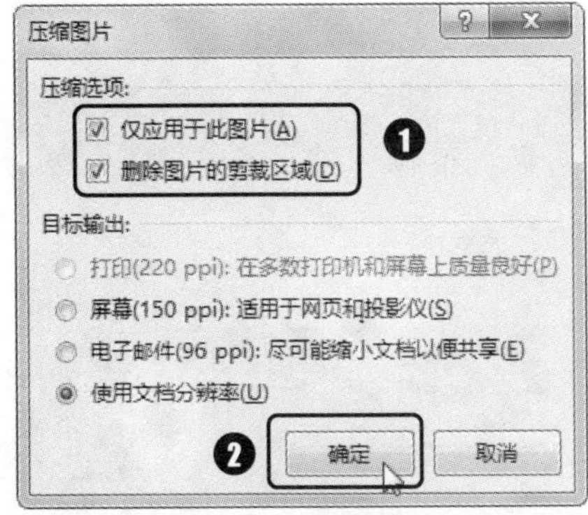

专家点拨

之所以要选中“删除图片的剪裁区域”复选框，是因为如果对图片进行了剪裁，被剪裁的部分其实仍然存在于 PPT 文稿中，从而会占用容量。另外，若选中“仅应用于此图片”复选框，则所有设置将仅仅应用于当前所选图片；若取消选中该复选框，则所有设置将应用于当前 PPT 文稿中的所有图片。

技巧 442：在幻灯片中导入 Word 表格或 Excel 表格

●**适用版本：** 2007、2010、2013、2016

●**实用指数：** ★★★☆☆

说明

在编辑 PPT 文稿时，通常会在其中创建表格。为了提高工作效率，还可以将已有的 Word 表格或 Excel 表格导入其中。

方法

例如，要将 Excel 表格导入到 PPT 文稿中，具体操作方法如下。

第 1 步： 在要导入 Excel 表格的幻灯片中，❶切换到“插入”选项卡；❷单击“文本”组中的“对象”按钮，如下图所示。

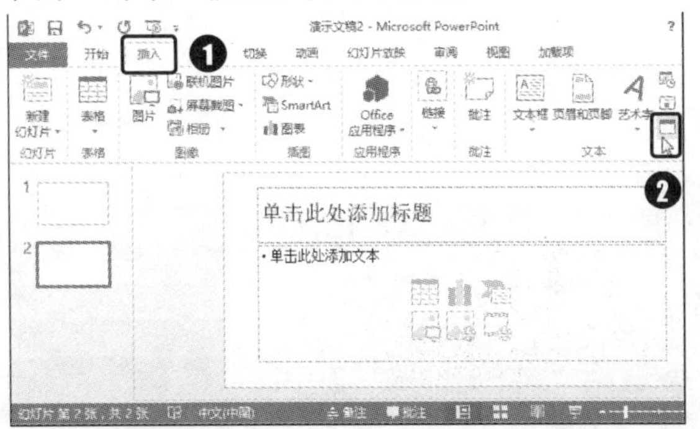

第 2 步： 弹出“插入对象”对话框，❶选中“由文件创建”单选按钮；❷单击“浏览”按钮，如下图所示。

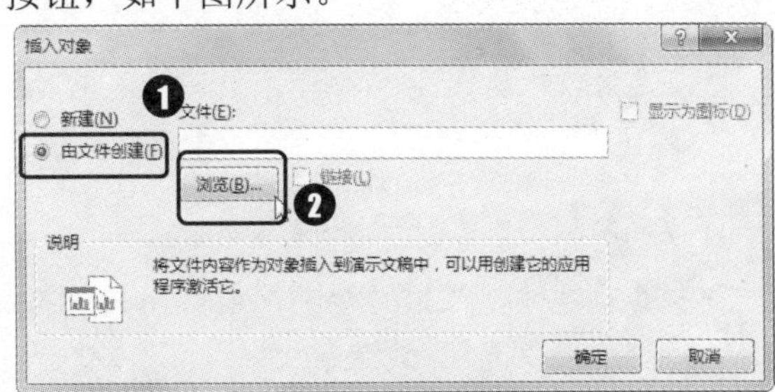

第 3 步： 弹出“浏览”对话框，❶选中需要导入的 Excel 表格；❷单击“确定”按钮，如下图所示。

第 4 步： 返回“插入对象”对话框，单击“确定”按钮，返回当前幻灯片，即可看到该

幻灯片中插入了 Excel 表格，效果如下图所示。

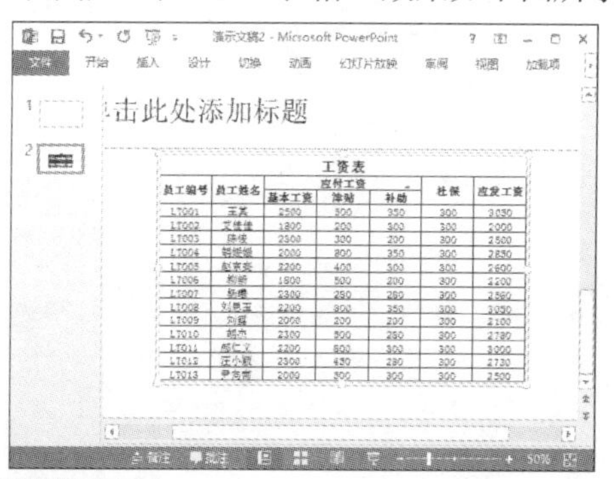

工资表

员工编号	员工姓名	应付工资			社保	应发工资
		基本工资	津贴	补助		
LT001	王英	2500	500	350	300	3050
LT002	艾佳佳	1800	200	300	300	2000
LT003	陈俊	2300	300	200	300	2500
LT004	韩娇娇	2000	800	350	300	2850
LT005	赵东亮	2200	400	300	300	2600
LT006	柳新	1800	500	200	300	2200
LT007	杨曦	2300	280	280	300	2560
LT008	刘思玉	2200	800	350	300	3050
LT009	刘磊	2000	200	200	300	2100
LT010	胡杰	2300	500	280	300	2780
LT011	郝仁义	2200	800	300	300	3000
LT012	汪小颖	2300	450	280	300	2730
LT013	尹向南	2000	500	300	300	2500

第 5 步： 若要对表格进行编辑，则双击即可调用 Excel 程序，且表格呈编辑状态，此时直接对表格进行编辑即可。

技巧 443：对插入的媒体对象进行剪裁

●**适用版本**：2010、2013、2016
●**实用指数**：★★☆☆☆

说 明

在幻灯片中插入音频文件或视频后，还可通过剪裁功能删除多余的部分，使声音和视频更加简洁。

方法

例如，要对插入的视频进行剪裁，具体操作方法如下。

第 1 步： ❶在幻灯片中选中视频图标；❷切换到“视频工具-播放”选项卡；❸单击“编辑”组中的“剪裁视频”按钮，如下图所示。

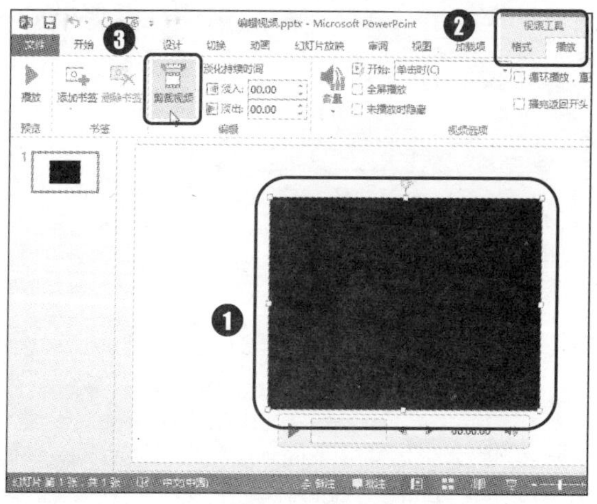

第 2 步： 弹出“剪裁视频”对话框，在播放进度栏中，拖动左侧的绿色滑块到视频剪裁的起始位置（或者在“开始时间”微调框中设置剪裁视频的起始位置），此时，播放界面中会显示对应位置的画面，如下图所示。

第 3 步： 拖动右侧的红色滑块或在“结束时间”微调框输入时间，可设置视频剪裁的终点位置，如下图所示。

第 4 步： 将视频剪裁的起始位置或终点位置设置好后，单击“确定”按钮即可。

技巧 444：设置媒体文件的音量大小

●**适用版本**：2010、2013、2016
●**实用指数**：★★★☆☆

说 明

在幻灯片中插入声音和视频后，还可根据需要对其设置播放音量。

方法

例如，要对视频设置播放音量，具体操作方法如下。

❶在幻灯片中选中视频图标；❷切换到“视频工具-播放”选项卡；❸在“视频选项”组中单击“音量”按钮；❹在弹出的下拉列表中进行选择即可，如下图所示。

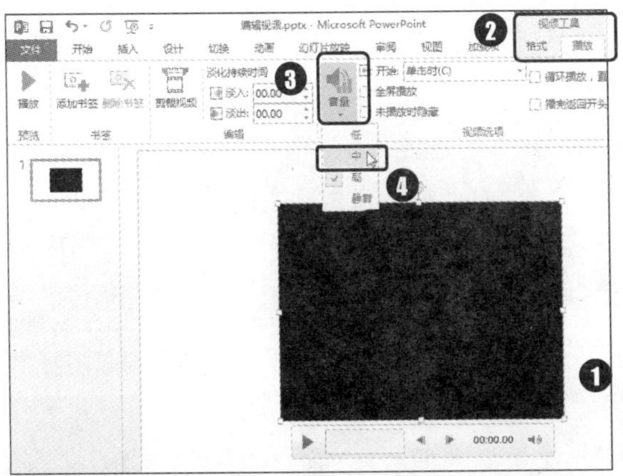

> **专家点拨**
>
> 选中视频/音频图标后（或将鼠标指针指向时），其下方会出现一个播放控制条，单击其中的音量图标，在弹出的音量滚动条中也可调整音量。

技巧 445：指定媒体文件的开始播放位置

●适用版本：2010、2013、2016

●实用指数：★★★★☆

说明

插入媒体文件后，通过剪裁功能可以删除不需要播放的部分，但是进行剪裁后无法进行恢复，也就无法观看被剪掉的内容。针对这种情况，可以通过书签功能指定播放位置。

方法

例如，要对视频文件指定开始播放的位置，具体操作方法如下。

第 1 步： 选中视频图标，单击“播放”按钮，如下图所示。

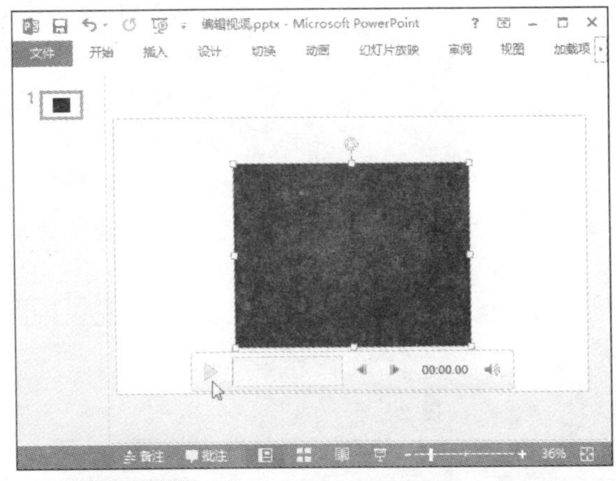

第 2 步： 视频文件开始播放，当播放到希望作为播放起始点的位置时，在“视频工具-播放”选项卡的“书签”组中，单击“添加书签”按钮，如下图所示。

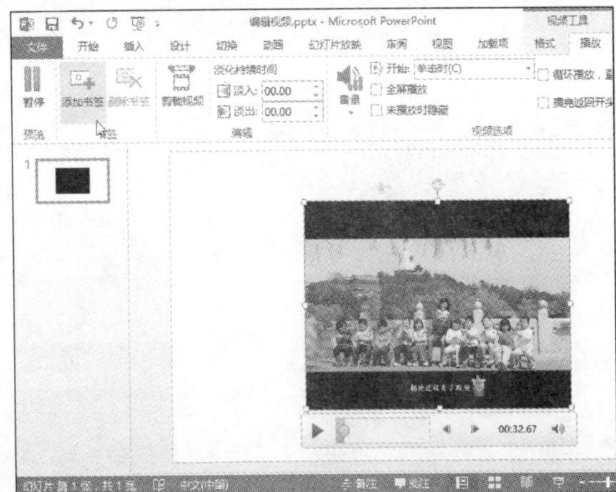

第 3 步： 执行上述操作后，即可在播放进度中显示一个圆圈，该圆圈就是添加的书签，效果如下图所示。

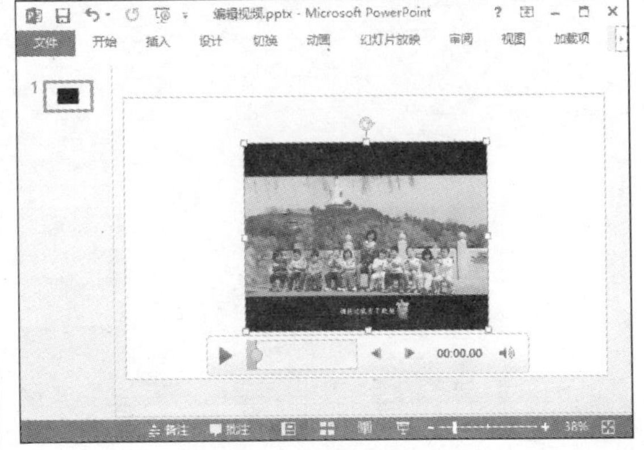

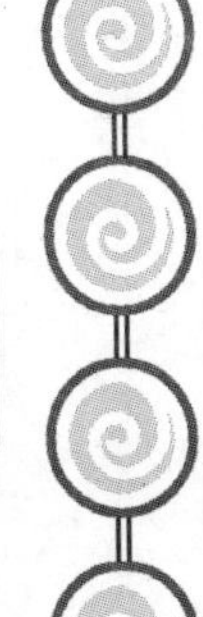

第 4 步： 添加了书签后，此后，在播放进度中选中书签，再单击“播放”按钮，将会从书签位置开始播放。

 专家点拨

选中书签后，在“视频工具-播放”选项卡的“书签”组中单击“删除书签”按钮，可删除所选书签。

技巧 446：让背景音乐跨幻灯片连续播放

●适用版本：2007、2010、2013、2016
●实用指数：★★★★☆

说 明

在放映 PPT 文稿的过程中，进入下一张幻灯片时，若当前幻灯片中的音乐还没播放完毕，并希望在下一张幻灯片中继续播放，则可以使用跨幻灯片播放功能。

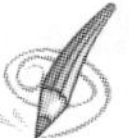

方法

例如，在“会议内容 1.pptx”中，对背景音乐设置跨幻灯片连续播放，具体操作方法如下。

❶在幻灯片中选中音乐对应的声音图标；❷切换到“音频工具-播放”选项卡；❸在“音频选项”组中选中“跨幻灯片播放”复选框，如下图所示。

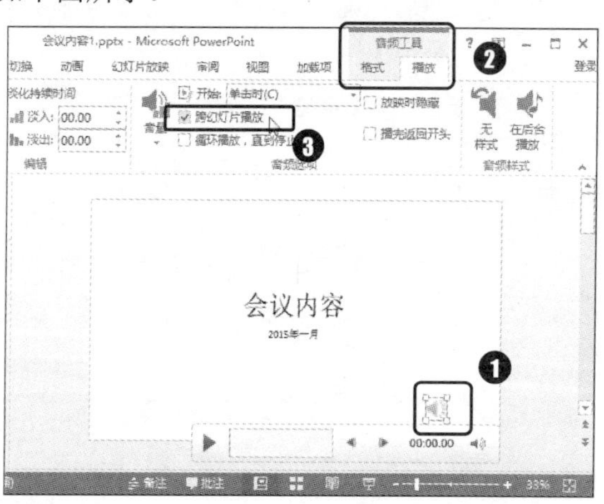

 专家点拨

在 PPT 2007 中，是选中声音图标后切换到“声音工具-选项”选项卡，然后在“声音选项”组的“播放声音”下拉列表中选择“跨幻灯片播放”选项；在 PPT 2010 中，则是选中声音图标后，切换到“音频工具-播放”选项卡，在“音频选项”组的“开始”下拉列表中选择“跨幻灯片播放”选项。

技巧 447：让背景音乐重复播放

●适用版本：2007、2010、2013、2016
●实用指数：★★★★☆

说 明

如果插入的音乐的播放时间非常短，当音乐播放完毕，而幻灯片还在放映，这时就不会再有背景音乐了。这时可以对背景音乐设置重复播放。

方法

例如，在“会议内容 1.pptx”中，对背景音乐设置重复播放，具体操作方法如下。

❶在幻灯片中选中音乐对应的声音图标；❷切换到“音频工具-播放”选项卡；❸在“音频选项”组中选中“循环播放，直到停止”复选框，如下图所示。

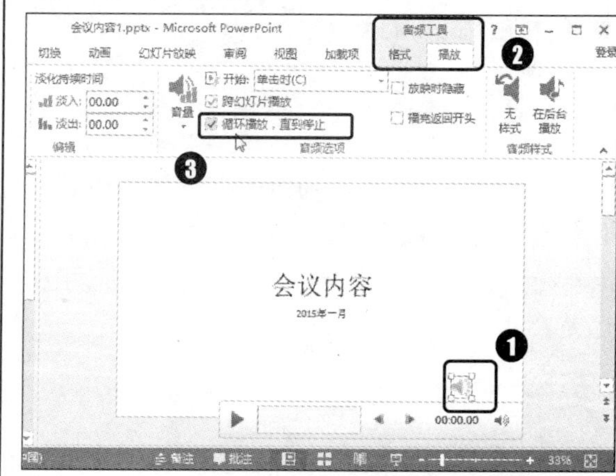

技巧 448：设置视频图标中显示的画面

●适用版本：2010、2013、2016

●实用指数：★★★☆☆

说 明

在幻灯片中插入视频后，其视频图标上的画面将显示视频中的第一个场景，根据操作需要，可以自定义设置显示的画面，从而让视频图标更加美观。

方法

例如，要对“编辑视频.pptx”中的视频图标设置显示场景，具体操作方法如下。

第 1 步： 选中视频图标，单击“播放”按钮进行播放。

第 2 步： 播放到某个画面时，单击“暂停”按钮暂停播放。

第 3 步： ❶切换到“视频工具-格式”选项卡；❷单击“调整”组中的“标牌框架”按钮；❸在弹出的下拉列表中选择“当前框架”选项，如下图所示。

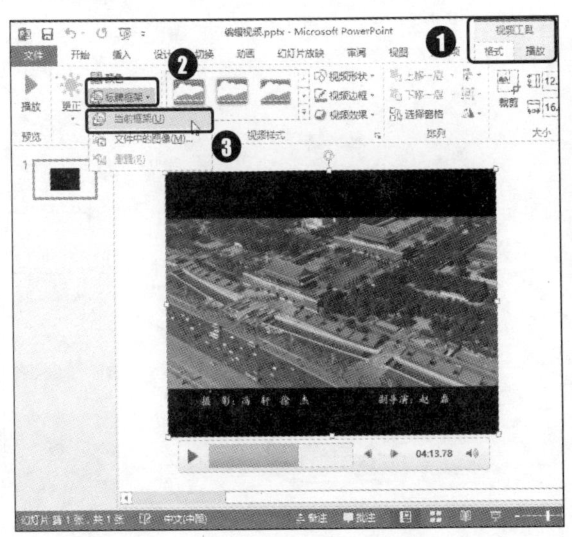

第 4 步： 单击幻灯片空白处，退出视频文件的播放状态，可看到视频图标的显示场景为上述所选，效果如下图所示。

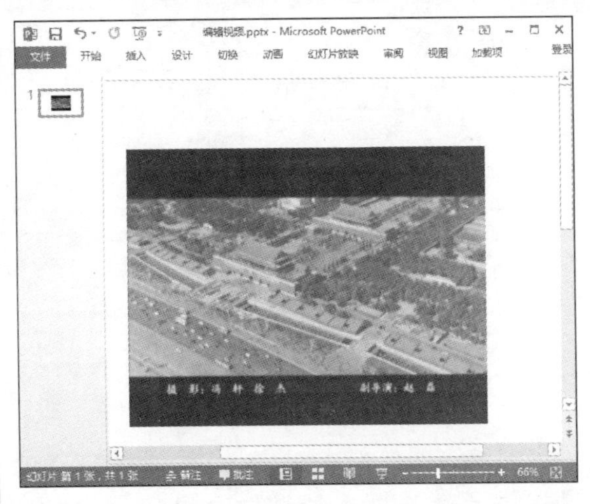

专家点拨

选中视频图标后，直接单击“标牌框架”按钮，在弹出的下拉列表中选择“文件中的图像”选项，可在弹出的“插图图片”对话框中选择一张图片来作为视频图标中要显示的画面。

技巧 449：让视频全屏播放

●适用版本：2007、2010、2013、2016

●实用指数：★★★★★

说 明

在幻灯片中插入视频后，在放映幻灯片时，视频总在幻灯片中播放，不仅视觉冲击力大打折扣，而且观众还看不清。针对这样的情况，可以通过设置让视频全屏播放。

方法

例如，对插入的视频文件设置全屏播放，具体操作方法如下。

❶在幻灯片中选中视频图标；❷切换到“视频工具-播放”选项卡；❸在“视频选项”组中选中“全屏播放”复选框，如下图所示。

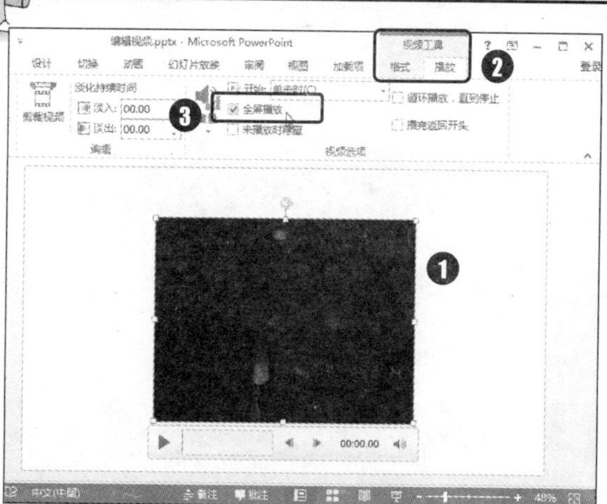

技巧 450：让插入的媒体文件自动播放

●适用版本：2007、2010、2013、2016

●实用指数：★★★★☆

默认情况下，插入多媒体文件后，在放映时需要单击对应的图标才会开始播放。为了让幻灯片放映更加流畅，可以通过设置让插入的媒体文件在放映时自动播放。

例如，对插入的视频文件设置自动播放，具体操作方法如下。

❶在幻灯片中选中视频图标；❷切换到“视频工具-播放”选项卡；❸在“视频选项”组的“开始”下拉列表中选择“自动”选项，如下图所示。

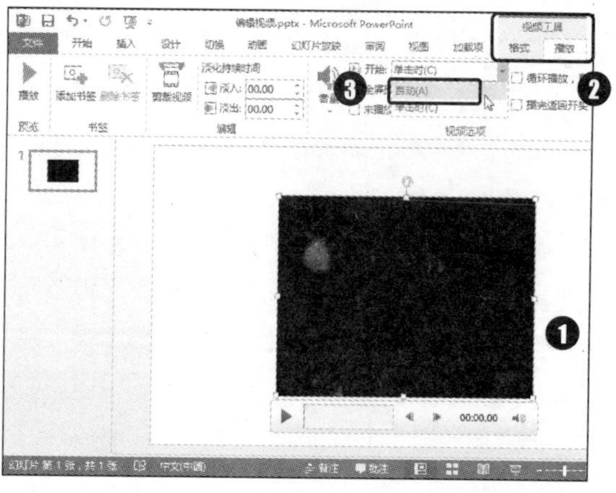

技巧 451：在幻灯片中插入 Flash 动画

●适用版本：2007、2010、2013、2016

●实用指数：★★★☆☆

根据操作需要，用户还可以将扩展名为.swf 的 Flash 动画插入到幻灯片中。

例如，要在幻灯片中插入一个 Flash 动画，具体操作方法如下，

第 1 步： 选中要插入 Flash 动画的幻灯片，单击“插入”选项卡“文本”组中的“对象”按钮，打开“插入对象”对话框。

第 2 步： ❶选中“由文件创建”单选按钮；❷单击“浏览”按钮，如下图所示。

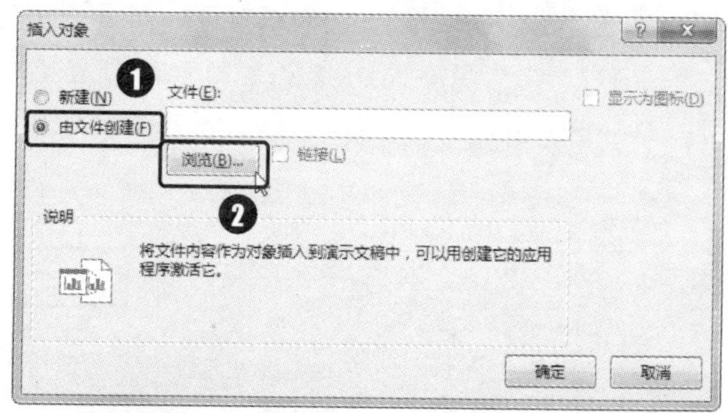

第 3 步： 弹出“浏览”对话框，❶选中需要插入的 Flash 文件；❷单击“确定”按钮，如下图所示。

第 4 步： 返回“插入对象”对话框，单击“确定”按钮。

第 5 步： 通过上述操作后，当前幻灯片中将出现一个 Flash 文件图标。

第 6 步： 选中 Flash 文件图标，在“插入”选项卡的“链接”组中单击“动作”按钮，如下图所示。

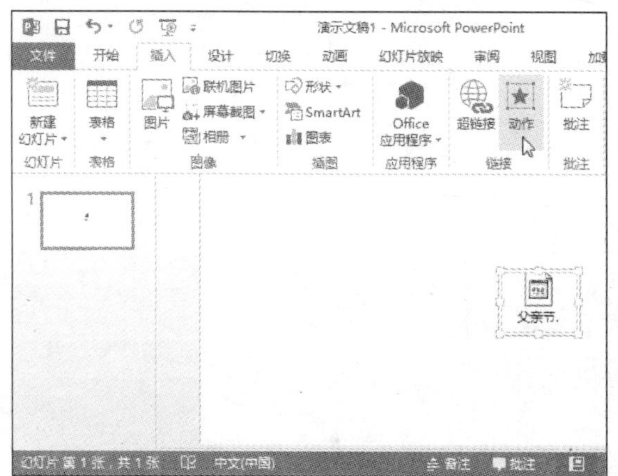

第 7 步： 弹出“动作设置”对话框，❶在“单击鼠标”选项卡中选中“对象动作”单选按钮，在下面的下拉列表框中选择“激活内容”选项；❷单击“确定”按钮，如下图所示。

第 8 步： 通过上述操作后，放映幻灯片时，单击 Flash 文件图标即可播放 Flash 动画。

技巧 452：让背景音乐在后台播放

●**适用版本**：2013、2016

●**实用指数**：★★★☆☆

说 明

在幻灯片中插入背景音乐后，还可通过设置，让背景音乐在后台播放。设置后台播放后，此后放映幻灯片时，该背景音乐会自动播放，还会跨幻灯片连续、重复播放，并自动隐藏声音图标。

方法

例如，在“会议内容 1.pptx”中，对背景音乐设置后台播放，具体操作方法如下。

❶在幻灯片中选中音乐对应的声音图标；❷切换到“音频工具-播放”选项卡；❸在“音频样式”组单击“在后台播放”按钮，如下图所示。

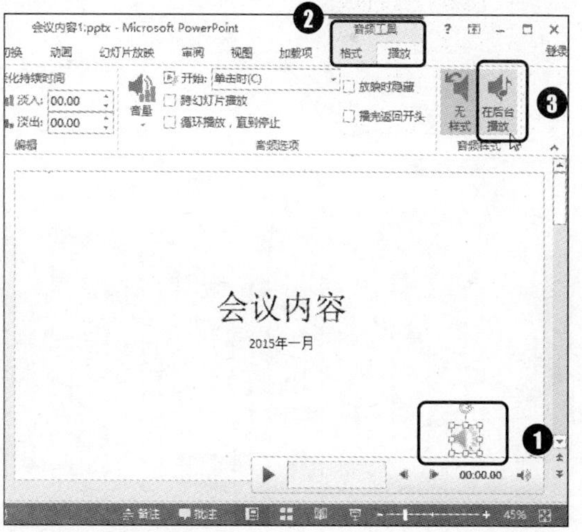

PPT 幻灯片设计技巧

完成幻灯片内容的编辑后，可以对其进行美化操作，以达到赏心悦目的效果；对其设置各种动画效果，可以增强幻灯片的趣味性及动态美。本章将讲解幻灯片的相关设计技巧。

▷▷ 16.1　幻灯片美化技巧

编辑幻灯片时，可以通过设置背景和主题等方式来美化幻灯片，下面就为读者讲解美化幻灯片方面的技巧。

技巧 453：为幻灯片设置个性化的背景

●适用版本：2007、2010、2013、2016
●实用指数：★★★★☆

说 明

幻灯片是否美观，背景十分重要。在 PPT 中，可以为幻灯片设置纯色背景、渐变填充背景、图片或纹理填充背景，用户可根据需要自行选择。

方法

例如，要为幻灯片设置图片背景填充效果，具体操作方法如下。

第 1 步： ❶切换到“设计”选项卡；❷单击“自定义”组中的“设置背景格式”按钮，如下图所示。

第 2 步： 打开“设置背景格式”任务窗格，❶在“填充”选项组中选中“图片或纹理填充”单选按钮；❷单击“文件”按钮，如下图所示。

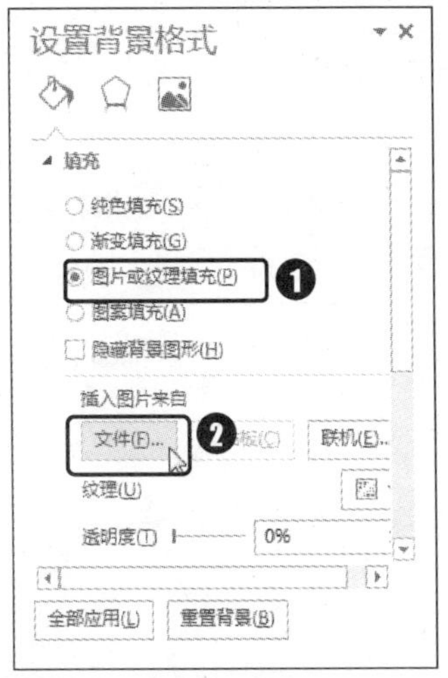

第 3 步： 弹出“插入图片”对话框，❶选中需要作为背景的图片；❷单击“插入”按钮，如下图所示。

第 4 步： 返回“设置背景格式”任务窗格，❶单击“全部应用”按钮，将所设置的背景应用到 PPT 文稿中的所有幻灯片；❷单击“关闭”按钮关闭该任务窗格，如下图所示。

专家点拨

在“设置背景格式”任务窗格中设置好背景后，若直接单击“关闭”按钮，则设置的背景效果将仅应用于当前幻灯片。

技巧 454：设置 PPT 文稿的默认主题

●**适用版本**：2007、2010、2013、2016

●**实用指数**：★★☆☆☆

说 明

在 PPT 中，主题是一组格式选项，集合了颜色、字体和幻灯片背景等格式，通过应用这些主题，用户可以快速而轻松地对 PPT 文稿中的所有幻灯片设置具备统一风格的外观效果。

默认情况下，新建的 PPT 文稿应用的是“Office 主题”，用户可以根据操作需要更改默认的主题。

方法

例如，要将默认的主题设置为“平面”，具体操作方法如下。

❶在 PPT 窗口中切换到“设计”选项卡；❷在“主题”组中使用鼠标右键单击需要设置为默认主题的主题选项，如“平面”；❸在弹出的快捷菜单中选择“设置为默认主题”菜单项，如下图所示。

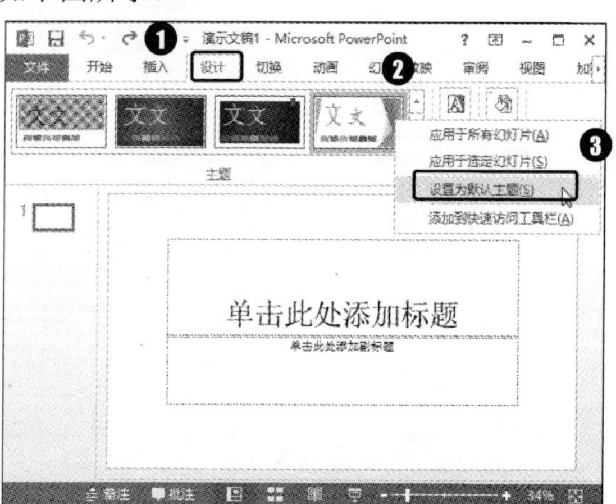

技巧 455：在同一 PPT 文稿中应用多个主题

●**适用版本**：2007、2010、2013、2016

●**实用指数**：★★☆☆☆

说 明

通常情况下，在“主题”组中单击某个主题选项后，该主题将应用于当前 PPT 文稿中的所有幻灯片。如果希望在同一 PPT 文稿中应用多个主题，可通过快捷菜单实现。

方法

例如，要在 PPT 文稿中应用“切片”和“平面”两个主题，具体操作方法如下。

第 1 步： ❶选中要应用“切片”主题的幻灯片；❷切换到“设计”选项卡；❸在“主题”组中使用鼠标右键单击“切片”主题选项；❹在弹出的快捷菜单中选择“应用于选定幻灯片”菜单项，如下图所示。

第 2 步： 用同样的方法为剩下的幻灯片应用“平面”主题即可，切换到“幻灯片浏览”视图模式下查看设置后的效果，如下图所示。

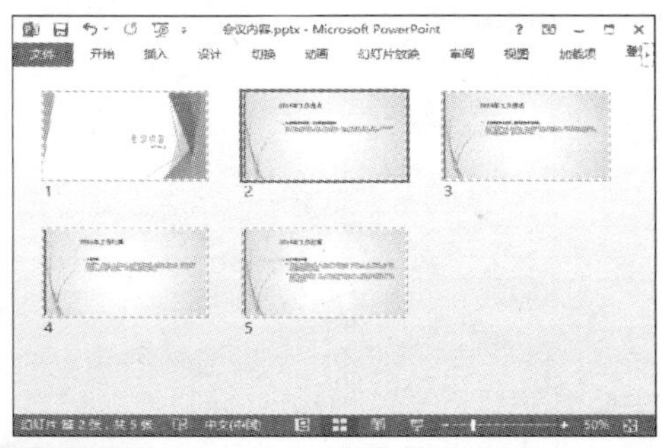

技巧 456：幻灯片母版的应用

●适用版本：2007、2010、2013、2016

●实用指数：★★★★★

在制作幻灯片的过程中，很多时候可能需要对各个幻灯片的风格进行统一，若逐一设置会非常麻烦，而且还影响工作效率，此时就可以利用母版来解决问题。

母版其实就是一种特殊的幻灯片，用于控制 PPT 文稿中各幻灯片的某些共有的格式（如文本格式、背景格式）或对象。母版中一般包含文本占位符、对象占位符、标题文本及各级文本的字符格式和段落格式、幻灯片背景、出现在每张幻灯片上的文本框、图片对象等信息。

方法

例如，要在"会议内容.pptx"中使用母版编辑幻灯片，具体操作方法如下。

第 1 步： 打开需要编辑的 PPT 文稿，❶切换到"视图"选项卡；❷在"母版视图"组中单击"幻灯片母版"按钮，如下图所示。

第 2 步： 进入"幻灯片母版"视图模式，在左侧窗格中将鼠标指向某个母版缩略图时会弹出提示信息，提示该母版中的操作将应用的范围，如第 2 个母版缩略图，将鼠标指向时会提示该"幻灯片由幻灯片 1 使用"的字样，如下图所示。

第 3 步： 选中第 2 个幻灯片母版缩略图，对其进行相应的编辑，如对"单击此处编辑母版标题样式"和"单击此处编辑母版副标题样式"文本设置字符格式，效果如下图所示。

第 4 步： 参照上述方法，对其他幻灯片对应的母版进行编辑，完成编辑后，在"幻灯片母版"选项卡的"关闭"组中单击"关闭母版视图"按钮，如下图所示。

第 5 步： 退出"幻灯片母版"视图，切

换到“幻灯片浏览”视图模式下查看设置后的效果，如下图所示。

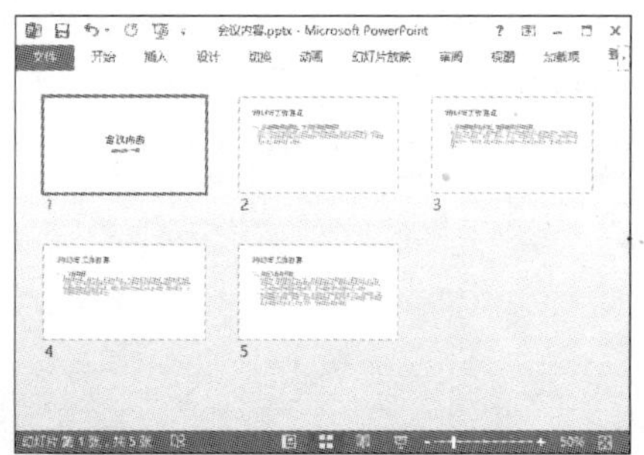

技巧 457：删除多余的母版版式

●适用版本：2007、2010、2013、2016
●实用指数：★☆☆☆☆

默认情况下，进入“幻灯片母版”视图模式后，在左侧窗格中可看见包含了多种版式的幻灯片母版，而有些母版在当前 PPT 文稿中并没有使用。根据操作需要，可将多余的母版版式删除，以方便母版的操作。

例如，要在“会议内容.pptx”中删除多余的母版，具体操作方法如下。

第 1 步： 打开需要编辑的 PPT 文稿，切换到“幻灯片母版”视图模式。

第 2 步： 在左侧窗格中，将鼠标指针指向某个母版版式缩略图，在弹出的浮动窗口中若显示“XX 版式：任何幻灯片都不使用”，则表示该母版版式是多余的，如下图所示。

第 3 步： ❶选中该母版缩略图，单击鼠标右键；❷在弹出的快捷菜单中选择“删除版式”菜单项，如下图所示。

第 4 步： 参照上述方法删除其他多余的母版即可。

技巧 458：让公司的标志出现在每一张幻灯片的相同位置

●适用版本：2007、2010、2013、2016
●实用指数：★★★☆☆

在编辑 PPT 文稿时，通常会在每张幻灯片的相同位置添加公司的标志，如果逐一添加就会非常麻烦，此时就可以通过幻灯片母版快速解决。

例如，要在“会议内容.pptx”的每张幻灯片的相同位置添加公司的标志，具体操作步骤如下。

第 1 步： 打开需要编辑的 PPT 文稿，切换到“幻灯片母版”视图模式。

第 2 步： ❶在左侧窗格选中“幻灯片母版”缩略图；❷切换到“插入”选项卡；❸单击“图像”组中的“图片”按钮，如下图所示。

第 3 步： 弹出“插入图片”对话框，❶选中公司标志的图片文件；❷单击“插入”按钮，如下图所示。

第 4 步： ❶返回当前母版，调整图片的大小和位置；❷切换到“幻灯片母版”选项卡；❸单击“关闭”组中的“关闭母版视图”按钮，如下图所示。

第 5 步： 退出“幻灯片母版”视图，可看见每一张幻灯片的同一位置都有公司标志。切换到“幻灯片浏览”视图模式下，可查看设置后的效果，如下图所示。

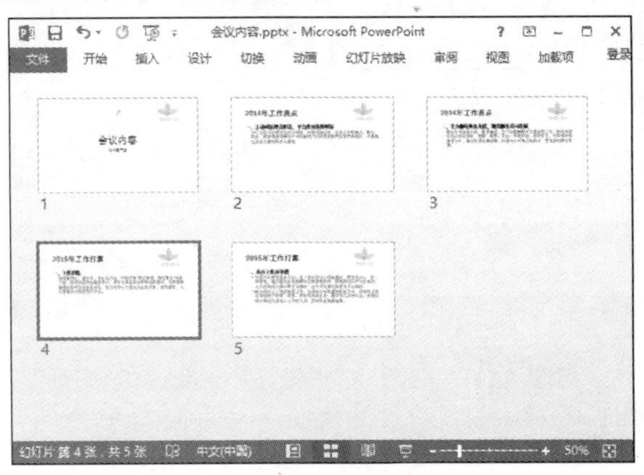

技巧 459：恢复母版中被删除的占位符

●**适用版本：**2007、2010、2013、2016

●**实用指数：**★★☆☆☆

说　明

在编辑“幻灯片母版”缩略图时（即在“幻灯片母版”视图下，左侧窗格中第 1 个母版缩略图)，如果不小心把某个占位符删除了，可通过设置进行恢复。

方法

例如，不小心将“幻灯片母版”缩略图中的“文本”占位符删除了，可恢复该占位符，具体操作步骤如下。

第 1 步： 打开需要编辑的 PPT 文稿，切换到“幻灯片母版”视图模式。

第 2 步： ❶在左侧窗格中，使用鼠标右键单击“幻灯片母版”缩略图；❷在弹出的快捷菜单中选择“母版版式”菜单项，如下图所示。

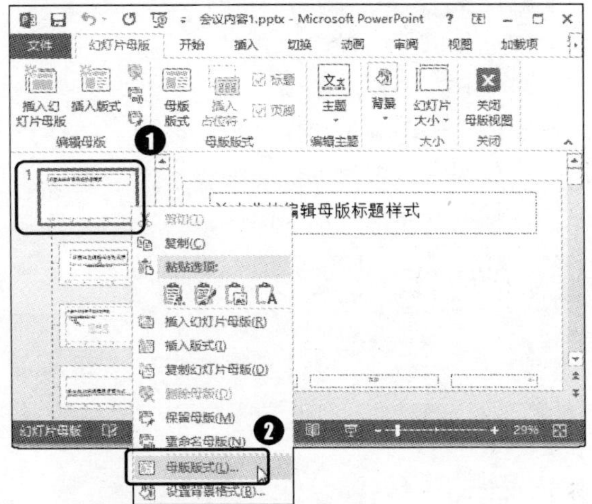

第 3 步： 弹出“母版版式”对话框，❶选中“文本”复选框；❷单击“确定”按钮，即可将“文本”占位符显示出来，如下图所示。

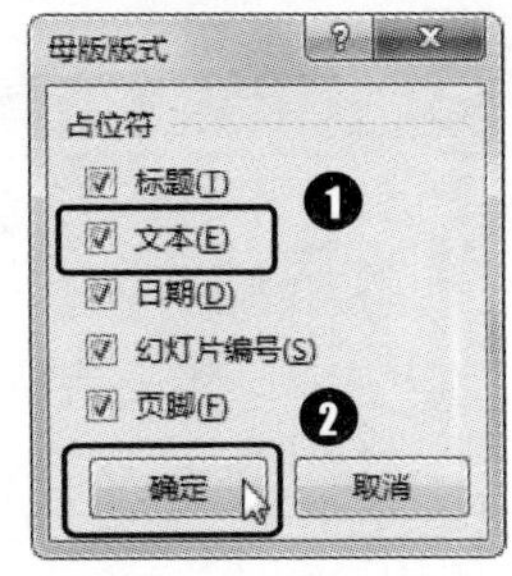

专家点拨

在对母版进行操作时，请务必谨慎，若不小心将“标题幻灯片”“标题和内容”等母版缩略图中的占位符删除了，则无法恢复。

技巧 460：在母版视图中隐藏幻灯片页脚

●**适用版本**：2007、2010、2013、2016

●**实用指数**：★☆☆☆☆

说 明

进入“幻灯片母版”视图后，发现幻灯片母版底部会显示幻灯片页脚，可根据操作需要将其隐藏起来。

方法

例如，要在母版视图中隐藏幻灯片的页脚，具体操作方法如下。

第 1 步： 在要编辑的 PPT 文稿中，切换到“幻灯片母版”视图模式。

第 2 步： ❶在左侧窗格中选中要隐藏幻灯片页脚的母版版式缩略图；❷切换到“幻灯片母版”选项卡；❸在“母版版式”组中取消选中“页脚”复选框，如下图所示。

专家点拨

对“幻灯片母版”版式进行编辑时，无法隐藏幻灯片页脚。

技巧 461：让幻灯片页脚中的日期与时间自动更新

●**适用版本**：2007、2010、2013、2016

●**实用指数**：★★★☆☆

说 明

在编辑幻灯片时，用户可根据操作需要在页脚中插入能自动更新的日期与时间。

方法

例如，要在“会议内容.pptx”中插入自动更新的日期与时间，具体操作方法如下。

第 1 步： 打开需要编辑的 PPT 文稿，❶切换到“插入”选项卡；❷单击“文本”组中的“日期和时间”按钮，如下图所示。

第 2 步： 弹出“页眉和页脚”对话框，❶在“幻灯片包含内容”选项组中选中“日期和时间”复选框；❷选择“自动更新”单选按钮，并在下拉列表框中选择需要的时间格式；❸单击“全部应用”按钮，如下图所示。

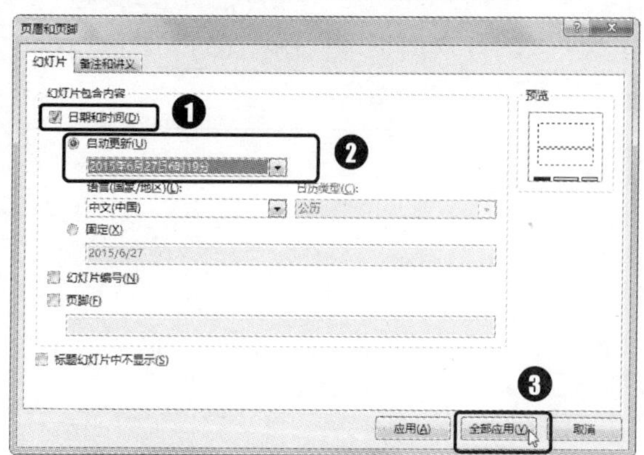

第 3 步： 通过上述设置后，此后每次打开该 PPT 文稿时，设置的日期和时间会自动更新。

▷▷ 16.2　交互式幻灯片设置技巧

编辑幻灯片时，可通过设置超链接、设置单击某个对象时运行指定的应用程序等操作创建交互式的幻灯片，以便在放映时可以从某一位置跳转到其他位置。

技巧 462：在当前 PPT 文稿中创建超链接

●适用版本：2007、2010、2013、2016
●实用指数：★★★★☆

说 明

在编辑幻灯片时，可以通过对文本、图片、表格等对象创建超链接。链接位置可以是当前文稿、其他现有文稿或网页等。对某对象创建超链接后，放映过程中单击该对象，可跳转到指定的链接位置。

方法

例如，在“会议内容 2.pptx”文稿中，为文本对象创建超链接，具体操作方法如下。

第 1 步： 打开需要编辑的 PPT 文稿，❶选中要编辑的幻灯片；❷选中要添加超链接的对象；❸切换到“插入”选项卡；❹单击“链接”组中的“超链接”按钮，如下图所示。

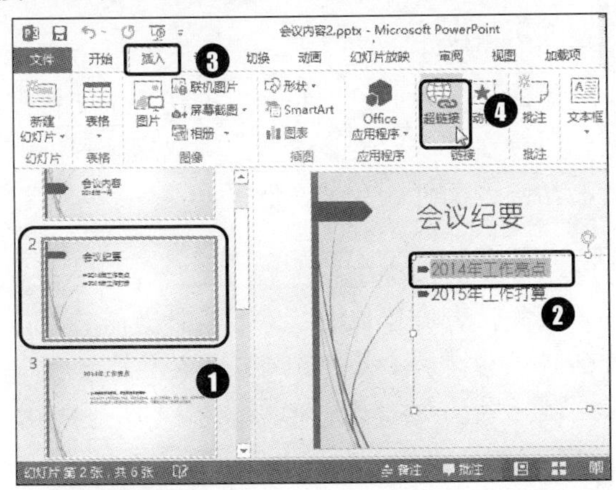

第 2 步： 弹出“插入超链接”对话框，❶在“链接到”列表框中选择链接位置，如“本文档中的位置”；❷在“请选择文档中的位置”列表框中选择链接的目标位置；❸单击“确定”按钮，如下图所示。

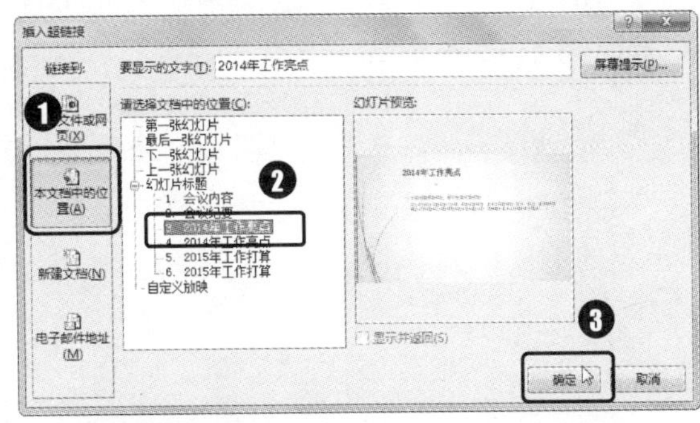

第 3 步： 返回幻灯片，可看见所选文本的下方出现下画线，且文本颜色也发生了变化，效果如下图所示。

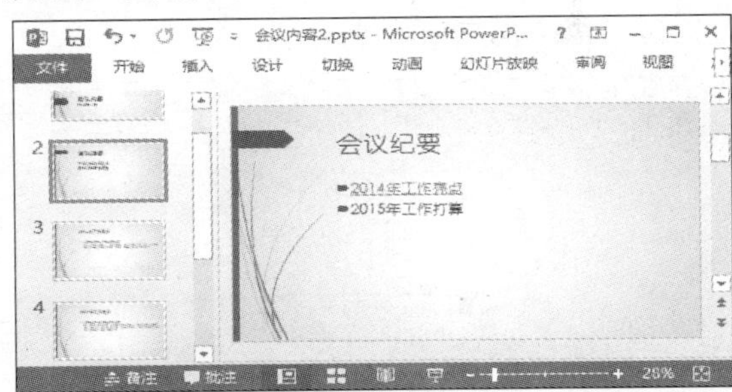

第 4 步： 参照上述方法，为“2015 年工作打算”创建超链接，效果如下图所示。

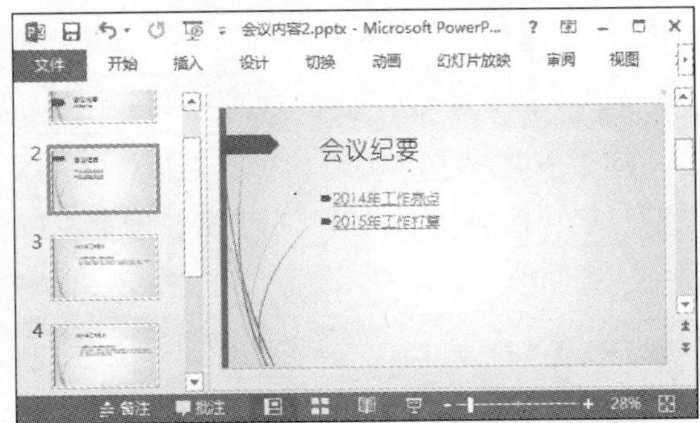

第 5 步： 切换到“幻灯片放映”视图模式，当演示到此幻灯片时，将鼠标指针指向设置了超链接的文本，鼠标指针会变为手形状，此时单击该文本可跳转到指定的链接位置，如下图所示。

技巧 463：修改超链接

●适用版本：2007、2010、2013、2016

●实用指数：★★★☆☆

为某对象创建超链接后，还可根据需要修改指定的链接位置。

方法

例如，要对“会议内容 3.pptx”中创建的超链接进行修改，具体操作方法如下。

第 1 步： ❶使用鼠标右键单击要修改超链接的对象；❷在弹出的快捷菜单中选择“编辑超链接”菜单项，如下图所示。

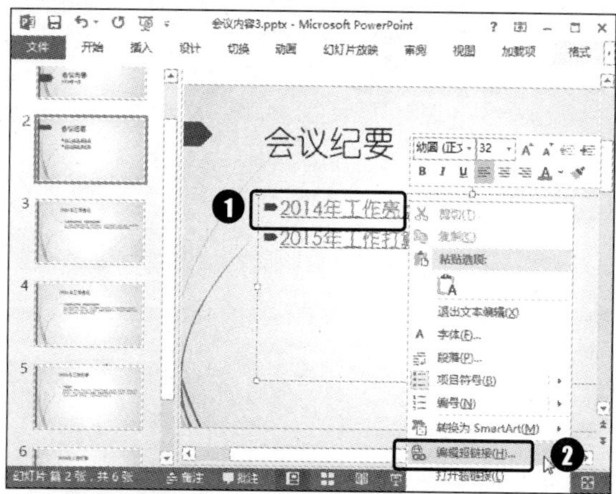

第 2 步： 弹出“编辑超链接”对话框，❶重新设置链接的目标位置；❷单击“确定”按钮，如下图所示。

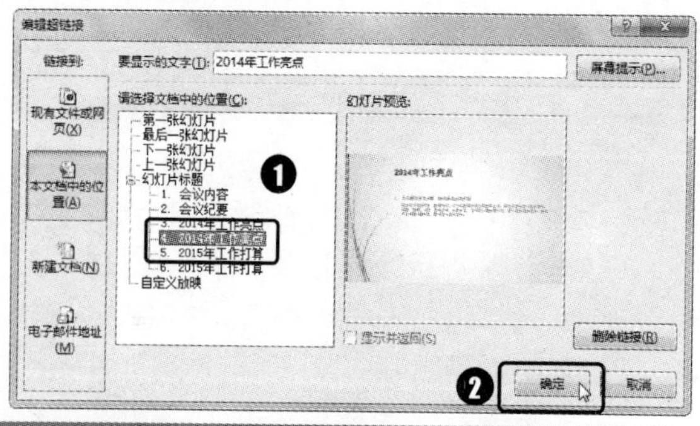

技巧 464：删除超链接

●适用版本：2007、2010、2013、2016

●实用指数：★★★☆☆

创建超链接后，若不再需要某超链接，可将其删除。

方法

❶使用鼠标右键单击插入了超链接的对象；❷在弹出的快捷菜单中选择“取消超链接”菜单项即可，如下图所示。

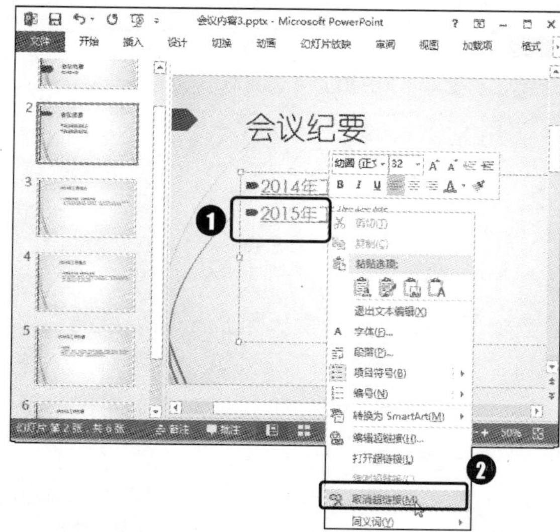

技巧 465：设置单击动作按钮时运行指定的应用程序

●适用版本：2007、2010、2013、2016

●实用指数：★★★★☆

编辑幻灯片时，用户可以创建一个动作按钮，以便在放映过程中跳转到其他幻灯片，或者激活声音文件、视频文件等。

方法

例如，要设置单击动作按钮时激活 Flash，具体操作方法如下。

第 1 步： ❶选中要编辑的幻灯片；❷切换到“插入”选项卡；❸单击“插图”组中的“形状”按钮；❹在弹出的下拉列表中选择需要的形状，如“圆角矩形”，如下图所示。

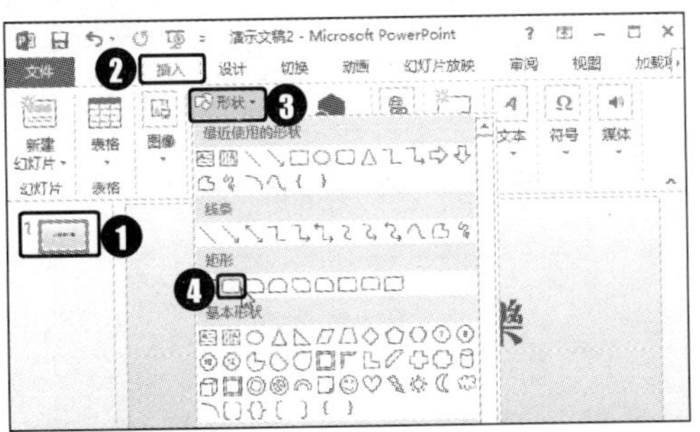

第 2 步：❶在幻灯片中绘制一个圆角矩形，使用鼠标右键单击该形状；❷在弹出的快捷菜单中选择“编辑文字”菜单项，如下图所示。

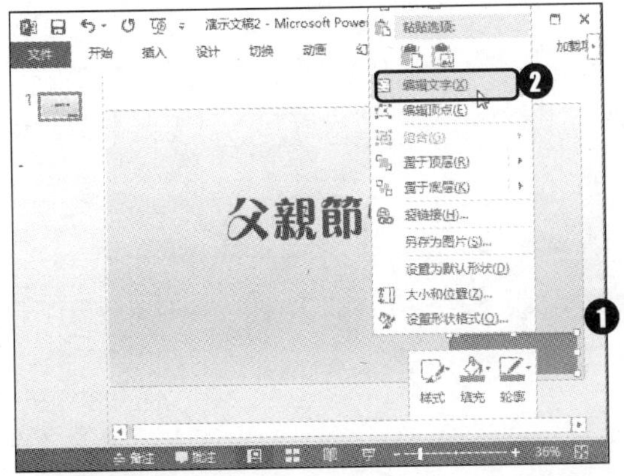

第 3 步：在矩形中输入文字，并对其设置字符格式，效果如下图所示。

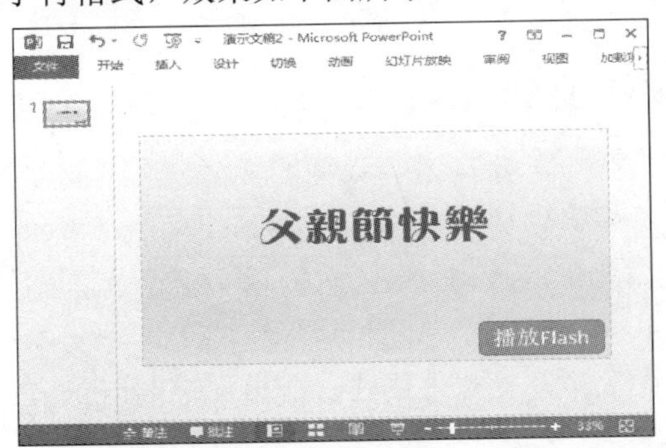

第 4 步：❶选中圆角矩形；❷切换到“插入”选项卡；❸在“链接”组中单击“动作”按钮，如下图所示。

第 5 步：弹出“操作设置”对话框，❶在“单击鼠标”选项卡中选中“运行程序”单选按钮；❷单击“浏览”按钮，如下图所示。

第 6 步：弹出“选择一个要运行的程序”对话框，❶选中需要运行的 Flash 文件；❷单击“确定”按钮，如下图所示。

第 7 步：返回“操作设置”对话框，单击“确定”按钮。

第 8 步：通过上述设置，此后在放映过程中单击“播放 Flash”按钮，即可启动 Flash 程序并播放内容，效果如下图所示。

专家点拨

默认情况下，单击创建的动作按钮启动指定程序时会弹出提示框，提示用户 PPT 已禁止运行外部程序，单击“启用”按钮即可启动指定程序。

技巧 466：让鼠标经过某个对象时执行操作

●**适用版本**：2007、2010、2013、2016

●**实用指数**：★★★☆☆

说 明

根据操作需要，用户还可以设置当鼠标经过某个对象时执行相应的操作。

方法

例如，要设置鼠标经过时结束幻灯片放映，具体操作方法如下。

第 1 步： 参照上述操作方法，在幻灯片中绘制一个“矩形”图形，在其中输入文本并设置文本格式，效果如下图所示。

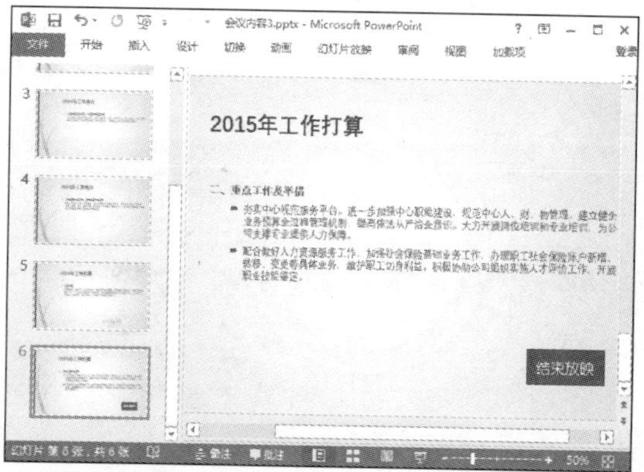

第 2 步： 选中矩形图形，参照技巧 465 打开“操作设置”对话框。

第 3 步： ❶切换到“鼠标悬停”选项卡；❷选中“超链接到”单选按钮，在下拉列表框中选择链接目标，如“结束放映”；❸选中“播放声音”复选框，在下拉列表框中选择需要的声音效果；❹单击“确定”按钮，如下图所示。

第 4 步： 通过上述设置，此后在放映过程中，鼠标指向“结束放映”对象时会自动结束放映。

技巧 467：制作弹出式菜单

●**适用版本**：2007、2010、2013、2016

●**实用指数**：★★★☆☆

说 明

在编辑幻灯片时，还可以通过设置动作设置弹出式菜单，下面就讲解操作方法。

方法

例如，要在“会议内容 3.pptx”中制作弹出式菜单，具体操作方法如下。

第 1 步： 参照上述方法，在第 2 张幻灯片中绘制一个“单圆角矩形”图形，在其中输入文本并设置文本格式，效果如下图所示。

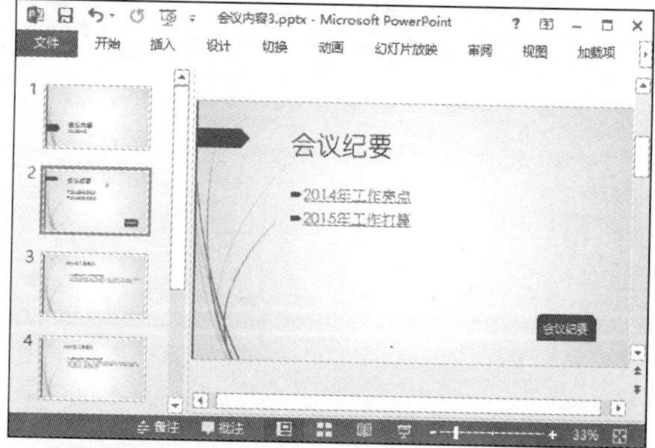

第 2 步： 选中单圆角矩形图形，打开“操作设置”对话框。

第 3 步： ❶在“单击鼠标”选项卡中选中“超链接到”单选按钮，在下拉列表框中选择链接目标，本例中选择“下一张幻灯片”；❷选中“播放声音”复选框，在下拉列表中选择需要的声音效果；❸选中“单击时突出显示”复选框；❹单击“确定”按钮，如下图所示。

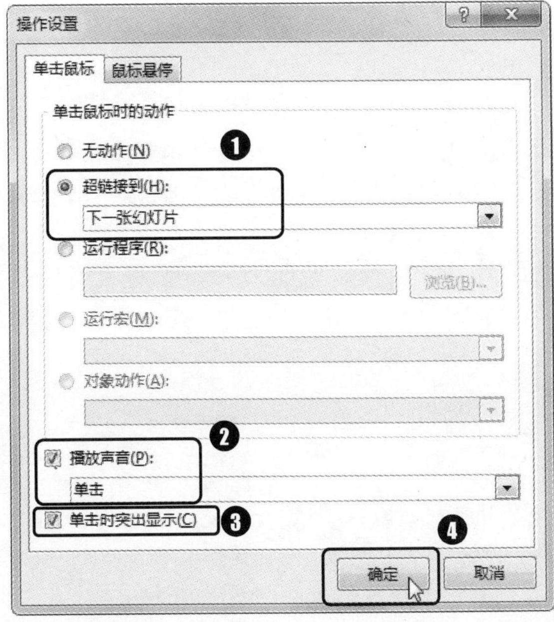

第 4 步： ❶使用鼠标右键单击第 2 张幻灯片的缩略图；❷在弹出的快捷菜单中选择“复制幻灯片”菜单项，如下图所示。

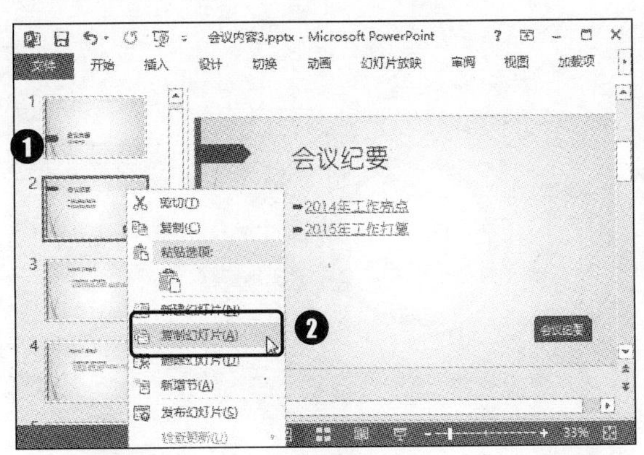

第 5 步： 在第 2 张幻灯片的后面复制出一张相同的幻灯片，编号为“3”。

第 6 步： 在第 3 张幻灯片中，选中单圆角矩形图形，然后按住〈Ctrl+Shift〉键不放，按住鼠标左键并向上拖动，复制出一个完全相同的图形。按照这样的方法，复制出第二个完全相同的图形。完成复制后，将其文字分别改为“工作亮点”“工作打算”，效果如下图所示。

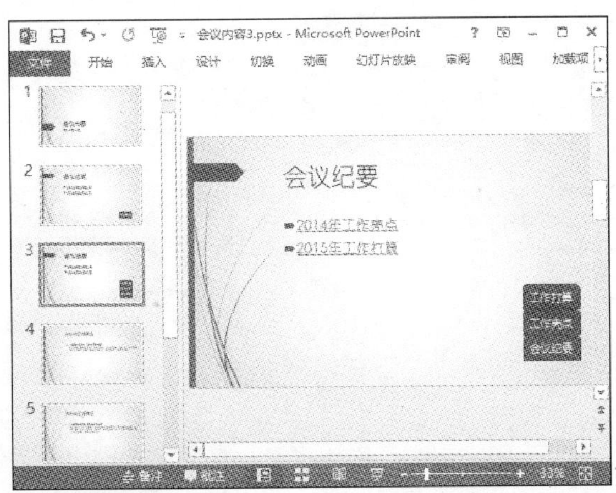

第 7 步： 选中“会议纪要”图形，打开“操作设置”对话框，❶设置相应的参数；❷单击“确定”按钮，如下图所示。

第 8 步： 选中“工作亮点”图形，打开“操作设置”对话框。

第 9 步： ❶在“超链接到”下拉列表框中选择“幻灯片”选项；❷在弹出的“超链接到幻灯片”对话框中选择链接目标；❸单击“确定”按钮，如下图所示。

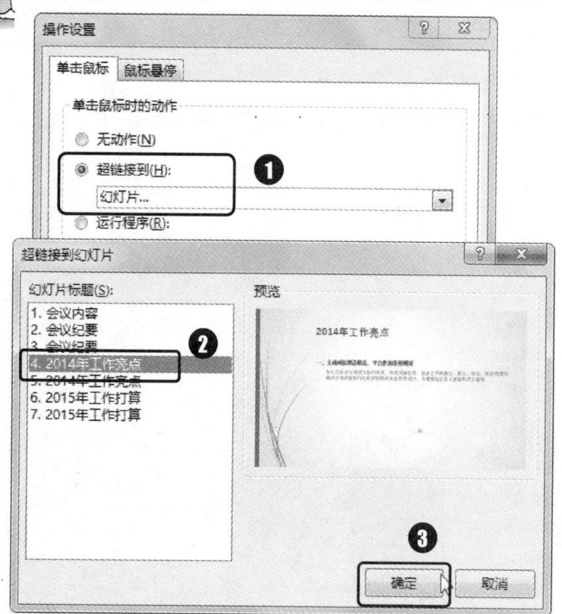

第 10 步： 返回"操作设置"对话框，单击"确定"按钮。

第 11 步： 参照第 8～10 步的操作，对"工作打算"图形设置链接到具体的某张幻灯片。

第 12 步： 通过上述设置后，放映幻灯片时，单击"会议纪要"按钮时，便会弹出一个菜单，在菜单中单击某个菜单项，可跳转到指定的目标位置，效果如下图所示。

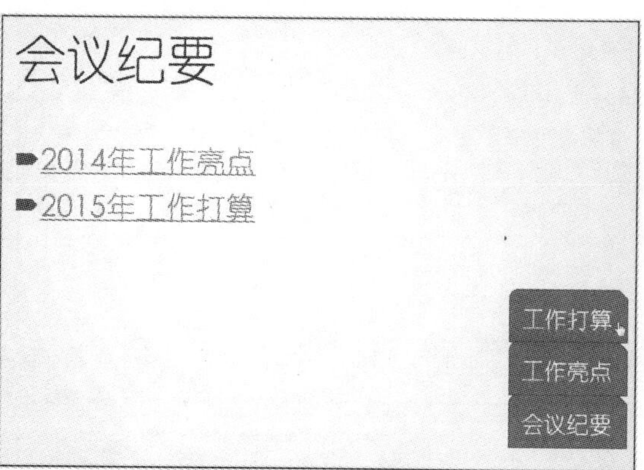

▷▷ 16.3　动画设计技巧

动画效果是常用的辅助和强调表现手段，是制作 PPT 文稿时最出彩的一个操作。在 PPT 文稿中设置动画效果，可以使文稿更加生动。本书介绍设置动画的相关技巧。

技巧 468：为同一对象添加多个动画效果

●**适用版本：**2007、2010、2013、2016

●**实用指数：**★★★★★

说 明

为了让幻灯片中对象的动画效果丰富、自然，可对其添加多个动画效果。选中对象，按照常规操作在"动画"组中添加动画效果后，若再次执行该操作，则会把之前添加的动画效果替换掉。若要为同一个对象添加多个动画效果，则需要通过"添加动画"功能实现。

方法

例如，要为某个对象添加"擦除"进入动画效果以及"放大/缩小"和"陀螺转"强调动画效果，具体操作方法如下。

第 1 步： 在要编辑的幻灯片中，❶选中要添加动画效果的对象；❷切换到"动画"选项卡；❸在"动画"组中单击列表框中的按钮，如下图所示。

第 2 步： 弹出动画下拉列表，在"进入"栏中选择需要的"擦除"动画效果，如下图所示。

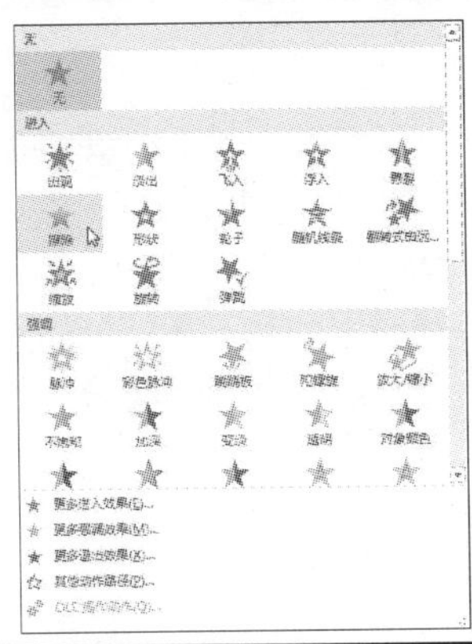

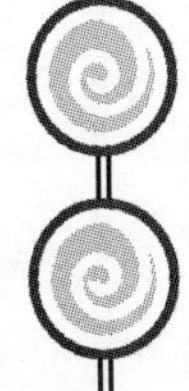

专家点拨

在动画下拉列表中，若没有需要的动画效果，可通过选择“更多……”选项进行选择。如选择“更多进入效果”选项，可在弹出的“更改进入效果”对话框中进行选择。

第 3 步： 保持对象的选中状态，❶在“动画”选项卡的“高级动画”组中单击“添加动画”按钮；❷在弹出的下拉列表中选择需要添加的第 2 个动画效果，如“强调”栏中的“放大/缩小”，如下图所示。

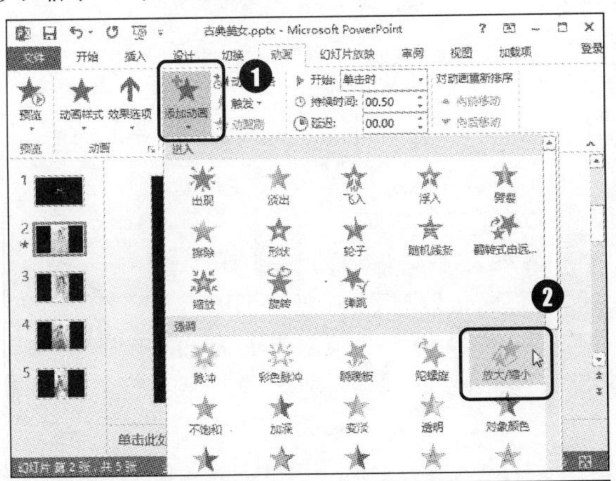

专家点拨

在 PPT 2007 中添加动画效果的方法为：选中对象后切换到“动画”选项卡，单击“动画”组中的“自定义动画”按钮，打开“自定义动画”任务窗格，通过单击“添加效果”按钮添加需要的动画效果即可。添加动画效果后，可通过“自定义动画”任务窗格为动画效果设置播放参数。

第 4 步： 参照上述方法，为对象添加第 3 个动画效果，如“强调”栏中的“陀螺转”。

第 5 步： 为选中的对象添加多个动画效果后，该对象的左侧会出现编号，该编号是根据动画效果的添加顺序添加的，效果如下图所示。

专家点拨

选择添加了动画效果的对象，在“动画”选项卡的“预览”组中单击“预览”按钮，可预览该对象的动画播放效果。

技巧 469：为动画效果设置播放参数

● **适用版本：** 2007、2010、2013、2016

● **实用指数：** ★★★★★

说 明

每个动画效果都有相应的参数，比如开始、速度等。不同的动画效果，其参数设置也有所区别，请读者在应用过程中举一反三。

方法

例如，要为“进入”式动画方案中的“擦除”效果设置播放参数，具体操作方法如下。

第 1 步： ❶选中需要编辑的幻灯片；❷切换到“动画”选项卡；❸单击“高级动画”组中的“动画窗格”按钮，如下图所示。

第 2 步： 打开“动画窗格”任务窗格，❶选中要设置参数的动画效果，如“擦除”动画效果，单击右侧的下拉按钮；❷在弹出的下拉列表中选择“效果选项”选项，如下图所示。

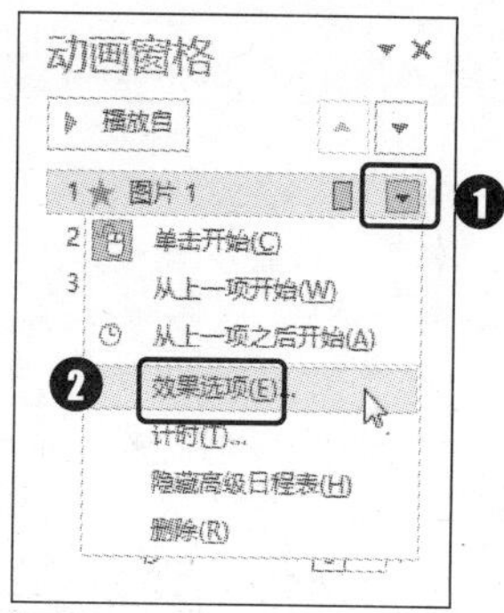

专家点拨

在“动画窗格”任务窗格中，还可为动画效果调整顺序，方法为：选中某个动画效果后，单击▲按钮可实现上移，单击▼按钮可实现下移。

第 3 步： 弹出“擦除”参数设置对话框，在“效果”选项卡中可设置动画的播放方向、播放声音等参数，如下图所示。

第 4 步： ❶切换到“计时”选项卡；❷可设置动画的开始放映方式、延迟播放、播放速度等参数；❸相关参数设置完成后单击“确定”按钮，如下图所示。

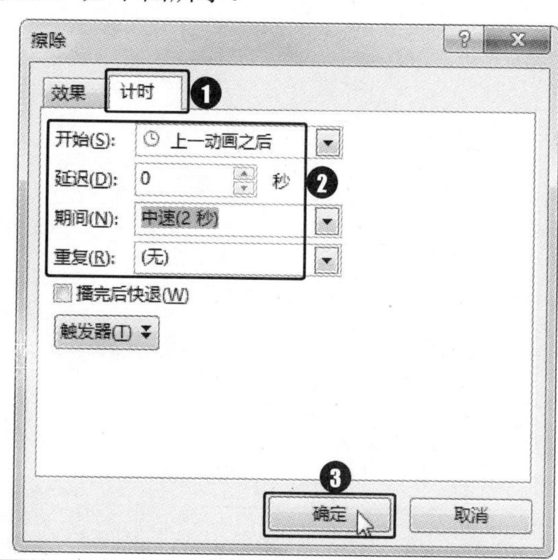

专家点拨

在“擦除”参数设置对话框的“计时”选项卡中，其“开始”下拉列表框中有“单击时”“与上一动画同时”“上一动画之后”3 个选项，其中，“单击时”是指上一个动画播放完后，单击鼠标才能播放当前动画；“与上一动画同时”是指与前一个动画同步播放；“上一动画之后”是指在上一个动画播放完毕后自动播放当前动画。

技巧 470：让幻灯片中的文字在放映时逐行显示

●**适用版本：** 2007、2010、2013、2016

●**实用指数：** ★★★★★

说 明

在编辑幻灯片时，可以通过设置动画效果的方法让幻灯片中的文字在放映时逐行显示。

方法

例如，要设置段落在放映时逐行显示，具体操作方法如下。

第 1 步： 在需要文字逐行放映的段落中，在每行的行尾按〈Enter〉键进行分段，使段落的每行成为独立的段落。

第 2 步： 选中文本所在的文本框，添加一种进入式动画效果，如下图所示。

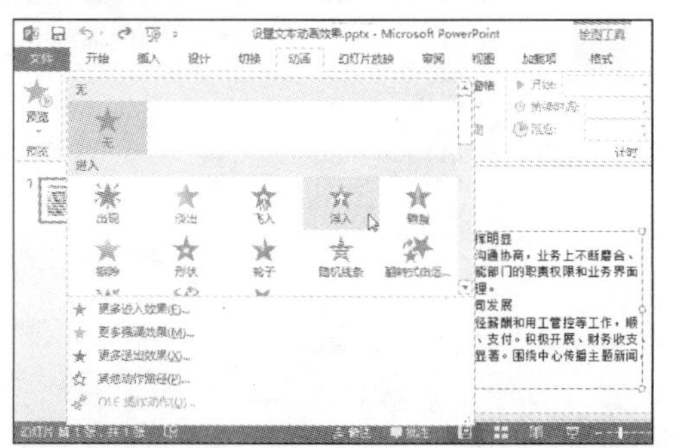

第 3 步： 此时，每行文字都将分别添加一个动画效果，效果如下图所示。

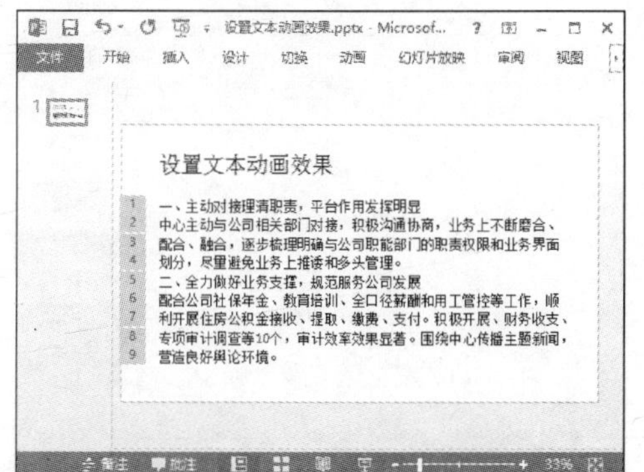

第 4 步： 通过上述设置，此后放映该段落时将会逐行显示。

技巧 471：制作自动消失的字幕

- **适用版本：** 2007、2010、2013、2016
- **实用指数：** ★★★★☆

说明

在欣赏 MTV 时，字幕从屏幕底部出现，停留一定的时间后便自动消失。如果要制作类似于这样的自动消失的字幕，可通过动画效果轻松实现。

方法

例如，要制作自动消失的字幕，具体操作方法如下。

第 1 步： 新建一篇空白 PPT 文稿，将幻灯片的版式更改为“标题和内容”，将标题占位符删除，在内容占位符中输入内容并设置字符格式，效果如下图所示。

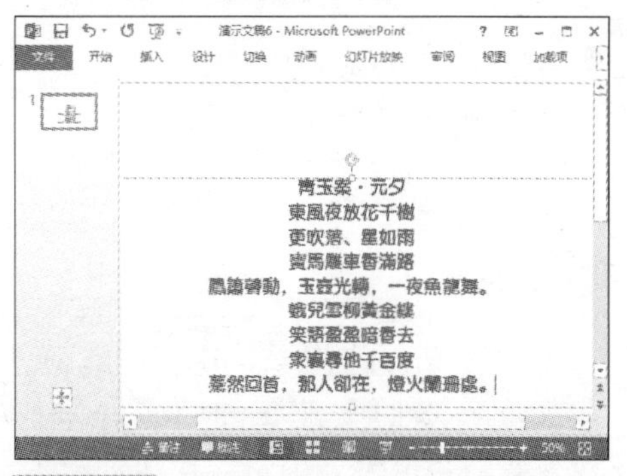

第 2 步： 选中第一行文本，依次添加“浮入”进入动画效果、“彩色脉冲”强调动画效果，及“浮出”退出动画效果，然后打开“动画窗口”任务窗格，效果如下图所示。

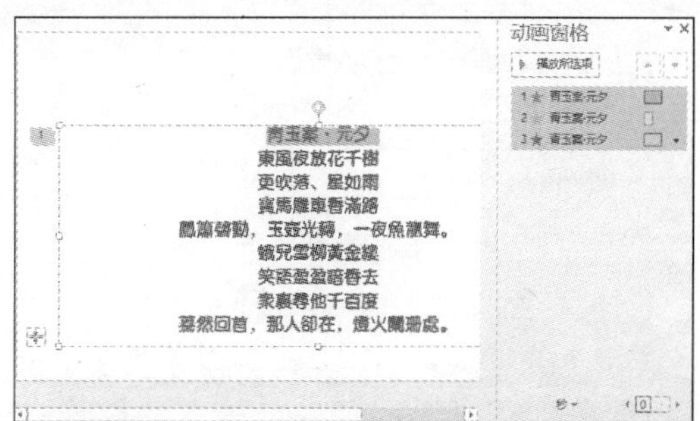

第 3 步： 选中添加的第一个动画效果，参照技巧 470 打开参数设置对话框，❶切换到“计时”选项卡；❷设置播放参数；❸单击“确定”按钮，如下图所示。

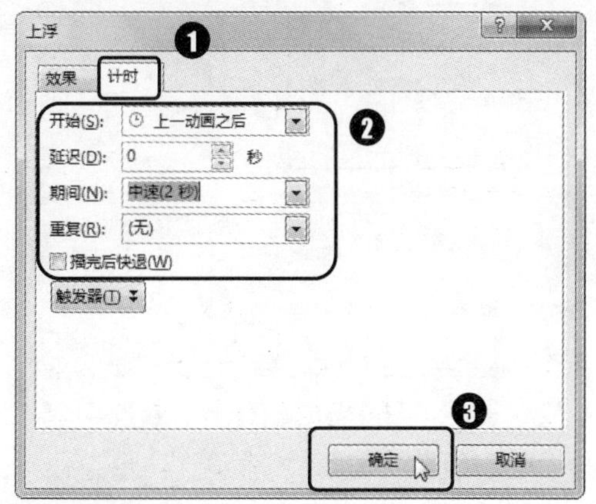

第 4 步： 选中第二个动画，打开参数设置对话框，在“效果”选项卡中设置播放参数，

如下图所示。

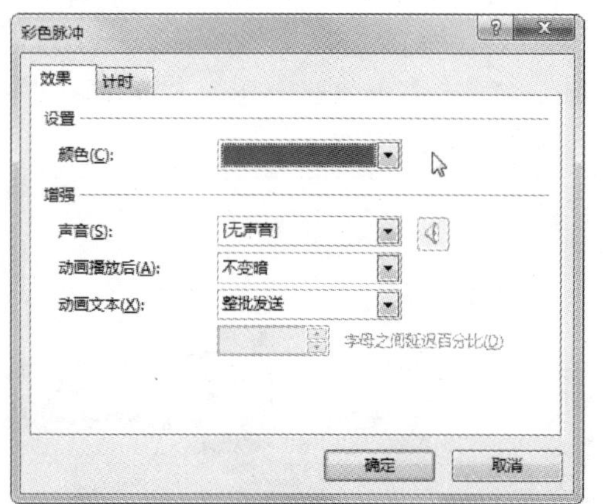

第 5 步： ❶切换到“计时”选项卡；❷设置播放参数；❸单击“确定”按钮，如下图所示。

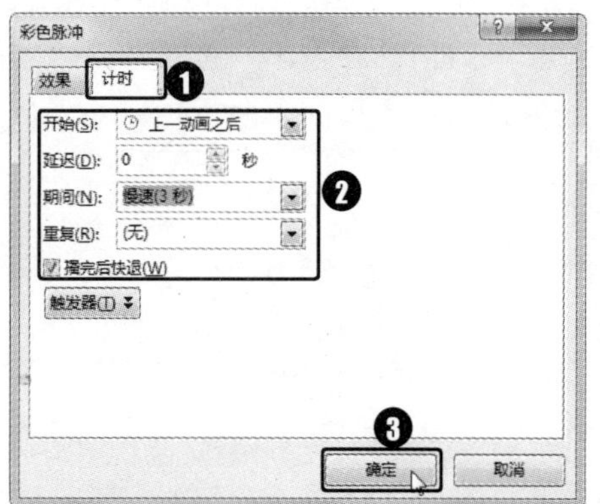

第 6 步： 选中第三个动画，打开参数设置对话框，❶切换到“计时”选项卡；❷设置播放参数；❸单击“确定”按钮，如下图所示。

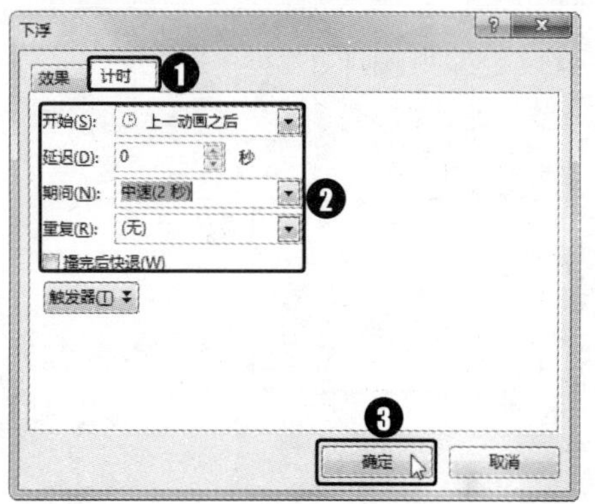

第 7 步： 返回当前幻灯片，❶选中第三个动画；❷切换到“动画”选项卡；❸单击“动画”组中的“效果选项”按钮；❹在弹出的下拉列表中选择“上浮”选项，如下图所示。

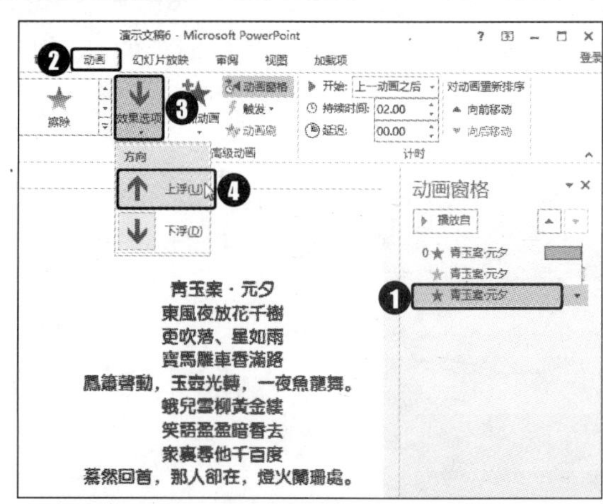

第 8 步： 至此，完成了第一行文本的动画设置。参照上述操作步骤，依次为其他行的文本添加“进入”“强调”和“退出”式动画效果，并设置好相应的参数。完成设置后，效果如下图所示。

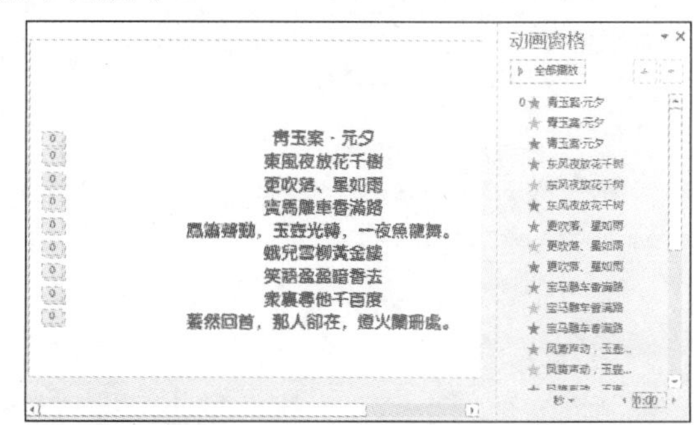

第 9 步： 通过上述设置，放映幻灯片时就能看到放映效果了。

技巧 472：制作闪烁文字效果

●**适用版本：** 2007、2010、2013、2016

●**实用指数：** ★★★★☆

说 明

在需要突出某些内容时，可以将文字设置为比较醒目的颜色，然后添加自动闪烁的动画效果。

方法

例如，要为“设置文本动画效果.pptx”中的文本设置闪烁效果，具体操作方法如下。

第 1 步： ❶选择文本，设置比较醒目的颜色；❷在动画下拉列表中选择“更多强调效果”

选项，如下图所示。

第 2 步：弹出“更改强调效果”对话框，❶在“华丽型”栏中选择“闪烁”选项；❷单击“确定”按钮，如下图所示。

第 3 步：打开“动画窗格”任务窗格，❶选中所有动画效果，单击右侧的下拉按钮；❷在弹出的下拉列表中选择“计时”选项，如下图所示。

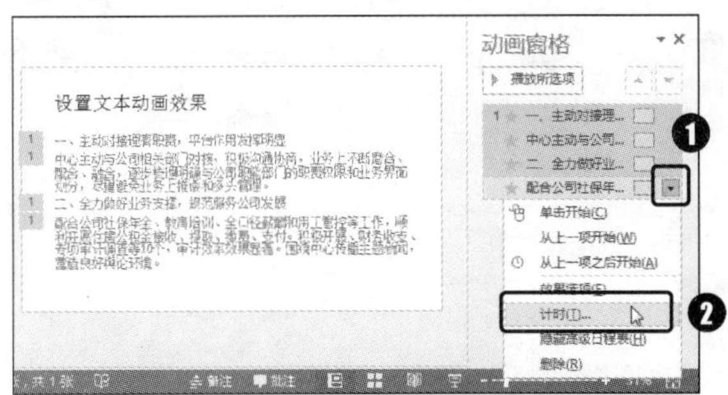

第 4 步：弹出“闪烁”参数设置对话框，❶在“计时”选项卡中设置播放参数；❷单击“确定”按钮，如下图所示。

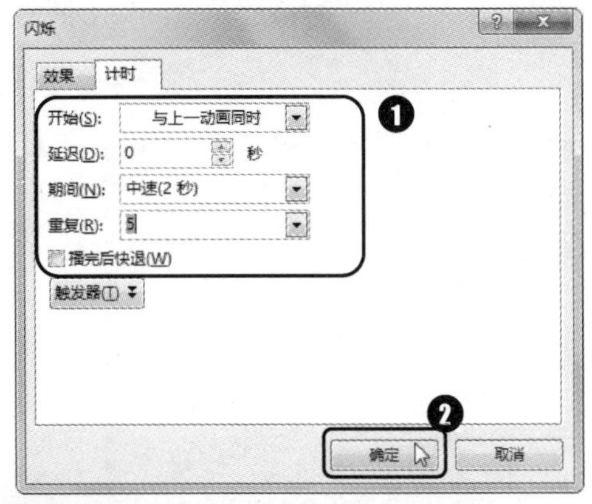

技巧 473：制作拉幕式幻灯片

●适用版本：2007、2010、2013、2016

●实用指数：★★★☆☆

说 明

拉幕式幻灯片是指幻灯片中的对象（如图片）按照从左往右或者从右往左的方向依次向右或向左运动，形成一个拉幕的效果。

方法

例如，对图片设置拉幕式效果，具体操作方法如下。

第 1 步：新建一篇空白 PPT 文稿，将幻灯片的版式更改为“空白”，然后将幻灯片的背景设置为黑色。

第 2 步：在幻灯片中插入一张图片，将其移动到工作区右侧的空白处，效果如下图所示。

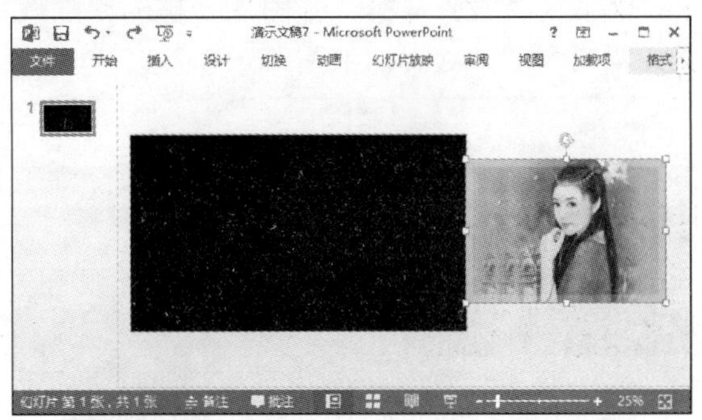

第 3 步：选中图片，添加一种“进入”式动画效果，如“飞入”。

第 4 步：打开“动画窗格”任务窗格，选中该动画效果，打开“飞入”参数设置对话框，在“效果”选项卡中设置播放参数，如下图所示。

第 5 步： ❶切换到“计时”选项卡；❷设置播放参数；❸单击“确定”按钮，如下图所示。

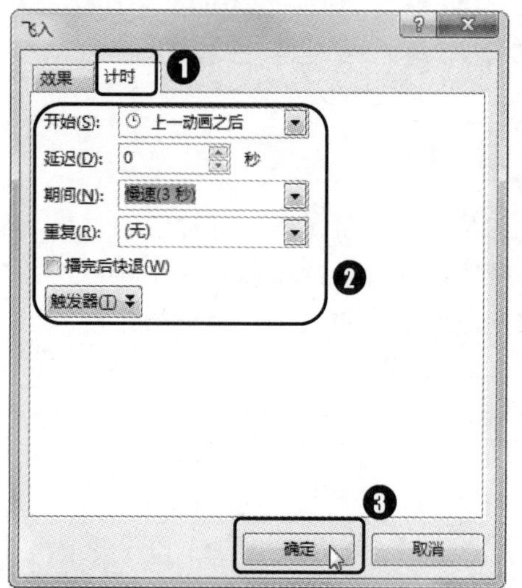

第 6 步： 参照上述操作步骤，插入第 2 张图片，并将该图片移动到第 1 张图片处，与第 1 张图片重合，使图片运动时在同一水平线上，然后为其设置与第一张图片一样的动画效果及播放参数，效果如下图所示。

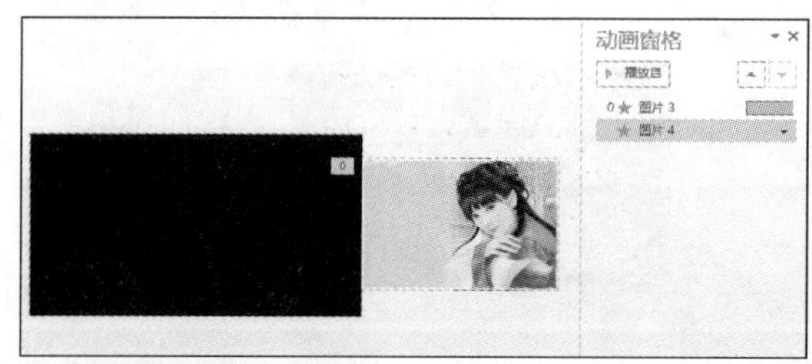

第 7 步： 参照上述方法，依次添加其他图片即可。

第 8 步： 设置完成后，放映 PPT 文稿就能看到拉幕式效果了。

技巧 474：制作单击小图看大图的效果

●**适用版本：** 2007、2010、2013、2016

●**实用指数：** ★★★☆☆

说 明

在网上浏览网页时，常常可以单击小图片查看该图片的放大图。其实，在 PPT 中，通过插入 PowerPoint 演示文稿对象，也能实现这种效果。

方法

例如，要制作单击小图看大图的效果，具体操作方法如下。

第 1 步： 新建一篇空白 PPT 文稿，将幻灯片的版式更改为“仅标题”，在占位符中输入标题文本并设置文本格式，效果如下图所示。

第 2 步： ❶切换到“插入”选项卡；❷单击“文本”组中的“对象”按钮，如下图所示。

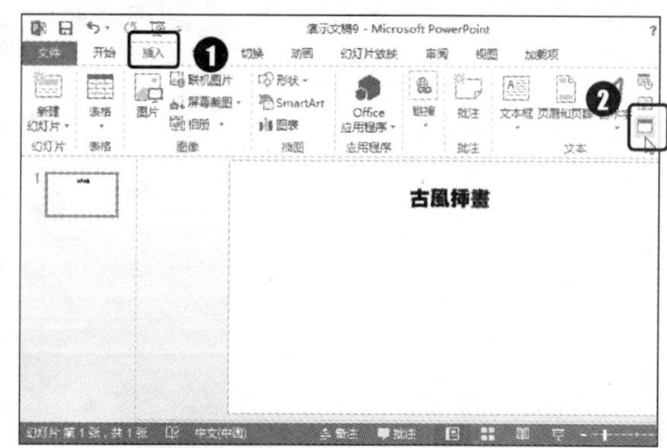

第 3 步： 弹出“插入对象”对话框，❶在“对象类型”列表框中选择“Microsoft

PowerPoint 97-2003 Presentation”选项；❷单击“确定”按钮，如下图所示。

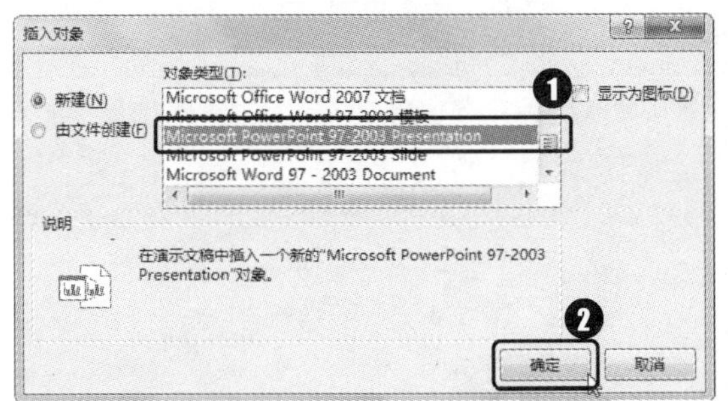

> **专家点拨**
>
> 在 PPT 2007、2010 中，选择对象时，一般是选择“Microsoft PowerPoint Presentation”选项，PPT 2013 中因为没有该选项，所以选择“Microsoft PowerPoint 97-2003 Presentation”选项。

第 4 步： 当前幻灯片中将插入一个 PowerPoint 演示文稿对象，并显示为一个编辑区域。在此编辑区域中，可以对插入的演示文稿对象进行相应的编辑操作，其方法与一般的 PowerPoint 演示文稿的编辑方法一样。此外，根据操作需要，还可以为这个编辑区域调整大小和位置，调整后的效果如下图所示。

第 5 步： ❶选中演示文稿对象；❷切换到“插入”选项卡；❸单击“图像”组中的“图片”按钮，如下图所示。

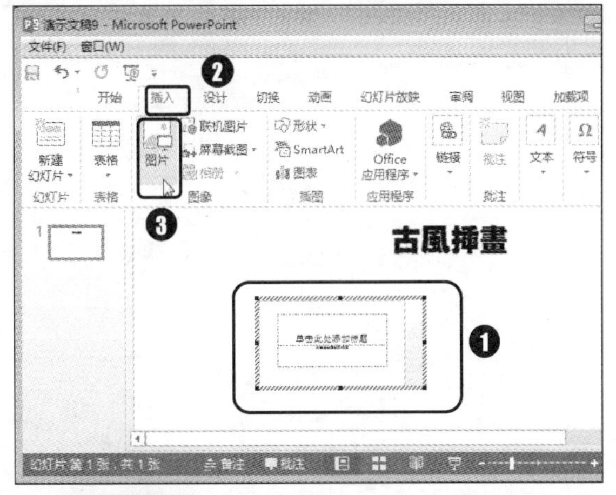

第 6 步： 弹出“插入图片”对话框，❶选择需要的图片；❷单击“插入”按钮，如下图所示。

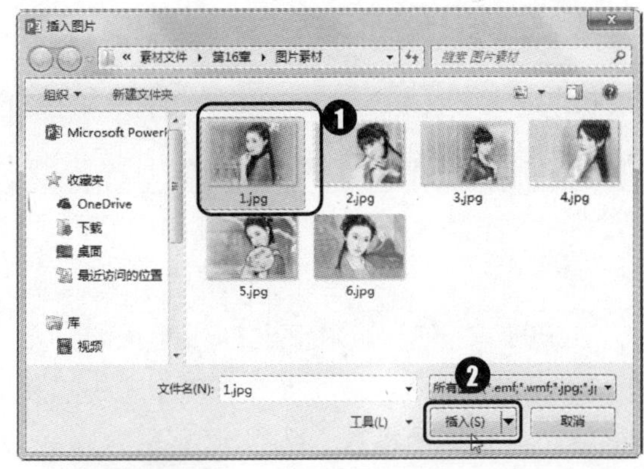

第 7 步： 图片将插入到演示文稿对象的编辑区中，将图片设置为与演示文稿对象相同的大小，效果如下图所示。

第 8 步： 单击幻灯片的空白区域，退出演示文稿对象的编辑状态。

第 9 步： 用同样的方法继续插入其他的演示文稿对象，并分别在其中插入图片，效果如下图所示。

第 10 步： 通过上述设置，此后放映 PPT 文稿时，单击某张小图片，该图片会立即放大，再单击放大的图片即可返回到小图片状态。

技巧 475：用叠加法逐步填充表格

● **适用版本：** 2007、2010、2013、2016

● **实用指数：** ★★★★☆

在 PPT 文稿中，常用表格来展示大量的数据。如果需要根据讲解的进度将数据逐步填充到表格中，可以通过设置动画实现。

方法

例如，通过设置动画逐步填充表格，具体操作方法如下。

第 1 步： 新建一篇空白 PPT 文稿，将幻灯片的版式更改为"空白"，在其中插入一张 5 行 4 列的表格，并在第一行输入第一次需要出现的字符，效果如下图所示。

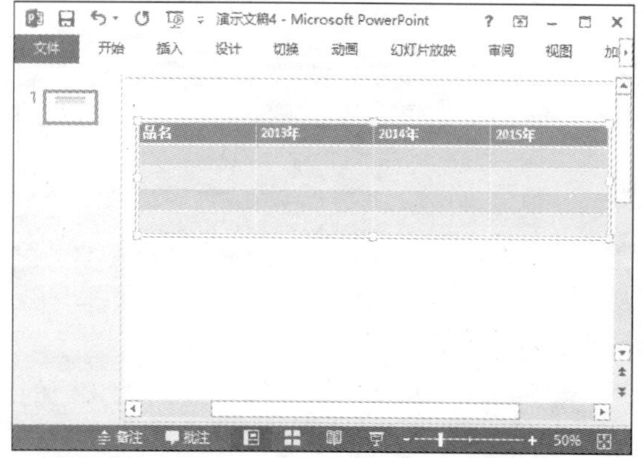

第 2 步： 选中该表格，添加一种"进入"式动画效果，如"淡出"，并对该动画效果设置播放参数，如下图所示。

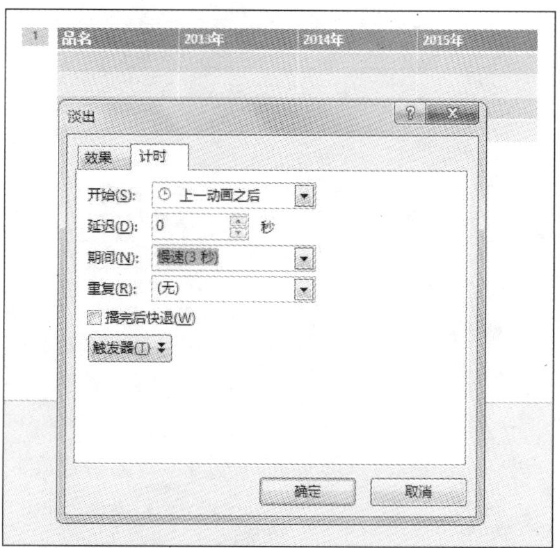

第 3 步： 选中表格，按〈Ctrl+C〉组合键进行复制，然后按〈Ctrl+V〉组合键进行粘贴。在第 2 张表格中，保留原有内容，并在相应的单元格中输入第二次需要出现的字符，如下图所示。

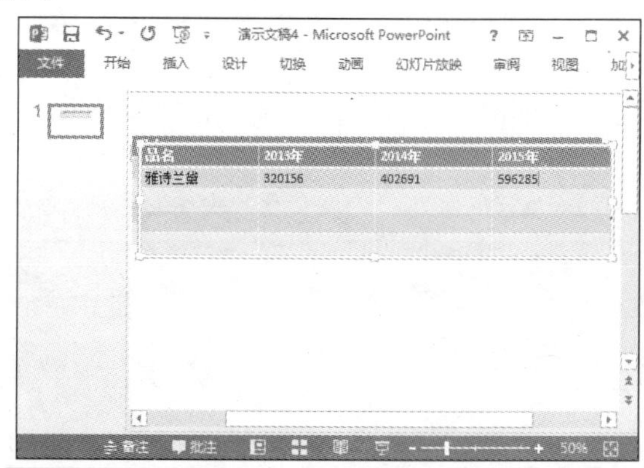

> **专家点拨**
>
> 复制表格后，其动画效果也会一起复制，因为第 2 张表格要设置与第 1 张表格相同的动画效果，因此无须再单独设置动画。

第 4 步： 对第 2 张表格进行移动操作，使其与第 1 张表格重叠在一起，效果如下图所示。

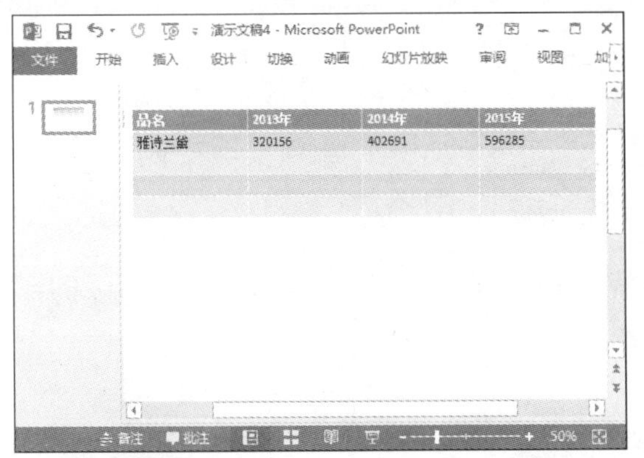

第 5 步： 根据表格的实际情况重复上述操作，将表格复制成若干份，并调整位置使其重叠，效果如下图所示。

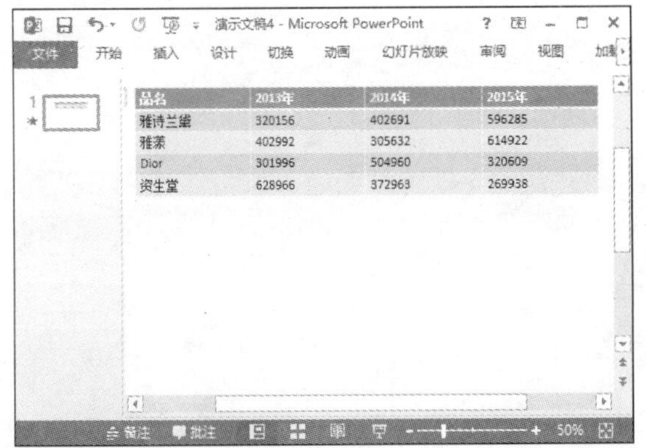

第 6 步： 此后放映 PPT 文稿时，表格中的内容会依次出现。

技巧 476：让多个图片同时动起来

●**适用版本：**2007、2010、2013、2016

●**实用指数：**★★★☆☆

说 明

在幻灯片中插入多张图片后，可通过设置动画效果让它们同时动起来。

方法

例如，让多张图片同时播放“进入”式动画效果后，再同时播放“强调”式动画效果，具体操作方法如下。

第 1 步： 新建一篇空白 PPT 文稿，将幻灯片的版式更改为“空白”，在其中插入 4 张图片，并对这 4 张幻灯片调整大小和位置，效果如下图所示。

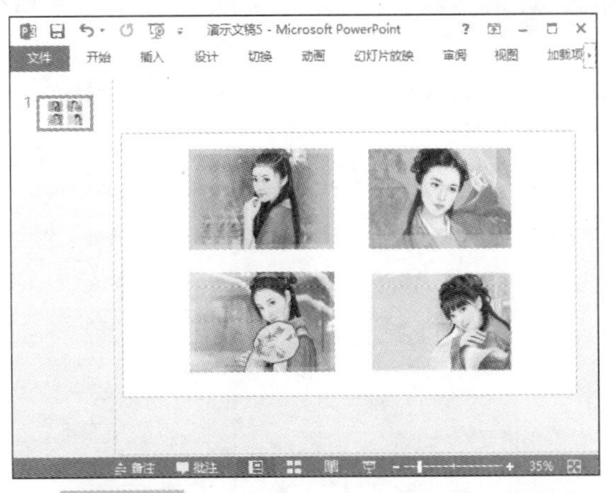

第 2 步： 同时选中这 4 张图片，添加一种“进入”式动画效果，如“翻转式由远及近”。

第 3 步： 打开“动画窗格”任务窗格，选中第 1 个动画效果，❶打开参数设置对话框，设置播放参数；❷单击“确定”按钮，如下图所示。

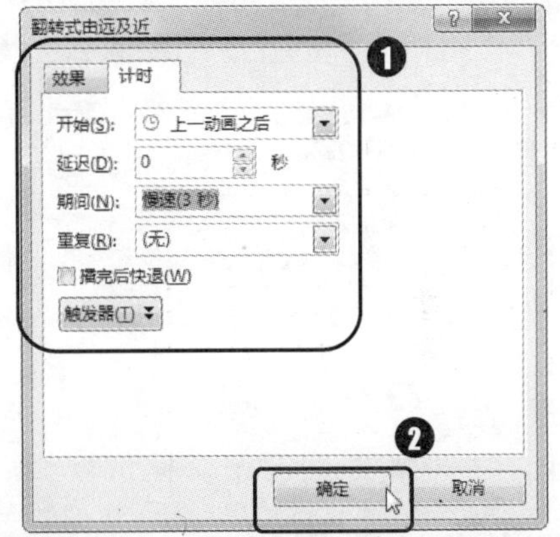

第 4 步： 返回幻灯片，在“动画窗格”任务窗格中，选中最后 3 个动画效果，❶打开参数设置对话框，设置播放参数；❷单击“确定”按钮，如下图所示。

第 5 步： 返回幻灯片，选中这 4 张图片，添加一种“强调”式动画效果，如“跷跷板”。

第 6 步： 在“动画窗格”任务窗格中，选中第 5 个动画效果，❶打开参数设置对话框，设置播放参数；❷单击“确定”按钮，如下图所示。

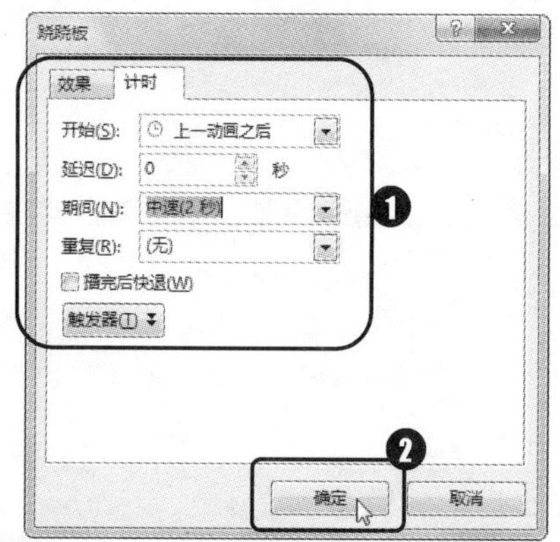

第 7 步： 返回幻灯片，在“动画窗格”任务窗格中，选中最后 3 个动画效果，❶打开参数设置对话框，设置播放参数；❷单击“确定”按钮，如下图所示。

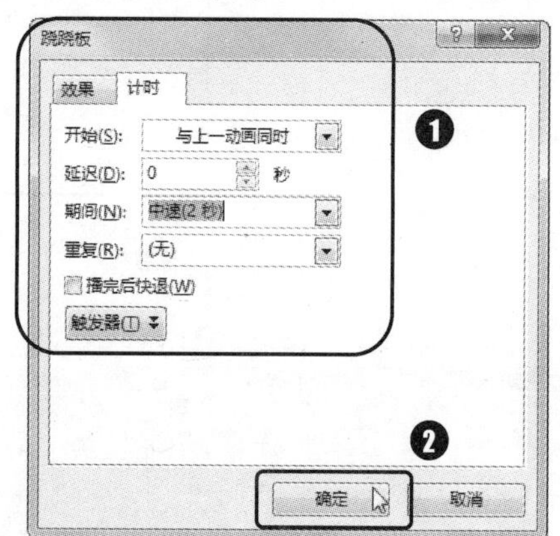

第 8 步： 返回幻灯片，可在“动画窗格”任务窗格中查看动画列表，效果如下图所示。

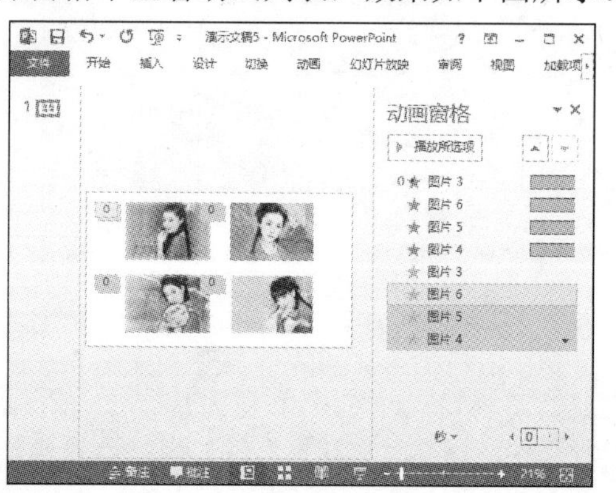

第 9 步： 通过上述设置后，放映幻灯片时，这 4 张图片会同时播放相同的动画效果。

技巧 477：使用动画触发器控制动画的播放

● **适用版本：** 2007、2010、2013、2016

● **实用指数：** ★★★★☆

说 明

编辑幻灯片时，还可以通过设置触发器来控制动画的播放。

方法

例如，通过触发器播放表格内容，具体操作方法如下。

第 1 步： 在要编辑的幻灯片中，绘制一个“棱台”图形，在其中输入文本并设置文本格式，效果如下图所示。

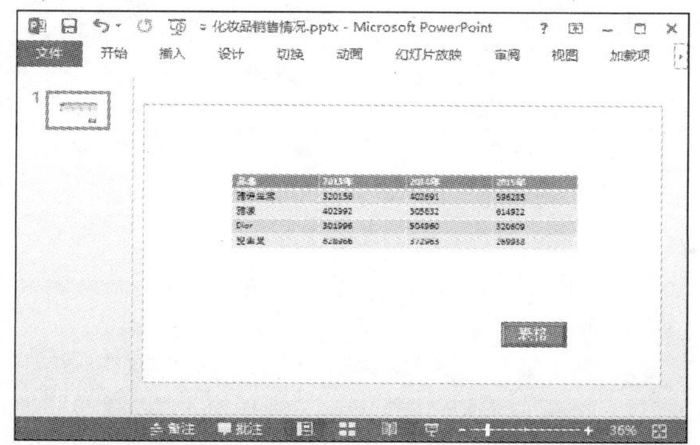

第 2 步： 选中表格，依次添加“擦除”进入动画效果和“缩放”退出动画效果。

第 3 步： 打开“动画窗格”任务窗格，选中添加的两个动画效果，打开参数设置对话框。

第 4 步： ❶切换到“计时”选项卡；❷在“期间”下拉列表框中设置播放速度；❸单击“触发器”按钮展开选项；❹选中“单击下列对象时启动效果”单选按钮，并在下拉列表框中选择绘制的“棱台”图形选项；❺单击“确定”按钮，如下图所示。

第 5 步： 通过上述设置后，放映幻灯片时单击“表格”按钮，可显示表格内容，再次单击“表格”按钮，可隐藏表格内容。

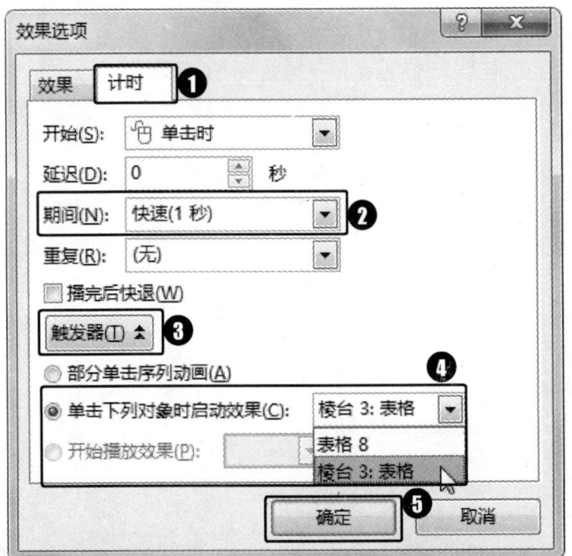

技巧 478：设置幻灯片的切换效果

●适用版本：2007、2010、2013、2016

●实用指数：★★★★★

说 明

幻灯片的切换效果是指幻灯片播放过程中从一张幻灯片切换到另一张幻灯片时的效果、速度及声音等。对幻灯片设置切换效果，可丰富放映时的动态效果。

方法

例如，要对“会议内容 3.pptx”中的幻灯片设置切换效果，具体操作方法如下。

第 1 步： ❶选中需要设置切换效果的幻灯片；❷切换到“切换”选项卡；❸在“切换到此幻灯片”组中选择需要的切换方式，如下图所示。

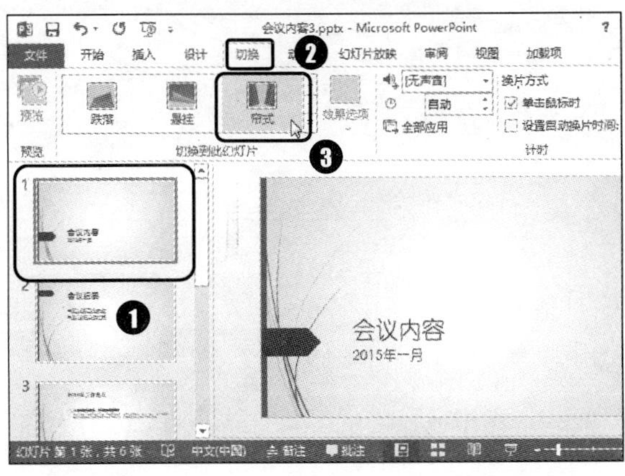

专家点拨

对幻灯片设置了某些切换方式（如覆盖、跌落）之后，可在“切换到此幻灯片”组中单击“效果选项”按钮，在弹出的下拉列表中设置切换方式的对应效果。

第 2 步： 在“计时”组的“声音”下拉列表中，可为当前幻灯片设置切换声音，如下图所示。

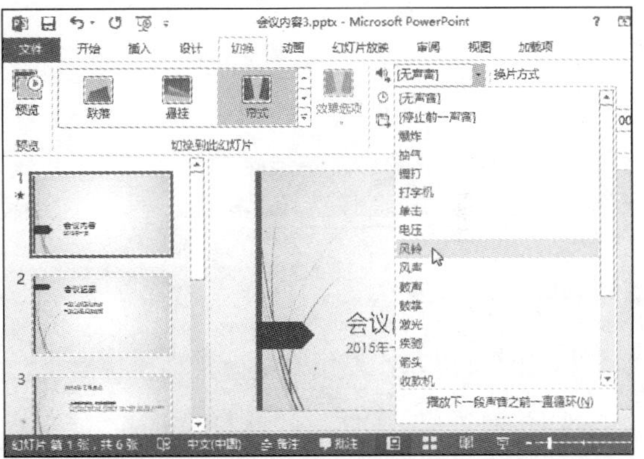

专家点拨

设置切换声音时，若在“声音”下拉列表中单击“其他声音”选项，可在弹出的“添加音频”对话框中选择计算机中存储的声音。

第 3 步： 对幻灯片设置了切换效果后，在“计时”组的“持续时间”微调框中，可设置切换效果的播放时间，即切换效果的播放速度，如下图所示。

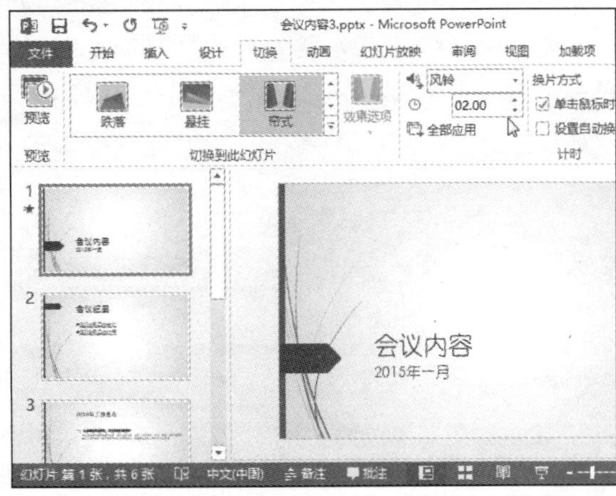

第 4 步： 当前幻灯片的切换效果设置完成后，单击“计时”组中的“全部应用”按钮，可将当前幻灯片的切换设置应用到该PPT文稿的所有幻灯片中，如下图所示。

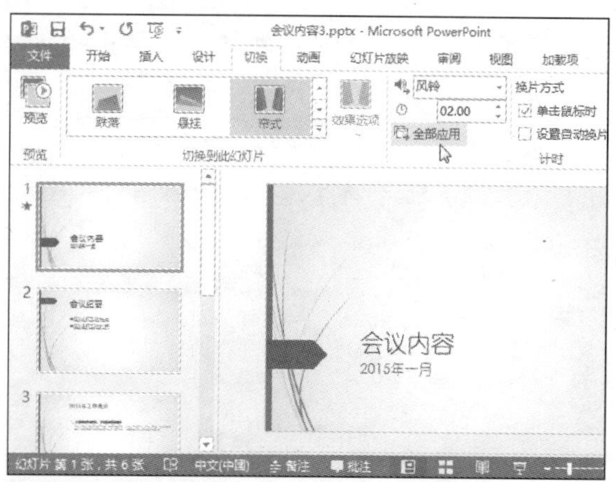

专家点拨

PPT 2007 中没有“切换”选项卡，因此需要切换到“动画”选项卡，然后通过“切换到此幻灯片”组中的相关选项设置切换效果。另外，在 PPT 2007 中，对幻灯片设置切换方式后，无法对其设置切换方式的效果。

技巧 479：删除切换效果

● **适用版本：** 2007、2010、2013、2016

● **实用指数：** ★★★☆☆

说 明

对幻灯片设置了切换效果后，还可根据操作需要删除这些效果，这些效果主要指切换方式和声音。

方法

例如，要对“会议内容 4.pptx”中的幻灯片删除切换效果，具体操作方法如下。

第 1 步： ❶选中要删除切换效果的幻灯片；❷切换到“切换”选项卡；❸在“切换到此幻灯片”组中选择“无”选项，可删除切换方式，如下图所示。

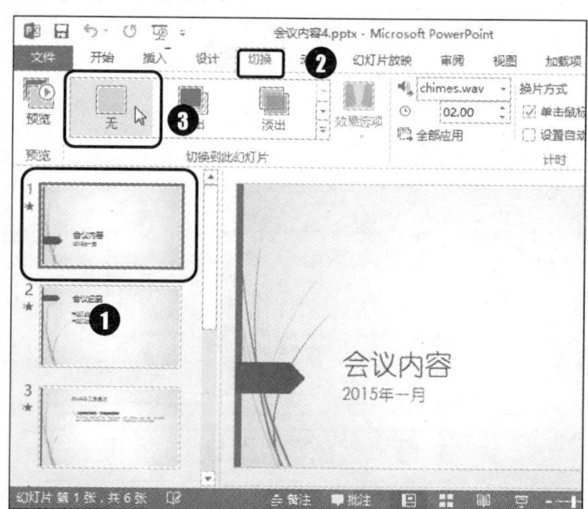

第 2 步： 在“计时”组的“声音”下拉列表中选择“无声音”选项，即可删除切换声音，如下图所示。

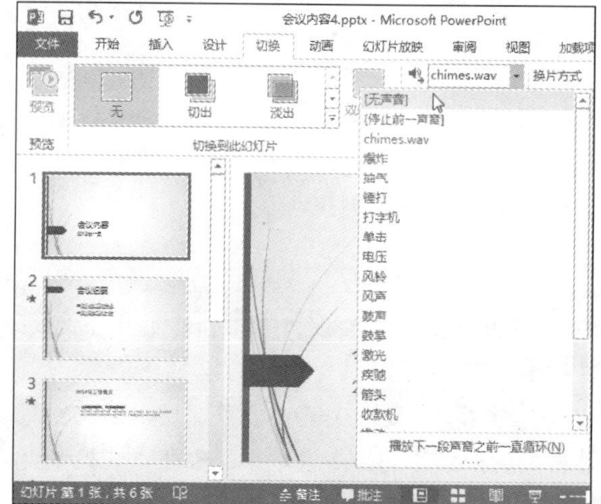

PPT 幻灯片放映与输出技巧

完成 PPT 文稿的制作后，不仅可以进行放映，还可将其转成其他格式进行存放，接下来将为读者介绍 PPT 文稿的放映与输出的相关操作技巧。

▷▷ 17.1　幻灯片放映技巧

制作 PPT 文稿的最终目的就是放映，因此完成幻灯片内容的编辑后，就可以开始放映了，接下来就为读者介绍放映的相关操作。

技巧 480：自定义要放映的幻灯片

●**适用版本**：2007、2010、2013、2016
●**实用指数**：★★★★☆

说 明

针对不同场合或观众群，演示文稿的放映顺序或内容也可能会不同，因此，放映者可以自定义放映顺序及内容。

方法

例如，在“服务中心大会发言.pptx”中自定义需要放映的幻灯片，具体操作方法如下。

第 1 步：打开 PPT 文稿，❶切换到“幻灯片放映”选项卡；❷单击“开始放映幻灯片”组中的“自定义幻灯片放映”按钮；❸在弹出的下拉列表中选择“自定义放映”选项，如下图所示。

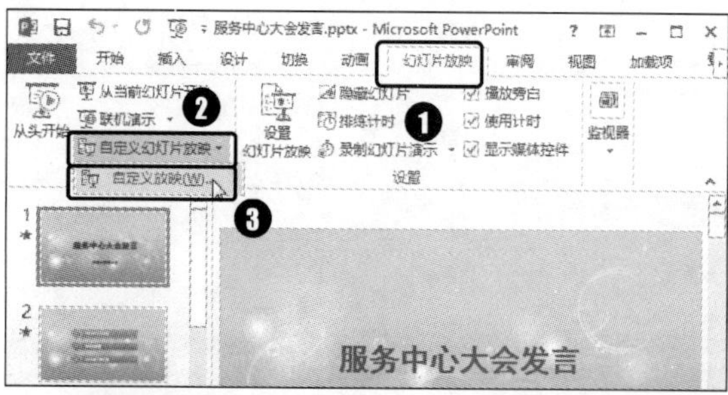

第 2 步：弹出“自定义放映”对话框，单击“新建”按钮，如下图所示。

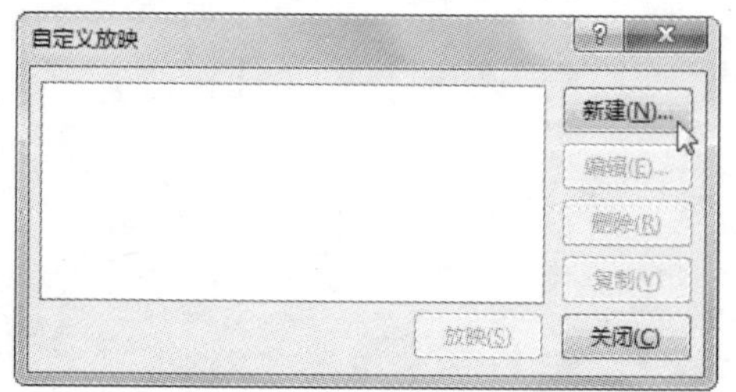

第 3 步：弹出“定义自定义放映”对话框，❶在“幻灯片放映名称”文本框中输入该自定义放映的名称；❷在“在演示文稿中的幻灯片”列表框中选择需要放映的幻灯片，通过单击“添加”按钮将其添加到右侧的“在自定义放映中的幻灯片”列表框中；❸设置好后单击“确定”按钮，如下图所示。

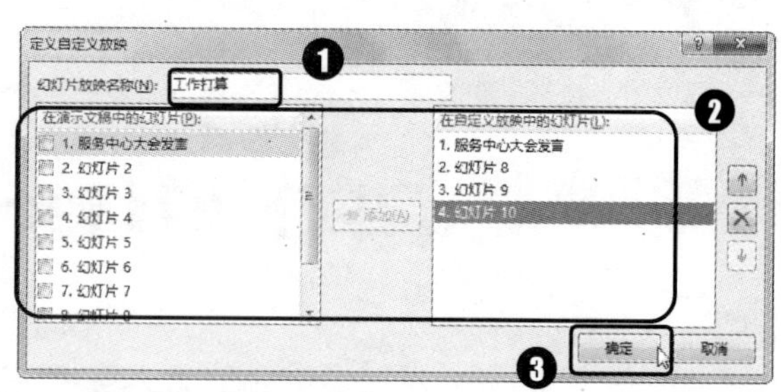

专家点拨

在“在自定义放映中的幻灯片”列表框中选中某张幻灯片，通过单击“向上”按钮↑或“向下”按钮↓，可调整该幻灯片放映时的顺序。

第 4 步：返回“自定义放映”对话框，单击“关闭”按钮。

第 5 步：返回 PPT 文稿，❶单击“自定义幻灯片放映”按钮；❷在弹出的下拉列表中选择放映方式，这里选择刚才自定义的放映设置，即可按照刚才的设置放映幻灯片。

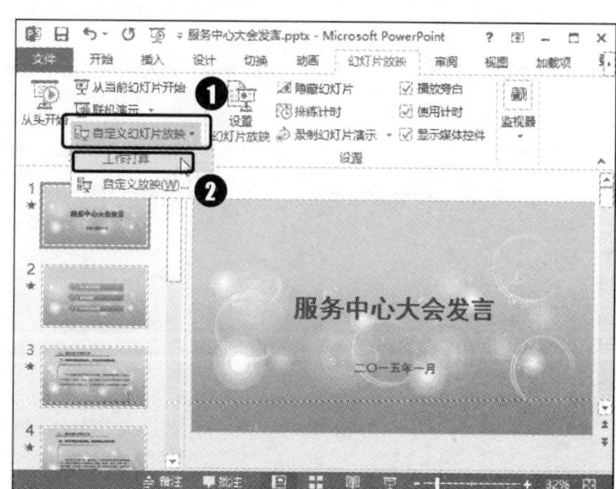

专家点拨

在 PPT 文稿中自定义需要放映的幻灯片后，打开“自定义放映”对话框，在列表框中选择某个自定义放映方式，可对其进行编辑和删除等操作。

技巧 481：隐藏不需要放映的幻灯片

●适用版本：2007、2010、2013、2016

●实用指数：★★★☆☆

当放映的场合或者针对的观众群不相同时，放映者可能不需要放映某些幻灯片，此时可通过隐藏功能将它们隐藏。

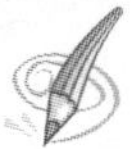

方法

例如，在“服务中心大会发言.pptx”中隐藏不需要放映的幻灯片，具体操作方法如下。

第 1 步： ❶在 PPT 文稿中选中要隐藏的幻灯片；❷切换到“幻灯片放映”选项卡；❸单击“设置”组中的“隐藏幻灯片”按钮，如下图所示。

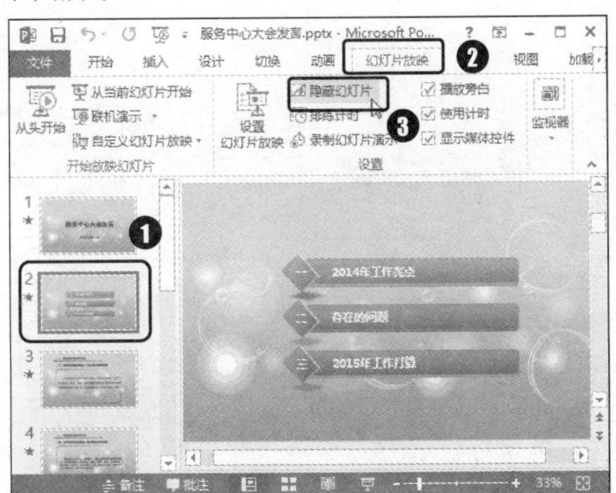

第 2 步： 对当前幻灯片执行隐藏操作后，幻灯片缩略图列表中可看见该幻灯片的缩略图将呈朦胧状态显示，且编号上出现了一个斜线，表示该幻灯片已被隐藏，在放映过程中不会放映，效果如下图所示。

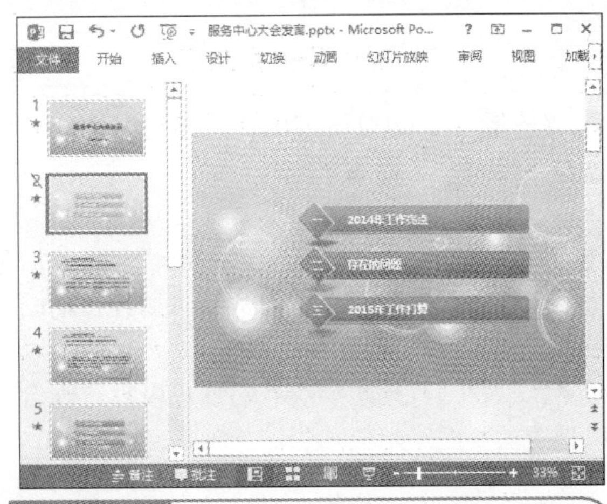

技巧 482：在资源管理器中放映幻灯片

●适用版本：2007、2010、2013、2016

●实用指数：★★★☆☆

通常情况下，用户都是在 PPT 中放映幻灯片，这就要求计算机上必须安装 PPT 程序。其实，用户还可以通过 Windows 资源管理器放映演示文稿，这样在外出演讲时只需要将 PPT 文稿存放在移动设备（如 U 盘），而不必担心其他计算机上没有安装 PPT 程序了。

方法

要在资源管理器中放映幻灯片，具体操作方法如下。

在资源管理器窗口中选择要放映的 PPT 文稿，❶按〈Alt〉键显示菜单栏，单击“文件”菜单；❷在弹出的下拉菜单中选择“显示”菜单项即可。

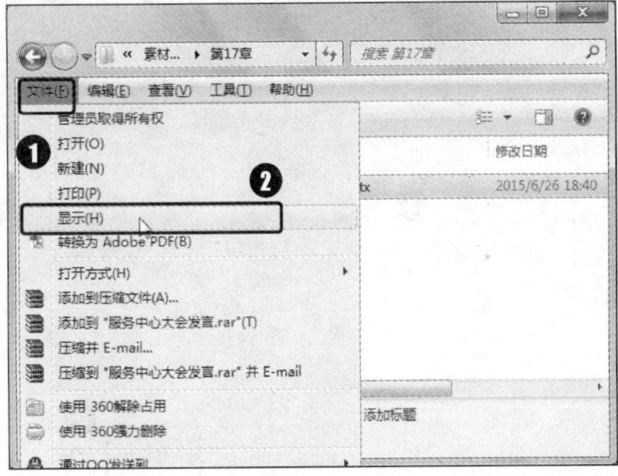

技巧 483: 放映时不播放动画

●适用版本：2007、2010、2013、2016

●实用指数：★★☆☆☆

在编辑幻灯片时，通常都会添加各种动画效果。在放映幻灯片时，如果不需要播放动画效果，只是纯粹地想要观看幻灯片内容，则可以设置放映时不播放动画。

方法

设置放映幻灯片时不播放动画的具体操作方法如下。

第 1 步： ❶切换到“幻灯片放映”选项卡；❷在“设置”组中单击“设置幻灯片放映”按钮，如下图所示。

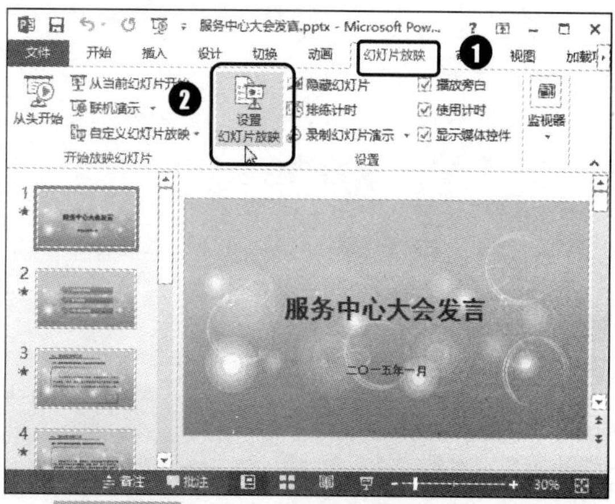

第 2 步： 弹出“设置放映方式”对话框，❶在“放映选项”选项组中选中“放映时不加动画”复选框；❷单击“确定”按钮，如下图所示。

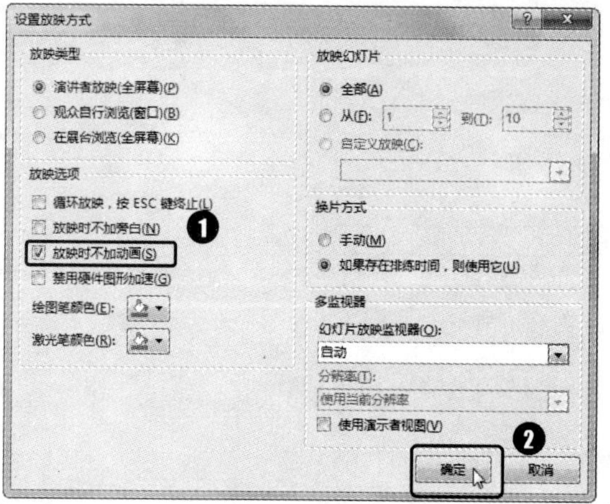

技巧 484: 放映幻灯片时如何暂停

●适用版本：2007、2010、2013、2016

●实用指数：★★★★★

在放映幻灯片时，用户需要掌握如何控制放映过程，如切换到下一个动画或下一张幻灯片，返回上一个动画或上一张幻灯片、暂停播放等。通常情况下，在放映过程中单击鼠标左键或者按下空格键，便可切换到下一个动画或下一张幻灯片。除此之外，在放映过程中，通过右键菜单可随心所欲地控制放映过程。

方法

例如，要暂停幻灯片的放映，具体操作方法如下。

第 1 步： 在要放映的 PPT 文稿中，按〈F5〉键开始放映。

第 2 步： 使用鼠标右键单击任意位置，❶在弹出的快捷菜单中选择“屏幕”菜单项；❷在弹出的快捷菜单中选择屏幕颜色，如“黑屏”，操作如下图所示。

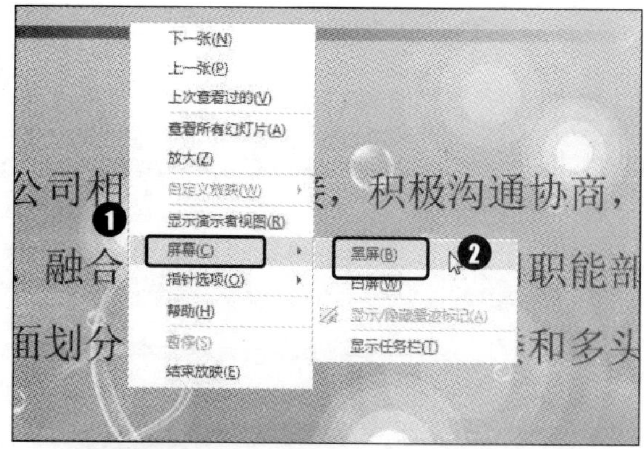

第 3 步： 此时，幻灯片暂时停止播放，并且屏幕以黑屏方式显示，效果如下图所示。

专家点拨

在放映过程中，直接按〈W〉键可以让屏幕以白屏显示；按〈B〉键可以让屏幕以黑屏显示。暂停幻灯片放映后，若要继续播放，则按空格键或〈Esc〉键即可。

技巧485：在放映过程中跳转到指定幻灯片

●适用版本：2007、2010、2013、2016

●实用指数：★★★★★

在放映过程中，通过快捷菜单还可以跳转到指定的幻灯片放映。

方法

在放映过程中，跳转到指定幻灯片的具体操作方法如下。

第1步： 在要放映的PPT文稿中，按〈F5〉键开始放映。

第2步： 使用鼠标右键单击任意位置，在弹出的快捷菜单中选择“查看所有幻灯片”菜单项，如下图所示。

专家点拨

在PPT 2007、2010中，在弹出的快捷菜单中选择“定位至幻灯片”菜单项，在弹出的子菜单中选择某幻灯片选项，便可切换到该幻灯片。

第3步： 此时以缩略图的形式显示当前PPT文稿中的所有幻灯片，单击某张幻灯片缩略图即可切换到该幻灯片，如下图所示。

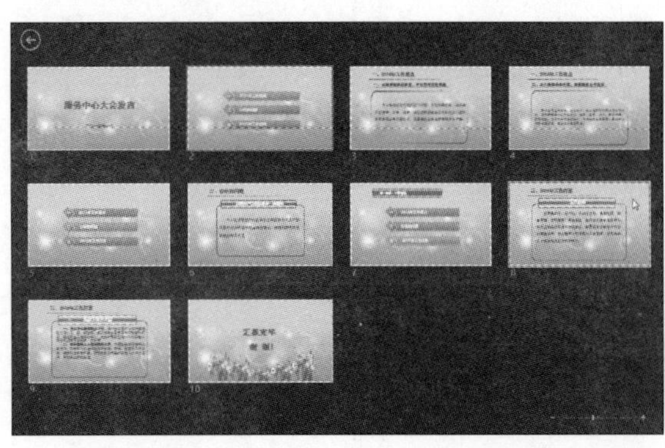

专家点拨

在幻灯片缩略图界面中，通过右下角的显示比例调节条，可调整缩略图的显示比例；按〈Esc〉键或单击左上角的按钮，可返回当前正在放映的幻灯片界面。此外，在放映过程中，直接输入需要放映的幻灯片对应的编号，然后按〈Enter〉键，即可跳转到该幻灯片。

技巧486：在放映幻灯片时切换程序

●适用版本：2007、2010、2013、2016

●实用指数：★★★★☆

默认情况下，PPT文稿是以全屏方式放映的，所以看不到任务栏和其他程序窗口。不过，当需要切换其他程序窗口时，并不需要退出幻灯片放映模式，可以通过相应的操作将任务栏显示出来，以便临时切换或调用其他程序和文件窗口。

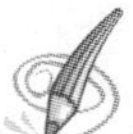方法

第1步： ❶放映过程中，使用鼠标右键单击任意位置，在弹出的快捷菜单中选择“屏幕”菜单项；❷在弹出的子菜单中选择“显示任务栏”菜单项，如下图所示。

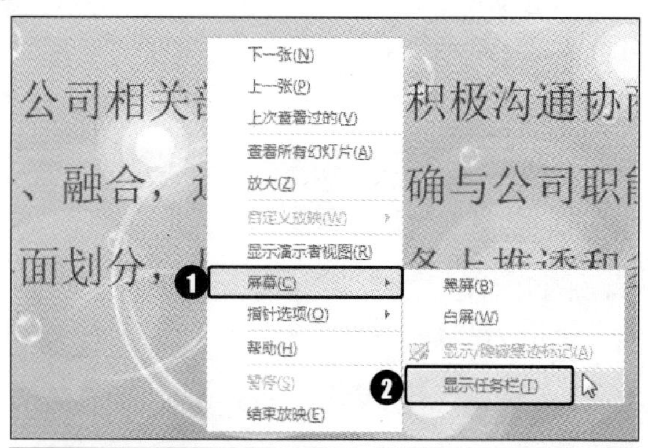

专家点拨

在 PPT 2007、2010 中的操作方法为：使用鼠标右键单击任意位置，在弹出的快捷菜单中依次选择“屏幕”→“切换程序”菜单项，然后在出现的任务栏中切换需要的程序即可。

第 2 步： 窗口底部将出现任务栏，此时可以在其中单击要切换到的窗口，甚至还可以单击“开始”按钮，在弹出的“开始”菜单中启用需要的程序。

第 3 步： 当需要继续放映幻灯片时，在任务栏中单击正在放映的 PPT 文稿窗口即可。

技巧 487：让每张幻灯片按指定时间自动放映

●**适用版本：**2007、2010、2013、2016

●**实用指数：**★★★☆☆

说 明

在放映 PPT 文稿的过程中，可为幻灯片设置放映时间，从而创建自动放映的 PPT 文稿。设置放映时间的方法有 3 种，分别是手动设置放映时间、通过排练计时设置放映时间，以及通过录制旁白设置放映时间。

其中，手动设置放映时间的方法非常简单，只须选中要设置放映时间的幻灯片，切换到“切换”选项卡，在“计时”组的“换片方式”中选中“设置自动换片时间”复选框，在右侧的微调框中设置当前幻灯片的播放时间，然后单击“全部应用”按钮，将设置的放映时间应用到所有幻灯片中，或者分别对其他幻灯片设置相应的放映时间。

排练计时与录制旁白的操作非常相似，只是排练计时只能设置放映时间，而录制旁白是在排练过程中，演讲者可以对着麦克风讲话，录制演讲者的讲解内容，从而在自动放映时播放演讲者录制的讲解内容。

方法

例如，要通过排练计时方法设置幻灯片放映时间，具体操作方法如下。

第 1 步： ❶在要进行排练计时的 PPT 文稿中切换到“幻灯片放映”选项卡；❷单击“设置”组中的“排练计时”按钮，如下图所示。

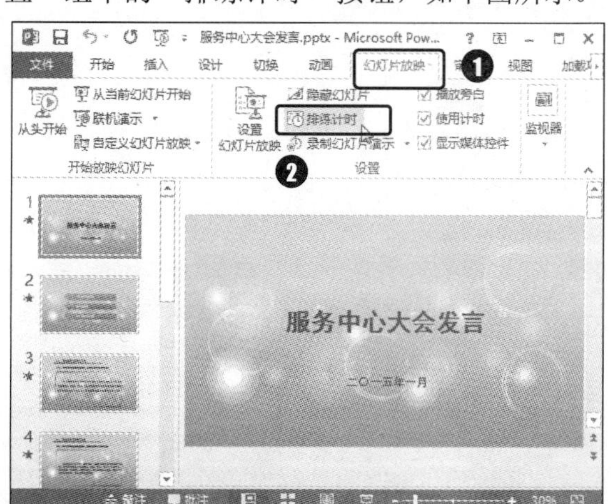

专家点拨

若要对幻灯片录制旁白，则在“设置”组中单击“录制幻灯片演示”按钮右侧的下拉按钮，在弹出的下拉列表中选择“从头开始录制”选项，弹出“录制幻灯片演示”对话框，选中“幻灯片和动画设计”和“旁白和激光笔”复选框，然后单击“开始录制”按钮即可。

第 2 步： 进入全屏放映状态，同时屏幕左上角将打开“录制”工具条进行计时，此时，演示者便可开始排练演示时间。当需要对下一个动画或下一张幻灯片进行排练时，可单击“录制”工具条中的“下一项”按钮，如下图所示。

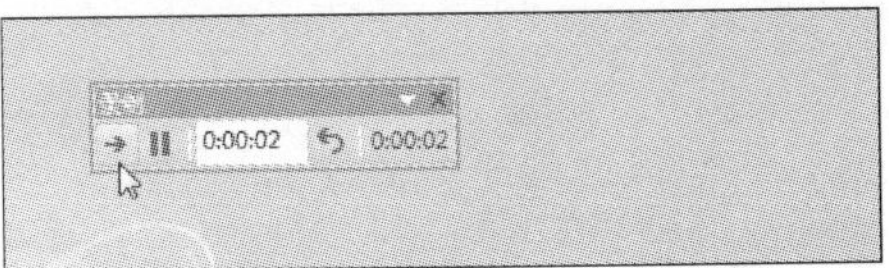

专家点拨

在排练过程中，若因故需要暂停排练，则可单击“录制”工具条中的“暂停”按钮⏸；若因故需要对当前幻灯片重新排练，则可单击“录制”工具条中的“重复”按钮↶，将当前幻灯片的排练时间归零，并重新计时；在“录制”工具条的“幻灯片放映时间”文本框中，可手动输入当前动画或幻灯片的放映时间，然后按〈Tab〉键确认并切换到下一个动画或下一张幻灯片。

第 3 步： 通过这样的方法，依次对每张幻灯片进行排练计时。

第 4 步： 在排练的过程中，PPT 会将每一张幻灯片的时间记录下来，排练放映结束后将弹出提示对话框，询问是否保留新的幻灯片排练时间，单击“是”按钮即可保存排练时间并结束排练，如下图所示。

第 5 步： 保存排练计时后，切换到“幻灯片浏览”视图模式，可查看各幻灯片的播放时间，效果如下图所示。

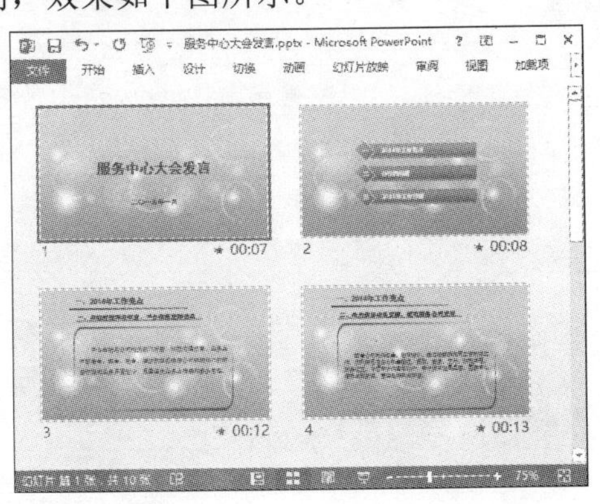

技巧 488：放映幻灯片时不加旁白

● **适用版本：** 2007、2010、2013、2016

● **实用指数：** ★★★☆☆

说 明

如果用户对幻灯片设置了旁白内容，则在放映幻灯片时会连旁白一起播放。如果希望在放映幻灯片时不播放旁白，可按下面的操作方法进行设置。

方法

设置放映幻灯片时不加旁白的具体操作方法如下。

参照技巧 483，在要放映的 PPT 文稿中打开“设置放映方式”对话框，❶在“放映选项”选项组中选中“放映时不加旁白”复选框；❷单击“确定”按钮，如下图所示。

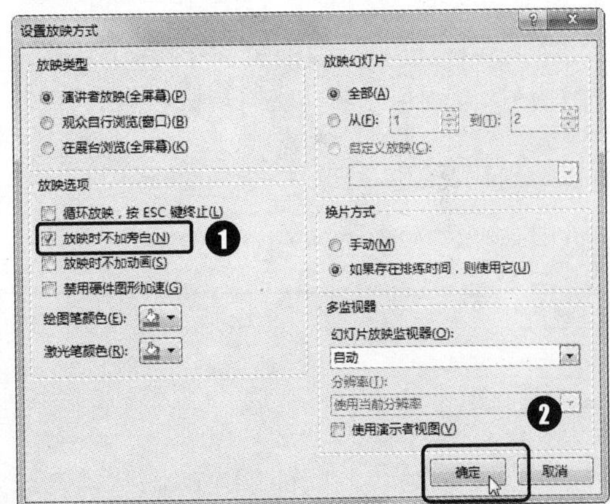

技巧 489：让 PPT 文稿自动循环放映

● **适用版本：** 2007、2010、2013、2016

● **实用指数：** ★★★★☆

说 明

通常情况下，放映完 PPT 文稿中的幻灯片后会自动结束放映并退出。如果希望让 PPT 文稿自动循环播放，可通过“设置放映方式”对话框进行设置。

方法

设置让PPT文稿自动循环放映的具体操作方法如下。

第 1 步： 参照技巧 483，在要放映的 PPT 文稿中打开“设置放映方式”对话框，❶在“放映选项”选项组中选中“循环放映，按 ESC 键终止”复选框；❷单击“确定”按钮，如下图所示。

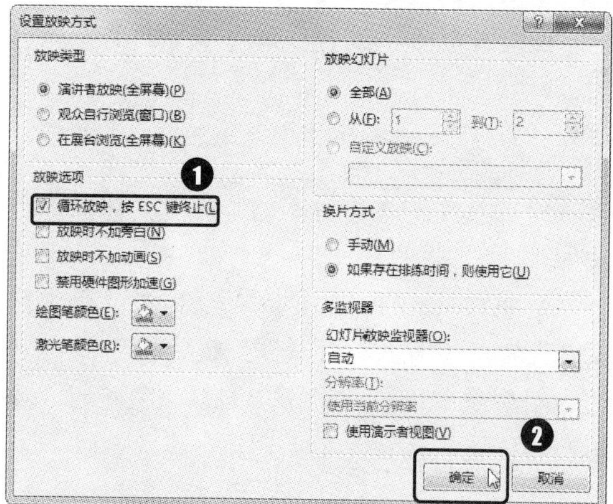

第 2 步： 此后，放映该 PPT 文稿时就会自动循环播放，需要结束放映时按〈Esc〉键即可。

技巧 490：取消以黑屏幻灯片结束放映

●**适用版本：**2007、2010、2013、2016

●**实用指数：**★★☆☆☆

说 明

在 PPT 中放映幻灯片时，每次放映结束后，屏幕总显示为黑屏，此时需要单击鼠标才会退出。根据操作需要，可以设置放映结束后不再显示黑屏。

方法

设置取消以黑屏幻灯片方式结束放映的具体操作方法如下。

在 PPT 窗口中打开“PowerPoint 选项”对话框，❶切换到“高级”选项卡；❷在“幻灯片放映”选项组中取消选中“以黑幻灯片结束”复选框；❸单击“确定”按钮保存设置即可，如下图所示。

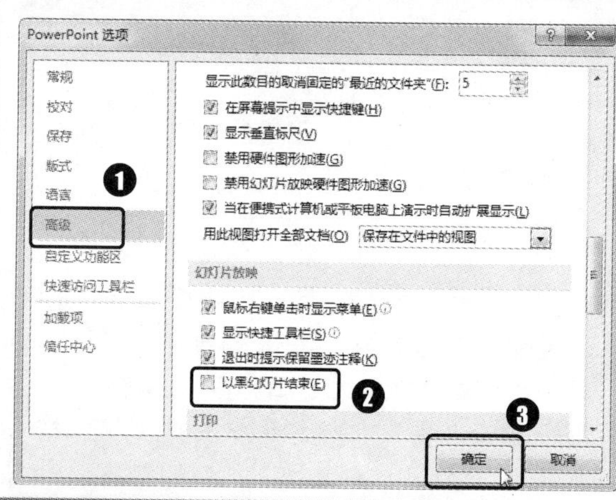

技巧 491：放映幻灯片时隐藏鼠标指针

●**适用版本：**2007、2010、2013、2016

●**实用指数：**★★☆☆☆

说 明

在放映幻灯片的过程中，如果不需要使用鼠标进行操作，则可以通过设置将鼠标指针隐藏起来。

方法

在放映过程中隐藏鼠标指针的具体操作方法如下。

在放映过程中，使用鼠标右键单击任意位置，❶在弹出的快捷菜单中选择“指针选项”菜单项；❷在弹出的子菜单中选择“箭头选项”菜单项；❸在弹出的级联子菜单中选择“永远隐藏”菜单项，使“永远隐藏”菜单项呈勾选状态，如下图所示。

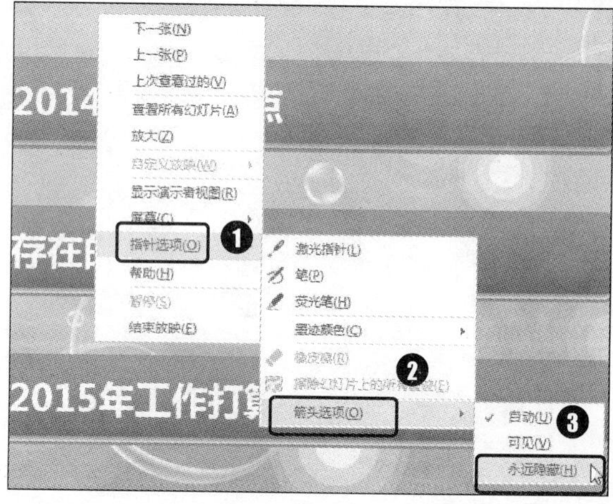

技巧 492：放映幻灯片时隐藏声音图标

●适用版本：2007、2010、2013、2016
●实用指数：★★☆☆☆

说　明

如果在制作幻灯片时插入了声音文件，就会显示一个声音图标，且默认情况下，在放映时幻灯片中也会显示声音图标。为了实现完美的放映，可通过设置使放映幻灯片时自动隐藏声音图标。

方法

例如，在“服务中心大会发言 1.pptx”中设置放映时隐藏声音图标，具体操作方法如下。

❶在幻灯片中选中声音图标；❷切换到“音频工具-播放”选项卡；❸在“音频选项”组中选中“放映时隐藏”复选框，如下图所示。

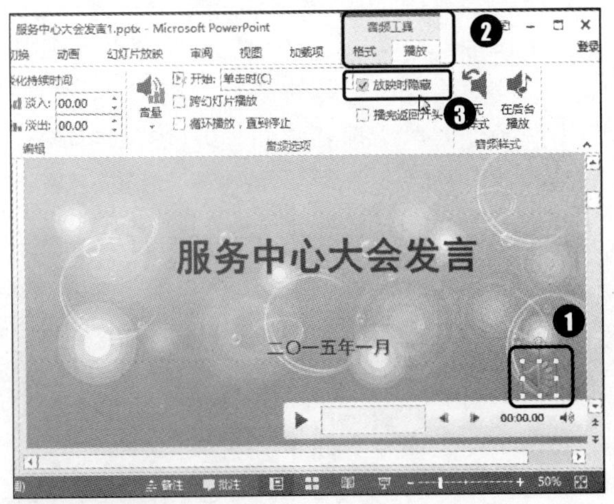

技巧 493：放映幻灯片时放大显示指定内容

●适用版本：2013、2016
●实用指数：★★★★☆

说　明

放映幻灯片时，通过放大镜功能可以放大演示局部内容，以便查看重要信息。

方法

放映幻灯片时放大显示指定内容的具体操作方法如下。

第 1 步： 打开需要放映的 PPT 文稿，按〈F5〉键开始放映。

第 2 步： 在屏幕左下角的控制按钮中，单击放大镜按钮，如下图所示。

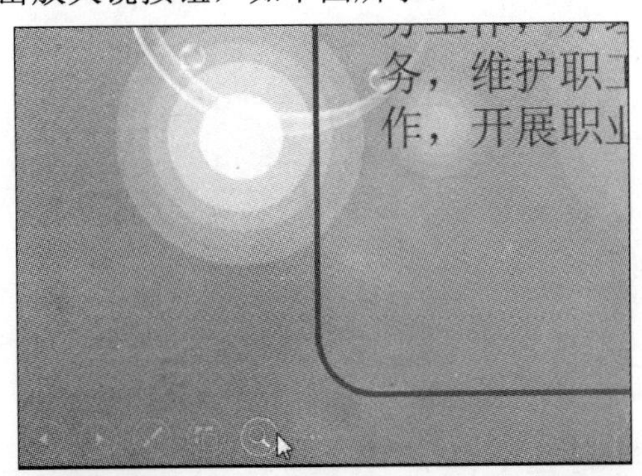

第 3 步： 鼠标指针将显示为放大镜形状，移动鼠标可选择要放大显示的内容区域，如下图所示。

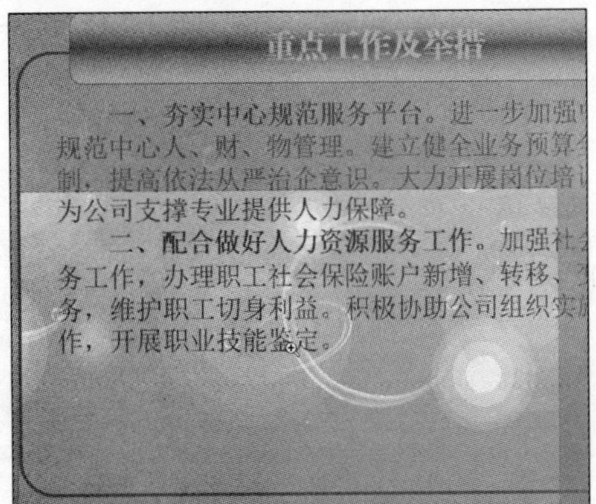

第 4 步： 确定内容区域后，单击鼠标，即可放大显示所选内容，且鼠标指针呈手掌形状，此时可按住鼠标左键不放并拖动鼠标查看内容，效果如下图所示。

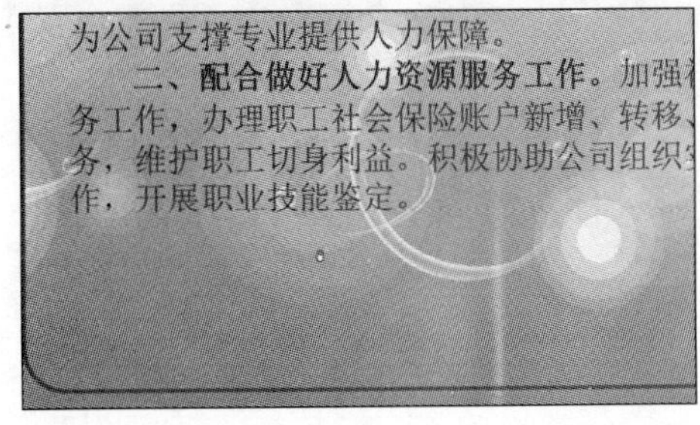

技巧 494：单击鼠标不换片

●**适用版本**：2007、2010、2013、2016

●**实用指数**：★★★☆☆

如果在幻灯片中设置了一些可通过单击触发的动画，但是在播放过程中往往因为不小心单击到指定对象以外的空白区而直接跳到下一张幻灯片。为了避免这种情况，可通过设置来禁止单击换片的功能。

方法

设置单击鼠标不换片的具体操作方法如下。

在要进行设置的 PPT 文稿中，❶切换到“切换”选项卡；❷在“计时”组中的“换片方式”栏中，取消选中“单击鼠标时”复选框；❸单击“全部应用”按钮，应用到当前 PPT 文稿中的所有幻灯片，如下图所示。

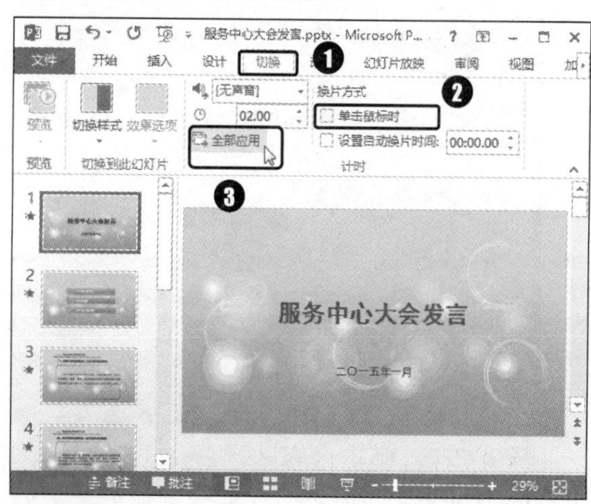

技巧 495：放映时在幻灯片中添加标注

●**适用版本**：2007、2010、2013、2016

●**实用指数**：★★★★☆

在放映幻灯片时，除了可以控制放映过程外，还可以对幻灯片进行勾画、添加标注等操作。

方法

例如，在“服务中心大会发言.pptx”中，要在放映时添加标志，具体操作方法如下。

第 1 步： 在放映过程中，❶使用鼠标右键单击任意位置，在弹出的快捷菜单中选择“指针选项”菜单项；❷在弹出的子菜单中选择需要的笔形，如下图所示。

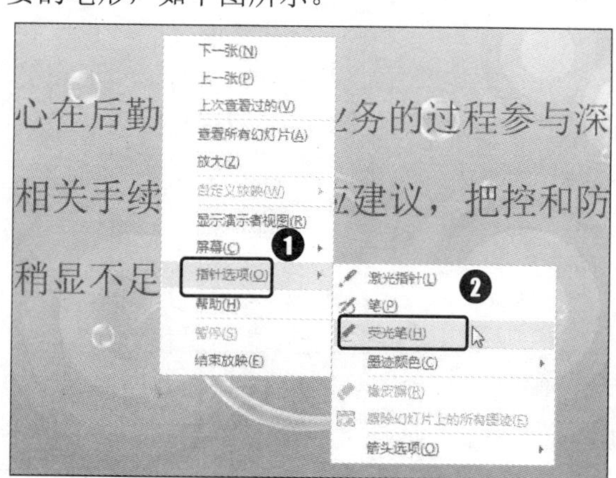

第 2 步： 再次单击鼠标右键，❶在弹出的快捷菜单中选择“指针选项”菜单项；❷在弹出的子菜单中选择“墨迹颜色”菜单项；❸在弹出的颜色菜单中选择笔的颜色，如下图所示。

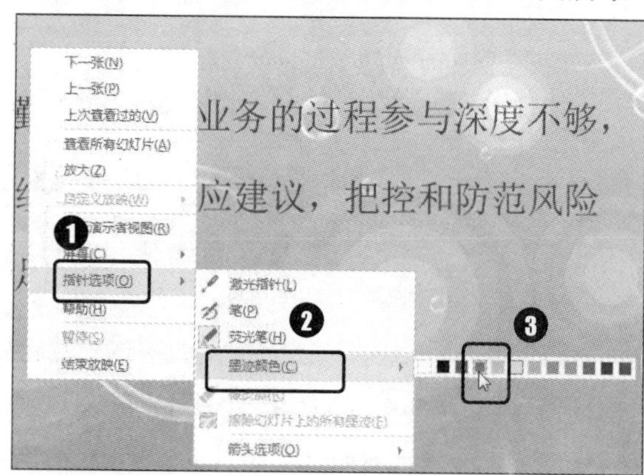

第 3 步： 选择好笔形和笔的颜色后，按住鼠标左键不放，拖动鼠标即可在幻灯片中绘制标注，绘制后的效果如下图所示。

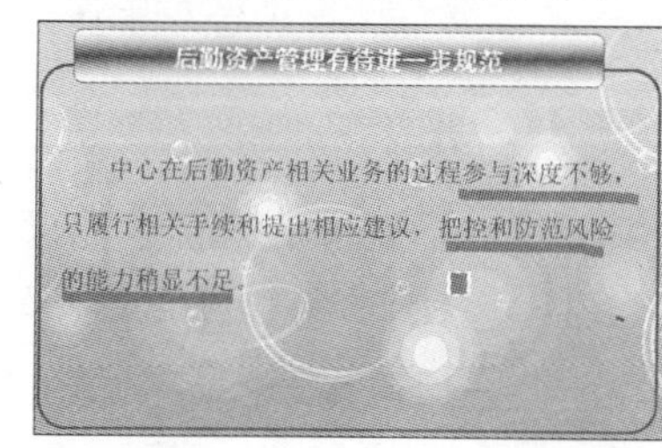

第 4 步： 结束放映时，会弹出提示对话框，询问是否保留墨迹，单击“保留”按钮保留即可，如下图所示。

> **专家点拨**
>
> 在放映过程中添加标注后，若要擦除标注，可使用鼠标右键单击任意位置，在弹出的快捷菜单中选择“指针选项”菜单项，若在弹出的子菜单中选择“橡皮擦”菜单项，可擦除不需要的标注；若选择“擦除幻灯片上的所有墨迹”菜单项，可擦除所有添加的标注。

技巧 496：退出放映时不提示保留墨迹注释

- **适用版本：** 2007、2010、2013、2016
- **实用指数：** ★★☆☆☆

说 明

有的用户在放映幻灯片的过程中，为了更好地向观众强调幻灯片中的重点内容，习惯在幻灯片中添加标注。当结束放映时，会询问是否要保留墨迹。如果不希望在结束放映时询问是否保留墨迹，可通过设置禁止该功能。

方法

设置禁止提示保留墨迹注释的具体操作方法如下。

第 1 步： 在 PPT 窗口中打开“PowerPoint 选项”对话框，❶切换到“高级”选项卡；❷在“幻灯片放映”选项组中取消选中“退出时提示保留墨迹注释”复选框；❸单击“确定”按钮保存设置即可，如下图所示。

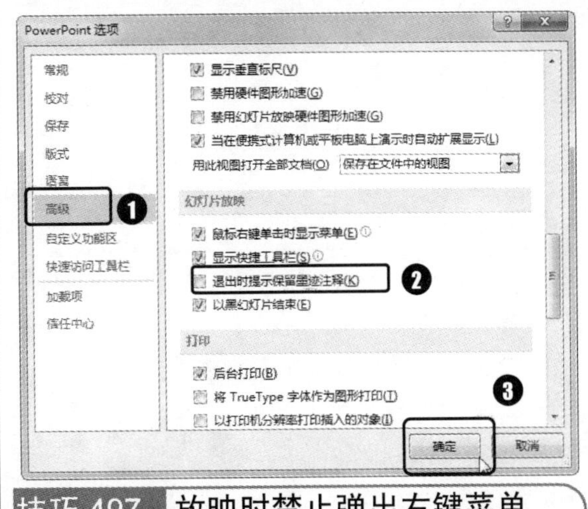

第 2 步： 通过上述设置后，此后放映幻灯片时，若对幻灯片添加了标注，结束放映时不再询问是否要保留墨迹注释，且默认不保留墨迹注释。

技巧 497：放映时禁止弹出右键菜单

- **适用版本：** 2007、2010、2013、2016
- **实用指数：** ★★☆☆☆

说 明

在放映幻灯片时，如果不小心按了鼠标右键，则弹出的右键菜单会影响观众观看。为了避免这种情况，可以通过设置禁止放映时弹出右键菜单。

方法

设置放映时禁止弹出右键菜单的具体操作方法如下。

第 1 步： 在 PPT 窗口中打开“PowerPoint 选项”对话框，❶切换到“高级”选项卡；❷在“幻灯片放映”选项组中取消选中“鼠标右键单击时显示菜单”复选框；❸单击“确定”按钮保存设置即可，如下图所示。

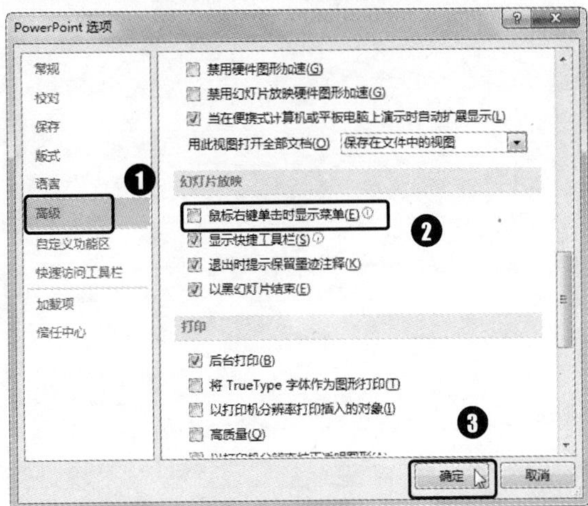

专家点拨

若在“幻灯片放映”选项组中取消选中“显示快捷工具栏”复选框，则放映时屏幕左下角便不再显示控制按钮。

第 2 步： 通过上述设置后，放映幻灯片时单击鼠标右键不再弹出右键菜单。若需要使用右键菜单进行操作，则可按键盘上的右键菜单键。

技巧 498：联机放映幻灯片

● **适用版本：** 2010、2013、2016

● **实用指数：** ★★★★☆

PPT 提供了联机放映幻灯片的功能，通过该功能，演示者可以在任意位置通过 Web 与任何人共享幻灯片放映。在放映过程中，演示者可以随时暂停幻灯片放映、向访问群体重新发送观看网站，或者在不中断放映及不向访问群体显示桌面的情况下切换到另一个应用程序。

方法

联机放映幻灯片的具体操作方法如下。

第 1 步： 打开需要联机放映的 PPT 文稿，❶切换到“幻灯片放映”选项卡；❷在“开始放映幻灯片”组中，单击“联机演示”按钮右侧的下拉按钮；❸在弹出的下拉列表中选择“Office 演示文稿服务”选项，如下图所示。

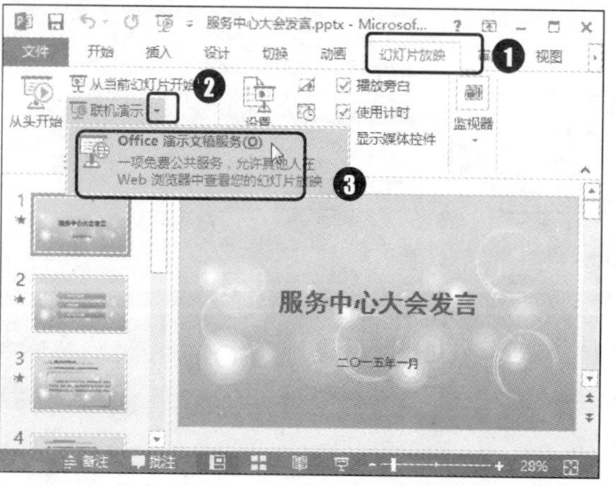

专家点拨

在 PPT 2010 中，该功能叫“广播幻灯片”，操作方法为：切换到“幻灯片放映”选项卡，单击“开始放映幻灯片”组的“广播幻灯片”按钮，接下来的操作参考下面的操作步骤即可。

第 2 步： 打开“联机演示”对话框，单击“连接”按钮，如下图所示。

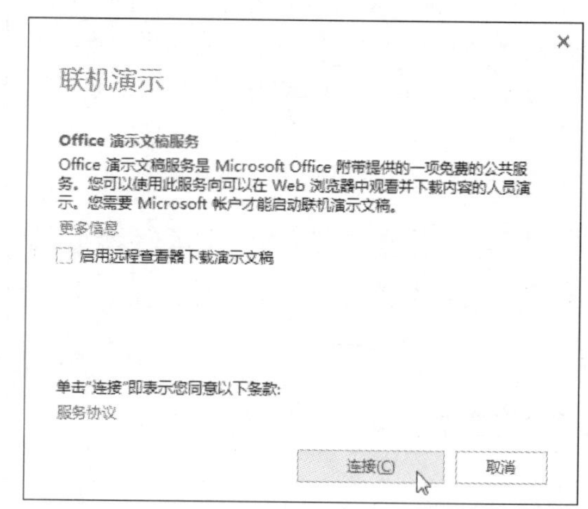

第 3 步： PPT 程序将自动连接到 Office 演示文稿服务，如下图所示。

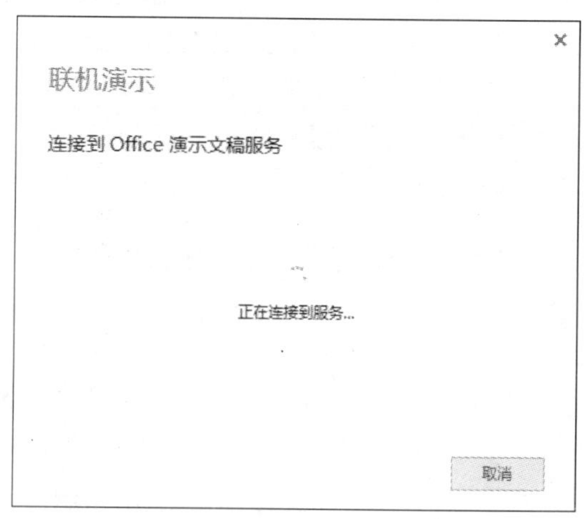

第 4 步： 在连接过程中，会打开“登录”对话框，❶在文本框中输入 Microsoft 账户；❷单击“下一步”按钮，如下图所示。

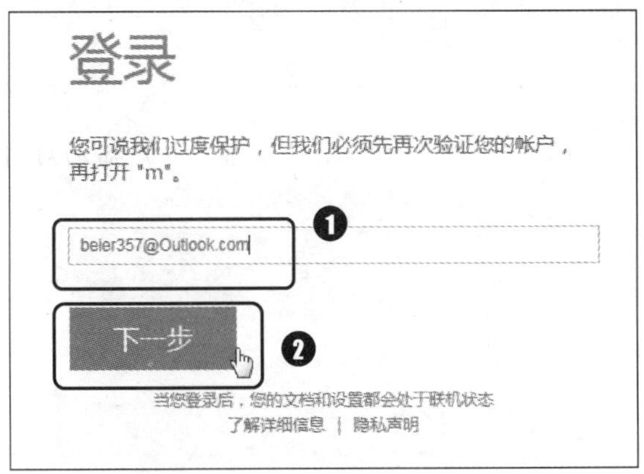

第 5 步： 打开“登录”对话框，❶输入账户密码；❷单击“登录”按钮进行登录，如下图所示。

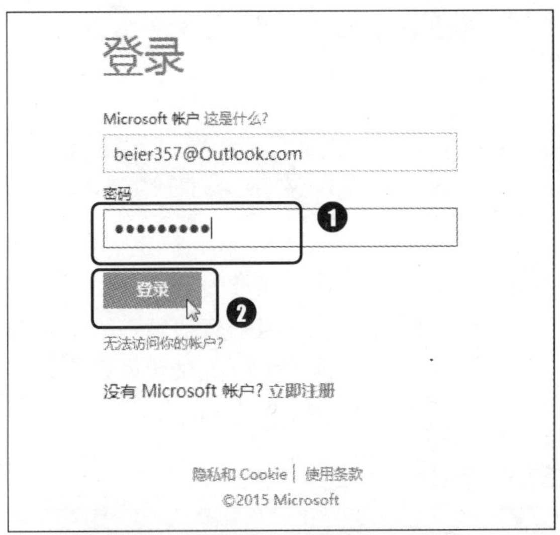

第 6 步： 账户通过验证后，会在“联机演示”对话框中显示连接进度，如下图所示。

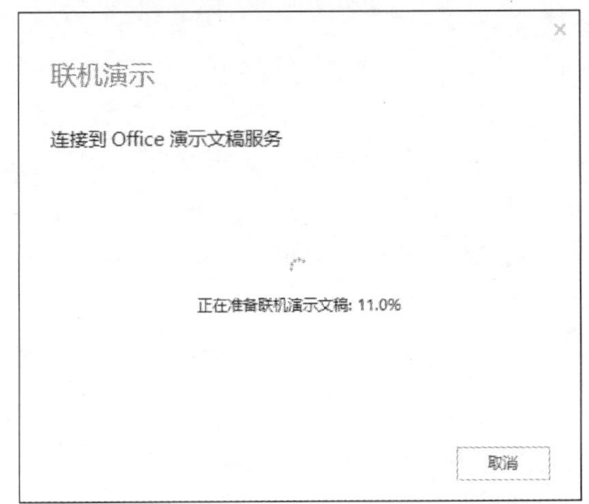

第 7 步： 连接成功后，会在“联机演示”对话框中显示链接，单击“复制链接”可复制链接，如下图所示。

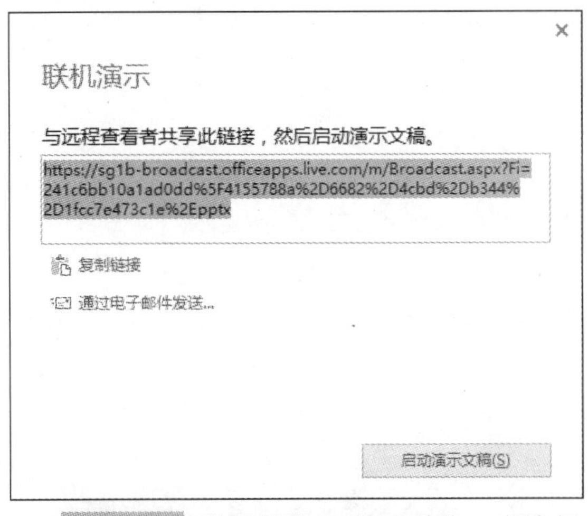

第 8 步： 将链接告知访问群体，当访问群体收到地址并打开后，会显示“正在等待演示开始...”提示信息，如下图所示。

第 9 步： 此时，演示者便可在“联机演示”对话框中单击“启动演示文稿”按钮进行放映，如下图所示。

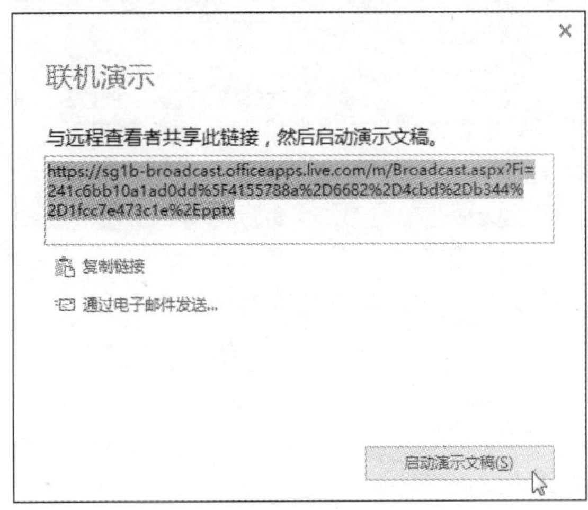

第 10 步： 启动放映后，演示者的计算机上将全屏播放幻灯片，效果如下图所示。

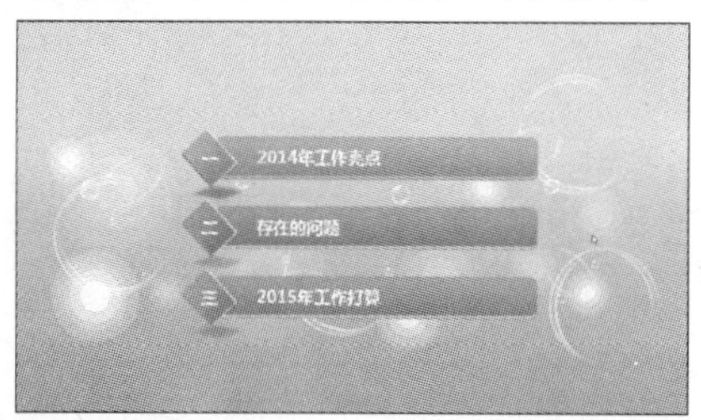

第 11 步： 与此同时，访问群体的计算机上将同步观看幻灯片，效果如下图所示。

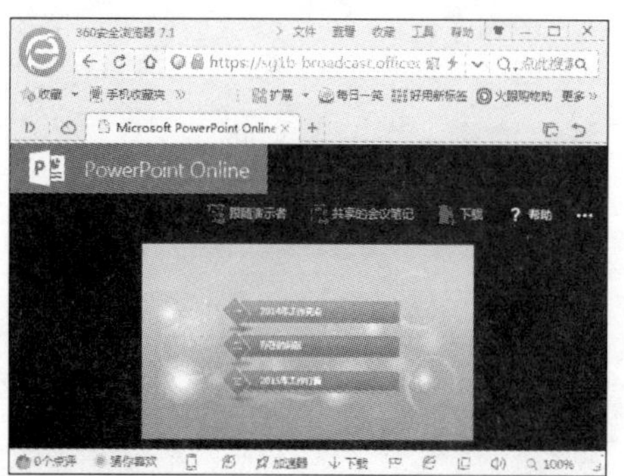

第 12 步： 当演示者结束放映后，会返回当前 PPT 文稿，并显示“联机演示”选项卡，表示此时正处于联机状态，若要结束联机放映，则单击“联机演示”组中的“结束联机演示”按钮，如下图所示。

第 13 步： 弹出提示框询问是否要结束联机演示文稿，单击“结束联机演示文稿”按钮，如下图所示。

第 14 步： 结束联机演示文稿后，访问群体的计算机上将显示“演示文稿已结束”提示信息，如下图所示。

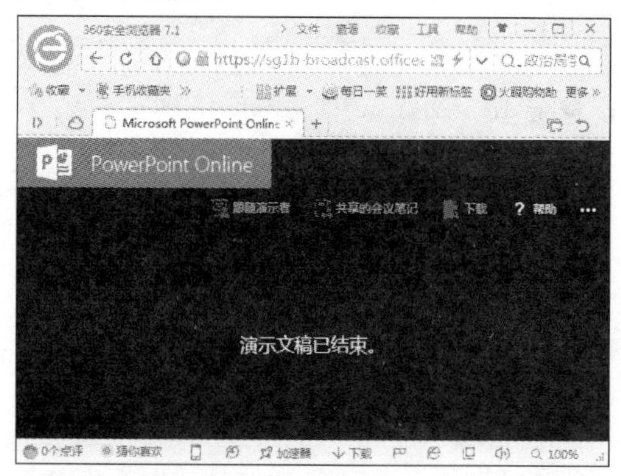

> **专家点拨**
>
> 联机放映幻灯片时，若幻灯片中含有视频内容，则访问群体无法观看视频。

17.2 PPT 文稿输出技巧

为了让 PPT 文稿可以在不同的环境下正常播放，可以将制作好的 PPT 文稿转换为不同的格式，接下来就为读者讲解各种转换方法。

技巧 499：将 PPT 文稿制作成视频文件

● **适用版本：** 2010、2013、2016

● **实用指数：** ★★★★☆

说 明

为了让没有安装 PPT 程序的计算机能够正常播放 PPT 文稿，可以将其转换成视频格式。转化成视频格式后，视频中依然会播放动画效果、嵌入的视频，以及录制的语音旁白等。

方法

例如，要将“服务中心大会发言.pptx”转换成视频文件，具体操作方法如下。

第 1 步： 打开需要转换的 PPT 文稿，切换到“文件”界面。

第 2 步： ❶在左侧窗格选择“导出”菜单

项；❷在中间窗格选择“创建视频”选项；❸在右边窗格中对将要发布的视频进行详细设置；❹单击“创建视频”按钮，如下图所示。

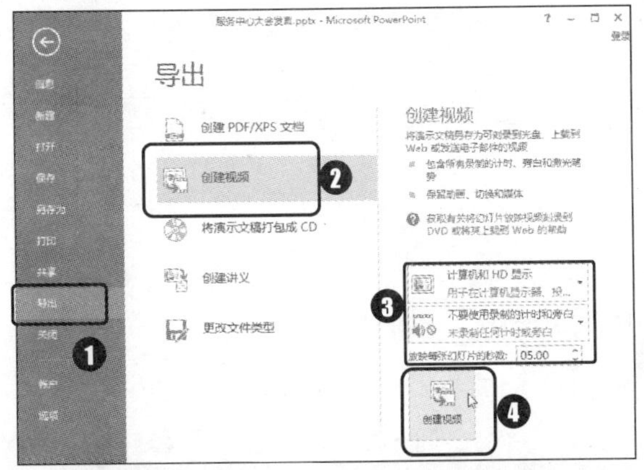

第 3 步： 弹出“另存为”对话框，❶设置保存参数；❷单击“保存”按钮，如下图所示。

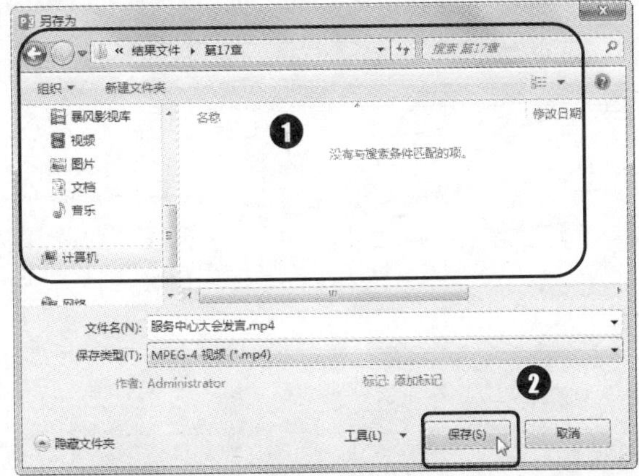

第 4 步： 开始制作视频文件，并在状态栏显示转换进度，如下图所示。

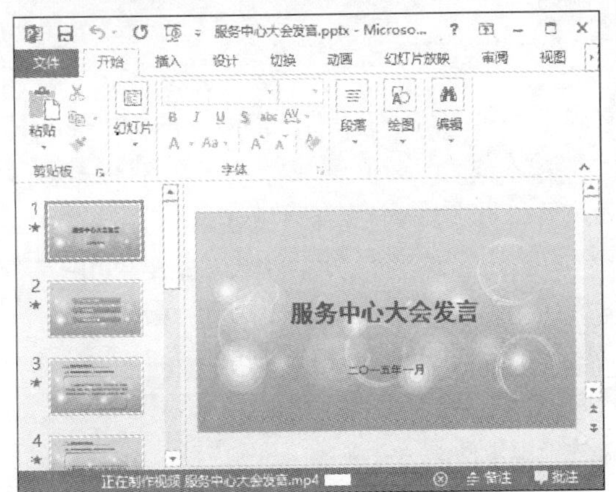

第 5 步： 转换完成后，进入第 3 步设置的存放路径便可看见生成的视频文件，双击该视频文件便可使用播放器进行播放。

专家点拨

在 PPT 2010 中，转换视频的操作方法为：打开需要转换的 PPT 文稿，切换到“文件”界面，在左侧窗格选择“保存并发送”菜单项，在中间窗格的“文件类型”选项组中选中“创建视频”选项，在右侧窗格中单击“创建视频”按钮，在弹出的“另存为”对话框中进行设置即可。

技巧 500：将 PPT 文稿保存为自动播放的文件

● **适用版本：** 2007、2010、2013、2016

● **实用指数：** ★★★☆☆

说 明

将 PPT 文稿制作好后，一般都会先打开该 PPT 文稿，再执行放映操作。为了节省时间，可以将 PPT 文稿保存为自动播放的文件。

方法

例如，要将“服务中心大会发言.pptx”保存为自动播放的文件，具体操作方法如下。

第 1 步： 打开 PPT 文稿，按〈F12〉键，弹出“另存为”对话框。

第 2 步： 设置保存路径及文件名后，❶在“保存类型”下拉列表框中选择“PowerPoint 放映”选项；❷单击“保存”按钮，如下图所示。

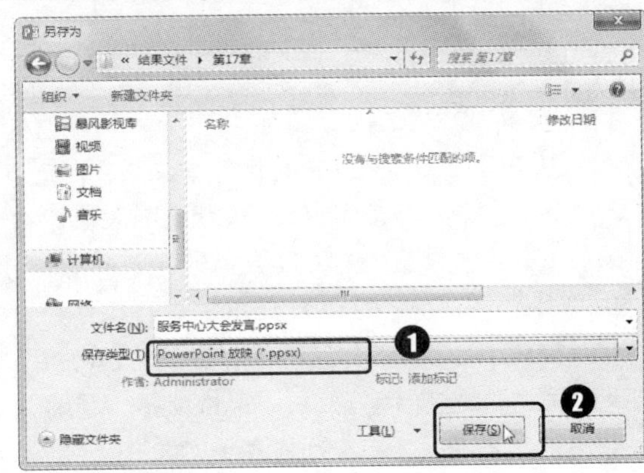

第 3 步： 通过上述设置，进入第 2 步设置的存放路径，双击保存的放映文件，便可直接进入放映状态。

技巧 501：将 PPT 文稿打包成 CD

●适用版本：2007、2010、2013、2016

●实用指数：★★☆☆☆

说 明

如果制作的 PPT 文稿中包含了链接的数据、特殊字体、视频或音频文件等，为了保证能在其他计算机正常播放，最好将 PPT 文稿打包成 CD。

方法

例如，要将“服务中心大会发言.pptx”打包成 CD，具体操作方法如下。

第 1 步： 打开 PPT 文稿，切换到“文件”界面。

第 2 步： ❶在左侧窗格选择“导出”菜单项；❷在中间窗格选择“将演示文稿打包成 CD”选项；❸在右边窗格单击“打包成 CD”按钮，如下图所示。

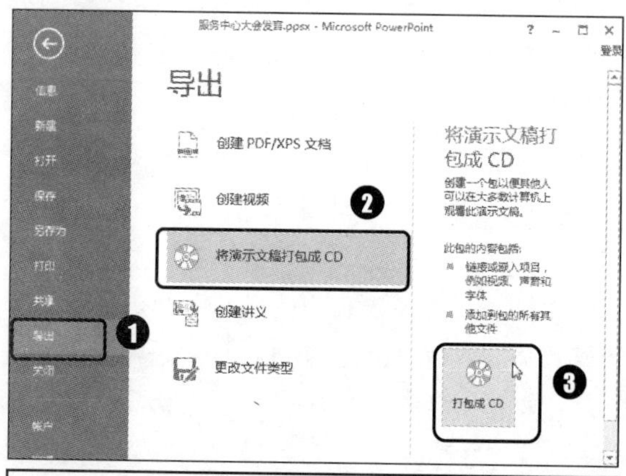

> **专家点拨**
>
> 在 PPT 2007 中打包的操作方法为：单击“Office”按钮，在弹出的“Office”菜单中依次选择“发布”→“CD 数据包”菜单项，在弹出的“打包成 CD”对话框中进行操作即可。在 PPT 2010 中打包的操作方法为：切换到“文件”选项卡，在左侧窗格选择“保存并发送”菜单项，在中间窗格的“文件类型”选项组中选择“将演示文稿打包成 CD”选项，在右侧窗格中单击“打包成 CD”按钮，在弹出的“打包成 CD”对话框中进行操作即可。

第 3 步： 弹出“打包成 CD”对话框，单击“复制到文件夹”按钮，如下图所示。

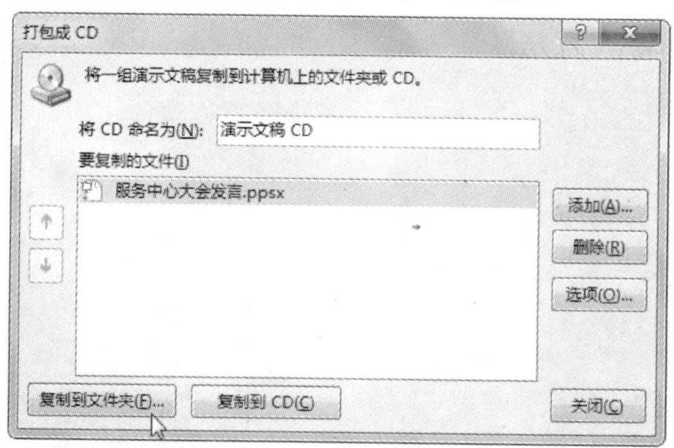

第 4 步： 弹出“复制到文件夹”对话框，❶设置保存文件夹名称及路径；❷单击“确定”按钮，如下图所示。

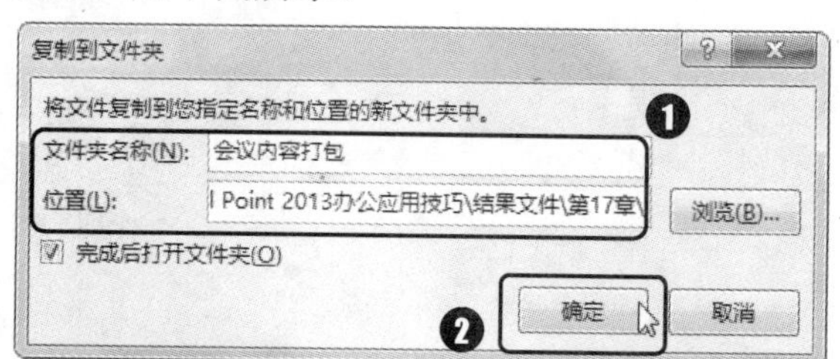

第 5 步： 弹出提示框询问是否要包含链接文件，单击“是”按钮，如下图所示。

第 6 步： 弹出提示框，表示正在打包，如下图所示。

第 7 步： 完成打包后，会自动打开存放文件夹，并显示打包后的文件。

技巧 502：将 PPT 文稿保存为 PDF 格式的文档

●适用版本：2010、2013、2016

●实用指数：★★★☆☆

说 明

将 PPT 文稿制作好后，还可将其转换成

PDF 格式的文档。保存 PDF 文档后，不仅方便查看，还能防止其他用户随意修改内容。

方法

例如，要将“服务中心大会发言.pptx”保存为 PDF 格式的文档，具体操作方法如下。

第 1 步： 打开 PPT 文稿，按〈F12〉键，弹出“另存为”对话框。

第 2 步： 设置保存路径及文件名后，❶在“保存类型”下拉列表框中选择“PDF”选项；❷单击“保存”按钮，如下图所示。

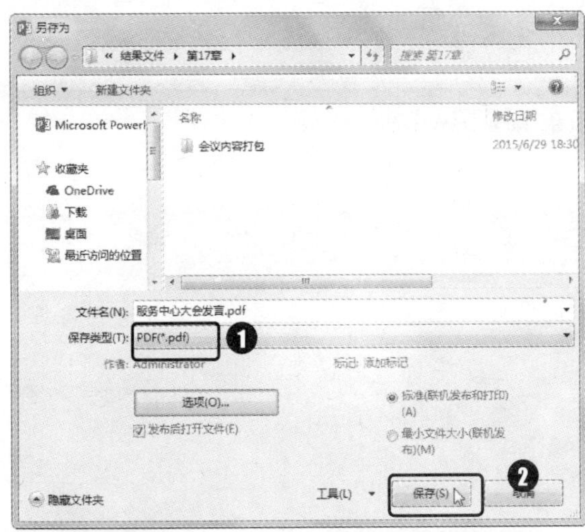

技巧 503：将 PPT 文稿转换为图片演示文稿

●适用版本：2010、2013、2016

●实用指数：★★☆☆☆

说　明

为了防止他人随意修改 PPT 文稿中的内容，还可将其转换为图片演示文稿。

方法

例如，要将“服务中心大会发言.pptx”保存为图片演示文稿，具体操作方法如下。

第 1 步： 打开 PPT 文稿，按〈F12〉键，弹出“另存为”对话框。

第 2 步： 设置保存路径及文件名后，❶在“保存类型”下拉列表框中选择“PowerPoint 图片演示文稿”选项；❷单击“保存”按钮，如下图所示。

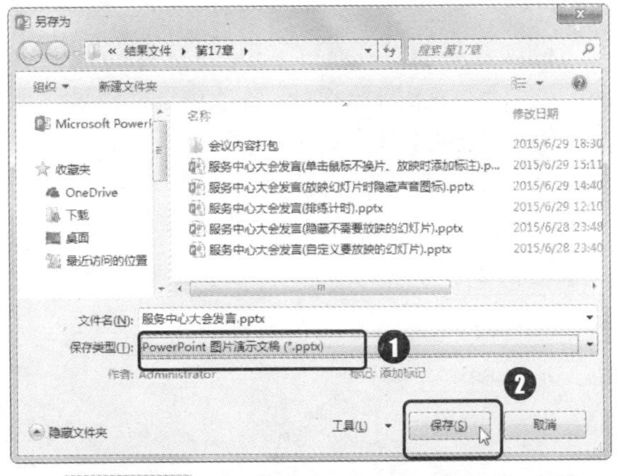

第 3 步： 完成保存后，会弹出提示框，单击“确定”按钮即可，如下图所示。

第 4 步： 进入存放路径，打开保存的文件，此时可发现每张幻灯片都变成了一张图片，无法再对内容进行修改，效果如下图所示。

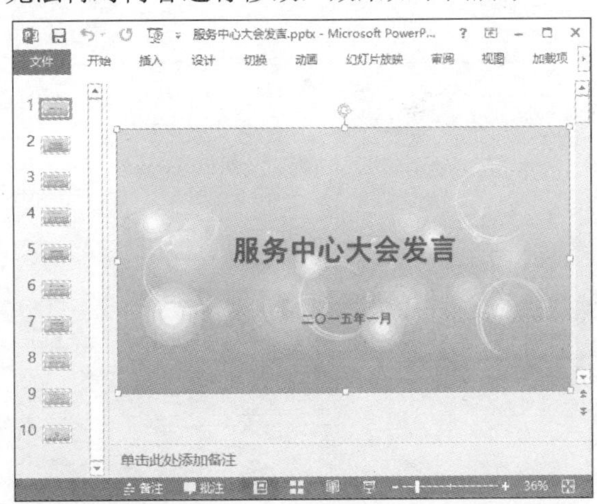

技巧 504：将 PPT 文稿转换为图片文件

●适用版本：2007、2010、2013、2016

●实用指数：★★★☆☆

说　明

对于既没有安装 PDF 程序也没有安装 PPT 程序的用户，为了让他们能够查看 PPT 文稿内容，可以将 PPT 文稿中的所有幻灯片转换成图片文件。

方法

例如，要将“服务中心大会发言.pptx”中的幻灯片保存为图片文件，具体操作方法如下。

第 1 步： 打开 PPT 文稿，按〈F12〉键，弹出“另存为”对话框。

第 2 步： 设置保存路径及文件名后，❶在“保存类型”下拉列表框中选择“Windows 图元文件（*.wmf）”选项；❷单击“保存”按钮，如下图所示。

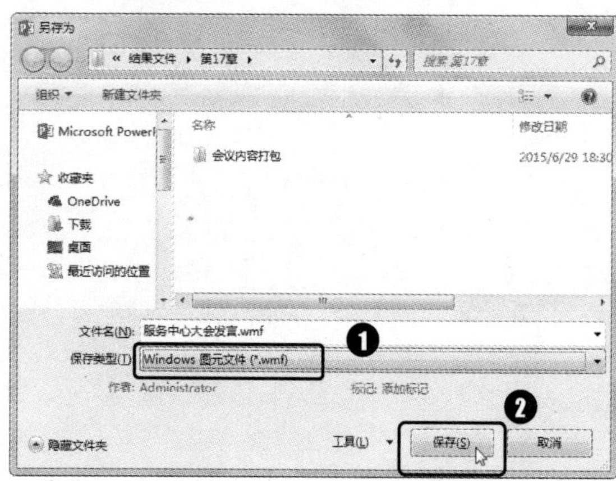

第 3 步： 弹出提示框，询问导出哪些幻灯片，这里单击“所有幻灯片”按钮，如下图所示。

第 4 步： 完成保存后，会弹出提示框，单击“确定”按钮即可，如下图所示。

第 5 步： 进入存放路径，会发现以设置的文件名创建了一个文件夹，打开该文件夹便可看见转换的图片文件。